MELSEC-Q 시리즈 중심

PLC 실무 클래스

김기우 편저

Programma
Logic Controller

일진사

컴퓨터 및 첨단 기술의 급속한 발전은 공장자동화(FA)라는 새로운 형태의 생산 방식으로 현장에 많은 변화를 가져오게 되었다. 인건비 및 제품원가 상승, 경쟁력 약화 그리고 3D 업종 기피현상 등으로 인한 문제가 대두되었으며, 신제품 개발 및 생산성, 품질, 경제성, 그리고 신뢰성 향상을 위해 새로운 생산방식을 준비하지 않을 수 없게 되었다. 따라서 기업들은 자동화된 생산방식으로의 변화를 시도했고 이와 같은 변화에 대처하고 적응하기 위해서는 이를 운용할 수 있는 기술을 반드시 습득해야 할 필요가 있으며, 기능인의 역할이 그 어느 때보다도 중요해졌다.

본 교재는 생산현장에서 자동화 관련 제어 업무에 필요한 PLC 제어기술과 로봇을 비롯한 각종 CNC 기계, 3D 프린팅에 필수적으로 필요한 서보모터제어, A/D · D/A 제어, HMI까지 현장실무에서 새롭게 필요로 하는 기술 분야에 적용할 수 있도록 하였을 뿐 아니라 개편된 생산자동화 산업기사 2차(실기) 시험에 대비할 수 있도록 하였다. PLC는 MELSEC-Q 시리즈, 터치스크린은 국산 M2I 및 미쓰비시 제품을 적용하여 시퀀스 프로그램을 작성하는 사람을 대상으로 GX Works2를 사용한 프로그래밍, 디버그 및 PLC 시스템을 사용한 동작 확인 방법을 습득하도록 하여 QD75 특수모듈, MR-J4-10A 서보앰프를 사용한 위치 결정 제어 시스템의 이해와 사용방법 등을 실습할 수 있다.

끝으로 이 교재가 PLC를 처음 시작하는 데 있어 쉽게 접근할 수 있고 HMI, 모션제어, A/D · D/A 제어를 이해하고 응용하는 데 올바른 길잡이가 되기를 기원하며, 도움을 주신 동료 교수님과 제자들, AONE테크 장정훈 사장님을 비롯한 여러분 그리고 항상 물심양면으로 지원을 아끼지 않으신 도서출판 **일진사** 여러분께 깊은 감사를 드린다.

김기우 씀

Part 1 PLC 개론

Part 2 PLC(MELSEC-Q 시리즈) 실습

Part 5 종합실습

Part 1

PLC 개론

1 정의

초기에는 PC(Programmable Controller)로 불렸으나 개인용 컴퓨터의 약자인 PC(Personal Computer)와 혼동되어, 1978년 미국 전기공업회(National Electric Manufacturing Association, NEMA)에서 PLC(Programmable Logic Controller)로 명명하고 "디지털 또는 아날로그 입 · 출력 모듈을 통하여 로직, 시퀀스, 타이머, 카운터, 그 외 연산과 같은 특수한 기능을 수행하기 위해 프로그램 가능한 메모리를 사용하고 여러 종류의 기계나 프로세서를 제어하는 디지털 동작의 전자장치"로 정의하였다.

입력	PLC	출력
• 디지털신호 (버튼스위치, 센서 등) • 아날로그신호 (전류, 전압 등)	• 로직 처리(AND 처리와 OR, NOT 등) • 시퀀스 처리("기차가 역에서 멈추면 스크린도어가 열린다" 등) • 2초 후에 또는 5회 동작과 같은 타이머, 카운터, 연산과 같은 특수한 기능 수행	• 램프 켜기 • 모터 돌리기 • 솔레노이드 작동 등

2 출현 배경

2-1 산업사회의 요구

① 산업사회의 발전에 따른 생산설비의 대규모화, 고도화, 복잡화

② 다양한 형태의 제어 시스템이 필요

③ 다품종 생산을 위한 제어시스템 변경에 많은 시간과 비용이 소요

④ 제어회로 구성에서 관련소자(Relay, Contractor, Timer, Counter 등)들을 연결하는 배선작업이 복잡

⑤ 복잡한 시퀀스제어회로 구성에 많은 공간의 필요와 처리속도 한계

이러한 요구에 의해 1968년 미국의 자동차회사인 제너럴모터스(General Motors)사가 10가지 조건을 만족하는 전용 제어기를 만들도록 제시하여 PLC 개발의 계기가 되었다.

GM의 10대 조건

1. 프로그램 작성 및 변경이 용이하고, 시퀀스 변경이 용이할 것
2. 점검 및 보수가 용이하고 Plug-In 방식일 것
3. 계전기 제어반보다 신뢰성이 높을 것
4. 출력은 상위 컴퓨터와 결합 기능을 가질 것
5. 계전기 제어반보다 소형일 것
6. 계전기 제어반보다 가격 면에서 유리할 것
7. 전압 입력은 AC 115[V] 표준일 것
8. 전압 출력은 AC 115[V]로 최저 2[A]의 용량을 가질 것
9. 전체 시스템 변경을 최소화하면서 기본 시스템은 확장이 가능할 것
10. 최저 4 KWord에 확장 가능한 프로그래머블 메모리를 가질 것

3 응용 분야

제조/가공, 식품/음료, 금속, 동력, 광산, 제철/제강, 자동차, 물류, 공장설비, 공해처리, 섬유, 화학 등 여러 제어분야

4 발달과정

① 1968년 : 프로그래밍 제어기(PLC) 개념 시작(미국 제너럴모터스사 제안)

② 1969년 : CPU(중앙처리장치), 로직, 메모리 1 K, 입 · 출력 점수 128 I/O 하드웨어 규모의 제어기 등장

③ 1974년 : 멀티프로세서, 타이머, 카운터, 산술연산, 메모리 12 K, 1024 입 · 출력 점수 PLC 개발

④ 1976년 : 원격 입력/출력 시스템 도입 : 미국에서 최초로 규격 제정

⑤ 1977년 : 마이크로프로세서 PLC 개발

⑥ 1980년 : 지능형 I/O 모듈 개발, 향상된 통신, 향상된 소프트웨어 기능에 의한 퍼스널 개념 도입

⑦ 1983년 : 저가의 소형 PLC 도입

⑧ 1985년 : PLC 상호간 또는 컴퓨터와 네트워킹에 의한 통합, 분산, 계층제어(SCADA 소프트웨어 사용)

⑨ 1990년 이후 : 인공지능, 무선통신, 무인화, 광케이블 등 적용

5 종류 및 구조

5-1 대표적인 PLC 제조사

한국	미국	유럽	일본
LS산전	Allen Bradley Modicon Texas Instruments General Electric Westinghouse Cutler Hammer Square D	Siemens Klockner & Moeller Festo Telemechanique	Toshiba Omron Fanuc Mitsubishi

5-2 PLC 구성

컴퓨터처럼 필요에 따라 베이스에 여러 모듈을 장착하여 사용하며, 경우에 따라 여러 기능을 소형화한 일체형 블록 구조의 제품도 있다.

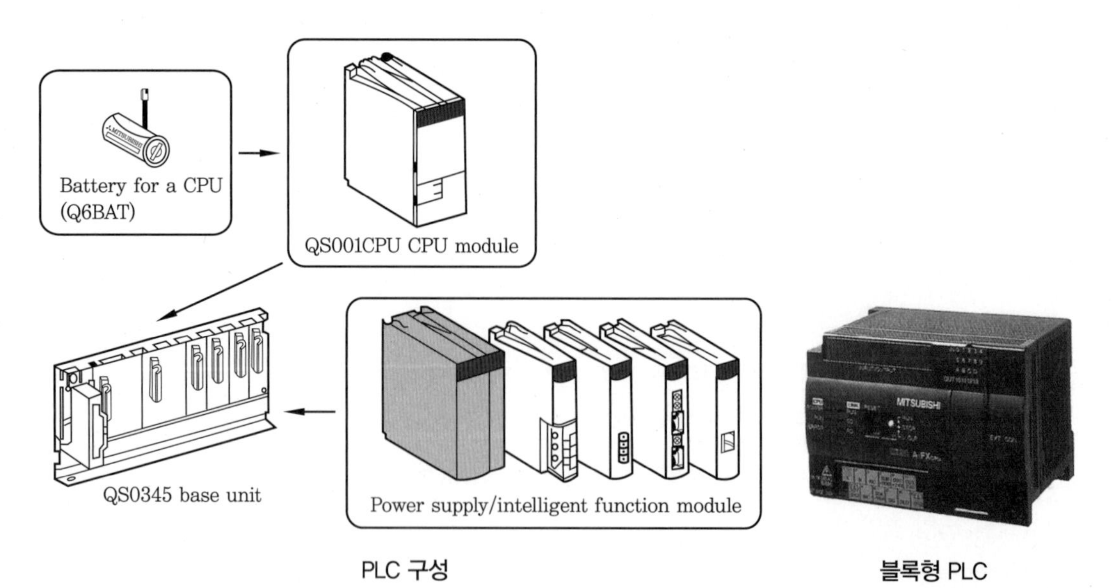

PLC 구성　　블록형 PLC

5-3 계전기 제어반과 PLC 제어의 비교

(1) 계전기 제어반

① 복잡한 전선 결선

② 도중에 변경사항 발생 시 전체 결선을 다시 해야 함

③ 다양하고 복잡한 제어를 할 수 없는 한계

④ 제어를 위한 결선 공간이 커짐

(2) PLC 제어

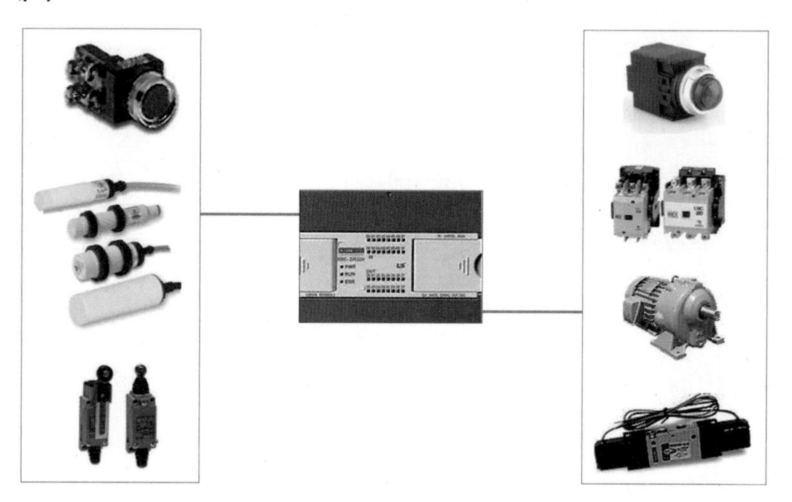

① 복잡한 전선 결선을 PLC 프로그램으로 대체

② 도중에 변경사항 발생 시 결선을 변경하지 않고 프로그램만 변경

③ 서보모터, 온도제어 등 다양하고 복잡한 제어가 가능

④ 인터넷망을 이용한 원거리 통합제어도 가능

⑤ 제어를 위한 결선공간이 거의 필요 없으므로 최소의 공간만 필요

5-4 PLC 구조

다음 그림에서 보는 바와 같이 PLC는 전원공급모듈, CPU, 입 · 출력모듈, 특수모듈로 조합되어 있다.

1. **전원공급장치**(Power Supply) : PLC에 전원을 공급하며 일반적으로 AC 220 V 전원을 DC 5/24 V로 변환하여 공급한다.
2. **중앙처리장치**(CPU) : 컴퓨터의 CPU와 같은 역할을 담당하며 입력모듈(3)의 입력신호에 의해 제어처리를 한 다음 출력모듈(4)을 통해 출력신호를 밖으로 내보낸다.
3. **입력모듈** : 입력신호를 PLC로 읽어 들이는 역할을 담당하며 버튼스위치, 센서 등은 반드시 입력모듈에 연결해야 한다.
4. **출력모듈** : 제어처리 결과인 출력신호를 PLC로부터 밖으로 내보내는 역할을 담당하며 램프, 모터, 계전기, 솔레노이드 등은 반드시 출력모듈에 연결해야 한다.

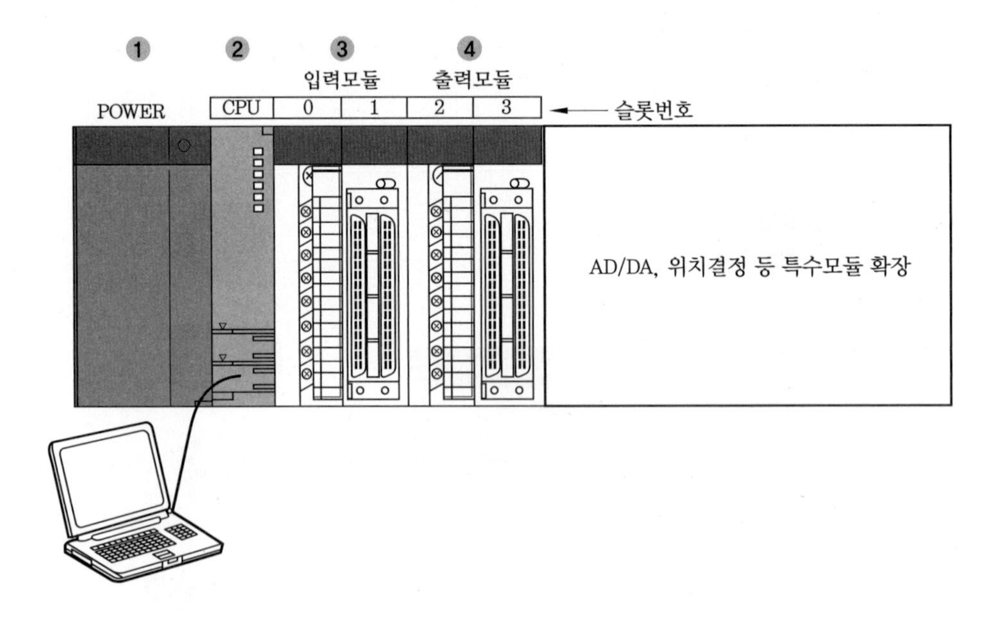

5-5 PLC 외부 입 · 출력 신호를 인식하는 체계

외부 기기와 연결하기 위해 PLC 입 · 출력카드에 전선 케이블을 연결하는데 대체로 32개(32점이라고 함)까지는 나사로 된 단자에 연결하나 32점 이상의 경우 작은 공간의 입 · 출력카드에 많은 볼트나사 단자를 만들어 배치할 수 없으므로 커넥터 케이블로 연결하여 전선을 펼친 후 기기를 연결한다. 다음 쪽 상단 그림의 경우 교육실습장비에 전선들을 연결하고 해체하기 쉽도록 패널에 플러그를 펼쳐 배열하였으나 현장에서는 전선을 바로 결선하여 고정한다.

각각의 단자에 어떻게 번호를 부여할 것인가는 PLC 기종마다 다르기는 하지만 어느 기종이든 단자 배치 순서대로 차례로 번호를 부여해 나가기 때문에 어느 단자에 전압이나 전류가 들어오면 PLC는 몇 번째 단자에 버튼이 눌리는지를 인식한다.

LS산전 XGI		LS산전 XGT_XEC		미쓰비시 Melsec Q Series	
입력단자번호	출력단자번호	입력단자번호	출력단자번호	입력단자번호	출력단자번호
P000	P020	%IX0,0,0	%QX0,1,0	X00	Y20
P001	P021	%IX0,0,1	%QX0,1,1	X01	Y21
P002	P022	%IX0,0,2	%QX0,1,2	X02	Y22
P003	P023	%IX0,0,3	%QX0,1,3	X03	Y23
⋮	⋮	⋮	⋮	⋮	⋮

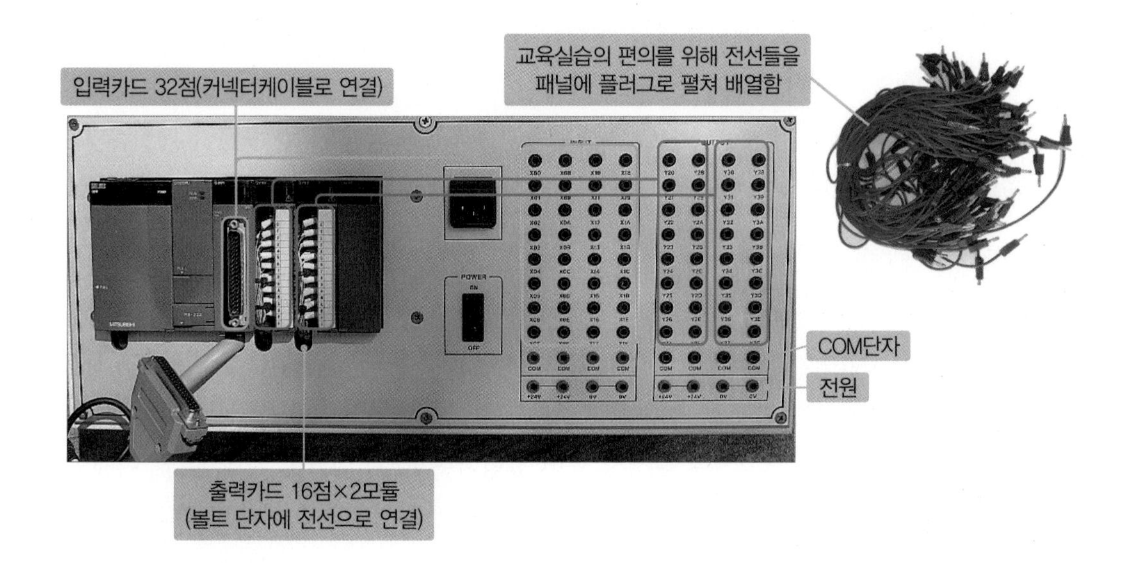

미쓰비시 MELSEC-Q 시리즈의 경우를 설명하면 다음과 같다.

(1) 베이스(마더보드)의 번호체계

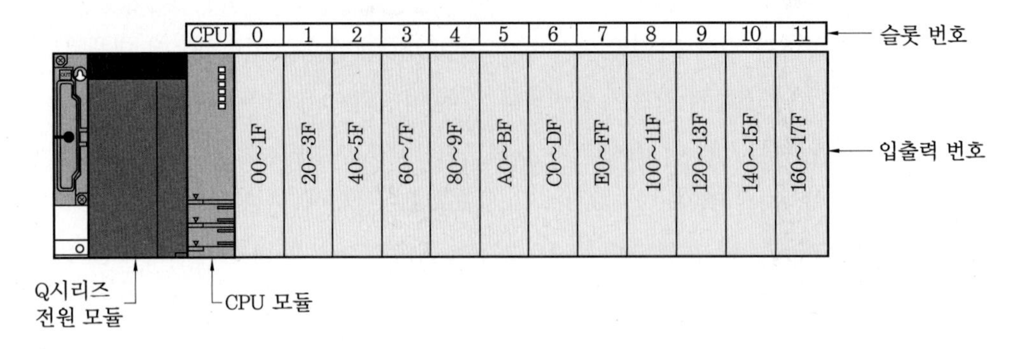

입력카드, 출력카드 등이 장착되면 번호를 부여받게 되는데 16진수 체계에 의해 0번 슬롯에 카드가 장착되면 00~0F, 10~1F인 32점을 사용할 수 있다. 같은 방법으로 1번 슬롯에 카드가 장착되면 20~2F, 30~3F인 32점, 2번 슬롯에는 40~5F를 16비트 단위로 부여받는다. 즉 0번 슬롯에 32점 입력카드가 장착되고 1번 슬롯에 32점 출력카드가 장착된다면 00~1F까지 버튼스위치 등 입력요소를 부착할 수 있고 20~3F까지 램프, 모터 등 출력요소를 부착할 수 있다(슬롯별 할당 변경은 매뉴얼에 따라 가능하다).

(2) 입력신호 체계

버튼이나 센서 등의 신호가 들어오면 슬롯번호에 부여된 번호 범위에서 입력카드 핀 번호에 따라 구분하여 인식한다. 미쓰비시 PLC QX41 모델의 경우 왼쪽에 B1~B20개 핀, 오른쪽에 A1~A20개 핀 40개 핀 중 1~4번을 제외한 나머지 핀이 기기를 입력요소에 연결하여 사용하는 핀이다.

B20번 PIN에 스위치를 통해 0V(-)를 입력하면 PLC는 X00번지에 입력이 들어왔다고 인식하여 CPU에서 제어 처리한다.

① 입력카드가 0번 슬롯에 장착되어 있으므로 X00~X1F까지 사용한다.

② MELSEC Q Series에서는 입력을 "X", 출력을 "Y"로 사용한다.

③ Plus(+) COM, 0V(-) 입력의 의미 : PLC 내부에서 LED 램프를 켜 신호를 받아들이는데 램프를 켜기 위해서는 전구를 켜듯이 "+", "-" 전원이 공급되어야 한다. 따라서 "+"를 Common하고 "-"를 스위치나 센서를 통해 입력하여 LED 램프를 켜게 된다. 이때 센서를 사용해야 할 경우 겉모양은 비슷하나 센서에서 감지되면 "-"가 출력되는 NPN Type과 "+"가 출력되는 PNP Type이 있기 때문에 "-"가 출력되는 NPN Type을 사용해야 한다.

DC Input Module (Positive Common Type)

제품 사진	Pin-Outs	Pin No.	Signal No.	Pin No.	Signal No.
0V(−)입력		B20	X00	A20	X10
		B19	X01	A19	X11
		B18	X02	A18	X12
		B17	X03	A17	X13
		B16	X04	A16	X14
		B15	X05	A15	X15
		B14	X06	A14	X16
		B13	X07	A13	X17
		B12	X08	A12	X18
External Connection		B11	X09	A11	X19
		B10	X0A	A10	X1A
		B09	X0B	A09	X1B
		B08	X0C	A08	X1C
		B07	X0D	A07	X1D
		B06	X0E	A06	X1E
	Module front view	B05	X0F	A05	X1F
		B04	Vacant	A04	Vacant
		B03	Vacant	A03	Vacant
		B02	COM	A02	Vacant
Plus(+) COM		B01	COM	A01	Vacant

B20 B19 B18 B17 B16 B15 B14 B13 B12 B11 B10 B9 B8 B7 B6 B5 B4 B3 B2 B1
A20 A19 A18 A17 A16 A15 A14 A13 A12 A11 A10 A9 A8 A7 A6 A5 A4 A3 A2 A1

B20
A05
B01, B02
24 VDC
LED
Internal circuit
LED

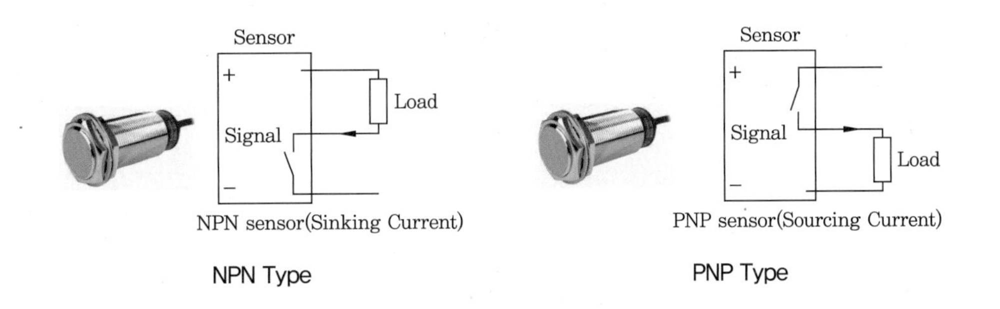

NPN Type

PNP Type

(3) 출력신호 체계

PLC의 CPU에서 제어처리를 한 다음 결과를 출력카드를 통해 신호를 내보내는데 슬롯 번호에 부여된 번호 범위에서 핀 번호에 따라 구분하여 보낸다. 미쓰비시 PLC QY41P 모델의 경우 입력카드에서와 같이 왼쪽에 B1~B20개 핀, 오른쪽에 A1~A20개 핀 40개 핀 중 1~4번을 제외한 나머지 핀이 출력요소에 연결하여 사용하는 핀이다.

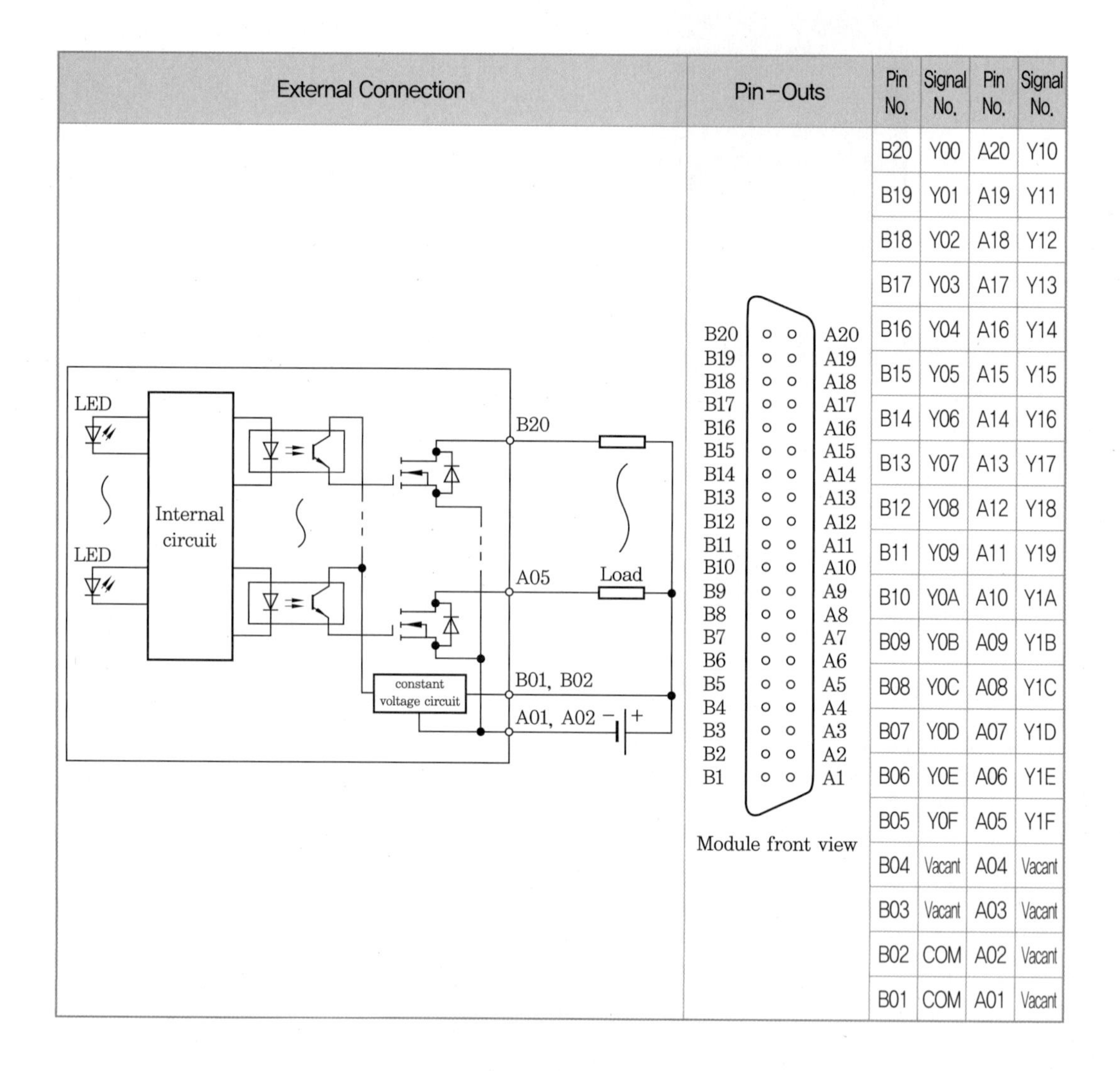

Pin No.	Signal No.	Pin No.	Signal No.
B20	Y00	A20	Y10
B19	Y01	A19	Y11
B18	Y02	A18	Y12
B17	Y03	A17	Y13
B16	Y04	A16	Y14
B15	Y05	A15	Y15
B14	Y06	A14	Y16
B13	Y07	A13	Y17
B12	Y08	A12	Y18
B11	Y09	A11	Y19
B10	Y0A	A10	Y1A
B09	Y0B	A09	Y1B
B08	Y0C	A08	Y1C
B07	Y0D	A07	Y1D
B06	Y0E	A06	Y1E
B05	Y0F	A05	Y1F
B04	Vacant	A04	Vacant
B03	Vacant	A03	Vacant
B02	COM	A02	Vacant
B01	COM	A01	Vacant

PLC의 CPU에서 제어 처리를 한 다음 출력신호를 밖으로 보내는데 회로도대로 B1, B2에 "+"를 A1, A2에 "−"를 결선하였을 경우 그림의 Y00~Y1F에 "−" 신호를 내보내는 것으로 표시되어 있으나 실제로는 출력카드가 "1번" 슬롯에 장착되어 있으므로 20~3F에 신호를 출력한다. 예를 들면 PLC가 Y20에 출력을 내보내면 B20번 핀에서 "−" 신호가 출력된다.

① 출력카드가 1번 슬롯에 장착되어 있으므로 Y20~Y3F까지 사용한다.
② Melsec Q Series에서는 입력을 "X", 출력을 "Y"로 사용한다.
③ PLC에서 나오는 전류는 미세한 전류(소전류 ; DC 24V 0.1~2 A)이므로 직접 모터 등 실제 부하를 구동할 수 없고 계전기 코일을 구동하여 접점에 동력선을 연결하는 방법을 사용한다.

6 하드웨어 및 제어시스템 구성도

6-1 제어공정 처리 순서

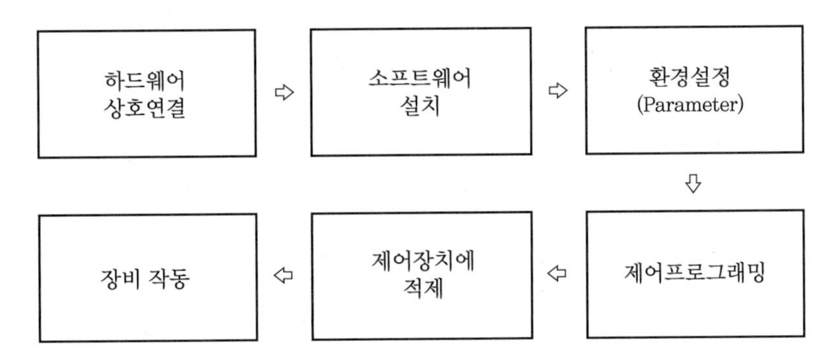

PLC는 온도처럼 연속된 양(Analog Data)의 데이터를 처리(덧셈, 뺄셈 등)하지 못하므로 연속된 양(Analog Data)을 수치(Digital Data)로 바꿔준 다음 처리하고, 다시 연속된 양으로 내보내야 한다. 따라서 Analog Data(전압, 전류 값)를 Digital Data(수치)로 변환해 주는 A/D 모듈과 Digital Data(수치)를 Analog Data(전압, 전류 값)로 변환해 주는 D/A 모듈을 장착하여 처리한다.

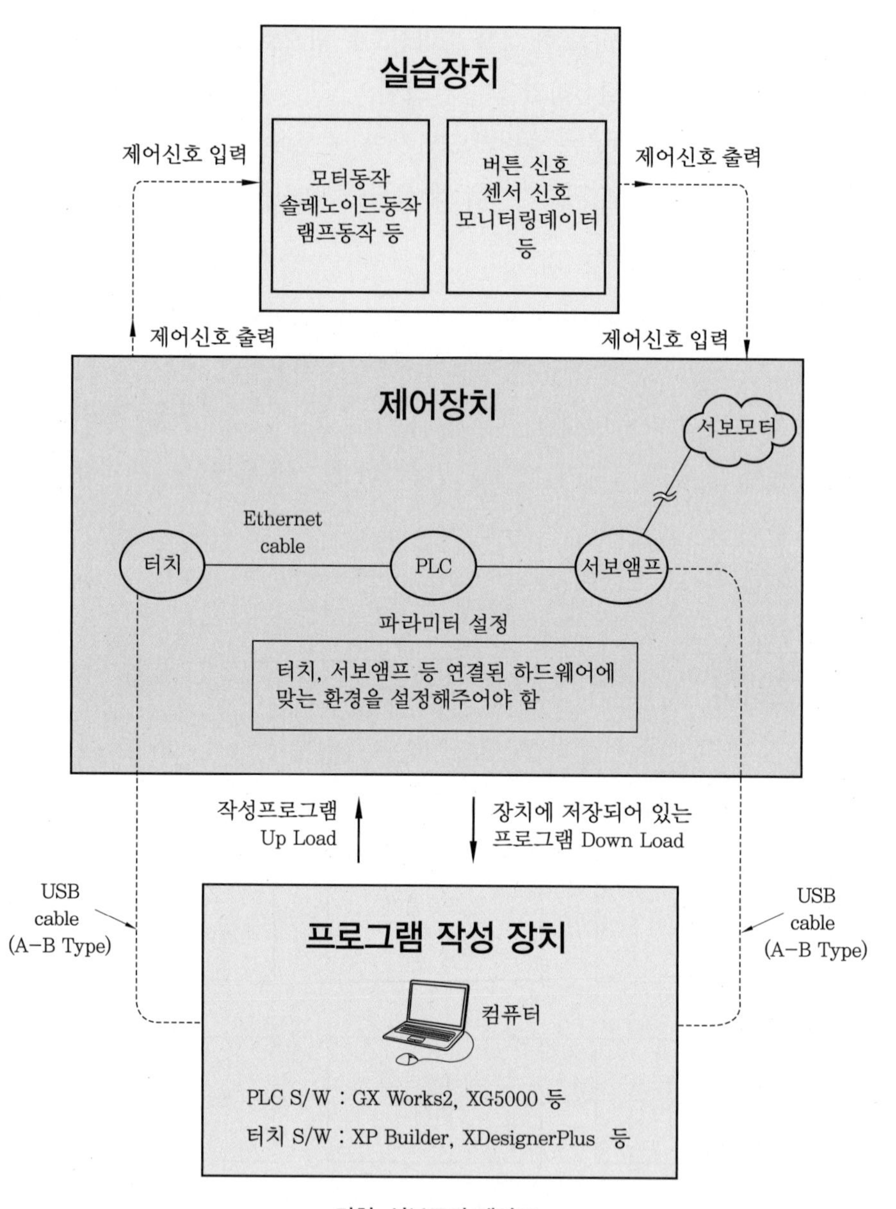

터치, 서보모터 제어도

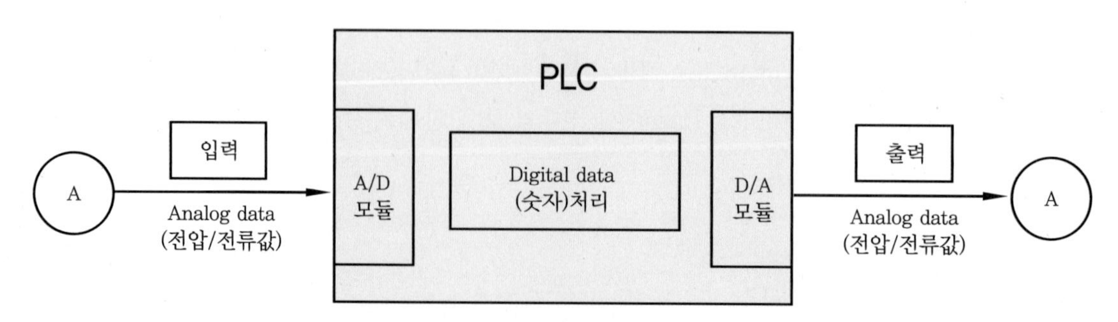

A/D, D/A 제어도

6-2 서보모터

서보모터 장치는 PLC에 장착된 위치결정모듈과 같은 제어(Control)부와 제어신호에 의해 Powerful하게 동작시키는 장치인 서보앰프 모듈, 그리고 모터와 모터의 회전운동을 직선운동으로 변환할 뿐 아니라 모터를 지지하는 리프트모듈 등으로 구성되어 있다. 대표적인 제품은 다음과 같다.

(1) 서보앰프 모듈 : MR-J4-10A

제원

- 인터페이스 : 펄스열, 아날로그, DIO, RS-422 멀티드롭(대응예정)
- 제어모드 : 위치, 속도, 토크, 풀 클로즈드
- 정격용량 : 50 W, 100 W용
- 입력전원 : 삼상 또는 단상 AC 200~240 V
- 대응모터 시리즈 : HG-KR, HG-MR

(2) 서보모터 : HG-KR13

제원

- 정격출력용량 : 100 W
- 정격회전속도 : 3000(6000) r/min
- 서보모터 종류 : 표준모터
- 규격대응 : 유럽EC, UL, CSA
- 보호구조 : IP65(축 관통부 제외)
- 특징 : 저관성, 일반산업기계에 최적

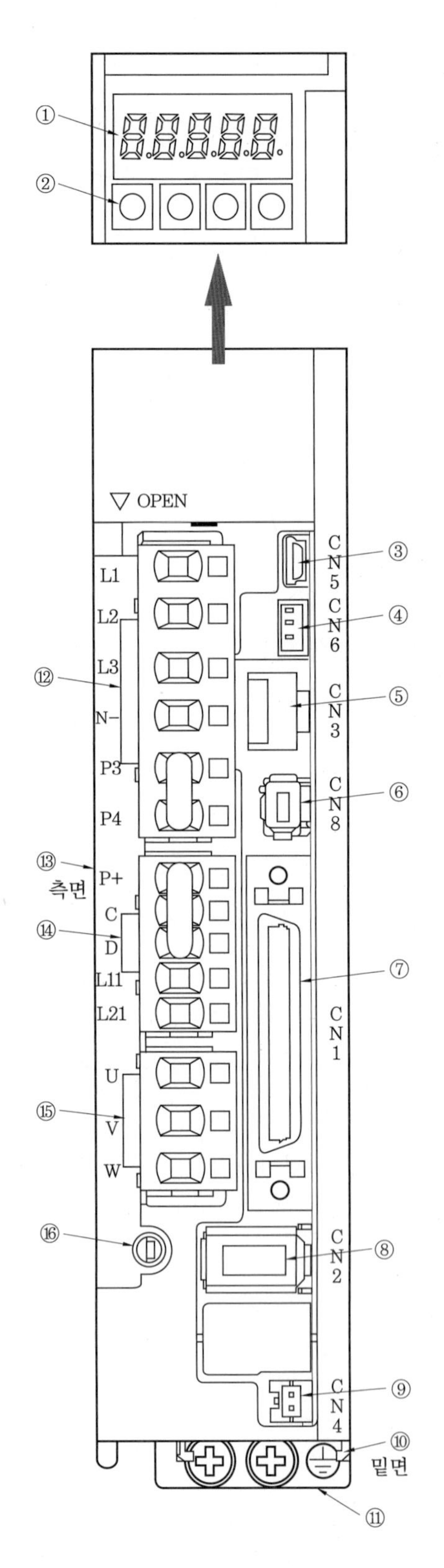

번호	명칭 · 용도
①	표시부 : 5자릿수 7세그먼트 LED에 의해 서보의 상태 · 알람 번호를 표시한다.
②	조작부 : 상태 표시 · 진단 · 알람 및 파라미터를 조작한다. MODE UP DOWN SET SET: 데이터를 설정한다. UP/DOWN: 각 모드에서 표시 데이터를 변경한다. MODE: 모드를 변경한다.
③	USB 통신용 커넥터(CN5) : PC와 접속한다.
④	아날로그 모니터 커넥터(CN6) : 아날로그 모니터를 출력한다.
⑤	RS-422 커넥터(CN3) : PC 등을 접속한다.
⑥	STO 입력신호용 커넥터(CN8) : MR-J3-D05 세이프티 논리 유닛이나 외부 세이프티 릴레이를 접속한다.
⑦	입출력 신호용 커넥터(CN1) : 디지털 입출력 신호를 접속한다.
⑧	엔코더 커넥터(CN2) : 서보모터 엔코더에 접속한다.
⑨	배터리용 커넥터(CN4) : 절대위치 데이터 보존용 배터리를 접속한다.
⑩	배터리 홀더 : 절대위치 데이터 보존용 배터리를 장착한다.
⑪	보호 접지(PE)단자 : 접지단자
⑫	주회로 전원 커넥터(CNP1) : 입력 전원을 접속한다.
⑬	정격명판
⑭	제어회로 커넥터(CNP2) : 제어회로 전원 · 회생옵션을 접속한다.
⑮	서보모터 전원 커넥터(CNP3) : 서보모터를 접속한다.
⑯	차지램프 : 주회로에 전하가 존재하고 있을 때 점등한다. 점등 중에 전선의 연결 변경 등을 실행하면 안 된다.

MR-J4-200A 이하

6-3 터치스크린

기계 각각의 공정들을 사람이 이해할 수 있는 방향으로 발전하는 단계에서 그림으로 나타내고 직접 손으로 만져서 확인할 수 있는 터치스크린 장치가 개발되었다.

(1) HMI의 정의

인간 기계 접속장치(Human Machine Interface, HMI)는 작업 공정에 연관된 데이터를 인간이 인지할 수 있는 형태로 나타내고, 이를 통해 해당 공정을 제어할 수 있도록 돕는 도구를 말한다.

- HMI : Human Machine Interface
- MMI : Man Machine Interface

같은 의미로 쓰이며 처음에는 MMI로 불리다가 남녀평등을 위해서 HMI라 부르기 시작했다.

(2) 제조사별 패널

① LS산전 XGT Panel

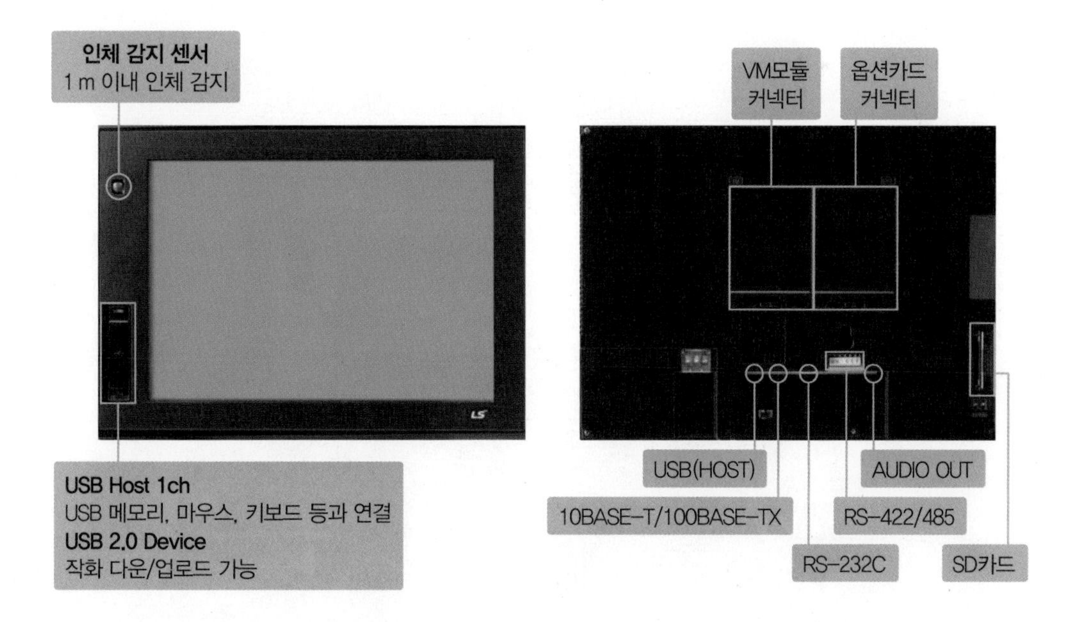

② 미쓰비시 Panel

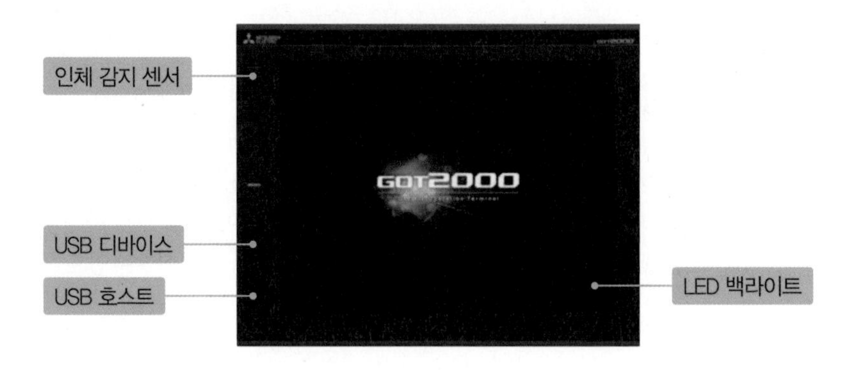

7 장비의 구조 및 환경 설정

7-1 장비 구성

실습장치 PLC 구성

실습장치의 구성요소

<table>
<tr><th colspan="2">구분</th><th>제조사</th><th>모델명</th></tr>
<tr><td rowspan="5">PLC</td><td>POWER</td><td rowspan="7">미쓰비시</td><td>Q62P</td></tr>
<tr><td>CPU</td><td>Q03UDECPU</td></tr>
<tr><td>입력모듈</td><td>QX41</td></tr>
<tr><td>출력모듈</td><td>QY41P</td></tr>
<tr><td>위치결정모듈</td><td>QD75P1N</td></tr>
<tr><td rowspan="3">서보</td><td>서보앰프 모듈</td><td>MR-J4-10A</td></tr>
<tr><td>서보모터</td><td>HG-KR13</td></tr>
<tr><td>리프트 모듈</td><td>아이로보</td><td>SAN65</td></tr>
<tr><td rowspan="7">실린더
(7EA)</td><td>공급실린더</td><td rowspan="7">TPC메카트로닉스</td><td>TCP1B16-60</td></tr>
<tr><td>분배실린더</td><td>TCP1B16-100</td></tr>
<tr><td>가공실린더</td><td>ADRM10-50</td></tr>
<tr><td>취출실린더</td><td>TCP1B16-60</td></tr>
<tr><td>스토퍼실린더</td><td>TCQ2 B20-10SM</td></tr>
<tr><td>흡착실린더</td><td>TCP1B16-100</td></tr>
<tr><td>저장테이블실린더</td><td>TCP1B16-60</td></tr>
<tr><td rowspan="2">검사 모듈</td><td>용량형 센서</td><td rowspan="2">오토닉스</td><td>CR18-8DN</td></tr>
<tr><td>유도형 센서</td><td>PRL18-8DN</td></tr>
<tr><td colspan="2">HMI 모듈</td><td>엠투아이</td><td>XTOP10TW-UD(-E)</td></tr>
<tr><td colspan="2">서비스 유닛</td><td rowspan="2">TPC메카트로닉스</td><td>PP2-G02</td></tr>
<tr><td colspan="2">솔레노이드 밸브 모듈</td><td>DV1220</td></tr>
<tr><td colspan="2">이송 모듈</td><td>모터뱅크(로봇마트)</td><td>GM35B-3229(24V)</td></tr>
</table>

(1) 장비 공압회로도

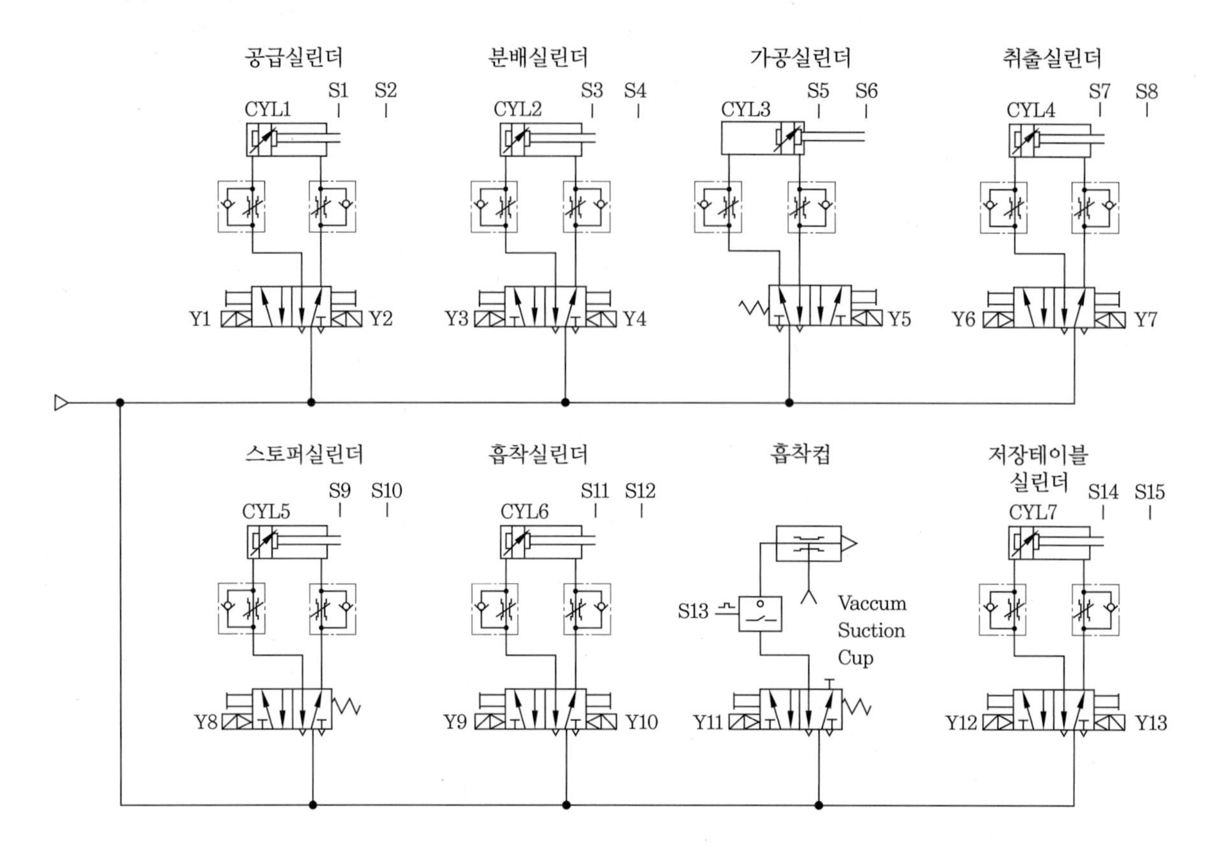

(2) PLC 장비 I/O 할당표(참고용)

입력			출력		
메모리 할당	기호	기능	메모리 할당	기호	기능
X00	CS1	공급실린더 후진센서	Y20	SOL1	공급실린더 전진
X01	CS2	공급실린더 전진센서	Y21	SOL2	공급실린더 후진
X02	CS3	분배실린더 전진센서	Y22	SOL3	분배실린더 전진
X03	CS4	분배실린더 후진센서	Y23	SOL4	분배실린더 후진
X04	CS5	가공실린더 전진센서	Y24	SOL5	가공실린더
X05	CS6	가공실린더 후진센서	Y25	SOL6	취출실린더 전진
X06	CS7	취출실린더 후진센서	Y26	SOL7	취출실린더 후진
X07	CS8	취출실린더 전진센서	Y27	SOL8	스토퍼실린더
X08	CS9	스토퍼실린더 전진센서	Y28	SOL9	흡착실린더 전진

X09	CS10	스토퍼실린더 후진센서	Y29	SOL10	흡착실린더 후진
X0A	CS11	흡착실린더 후진센서	Y2A	SOL11	흡착컵(진공)동작
X0B	CS12	흡착실린더 전진센서	Y2B	SOL12	저장테이블실린더 전진
X0C	CS13	저장테이블실린더 후진센서	Y2C	SOL13	저장테이블실린더 후진
X0D	CS14	저장테이블실린더 전진센서	Y2D	M1	가공모터
X0E	VS1	흡착컵 물품감지센서	Y2E	M2	컨베이어벨트
X0F	S1	매거진감지센서원형			
X10	S2	매거진감지센서사각형			
X11	S3	용량형 센서			
X12	S4	유도형 센서			
X13	S5	스토퍼광 센서			
X14	ENC	컨베이어모터 엔코더			
X15	PB1	푸쉬버튼스위치1			

8 PLC

PLC는 기계를 제어하기 위한 제어반에 설치된 푸시버튼 스위치나 선택 스위치, 디지털 스위치 등의 지령 입력 또는 기기의 동작 상태를 검출하는 리미트 스위치, 근접 스위치, 광전 스위치 등의 센서 입력에 의해 동작한다. 그리고 솔레노이드밸브, 모터, 전자클러치 등의 구동용 부하나 램프, 디지털 표시기 등의 표시 부하를 제어하는 장치이다.

전 원	CPU	입력모듈	출력모듈	특수모듈	DUMMY	DUMMY
	Q03UDE	QX41	QY41P	QD75P1N		

9 장비 상호간 연결

9-1 컴퓨터와 PLC

① PLC가 제어동작을 수행하도록 프로그램을 작성해 줘야 하는데 PLC 스스로 프로그램을 작성할 수 있는 능력이 없으므로 컴퓨터에서 작성하여 PLC에 프로그램을 보내줘야 한다.

② 컴퓨터와 PLC의 통신(연결)은 USB A-Mini5P타입 케이블에 의해 연결되고 길이가 10 m 이상 길어질 경우 증폭기(리피터)를 설치해야 한다.

USB A-Mini5P 케이블　　　증폭기(리피터)

9-2 프로그램 쓰기/읽기

(1) 컴퓨터-PLC 연결

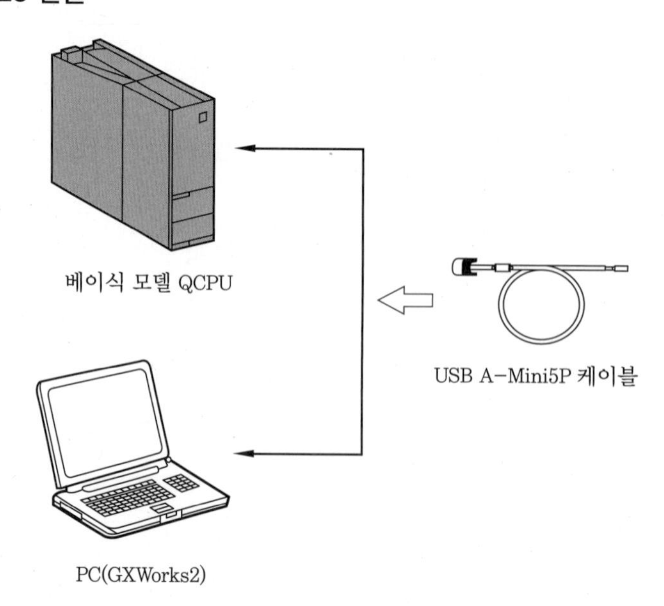

(2) 컴퓨터에서 작성한 프로그램을 PLC에 쓰기/읽기

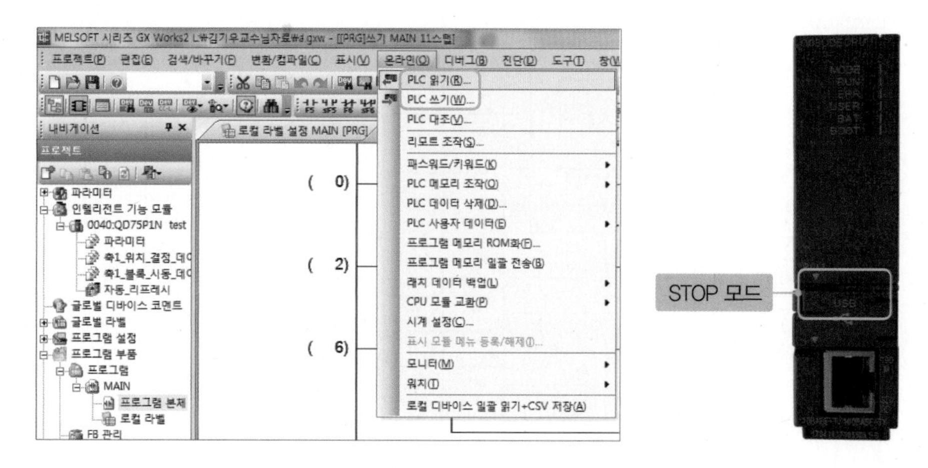

프로그램에서 PLC 쓰기를 하기 위해서는 PLC의 CPU 모듈에 있는 스위치를 RESET 모드로 2~3초간 눌러 빨간불이 깜박거리는 것을 확인한 후 STOP 모드로 설정해 줘야 쓰기가 가능하며 동작을 생략할 경우 에러가 발생한다.

(3) 실행하기

프로그램을 PLC 쓰기 한 후 실행을 하기 위해서는 PLC의 CPU 모듈에 있는 스위치를 RUN 모드로 설정해 줘야 한다.

9-3 PLC와 서보앰프

서보모터의 동작은 큰 힘이 소요되므로 적은 전류의 PLC에 의해 동작하는 것이 아니고 별도의 장치(서보앰프)에 의해 동작한다. 서보모터의 제어는 PLC 위치결정모듈(QD75P1N)에 의해 서보앰프를 제어한다.

(1) PLC와 서보앰프의 연결

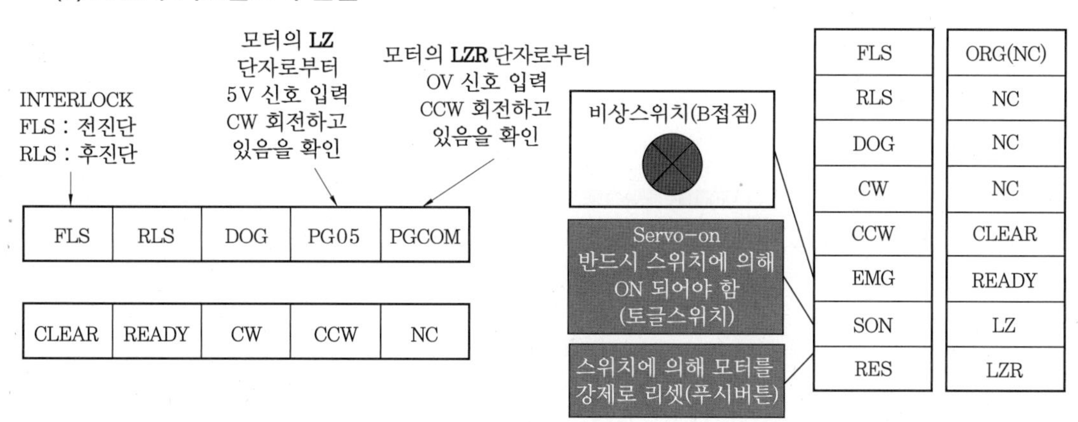

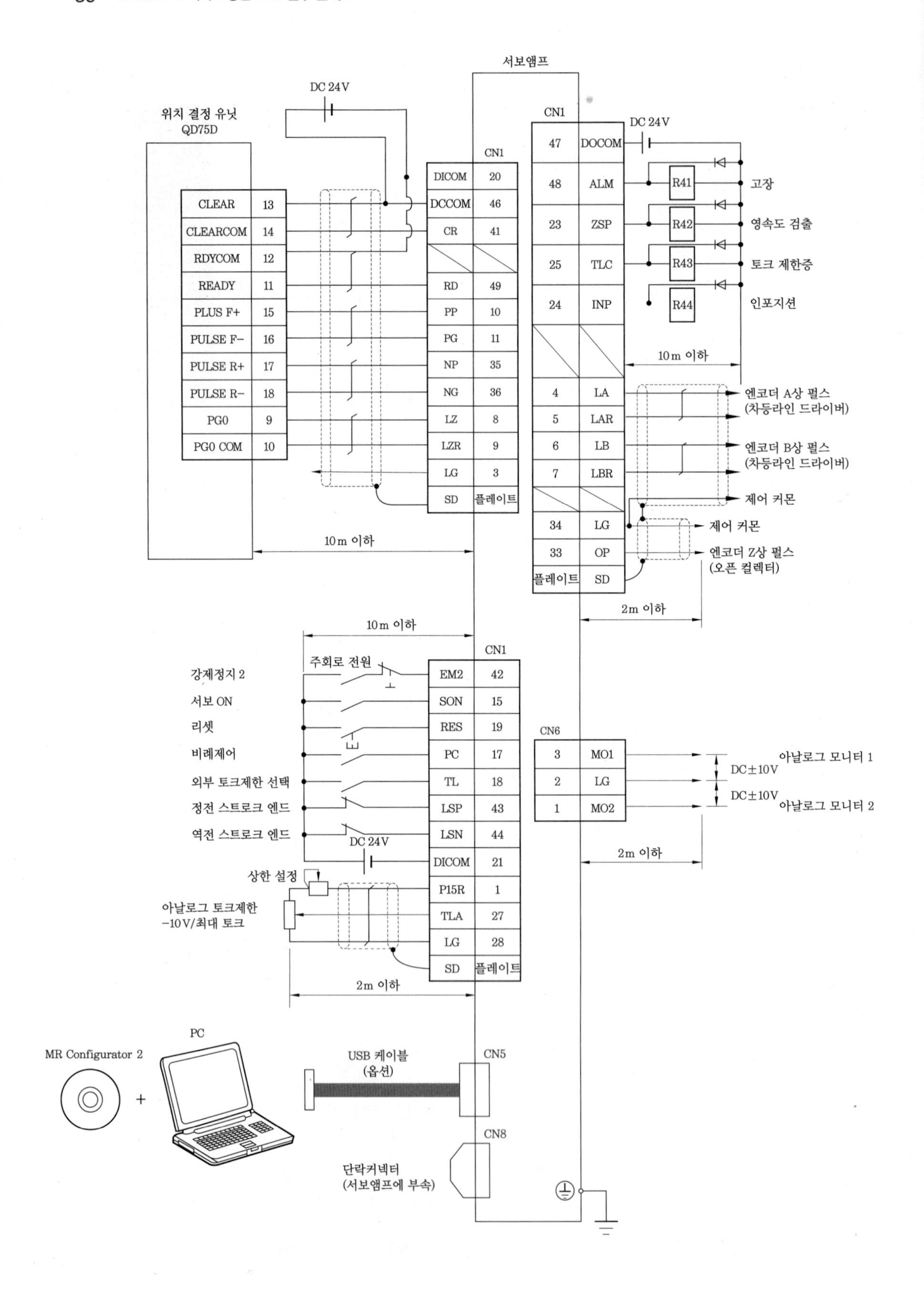
서보앰프
DC 24V
위치 결정 유닛
QD75D
CN1
CLEAR 13
CLEARCOM 14
RDYCOM 12
READY 11
PLUS F+ 15
PULSE F− 16
PULSE R+ 17
PULSE R− 18
PG0 9
PG0 COM 10
DICOM 20
DCCOM 46
CR 41
RD 49
PP 10
PG 11
NP 35
NG 36
LZ 8
LZR 9
LG 3
SD 플레이트
10m 이하
CN1
47 DOCOM
48 ALM
23 ZSP
25 TLC
24 INP
4 LA
5 LAR
6 LB
7 LBR
34 LG
33 OP
플레이트 SD
DC 24V
R41
R42
R43
R44
고장
영속도 검출
토크 제한중
인포지션
10m 이하
엔코더 A상 펄스
(차등라인 드라이버)
엔코더 B상 펄스
(차등라인 드라이버)
제어 커몬
제어 커몬
엔코더 Z상 펄스
(오픈 컬렉터)
2m 이하
10m 이하
CN1
주회로 전원
강제정지 2
서보 ON
리셋
비례제어
외부 토크제한 선택
정전 스트로크 엔드
역전 스트로크 엔드
DC 24V
상한 설정
아날로그 토크제한
−10V/최대 토크
EM2 42
SON 15
RES 19
PC 17
TL 18
LSP 43
LSN 44
DICOM 21
P15R 1
TLA 27
LG 28
SD 플레이트
2m 이하
CN6
3 MO1
2 LG
1 MO2
DC±10V
DC±10V
아날로그 모니터 1
아날로그 모니터 2
2m 이하
PC
MR Configurator 2
+
USB 케이블
(옵션)
CN5
CN8
단락커넥터
(서보앰프에 부속)

(2) 서보앰프와 서보모터의 연결

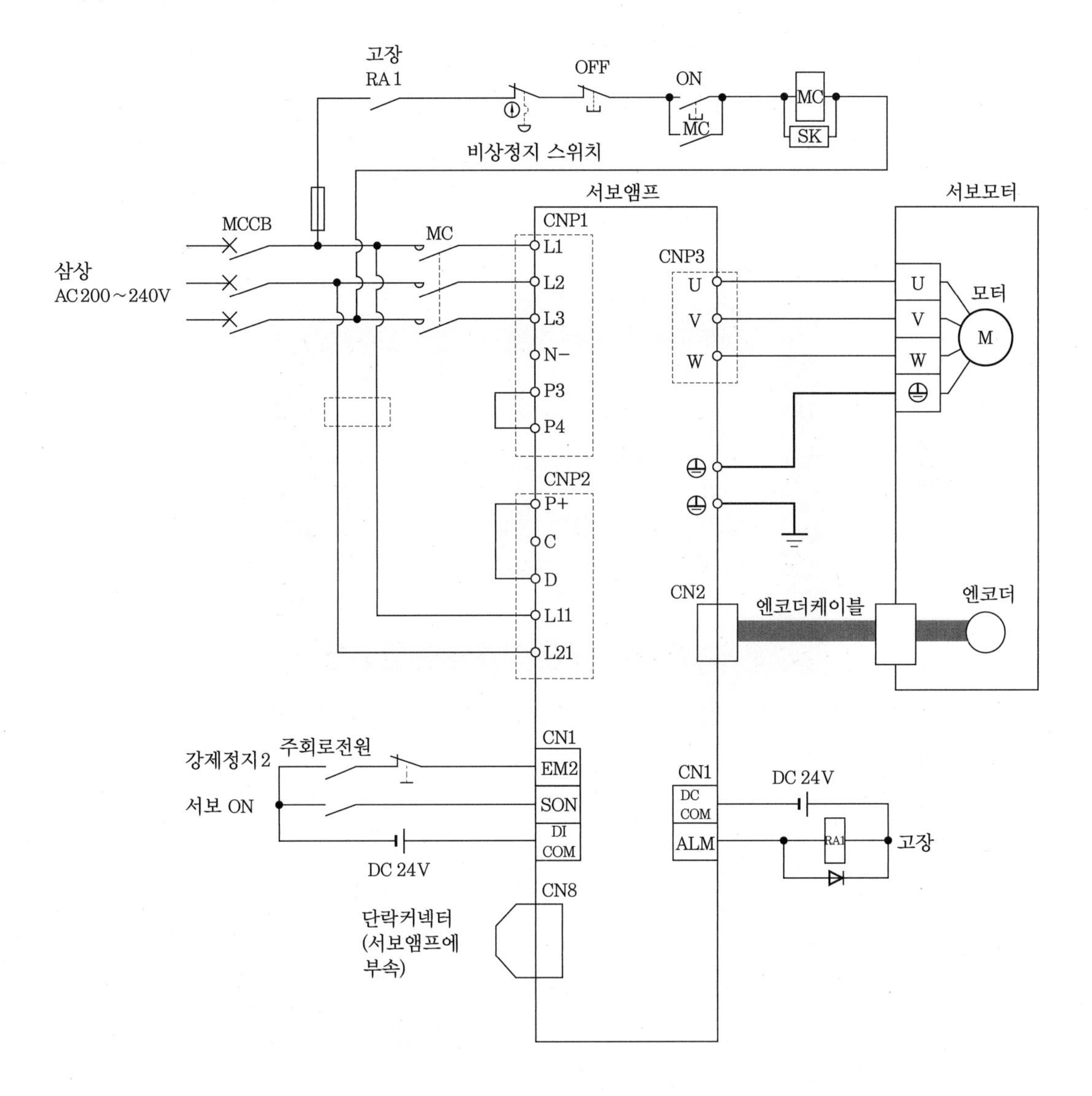

9-4 컴퓨터와 터치패널

터치패널은 PLC의 스위치 버튼 역할을 하거나 램프 또는 FND 역할 등 입력과 출력장치 역할을 한다. 터치패널이 입출력장치 역할을 수행할 수 있도록 프로그램을 작성해 줘야 하는데 스스로 프로그램하는 기능이 없으므로 컴퓨터로 작성하여 입력(쓰기)해 줘야 한다.

(1) 케이블(USB 케이블) 연결

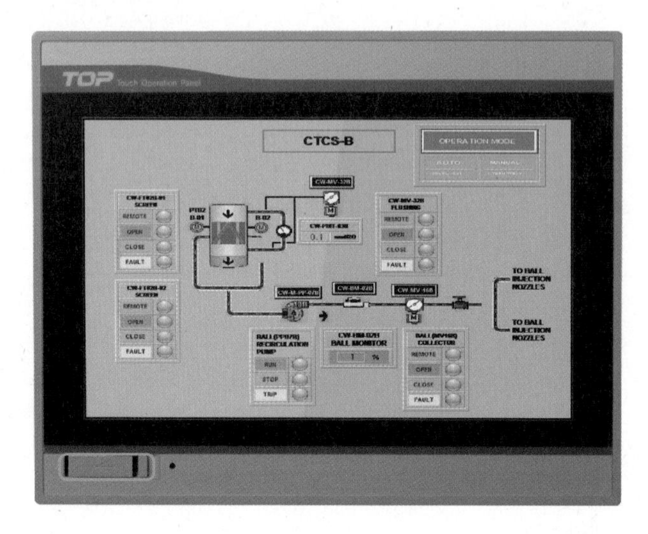

컴퓨터와 터치패널의 통신(연결)은 USB A-Mini5P 타입 케이블에 의해 연결되고 길이가 10 m 이상 길어질 경우 증폭기(리피터)를 설치해야 한다.

(2) 프로그램 쓰기

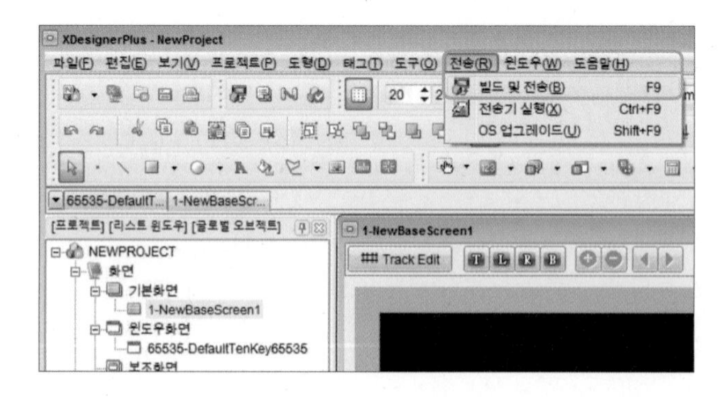

9-5 PLC와 터치패널

컴퓨터에 의해 PLC와 터치패널의 프로그램이 각각 작성되어 저장되었다면 PLC와 터치패널 간의 연결(통신)에 의해 터치패널이 PLC의 입출력스위치 역할을 수행하게 된다.

(1) 케이블(Ethernet 케이블) 연결

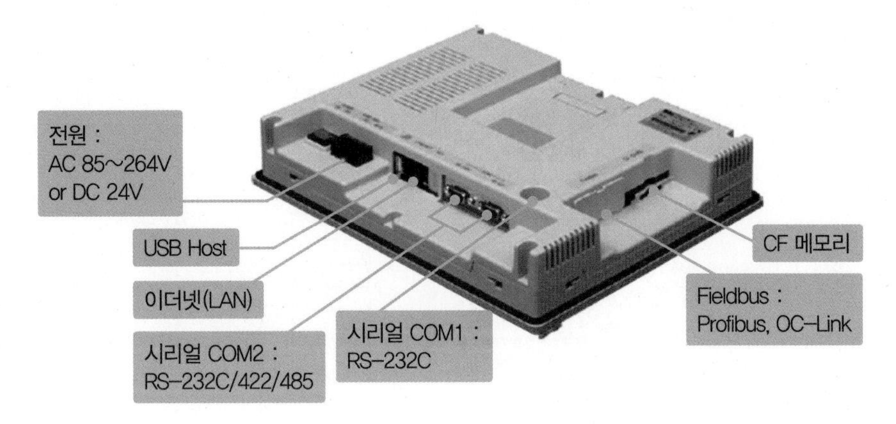

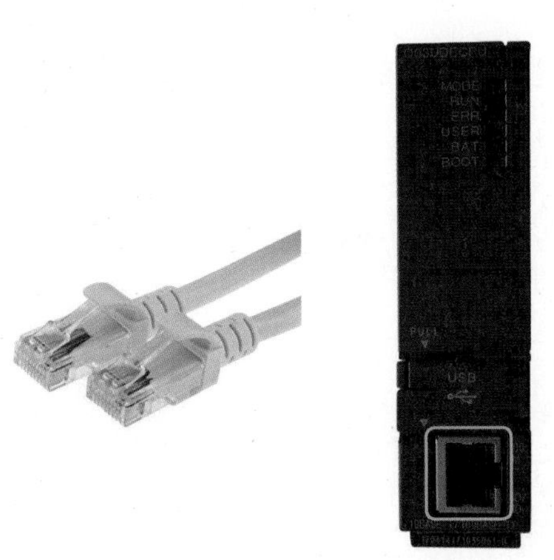

Ethernet 케이블 연결

10 장비 환경 설정

10-1 PLC 파라미터

PLC에 맞는 각종 환경(파라미터)을 설정해 줘야 하는데 실제 작업방법은 프로그램 작성 소프트웨어인 GX Works2 설치 및 사용법에서 설명하기로 한다.

10-2 PLC의 위치결정모듈 파라미터(모델명 : QD75P1N)

서보모터를 구동하기 위해서는 PLC에 부착된 위치결정모듈과 서보모터를 구동하기 위한 서보앰프 각각의 환경(파라미터)을 설정해 줘야 하는데 위치결정모듈은 GX-Works2 인텔리전트 기능 모듈 파라미터에서 설정한다.

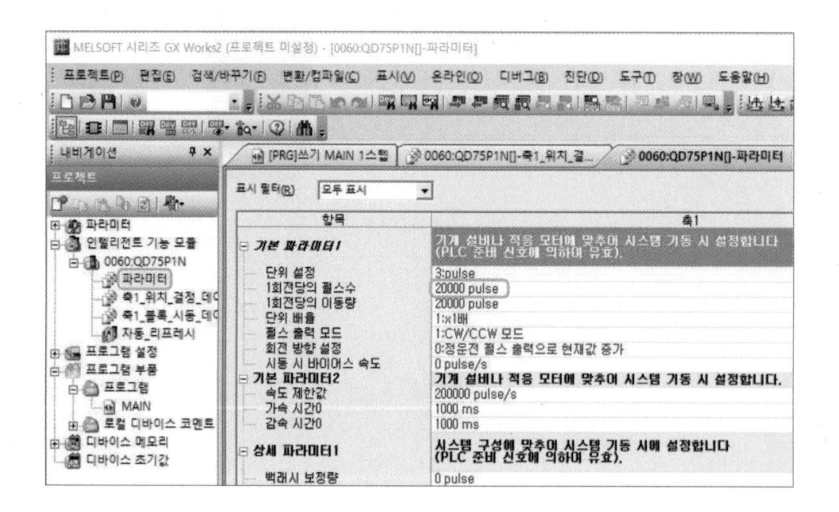

10-3 서보앰프 파라미터(모델명 : MR-J4-A)

서보앰프 파라미터는 앰프의 숫자표시판 바로 밑의 버튼으로 조작한다. 서보앰프의 상단을 열면 그림과 같은 창이 보이는데 예를 들면 MODE에서 PA05 선택 → 10000 또는 20000 입력 → SET 버튼을 눌러 설정한다.

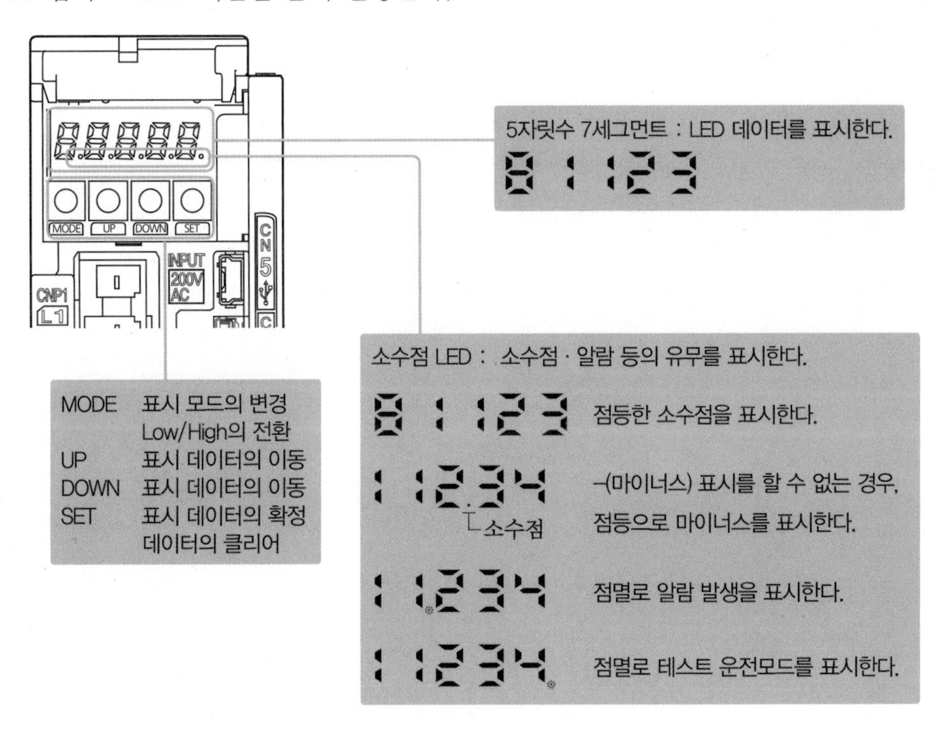

10-4 터치패널 파라미터(모델명 : XTOP10TW-UD-E)

이더넷(Ethernet) 통신을 하기 위해 PLC와 터치패널의 주소 등을 설정해 줘야 한다.

Part 2

PLC(MELSEC-Q 시리즈) 실습

제1장 공통 명령어

Project No.1 램프 켜기 1

⊙ **학습목표** PLC를 사용하기 위한 준비사항을 이해한다.

1. 스위치, 램프 등 입출력요소 연결방법을 알고 부착할 수 있다.
2. 프로그램 작성 소프트웨어를 설치하고 환경설정(Parameter)을 할 수 있다.
3. 컴퓨터에서 작성한 프로그램을 PLC에 보내고 프로그램 결과를 동작으로 확인할 수 있다.

⊙ **동작조건** 버튼스위치를 누르면 램프가 켜진다.

※ PLC를 사용하기 위한 기본적인 준비사항은 본 과제에서 설명하고 있으므로 다음 과제부터는 설명을 생략한다.

1 버튼스위치 및 램프 연결하기

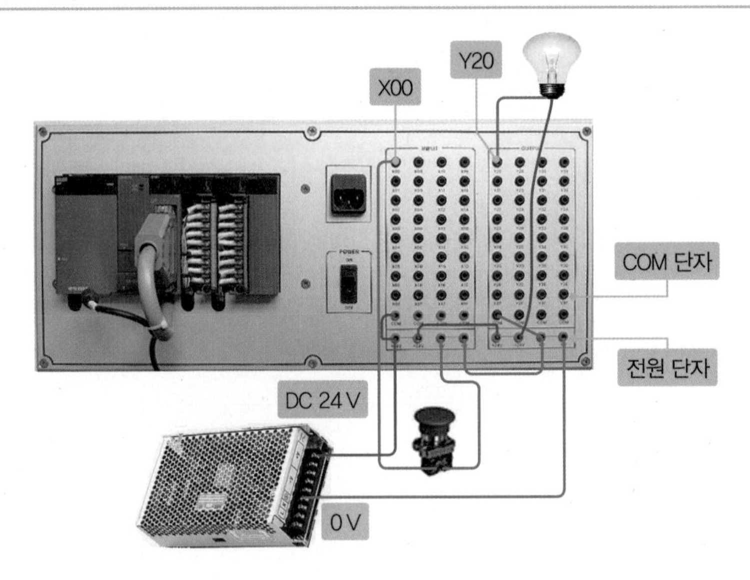

① 장비의 전원단자에 외부 전원을 공급한다.

② 입력카드 COM 단자에 "+"를, 출력카드 COM 단자에 "−"를 공급한다.

③ 입력 첫 번째 접점(X00)에 스위치를 연결하여 "−" 신호를 입력한다.

④ 램프를 켜기 위해서는 "+"와 "−"가 공급되어야 하므로 먼저 "+" 전원을 Common하고 출력한다.

⑤ 첫 번째 접점(Y20)에서 "−"가 출력되면 불이 켜진다.

2 컴퓨터와 PLC 연결하기

① USB A-B Type 케이블을 그림과 같이 연결한다.

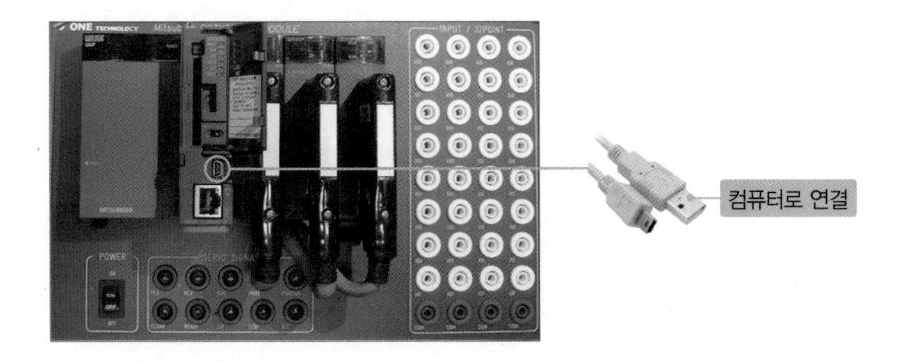

② 윈도우 장치관리자에서 USB Driver를 설정해줘야 한다. Melsec 프로그램 소프트웨어 "GX Works2"를 설치한 다음 올바른 USB 드라이버를 설정한다(지면 관계상 방법은 생략하므로 설정이 어려운 경우 주위 도움을 받기 바란다).

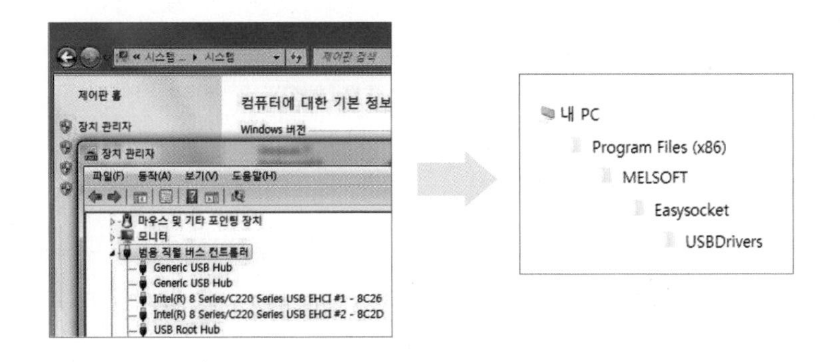

3 프로그램 소프트웨어 설치하기

① 미쓰비시오토메이션(주)에서 제공하는 소프트웨어 압축풀기를 실행한다.

② "GX Works2" 폴더가 생성된다.

③ 폴더 안의 Setup 파일을 실행하여 프로그램을 설치한다.

④ 설치가 완료되면 바탕화면에 아이콘이 생성되며 아이콘을 선택하면 프로그램이 실행된다.

4 환경(parameter) 설정하기

같은 제조사, 같은 종류의 제품이라도 다양한 모델이 있으므로 GX Works2를 실행한 다음 소프트웨어에서 PLC에 장착된 정확한 모델명 지정과 모델이 사용할 환경을 설정한다.

(1) 프로그램 시작

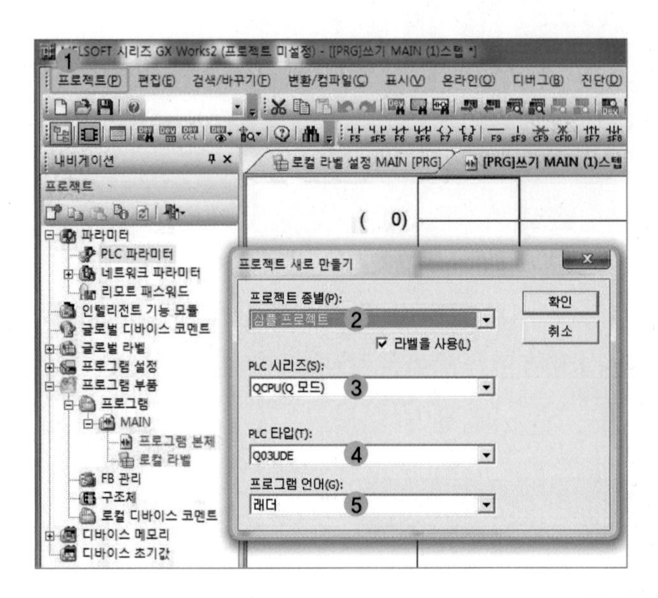

❶ 프로젝트 항목에서 새로 만들기를 선택

❷ 프로젝트 종별에서 심플 프로젝트와 구조화 프로젝트 중 심플 프로젝트를 선택

❸ PLC 시리즈에서는 미쓰비시에서 만든 여러 기종(Q, L, FX) 중 사용하고자 하는 QCPU 시리즈 선택

❹ PLC 타입에서 Q03UDE 선택

❺ 프로그램 언어(LD, SFC, ST) 중 가장 많이 사용되는 래더(LD) 선택

❷ 항목은 펑션블록을 만들어 사용하는 경우 구조화 프로젝트를 선택해야 하고 그렇지 않을 경우 심플 프로젝트를 사용하며, ❸, ❹ 항의 선택은 사용하고자 하는 각 모듈의 상단에 기입된 모델번호와 일치되게 선택한다. ❺ 항목의 경우 프로그램 작성 방법에서 LD는 전기 시퀀스회로 래더(Ladder)도 작성 방법과 유사하므로 우리나라의 경우 가장 많이 사용되고, 플로차트를 그리듯이 작성하는 SFC(Sequence Function Chart), 컴퓨터의 프로그래밍언어와 흡사한 ST(Statement List) 등이 있는데 LD 이외의 방법은 미쓰비시의 홈페이지에서 PDF 파일로 제공되는 매뉴얼을 참고하기 바란다.

(2) 환경(Parameter) 설정

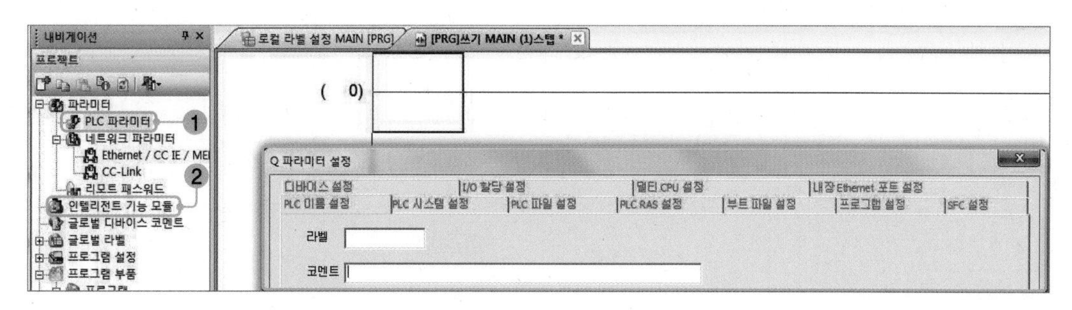

①항의 PLC 파라미터는 구성되는 PLC 모듈들에 대한 세부적인 내용을 설정하는 것이다. 최소한의 기본 구성은 전원공급모듈, CPU, 입력모듈, 출력모듈로 구성되므로 특별한 변경 사항이 없는 경우 초기 설정된 값을 그대로 사용한다. 그러나 Ethernet 카드, A/D, D/A모듈, 위치결정 모듈 등 추가로 증설될 경우 ②항의 인텔리전트 기능에서 해당 모듈을 추가해 줘야 하지만, 이 "Project No.1"에서는 변경하지 않고 초기 설정값을 사용하며 기능모듈이 증설될 경우 그때 설명하기로 한다.

5 프로그램 작성 및 PLC에 입력하기

입력단자 핀 번호 B20에 연결된 버튼스위치는 프로그램에서 X00으로 인식한다. 그리고 프로그램에서 Y20으로 결과를 출력하면 출력단자 핀 번호 B20으로 DC 0 V 신호를 내보낸다.

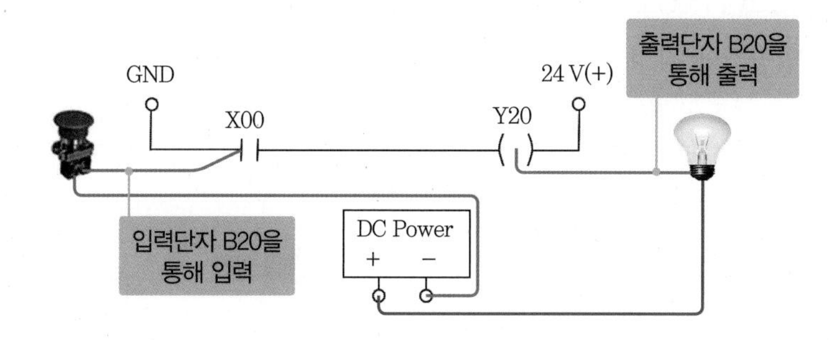

(1) 프로그램 작성하기

프로그램 작성 창의 하얀색 바탕에는 프로그램을 작성할 수 없고 회색으로 만들어 작업 공간을 확보해야 한다. 공간 확보 방법은 **편집(E)－행 삽입(W)**을 마우스 왼쪽 버튼으로 클릭하는 방법과 [Shift]+[Ins] 키를 누르는 방법이 있다("+"는 동시에 누른다는 의미, 지우기는 [Shift]+[Del] 키).

① 프로그램 작성 창에 회색 작업공간을 확보한다(Shift+Ins 키 방법 추천).

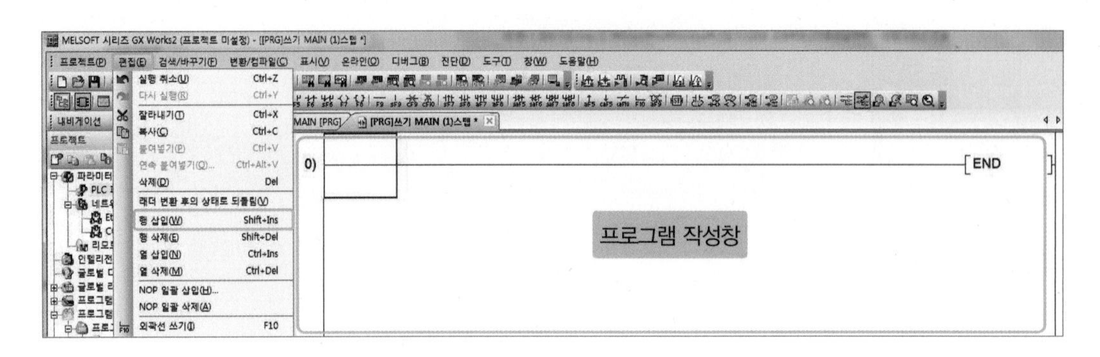

② 윗부분 메뉴바에 있는 아이콘들을 마우스로 클릭하거나 F5, F7, F9(Shift+F9) 키를 눌러 프로그램을 작성한다.

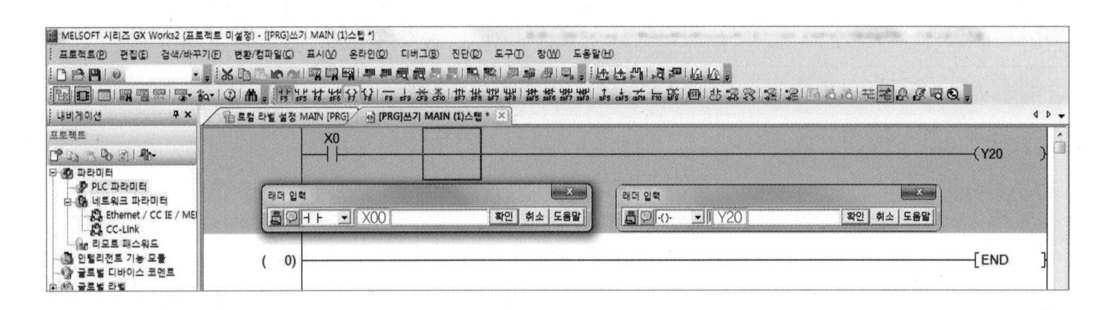

(2) 작성된 프로그램 PLC로 전송하기

① 회색 작업공간에 작성된 프로그램은 PLC로 전송이 불가능하므로 흰색 바탕(컴파일이라고 함)으로 만들어주어야 한다.

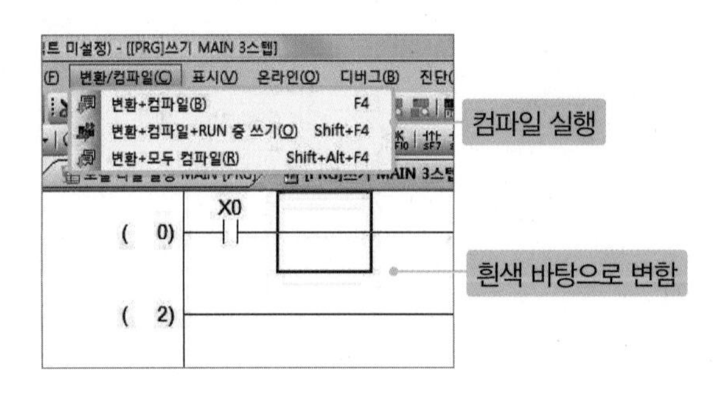

② PLC CPU의 모드 스위치를 **STOP**으로 선택한다.

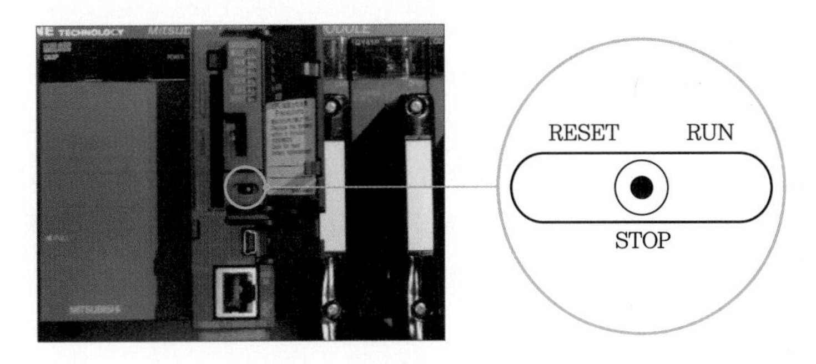

③ **온라인**에서 **PLC 쓰기**를 선택하여 실행한다.

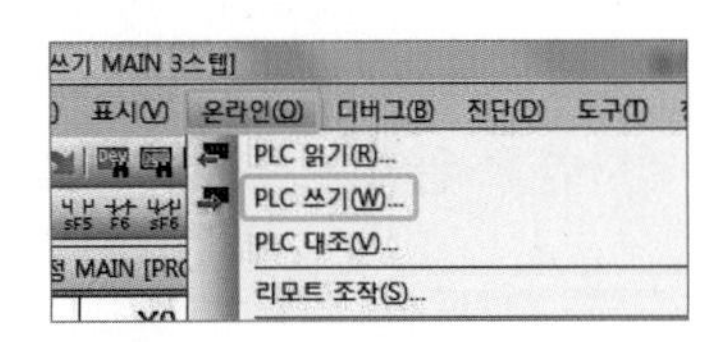

PLC 읽기는 과거 PLC에 저장된 프로그램을 컴퓨터 프로그램으로 읽어오는 명령이다.

6 PLC 동작하기

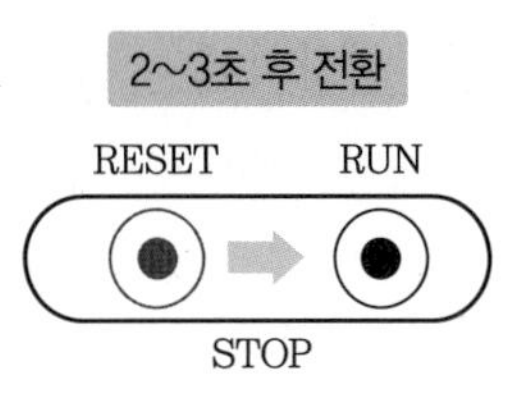

① PLC CPU의 모드 스위치를 **RESET**으로 선택하고, 2~3초 지난 후 **RUN** 모드로 전환한다(**RESET** 선택 후 2~3초 기다리는 대신 PLC 전원을 ON-OFF시켜도 된다).

② 버튼스위치를 누르면 램프가 켜지고 떼면 꺼지는지 확인한다.

7 프로그램 저장하기

프로젝트 항목을 선택한 다음 **프로젝트 저장** 또는 **프로젝트를 다른 이름으로 저장**한다.

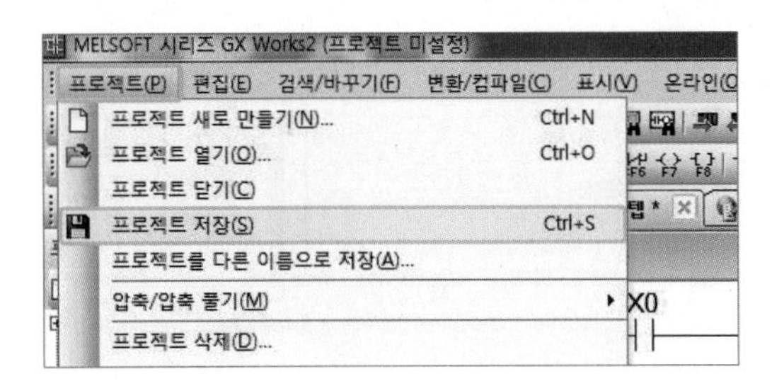

Project No.2

램프 켜기 2

⊙ **학습목표** 스위치 접점에 대하여 이해한다.

⊙ **동작조건** 1. 램프 1이 켜져 있다(ON).

2. 버튼스위치를 누르면 램프 1이 꺼지고(OFF) 램프 2가 켜진다(ON).

3. 버튼스위치를 떼면 원래 상태인 램프 1이 켜지고(ON) 램프 2가 꺼진다(OFF).

※ 앞으로 스위치는 S/W(Switch), 램프는 L 또는 Lamp, 램프가 켜진 상태는 ON, 꺼진 상태는 OFF라 한다.

1 스위치 접점

(1) A접점(Arbeit Contact)

평상시에는 전선이 끊어져 있다가 스위치를 누르면 연결되는 접점으로, 보통 스위치의 경우 A접점이다.

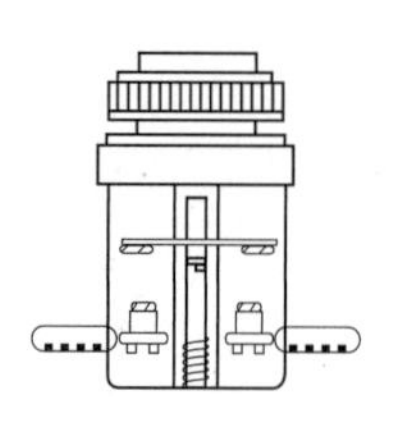

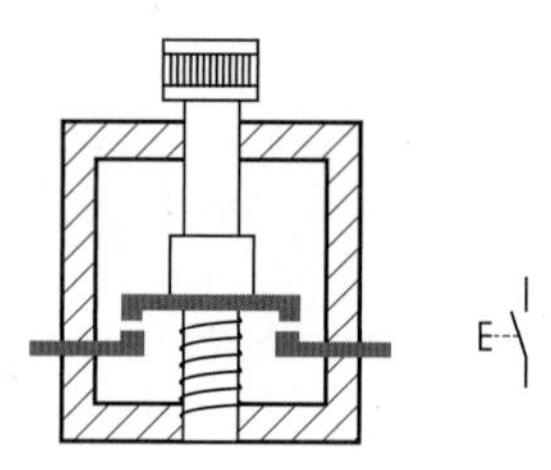

(2) B접점(Break Contact)

평상시에는 전선이 연결되어 있다가 스위치를 누르면 끊어지는 접점으로, A접점의 반대 동작이다.

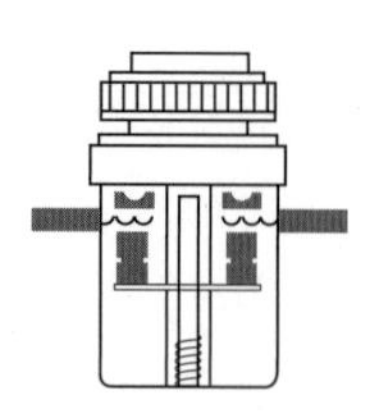

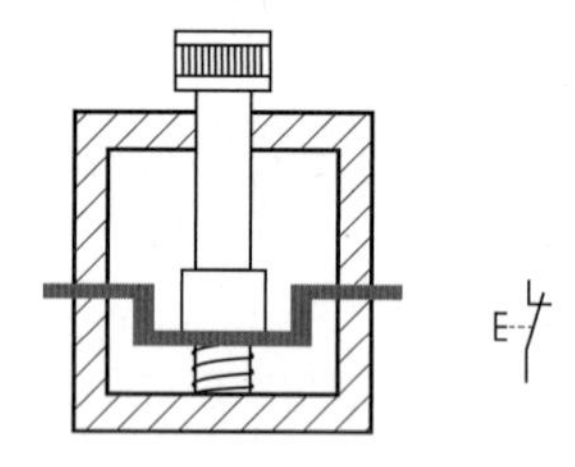

(3) C접점(Change Over Contact)

A접점과 B접점의 기능이 결합된 접점이다.

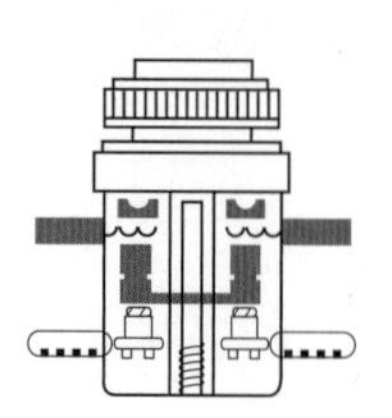

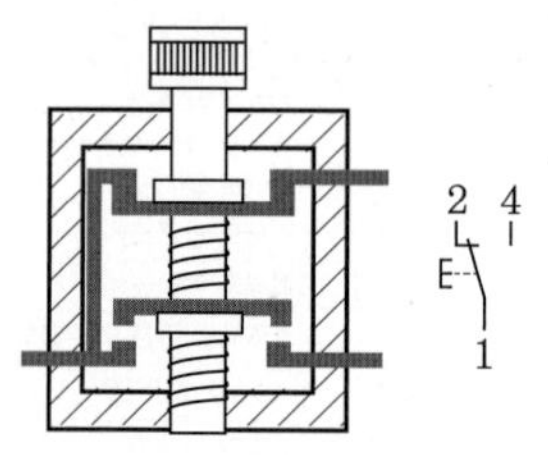

2 회로도 작성방법

(1) IEC 방식(ISO 방식)

전원을 위아래로 배치하고 왼쪽에서 오른쪽으로 회로도를 그려 나가는 방식이다.

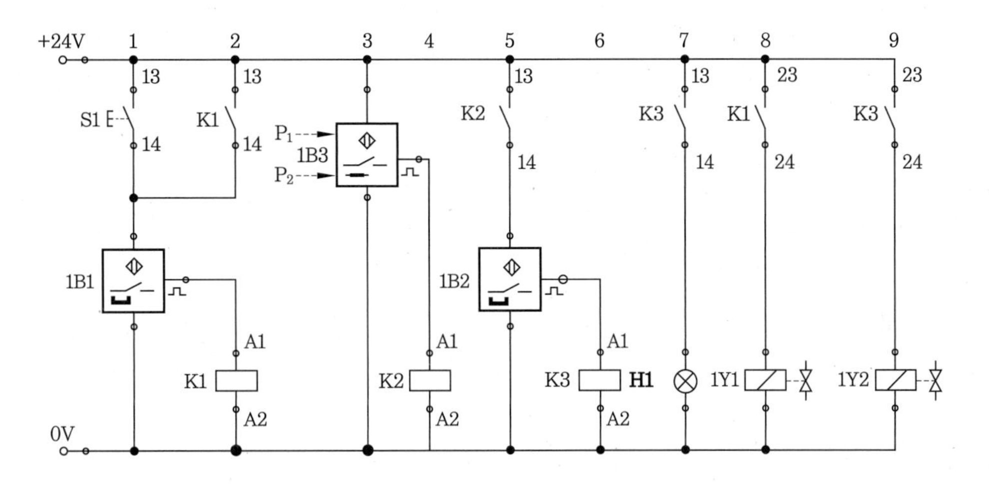

- IEC(International Electrotechnical Commission ; 국제전기기술위원회)
- ISO(International Organization for Standardization ; 국제표준화기구)

(2) Ladder 방식

전원을 좌우로 배치하고 위에서 아래로 마치 사다리처럼 회로도를 그려 나가는 방식이다.

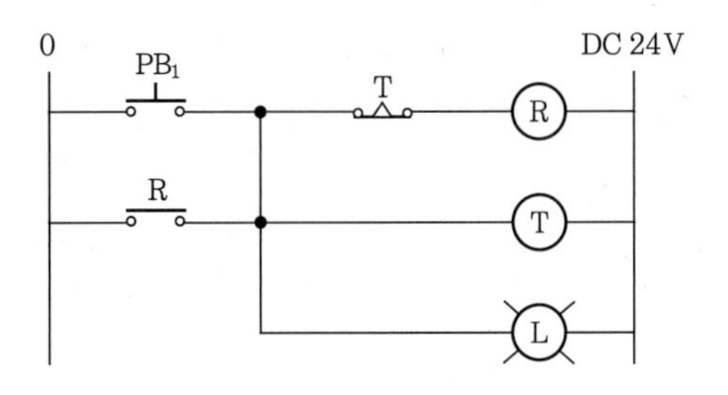

접점기호 비교

IEC 방식		LADDER 방식		비고
A접점	B접점	A접점	B접점	
E	E			버튼스위치
3 4 S_3 3 4	1 2 S_4 1 2			리밋스위치
K_1 A_1 A_2 13 14 23 24 33 34 41 42 (3a−1b)		CR_1 (3a−1b)		릴레이
				솔레노이드

우리나라, 일본 등에서는 Ladder 방식 회로를 사용해 왔으나 국제 표준에 맞춰야 하므로 회로 설명은 IEC 방식으로 설명하고 PLC 프로그램은 Ladder 방식으로 작성할 것이다.

3 PLC에서의 접점 표현

마우스로 아이콘을 선택하거나 A접점의 경우 F5키, B접점의 경우 F6키를 눌러 작성한다.

A접점 B접점

4 프로그램 작성

입출력 할당표

입 력			출 력		
주소	코멘트	기능	주소	코멘트	기능
X00	S/W	스위치	Y20	L1	램프 1
			Y21	L2	램프 2

5 래더회로

SFC, STL, LD 중 실제 전기회로 래더방식과 같은 LD로 작성한다.

① 아이콘( )을 선택하면 코멘트를 입력할 수 있다.

② **컴파일 – PLC CPU STOP 모드 – 쓰기 – RESET 모드**(2~3초) – **RUN 모드**("Project No.1" 참조)

③ 스위치 조작 후 램프 확인

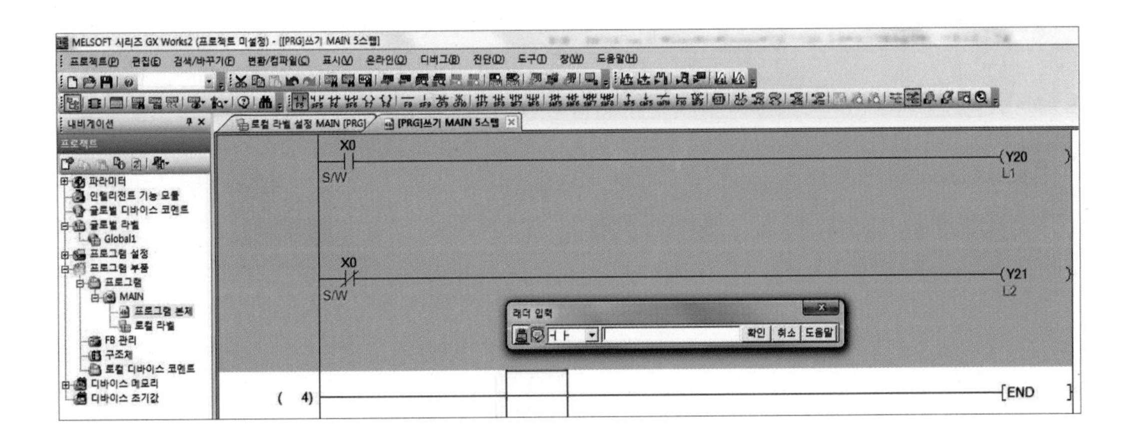

6 시뮬레이션 기능

외부 입출력기기가 준비되지 않았거나 실행 전 테스트할 필요가 있을 경우 시뮬레이션 기능으로 간단히 확인할 수 있다.

① 작성한 프로그램을 컴파일한다(❶).

② **디버그 – 시뮬레이션 시작/정지**를 선택하여 시뮬레이션을 시작한다(❷).

③ 동작하고자 하는 접점을 마우스나 키보드 방향키를 이용해 선택한다(❸).

④ 접점 동작 및 해제는 Shift+Enter 키로 조작한다.

⑤ 모니터 모드는 F3, 쓰기모드는 F2를 사용하여 프로그램 작성 및 모니터링모드를 변환한다(4).

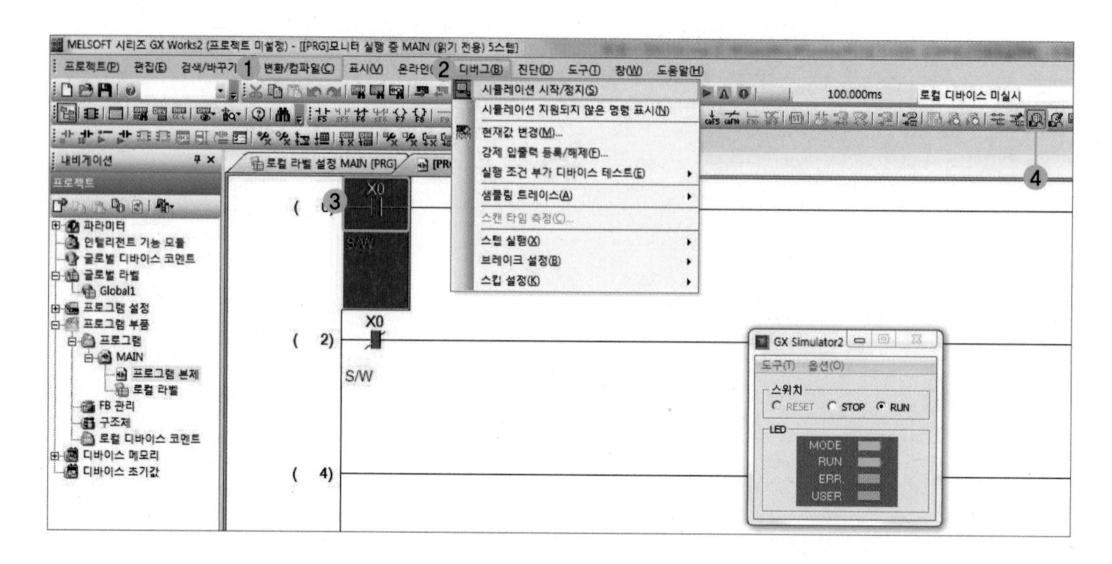

Project No.3

램프 켜기 3

⊙ **학습목표** 릴레이에 대하여 이해한다.

⊙ **동작조건** 1. 버튼스위치를 누르면 램프 1, 램프 2, 램프 3이 동시에 켜진다(ON).
2. 버튼스위치를 떼면 원래 상태인 모든 램프가 동시에 꺼진다(OFF).

1 릴레이의 필요성

스위치 하나로 여러 요소를 제어하고자 할 때 전선을 스위치 한 곳에 연결하면 문제가 발생할 수 있으므로 스위치 조작은 한 곳에서 하더라도 접점을 분리해야 한다. 또한 뒤에 설명하게 될 자기유지(Self Holding) 회로를 구성하는 데도 꼭 필요하다.

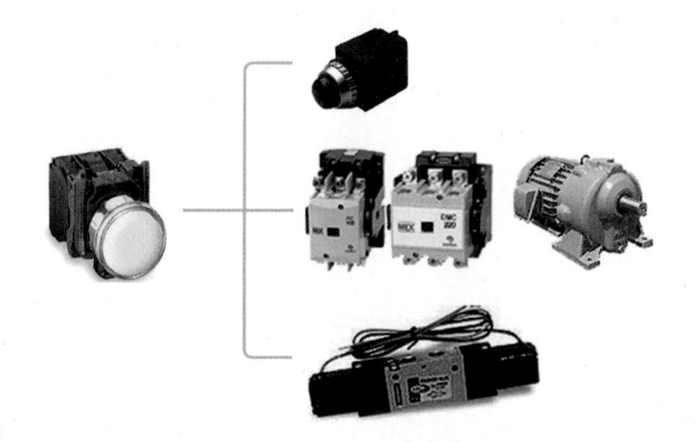

스위치 하나에 연결 – 문제 발생 우려

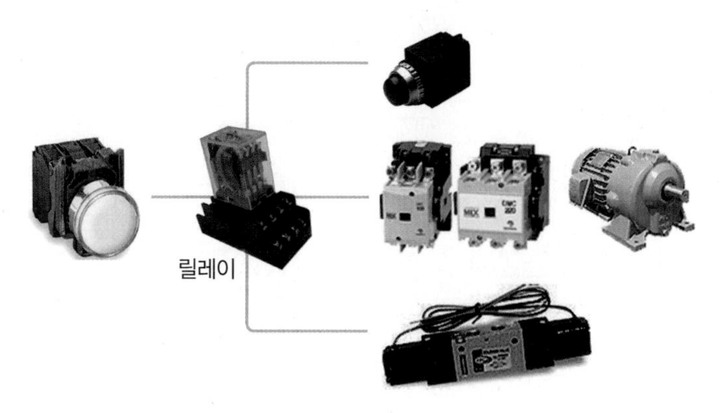

접점 분리

2 릴레이의 구조 및 작동

코일(A1, A2)에 전원을 연결하면 전자석이 되어 접점을 끌어당겨 C접점들을 스위칭하게 된다.

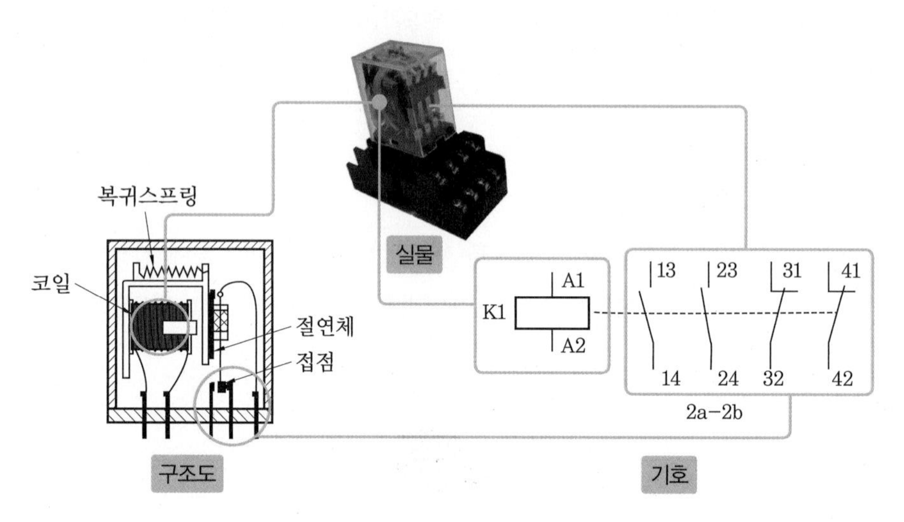

① 코일(A1, A2)에 DC 24 V 전원을 스위치를 통해 연결한다.

② 코일이 전자석이 되어 접점을 끌어당기게 된다.

③ C접점의 1번과 2번 연결에서 1번과 4번 연결로 스위칭된다. (그림의 회로도에 표시된 접점 번호 (11 21 31) (12 14) (22 24) (32 34)에서 십의 자리는 3개의 C접점 중 첫 번째, 두 번째, 세 번째를 의미하고 일의 자리는 접점의 단자번호로서 1은 COM 단자, 4는 A접점 단자, 2는 B접점 단자를 의미한다.)

④ C접점 3개가 각각 따로 분리되어 있다(11,12,14 21,22,24 31,32,34).

⑤ 가로로 길게 그어진 점선은 기계적으로 접점들을 연결하여 스위칭한다는 의미이다.

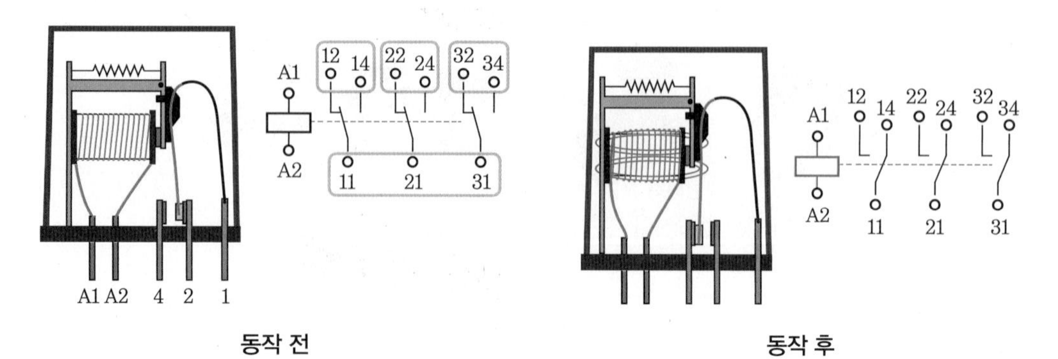

동작 전

동작 후

3 프로그램 작성하기

입력접점 X0에 신호가 입력되면 릴레이코일(M1)이 활성화(자석화되었다 하여 "여자"라고 함)되고 A접점 M1들이 연결된다. 접점이 연결되면 출력접점(Y20, Y21, Y22)에 연결된 램프들이 동시에 켜진다. 스위치를 OFF시키면 X0의 연결이 끊어져 릴레이코일(M1)이 비활성화(자석이 소멸되었다 하여 "소자"라고 함)되고 M1접점들이 동시에 끊어져 모든 램프가 OFF된다.

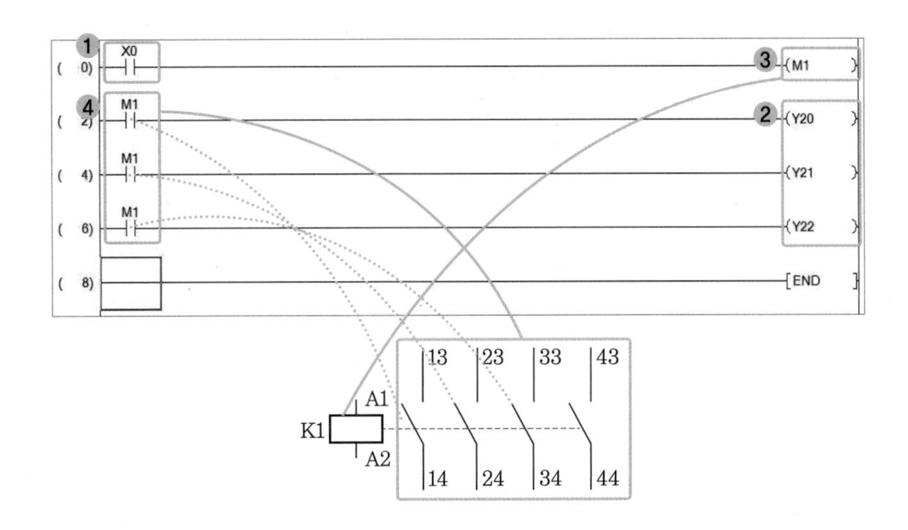

❶ 입력접점 X0은 버튼스위치에 연결한다.

❷ 출력접점 Y20~Y22는 램프 1, 램프 2, 램프 3에 각각 연결한다.

❸ PLC에서 (M1)은 릴레이(K1)의 코일에 해당하며 한 개만 존재하므로 하나만 사용해야 한다.

❹ 은 릴레이 접점에 해당하며 A접점 3개를 사용하였다.

Note
- 실제 릴레이 실물은 코일과 접점이 연결되어(점선부분) 작동되는 구조이나 회로도에서는 접점을 필요한 곳에 분리하여 각각 따로따로 그린다.
- 프로그램 전송 및 실행은 "Project No.1"을 참조하기 바란다.

Project No.4

램프 켜기 4

⊙ **학습목표** 타이머에 대하여 이해한다.

⊙ **동작조건** 1. S/W1을 ON시키면 2초 후 L1이 ON되고 S/W1을 OFF시키면 즉시 L1이 OFF된다.
2. S/W2를 ON시키면 즉시 L2가 ON되고 S/W2를 OFF시키면 2초 후 L2가 OFF된다.

1 타이머 릴레이

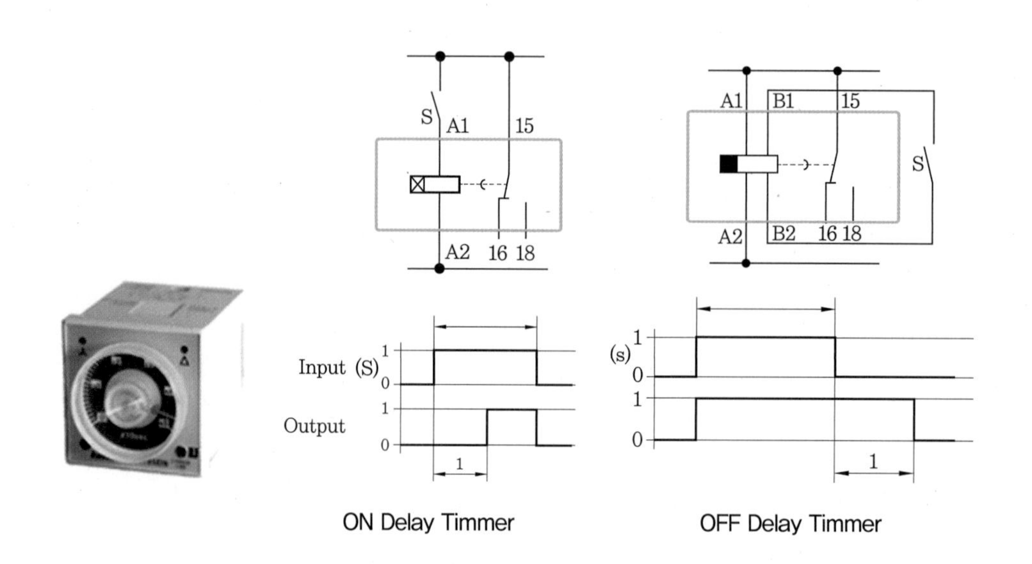

ON Delay Timmer OFF Delay Timmer

(1) 온 지연 타이머(ON Delay Timmer)

S/W를 통해 전기가 공급되면 릴레이가 일정시간 지난 후 여자되었다가 전기공급이 끊기면 즉시 소자되는 릴레이이다.

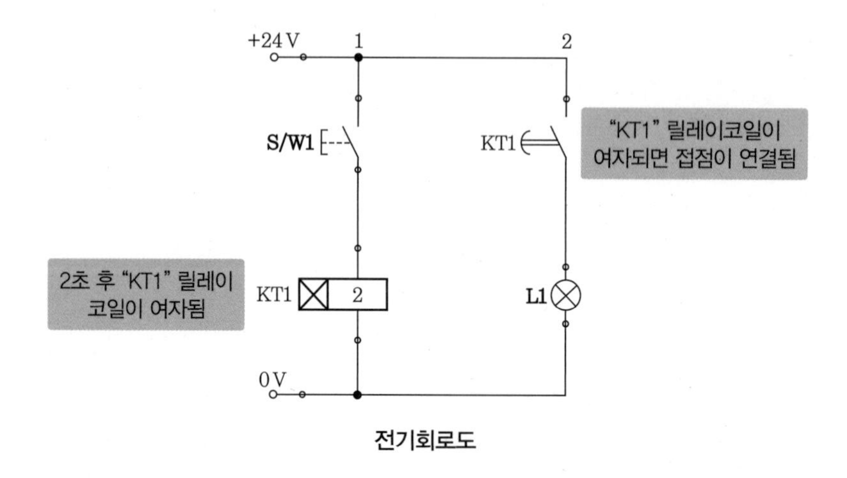

전기회로도

(2) 오프 지연 타이머(OFF Delay Timmer)

S/W를 통해 전기가 공급되면 릴레이가 즉시 여자되고 전기 공급이 끊겨도 바로 꺼지지 않고 일정시간 지난 후 소자되는 릴레이이다.

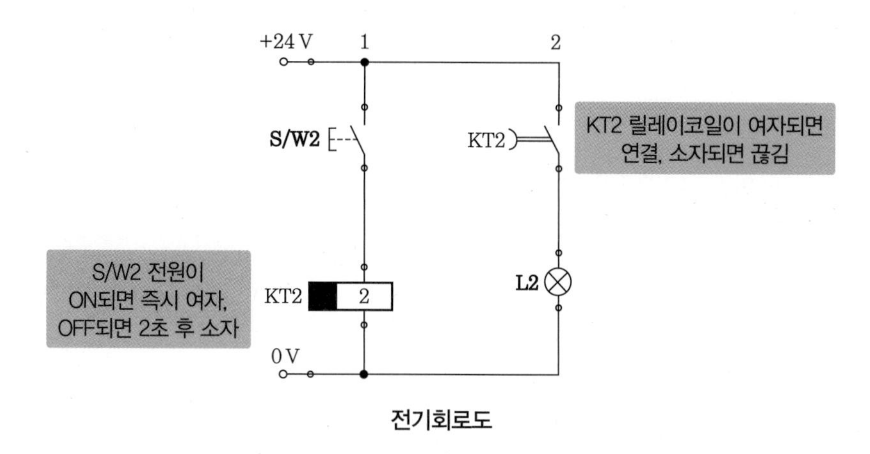

전기회로도

> **Note** 전기회로도를 작성하는 프로그램은 Fluid_Sim이라는 시뮬레이션 소프트웨어로, 스위치를 조작하면 동작하는 모습을 볼 수 있는 우수한 프로그램이다. 한국훼스토(주) 또는 포엠(주)에서 구입이 가능하며 Demo프로그램을 사용해 볼 수도 있다.

2 프로그램 작성하기

구 분	전기회로에서 표현	PLC에서의 표현
ON Delay Timmer	2	—(T1 K20)—
OFF Delay Timmer	2	ON Delay Timmer를 이용하여 회로를 만들어 사용

(1) 온 지연 타이머(ON Delay Timmer)

Mitsubishi사의 Q대응 프로그래밍 매뉴얼(공통명령편) "5. 3. 2 타이머(OUT T)" 참조

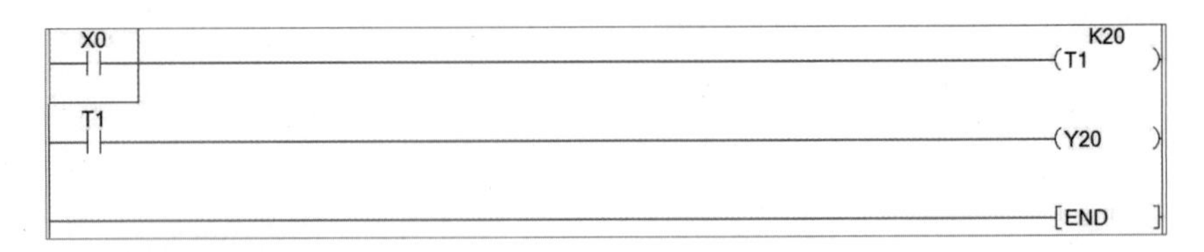

T1은 타이머 번호, K20은 2000 ms, 즉 2초를 의미한다.

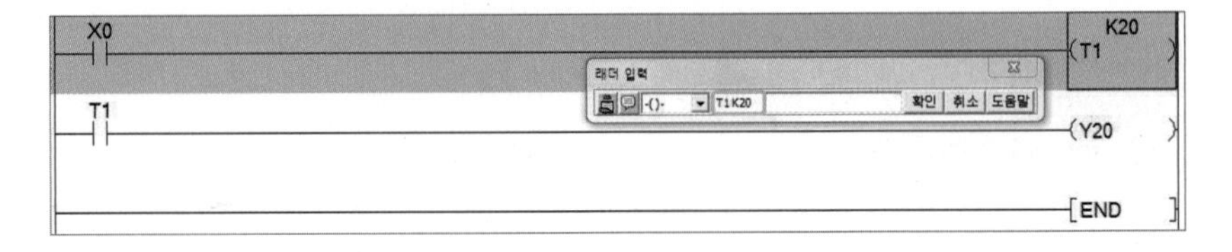

① F7 키 또는 아이콘을 선택한 후 **T1K20**을 입력한다.

② 컴파일 및 실행을 한다.

③ S/W1(X0)을 ON하면 2초 후 L1(Y20)에 불이 켜진다.

④ S/W1(X0)을 OFF하면 L1(Y20)의 불이 즉시 꺼진다.

(2) 오프 지연 타이머(OFF Delay Timmer)

Melsec-Q 시리즈의 경우 OFF 지연 타이머를 실행하기 위해서는 구조화 프로젝트에서 FB(펑션블록)함수를 사용하거나 OUT T 명령어를 사용하여 프로그램을 해야 하는 불편함이 다소 있다. 여기서는 심플 프로젝트에 의해 설명하고 있으므로 OUT T 명령을 사용하여 회로를 구성하기로 한다.

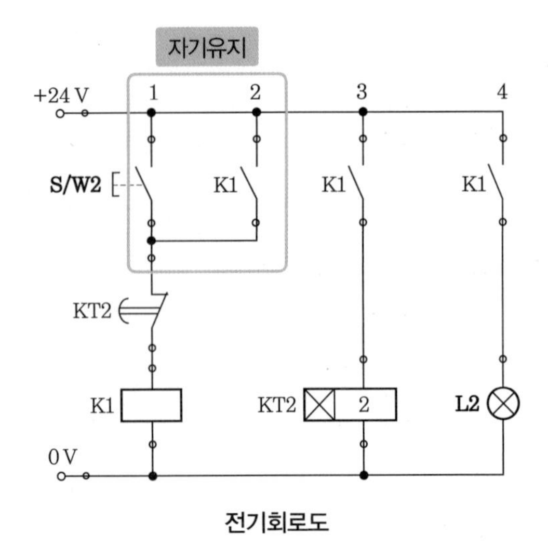

전기회로도

① S/W2 스위치를 누르면 K1 릴레이 코일이 여자되어 회로의 K1 A접점 3개가 연결된다.

② 3개 중 마지막 K1접점에 의해 L2(램프)가 켜진다.

③ 첫 번째 K1접점은 S/W2 스위치를 OFF시키더라도 계속해서 K1 릴레이 코일이 여자 상태를 유지하도록 한다. 또한 이러한 경우 자기 자신의 접점으로 계속 코일이 여자 상태를 유지하게 되므로 자기유지(Self Holding)라 한다.

④ 두 번째 K1접점은 ON 지연 타이머를 작동시키고 2초 후 KT2 타이머 릴레이 코일이 여자되면 회로 1번 라인에 연결된 KT2 B접점이 단선되어 자기유지가 해제되고 K1릴레이 코일이 소자된다.

⑤ K1 릴레이 코일이 소자되면 K1 A접점 3개가 모두 단선되어 세 번째 K1접점의 단선에 의해 L2가 꺼지므로 S/W2 OFF 후 2초가 경과한 다음 꺼지는 OFF 지연 타이머의 기능을 수행한다.

설명한 전기회로를 PLC 프로그램으로 변환하면 다음 그림과 같다.

F9 또는 Shift+F9 키를 사용하여 자기유지회로를 작성한다.

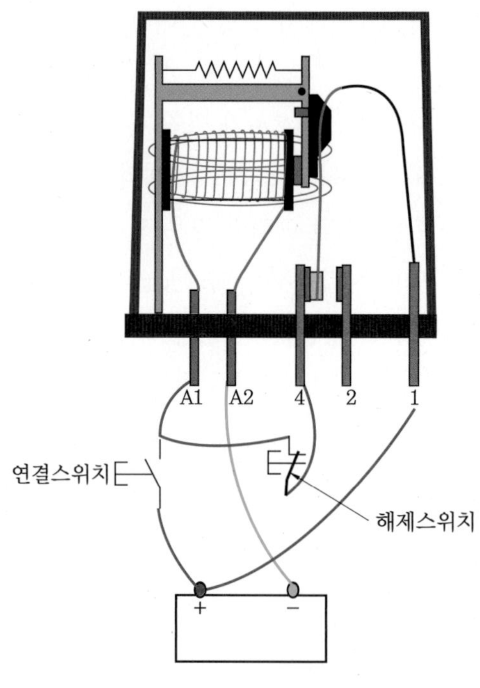

자기유지(Self Holding)

① 코일에 어떻게든 +, − 전원만 연결되면 여자되어 접점들이 연결된다.

② 연결스위치에 의해 + 전원이 연결되고 전자석이 되면 접점 2번에서 4번으로 연결되어 연결스위치를 OFF시키더라도 계속해서 + 전원을 공급받는다.

③ 해제스위치를 ON시키면 B접점이므로 +전원 공급이 중단되고 코일이 소자되어 모든 접점 연결이 끊어져서 원상태로 돌아간다.

Note 자기 자신의 접점으로 코일을 홀딩시킨다고 하여 자기유지(Self Holding)라고 한다.

Project No.5

램프 켜기 5

⊙ **학습목표** 카운터에 대하여 이해한다.

⊙ **동작조건** S/W1를 ON-OFF 3회 조작하면 L1이 ON되고 S/W2을 ON-OFF 시키면 L1이 OFF된다.

1 카운터(Counter)

카운터란 문자 그대로 숫자를 세는 것으로, 예를 들면 주차장에 자동차가 몇 대 들어왔는지, 몇 대 나갔는지, 몇 대 남았는지, 또는 주차공간이 없으면 램프나 버저(Buzzer)를 울린다든지 하는 데 사용할 수 있다. 어떤 값을 설정한 다음 입력펄스신호(ON-OFF 신호를 Pulse라고 함) 1회 때마다 1씩 증가하여 설정값 이상이 되면 출력신호를 내보내는 증가 카운터(Up Counter)와 설정값을 입력한 다음 입력펄스신호 1회 때마다 1씩 감소하여 0이 되면 출력신호를 내보내는 감소 카운터(Down Counter)가 있다.

(1) 증가 카운터(Up Counter)

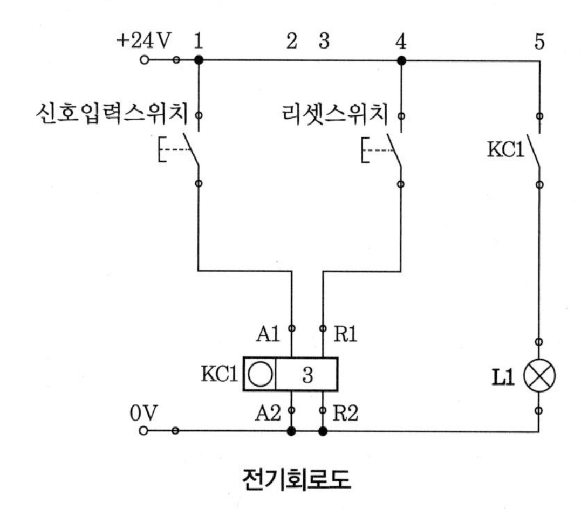

전기회로도

전기회로도에서 설정값을 3대로 하고 신호입력스위치를 3회 ON-OFF 조작하면 3대와 3회 값이 일치하여 릴레이 코일이 여자되고 KC1 A접점이 연결되어 L1에 불이 들어오며 리셋스위치를 ON-OFF 조작하면 원래의 상태로 돌아가 다시 사용할 수 있게 된다.

(2) 감소 카운터(Down Counter)

기종에 따라 감소 카운터 기능을 함수(FB)로 제공하는 경우가 있으나 Melsec-Q 시리즈의 경우 프로그램을 만들어 사용해야 하는 불편함이 다소 있다. 입력펄스 신호가 설정값에 도달하면 출력신호를 내보내는 기능만 본다면 증가 카운터나 감소 카운터의 결과는 같기 때문에 어느 것을 사용해도 관계없으나 현재 진행 중인 카운터 값을 필요로 하는 경우 증가 카운터나 감소 카운터를 구분하여 사용한다.

현재 몇 대 들어와 있는가를 알고자 하는 경우 증가 카운터가 편리하고,

현재값 = 들어와 있는 차량 대 수

현재 몇 대 주차할 수 있는지 주차공간을 알고자 하는 경우에는 감소 카운터가 편리하다.

현재값 = 주차할 수 있는 주차 공간

감소 카운터를 사용하지 않고 증가 카운터를 사용할 경우 사용자가 현재값을 보고 "설정값 - 현재값 = 주차할 수 있는 주차 공간"이라는 계산을 해야 하는 불편을 해소하기 위해 프로그램 작성자가 수고를 해야 한다.

감소 카운터(down counter)의 경우 데이터를 처리하는 과정이 필요하므로 다음 Project에서 설명하기로 한다.

2 프로그램 작성하기

Mitsubishi사의 Q대응 프로그래밍 매뉴얼(공통명령편)
"5.3.3 카운터(OUT C)" / "5.3.6 디바이스의 리세트(어넌시에이터를 제외)(RST) 참조"

❶ S/W1을 3회 ON-OFF 조작한다.

❷ [OUT C] 명령을 사용하여 C1은 카운터 번호, K3은 설정값으로 입력한다. K는 정수를 의미한다.

❸, ❹ [RST] 명령으로 S/W2를 ON-OFF 조작하여 S/W1에 의해 증가한 값을 원래 상태로 되돌린다.

❺, ❻ 카운터접점 C1이 연결되면 출력코일 접점(Y20)으로 L1 램프가 ON된다.

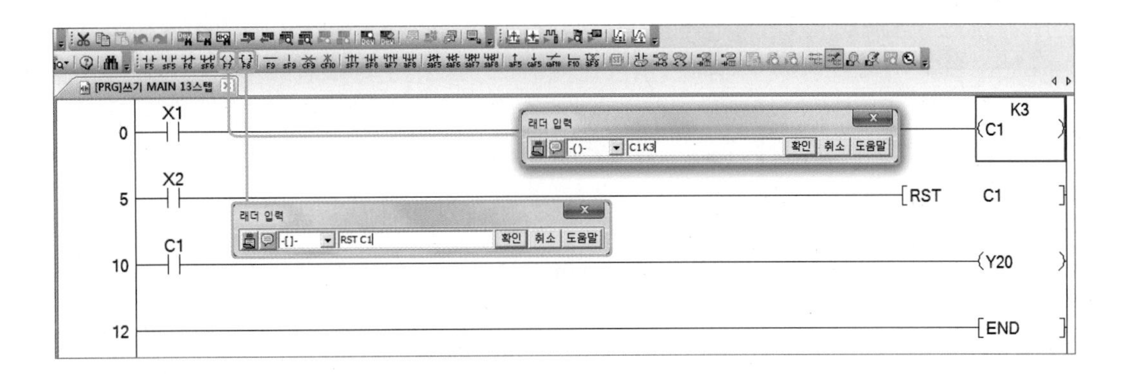

① 마우스로 아이콘을 선택하거나 키보드 F7 키를 사용한다.

② 마우스로 아이콘을 선택하거나 키보드 F8 키를 사용한다.

Project No.6 **램프 켜기 6**

⊙ **학습목표** 1. 감소 카운터(Down Counter)에 대하여 이해한다.
2. 특수 릴레이에 대하여 이해한다.
3. 연산기능에 대하여 이해한다.

⊙ **동작조건** S/W1을 ON-OFF 3회 조작하면 L1이 ON되고 S/W2를 ON-OFF 시키면 L1이 OFF된다.

1 감소 카운터(Down Counter)

앞에서 설명한 바와 같이 설정값을 입력한 다음 입력펄스신호 1회 때마다 1씩 감소하여 0이 되면 출력신호를 내보내는 방식이다.

① 기종에 따라 감소 카운터 기능을 함수(FB)로 제공하는 경우도 있으나 Melsec-Q 시리즈의 경우 프로그램을 만들어야 하는 불편함이 다소 있다.

② 입력펄스 신호 입력 수가 설정값에 도달하면 출력신호를 내보내는 기능만 본다면 증가 카운터나 감소 카운터의 결과는 같기 때문에 어느 것을 사용해도 관계없다.

③ 그러나 결과값이 아닌 현재 진행 중인 카운터값을 필요로 하는 경우 필요에 따라 선택하여 사용한다.

- 몇 대가 들어와 있는가를 알고자 하는 경우 증가 카운터가 편리
  현재값 = 들어와 있는 차량 대 수
- 몇 대를 주차할 수 있는지 주차공간을 알고자 하는 경우 감소 카운터가 편리
  현재값 = 주차할 수 있는 주차 공간
- 감소 카운터를 사용하지 않고 증가 카운터를 사용할 경우 사용자가 현재값을 보고 "설정값 - 현재값 = 주차할 수 있는 주차 공간"이라는 계산을 해야 하는 불편을 해소하기 위해 프로그램 작성자가 수고를 해야 한다.

2 프로그램 작성하기

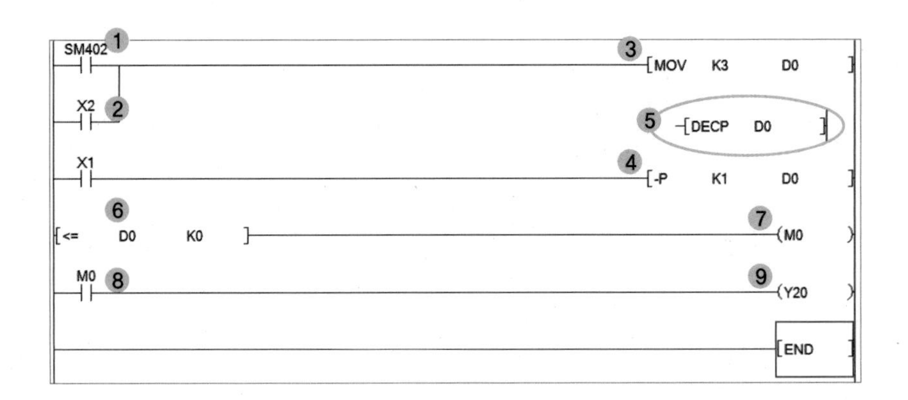

❶ SM402는 RUN 후 1 scan만 ON하라는 기능의 특수 릴레이이다. 처음 한 번 설정값을 입력해줘야 하기 때문이며 1 scan만 입력하지 않고 계속 입력하고 있으면 다음 단계를 진행할 수 없다(Mitsubishi사의 Q대응 프로그래밍 매뉴얼(공통명령편) "부록 3 특수 릴레이 일람" 참조).

❷ SM402과 X2 스위치가 병렬로 연결되어 "둘 중 하나만 입력되어도"라는 기능을 수행한다.

❸ 정수값(K) 3을 D0라는 이름의 저장소에 보내 저장하는 기능(Mitsubishi사의 Q대응 프로그래밍 매뉴얼(공통명령편) "6.4 데이터 전송 명령" 참조)

❹ X1 스위치가 입력되면 D0라는 이름의 저장소에 저장된 값에서 정수(K) 1을 한 번만(P : Pulse) 빼라는 의미이며 Pulse를 지정하지 않으면 스위치를 누르는 순간 컴퓨터의 연산 속도로 계속 빼게 된다.

❺ DECP는 "decrement pulse"라는 뜻으로 1회만 1을 줄인다는 뜻이기 때문에 같은 결과를 얻을 수 있다(Mitsubishi사의 Q대응 프로그래밍 매뉴얼(공통명령편) "6.2 산술 연산 명령" 참조).

❻ D0저장소 값이 "정수(K) 0보다 적거나 같으면"이라는 조건이다(Mitsubishi사의 Q대응 프로그래밍 매뉴얼(공통명령편) "6.1 비교 연산 명령" 참조).

⑦ ⑥의 조건 결과를 바로 Y20(⑨)에 바로 출력하지 않고 다음 계속되는 프로그램에 접점(⑧)을 사용하기 위해 릴레이(M0)(⑦)를 사용하였으며 경우에 따라 접점은 프로그램에서 여러 번 사용해야 하기 때문이다.

특수 릴레이

특수 릴레이는 PLC 사용이 편리하도록 유용한 여러 기능들을 수행할 수 있다.

- SM400의 경우 접점이 계속해서 연결하는 기능
- SM401의 경우 접점이 계속해서 끊긴 상태를 유지하는 기능
- SM413의 경우 계속해서 1초씩 ON-OFF하는 기능

Mitsubishi사의 Q대응 프로그래밍 매뉴얼(공통명령편) "부록 3 특수 릴레이 일람"에 설명되어 있다.

Project No.7

램프 켜기 7

⦿ **학습목표**
1. 플리커회로에 대하여 이해한다.
2. 특수 릴레이에 대하여 이해한다.
3. 특수 레지스터에 대하여 이해한다.
4. 특수 편리한 기능에 대하여 이해한다.
5. 연산 결과 반전(INV) 기능에 대하여 이해한다.

⦿ **동작조건** S/W1을 ON하면 L1이 2초 간격으로 깜박인다.

1 플리커(flicker)

플리커란 전깃불 등이 깜박거린다는 뜻으로, 릴레이, 마이컴, PLC 등의 제어로 램프 등을 깜박거리게 하는 것이다.

(1) 회로를 만들어 사용하는 방법

타이머 2개를 사용하여 B접점으로 회로를 끊어 주는 회로이다.

```
 X0     T1                                        K20
─┤├────┤/├──────────────────────────────────────(T0   )

 T0                                               K20
─┤├─────────────────────────────────────────────(T1   )

 T0
─┤├─────────────────────────────────────────────(Y20  )

────────────────────────────────────────────────[END  ]
```

① 스위치(X0) 입력에 의해 T0(ON Delay) 타이머가 2초(K20) 후 ON된다.

② T0접점 연결에 의해 T1(ON Delay) 타이머가 2초(K20) 후 ON된다.

③ B접점 T1이 끊어지고 T0 타이머가 OFF된다.

④ T0접점에 의해 Y20이 출력되어 램프가 켜진다.

⑤ 스위치(X0) 입력이 계속되면 “①~④”가 반복된다.

(2) 특수 릴레이를 사용하는 방법

SM414의 기능이 특수 레지스터 SD414에서 지정한 숫자만큼의 시간으로 깜빡거리는 데 2n초 클럭이므로 지정한 숫자의 시간 동안 ON(n)과 OFF(n)를 하여 2n이 된다.

특수 릴레이 시스템 잠금/카운터

번호	명칭	내용	자세한 내용	세트측 (세트시기)	대응ACPU M9□□□	대응 CPU
SM400	항상 ON	ON OFF	• 항상 ON한다.	S(매회 END)	M9036	○
SM401	항상 OFF	ON OFF	• 항상 OFF한다.	S(매회 END)	M9037	
SM402	RUN 후 1스캔만 ON	ON OFF 1스캔만	• RUN 후 1스캔만 ON한다. • 이 접점은 스캔 프로그램에서만 사용 가능하다.	S(매회 END)	M9038	
SM403	RUN 후 1스캔만 OFF	ON OFF 1스캔만	• RUN 후 1스캔만 OFF한다. • 이 접점은 스캔 프로그램에서만 사용 가능하다.	S(매회 END)	M9039	
SM404	저속 프로그램 RUN 후 1스캔만 ON	ON OFF 1스캔만	• RUN 후 1스캔만 ON한다. • 이 접점은 저속 프로그램에서만 사용 가능하다.	S(매회 END)	신규	
SM405	저속 프로그램 RUN 후 1스캔만 OFF	ON OFF 1스캔만	• RUN 후 1스캔만 OFF한다. • 이 접점은 저속 프로그램에서만 사용 가능하다.	S(매회 END)	신규	
SM409	0.01초 클록	0.005초 0.005초	• 5 ms마다 ON/OFF를 반복한다. • 전원 OFF 또는 리세트 시에는 OFF에서 시작한다.	S(상태변화)	신규	QCPU
SM410	0.1초 클록	0.05초 0.05초	• 지정 시간마다 ON/OFF를 반복한다. • 전원 OFF 또는 리세트 시에는 OFF에서 시작한다. ※ 프로그램 실행 도중에도 지정 시간이 되면 ON/OFF 상태가 변하므로 주의한다.	S(상태변화)	M9030	○
SM411	0.2초 클록	0.1초 0.1초			M9031	
SM412	1초 클록	0.5초 0.5초			M9032	
SM413	2초 클록	1초 1초			M9033	
SM414	2 n초 클록	n초 n초	• SD414에서 지정한 시간(초)에 따라 ON/OFF를 반복한다.	S(상태변화)	M9034 변형	
SM415	2 n(ms) 클록	n(ms) n(ms)	• SD415에서 지정한 시간(ms)에 따라 ON/OFF를 반복한다.	S(상태변화)	신규	QCPU

※ Mitsubishi사의 Q대응 프로그래밍 매뉴얼(공통명령편) "부록 3 특수 릴레이 일람" 38쪽 참조

특수 레지스터 시스템 잠금/카운터

번호	명칭	내용	자세한 내용	세트측 (세트시기)	대응 ACPU D9□□□	대응 CPU
SD412	1초 카운터	1초 단위로 카운트	• 시퀀스 CPU RUN 후 1s마다 +1 한다. • 카운트는 0→32767→32768→0을 반복한다.	S (상태변화)	D9022	○
SD414	2 n초 클록 설정	2 n초 클록 단위	• 2 n초 클록의 n을 저장한다(디폴트는 30). • 1~32767까지 세트 가능	U	신규	
SD415	2 nms 클록 설정	2 nms 클록 단위	• 2 nms 클록의 n을 저장한다(디폴트는 30 ms). • 1~32767까지 세트 가능	U	신규	QCPU
SD420	스캔 카운터	1스캔마다의 카운트 수	• PLC CPU RUN 후 1스캔마다 +1 한다. • 카운트는 0→32767→32768→0을 반복한다.	S (매회 END)	신규	○
SD430	저속 스캔 카운터	1스캔마다의 카운트 수	• PLC CPU RUN 후 1스캔마다 +1 한다. • 카운트는 0→32767→32768→0을 반복한다. • 저속 프로그램 전용	S (매회 END)	신규	

※ Mitsubishi사의 Q대응 프로그래밍 매뉴얼(공통명령편) "부록 4 특수 레지스터 일람" 부록 65쪽 참조

- 모든 특수 릴레이들의 기능을 다 설명할 수 없으므로 이번 Project에서의 설명을 참조하여 다른 기능들도 살펴보기를 바란다.
- 특수 기능을 사용하지 않고 프로그래밍을 할 수도 있겠으나 여러 기능들을 많이 알고 사용할 수 있다면 빠르고 간단명료하게 프로그래밍을 할 수 있게 된다.

❶ SM402는 특수 릴레이 일람표의 설명대로 RUN 후 1 scan만 ON하는 기능이다. 이번 프로그램에서는 계속해서 연결되어도 별 문제는 없겠지만 1 Pulse만 ON을 하면 되기 때문이다.

❷ 특수 레지스터 SD414에 정수(K) 2값을 옮긴다(MOV).

❸ SM414 특수 릴레이가 2 n=4초 동안 절반씩 2초간 ON과 OFF를 반복한다.

연산결과 반전(INV) 기능

Mitsubishi사의 Q대응 프로그래밍 매뉴얼(공통명령편) "제5장 시퀀스명령" 5-13쪽 참조

2초 간격으로 Flickering하는데 결과값이 ON부터 하지 않고 2초 후 시작(OFF-ON, OFF-ON)하게 되는데, ON-OFF, ON-OFF하도록 하기 위해서는 반전기능을 사용하면 편리하다.

X0 T1 K20 (T0)
T0 K20 (T1)
① T0 ② X0 ③ (Y20)
[END]

① T0접점이 연결되면
② 결과를 반전하여 OFF되나

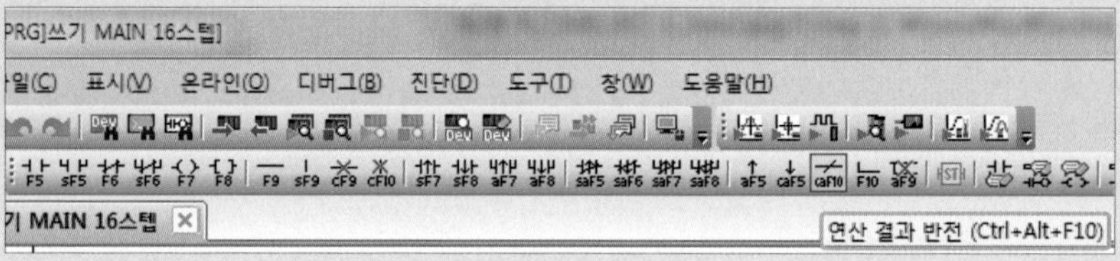

PRG]쓰기 MAIN 16스텝]
일(C) 표시(V) 온라인(O) 디버그(B) 진단(D) 도구(T) 창(W) 도움말(H)
기 MAIN 16스텝
연산 결과 반전 (Ctrl+Alt+F10)

③ 시작 전(아직 스위치를 누르지 않은 때)부터 T0접점이 OFF 상태이므로 반전하여 ON되기 때문에 이를 방지하기 위해 X0접점을 사용한다.

2 기타 편리기능 : 특수 기능 타이머(STMR)를 사용하는 방법

명령어에 4가지 기능을 수행하는 타이머 온 딜레이와 오프 딜레이 기능을 복합적으로 수행한다(Mitsubishi사의 Q대응 프로그래밍 매뉴얼(공통명령편) "제6장 기본명령" 6-117쪽 참조).

Q	QnA	Q4AR
○	○	○

매뉴얼에 나와 있는 모든 기능을 사용할 수 있는 것이 아니고 표시된 기종에서만 가능하기 때문에 다른 기능들도 상기 표의 사용 가능한 PLC 기종을 반드시 확인해야 한다.

특수 기능 타이머

설정 데이터	사용 가능 디바이스								
	내부 디바이스 (시스템, 사용자)		파일 레지스터	MELSECNET / 10(H) 다이렉트 J□₩□		특수 모듈 U□₩G□	인덱스 레지스터 Zn	정수 K, H	기타
	비트	워드		비트	워드				
Ⓢ	–	△	–	–					–
n	○		–	–					–
Ⓓ	–	○	○	○					–

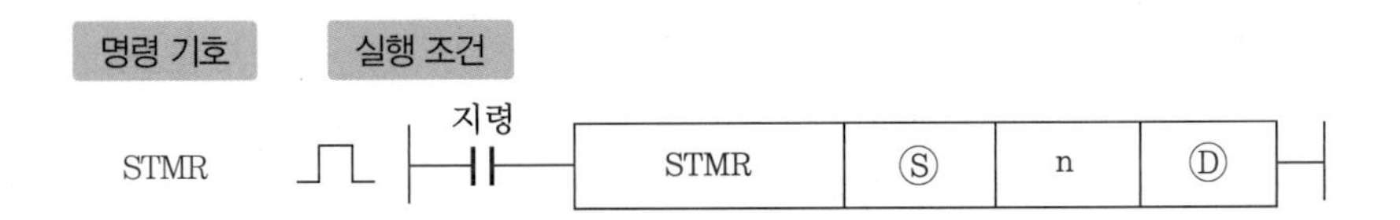

설정 데이터

설정 데이터	내용	데이터형
Ⓢ	• 타이머 번호	워드
n	• 설정값	BIN 16비트
Ⓓ	• Ⓓ+0 : 오프 딜레이 타이머 출력	비트
	• Ⓓ+1 : 오프 후 원숏 타이머 출력	
	• Ⓓ+2 : 온 후 원숏 타이머 출력	
	• Ⓓ+3 : 온 딜레이 타이머 출력	

Ⓢ : 타이머 번호 T0, T1, T2 …
n : 설정값 K10, K20, K30 …. 100ms 단위로 1초, 2초, 3초 …를 의미한다.
Ⓓ : 출력 비트값 M0이면 M0부터 M3 까지 자동으로 값을 확보한다.

- M0(Ⓓ+0) : 오프 딜레이 타이머 출력, 입력 값이 오프되는 순간부터 설정시간 지난 후 오프
- M1(Ⓓ+1) : 오프 후 원숏 타이머 출력, 입력 값이 오프되면 한 번 설정시간만큼 켜짐
- M2(Ⓓ+2) : 온 후 원숏 타이머 출력, 입력 값이 온되면 한 번 설정시간만큼 켜짐
- M3(Ⓓ+3) : 온 딜레이 타이머 출력, 입력 값이 온되면 설정시간만큼 지난 후 켜짐

① X0 스위치가 온되면 M2(Ⓓ+2) : 온 후 원숏 타이머가 설정시간만큼 한 번 출력
② M3(Ⓓ+3) : 설정시간 지난 후 온 딜레이 타이머가 출력하여 B접점으로 신호를 끊어 줌
③ 입력신호(X0측)가 오프되면 M1(Ⓓ+1) : 오프 후 원숏 타이머가 설정시간만큼 한 번 출력
④ 한 사이클이 끝나면 다시 처음부터 시작

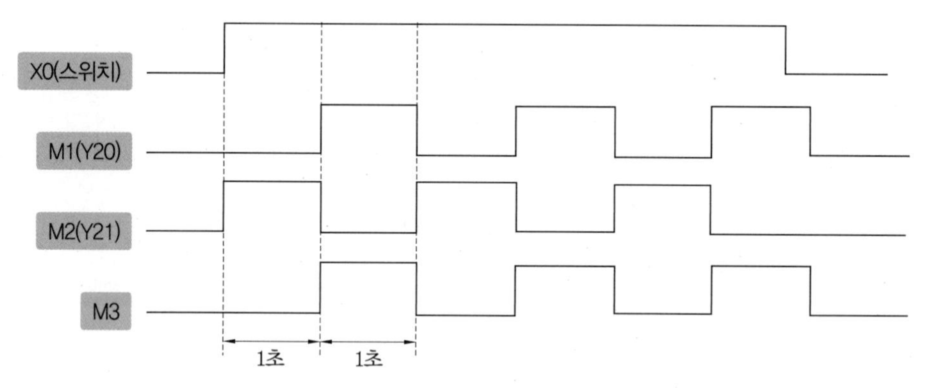

Note

- 모든 특수 기능을 다 설명할 수 없으므로 이번 Project에서의 설명을 참조하여 다른 기능들도 살펴보기를 바란다.
- 특수 기능을 사용하지 않고 프로그래밍을 할 수도 있겠으나 여러 기능들을 많이 알고 사용할 수 있다면 빠르고 간단명료하게 프로그래밍을 할 수 있게 된다.

Project No.8

램프 켜기 8

⊙ **학습목표** 1. 펄스 상승연산에 대하여 이해한다.
2. 펄스 하강연산에 대하여 이해한다.

⊙ **동작조건** 1. S/W1을 계속 누르고 있으면 누르는 순간부터 L1이 2초 간 켜졌다가 꺼진다.
2. S/W1을 놓으면 놓는 순간부터 L2가 2초 간 켜졌다가 꺼진다.

1 펄스연산

(1) 펄스 상승연산 : X0 ⊣↑⊢

스위치를 누르면 1 Pulse만 ON-OFF하는 기능이다.

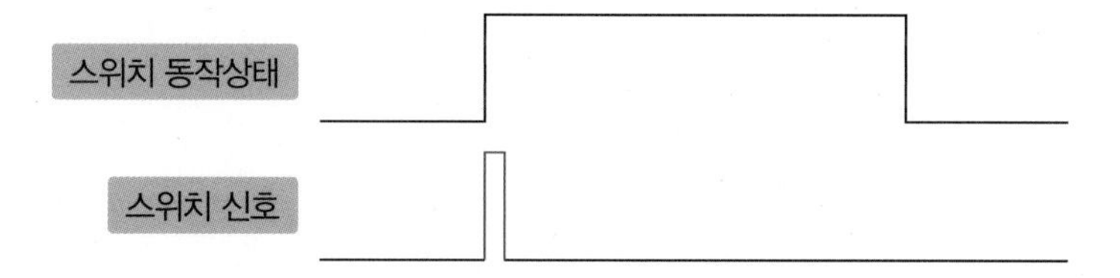

(2) 펄스 하강연산 : X1 ⊣↓⊢

스위치를 눌렀다가 놓는 순간 1 Pulse만 ON-OFF하는 기능이다.

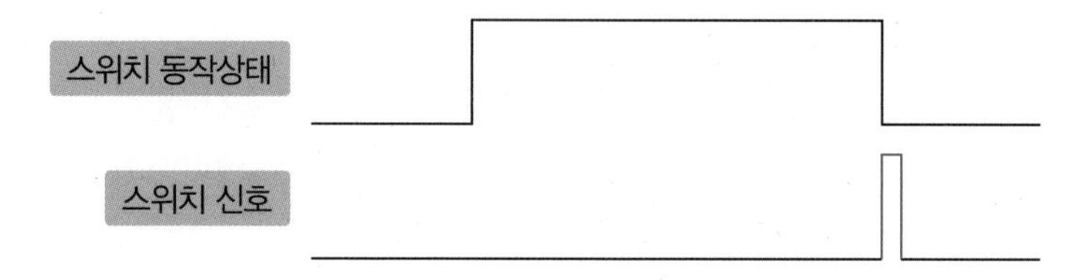

2 프로그램 작성하기

① 펄스 상승연산 접점을 사용하여 입력신호를 받는다.

② OFF Delay 타이머를 사용하여 L1을 2초간 ON시킨다(Project No.4 참조).

③ 펄스 하강연산 접점을 사용하여 입력신호를 받는다.

④ OFF Delay 타이머를 사용하여 L2를 2초간 ON시킨다(Project No.4 참조).

❶ 펄스 상승연산(상승 엣지)신호를 받아 OFF Delay 타이머 2초간 유지

❷ 펄스 하강연산(하강 엣지)신호를 받아 OFF Delay 타이머 2초간 유지

❸ 상승, 하강 펄스신호에 의한 각각 2초간 출력(출력에 관한 사항은 제어단계와 섞어서 작성하지 않고 아래 별도로 모아서 작성한다.)

Project No.9

램프 켜기 9

⊙ **학습목표** SET, RST 기능에 대하여 이해한다.

⊙ **동작조건** S/W1을 ON-OFF해도 계속해서 L1이 ON되어 있다가 S/W2를 ON-OFF하면 L1이 OFF된다.

1 자기유지 전기회로

Project No.4에서 자기유지에 대하여 설명한 바와 같이 전기회로를 작성한다.

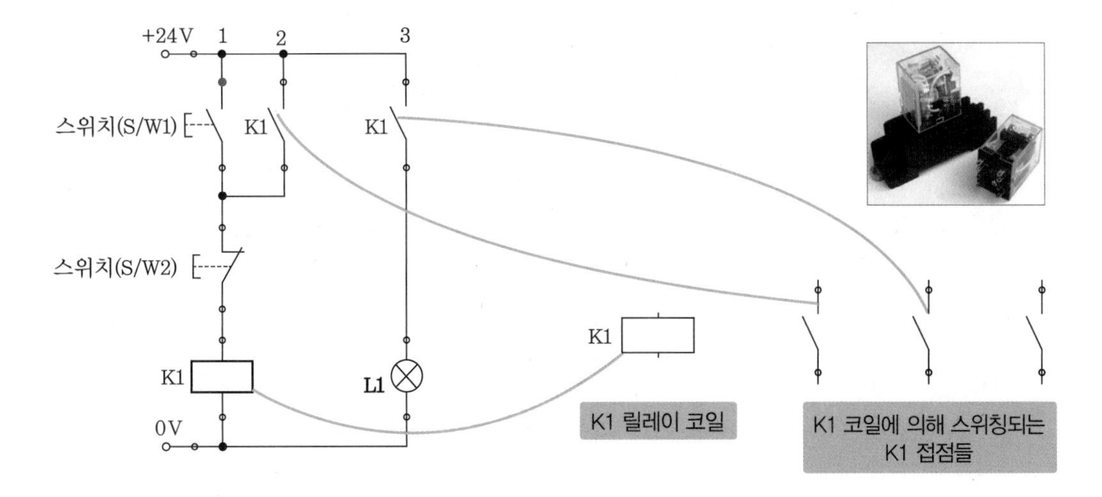

① "−"가 연결된 K1 릴레이 코일에 S/W1에 의해 "+"가 연결되어 전자석이 된다.

② 여자된 K1 코일에 의해 K1접점들이 연결되고 K1 릴레이 코일과 램프 L1에 "+"가 연결되어 S/W1을 OFF시키더라도 계속 전자석 상태를 유지하고 L1에도 불이 켜진다.

③ B접점인 S/W2를 누르면 릴레이 코일에 연결된 "+" 공급이 중단되어 자석이 힘을 잃는다.

④ K1접점들이 떨어지고 L1이 OFF된다.

2 프로그램 작성하기

(1) 래더에 의한 프로그램 작성

(2) SET, RST 기능에 의한 프로그램 작성

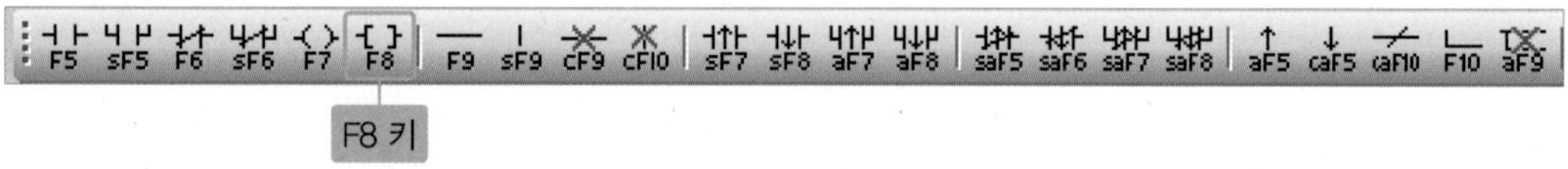

F8 키

① S/W1(X0)을 ON−OFF하면 SET 기능에 의해 계속 M0 코일이 ON 상태를 유지한다.

② S/W2(X1)를 ON−OFF하면 RST 기능에 의해 리셋(Reset)된다.

③ M0의 상태에 따라 L1(Y20)이 ON−OFF된다.

Project No.10 **램프 켜기 10**

⊙ **학습목표** 비트 디바이스 출력 반전(FF) 기능에 대하여 이해한다.

⊙ **동작조건** S/W1(X0)을 ON-OFF할 때마다 L1이 한 번은 ON되고 한 번은 OFF되는 동작을 반복한다.

Mitsubishi사의 Q대응 프로그래밍 매뉴얼(공통명령편) "제5장 시퀀스명령" 5-35쪽 참조

1 프로그램 작성하기

S/W1(X0)ON-OFF 횟수	L1(램프)상태(Y20)
1회	ON
2회	OFF
3회	ON
4회	OFF
5회	ON
6회	OFF
7회	ON
:	:
:	:
:	:
:	:

Project No.11

램프 켜기 11

⊙ **학습목표** 비트 디바이스 시프트(SFT(P))에 대하여 이해한다.

⊙ **동작조건** S/W1(X0)를 ON-OFF할 때마다 L1 → L2 → L3 → L4 순서로 옮겨 켜진다.

Mitsubishi사의 Q대응 프로그래밍 매뉴얼(공통명령편) "제5장 시퀀스명령" 5-39쪽 참조

1 비트 디바이스 시프트(SFT)

시프트(shift)란 "옮기다, 이동하다, 자세를 바꾸다"라는 뜻으로, 여기서는 데이터 위치를 옮기는 기능을 말한다.

출력접점 Y20을 SET시킨 다음 Y21을 비트 디바이스 시프트(SFT)시키면 Y20의 데이터가 Y21로 옮겨진다.

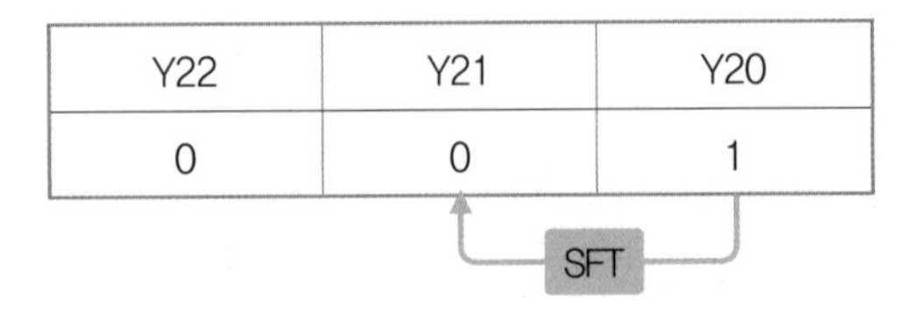

Note SET과 SFT를 혼동해서는 안 된다.

① Y20을 SET 기능으로 ON시킨 다음

② Y21을 SFT하면

③ Y20의 SET 데이터가 Y21로 옮겨져 Y21이 ON된다.

여러 데이터를 동시에 SFT할 경우에는 왼쪽 데이터부터 먼저 처리해야 하는데 이유는 앞의 디바이스를 먼저 비운 다음 옮겨야 하기 때문이다. 즉 SET Y22 → SFT Y21 순서를 지켜야 한다.

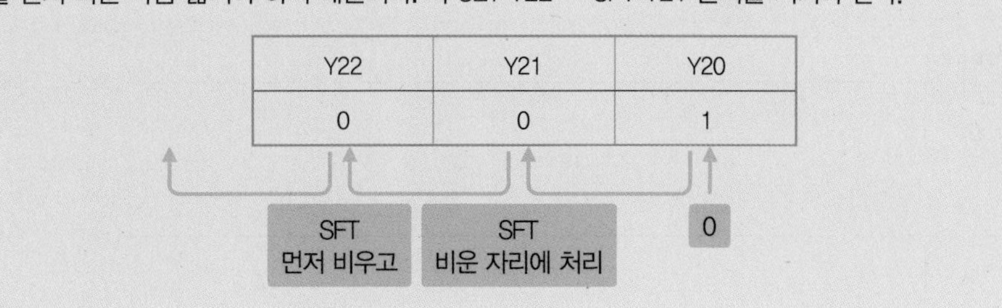

2 프로그램 작성하기

(1) 디바이스를 직접 비트 시프트하는 경우

① PLC가 RUN 모드이면 SM402 특수 릴레이에 의해 1 scan ON하여 Y20을 SET시킨다.

② 스위치(X0)의 상승엣지 신호에 의해 계속 누르고 있어도 1 Pluse만 동작되도록 한다(상승이나 하강엣지를 사용하지 않으면 순간 PLC 연산속도로 여러 번 진행하게 된다).

③ Y24부터 먼저 비운 다음 차례대로 비트 시프트한다(순서를 반대로 해야 함).

④ 마지막 Y24가 SET되면 Y24접점을 사용하여 Y20을 SET하므로 처음 상태로 돌린다.

(2) 릴레이를 비트 시프트한 후 릴레이접점으로 디바이스 출력

같은 회로인데 내부 릴레이(M)를 사용하여 간접제어를 하였다.

```
SM402
─┤├─┬──────────────────────────[SET   M0 ]
M4  │
─┤├─┘
X0
─┤↑├─┬─────────────────────────[SFT   M4 ]
     ├─────────────────────────[SFT   M3 ]
     ├─────────────────────────[SFT   M2 ]
     └─────────────────────────[SFT   M1 ]
M1
─┤├────────────────────────────(Y20 )
M2
─┤├────────────────────────────(Y21 )
M3
─┤├────────────────────────────(Y22 )
M4
─┤├────────────────────────────(Y23 )
───────────────────────────────[END ]
```

Project No.12

램프 켜기 12

⊙ **학습목표** 1. 워드 데이터 시프트 명령(SFL, SFR)에 대하여 이해한다.
2. 비트와 워드에 대하여 이해한다.

⊙ **동작조건** 램프 L1~L16까지 16개 중 처음(L1, L2)이 ON된 상태에서 S/W1을 ON-OFF할 때마다 (L3, L4) → (L5, L6) → (L7, L8) → (L9, L10) → (L11, L12) → (L13, L14) → (L15, L16) 순서로 옮겨 켜진다.

※ 16개 램프 연결이 어려운 경우 출력카드의 LED에서 확인할 수 있다.

Mitsubishi사의 Q대응 프로그래밍 매뉴얼(공통명령편) "제6장 기본명령" 6-78쪽 참조

워드 데이터 시프트 명령(SFL, SFR)은 16비트 데이터를 지정한 만큼 왼쪽 또는 오른쪽으로 시프트하는 기능이다. 여기서는 SFL에 대해서 설명하고 SFR 등 다른 기능은 매뉴얼을 참조하기 바란다.

1 데이터

PLC에서 사용하는 데이터는 ON(1), OFF(0)로 나타내는 Bit 데이터와 Bit의 16배인 Word 데이터(16 Bit), Word 데이터의 2배인 Double Word(32 Bit) 데이터 등이 사용되며 그 외 다양한 데이터가 있으나 가장 많이 사용되는 데이터만 소개한다.

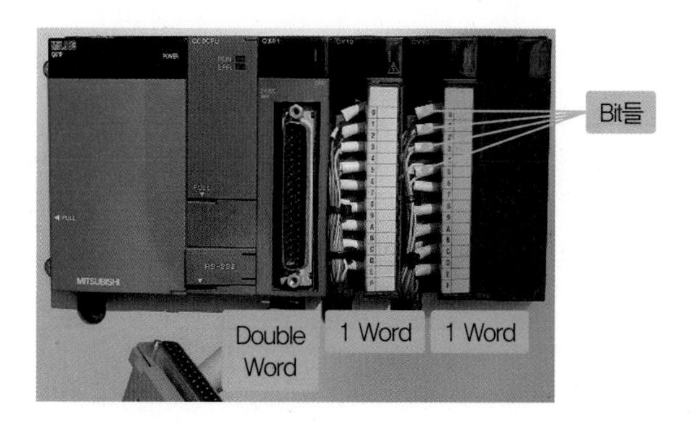

F	E	D	C	B	A	9	8	7	6	5	4	3	2	1	0	F	E	D	C	B	A	9	8	7	6	5	4	3	2	1	0
Bit	Bit	Bit	Bit	Bit	Bit	Bit	Bit	Bit	Bit	Bit	Bit	Bit	Bit	Bit	Bit	Bit	Bit	Bit	Bit	Bit	Bit	Bit	Bit	Bit	Bit	Bit	Bit	Bit	Bit	Bit	Bit
1 Word(16 Bit)																1 Word(16 Bit)															
Double Word(32 Bit)																															

2 프로그램 작성하기

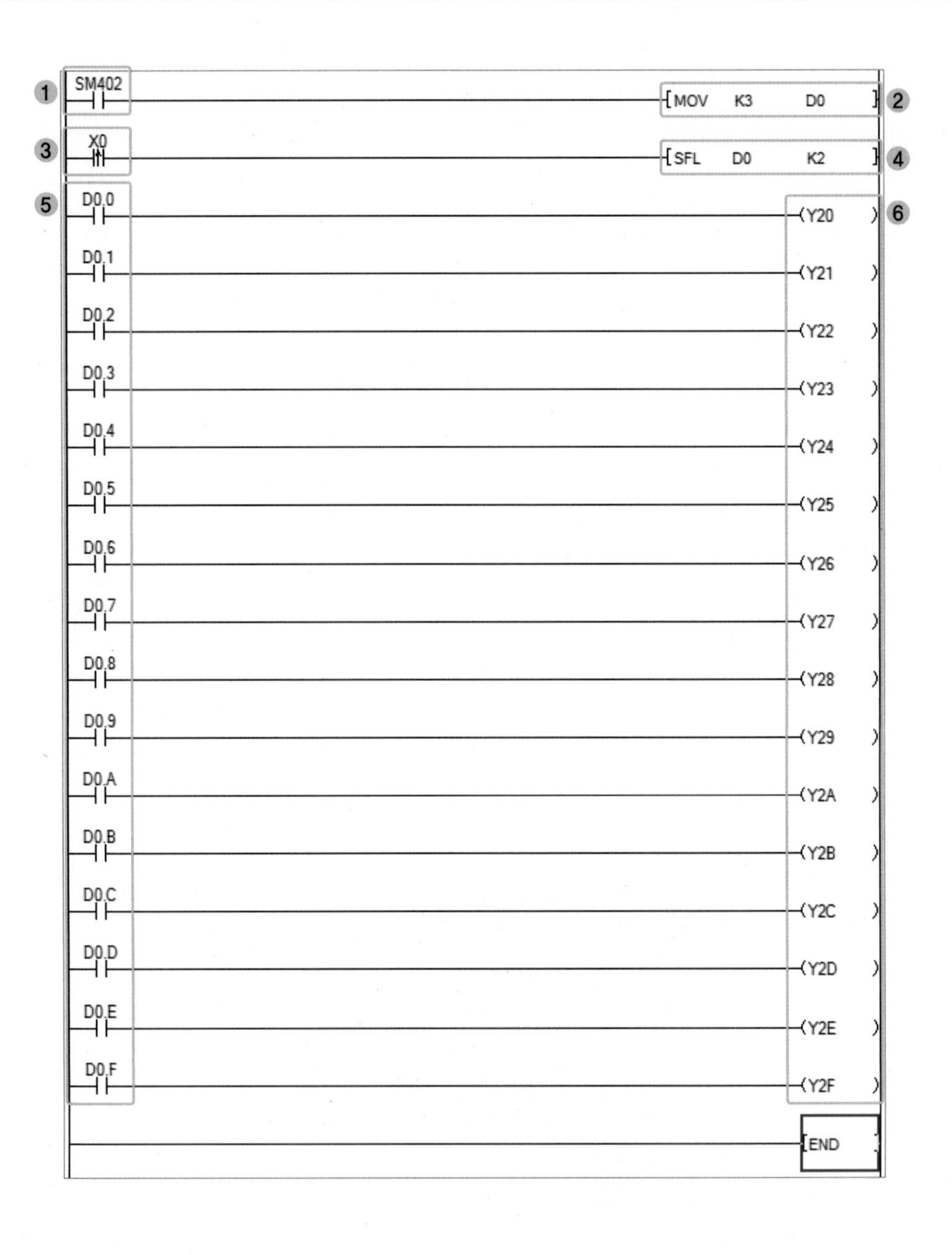

1
SM402
MOV K3 D0
2
3
X0
SFL D0 K2
4
5
D0.0
Y20
6
D0.1
Y21
D0.2
Y22
D0.3
Y23
D0.4
Y24
D0.5
Y25
D0.6
Y26
D0.7
Y27
D0.8
Y28
D0.9
Y29
D0.A
Y2A
D0.B
Y2B
D0.C
Y2C
D0.D
Y2D
D0.E
Y2E
D0.F
Y2F
END

❶ SM402에 의해 RUN 모드 후 1 Pulse만 실행

❷ 정수 K3값을 16비트 데이터 레지스터인 D0에 MOVE시킨다 : 정수(K) 3은 2진수로 11 이다.

F	E	D	C	B	A	9	8	7	6	5	4	3	2	1	0	16 Bit 번호
Bit	Bit	Bit	Bit	Bit	Bit	Bit	Bit	Bit	Bit	Bit	Bit	Bit	Bit	Bit	Bit	
0	0	0	0	0	0	0	0	0	0	0	0	0	0	1	1	정수 K3 입력 (2진수 값 21+20)
↖		↖		↖		↖		↖		↖		↖		↖		지정한 값만큼 시프트 (2회)
D0.F	D0.E	D0.D	D0.C	D0.B	D0.A	D0.9	D0.8	D0.7	D0.6	D0.5	D0.4	D0.3	D0.2	D0.1	D0.0	워드값 D0의 비트 번호들
"D0" Word(16 Bit)																

* 16진수는 0123456789ABCDEF로 표시한다.

Bit를 사용하는 디바이스	Word를 사용하는 디바이스
X, Y, M, L, S, B, F	T, C, D, R, W

❸ 스위치(X0)의 상승엣지 신호에 의해 계속 누르고 있어도 한 Pulse만 동작되도록 한다.

❹ 워드 데이터 시프트명령(SFL), L은 Left(왼쪽)를 의미한다. SFR은 Right(오른쪽) [**SFL K2 D0**]에서 SFL은 왼쪽 시프트, K2는 2회, D0는 16비트 레지스터 D0에 결과를 저장하라는 의미이다.

❺ D0는 Word 데이터인데 ❷의 표에서 보는 바와 같이

- D0에 따른 비트들은 D0.0, D0.1, D0.2, D0.3, D0.4, D0.5, D0.6, D0.7, D0.8, D0.9, D0.A, D0.B, D0.C, D0.D, D0.E, D0.F로
- D1에 따른 비트들은 D1.0, D1.1, ~D1.F로
- D2에 따른 비트들은 D2.0, D2.1, ~D2.F로 사용이 가능하다.

❻ ❺의 신호에 의해 출력

Project No.13

램프 켜기 13

⊙ **학습목표** 롤 시프트 왼쪽(ROL) 또는 오른쪽(ROR)에 대하여 이해할 수 있다.

⊙ **동작조건** S/W1을 ON-OFF(앞으로는 "조작한다"고 표현하기로 한다.)하면 L1~L16 램프가 차례대로 돌아가면서 켜지고 L16이 켜진 다음 다시 L1이 켜진다(실제 램프 대신 PLC LED로 확인).

Mitsubishi사의 Q대응 프로그래밍 매뉴얼(공통명령편) "제7장 응용명령" 7-29쪽 참조

1 롤 시프트(Roll Shift)

Roll의 사전적 의미는 종이 · 옷감 · 필름 등을 둥글게 말아 놓은 통이나 두루마리를 뜻하는 것이다.

SFL(SFR)은 스위치 등 조건에 의해 시프트가 16회(16비트)를 넘은 경우 모든 데이터들은 넘쳐서 버리게 된다. 그러나 롤 시프트(ROL, ROR)는 마지막에 도달하면 다시 처음으로 데이터들을 돌려 육상 트랙을 돌듯이 처리한다.

(1) ROL(Roll Shift Left) : 왼쪽으로 롤 시프트

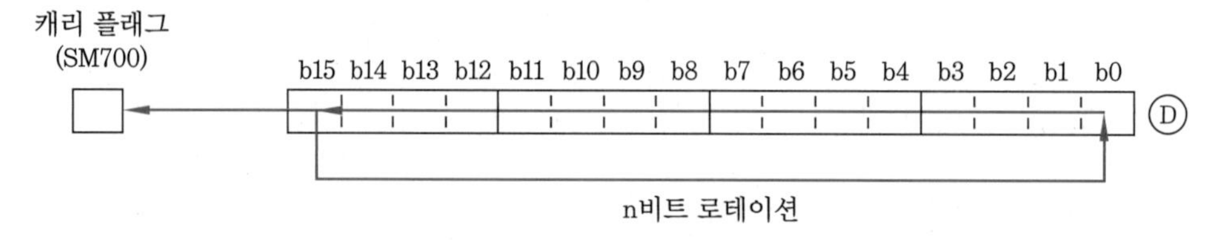

(2) ROR(Roll Shift Right) : 오른쪽으로 롤 시프트

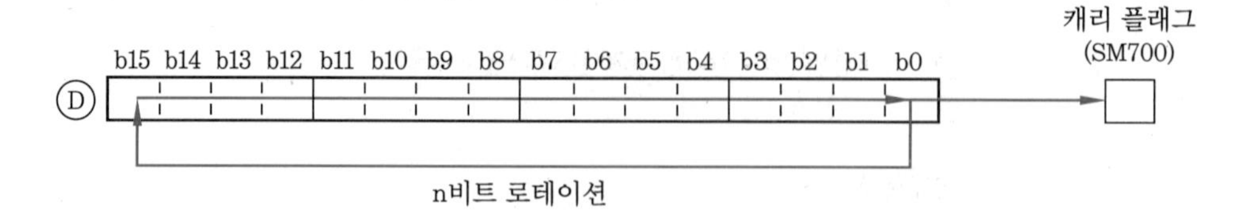

(3) RCR(Roll Carry Shift Right) : 캐리 오른쪽으로 롤 시프트

캐리(Carry)의 사전적 의미는 '물건 따위를 나르다, 휴대하다, 담다, 기억하다' 등의 뜻이 있으나 전산용어에서는 셈을 했을 때 자리가 올라가는 일, 덧셈 결과 덧셈이 행해진 자리만으로 처리할 수 없게 되어 상위 자리로 수를 보내는 것을 뜻한다.

(4) RCL(Roll Carry Shift Left) : 캐리 왼쪽으로 롤 시프트

① ROL에서의 캐리 플래그(SM700)는 16자리에 도달했을 때 특수 레지스터 SM700을 ON시켜 완료되었음을 알리고 롤(ROLL)되어 다시 처음으로 돌아가면 OFF된다.

② RCL에서의 캐리 플래그(SM700)는 16자리에 도달했을 때 기존의 특수 레지스터 SM700이 OFF 상태이므로 캐리데이터 0을 ROLL 후 처음 자리에 넣는다.

SM700은 캐리데이터 상태에 따라 0, 1이 저장되는 기능이다.

다소 어렵게 설명했지만 결과적으로 ROL은 1~1 ➡ 1~1 ➡ 1~1 ➡ … 순서로 롤링되고, RCL은 1~1 ➡ 0~1 ➡ 0~1 ➡ … 순서로 롤링된다.

캐리데이터 0

2 프로그램 작성하기

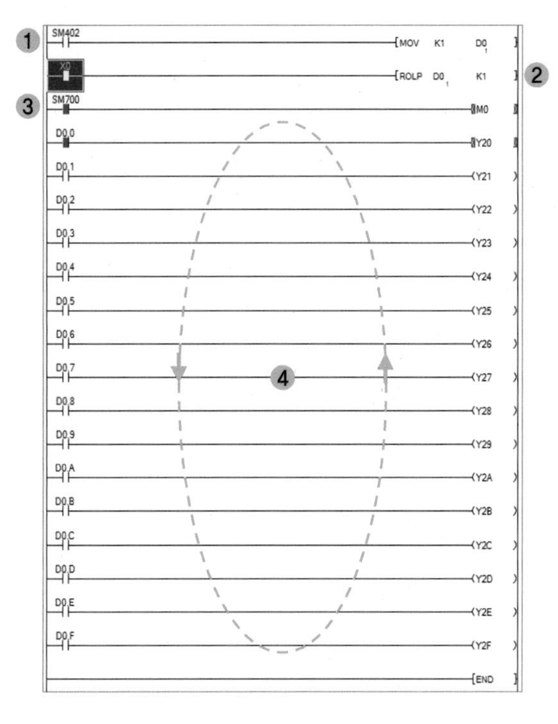

ROLP

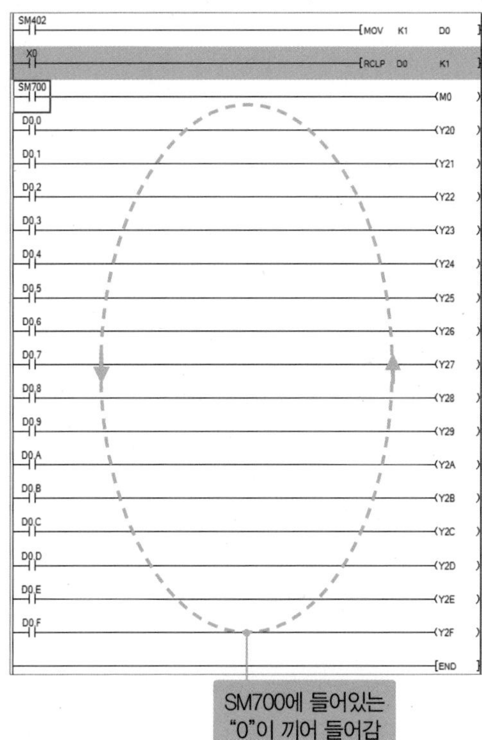

RCLP

1. SM402에 의해 RUN모드에서 한 번만 D0에 정수(K) 1을 MOVE시킨다.
2. [ROLP D0 K1]에서 ROLP는 D0에 있는 데이터를 1비트씩(K1) 전체적으로 좌측으로 이동시킨다.
   - P는 X0를 계속 누르고 있어도 1 Pulse만 실행, X0의 엣지 신호와 같다.
   - K1값에 따라 시프트 하는데 K값이 2이면 전체 2칸씩 이동한다.
3. SM700은 1바퀴가 끝나면 1로 되었다가 다시 0으로 돌아가는 기능의 특수 릴레이이다.
   - 1바퀴가 끝나면 M0가 ON되었다가 다시 시작되면 OFF된다.
4. 스위치(X0)를 조작할 때마다 램프가 다음으로 넘어간다.

Project No.14

램프 켜기 14

⊙ **학습목표** 여러 개의 스위치 신호(비트) 상태를 워드 데이터로 수집할 수 있다.

⊙ **동작조건** 4개의 S/W1, S/W2, S/W3, S/W4 센서입력 상태를 D0에 워드 데이터로 저장하고 다시 그 데이터를 비트신호로 분리하여 램프 L1, L2, L3, L4로 표현하라.

Mitsubishi사의 Q대응 프로그래밍 매뉴얼(공통명령편) "제6장 기본명령" 6-78쪽 참조

비트 데이터 스위치나 센서들의 입력상태를 워드 데이터로 수집하는 방법과 워드 데이터를 비트 데이터로 풀어서 나타내는 방법을 설명한다.

1 프로그램 작성하기

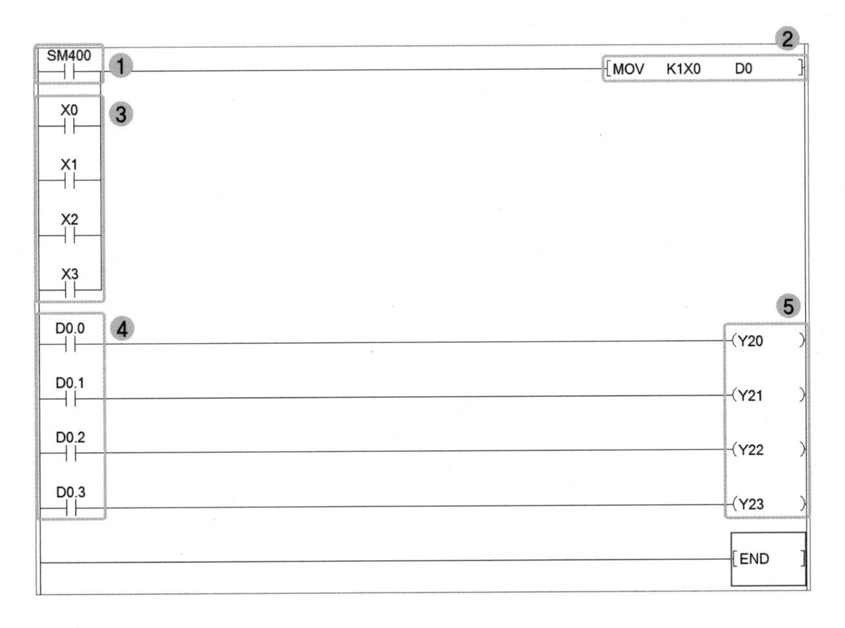

① SM400에 항상 연결 상태를 유지한다. PLC 문법 구조상 [END] 등 몇 가지를 제외하고 모든 프로그램은 전선을 직접 연결하면 안 되고 반드시 입력조건이 필요하다.

② K1X0는 X0부터 시작하여 X3까지 4 Bit라는 의미인데 K1이 4 Bit인 것은 16진수는 "1111"로 표현하기 때문이며 K2는 "1111 1111"이 되고 K3은 "1111 1111 1111" K4는 "1111 1111 1111 1111"이 된다.

③ X0부터 X3까지 4개의 BIT 신호를 입력받기 위해 연결하였다.

④ 수집된 데이터 D0에 들어있는 워드를 비트로 분리하여 배치하였다.

⑤ D0에 들어있는 비트들을 ④로 분리하여 램프 4개에 표현하였다.

Project No.15

프로그램을 분리하여 선택하기

⊙ **학습목표** 마스터콘트롤(MC, MCR)에 대해 이해할 수 있다.

⊙ **동작조건** 1. 비상스위치를 누르면 비상램프가 켜지고 모든 프로그램을 중지한다.

2. 비상스위치를 해제하고 리셋프로그램 선택 스위치를 누르면 리셋 램프 스위치를 조작할 수 있다.

3. 비상스위치와 리셋프로그램 선택스위치가 해제되고 정상 프로그램 선택스위치를 누르면 정상 램프 조작이 가능하다.

Mitsubishi사의 Q대응 프로그래밍 매뉴얼(공통명령편) "제5장 시퀀스명령" 5-41쪽 참조

1 마스터컨트롤(MC, MCR)

프로그램을 다양하게 그룹으로 나눠 선택하여 사용하는 기능으로서 [NC Nx Mx]로 시작하여 [NCR Nx]까지 하나의 그룹이며 여러 형태로 구성할 수 있다.

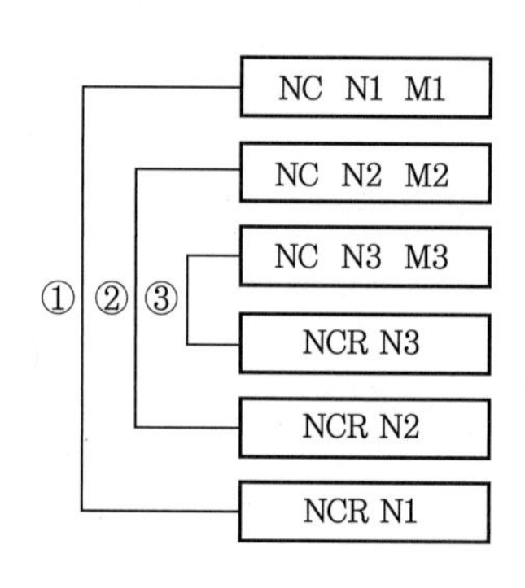

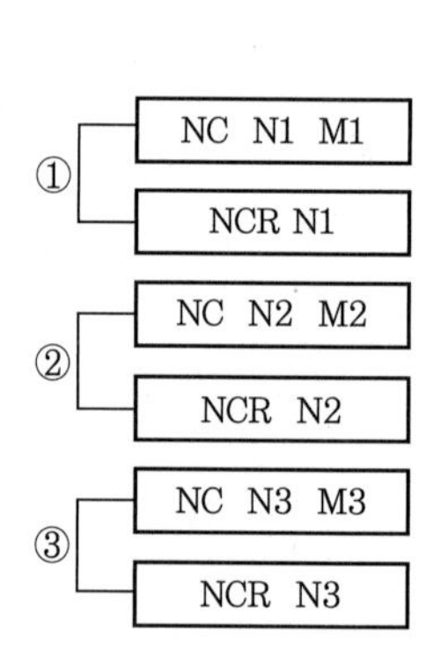

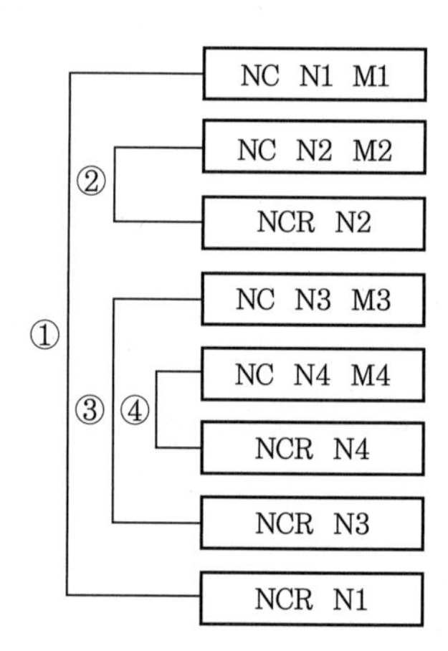

2 프로그램 작성하기

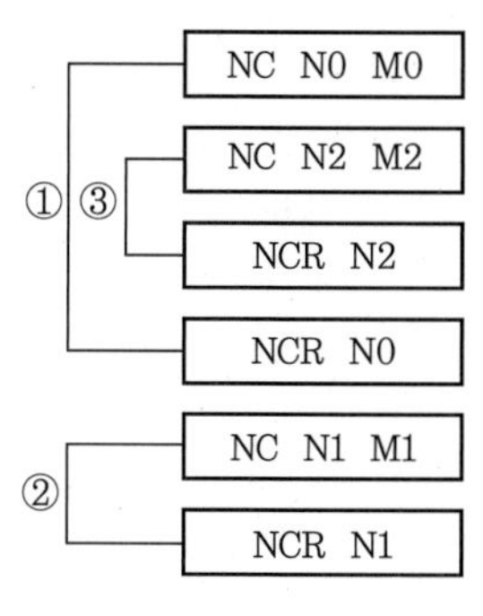

그룹 형태

입출력 할당

입 력			출 력		
X00	S/W1	① 그룹 선택	Y20	L1	비상램프
X01	S/W2	② 그룹 선택	Y22	L2	리셋램프
X02	S/W3	③ 그룹 선택	Y23	L3	정상램프
X03	S/W4	리셋램프 조작			
X04	S/W5	정상램프 조작			

※ S/W1는 B접점 유지형 스위치를 사용한다.
※ S/W2, S/W3은 A접점 유지형 스위치를 사용한다.
※ S/W4, S/W5는 A접점 일반형 스위치를 사용한다.

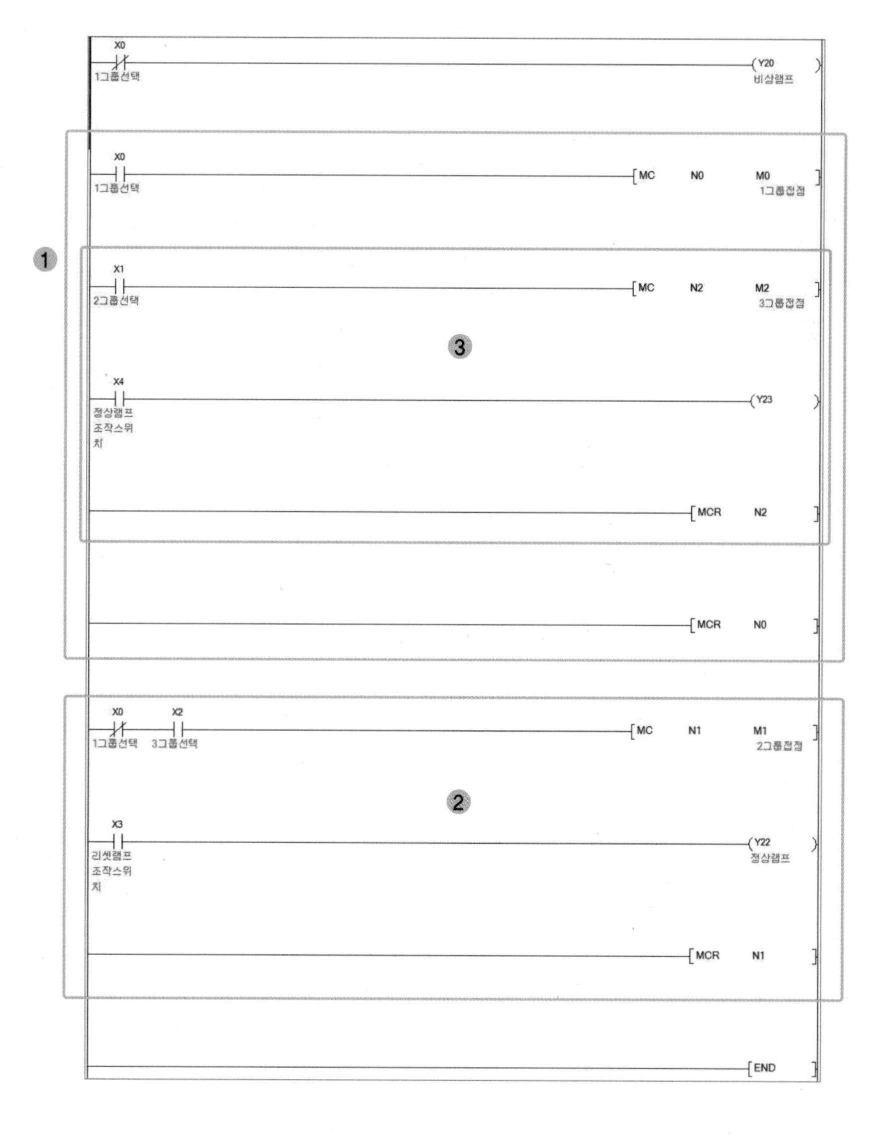

❶ 비상스위치를 B접점으로 하는 이유는 비상스위치가 단선되어 비상시 작동이 안 되면 곤란하기 때문이다(PLC 접점은 A접점으로 하여 평상시 항상 입력이 들어와 있어야 한다).

❷ 2번 그룹의 리셋 공정은 1번 그룹에 의한 비상정지 시 도중에 남아 있는 공정을 처리하여 처음 시작할 수 있는 환경으로 만들어주기 위함이다. 리셋 공정은 평상시에 정상 공정에 영향을 미치면 안 되므로 B접점인 비상스위치가 조작되어 끊어질 때만 작동되어야 한다.

❸ 3번 그룹의 정상공정은 B접점인 비상스위치가 조작되지 않아 연결되므로 1번 그룹이 작동되고 정상 공정 선택스위치가 조작되어 3번 그룹이 작동되면 정상램프를 작동시킬 수 있다.

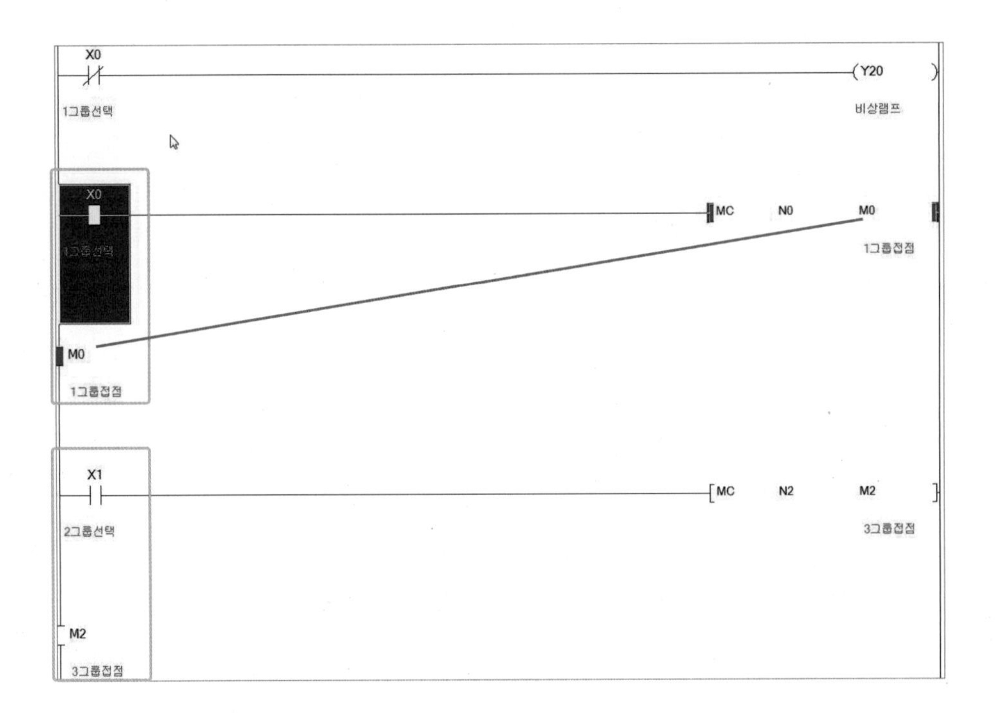

M0, M1, M2…는 프로그램 작성 시에는 보이지 않지만 실행을 해 보면 그룹들이 M접점에 의해 연결되어 활성화됨을 볼 수 있다.

3 코멘트 사용하기

프로그램에서 초록색으로 나타난 접점 설명문들을 코멘트라 하는데 그 사용법에 대해서 알아보기로 한다.

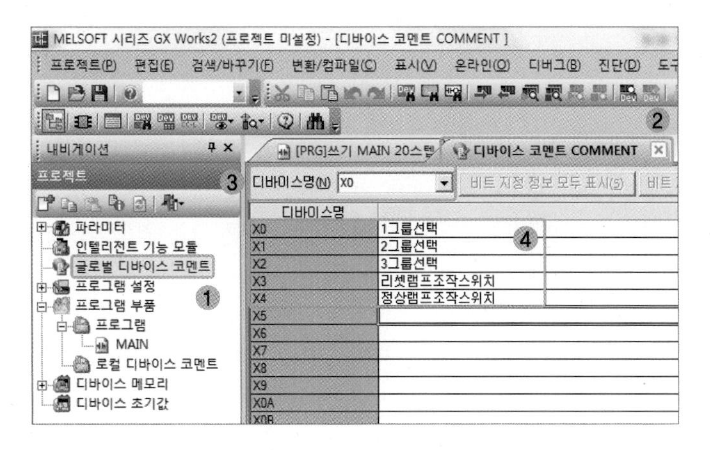

❶을 선택한 후 ❷를 선택하고 ❸번 창에 X, Y, M 등을 써 넣고 Enter를 누르면 ❹에 코멘트를 일괄적으로 써 넣을 수 있으며, ❶에서 마우스 오른쪽 버튼을 클릭하여 엑셀(CSV)에서 작성하여 불러올 수도 있다.

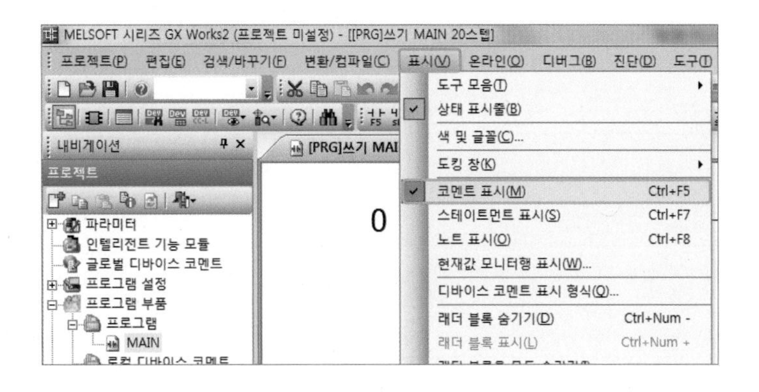

표시 항목의 **코멘트 표시**를 선택하면 프로그램 화면에서 코멘트를 볼 수 있다.

Project No.16

프로그램 건너뛰기

⊙ **학습목표** 포인터 분기 명령(CJ)에 대해 이해할 수 있다.

⊙ **동작조건** 1. 분기명령 스위치 S/W0을 조작하면 L1, L2, L3 램프 중 L3 램프만 켤 수 있다.

2. 분기명령 스위치 S/W0을 조작하지 않으면 L1, L2, L3 램프를 켤 수 있다.

- S/W1로 램프 L1을 켠다.
- S/W2로 램프 L2을 켠다.
- S/W3로 램프 L3을 켠다.

Mitsubishi사의 Q대응 프로그래밍 매뉴얼(공통명령편) “제6장 기본명령” 6-96쪽 참조

1 포인터 분기 명령(CJ)

프로그램의 일부 구간을 건너뛰는 기능이다.

① X0의 입력 조건이면 P0로 건너 뛰어 X1, X2 조건이 만족되어도 Y20, Y21이 실행되지 않고 바로 X3 조건을 받는다.

② X0의 입력 조건이 만족되지 않으면 [CJ P0]이 실행되지 않으므로 X1, X2, X3의 조건을 정상적으로 받는다.

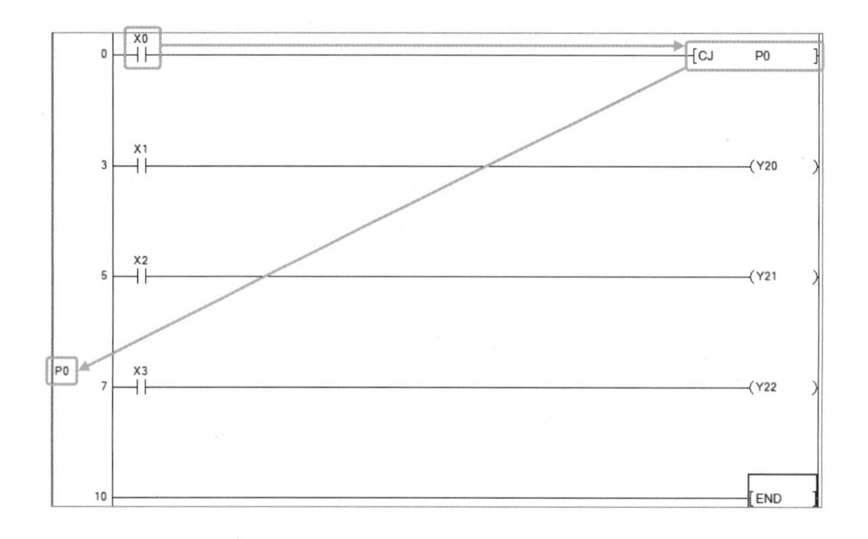

2 CJ와 SCJ의 차이

① CJ는 조건이 만족되면 해당 포인터 번호(P0)로 바로 건너뛰는 기능이다.

② SCJ는 조건이 만족되면 1 Scan은 실행을 하고 다음 Scan에서부터 해당 포인터 번호(P0)로 건너뛰는 기능이다.

③ 모든 접점을 B접점으로 하고 실행했을 때 다음 CJ와 SCJ의 결과를 보면 CJ는 P0로 건너뛰어 Y20, Y21이 실행되지 않고 SCJ는 한 번 실행되어 있음을 볼 수 있다.

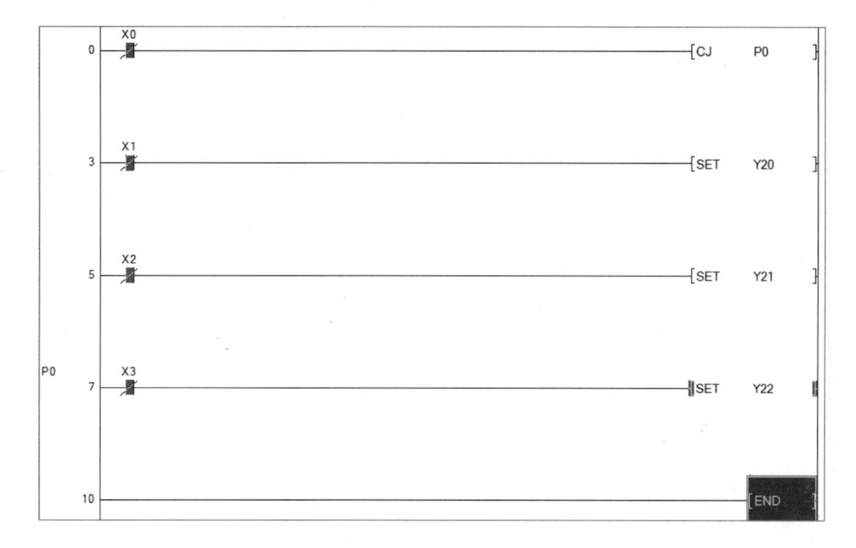

CJ

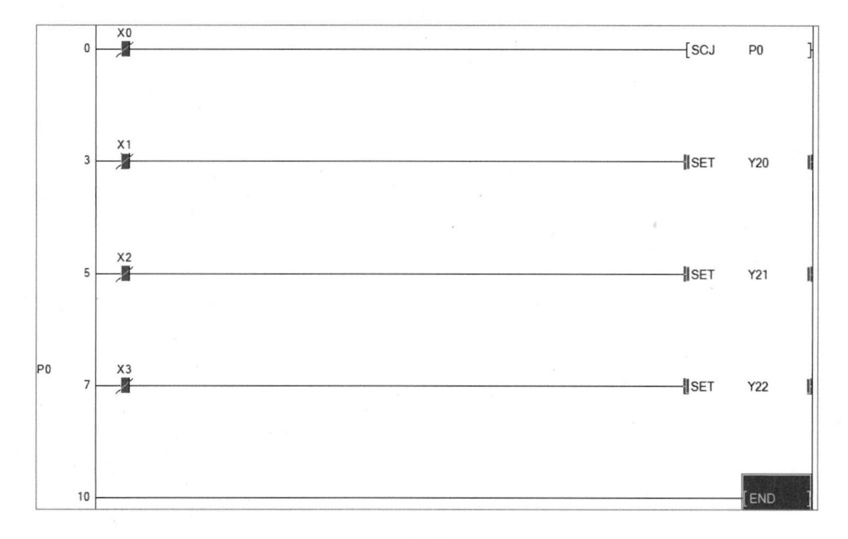

SCJ

Project No.17

공압실린더 제어하기

⊙ **학습목표** 공압실린더 작동에 대해 이해할 수 있다.
1. 실린더에 대하여 이해할 수 있다.
2. 밸브에 대하여 이해할 수 있다.
3. 압축공기에 대하여 이해할 수 있다.

⊙ **동작조건** 1. 스위치(S/W1)를 조작하면 공압 실린더 로드가 앞으로 나온다(전진).
2. 스위치(S/W2)를 조작하면 공압 실린더 로드가 뒤로 들어간다(후진).

1 공압실린더 작동시스템

아래 공기압축기에서 압축공기를 만들어 밸브를 통해 실린더에 공급 또는 배출하여 실린더를 작동시킨다.

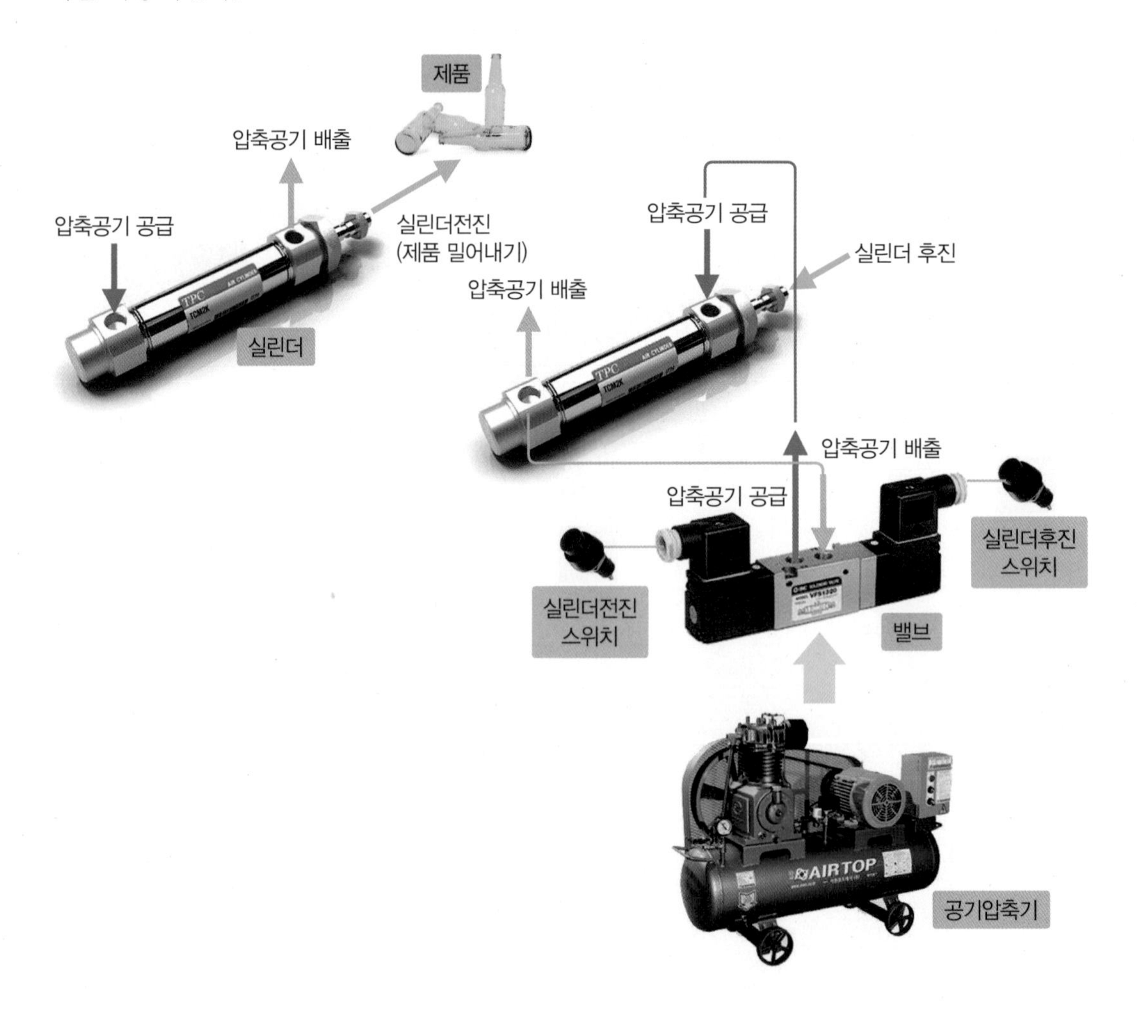

2 공압실린더

공압실린더는 실린더 압축공기 공급 형태에 따라 단동실린더와 복동실린더로 분류한다.

① 단동실린더는 압축공기를 공급하고 배출하는 구멍(port)이 하나이며 전진할 때만 일을 하고 돌아올 때는 스프링이나 스스로의 무게에 의해 돌아온다.

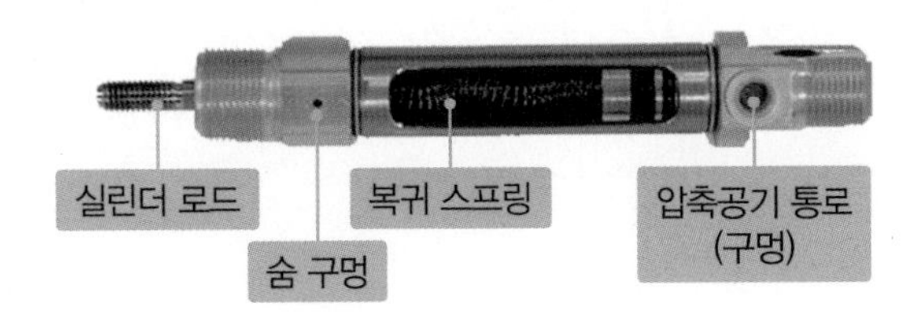

② 복동실린더는 압축공기를 공급하는 구멍과 배출하는 구멍이 각각 나 있어 한쪽이 공급하면 반대쪽은 배출하고 밸브에 의해 방향이 바뀌면 구멍의 역할을 바꿔 동작한다.

3 공압밸브

공기압축기에서 생산된 압축공기를 실린더에 공급 또는 배기시키는 기능을 한다.

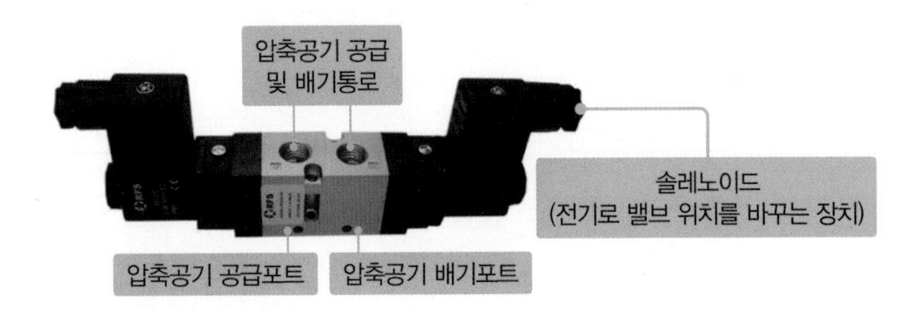

4 솔레노이드

전류를 코일에 흘려보내 코일 중간의 철심에 자성을 부여하여 밸브를 손으로 조작하는 대신 전기 스위치를 조작하여 전자석의 힘으로 조작한다.

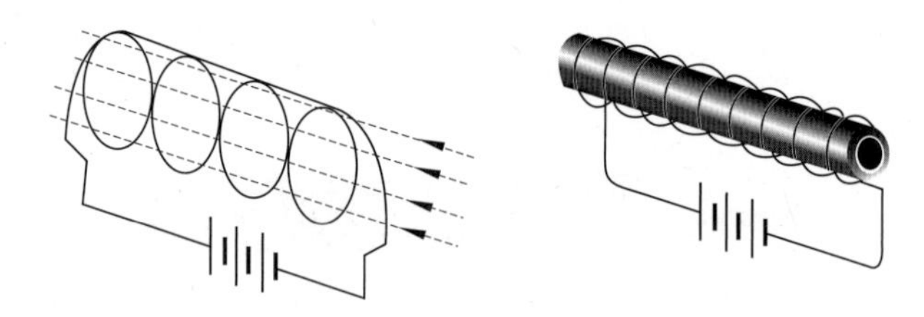

5 공기압축기

전기모터를 돌려 대기 중의 공기를 좁은 공간에 넣어 높은 압력의 압축공기를 만들어 낸다.

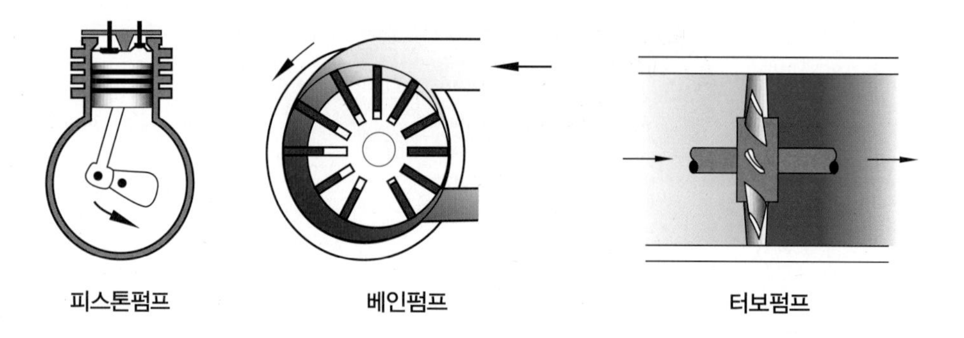

피스톤펌프　　베인펌프　　터보펌프

6 전기공압제어 회로도

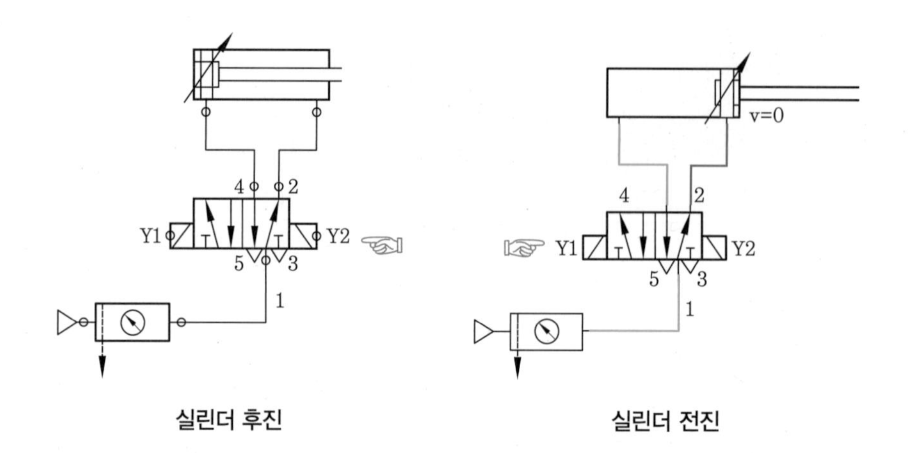

실린더 후진　　실린더 전진

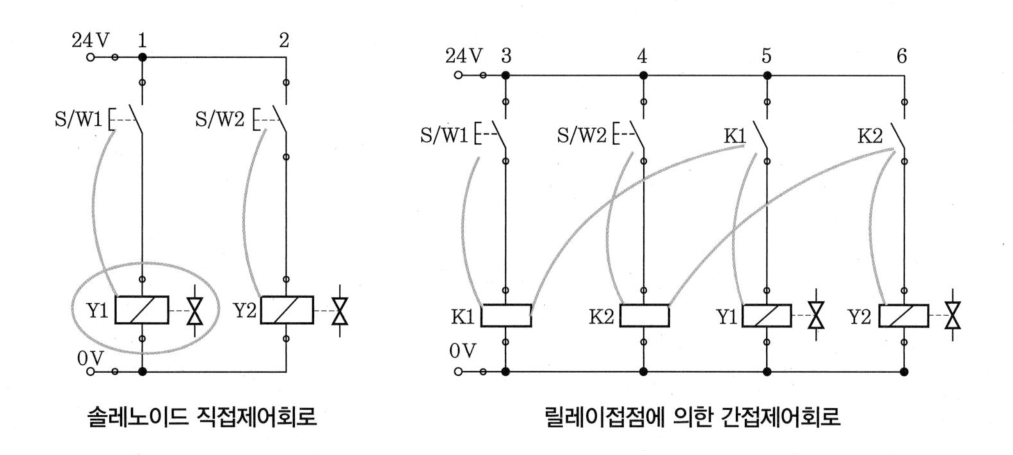

솔레노이드 직접제어회로　　　　릴레이접점에 의한 간접제어회로

솔레노이드나 릴레이 코일에 먼저 0 V로 커먼(Common)시킨 다음 스위치를 통해 24 V를 연결하여 자화시키므로 공압밸브 위치를 바꾼다. 왼쪽의 회로는 솔레노이드를 직접 제어하는 방법이고 오른쪽 회로는 릴레이 코일을 전자석화시켜 접점으로 제어하는 간접제어 방식이다.

① 회로도에서 Y1의 실제 위치는 위쪽의 공압회로의 Y1에 위치한다.

② 회로도를 쉽게 읽을 수 있도록 공압회로와 전기회로를 따로 분리하여 작성한다.

③ 전기회로도에서 밸브는 공압회로도에서 이미 자세히 제시되었기 때문에 간략기호로 그린다.

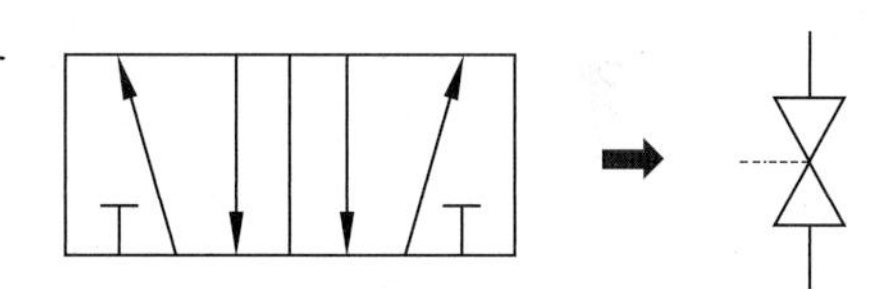

7 PLC 프로그래밍

(1) 직접제어방식

입출력 할당

입력			출력		
X00	S/W1	실린더 전진	Y20	Y1	솔레노이드
X01	S/W2	실린더 후진	Y21	Y2	솔레노이드

※ 출력코일 Y20은 솔레노이드 Y1에 연결한다.
※ 출력코일 Y21은 솔레노이드 Y2에 연결한다.

(2) 간접제어방식

입출력 할당

입력			출력		
X00	S/W1	실린더 전진	M0	Y20	릴레이
X01	S/W2	실린더 후진	M1	Y21	릴레이
			Y20	Y1	솔레노이드
			Y21	Y2	솔레노이드

※ 릴레이접점 M0은 출력코일 Y20에 연결한다.
※ 릴레이접점 M1은 출력코일 Y21에 연결한다.
※ 출력코일 Y20은 솔레노이드 Y1에 연결한다.
※ 출력코일 Y21은 솔레노이드 Y2에 연결한다.

Project No.18

자동 왕복하기

⊙ **학습목표** 자동 왕복회로에 대해 이해할 수 있다.

⊙ **동작조건** 스위치(S/W1)를 누르고 있으면 공압 실린더가 전진과 후진을 계속한다.

1 전기회로도

S/W1에 의해서 전진하고 S/W2에 의해서 후진하는 회로에서 S/W2 대신 실린더 전진 위치에 리밋스위치를 배치하면 실린더가 전진한 후 리밋스위치를 자동으로 조작하여 후진하게 된다.

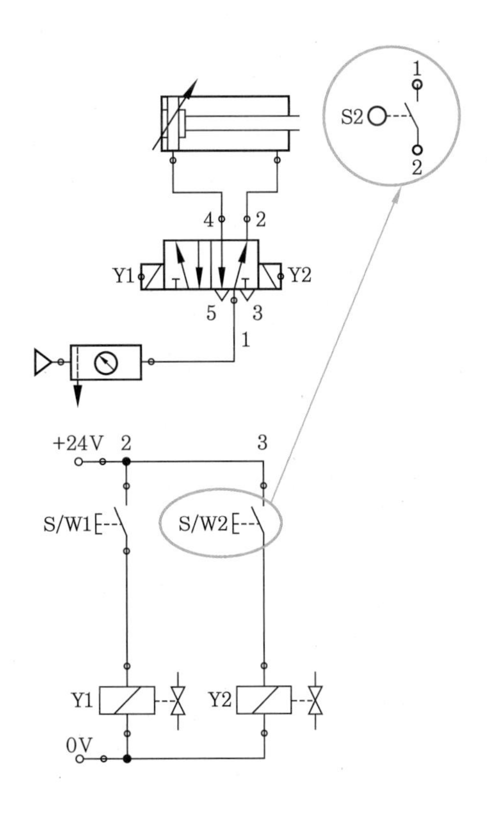

그러나 S/W1을 계속해서 누르고 있으면 리밋스위치가 눌려도 후진을 할 수 없게 되는데 이러한 현상을 신호 간섭이라 한다.

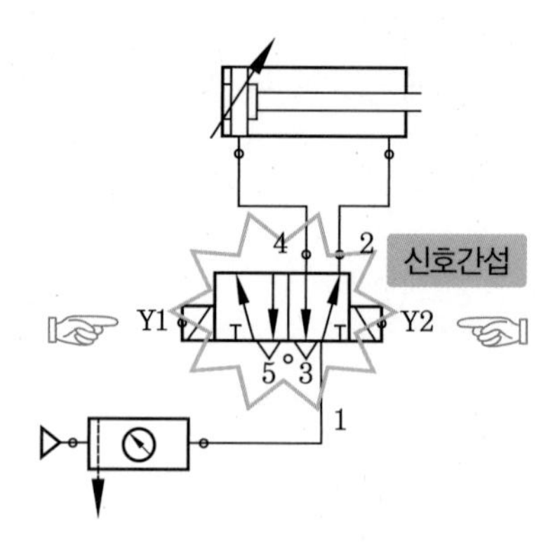

시작 스위치에 의한 간섭을 제거하기 위해서 마지막 동작에서 눌러진 리밋스위치를 시작 스위치와 직렬(AND)로 연결해 준다.

Note 모든 시퀀스 회로에서 시작스위치는 마지막 동작 완료 후 눌러지는 리밋스위치와 직렬로 배치해야 한다.

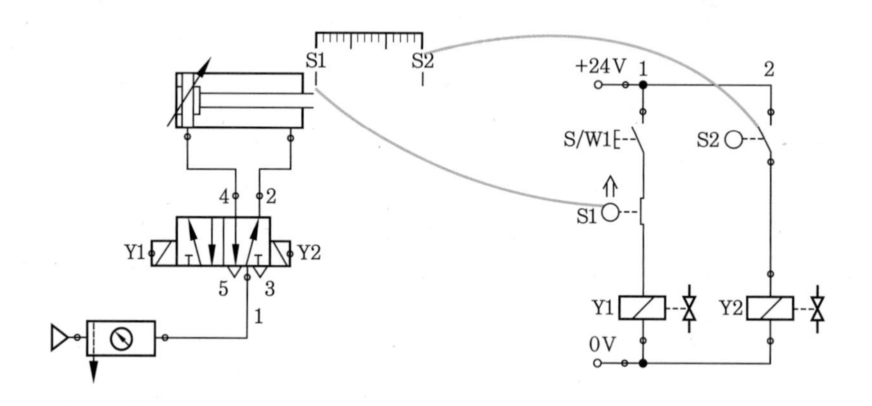

실린더 전진이 첫 번째 동작, 후진이 마지막 동작이므로 후진에서 눌러진 리밋스위치 S1을 시작스위치와 직렬로 연결하였다.

2 PLC 프로그래밍

(1) 직접제어

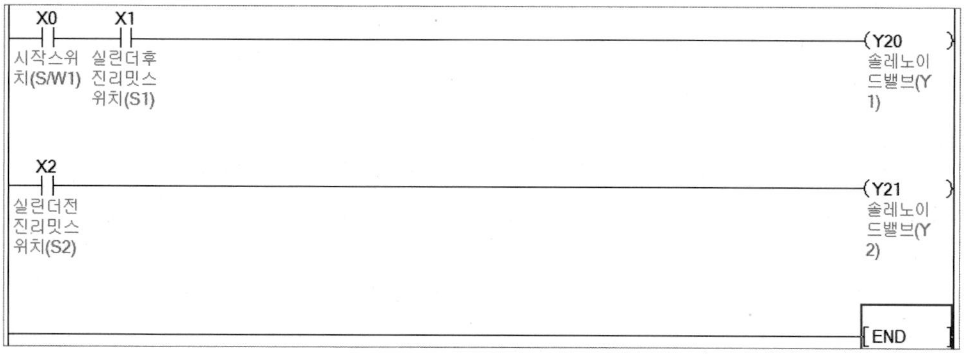

X0
시작스위치(S/W1)
X1
실린더후진리밋스위치(S1)
Y20
솔레노이드밸브(Y1)
X2
실린더전진리밋스위치(S2)
Y21
솔레노이드밸브(Y2)
END

(2) 간접제어

X0
시작스위치(S/W1)
X1
실린더후진리밋스위치(S1)
M0
X2
실린더전진리밋스위치(S2)
M1
M0
Y20
솔레노이드밸브(Y1)
M1
Y21
솔레노이드밸브(Y2)
END

Project No.19

시간지연 실린더 동작하기

⊙ **학습목표** 실린더제어에 타이머를 적용할 수 있다.

⊙ **동작조건** 스위치(S/W1)를 조작하면 실린더가 전진한 후 3초 뒤에 후진한다.

※ Project No. 4 참조

1 전기회로도

① 리밋스위치 S2에 의해서 솔레노이드 Y2에 전기가 공급되고 실린더가 즉시 후진하게 된다.

② 리밋스위치 S2에 의해서 타이머 릴레이 KT에 전기가 공급되고 온 지연 타이머에 의해 3초 후 KT접점이 연결되어 솔레노이드 Y2에 전원이 공급되고 실린더가 후진하게 된다.

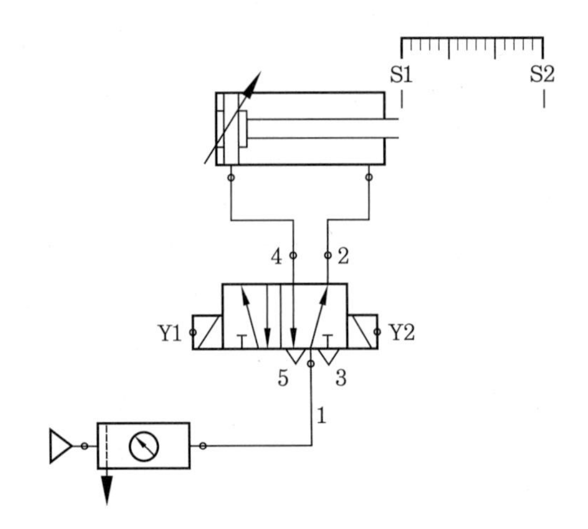

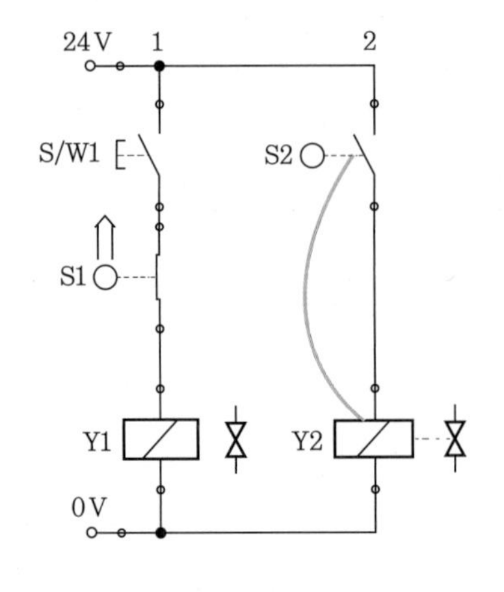

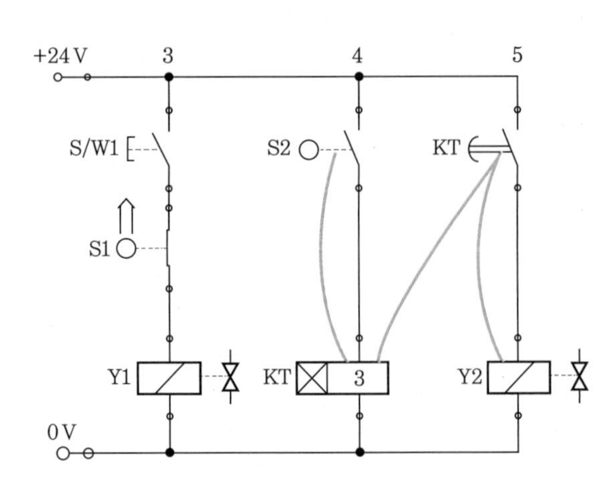

2 PLC 프로그래밍

(1) 직접제어

```
 X0        X1
─┤├───────┤├──────────────────────────────(Y20      )
시작스위  실린더후                          솔레노이
치(S/W1)  진리밋스                          드밸브(Y
          위치(S1)                          1)

 X2                                          K30
─┤├───────────────────────────────────────(T0       )
실린더전                                    온지연타
진리밋스                                    이머
위치(S2)

 T0
─┤├───────────────────────────────────────(Y21      )
온지연타                                    솔레노이
이머                                        드밸브(Y
                                            2)

──────────────────────────────────────────[END      ]
```

(2) 간접제어(내부릴레이_M 사용)

```
 X0        X1
─┤├───────┤├──────────────────────────────(M0       )
시작스위  실린더후
치(S/W1)  진리밋스
          위치(S1)

 X2
─┤├───────────────────────────────────────(M1       )
실린더전
진리밋스
위치(S2)

 M1                                          K30
─┤├───────────────────────────────────────(T0       )
                                            온지연타
                                            이머

 M0
─┤├───────────────────────────────────────(Y20      )
                                            솔레노이
                                            드밸브(Y
                                            1)

 T0
─┤├───────────────────────────────────────(Y21      )
온지연타                                    솔레노이
이머                                        드밸브(Y
                                            2)

──────────────────────────────────────────[END      ]
```

Project No.20

시동/정지 스위치

⊙ **학습목표** 자기유지에 의한 시동/정지회로를 작성할 수 있다.

⊙ **동작조건** 1. 시동 스위치(S/W1)를 조작(ON–OFF)하면 실린더가 전 · 후진 동작을 계속한다.
2. 정지 스위치(S/W2)를 조작(ON–OFF)하면 실린더가 동작을 멈춘다.

1 전기회로도

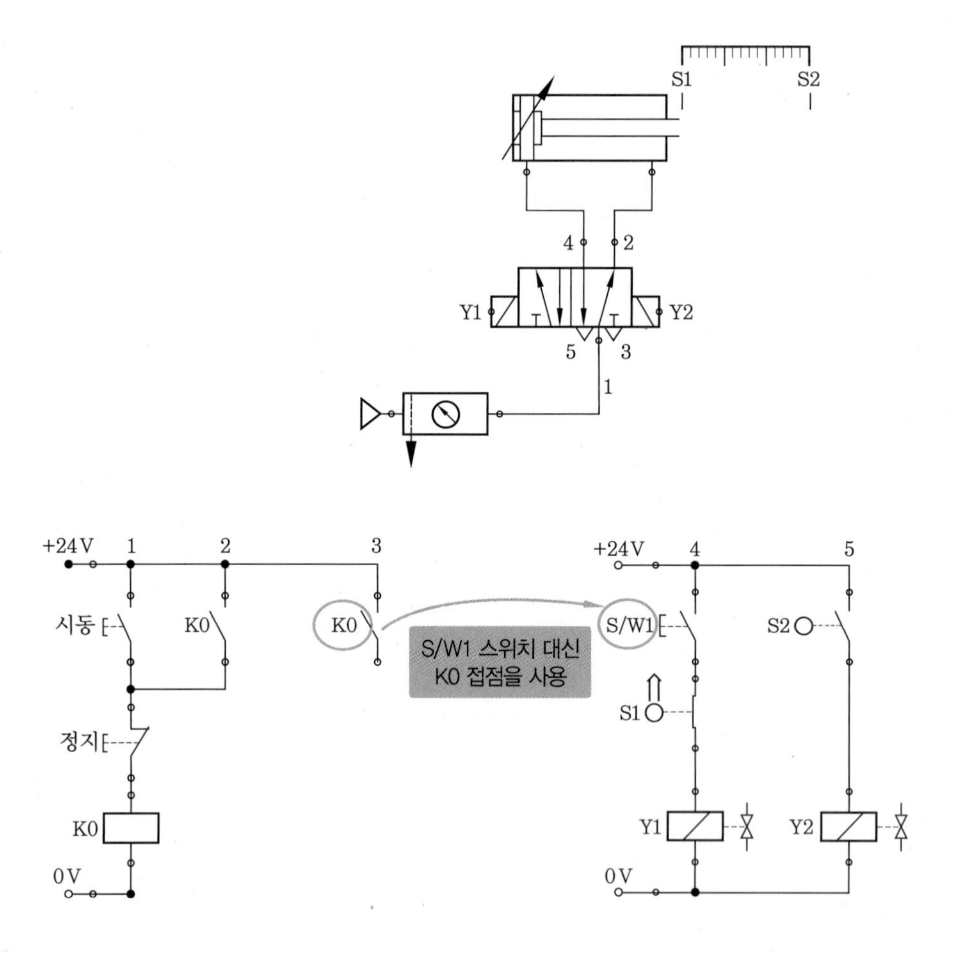

스위치를 누르고 있으면 계속해서 왕복동작을 하는 회로에서 S/W1 스위치 대신 자기유지 회로의 K0 접점을 사용하면, 스위치를 놓아도 계속 유지되고 있다가 정지 스위치를 누르면 자기유지가 해지되어 접점이 떨어져 정지하게 된다.

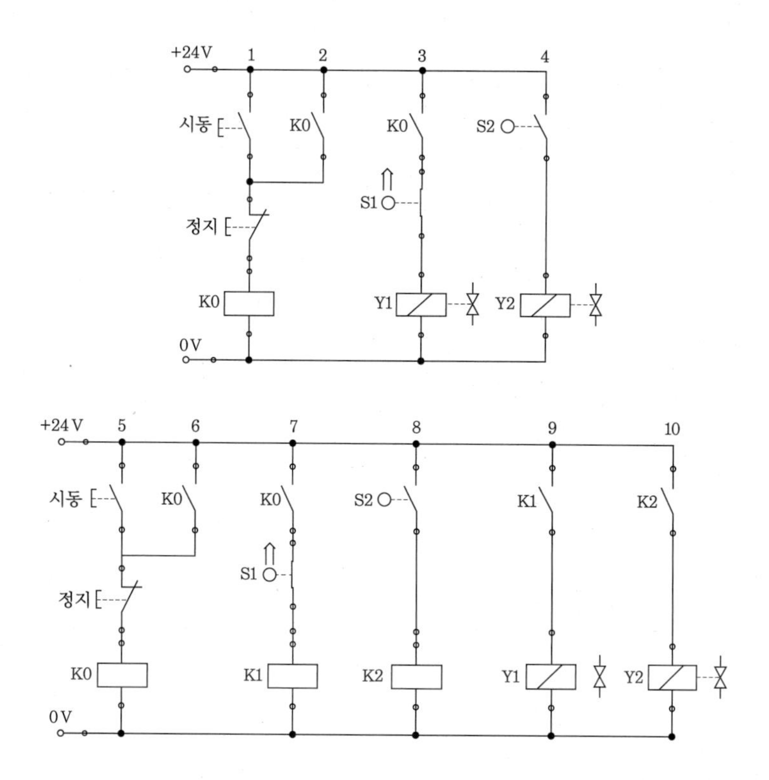

2 PLC 프로그래밍

(1) 직접제어방식

X0 시작스위치 | X1 정지스위치 | M0 —— (M0)

M0

M0 | X2 실린더후진리밋스위치(S1) —— (Y20 솔레노이드밸브(Y1))

X3 실린더전진리밋스위치(S2) —— (Y21 솔레노이드밸브(Y2))

[END]

(2) 간접제어(내부릴레이_M 사용)

```
 X0        X1
─┤├───┬───┤/├──────────────────────────────(M0    )
시작스위 │ 정지스위
치      │ 치
        │
 M0     │
─┤├───┘

 M0        X2
─┤├───────┤├───────────────────────────────(M1    )
          실린더후
          진리밋스
          위치(S1)

 X3
─┤├────────────────────────────────────────(M2    )
실린더전
진리밋스
위치(S2)

 M1
─┤├────────────────────────────────────────(Y20   )
                                            솔레노이
                                            드밸브(Y
                                            1)

 M2
─┤├────────────────────────────────────────(Y21   )
                                            솔레노이
                                            드밸브(Y
                                            2)

───────────────────────────────────────────[END   ]
```

Project No.21

실린더 3회 왕복하기

⊙ **학습목표** 실린더제어에 카운터를 적용할 수 있다.

⊙ **동작조건** 시동 스위치(S/W1)를 조작하면 실린더가 3회 전 · 후진 동작을 한 다음 멈춘다.

"Project No. 5" 참조

1 전기회로도

① "Project No. 20"에서 정지 스위치 대신 카운터 릴레이를 사용하면 3회 왕복 후 KC 릴레이 코일이 전자석이 되어 KC B접점에 의해 자기유지가 해제된다.

② 카운터 릴레이 입력신호는 S2 리밋스위치를 사용하는데, 왕복할 때마다 스위칭(ON-OFF)되기 때문이다(3회 왕복하면 S2 리밋스위치가 3회 스위칭된다).

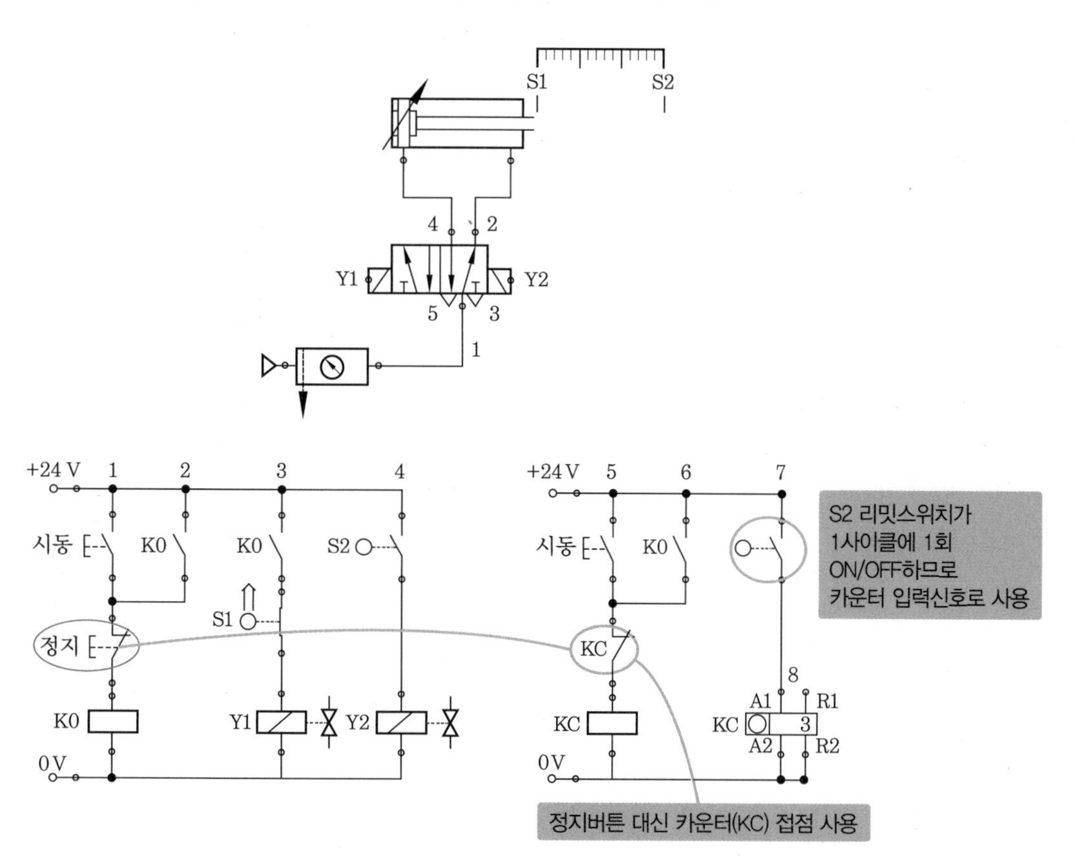

③ S2 리밋스위치는 솔레노이드 Y2와 카운터릴레이 KC 2군데 사용되어 있으므로 접점을 분리하기 위해 릴레이(K1)를 사용한다.

④ 카운터 릴레이는 여자된 후 리셋을 해야 다시 사용할 수 있으므로 자기 자신의 접점을 리셋 신호로 사용하여 시동 스위치를 정지시키고 자기 자신도 원래의 상태로 돌아간다.

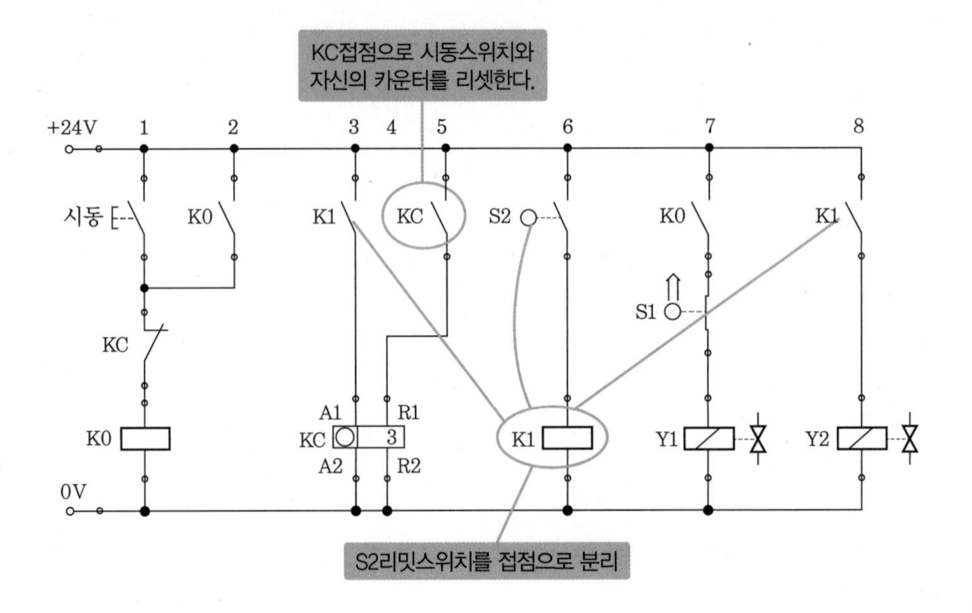

2 PLC 프로그래밍

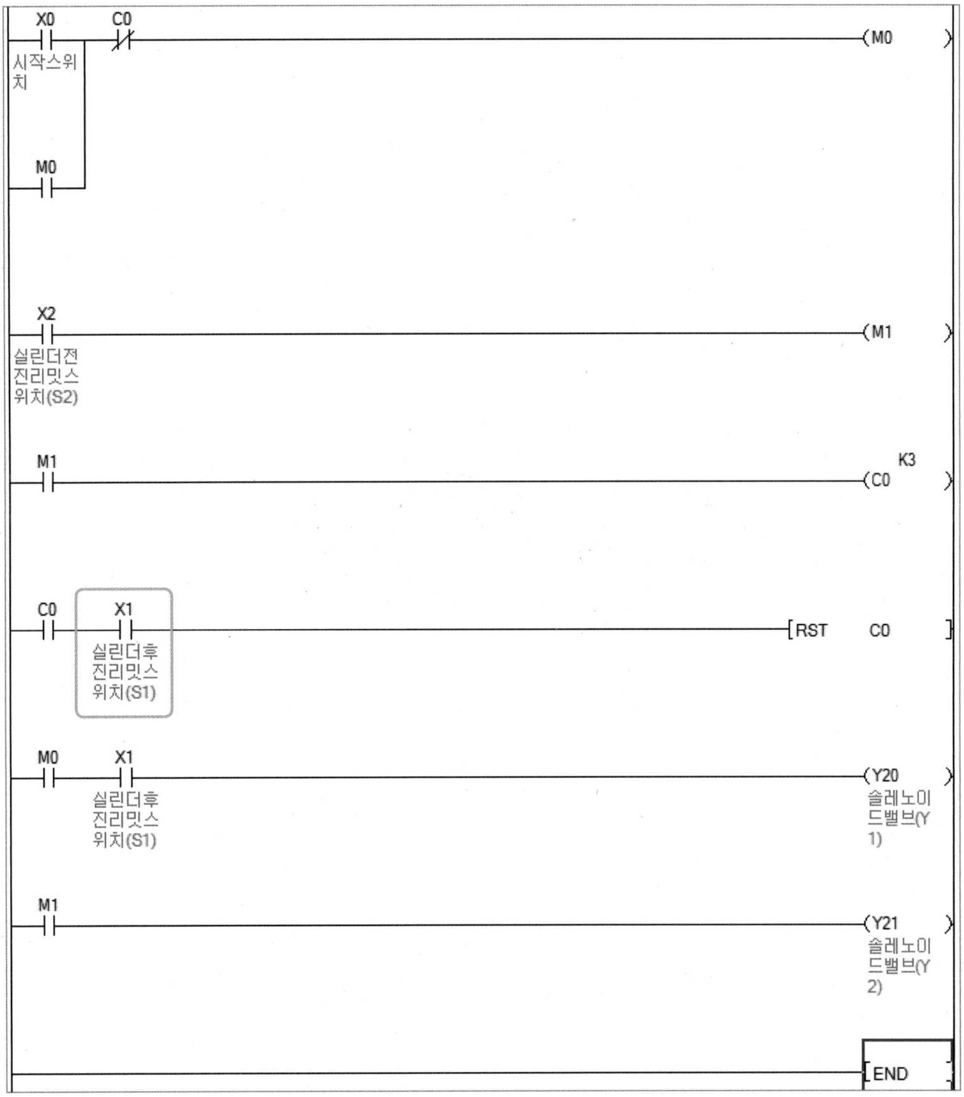

X0 시작스위치 / M0 — C0 — (M0)

X2 실린더전진리밋스위치(S2) — (M1)

M1 — (C0 K3)

C0 — X1 실린더후진리밋스위치(S1) — [RST C0]

M0 — X1 실린더후진리밋스위치(S1) — (Y20 솔레노이드밸브(Y1))

M1 — (Y21 솔레노이드밸브(Y2))

[END]

Note 자신의 접점으로 카운터를 리셋할 때, 필요로 하는 마지막 조건을 만족시키기 전에 리셋되면 안 된다. 그러므로 마지막 동작이 끝났을 때 리셋되도록, 마지막 동작인 후진이 완료되었을 때 감지되는 X1(S1)과 직렬(AND)로 연결해야 한다(C0에 의해서만 리셋하도록 하였을 때는 문제가 발생함을 확인해 보기 바란다).

Project No.22

편 솔레노이드 밸브 제어하기

⊙ **학습목표** 자동 왕복회로에 대해 이해할 수 있다.

⊙ **동작조건** 스위치(S/W1)를 누르고 있으며 공압 실린더가 전진과 후진을 계속한다.

1 편 솔레노이드 밸브(Single Solenoid Valve)

솔레노이드에 의해 압축공기의 흐름방향이 스위칭되고 전기가 차단되면 스프링에 의해 처음 상태로 돌아온다.

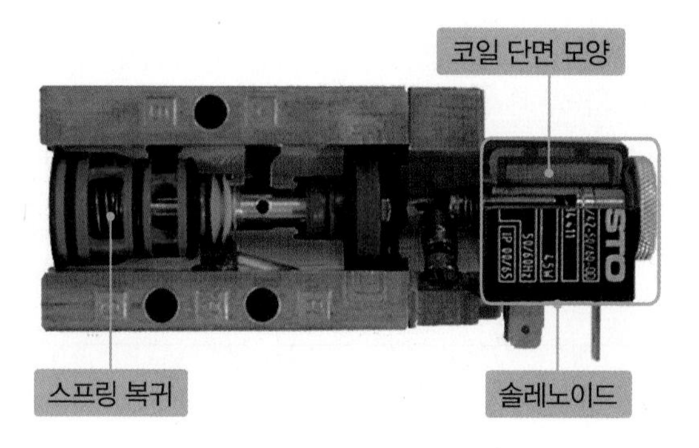

2 전기회로도

① 다음 그림의 왼쪽 회로의 경우 양 솔레노이드 밸브의 경우와 다르게 실린더가 전진하자마자 S1 리밋스위치가 떨어지고 스프링에 의해 복귀되어 끝까지 전진하지 못하고 1~2 mm 사이를 빠르게 왕복하는 현상이 발생한다.

② 다음 그림의 오른쪽 회로의 경우 자기유지에 의해 실린더가 전진할 때까지 유지하고 있다가 S2에 의해 자기유지가 해제되면서 K1접점이 단선되면 밸브가 스프링에 의해 복귀되고 실린더가 후진한다.

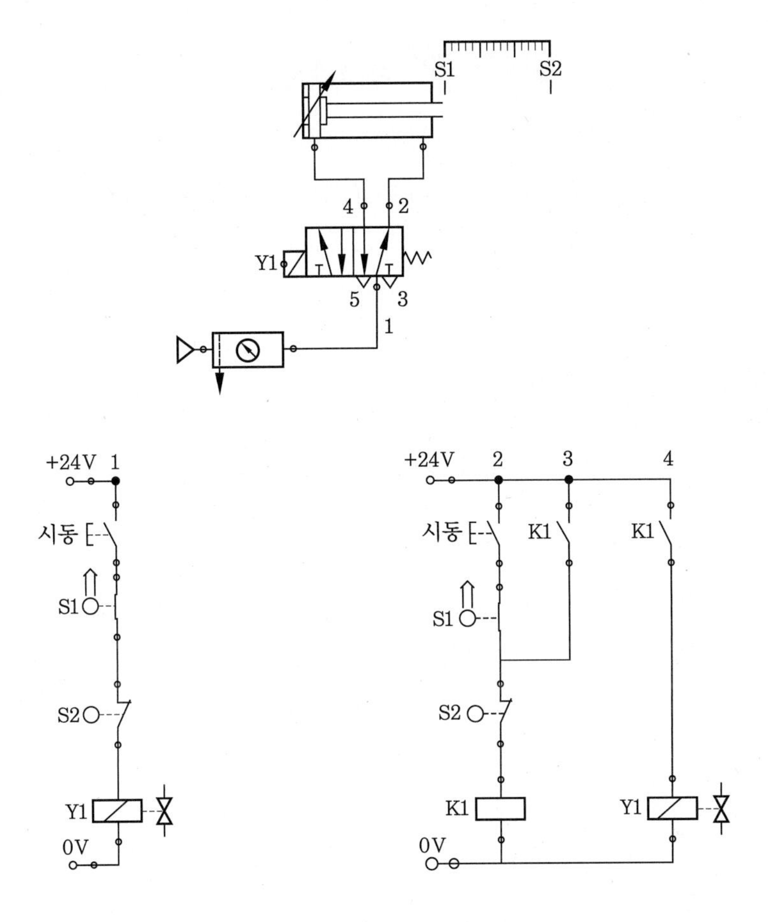

3 PLC 프로그래밍

① 실린더 전진은 스프링에 의한 복귀가 일어나지 않도록 자기유지에 의해 계속 유지한다.

② 전진 완료 감지센서(리밋스위치 S2)에 의해 자기유지를 해제한다.

③ 밸브의 스프링에 의해 원래 상태로 돌아와 후진한다.

Project No.23

2개의 실린더 제어하기 1

⊙ **학습목표** 2개 이상의 실린더 동작에 대해 이해할 수 있다.

⊙ **동작조건** 스위치를 조작하면 A 실린더 전진, B 실린더 전진, A 실린더 후진, B 실린더 후진 순서로 동작한다(A+, B+, A-, B-).

1 실린더 동작순서 표현

서술적 표현 방법, 테이블 표에 의한 방법, 벡터 표시방법, +, -부호 표시방법, 변위단계선도 표시방법 등이 있으며 특별한 경우 외에는 +, -부호 표시방법을 사용하기로 한다.

(1) 서술적 표현 방법(예)

① 1단계 : 스위치를 조작하면 A실린더가 전진한다.

② 2단계 : A실린더가 전진 완료하면 B실린더가 전진한다.

③ 3단계 : B실린더가 전진 완료하면 A실린더가 후진한다.

④ 4단계 : A실린더가 후진 완료하면 B실린더가 후진한다.

(2) 테이블 표에 의한 방법(예)

단계	조 건	동 작
1	시작버튼 조작	A실린더 전진
2	A실린더 전진 완료	B실린더 전진
3	B실린더 전진 완료	A실린더 후진
4	A실린더 후진 완료	B실린더 후진

(3) 벡터 표시방법(예)

① 실린더 전진 : → ② 실린더 후진 : ←

A→, B→, A←, B←

(4) +, - 부호 표시방법(예)

① 실린더 전진 : + ② 실린더 후진 : -

A+, B+, A-, B-

(5) 변위단계선도 표시방법(예)

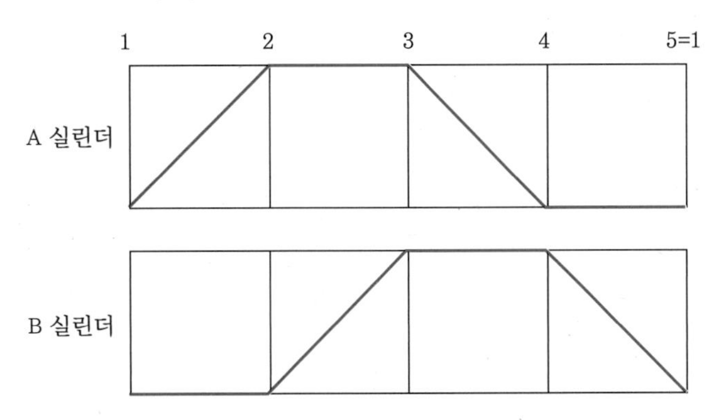

2 전기회로도

스위치를 ❶→❷→❸→❹ 순서로 조작하면 실린더가 A+, B+, A−, B− 순서로 동작한다.

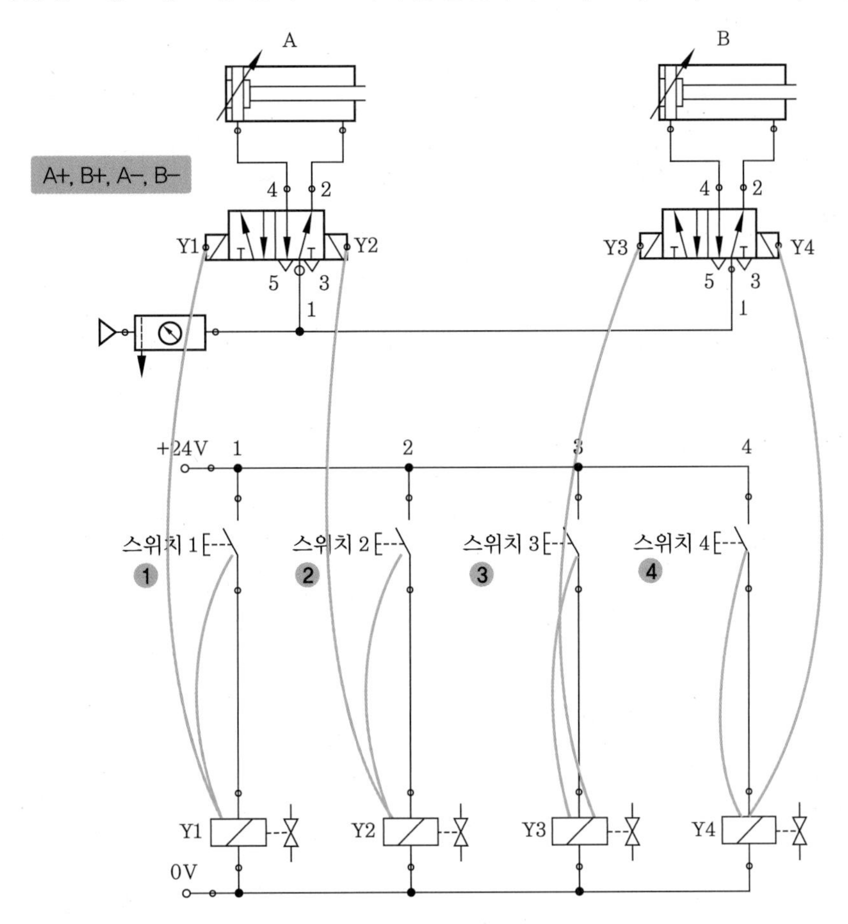

그림에 표시한 것처럼 스위치 대신 실린더 전 · 후진 위치에 리밋스위치를 배치하면 이어 달리기 경주하듯이 자동으로 이어서 실린더가 A+, B+, A−, B− 순서로 동작한다.

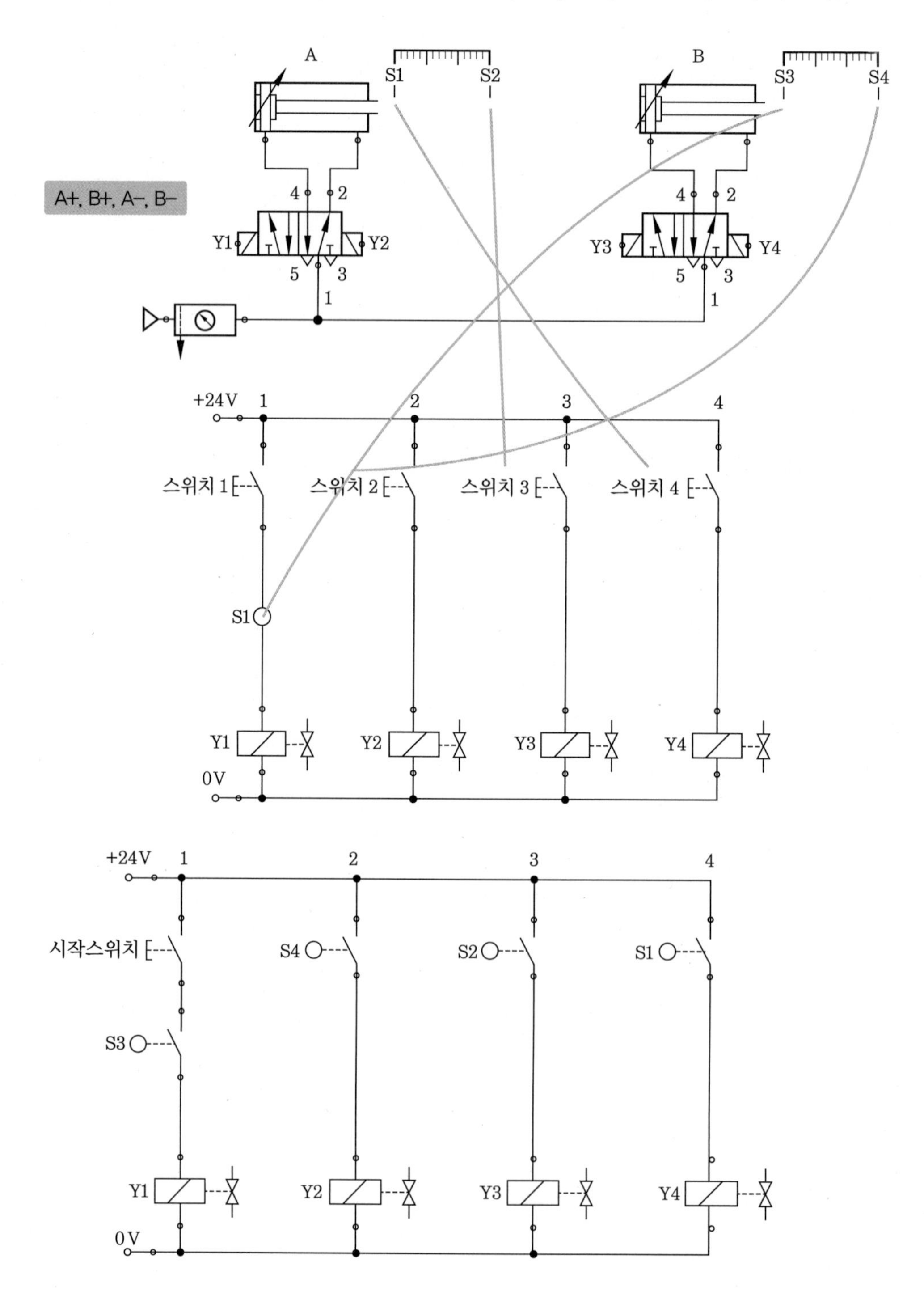

3 PLC 프로그래밍

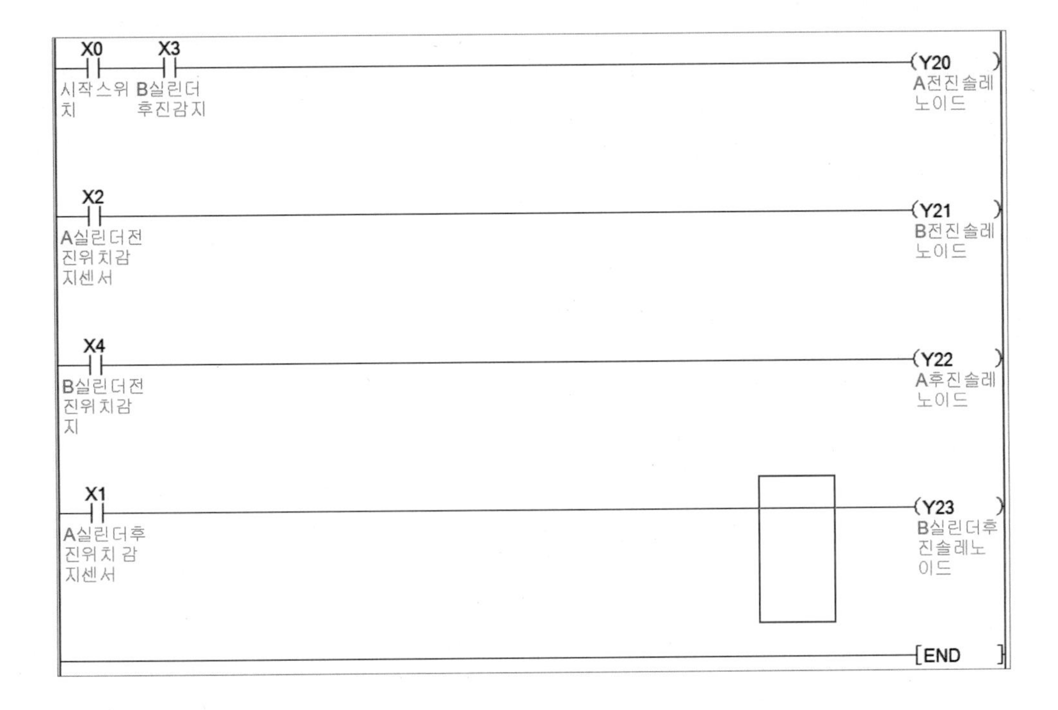

4 릴레이 사용 간접제어

Project No.24

2개의 실린더 제어하기 2

⊙ **학습목표** 신호 간섭에 대해 이해할 수 있다.

⊙ **동작조건** 스위치를 조작하면 A 실린더 전진, B 실린더 전진, B 실린더 후진, A 실린더 후진 순서로 동작한다(A+, B+, B−, A−).

1 신호간섭에 대하여

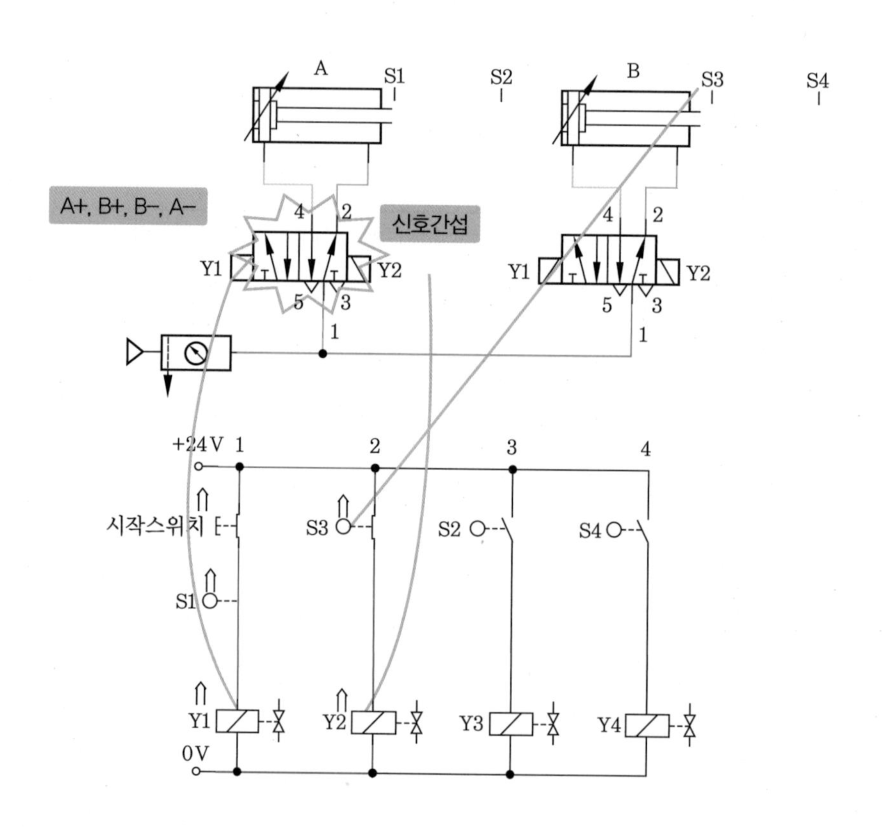

① "Project No. 8"에서 설명한 바와 같이 "모든 시퀀스 회로에서 시작스위치는 마지막 동작 완료 후 눌리는 리밋스위치와 직렬로 배치해야 한다."

② 시작스위치와 마지막 동작(A−) 후에 눌린 S1을 조작하여 첫 번째 동작신호를 Y1에 보냈는데도 동작하지 않는다. 회로에서 B실린더가 후진 상태에 있으므로 S3 리밋스위치가 눌린 상태로 Y1보다 먼저 들어와 있기 때문이다. 이러한 현상을 신호 중복 또는 신호 간섭이라 한다.

③ "Project No. 23"에서 문제가 되지 않았던 현상이 이번 Project에서 발생한 이유는 실린더 동작순서 "A+, B+, A−, B−"와 "A+, B+, B−, A−"의 차이인데 A실린더가 전진하고 B실린더가 전진했으면 후진도 A실린더가 먼저 해야 하는데 B실린더가 먼저 후진하여 새치기를 했기 때문이다.

④ 대부분의 시퀀스에서 이러한 신호 간섭이 발생하게 되는데, 해결 방법은 간섭 부분을 찾아내 그때그때 해결하는 직관적인 방법과 공식에 의한 규칙적인 방법이 있다.

⑤ 규칙적인 방법은 캐스케이드(Cascade)와 스테퍼(Stepper) 방법인데 그중 PLC 래더 프로그램에 적용되는 스테퍼(Stepper) 방법을 소개하겠다.

2 전기 회로도(Stepper)

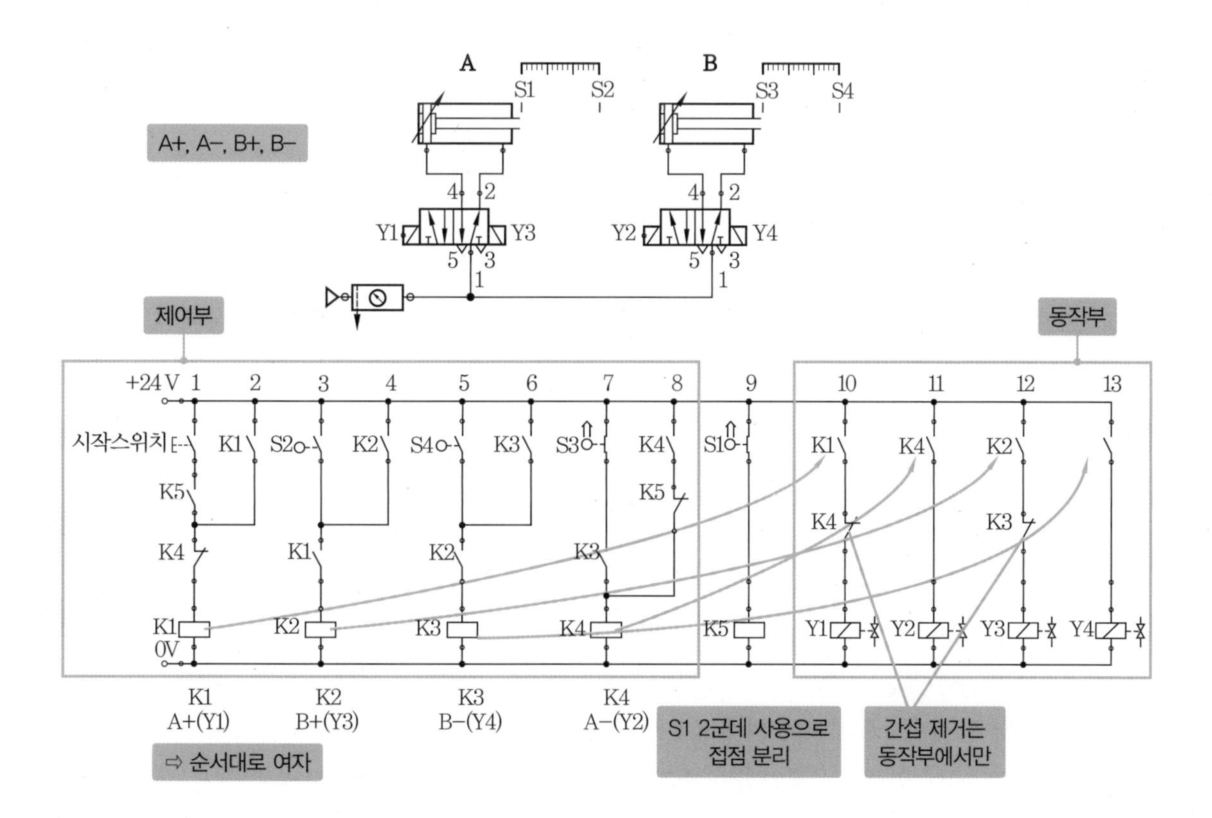

① 제어부와 제어부의 릴레이에 의한 동작부로 분리하여 작성한다.

② 제어부는 각 스텝이 K1부터 K4까지 순서대로 여자(勵磁)되어 동작부에 접점으로 활용한다.

③ 릴레이가 순서대로 여자되는데, 해당 순서 전에는 입력조건이 들어와도 동작하지 않는다.

④ 제어부에서는 동작 순서를 정하고 동작부에서 B접점으로 간섭을 제거한다.

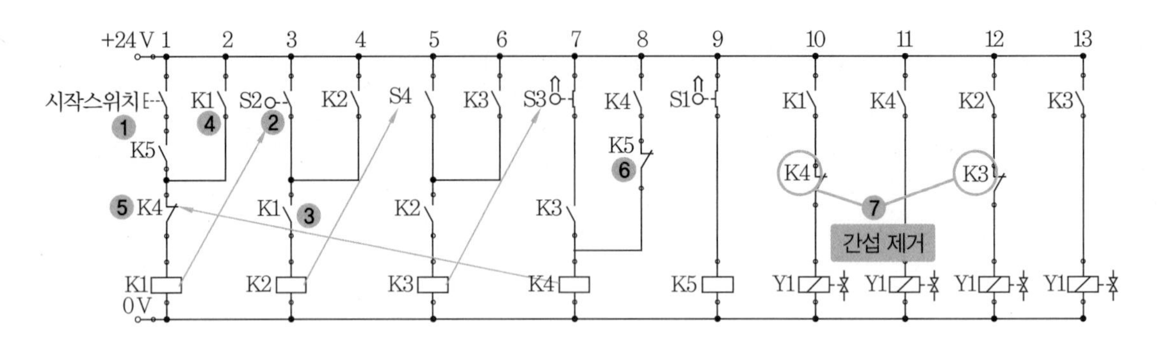

❶ 시작 스위치와 마지막 동작에서 나오는 신호 S1(2군데 사용으로 릴레이 K5로 분리)을 직렬로 연결, 즉 시작 조건은 시작 스위치 & K5로 연결한다.

❷ K1에 의한 동작(A+) 후 감지되는 S2가 다음 단계 동작조건이다.

❸ 앞 단계 동작이 완료되지 않으면 동작되지 않도록 순서를 확인한다.

❹ 계속 신호 유지를 하기 위한 자기유지이다.

❺ 마지막 단계 K4 릴레이가 여자되는 순간 순서 확인(❸)을 위한 K1~K3까지 소자되어 순식간에 자기 자신(K4)까지 소자되므로 K4가 동작부의 Y2(A후진) 동작이 시작되기도 전에 자석화가 소멸된다.

- 일반적으로 릴레이의 동작시간은 10 ms 이하, 솔레노이드 동작시간은 100 ms 정도 소요되어 솔레노이드 동작을 위한 소요시간보다 릴레이가 여러 단계 진행되는 시간이 짧기 때문이다.
- 마지막 동작인 A후진이 끝날 때까지 K3이 끊어져도 K4가 유지되도록 K3 밑까지 연결하였다.
- 마지막 동작인 A후진이 끝나면 감지신호 S1(K5)에 의해 K4 릴레이도 소자된다.

❻ 마지막 단계 K4 릴레이에 의해 K4 B접점이 끊어지면서 K3까지 소자되고 A후진 감지신호 S1(K5)에 의해 K4 코일까지 소자되어 전체 회로가 처음 상태로 리셋된다.

❼ 동작부의 Y2 동작을 위한 Y1 간섭 제거 K4 B접점은 제어부의 K1이 소자되었으므로 생략해도 된다.

3 Stepper 회로 패턴

스테퍼에 대해 이해가 되지 않더라도 이해될 때까지 패턴을 익혀 외워서라도 활용해 주기 바란다.

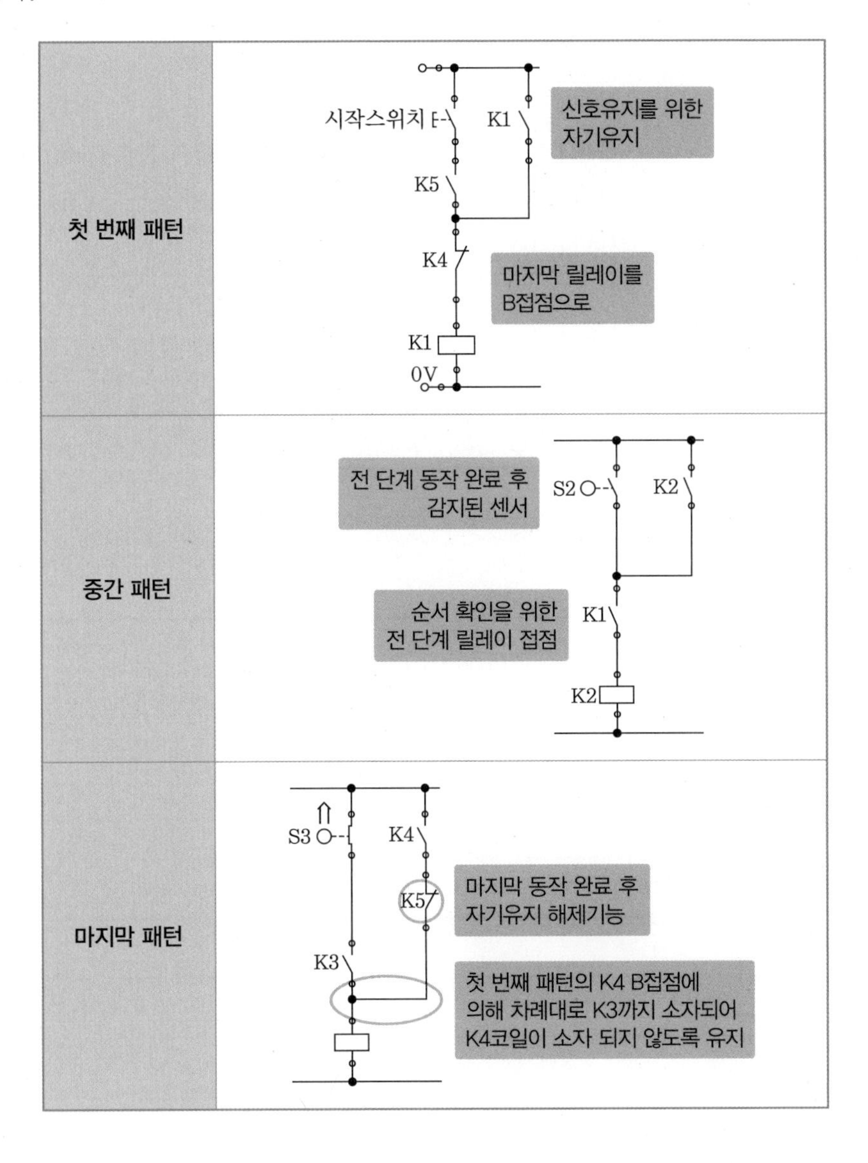

4 PLC 프로그래밍

입출력 할당표

입력			출력		
X00	시작스위치	X1과 직렬연결	Y20	Y1 Sol	A실린더 전진
X01	S1	A실린더 후진 감지	Y21	Y2 Sol	A실린더 후진
X02	S2	A실린더 전진 감지	Y22	Y3 Sol	B실린더 전진
X03	S3	B실린더 후진 감지	Y23	Y4 Sol	B실린더 후진
X04	S4	B실린더 전진 감지			

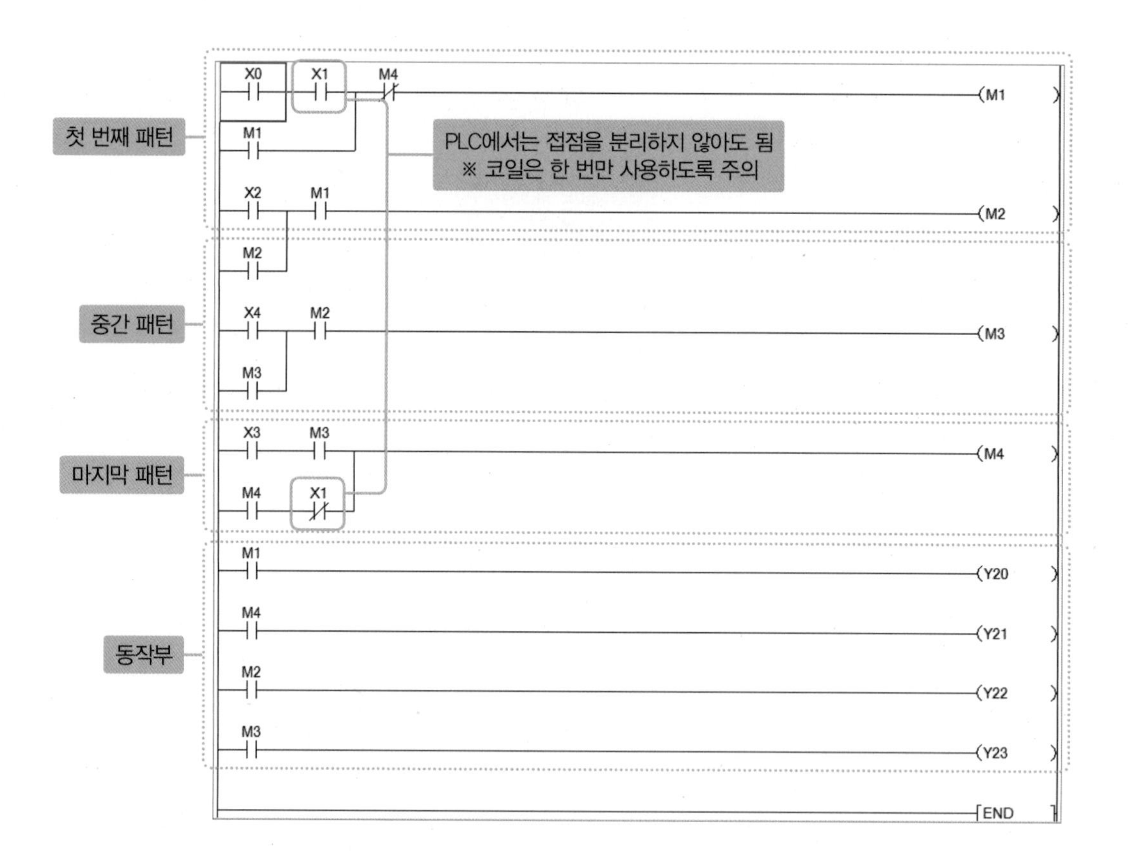

Project No.25

2개의 실린더 제어하기 3

⊙ **학습목표** 편솔(Single Solenoid) 밸브에 의한 2개의 실린더를 제어할 수 있다.

⊙ **동작조건** 스위치를 조작하면 A 실린더 전진, A 실린더 후진, B 실린더 전진, B 실린더 후진 순서로 동작한다(A+, A−, B+, B−).

"Project No. 22" 솔레노이드 밸브 제어하기 참조

1 전기 회로도

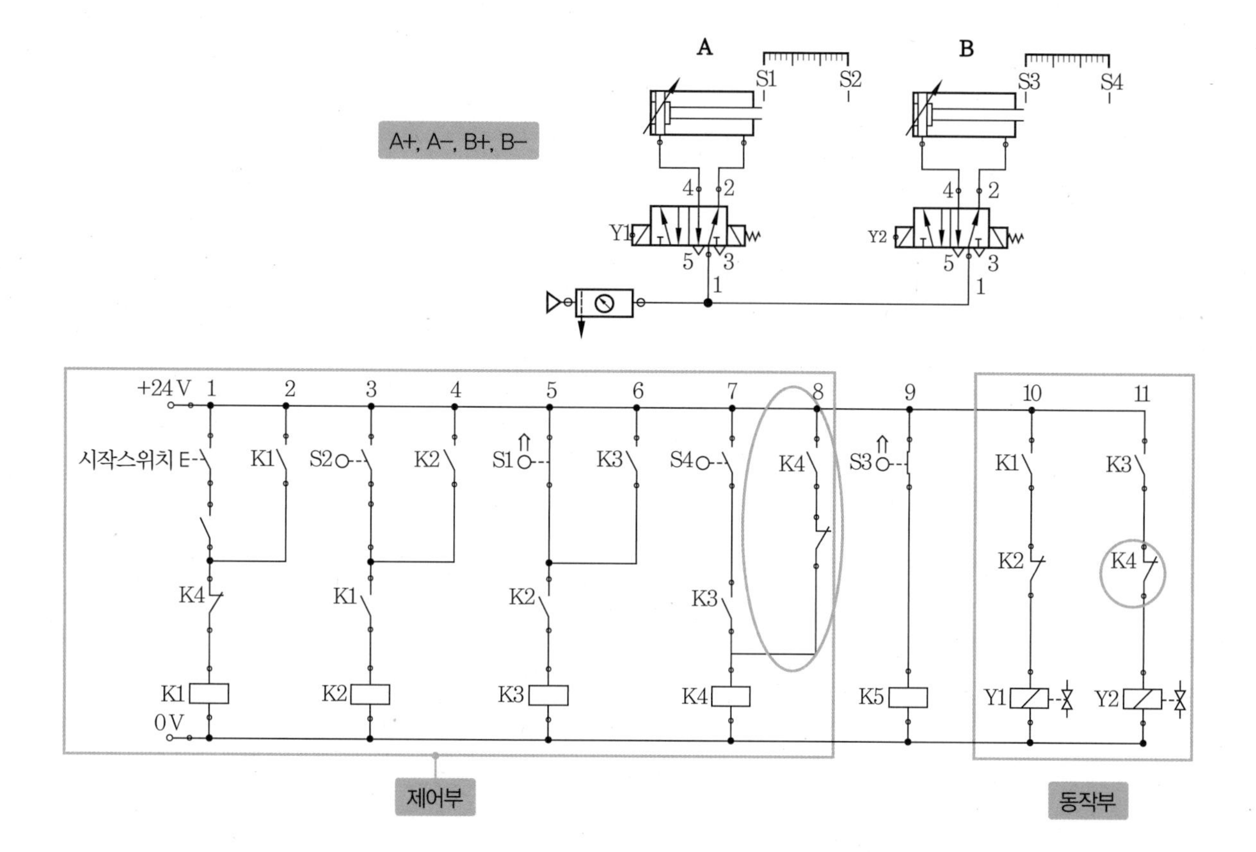

① 제어부는 양솔밸브 제어방법과 동일하다.

② 편솔밸브의 경우 동작부에서 후진은 B접점으로 끊어주면 된다.

③ 마지막 동작이 편솔밸브인 경우 릴레이가 소자되어 후진하므로 제어부의 마지막 부분 자기유지 부분과 동작부 K4 접점은 생략해도 된다.

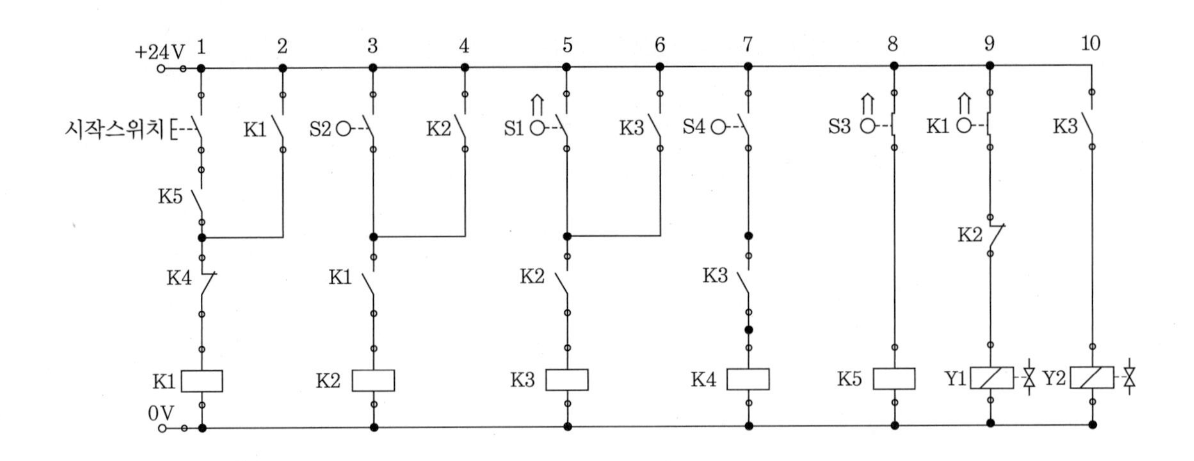

2 PLC 프로그래밍

입출력 할당표

입 력			출 력		
X00	시작스위치	X1과 직렬연결	Y20	Y1 Sol	A실린더 전진
X01	S1	A실린더 후진 감지	Y21	Y2 Sol	B실린더 전진
X02	S2	A실린더 전진 감지			
X03	S3	B실린더 후진 감지			
X04	S4	B실린더 전진 감지			

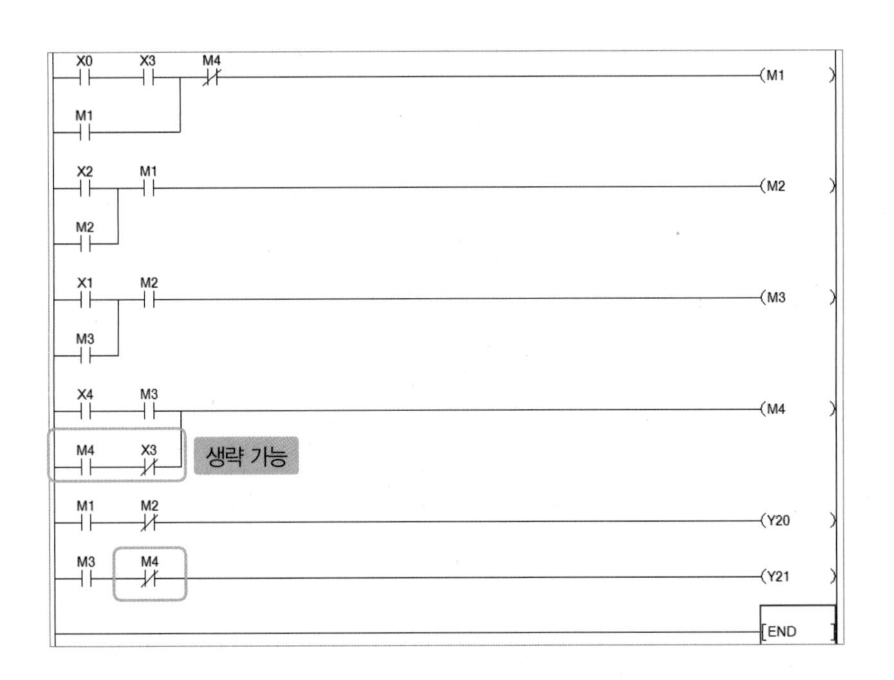

제2장 서보모터 제어

1 모터

1-1 발전기 원리

플레밍의 오른손법칙에 따르며 자석 사이에서 전선(코일)을 회전시키면 전기가 발생되어 발전기가 된다. 이때 코일을 빨리 회전시키거나, 자석의 세기를 강하게 하거나, 코일을 많이 감을수록 강력한 전기가 발생된다.

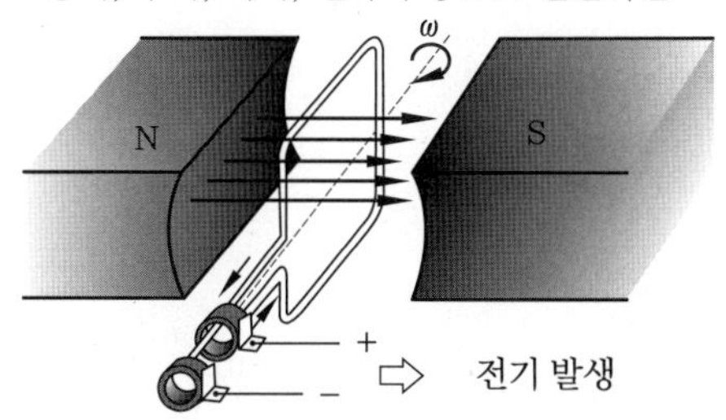

Note 플레밍(John Fleming, 1849~1945) : 영국의 과학자. 마르코니 무선전신회사와 에디슨 전등회사의 고문, 런던대학교(UCL) 교수. 플레밍의 법칙 발견, 2극 진공관 발명

1-2 모터의 발견

모터의 원형(Prototype)은 패러데이에 의해 전자기유도에서 출발하여 변압기, 발전기를 거쳐 만들어졌다. 자석 사이의 전선(코일)에 전기를 공급하면 회전력이 발생되어 모터가 되며 플레밍의 왼손법칙에 따른다. 이때 코일을 많이 감거나, 자석의 세기를 강하게 하거나, 강한 전기(전류)를 공급하면 빠르고 강한 회전력을 얻게 된다.

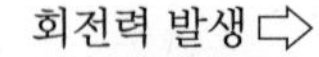

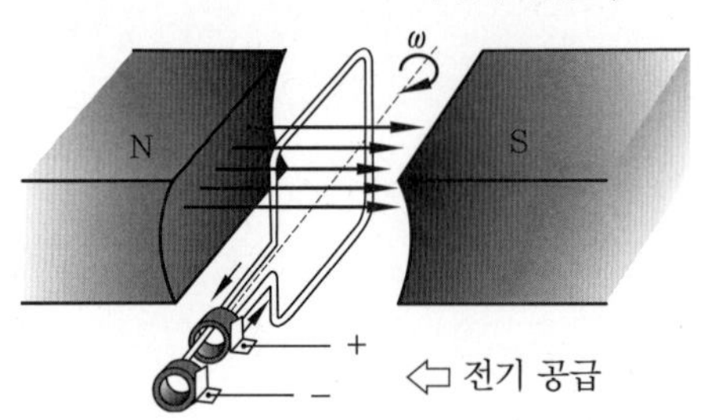

Note 패러데이(Michael Faraday, 1791~1867) : 영국의 화학자 · 물리학자. 전자기 유도 현상 발견, 전기모터 발명, 벤젠 발견, 패러데이 암흑부, 패러데이 효과, 반자성 발견 등

1-3 AC 모터

모터구동 전원을 AC 전기로 사용하는 모터이며 수 kW 출력과 수십 단위의 전류(A)를 필요로 하게 된다. 그에 비해 제어는 보통 DC 24 V mA 또는 1~2 A 전류를 사용하는데, 중간에 계전기를 작동시켜 별도의 구별된 강력한 전원으로 모터를 구동시킨다.

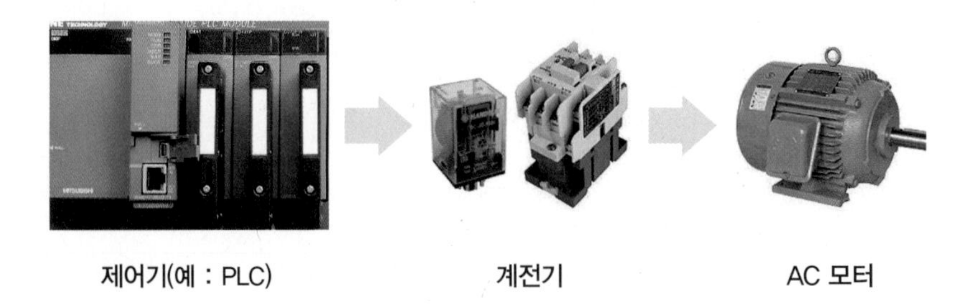

제어기(예 : PLC)　　계전기　　AC 모터

1-4 DC 모터

모터구동 전원을 DC 전기로 사용하는 모터이며 AC 모터처럼 낮은 전압과 전류를 사용하여 제어를 한 다음 중간에 계전기를 작동시켜 별도의 구별된 강력한 전원으로 모터를 구동시킨다. 제어부에 강력한 전기를 사용하게 되면 위험하여 안전성에 문제가 있고, 또한 사용되는 부품들이 거기에 맞게 보완되어야 하므로 비용이 많이 든다.

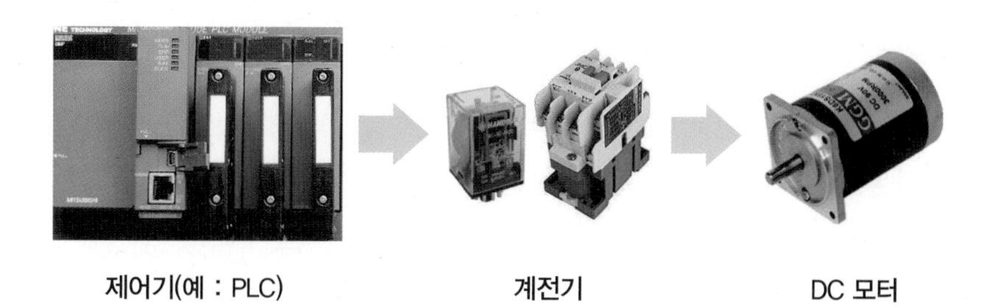

제어기(예 : PLC) 계전기 DC 모터

AC 모터와 DC 모터의 비교

AC 모터	DC 모터
구조가 비교적 간단하다.	AC 모터에 비해 구조가 복잡하다.
동력변화가 용이하다.	동력변화가 어렵다.
고속회전이 쉽다.	고속회전이 어렵다.
회전 변동이 적다.	회전 변동이 많다.
토크 변동이 적다.	토크 변동이 많다.
효율이 DC 모터에 비해 떨어진다.	효율이 좋다.
진동과 소음이 크다.	진동과 소음이 작다.
DC 모터에 비해 수명이 길다.	AC 모터에 비해 수명이 짧다.

1-5 스테핑 모터

스테핑 모터(Stepping Motor)는 모터의 1회전을 여러 스텝으로 나눠 구동시키는 것으로, 정밀한 회전각 위치를 얻기 위함이다. 예를 들어 PLC에서 스테핑 모터 드라이버에 10번의 신호를 보내면 모터가 1회전한다고 가정하면 1/10회전(360°/10)의 각도 위치 정밀도를 얻을 수 있다. 100번의 신호로 1회전한다면 10배 더 정밀한 각도 위치를 얻을 수 있다. 스테핑 모터에서도 PLC에서 드라이버에 낮은 전원의 제어신호를 보내면 드라이버에서 강력한 구동력으로 모터를 회전시키게 된다.

제어기(예 : PLC) 스테핑 모터 드라이버 스테핑 모터

1-6 서보모터

스테핑 모터의 경우 제어신호를 보내면 모터가 회전을 하는데, 원하는 회전각보다 더 가거나 덜 갔을 경우의 결과에 대하여는 알 수 없게 된다. 따라서 목표값에 도달했는지를 확인하기 위해 외부에 별도의 장치를 부착하여야 한다. 그러나 서보모터의 경우 모터에서 제어값과의 차이를 감지하여 제어값에 도달하도록 끊임없이 보정을 한다.

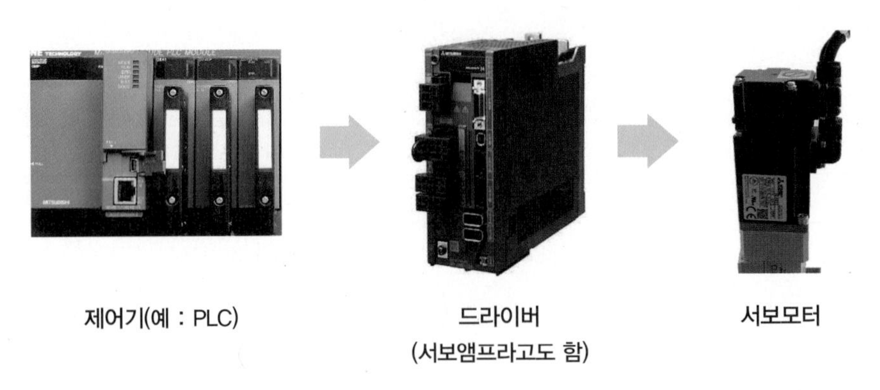

제어기(예 : PLC)　　드라이버 (서보앰프라고도 함)　　서보모터

2 위치 결정 제어

2-1 모터와 위치 결정의 상관관계

모터는 리니어모터 등 예외적인 경우가 있기는 하지만 일반적으로 회전운동을 하게 되는데 회전테이블의 경우 직접적으로 회전각도에 따라 위치제어를 한다.

그러나 직선운동의 경우 모터의 회전운동을 직선운동으로 바꾸는 장치가 필요하다.

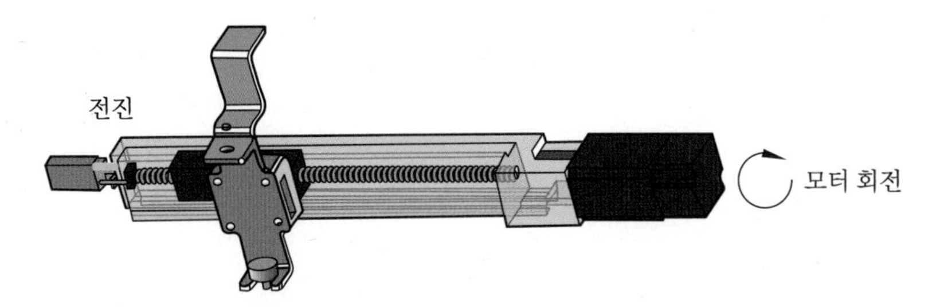

모터의 회전운동을 직선운동으로 변환하는 기구
모터가 시계 방향으로 회전하면 전진하고 반시계 방향으로 회전하면 후진한다
(나사가 오른나사일 경우이며, 일반적으로 사용하는 나사는 오른나사이다).

2-2 위치 결정 제어의 목적

① 정확한 위치제어 : 제품들이 정밀화되면서 미크론(μm) 단위의 위치제어가 필요하게 되었다.

② 급가속 또는 급감속

③ 신속하고 정확한 정지 : 제한된 시간에 더 많은 제품을 생산하는 것은 생산 원가에 직접적인 영향을 주게 된다. 따라서 빠른 사이클타임(Cycle Time)을 위해 급가속, 급감속, 정확한 정지가 필요하다.

④ 토크제어의 필요성 : 위치와 속도제어도 필요하지만 힘의 조절도 필요하다. 모터는 회전력을 발생시키는데, 회전력이란 빨래를 짜듯 비트는 힘이라고도 말할 수 있다.

Note
- 사이클타임(Cycle Time) : 하나의 공정을 완성하는 데 소요되는 시간
- 토크(Torque) : 비틀기의 세기 정도

2-3 PLC를 사용한 위치 결정 제어

① 기계장치를 지정된 속도로 이동시켜 현재 위치로부터 설정된 위치에 신속 정확하게 정지시키는 것을 목적으로 한다.

② PLC가 각종 서보모터나 스테핑모터 제어 구동장치에 연결되어 위치 결정 펄스 신호를 보내 고정밀도의 위치를 제어한다.

③ 이러한 위치 결정 제어를 모션 제어(Motion Control)라고도 한다.

④ 위치 결정 제어는 컴퓨터에 모션 제어 카드를 장착하여 제어하는 방법과 전용 위치 결정 장치(Controller)를 이용한 방법, 그리고 우리가 하고자 하는 방법인 PLC에 위치 결정 모듈을 장착하여 제어하는 방법 등이 있다.

⑤ 위치 결정 제어 장치는 위치 결정 제어용 전용 모듈과 서보모터 및 서보앰프로 구성되어 있다.

⑥ 서보모터는 서보앰프에 의해 구동되고 서보앰프는 PLC의 위치 결정 모듈(위치 결정 카드라고도 함)에 의해 제어된다.

2-4 위치 결정 제어 적용사례

(1) 고속 정밀기계

AC 서보의 경우 위치 결정 지령장치(PLC의 위치 결정 모듈과 서보앰프)와 조합하여 고정밀도의 위치를 얻게 된다. 미쓰비시 AC 서보의 예를 들면 모터 축 1회전당 4000~262144등분의 위치 결정이 가능하고, 이것은 8~24 m/min 속도의 기계에서 1 μm의 위치 결정에 충분히 적용할 수 있다.

적용사례 : 공작기계, 목공기계, 반송기계, 포장기계, 부품을 끼워 넣는 인서터(Inserter), 고정시키는 마운터(Mounter), 각종 피더, 각종 커터 전용기 등

(2) 넓은 속도변화(변속)의 범위를 필요로 하는 기계

AC 서보는 속도제어 범위 1 : 1000~5000, 속도 변동률 0.01% 이하라고 하는 고정밀의 속도제어 성능, 게다가 출력 토크가 일정하다고 하는 다른 가변속 모터에 없는 특성을 가지고 있기 때문에, 각종 라인 제어를 비롯하여 고정밀도의 가변속 구동용으로 사용된다.

적용사례 : 인쇄기, 지공기, 필름 제조라인, 연장선기(신선기), 코일기(권선기), 각종 전용기의 이송 · 반송 장치, 권취기 · 권출기, 목공기 등의 주축

(3) 고빈도의 위치 결정 : 순식간에 여러 번 위치를 바꾸는 경우

AC 서보의 최대 토크가 정격토크의 300%에 달해 하나의 모터가 정지에서 정격 속도까지 수십 ms의 급격한 가속 · 감속에 추종할 수 있어 1분간 100회 이상의 고빈도인 위치 결정에도 대응할 수 있다.

또한 AC 서보를 사용했을 경우, 다른 위치 결정의 방식(클러치, 브레이크, DC 모터 등)과 비교하여 기계적인 접촉부가 없어서 유지 · 보수성이 용이하고, 주위 온도에 의한 영향을 적게 받는 점 등도 큰 특징이라 할 수 있다.

적용사례 : 프레스 피더, 제대기, 시트 컷, 로더 · 언로더, 충전기, 포장기, 각종 반송 장치, 마운터, 본더

2-5 토크 제어

서보모터 제어는 속도 제어, 위치 제어뿐 아니라 토크 제어도 가능해지고 있어 각종 권취(감기) · 권출(풀기)장치와 같은 힘을 필요로 하는 장력 제어 분야에도 적용할 수 있게 되었다.

2-6 위치 결정 제어 시스템의 구성

(1) 서보기구의 구성도

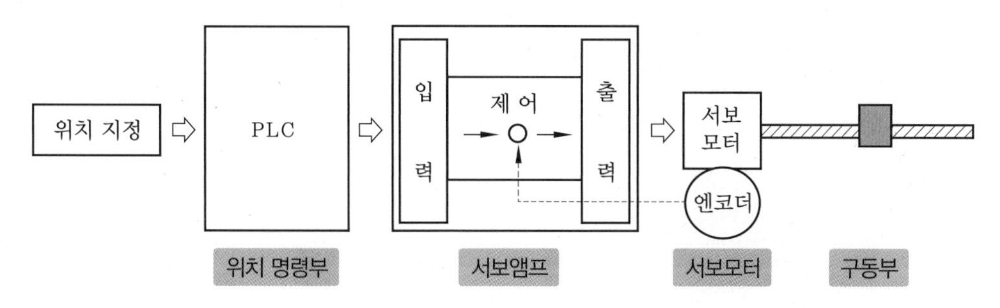

(2) 위치 결정 제어 시스템의 메커니즘

PLC, PLC에 부착된 위치 결정 모듈, 서보드라이버(서보앰프), 서보모터, 서보모터와 연결되어 기계장치를 움직이는 기계기구로 구성된다.

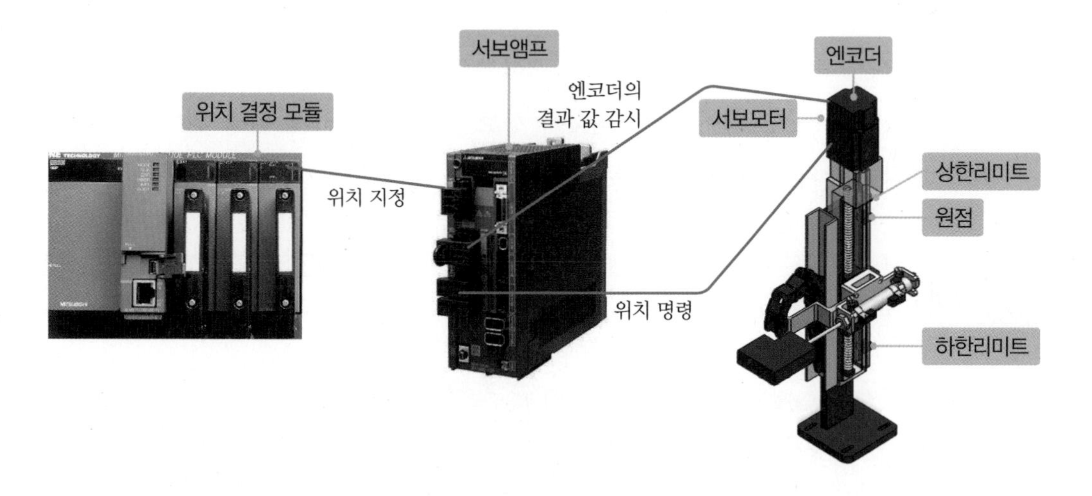

Project No.26

창고 위치로 이동하기

⊙ **학습목표** 1. 서보모터제어 메커니즘을 이해할 수 있다.
2. 케이블을 연결할 수 있다.
3. 원하는 위치를 등록하여 이동할 수 있다.

⊙ **동작조건** 스위치를 조작하면 "③"번 창고(위치)에 제품을 적재하도록 높이를 맞춘다.

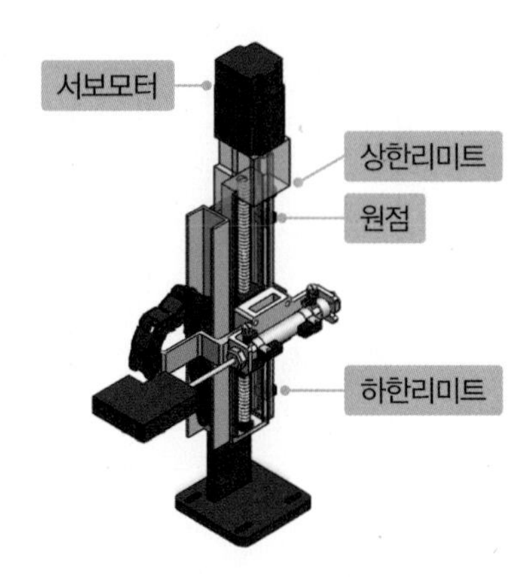

1 준비하기

① 컴퓨터, PLC, 서보앰프, 서보모터 간의 케이블을 연결한다.

② PLC 프로그램 소프트웨어(GX Works2)에 서보앰프를 제어하기 위해 위치 결정 카드(QD75P1N)가 장착되었음을 등록한다.

2 케이블 연결하기

PLC(QD75P1N) 서보앰프(MR-J4-10A) 서보모터(HG-KR13)

PLC와 서보앰프의 연결은 이 책의 29쪽을 참조하라.

3 서보앰프 각 부 명칭(MR-J4-10A)

이 책의 22쪽이나 Mitsubishi사의 서보앰프기술자료집 MR-J4-A(Ver.B)_KOR을 참조하라.

4 소프트웨어 준비(GX Works2)

(1) 위치 결정 카드 등록하기

PLC에 장착된 위치 결정 카드(QD75P1N, 또는 해당 모델)를 GX Works2 프로그램 소프트웨어에서 인식하도록 등록해야 한다(위치 결정 카드를 인텔리전트 모듈이라고도 한다).

① GX Works2 프로그램을 실행한 다음 **새 프로젝트**를 생성한다.

② 소프트웨어 왼쪽 창의 **파라미터** 항목에서 **인텔리전트 기능 모듈**에 마우스 오른쪽 버튼을 클릭하고 새 모듈 추가를 선택한다.

③ 새 모듈의 환경을 지정한다.

- **모듈 종별 : QD75형 위치 결정 모듈**
- **모듈 형명 : QD75P1N**
- **장착 슬롯 No. : 2**
- **선두 XY 어드레스를 지정 : 0040**

④ **확인**을 클릭하면 인텔리전트 기능 모듈이 생성된다.

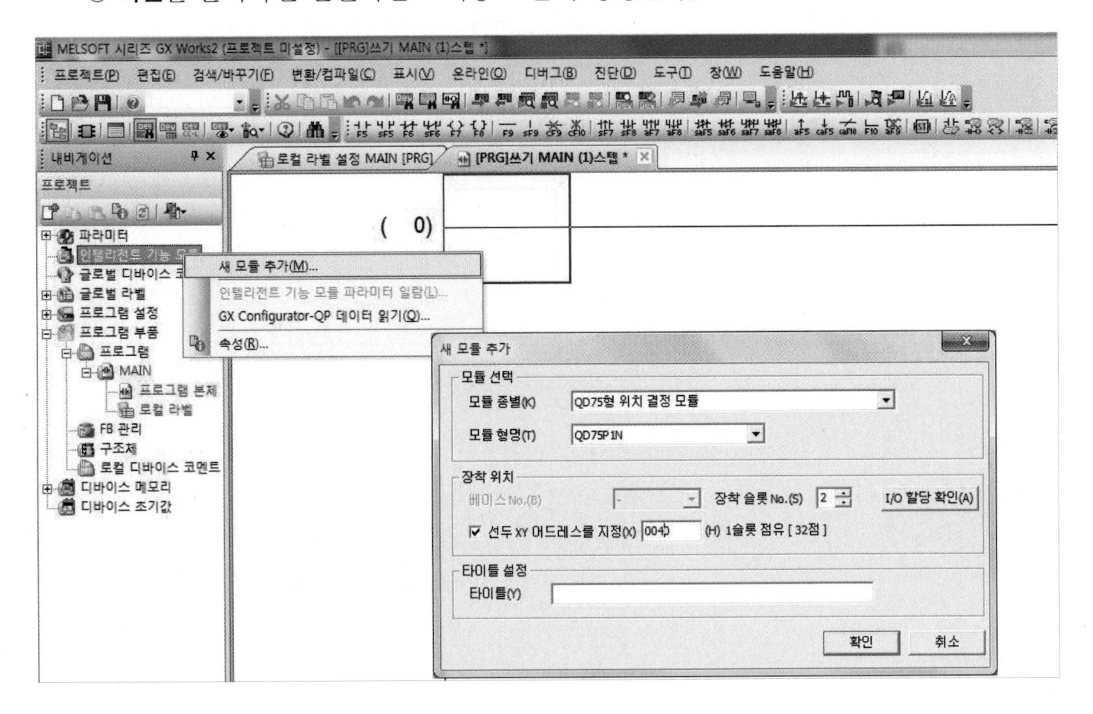

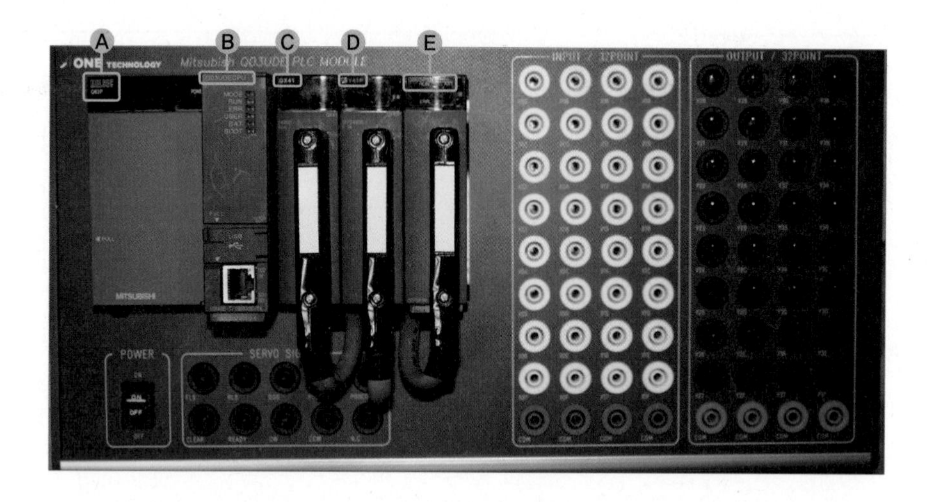

구 분	기 능	모델명	비 고
Ⓐ	POWER	Q62P	
Ⓑ	CPU	Q03UDECPU	
Ⓒ	입력 CARD	QX41	
Ⓓ	출력 CARD	QY41P	
Ⓔ	위치 결정 CARD	QD75P1N	인텔리전트 모듈

Note

환경 설정

1. 위치 결정 모듈 종별 : QD75형 위치 결정 모듈(위치 결정 카드 모델명에 따름)
2. 위치 결정 모듈 형명 : QD75P1N(위치 결정 카드 모델명에 따름)
3. 장착 슬롯 No. : 2
   ① 0번 슬롯 : 입력 CARD 장착
   ② 1번 슬롯 : 출력 CARD 장착
   ③ 2번 슬롯 : 위치 결정 CARD 장착
4. 선두 XY 어드레스를 지정 : 0040
   ① 0번 슬롯 : 입력 CARD 선두 어드레스 0000(0000~001F까지 16×2 = 32)
   ② 1번 슬롯 : 출력 CARD 선두 어드레스 0020(0020~003F까지 16×2 = 32)
   ③ 2번 슬롯 : 위치 결정 CARD 선두 어드레스 0040(0040~004F까지 16×2 = 32)

(2) 다른 방법으로 위치 결정 카드 등록하기

① GX Work2 Software를 실행하면 다음 그림과 같이 메인 화면이 나타난다. 새로운 프로젝트 작성을 위해 메뉴의 Project-New Project...를 선택하거나 New Project File 아이콘을 클릭한다.

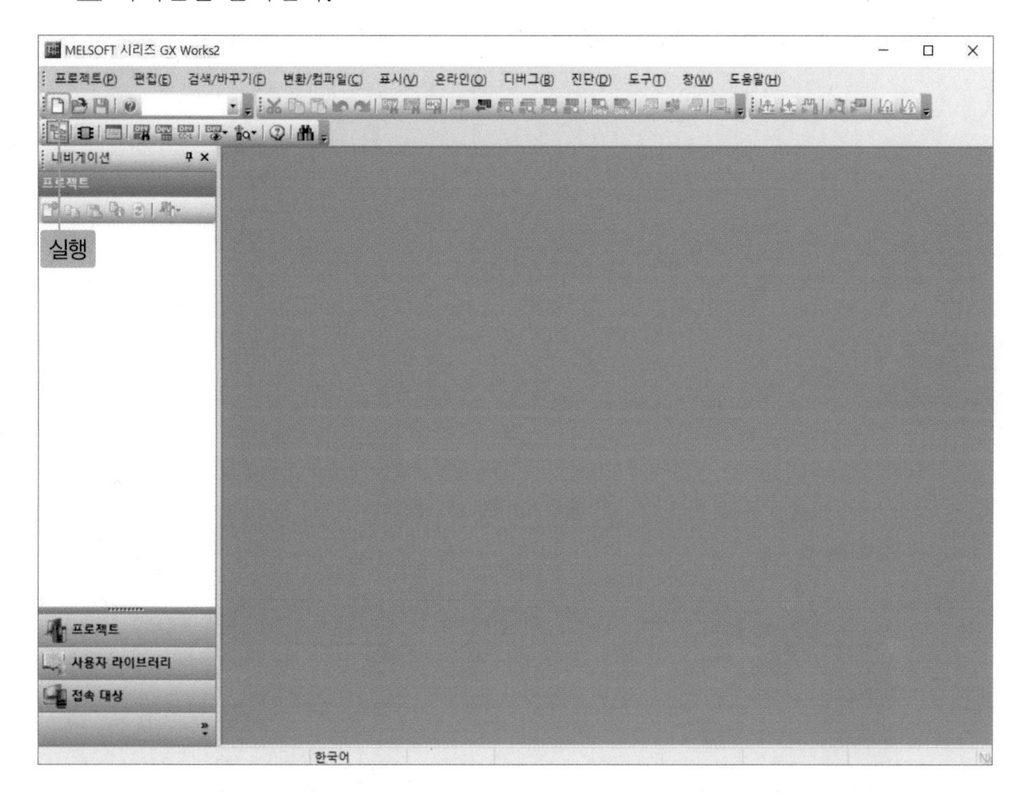

② **프로젝트 새로 만들기** 대화상자가 나타나면, 다음과 같이 **PLC 시리즈**와 **PLC 타입**을 입력한다.

프로젝트 새로 만들기
프로젝트 종별(P):
심플 프로젝트
라벨을 사용(L)
PLC 시리즈(S):
QCPU(Q 모드)
PLC 타입(T):
Q03UDE
프로그램 언어(G):
래더
확인
취소

③ **내비게이션** 트리 아래의 **접속 대상**(①)을 클릭하고 **모든 접속 대상**의 Connection1(②)을 클릭한다.

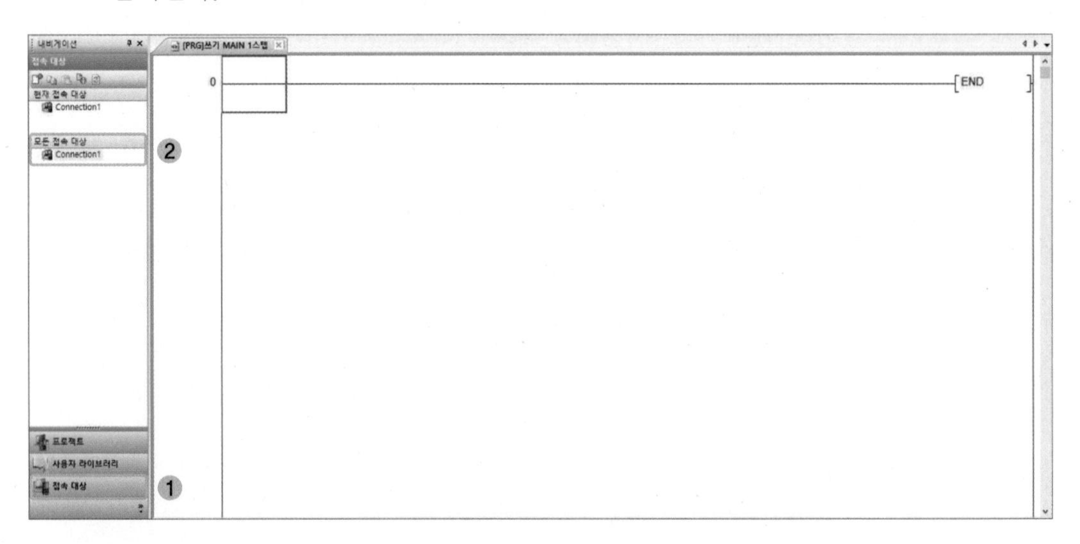

④ PC측 I/F와 PLC측 I/F 확인을 하여 **통신 테스트**(①)를 하고 통신이 원활하게 이루어지는지를 확인(②)한다.

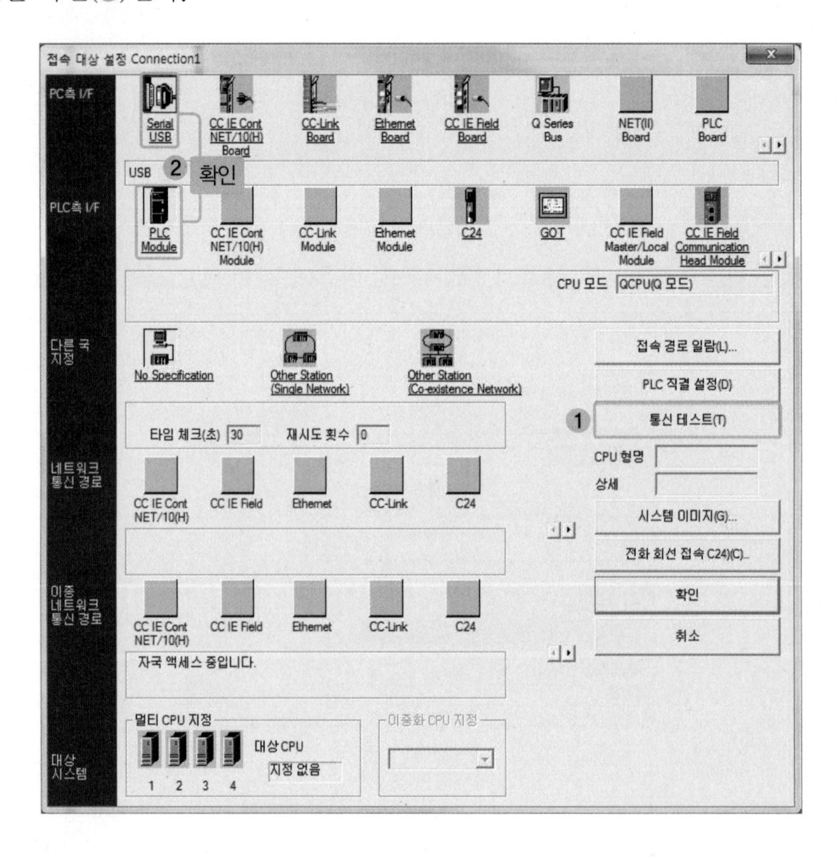

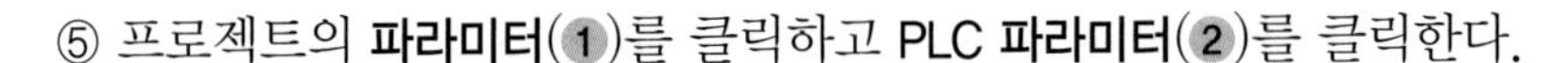

⑤ 프로젝트의 **파라미터**(①)를 클릭하고 **PLC 파라미터**(②)를 클릭한다.

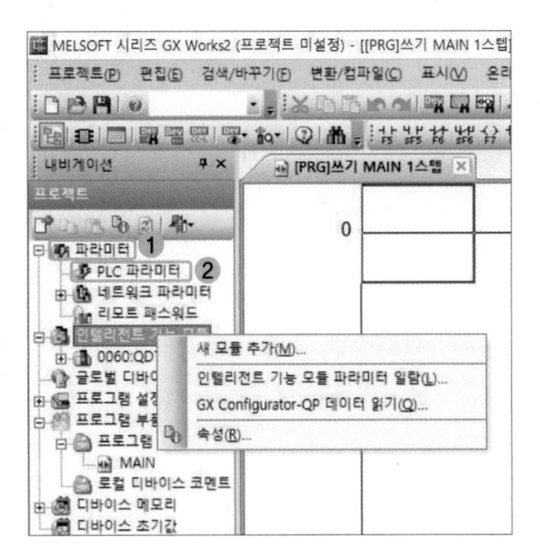

⑥ **파라미터 설정** 창에서 **I/O 할당 설정**(①)을 클릭하고 **PLC 데이터 읽기**(②)를 클릭한 후 **설정 종료**(③)를 클릭한다.

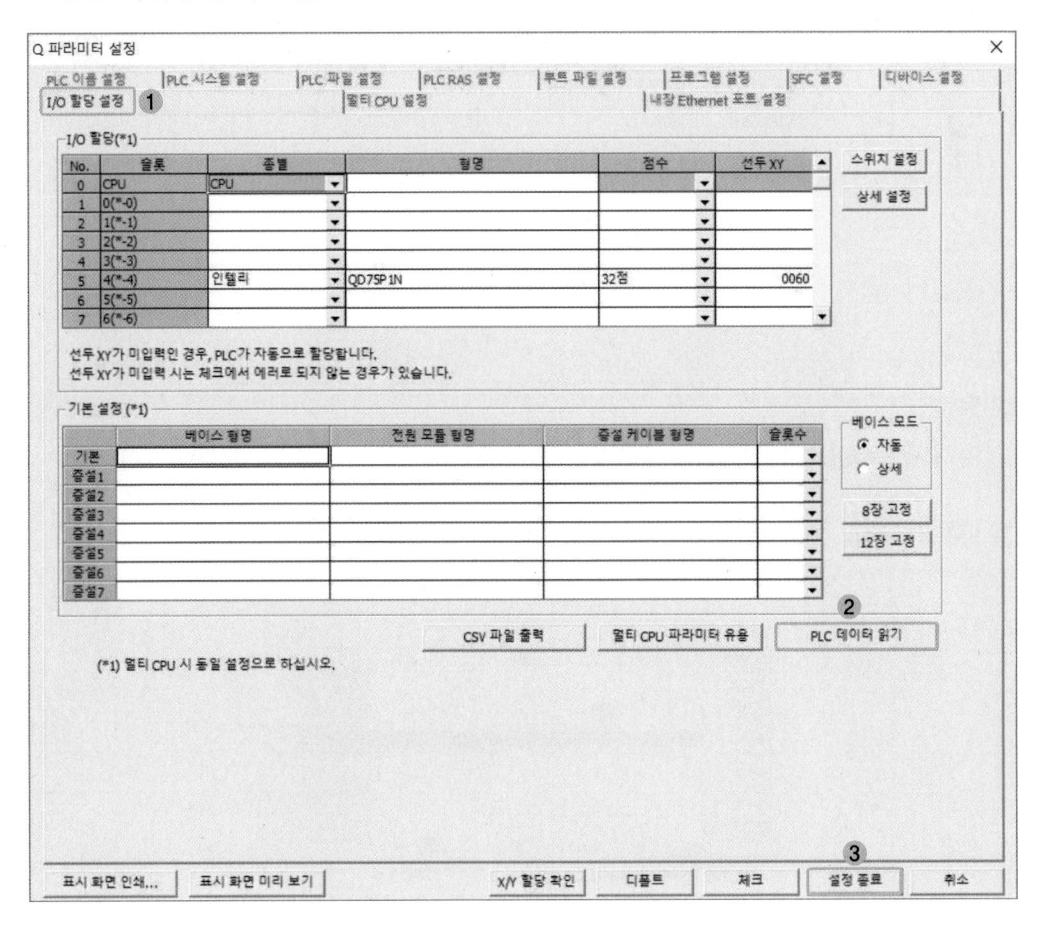

⑦ **프로젝트** 트리에서 **인텔리전트 기능 모듈**을 클릭하고 **새 모듈 추가**를 선택한다.

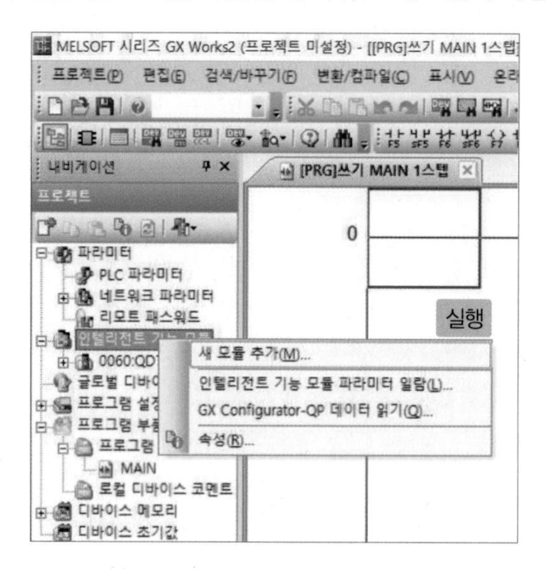

⑧ **새 모듈 추가** 창에서 **모듈 종별**과 **모듈 형명**을 선택하고 **I/O 할당 확인**을 클릭한다.

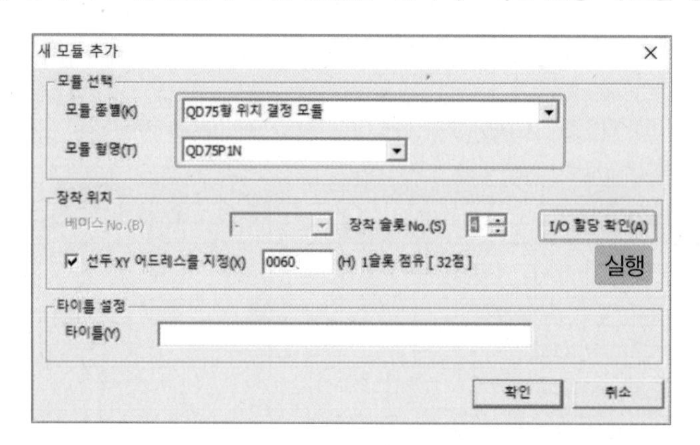

이 교재는 "QD75P1N" 모듈 형명을 사용한다.

⑨ **I/O 할당 확인** 메시지 창에서 **인텔리**를 선택(①)하고 **설정**을 클릭한다(②).

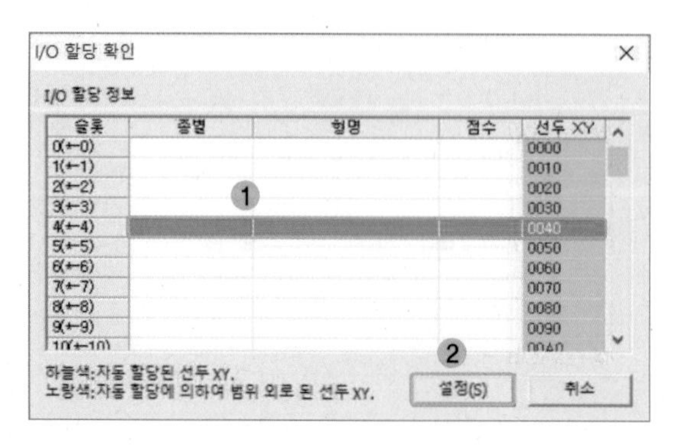

⑩ 설정이 끝나면 "⑧"의 **새 모듈 추가 메시지** 창에서 **장착 슬롯 NO.(S)** 4를 확인하고 **확인**을 클릭하면 **프로젝트** 트리의 **인텔리전트 기능 모듈** 트리 밑에 새로운 모듈이 추가된 것을 확인할 수 있다.

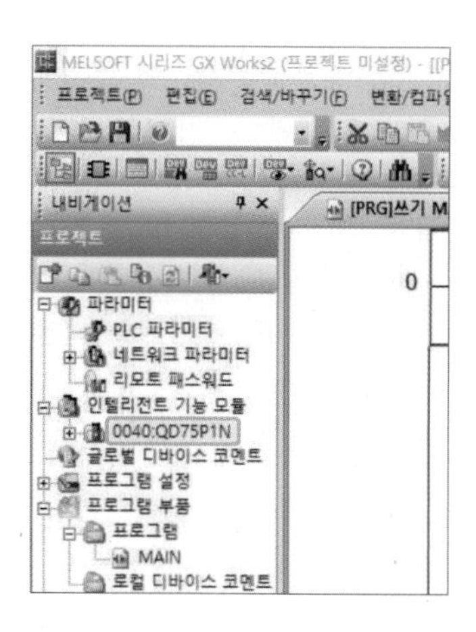

⑪ **PLC 읽기**를 클릭하여 나타난 **온라인 데이터 조작** 창에서 **파라미터 + 프로그램** 클릭 후 **인텔리전트 기능 모듈**을 클릭(①)하고 **모두 선택**(②) 후 **실행**(③)을 클릭한다.

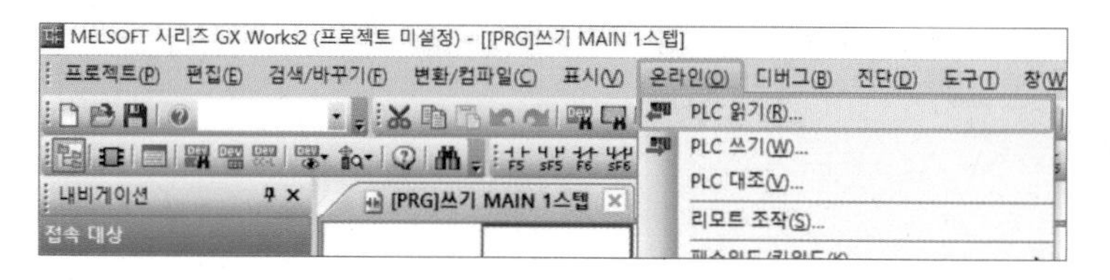

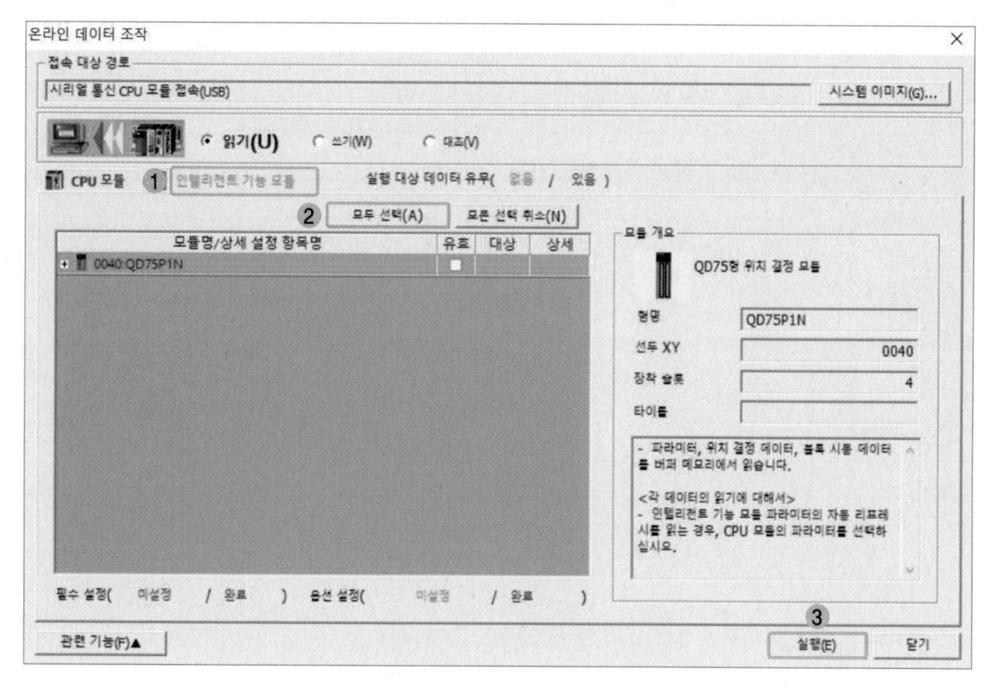

⑫ 아래 그림은 추가된 **QD75D1N**의 파라미터 창이다. 파라미터를 설정하려면 설정하려는 파라미터를 클릭하면 된다. 설정하려는 파라미터에 대한 설명이 프로그램 창에 기술되어 있다.

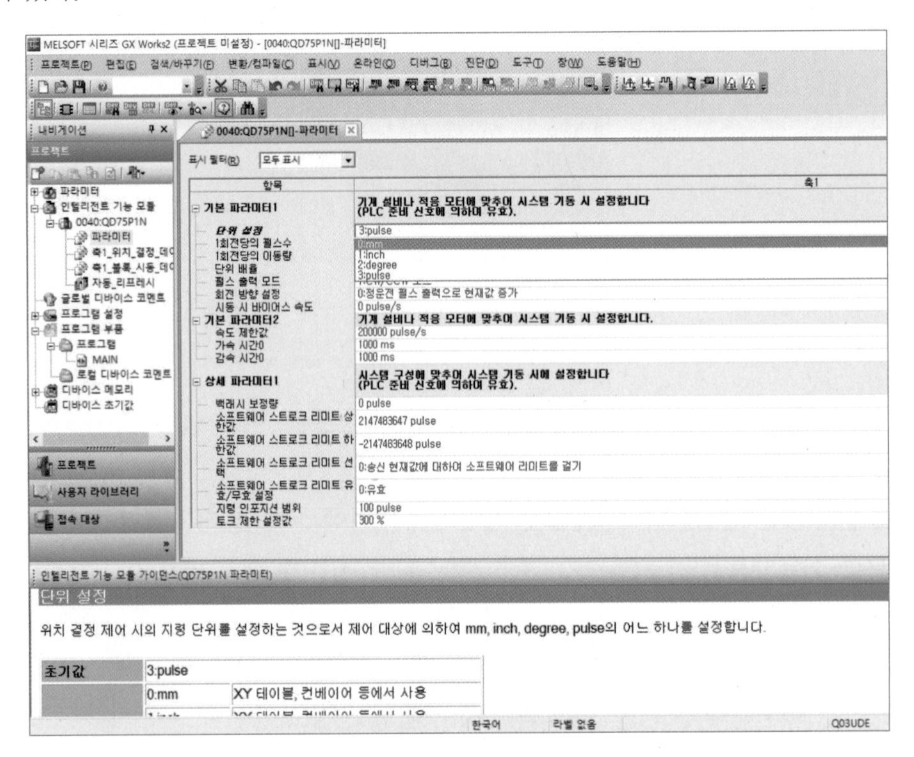

⑬ 추가된 모듈에 대한 축의 위치 결정 데이터를 작성할 수 있다.

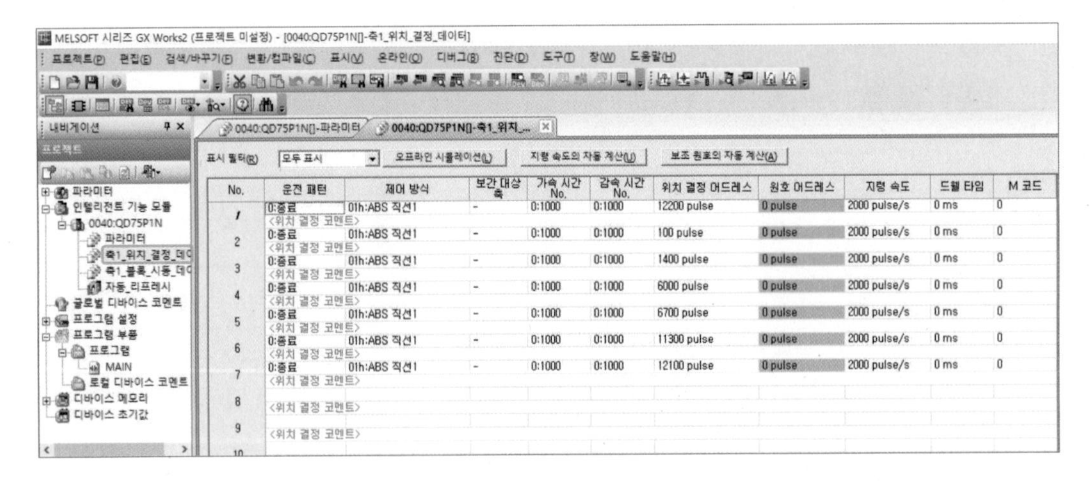

⑭ TOOL 상단의 **위치 결정 모듈 테스트** 아이콘을 클릭하여 위치 결정 테스트를 할 수 있다.

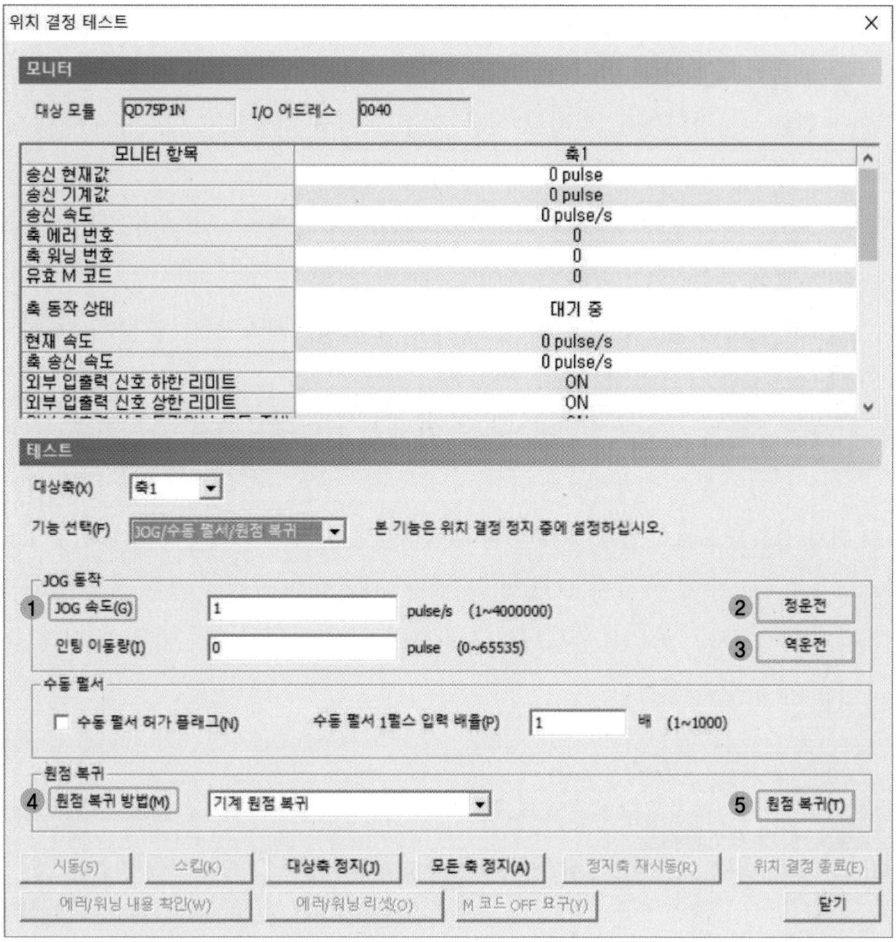

위치 결정 테스트

모니터

대상 모듈 QD75P1N I/O 어드레스 0040

모니터 항목	축1
송신 현재값	0 pulse
송신 기계값	0 pulse
송신 속도	0 pulse/s
축 에러 번호	0
축 워닝 번호	0
유효 M 코드	0
축 동작 상태	대기 중
현재 속도	0 pulse/s
축 송신 속도	0 pulse/s
외부 입출력 신호 하한 리미트	ON
외부 입출력 신호 상한 리미트	ON

테스트

대상축(X) 축1

기능 선택(F) JOG/수동 펄서/원점 복귀 본 기능은 위치 결정 정지 중에 설정하십시오.

JOG 동작

1 JOG 속도(G) 1 pulse/s (1~4000000) 2 정운전

인칭 이동량(I) 0 pulse (0~65535) 3 역운전

수동 펄서

수동 펄서 허가 플래그(N) 수동 펄서 1펄스 입력 배율(P) 1 배 (1~1000)

원점 복귀

4 원점 복귀 방법(M) 기계 원점 복귀 5 원점 복귀(T)

시동(S) 스킵(K) 대상축 정지(J) 모든 축 정지(A) 정지축 재시동(R) 위치 결정 종료(E)

에러/워닝 내용 확인(W) 에러/워닝 리셋(O) M 코드 OFF 요구(Y) 닫기

❶ JOG 속도 : 조그 운전 속도를 조절하는 항목이다.

❷ 정운전 : 정운전 스위치를 누르면 서보모터가 정회전으로 회전한다.

❸ 역운전 : 역운전 스위치를 누르면 서보모터가 역회전으로 회전한다.

❹ 원점 복귀 방법 : 원점 복귀 방식을 선택할 수 있다.

❺ 원점 복귀 : 원점 복귀 스위치를 누르면 서보모터가 원점 복귀한다.

(3) 작업자가 원하는 위치 사전 등록하기

사전에 서보모터 위치들을 등록하여 원하는 번호를 PLC에서 지정하면 서보모터에 의해 등록된 번호 위치로 이동한다.

① 방법 1 : GX Works2에서 등록하기

㈎ 왼쪽 창에서 **인텔리전트 기능 모듈 – 0040:QD75P1N – 축1_위치_결정_데이터**를 선택하여 오른쪽 창을 연다.

㈏ **운전 패턴** 설정

- 0:종료 : 지정된 No. 위치로 이동 후 정지
- 1:연속 : 지정된 No. 위치로 이동 후 PLC에서 지정하지 않아도 다음 No. 위치로 계속 진행
- 2:괘적 : 여기에서는 1축 제어이므로 해당하지 않음

㈐ **제어 방식** 설정(여기서는 01h 절대치 값을 사용하기로 함)

- 01h : 절대치 값으로 직선동작 – 위치 결정 어드레스 값을 원점에서부터 계산함(CAD의 절대좌표 값과 같은 의미)
- 02h : 증분치 값으로 직선동작 – 위치 결정 어드레스 값을 현 위치에서부터 계산함(CAD의 상대좌표 값과 같은 의미)

㈑ **위치 결정 어드레스** 설정 : 원점에서부터 현재 위치까지 이동하기 위한 Pulse 신호 개수. Pulse수에 따라서 모터가 회전하기 때문이며 Pulse 개수 값을 알기 위해서는 수동으로(JOG라고 함) 원점에서 시작하여 원하는 위치까지 이동 후 나타난 Pulse 신호 개수 값을 읽는다.

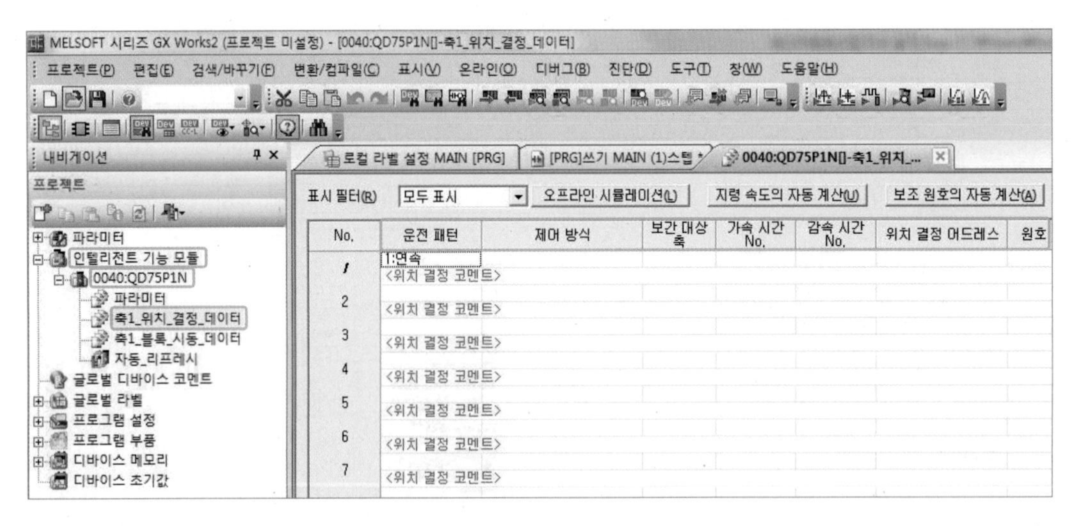

② 방법 2 : 위치데이터를 소프트웨어적인 방법으로 프로그램에서 변경하기("3편 터치스크린"에서 자세히 설명하기로 한다.)

㈎ 우측 상단의 **모듈 테스트** 아이콘(▣)을 클릭하여 수동조작 환경 화면을 연다.

(나) 먼저 원점 복귀를 해줘야 한다. 원점을 기준으로 몇 Pulse 이동했느냐를 따지기 때문이다. 원점 복귀를 하지 않을 경우 현재 위치를 원점으로 인식한다. **기능 선택** 항목에서 **JOG/수동 펄서/원점 복귀**를 선택하고, **원점 복귀** 항목에서 **기계 원점 복귀 – 원점 복귀**를 선택한다.

(다) 원하는 위치로 이동하여 Pulse 읽기 : **기능 선택** 항목에서 **JOG/수동 펄서/원점 복귀** 선택을 유지한 상태에서 **정운전**과 **역운전**을 마우스로 선택하여 이동시킨 후 모니터 항목에서 송신값을 읽는다. 이때 JOG 속도를 10000 pulse/s 정도로 설정하고 필요에 따라 수정한다.

(라) 읽은 **송신 현재값**을 원하는 No.의 **위치 결정 어드레스** 항목에 입력한다. 같은 방법으로 No.1, No.2, No.3, No.4…의 **위치 결정 어드레스** 항목에 입력한다.

(마) 컴퓨터(GX Works2)에서 작성한 위치 결정 데이터를 PLC로 전송한다.

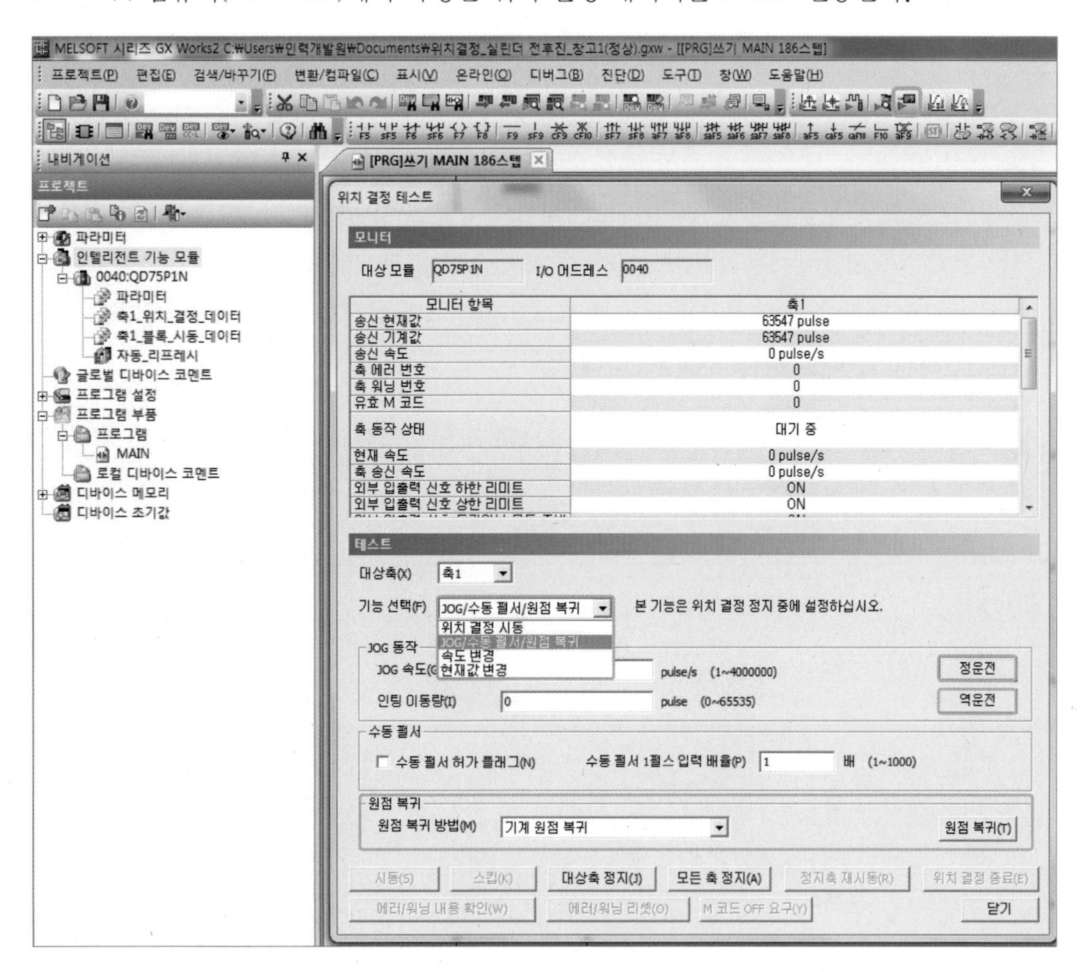

5 PLC 프로그램 작성

(1) 준비 - 원점 복귀 - 원하는 위치로 이동

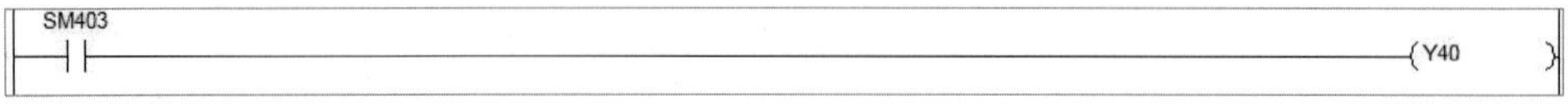

```
SM403
─┤├──────────────────────────────────────(Y40 )
```

① SM403으로 프로그램이 실행되는 동안 계속해서 정상작동(준비된) 상태임을 알려줘야 한다.

② SM403 : 1스캔 1 Pulse OFF 후 계속해서 ON 상태임을 나타내는 특수 레지스터

③ Y40 : 위치 결정 프로그램에서는 PLC 레디를 공식처럼 사용해야 한다.

Mitsubishi사의 QD75P_QD75D형 위치 결정 모듈 사용자 매뉴얼(상세편) "제3장 사양 · 기능 – 3.3 PLC CPU와의 입출력 신호 사양" 3–14쪽 참조

"Y0 : PLC 레디"에서 위치 결정 모듈이 3번 슬롯에 장착되어 선두 어드레스가 40이므로 "Y40"이 된다. 예를 들어 위치 결정 모듈이 0번 슬롯에 장착되어 있다면, 선두 어드레스가 "0"이므로 매뉴얼대로 "Y0"이 PLC 레디 기능을 수행할 것이다. 따라서 3번 슬롯에 장착된 QD75 모듈에서는 Y40에 출력신호가 없으면 준비(READY)가 되지 않은 것으로 인식하여 프로그램이 실행되지 않는다. 여기서 Y40은 매뉴얼에서 설명한 대로 예약된 신호이므로 다른 기능으로 사용하면 안 된다.

<table>
<tr><th colspan="3">신호 방향 : QD75→PLC CPU</th><th colspan="3">신호 방향 : PLC CPU→QD75</th></tr>
<tr><th>디바이스 No.</th><th colspan="2">신호 명칭</th><th>디바이스 No.</th><th colspan="2">신호 명칭</th></tr>
<tr><td>X0</td><td colspan="2">QD75 준비 완료</td><td>Y0</td><td colspan="2">PLC 레디</td></tr>
<tr><td>X1</td><td colspan="2">동기용 플래그</td><td>Y1</td><td colspan="2" rowspan="3">사용 금지</td></tr>
<tr><td>X2</td><td colspan="2" rowspan="2">사용 금지</td><td>Y2</td></tr>
<tr><td>X3</td><td>Y3</td></tr>
<tr><td>X4</td><td>축 1</td><td rowspan="4">M코드 ON</td><td>Y4</td><td>축 1</td><td rowspan="4">축 정지</td></tr>
<tr><td>X5</td><td>축 2</td><td>Y5</td><td>축 2</td></tr>
<tr><td>X6</td><td>축 3</td><td>Y6</td><td>축 3</td></tr>
<tr><td>X7</td><td>축 4</td><td>Y7</td><td>축 4</td></tr>
</table>

X8	축 1	에러 검출	Y8	축 1	정회전 JOG 기동
X9	축 2		Y9	축 1	역회전 JOG 기동
XA	축 3		YA	축 2	정회전 JOG 기동
XB	축 4		YB	축 2	역회전 JOG 기동
XC	축 1	BUSY	YC	축 3	정회전 JOG 기동
XD	축 2		YD	축 3	역회전 JOG 기동
XE	축 3		YE	축 4	정회전 JOG 기동
XF	축 4		YF	축 4	역회전 JOG 기동
X10	축 1	기동 완료	Y10	축 1	위치 결정 기동
X11	축 2		Y11	축 2	
X12	축 3		Y12	축 3	
X13	축 4		Y13	축 4	
X14	축 1	위치 결정 완료	Y14	축 1	실행 금지 플래그
X15	축 2		Y15	축 2	
X16	축 3		Y16	축 3	
X17	축 4		Y17	축 4	
X18	사용 금지		Y18	사용 금지	
X19			Y19		
X1A			Y1A		
X1B			Y1B		
X1C			Y1C		
X1D			Y1D		
X1E			Y1E		
X1F			Y1F		

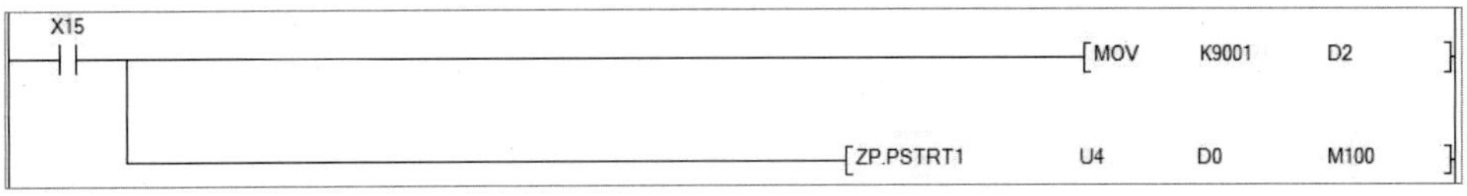

```
X15
-| |----------------------------------[MOV       K9001   D2    ]
    |
    +------------------------[ZP.PSTRT1   U4      D0      M100  ]
```

원점 복귀 : 현재 위치는 원점에서 어느 정도 떨어져 있는가로 인식하기 때문에 프로그램을 시작하기 전에 항상 원점센서를 감지 후 감지된 곳을 "0"으로 위치를 계산해 나간다.

① X15 : 누름 버튼 스위치 신호를 입력카드 16번째 단자에 연결하여 조작한다.

② 위치 결정 동작 명령인 [ZP.PSTRT1]에 의해 서보모터가 동작한다.
(Mitsubishi사의 QD75P_QD75D형 위치 결정 모듈 사용자 매뉴얼(상세편) "제14장 전용 명령" 14-8쪽 참조)

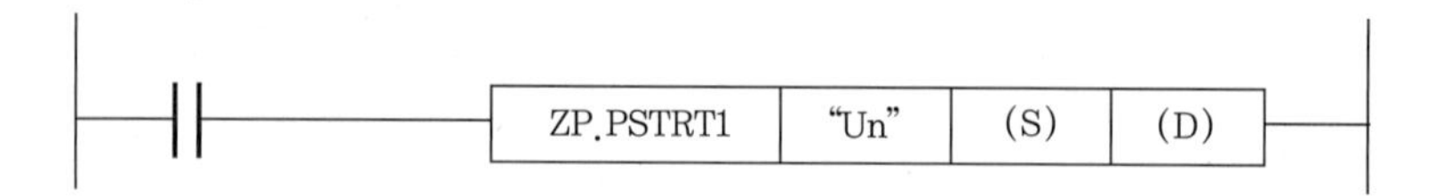

축이 여러 개일 경우 첫 번째 축의 기동 명령은 ZP.PSTRT1, 두 번째는 ZP.PSTRT2, 세 번째는 ZP.PSTRT3이다. 여기서는 축을 한 개만 사용하므로 ZP.PSTRT1만 사용한다.

- "Un" : 위치 결정 모듈의 선두 어드레스 "U4"(따옴표를 생략하고 U4로 기입해도 된다.)
- (S) : 위치를 지정하는 영역으로 3개의 16비트 데이터를 사용한다. 예를 들면 D0, D1, D2 3개 중 첫 번째 D0은 시스템에서 사용하는 영역으로 사용하면 안 되고 두 번째 D1은 정상완료 시 "0"이 저장되고 이상 발생 시 에러코드가 저장되어 원인을 분석할 수 있다. 원하는 위치 지정 데이터는 세 번째인 D2에 입력하여야 한다.
- (D) : 명령 완료 시 1 Scan ON하는 비트 신호이며 이상발생 시 (D)+1에도 신호가 발생된다. 예를 들어 위치 도달 완료하면 M100이 1 Scan ON 신호를 발생하고 이상 발생 시 M100과 M101이 1 Scan ON 신호를 발생한다.

설정 데이터

설정 데이터	설정 내용	세트측	데이터형
"Un"	QD75의 선두 입출력 번호 (00~FE : 입출력 번호를 3자리로 표현한 경우의 상위 2자리)	사용자	BIN16비트
(S)	컨트롤 데이터가 저장되어 있는 디바이스의 선두 번호	–	디바이스
(D)	명령 완료 시 1스캔 ON하는 비트 디바이스의 선두 번호 이상 완료 시는 ((D)+1)도 ON한다.	시스템	비트

이번 프로그램의 경우도 D0에 지정하지 않고 D2에 정수 K9001을 지정하였는데 9001은 기계 원점 복귀를 나타낸다.

컨트롤 데이터

디바이스	항 목	설정 데이터	설정 범위	세트측
(S)+0	시스템 영역	–	–	–
(S)+1	완료 스테이터스	완료 시 상태가 저장된다. • 0 : 정상 종료 • 0 이외 : 이상 완료(에러 코드) (*2)	–	시스템
(S)+2	기동 번호	PSTRT□ 명령으로 기동하는 아래의 데이터 No.를 지정한다. • 위치 결정 데이터 No. : 1~600 • 블록 기동 : 7000~7004 • 기계 원점 복귀 : 9001 • 고속 원점 복귀 : 9002 • 현재값 변경 : 9003 • 복수축 동시 기동 : 9004	1~600 7000~7004 9000~9004	사용자

① 원점 복귀가 완료되어 "M100" 비트신호가 발생한다.

② D10부터 시작하는 위치를 지정하는 영역 D10, D11, D12 3개의 16비트 데이터 중 D12에 사전에 등록한 첫 번째 위치로 이동하기 위해 K1을 지정한다.

③ 정상적으로 위치에 도달하면 M102에 신호가 발생한다.

6 작성한 프로그램 PLC에 쓰기

CPU 모듈과 인텔리전트 모듈을 설정한 후 쓰기를 실행해야 한다.

(1) CPU 모듈 설정하기

(2) 인텔리전트 모듈 설정하기 및 쓰기 실행

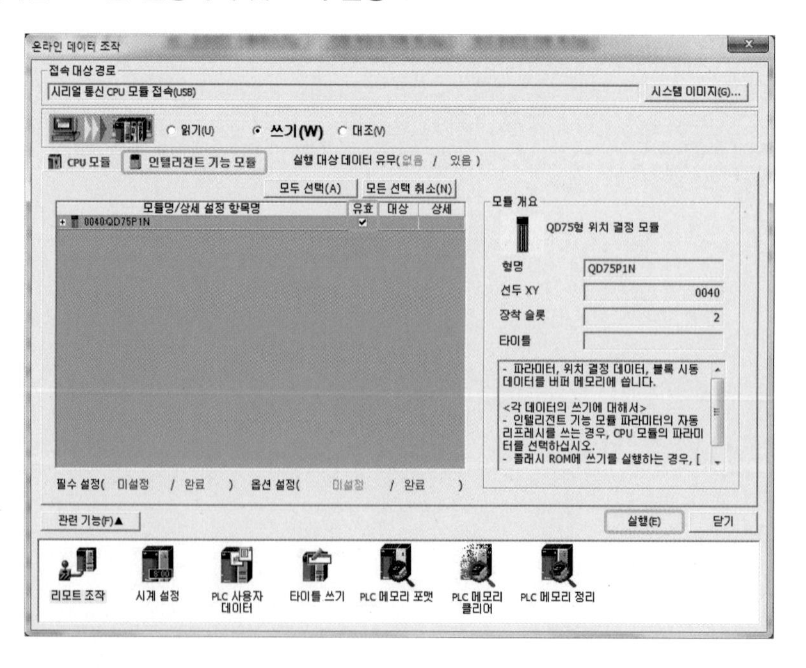

(3) RESET 후 RUN 모드로 설정

① 프로그램을 쓰기 한 후 반드시 RESET 후 RUN을 실행해줘야 한다(전원을 OFF/ON해도 됨).

② X15 단자에 연결된 누름 버튼 스위치 신호를 조작하면 사전에 등록된 "❸"번 창고 위치로 축이 이동한다.

Project No.27

원점 복귀하기

⊙ **학습목표** 1. 원점 복귀 방식을 이해할 수 있다.
2. 파라미터를 설정할 수 있다.

⊙ **동작조건** 스위치를 조작하면 원점으로 이동한다.

1 원점 복귀

현재 위치가 원점으로부터 어느 정도 떨어져 있는지를 PLC가 알기 위해서는 처음 프로그램 실행 시 원점으로 복귀해서 원점을 0으로 만들어줘야 한다. 그 방법으로 기계원점 복귀 방법과 고속원점 복귀 방법이 있다.

(1) 기계원점 복귀

기계원점(ORG) 앞에 근접원점(DOG)을 설정하여 관성에 의해 기계원점을 벗어나거나 급정지 시 충격을 방지하기 위해 근접원점(DOG)부터 기계원점(ORG)까지 감속시키며 접근하는 방법이다(ORG는 엔코더 펄스 중 하나가 기계원점이고 DOG와는 다르게 밖으로 센서 신호를 요구하지 않는다).

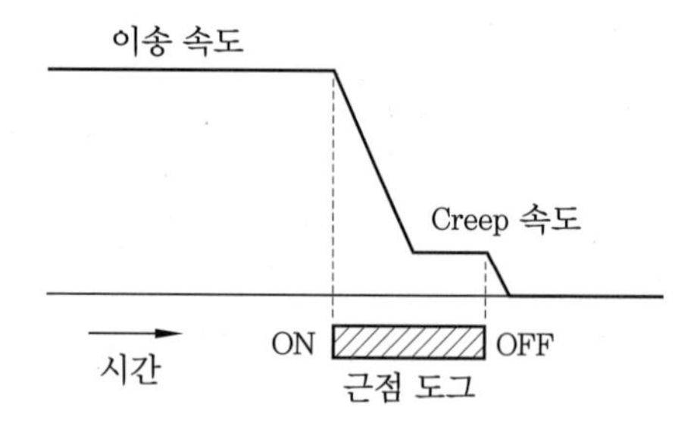

① 전용명령어 [ZP.PSTRT1]을 사용하는 방법 : "Project No. 26"에서 9001은 기계 원점 복귀이고 ZP.PSTRT1은 1번 축 기동임을 알고 있다.

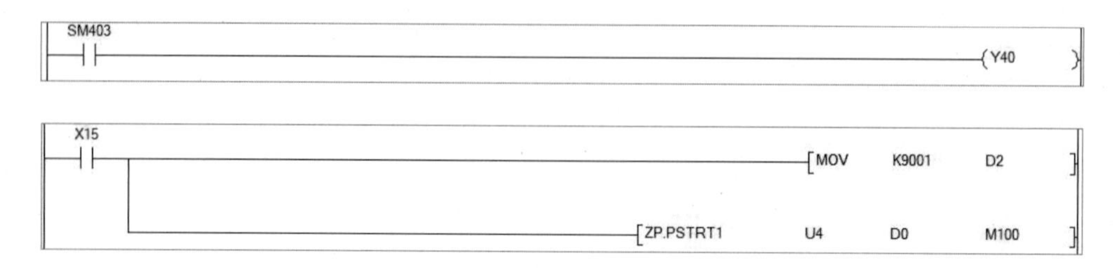

② [ZP.PSTRT1]을 사용하지 않는 방법 : 버퍼메모리 어드레스 1500에 위치 결정 기동번호 대신 기계원점 복귀 데이터 9001을 지정한다. [MOV　K9001　U4₩G1500] : 띄어쓰기에 주의하자.

(Y50) : 위치 결정 기동을 하라는 명령으로, 선두 어드레스가 40이므로 Y10이 아니고 Y50이 된다.

버퍼메모리 어드레스				항 목	메모리영역
축 1	축 2	축 3	축 4		
1500	1600	1700	1800	Cd. 3 위치 결정 기동 번호	
1501	1601	1701	1801	Cd. 4 위치 결정 기동 포인트 번호	
1502	1602	1702	1802	Cd. 5 축 에러 리셋	
1503	1603	1703	1803	Cd. 6 재기동 지령	

<table>
<tr><th colspan="3">신호 방향 : QD75→PLC CPU</th><th colspan="3">신호 방향 : PLC CPU→QD75</th></tr>
<tr><th>디바이스 No.</th><th colspan="2">신호 명칭</th><th>디바이스 No.</th><th colspan="2">신호 명칭</th></tr>
<tr><td>X0</td><td colspan="2">QD75 준비 완료</td><td>Y0</td><td colspan="2">PLC 레디</td></tr>
<tr><td>X1</td><td colspan="2">동기용 플래그</td><td>Y1</td><td colspan="2" rowspan="3">사용 금지</td></tr>
<tr><td>X2</td><td colspan="2" rowspan="2">사용 금지</td><td>Y2</td></tr>
<tr><td>X3</td><td>Y3</td></tr>
<tr><td>X4</td><td>축 1</td><td rowspan="4">M코드 ON</td><td>Y4</td><td>축 1</td><td rowspan="4">축 정지</td></tr>
<tr><td>X5</td><td>축 2</td><td>Y5</td><td>축 2</td></tr>
<tr><td>X6</td><td>축 3</td><td>Y6</td><td>축 3</td></tr>
<tr><td>X7</td><td>축 4</td><td>Y7</td><td>축 4</td></tr>
<tr><td>X8</td><td>축 1</td><td rowspan="4">에러 검출</td><td>Y8</td><td>축 1</td><td>정회전 JOG 기동</td></tr>
<tr><td>X9</td><td>축 2</td><td>Y9</td><td>축 1</td><td>역회전 JOG 기동</td></tr>
<tr><td>XA</td><td>축 3</td><td>YA</td><td>축 2</td><td>정회전 JOG 기동</td></tr>
<tr><td>XB</td><td>축 4</td><td>YB</td><td>축 2</td><td>역회전 JOG 기동</td></tr>
</table>

XC	축 1	BUSY	YC	축 3	정회전 JOG 기동
XD	축 2		YD	축 3	역회전 JOG 기동
XE	축 3		YE	축 4	정회전 JOG 기동
XF	축 4		YF	축 4	역회전 JOG 기동
X10	축 1	기동 완료	Y10	축 1	위치 결정 기동
X11	축 2		Y11	축 2	
X12	축 3		Y12	축 3	
X13	축 4		Y13	축 4	
X14	축 1	위치 결정 완료	Y14	축 1	실행 금지 플래그
X15	축 2		Y15	축 2	
X16	축 3		Y16	축 3	
X17	축 4		Y17	축 4	
X18	사용 금지		Y18	사용 금지	
X19			Y19		
X1A			Y1A		
X1B			Y1B		
X1C			Y1C		
X1D			Y1D		
X1E			Y1E		
X1F			Y1F		

(2) 고속원점 복귀

근접원점(DOG)을 무시하고 기계원점(ORG)까지 직접 접근하는 방식이다.

① 전용명령어 [ZP.PSTRT1]을 사용하는 방법 : "Project No. 26"에서 9002는 고속원점 복귀이고 ZP.PSTRT1은 1번 축 기동임을 알고 있다.

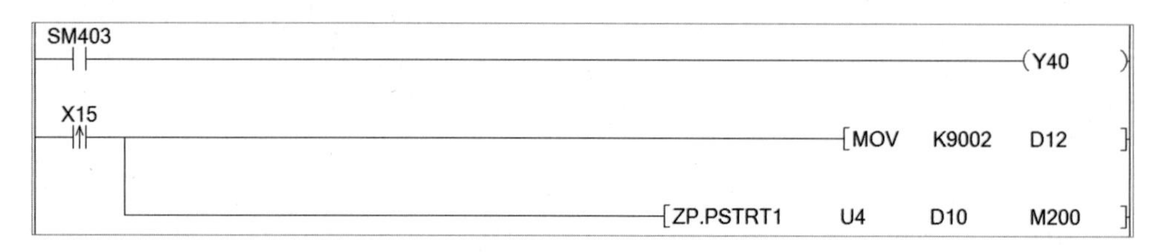

② [ZP.PSTRT1]를 사용하지 않는 방법 : 버퍼메모리 어드레스 1500에 위치 결정 기동번호 대신 기계 원점 복귀 데이터 9002를 지정한다. [MOV K9002 U4₩G1500] : 띄어쓰기에 주의하자.

```
SM403
─┤├──────────────────────────────────────────────────(Y40   )

X15                                                       U4₩
─┤↑├──┬──────────────────────────────[MOV   K9002   G1500  ]
      │
      └────────────────────────────────────────────(Y50   )
```

2 환경 설정하기

PLC에 의해 서보모터를 제어하기 위해서는 PLC에 장착된 위치 결정 모듈과 서보앰프에서 mm로 할 것인지 inch로 할 것인지 Pulse로 할 것인지 등 환경조건(파라미터)을 설정해 줘야 한다. 즉 서보모터가 회전하는 각종 조건을 설정해 주는 기능이다.

(1) 위치 결정 모듈 파라미터

Mitsubishi사의 Q75P_QD75D형 위치 결정 모듈 사용자 매뉴얼(상세편) "제5장 위치 결정 제어에 사용하는 데이터 – 5.2 파라미터 일람" 5–16쪽 참조

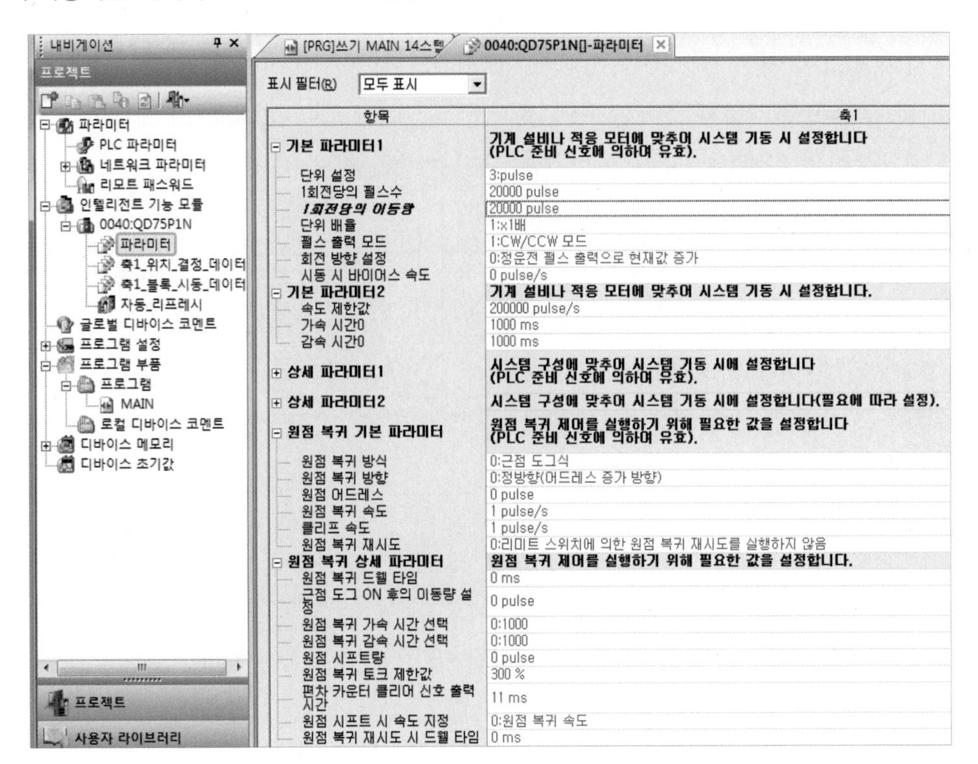

항목	축1
기본 파라미터1	기계 설비나 적응 모터에 맞추어 시스템 기동 시 설정합니다 (PLC 준비 신호에 의하여 유효).
단위 설정	3:pulse
1회전당의 펄스수	20000 pulse
1회전당의 이동량	20000 pulse
단위 배율	1:x1배
펄스 출력 모드	1:CW/CCW 모드
회전 방향 설정	0:정운전 펄스 출력으로 현재값 증가
시동 시 바이어스 속도	0 pulse/s
기본 파라미터2	기계 설비나 적응 모터에 맞추어 시스템 기동 시 설정합니다.
속도 제한값	200000 pulse/s
가속 시간0	1000 ms
감속 시간0	1000 ms
상세 파라미터1	시스템 구성에 맞추어 시스템 기동 시에 설정합니다 (PLC 준비 신호에 의하여 유효).
상세 파라미터2	시스템 구성에 맞추어 시스템 기동 시에 설정합니다(필요에 따라 설정).
원점 복귀 기본 파라미터	원점 복귀 제어를 실행하기 위해 필요한 값을 설정합니다 (PLC 준비 신호에 의하여 유효).
원점 복귀 방식	0:근점 도그식
원점 복귀 방향	0:정방향(어드레스 증가 방향)
원점 어드레스	0 pulse
원점 복귀 속도	1 pulse/s
클리프 속도	1 pulse/s
원점 복귀 재시도	0:리미트 스위치에 의한 원점 복귀 재시도를 실행하지 않음
원점 복귀 상세 파라미터	원점 복귀 제어를 실행하기 위해 필요한 값을 설정합니다.
원점 복귀 드웰 타임	0 ms
근점 도그 ON 후의 이동량 설정	0 pulse
원점 복귀 가속 시간 선택	0:1000
원점 복귀 감속 시간 선택	0:1000
원점 시프트량	0 pulse
원점 복귀 토크 제한값	300 %
편차 카운터 클리어 신호 출력 시간	11 ms
원점 시프트 시 속도 지정	0:원점 복귀 속도
원점 복귀 재시도 시 드웰 타임	0 ms

(2) 주요 위치 결정 모듈 파라미터 설정

아래 몇 가지 주요 위치 결정 파라미터를 설명하였으니, 제시한 적용 사례를 참고로 하여 매뉴얼에 따라 필요한 사항을 설정하기 바란다.

① 단위 설정

㈎ mm, inch : 모터의 회전을 볼스크루 축 등에 의해 직선운동으로 변환하여 사용 시 위치제어를 pulse 값으로 하지 않고 길이단위로 제어하는 경우이며 작동부에 별도의 정밀한 길이 측정이 필요하다.

㈏ degree : 인덱싱 테이블과 같은 회전체의 회전각을 제어할 경우이며 작동부에 별도의 정밀한 각도 측정이 필요하다.

㈐ pulse : 길이나 각도 값을 사용하지 않고 원점으로부터 현재 위치로 이동하기 위한 pulse 값으로 제어하며 대부분 pulse 제어를 사용한다.

② **1회전당의 pulse 수** : 모터가 1회전하는 데 필요한 pulse 수를 결정하며 pulse 수가 높을수록 정밀한 제어가 가능하다. 또한 전자기어비를 설정하는 데도 필요하다.

③ **1회전당의 이동량** : mm, inch, degree의 경우에 해당하며 모터 1회전당 스크루 축 등에 의해 몇 mm 혹은 몇 도 이동하는지 입력한다. 전자기어비를 설정하는 데도 필요하며 pulse 값 제어 시에는 해당하지 않는다. 이 단위는 1/1000 mm, 즉 μm이다.

④ **단위배율** : 모터 1회전당 이동량은 최대 6553.5 μm까지만 가능하기 때문에 그 이상 값이 필요할 경우 1배, 10배, 100배, 1000배의 배율을 설정하여 입력한다.

⑤ **백래시 보정량** : 나사 축이 모터의 정회전에서 역회전으로 또는 역회전에서 정회전으로 바뀔 때 나사와 나사 사이의 틈새 때문에 모터가 회전함에도 불구하고 틈새만큼 축이 덜 이동하게 된다. 이를 백래시라 하고 그 오차만큼 보정해 줘야 한다. 즉 방향이 바뀔 때마다 여분의 pulse를 보충하여 내보낸다.

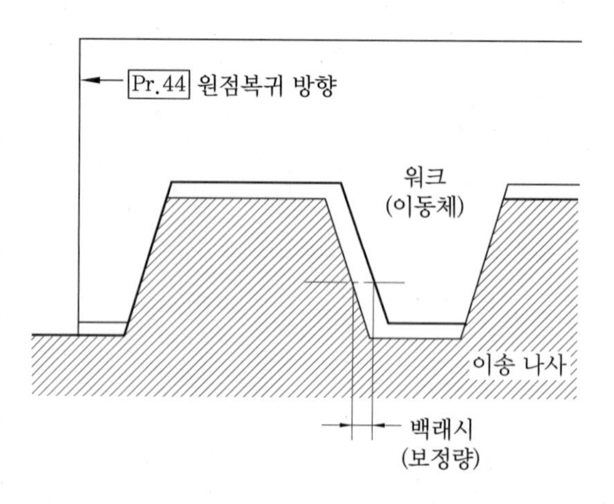

백래시 보정량은 $0 \leq \dfrac{\text{백래시 보정량}}{\text{1펄스당 이동량}} \leq 225$ 범위 내에 있어야 하고 일반적으로 사용하는 볼스크루의 경우 백래시 보정량을 "0"으로 해도 무방하다.

⑥ **소프트웨어 스트로크 리미트** : 상한리미트(RLS)나 하한리미트(FLS)는 하드웨어적으로 리미트 센서를 벗어나면 정지하도록 보호장치를 설정하였다. Pulse 값을 리미트로 설정하여 소프트웨어적으로 2중 안전장치 역할을 수행한다.

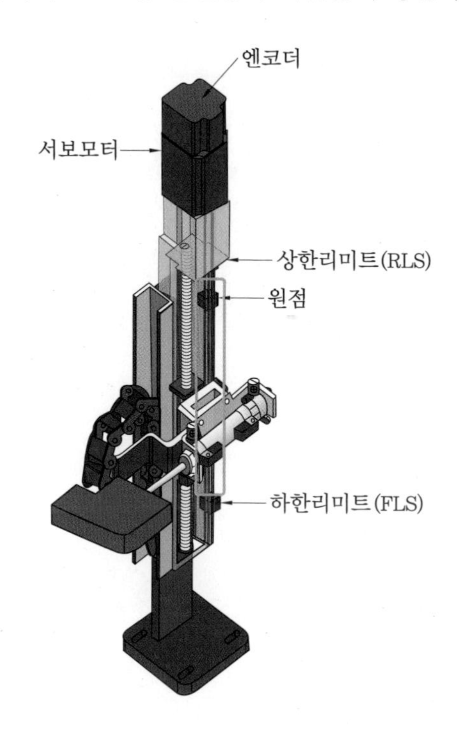

⑦ **원점 복귀 방향** : 원점 복귀 명령에 따라 시계방향으로 회전할 것인가 아니면 반시계 방향으로 회전할 것인가를 결정하게 되는데 시계방향(정방향)을 설정할 경우 아래로 내려가 DOG 센서를 찾기 어려우므로 여기서는 1:부 방향(어드레스 감소방향)을 선택해야 한다.

⑧ **원점 복귀속도** : 속도를 설정함에 따라 원점 복귀속도가 달라진다.

(3) 위치 결정 모듈 파라미터 적용 사례(참고자료)

실제 사용하고 있는 파라미터이므로 테스트용으로 적용하여본 후 매뉴얼을 참조하여 하나씩 변경하기 바란다.

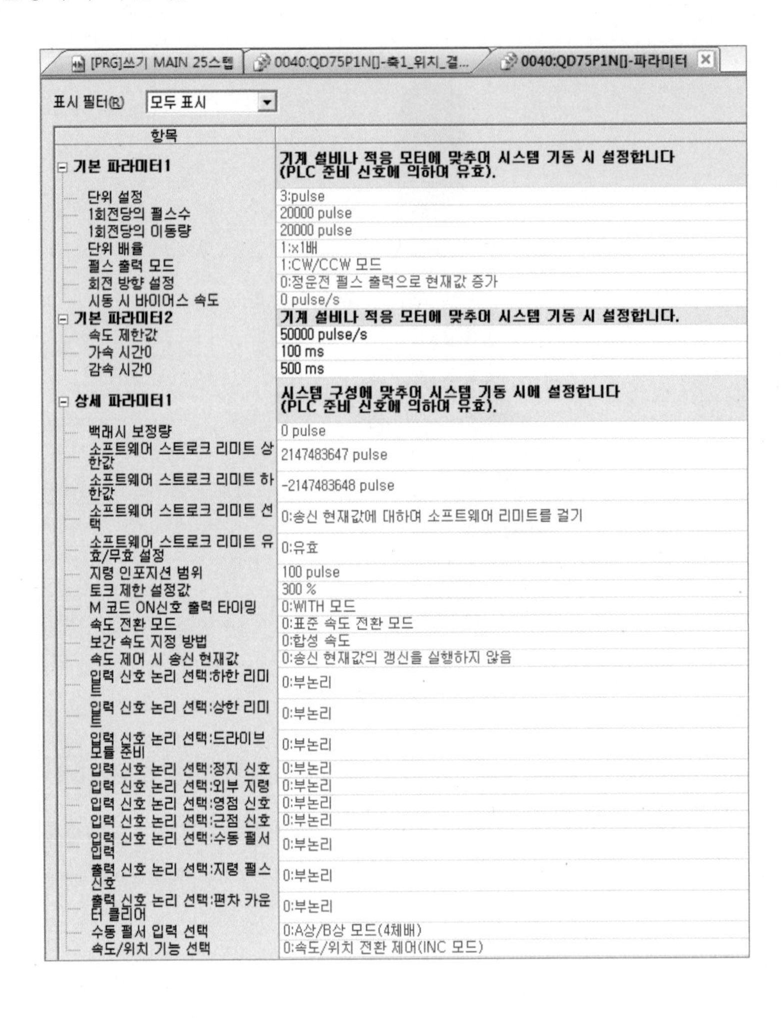
[PRG]쓰기 MAIN 25스텝 | 0040:QD75P1N[]-축1_위치_결... | 0040:QD75P1N[]-파라미터

표시 필터(R) 모두 표시

항목	
기본 파라미터1	**기계 설비나 적응 모터에 맞추어 시스템 기동 시 설정합니다 (PLC 준비 신호에 의하여 유효).**
단위 설정	3:pulse
1회전당의 펄스수	20000 pulse
1회전당의 이동량	20000 pulse
단위 배율	1:x1배
펄스 출력 모드	1:CW/CCW 모드
회전 방향 설정	0:정운전 펄스 출력으로 현재값 증가
시동 시 바이어스 속도	0 pulse/s
기본 파라미터2	**기계 설비나 적응 모터에 맞추어 시스템 기동 시 설정합니다.**
속도 제한값	50000 pulse/s
가속 시간0	100 ms
감속 시간0	500 ms
상세 파라미터1	**시스템 구성에 맞추어 시스템 기동 시에 설정합니다 (PLC 준비 신호에 의하여 유효).**
백래시 보정량	0 pulse
소프트웨어 스트로크 리미트 상한값	2147483647 pulse
소프트웨어 스트로크 리미트 하한값	-2147483648 pulse
소프트웨어 스트로크 리미트 선택	0:송신 현재값에 대하여 소프트웨어 리미트를 걸기
소프트웨어 스트로크 리미트 유효/무효 설정	0:유효
지령 인포지션 범위	100 pulse
토크 제한 설정값	300 %
M 코드 ON신호 출력 타이밍	0:WITH 모드
속도 전환 모드	0:표준 속도 전환 모드
보간 속도 지정 방법	0:합성 속도
속도 제어 시 송신 현재값	0:송신 현재값의 갱신을 실행하지 않음
입력 신호 논리 선택:하한 리미트	0:부논리
입력 신호 논리 선택:상한 리미트	0:부논리
입력 신호 논리 선택:드라이브 모듈 준비	0:부논리
입력 신호 논리 선택:정지 신호	0:부논리
입력 신호 논리 선택:외부 지령	0:부논리
입력 신호 논리 선택:영점 신호	0:부논리
입력 신호 논리 선택:근점 신호	0:부논리
입력 신호 논리 선택:수동 펄서 입력	0:부논리
출력 신호 논리 선택:지령 펄스 신호	0:부논리
출력 신호 논리 선택:편차 카운터 클리어	0:부논리
수동 펄서 입력 선택	0:A상/B상 모드(4체배)
속도/위치 기능 선택	0:속도/위치 전환 제어(INC 모드)

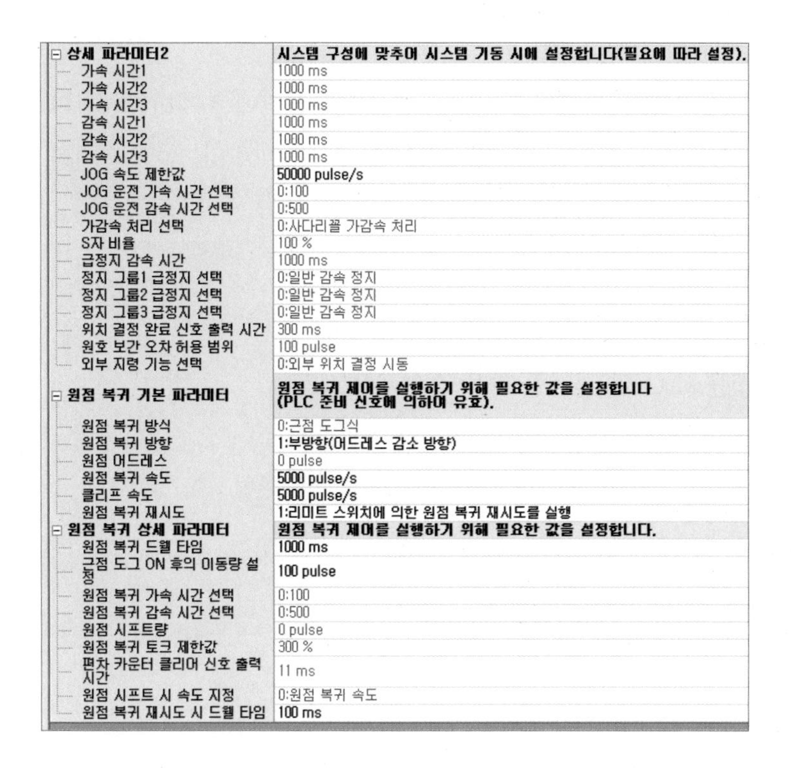

항목	설정값
⊟ 상세 파라미터2	**시스템 구성에 맞추어 시스템 기동 시에 설정합니다(필요에 따라 설정).**
가속 시간1	1000 ms
가속 시간2	1000 ms
가속 시간3	1000 ms
감속 시간1	1000 ms
감속 시간2	1000 ms
감속 시간3	1000 ms
JOG 속도 제한값	50000 pulse/s
JOG 운전 가속 시간 선택	0:100
JOG 운전 감속 시간 선택	0:500
가감속 처리 선택	0:사다리꼴 가감속 처리
S자 비율	100 %
급정지 감속 시간	1000 ms
정지 그룹1 급정지 선택	0:일반 감속 정지
정지 그룹2 급정지 선택	0:일반 감속 정지
정지 그룹3 급정지 선택	0:일반 감속 정지
위치 결정 완료 신호 출력 시간	300 ms
원호 보간 오차 허용 범위	100 pulse
외부 지령 기능 선택	0:외부 위치 결정 시동
⊟ 원점 복귀 기본 파라미터	**원점 복귀 제어를 실행하기 위해 필요한 값을 설정합니다 (PLC 준비 신호에 의하여 유효).**
원점 복귀 방식	0:근점 도그식
원점 복귀 방향	1:부방향(어드레스 감소 방향)
원점 어드레스	0 pulse
원점 복귀 속도	5000 pulse/s
클리프 속도	5000 pulse/s
원점 복귀 재시도	1:리미트 스위치에 의한 원점 복귀 재시도를 실행
⊟ 원점 복귀 상세 파라미터	**원점 복귀 제어를 실행하기 위해 필요한 값을 설정합니다.**
원점 복귀 드웰 타임	1000 ms
근점 도그 ON 후의 이동량 설정	100 pulse
원점 복귀 가속 시간 선택	0:100
원점 복귀 감속 시간 선택	0:500
원점 시프트량	0 pulse
원점 복귀 토크 제한값	300 %
편차 카운터 클리어 신호 출력 시간	11 ms
원점 시프트 시 속도 지정	0:원점 복귀 속도
원점 복귀 재시도 시 드웰 타임	100 ms

(4) 파라미터 모드 변화

MODE 버튼으로 각 파라미터 모드로 해서, UP 또는 DOWN 버튼을 누르면 다음과 같이 표시가 변화한다.

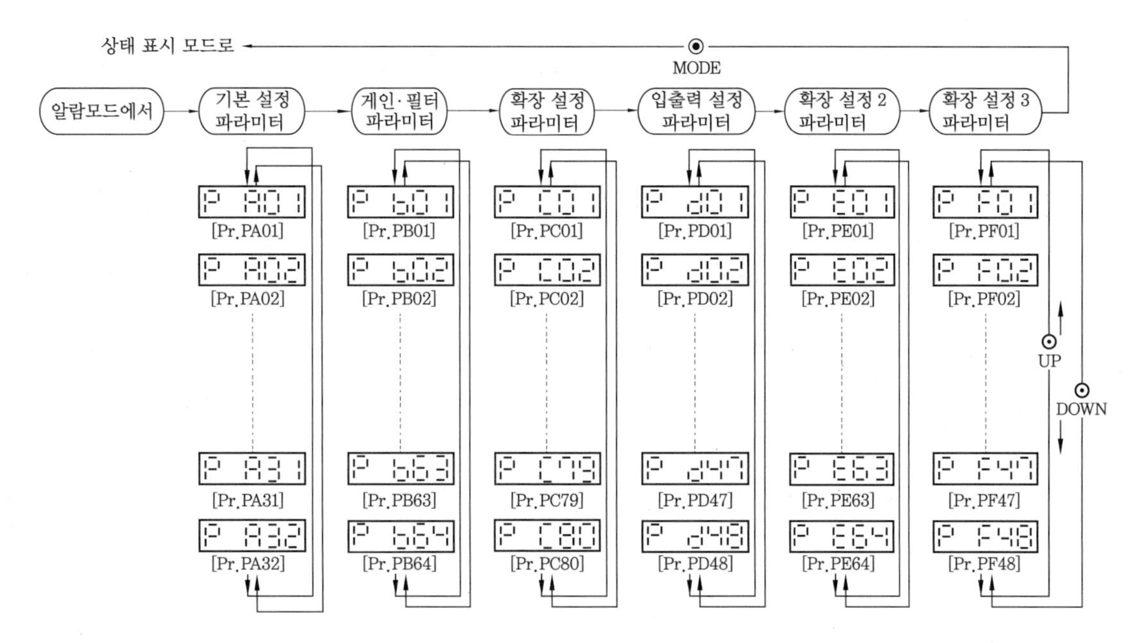

(5) 서보앰프 파라미터 적용하기

매뉴얼에 기록된 모든 파라미터를 여기에서 설명하기에는 지면관계상 제약이 따르므로 중요한 사항만 설명하고 나머지는 매뉴얼을 참고하기 바란다. 실제 제시한 적용사례를 이용하여 우선 작동시켜보고 하나씩 수정해 보기 바란다.

① 파라미터 공장초기화 설정하기 : 파라미터값을 공장초기화(공장에서 출하한 상태로 되돌리는 것)시킬 필요가 있을 시 다음 작업을 수행한다.

(가) P a19를 AbCd로 설정한 다음 전원 ON/OFF

(나) P h17을 5122로 설정한 다음 전원 ON/OFF

(다) P a13의 파라미터 값을 210으로 설정한 다음 전원 ON/OFF

② PA01의 파라미터 : 서보앰프의 초기 선택이 PA01에서 위치제어 모드로 선택되어 있기 때문에 특별히 제어모드를 변경하지 않는다.

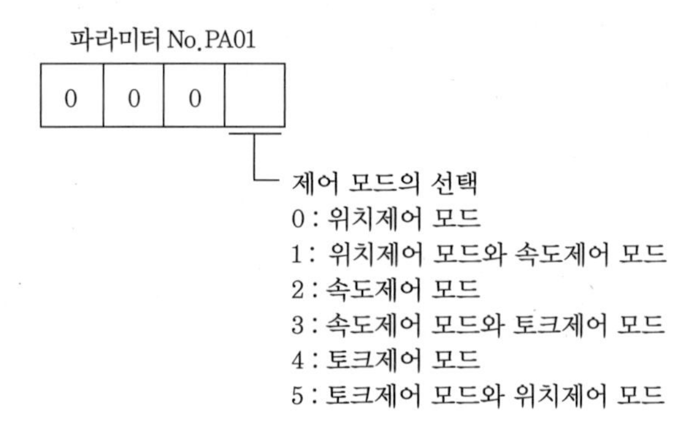

③ PA02의 파라미터 : 회생옵션을 사용하지 않기 때문에 특별히 파라미터 설정을 하지 않는다. 초기설정이 00(00 : 회생옵션을 사용하지 않음)으로 선택되어 있다.

④ PA03의 파라미터(절대위치 검출 시스템의 선택) : 인크리멘털 시스템을 사용하기 때문에 파라미터를 설정하지 않아도 초기설정이 0으로 되어 있다. 만약 "1: 절대위치 검출 시스템"을 사용하려면 서보앰프에 배터리를 연결하여야 한다.

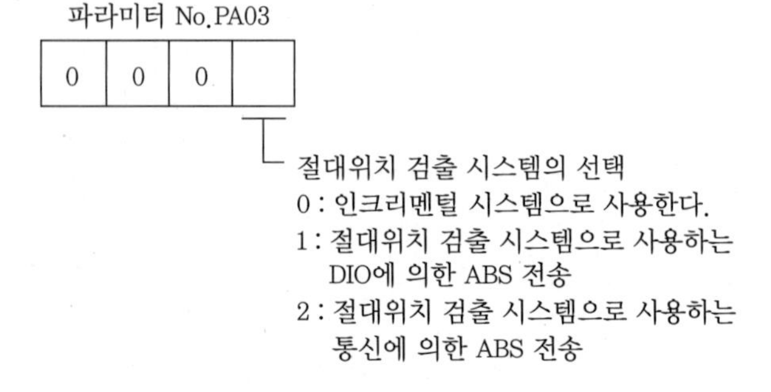

⑤ PA06~PA07의 파라미터(전자기어비) : PLC의 위치 결정 모듈에서 Pulse 신호를 보내면 서보앰프가 서보모터에 신호를 보내 회전하게 되는데, 그에 따라 서보모터에 장착된 엔코더에서 발생하는 결과값을 입력신호와 비교하게 된다. 여기서 위치 결정 모듈의 신호와 모터의 동작 간에 비율을 맞춰줘야 하는데 이를 전자기어비(전자공학에서의 주파수 분주기, 주파수 체배기와 흡사함)라고 한다. 예를 들어 위치 결정 모듈에서 오리알을 보낼 수 있고 서보모터는 거위알을 출력할 수 있다고 가정하면, 오리알 5개를 내보내 몇 개의 거위알을 출력해야 서로 형평성이 맞는지 비율을 맞춰줘야 할 것이다. 즉 기어의 모듈과 잇수를 맞추듯 위치 결정 모듈과 서보모터의 비율을 맞춰줘야 한다.

㈎ Pulse 단위로 위치제어 시 : 각각의 위치를 원점으로부터 펄스 진행 값으로 표시하여 작업하는 경우

$$f\times\frac{\mathrm{CMX}}{\mathrm{CDV}}=\frac{N_0}{60}\times P_{f0}$$

CMX : 전자기어 분자(PA06)

CDV : 전자기어 분모(PA07)

f_0 : 위치 결정 모듈 초당 Pulse 발생 수(pulse/sec)

N : 서보모터 분당 최고 회전속도(rpm)

P_{f0} : 서보모터 1회전당 Pulse 발생수(Pulse/rev)

예를 들어 해당제품 매뉴얼이나 카탈로그에서 다음과 같은 자료를 찾았다면,

CMX : 전자기어 분자(PA06)
CDV : 전자기어 분모(PA07)
f_0: 200,000(pulse/sec)
N : 6,000(rpm)
P_{f0} : 131,072(pulse/rev)

$$200000\times\frac{\mathrm{CMX}}{\mathrm{CDV}}=\frac{6000}{60}\times 131072$$에서

$$\frac{\mathrm{CMX}}{\mathrm{CDV}}=\frac{6000\times 131072}{60\times 200000}$$

결과 : PA06에 8192 설정 / PA07에 125 설정

(나) mm 단위로 위치제어 시 : 서보모터는 펄스값에 의해 회전수를 결정하는데 실제 장치는 직선 축에 연결되어 있으므로 펄스값 대비 직진 이동값을 환산하기 위해 다음 작업을 수행한다. 서보모터의 분해능 값을 이용하여 전자기어비를 구하고 그 구한 값을 서보앰프에 설정하면 된다. 전자기어비를 구하여 파라미터를 설정하지 않으면, 위치제어 구동 시 올바르게 구동하지 않는다.

- PA 6 : 전자기어비 분자
- PA 7 : 전자기어비 분모

전자기어비의 값을 파라미터에 설정하여야 한다. 전자기어비를 구하기 위한 공식은 다음과 같다.

$$\frac{CMX}{CDV}=\frac{\text{파라미터 No.PA06}}{\text{파라미터 No.PA07}}$$

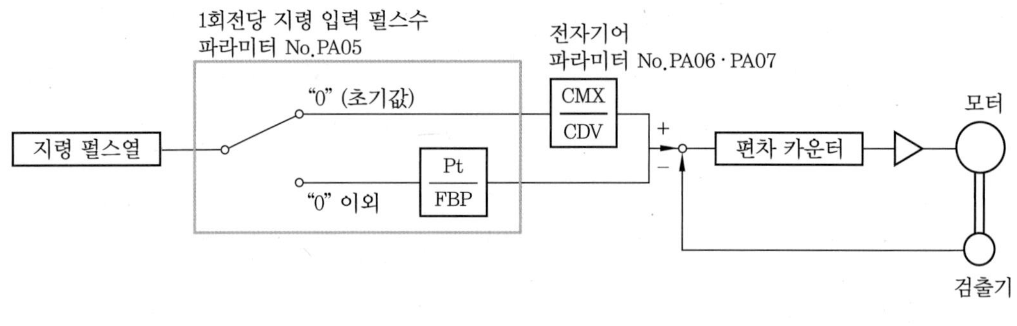

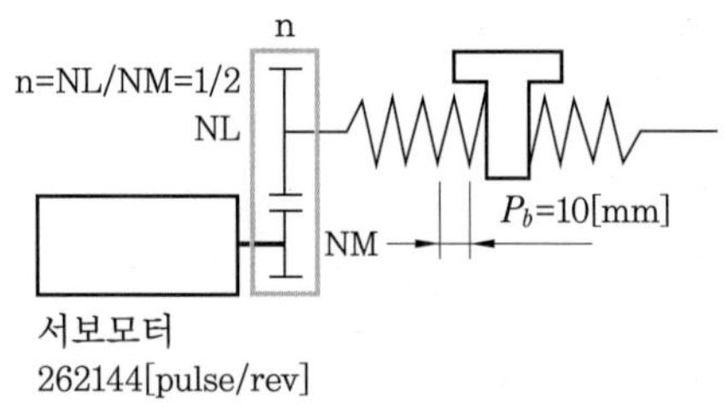

1펄스당 10 μm 단위로 이동시킬 경우 기계의 사양은 다음과 같다.

볼 스크루 리드 : P_b=10[mm]

감속비 : $n=\frac{1}{2}$

서보모터 분해능 : P_t=262144[pulse/rev]

$$\frac{\text{CMX}}{\text{CDV}}=\Delta l_0 \cdot \frac{P_t}{\Delta S}=\Delta l_0 \cdot \frac{P_t}{n \cdot P_b}=10\times10^{-3} \cdot \frac{262144}{\frac{1}{2} \cdot 10}=\frac{524288}{1000}=\frac{65536}{125}$$

P_b : 볼 스크루 리드[mm]

n : 감속비

P_t : 서보모터 분해능[pulse/rev]

Δl_0 : 지령 1펄스당 이동량[mm/pulse]

ΔS : 서보모터 1회전당 이동량[mm/pulse]

따라서, CMX=65536, CDV=125를 설정한다.

결과 : PA06에 65536 설정 / PA07에 125 설정

⑥ PA13의 파라미터(지령펄스 입력형태의 선택)

서보 운전 시 상하운전을 반복함에 따라 위치가 달라지는 경우가 있다. 이럴 경우 PA13의 파라미터 값을 210으로 변경해 주어야 한다.

〈파라미터 210의 의미〉

서보앰프 기술 자료집(MR-J4-A)에서 파라미터의 P모드에 대한 설명을 찾아보면 각각의 의미는 다음과 같다.

- P : P모드
- A13 : 지령펄스 입력 형태
- 210
  - 2 : 지령펄스열이 500 kbps 이하로 저속입력의 경우
  - 1 : 부논리
  - 0 : 정전 · 역전 펄스

만일 110으로 설정되어 있는 경우 입력 신호와 받는 신호의 차이에 의해 CW/CCW 반복 시 위치가 맞지 않는 경우가 발생한다.

지령펄스 설정은 QD75의 파라미터 설정과 일치하여야 구동된다. 초기 선택은 일반적으로 0000h(정논리 : 정전펄스열, 역전펄스열)로 선택되어 있다.

설정값	펄스열 형태		정전 지령 시	역전 지령 시
0010h	부논리	정전 펄스열	PP	
		역전 펄스열	NP	
0011h		펄스열+부호	PP	
			NP L	H
0012h		A상 펄스열	PP	
		B상 펄스열	NP	
0000h	정논리	정전 펄스열	PP	
		역전 펄스열	NP	
0001h		펄스열+부호	PP	
			NP H	L
0002h		A상 펄스열	PP	
		B상 펄스열	NP	

위치 결정 유닛과 서보앰프의 지령 펄스의 논리를 다음과 같이 조합한다.

Q시리즈/L시리즈 위치 결정 유닛

신호의 방식	지령 펄스의 논리 설정	
	Q시리즈 · L시리즈 위치 결정 유닛 Pr.23의 설정	MR-J4-_A 서보앰프 [Pr.PA13]의 설정
오픈 콜렉터 방식	정논리	정논리(_0_)
	부논리	부논리(_1_)
차동 라인 드라이버 방식	정논리*	부논리(_1_)
	부논리*	정논리(_0_)

* : Q시리즈 및 L시리즈 위치 결정 유닛의 경우, 이 논리는 N측의 파형을 가리키고 있다. 이 때문에 서보앰프 입력 펄스의 논리와 반전시켜 주어야 한다.

F시리즈

신호의 방식	지령 펄스의 논리 설정	
	F시리즈 위치 결정 유닛 (고정)	MR-J4-_A 서보앰프 [Pr.PA13]의 설정
오픈 콜렉터 방식 차동 라인 드라이버 방식	부논리	부논리(__1_)

⑦ PA14의 파라미터(회전방향 선택) : 서보앰프의 JOG 운전을 이용하여 장비의 이동 방향을 확인 후 선택하면 된다.

⑧ 나머지 파라미터 : 기본설정 파라미터들 중 위에 해당되지 않는 파라미터들은 설정하지 않아도 2축모션 제어 실습장치의 구동에 필요한 모든 파라미터를 만족하기 때문에 입력하지 않아도 된다.

파라미터 No.14의 설정값	서보모터 회전방향	
	정전 펄스 입력 시	역전 펄스 입력 시
0	CCW	CW
1	CW	CCW

(6) 서보앰프 파라미터 적용 사례(참고자료)

실제 사용하고 있는 파라미터이므로 테스트용으로 적용하여본 후 매뉴얼을 참조하여 필요에 따라 하나씩 변경하기 바란다.

P A01~A32

P A01	1000
P A02	0000
P A03	0000
P A04	2000
P A05	-1_0000
P A06	-3_2768
P A07	_125
P A08	0001
P A09	16
P A10	100
P A11	100.0
P A12	100.0
P A13	210
P A14	0
P A15	-0_4000
P A16	-0_1
P A17	0000
P A18	0000
P A19	00AA
P A20	0000
P A21	0001
P A22	0000
P A23	0000
P A24	0000
P A25	0
P A26	0000
P A27	0000
P A28	0000
P A29	0000
P A30	0000
P A31	0000
P A32	0000

P B01~B64

P B01	0000	P B33	0.0
P B02	0000	P B34	0.0
P B03	0	P B35	0.00
P B04	0	P B36	0.00
P B05	500	P B37	1600
P B06	8.70	P B38	0.00
P B07	14.0	P B39	0.00
P B08	36.0	P B40	0.00
P B09	973	P B41	0000
P B10	34.7	P B42	0000
P B11	980	P B43	0000
P B12	0	P B44	0.00
P B13	4500	P B45	0000
P B14	0000	P B46	4500
P B15	4500	P B47	0000
P B16	0000	P B48	4500
P B17	0104	P B49	0000
P B18	3141	P B50	4500
P B19	100.0	P B51	0000
P B20	100.0	P B52	100.0
P B21	0.00	P B53	100.0
P B22	0.00	P B54	0.00
P B23	0000	P B55	0.00
P B24	0000	P B56	0.0
P B25	0000	P B57	0.0
P B26	0000	P B58	0.00
P B27	10	P B59	0.00
P B28	1	P B60	0.0
P B29	7.00	P B61	0.0
P B30	0.0	P B62	0000
P B31	0	P B63	0000
P B32	0.0	P B64	0000

P C01~C80

P C01	0	P C41	0
P C02	0	P C42	0
P C03	0	P C43	0
P C04	0	P C44	0000
P C05	100	P C45	0000
P C06	500	P C46	0
P C07	1000	P C47	0
P C08	200	P C48	0
P C09	300	P C49	0
P C10	500	P C50	0000
P C11	800	P C51	100
P C12	0	P C52	0
P C13	100.0	P C53	0
P C14	0000	P C54	0
P C15	0001	P C55	0
P C16	0	P C56	100
P C17	50	P C57	0000
P C18	0000	P C58	0
P C19	0000	P C59	0000
P C20	0	P C60	0000
P C21	0000	P C61	0000
P C22	0000	P C62	0000
P C23	0000	P C63	0000
P C24	0000	P C64	0000
P C25	0000	P C65	0000
P C26	0000	P C66	0
P C27	0000	P C67	0
P C28	0000	P C68	0
P C29	0000	P C69	0
P C30	0	P C70	0000
P C31	0	P C71	0000
P C32	_1	P C72	0000
P C33	_1	P C73	0
P C34	_1	P C74	0000
P C35	100.0	P C75	0000
P C36	0000	P C76	0000
P C37	24	P C77	0000
P C38	0	P C78	0000
P C39	0	P C79	0000
P C40	0	P C80	0000

P D01~D48

P D01	0000	P D25	0004
P D02	0000	P D26	0007
P D03	0202	P D27	0003
P D04	0202	P D28	0002
P D05	2100	P D29	0004
P D06	2021	P D30	0000
P D07	0704	P D31	0000
P D08	0707	P D32	0000
P D09	0805	P D33	0000
P D10	0808	P D34	0000
P D11	0303	P D35	0000
P D12	3803	P D36	0000
P D13	2006	P D37	0000
P D14	3920	P D38	0
P D15	0000	P D39	0
P D16	0000	P D40	0
P D17	0A0A	P D41	0000
P D18	0A00	P D42	0000
P D19	0B0B	P D43	0000
P D20	0B00	P D44	3A00
P D21	2323	P D45	0000
P D22	2623	P D46	3B00
P D23	0004	P D47	0000
P D24	0000	P D48	0000

P E01~E64

P E01	0000	P E33	0000
P E02	0000	P E34	1
P E03	0003	P E35	1
P E04	1	P E36	0.0
P E05	1	P E37	0.00
P E06	400	P E38	0.00
P E07	100	P E39	20
P E08	10	P E40	0000
P E09	0000	P E41	0000
P E10	0000	P E42	0
P E11	0000	P E43	0.0
P E12	0000	P E44	0
P E13	0000	P E45	0
P E14	0111	P E46	0
P E15	20	P E47	0
P E16	0000	P E48	0000
P E17	0000	P E49	0
P E18	0000	P E50	0
P E19	0000	P E51	0000
P E20	0000	P E52	0000
P E21	0000	P E53	0000
P E22	0000	P E54	0000
P E23	0000	P E55	0000
P E24	0000	P E56	0000
P E25	0000	P E57	0000
P E26	0000	P E58	0000
P E27	0000	P E59	0000
P E28	0000	P E60	0000
P E29	0000	P E61	0.00
P E30	0000	P E62	0.00
P E31	0000	P E63	0.00
P E32	0000	P E64	0.00

P F01~F48

P F01	0000	P F25	200
P F02	0000	P F26	0
P F03	0000	P F27	0
P F04	0	P F28	0
P F05	0	P F29	0000
P F06	0000	P F30	0
P F07	1	P F31	0
P F08	1	P F32	50
P F09	0000	P F33	0000
P F10	0000	P F34	0000
P F11	0000	P F35	0000
P F12	10000	P F36	0000
P F13	100	P F37	0000
P F14	100	P F38	0000
P F15	2000	P F39	0000
P F16	0000	P F40	0000
P F17	10	P F41	0000
P F18	0000	P F42	0000
P F19	0000	P F43	0
P F20	0000	P F44	0
P F21	0	P F45	0000
P F22	200	P F46	0000
P F23	50	P F47	0000
P F24	0000	P F48	0000

Project No.28 서보앰프에서 상하로 수동 작동하기

⊙ **학습목표** 1. 서보앰프의 모드 버튼을 조작하여 모터의 작동상태를 수동(JOG)으로 테스트할 수 있다.
2. 서보앰프 파라미터입력 결과를 확인할 수 있다.

⊙ **동작조건** 서보앰프의 MODE, UP, DOWN, SET 버튼을 조작하여 축을 상하로 이동시킨다.

① 서보앰프 전원을 ON 시킨다.

② rd-on이 나올 때까지 **MODE**를 눌러준다.

③ rd-on이 나오면 TEST1이 나올 때까지 **UP**을 눌러준다.

④ TEST1이 나오면, **SET**를 d-01이 나올 때까지 2~3초 정도 눌러준다.

⑤ d-01이 나온 후 **UP & DOWN**을 누르면 서보모터가 상하로 움직인다.

⑥ TEST 운전이 끝나고 TEST1이 나올 때까지 **SET**를 2~3초 정도 눌러 TEST 운전을 종료한다(단, d-01에서 **SET**를 누를 것).

※ 테스트 완료 후 서보앰프 전원을 OFF/ON할 것

Project No.29 JOG 동작하기

◉ **학습목표** JOG 모드에 대해 이해할 수 있다.

◉ **동작조건** 원점 복귀 버튼을 조작하면 원점으로 복귀한 후 상향 버튼을 누르는 동안은 위로, 하향 버튼을 누르는 동안은 아래로 동작한다.

스위치를 조작하고 있는 동안만 1:1로 대응하여 작동하는 동작의 경우를 말하며, JOG라는 용어를 사용한다. 프로그램 작성 방법은 TO(P) 명령을 사용하는 방법과 위치 결정 모듈 디바이스 메모리를 사용하는 방법 2가지가 있다.

1 TO(P) 명령을 사용하는 방법

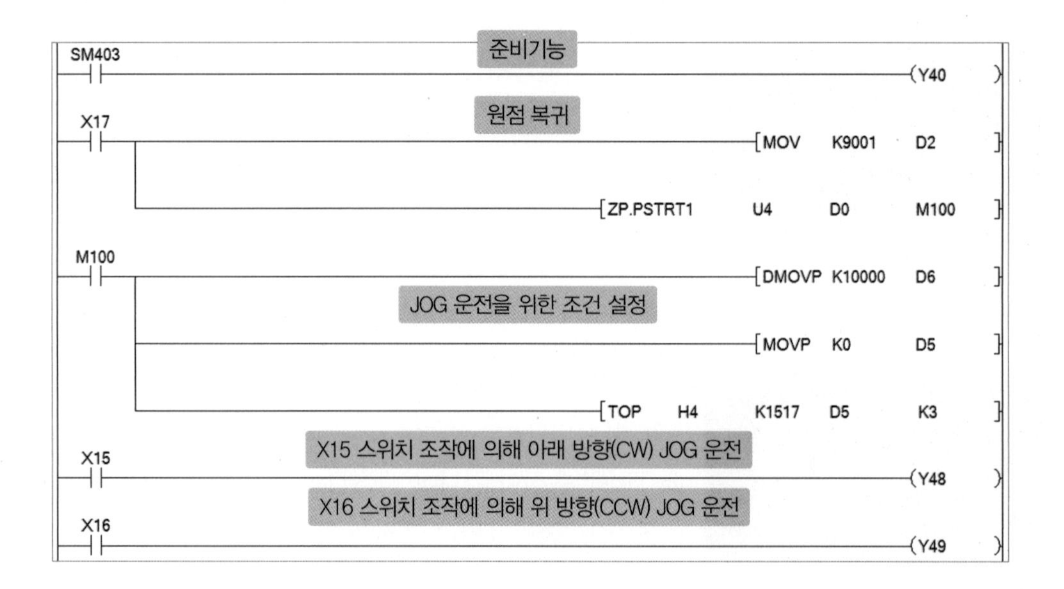

준비기능
SM403
Y40

특수릴레이 SM403에 의해 1 scan OFF 후 상시 ON 상태로 Y40에 신호를 준다. SM400을 사용하지 않고 SM403을 사용하는 이유는 처음 시작할 때 OFF-ON 신호가 들어오면 초기에 Y40에서 파라미터 등을 읽어오기 때문이다. Y40은 PLC READY 기능으로 항상 준비되어 있어야 프로그램 실행이 가능하다.

번 호	명 칭	내 용	자세한 내용
SM400	항상 ON	ON ─── OFF	• 항상 ON한다.
SM401	항상 OFF	ON OFF ───	• 항상 OFF한다.
SM402	RUN 후 1스캔만 ON	ON 1스캔만 OFF	• RUN 후 1스캔만 ON한다. • 이 접점은 스캔 프로그램에서만 사용 가능하다.
SM403	RUN 후 1스캔만 OFF	ON OFF 1스캔만	• RUN 후 1스캔만 OFF한다. • 이 접점은 스캔 프로그램에서만 사용 가능하다.

※ Mitsubishi사의 Q대응 프로그래밍 매뉴얼(공통명령편) "부록 3 특수 릴레이 일람" 38쪽 참조

"Y0 : PLC 레디"에서 위치 결정 모듈이 3번 슬롯에 장착되어 선두 어드레스가 40이므로 "Y40"이 된다. 따라서 3번 슬롯에 장착된 QD75 모듈에서는 Y40에 출력신호가 없으면 준비(READY)가 되지 않은 것으로 인식하여 프로그램이 실행되지 않는다.

디바이스 No.	신호 명칭		내 용
Y0	PLC 레디	OFF : PLC 레디 OFF ON : PLC 레디 ON	1. PLC CPU가 정상 상태인 것을 QD75에 알리는 신호 ① 시퀀스 프로그램에 의해 ON/OFF한다. ② 주변 기기의 테스트 모드 시 이외는 위치 결정 제어, 원점 복귀 제어, JOG 운전, 인칭 운전, 수동 펄스발생기 운전 시 PLC 레디 신호를 ON한다. 2. 데이터(파라미터 등)를 변경하는 경우 항목에 따라 PLC 레디 신호를 OFF한다. 3. PLC 레디 신호의 OFF→ON 시는 다음의 처리를 한다. ① 파라미터의 설정 범위를 체크한다. ② QD75 준비 완료 신호[X0]를 ON한다. 4. PLC 레디 신호의 ON→OFF 시는 다음의 처리를 한다. ① QD75 준비 완료 신호[X0]를 OFF한다. ② 운전 중인 축을 정지한다. ③ 각 축의 M코드 ON 신호 [X4~ X7]를 OFF하고, "Ml. 25 유효 M코드"에 "0"을 저장한다. 5. 주변 기기, PLC CPU에서 파라미터, 위치 결정 데이터(NO.1~600)의 플래시 ROM 쓰기를 실행하는 경우 PLC 레디를 OFF한다.

※ Mitsubishi사의 QD75P_QD75D형 위치 결정 모듈 사용자 매뉴얼(상세편) "제3장 사양 · 기능 – 3.3 PLC CPU와의 입출력 신호 사양" 3-14쪽 참조

신호 방향 : QD75→PLC CPU			신호 방향 : PLC CPU→QD75		
디바이스 No.	신호 명칭		디바이스 No.	신호 명칭	
X0	QD75 준비 완료		Y0	PLC 레디	
X1	동기용 플래그		Y1	사용 금지	
X2	사용 금지		Y2		
X3			Y3		
X4	축 1	M코드 ON	Y4	축 1	축 정지
X5	축 2		Y5	축 2	
X6	축 3		Y6	축 3	
X7	축 4		Y7	축 4	
X8	축 1	에러 검출	Y8	축 1	정회전 JOG 기동
X9	축 2		Y9	축 1	역회전 JOG 기동
XA	축 3		YA	축 2	정회전 JOG 기동
XB	축 4		YB	축 2	역회전 JOG 기동
XC	축 1	BUSY	YC	축 3	정회전 JOG 기동
XD	축 2		YD	축 3	역회전 JOG 기동
XE	축 3		YE	축 4	정회전 JOG 기동
XF	축 4		YF	축 4	역회전 JOG 기동
X10	축 1	기동 완료	Y10	축 1	위치 결정 기동
X11	축 2		Y11	축 2	
X12	축 3		Y12	축 3	
X13	축 4		Y13	축 4	
X14	축 1	위치 결정 완료	Y14	축 1	실행 금지 플래그
X15	축 2		Y15	축 2	
X16	축 3		Y16	축 3	
X17	축 4		Y17	축 4	

X18	사용 금지	Y18	사용 금지
X19		Y19	
X1A		Y1A	
X1B		Y1B	
X1C		Y1C	
X1D		Y1D	
X1E		Y1E	
X1F		Y1F	

※ Mitsubishi사의 QD75P_QD75D형 위치 결정 모듈 사용자 매뉴얼(상세편) "6.2 사용하는 디바이스 일람" 6-4쪽 참조

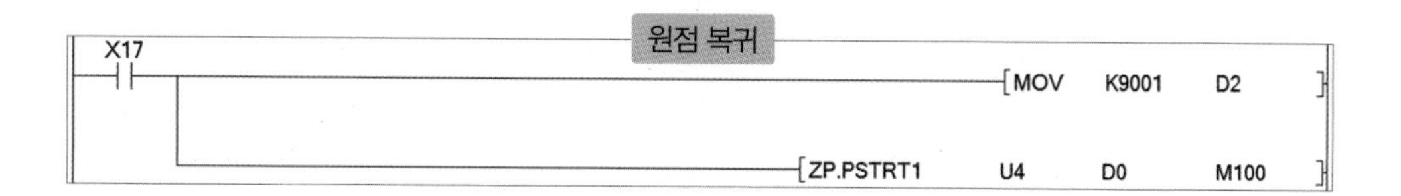

X17 스위치의 입력신호에 의해 ZP.PSTRT1의 D2에 9001을 지정하면 기계 원점 복귀를 한다(Project No. 26 참조).

디바이스	항 목	설정 데이터	설정 범위	세트측
(S)+0	시스템 영역	-	-	-
(S)+1	완료 스테이터스	완료 시 상태가 저장된다. • 0 : 정상 종료 • 0 이외 : 이상 완료(에러 코드)	-	시스템
(S)+2	기동 번호	PSTRT□ 명령으로 기동하는 아래의 데이터 No.를 지정한다. • 위치 결정 데이터 No. : 1~600 • 블록 기동 : 7000~7004 • 기계원점 복귀 : 9001 • 고속원점 복귀 : 9002 • 현재값 변경 : 9003 • 복수축 동시 기동 : 9004	1~600 7000~7004 9000~9004	사용자

```
M100
─┤├─┬──────────────────────────[DMOVP  K10000  D6  ]
    │
    ├──────────────────────────[MOVP   K0      D5  ]
    │
    └──────────────[TOP  H4   K1517  D5   K3  ]
```

① 원점 복귀를 완료하면 1 scan ON하는 M100 신호에 따라 TO 명령에 의해 버퍼메모리 1517에 인칭 이동량 0을 설정하면 JOG 기동을 한다.

② 이때 D5에 1517 어드레스가 할당되었으므로 DMOVE D6에 의해 1518, 1519에 정수 K10000이 설정된다.

③ 매뉴얼에서 알 수 있듯이 버퍼메모리 1518, 1519는 JOG 속도를 설정하는 곳이다.

Mitsubishi사의 Q대응 프로그래밍 매뉴얼(공통명령편) "7.8.2 인텔리전트 기능 모듈/특수 기능 모듈로의 1워드, 2워드 데이터 쓰기(TO(P), DTO(P))" 7-122쪽 참조

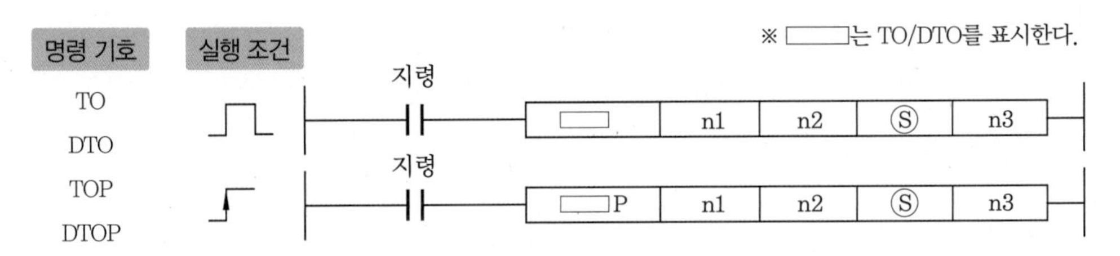

설정 데이터

설정 데이터	내 용	데이터형
n1	인텔리전트 기능 모듈/특수 모듈의 선두 입출력 번호	BIN16비트
n2	데이터를 쓰기 위한 선두 어드레스	
Ⓢ	쓰기 데이터를 저장하는 디바이스의 선두 번호	BIN16/32비트
n3	쓰기 데이터 수 • TOP(P) : 1~6144 • DTO(P) : 1~3072(A/QnA만)	BIN 16비트

설정 항목		설정값	설정 내용	버퍼메모리 어드레스			
				축 1	축 2	축 3	축 4
Cd. 16	인칭 이동량	0	0을 설정한다.	1517	1617	1717	1817
Cd. 17	JOG 속도	10000	설정값에는 "Pr. 7 기동 시 바이어스 속도" 이상, "Pr. 31 JOG 속도 제한값" 이하의 값을 설정한다.	1518 1519	1618 1619	1718 1719	1818 1819

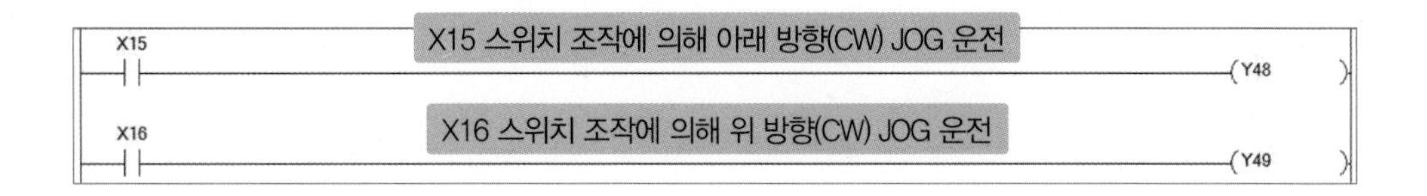

아래 표에서 보는 바와 같이 디바이스 1축 Y8(선두 어드레스 40이므로 Y48)은 정회전 JOG 기동 신호, Y9(선두 어드레스 40이므로 Y49)는 역회전 JOG 기동신호이기 때문에 X15 스위치를 조작하면 정회전 JOG 기동, X16 스위치를 조작하면 역회전 JOG 기동을 하게 된다.

QD75의 입출력, 외부 입력, 외부 출력, 내부 릴레이

디바이스 명칭		디바이스				용 도	ON 시의 내용
		축 1	축 2	축 3	축 4		
QD75의 입출력	입력	X0				QD75의 준비 완료 신호	준비 완료
		X1				동기용 플래그	QD75 버퍼메모리 액세스 기능
		X4	X5	X6	X7	M코드 ON 신호	M코드 출력 중
		X8	X9	XA	XB	에러 검출 신호	에러 검출
		XC	XD	XE	XF	BUSY 신호	BUSY(운전 중)
		X10	X11	X12	X13	기동 완료 신호	기동 완료
		X14	X15	X16	X17	위치 결정 완료 신호	위치 결정 완료
	출력	Y0				PLC 레디 신호	PLC CPU 준비 완료
		Y4	Y5	Y6	Y7	축 정지 신호	정지 요구 중
		Y8	YA	YC	YE	정회전 JOG 기동 신호	정회전 JOG 기동 중
		Y9	YB	YD	YF	역회전 JOG 기동 신호	역회전 JOG 기동 중
		Y10	Y11	Y12	Y13	위치 결정 기동 신호	기동 요구 중

2 위치 결정 모듈 디바이스 메모리 명령을 사용하는 방법

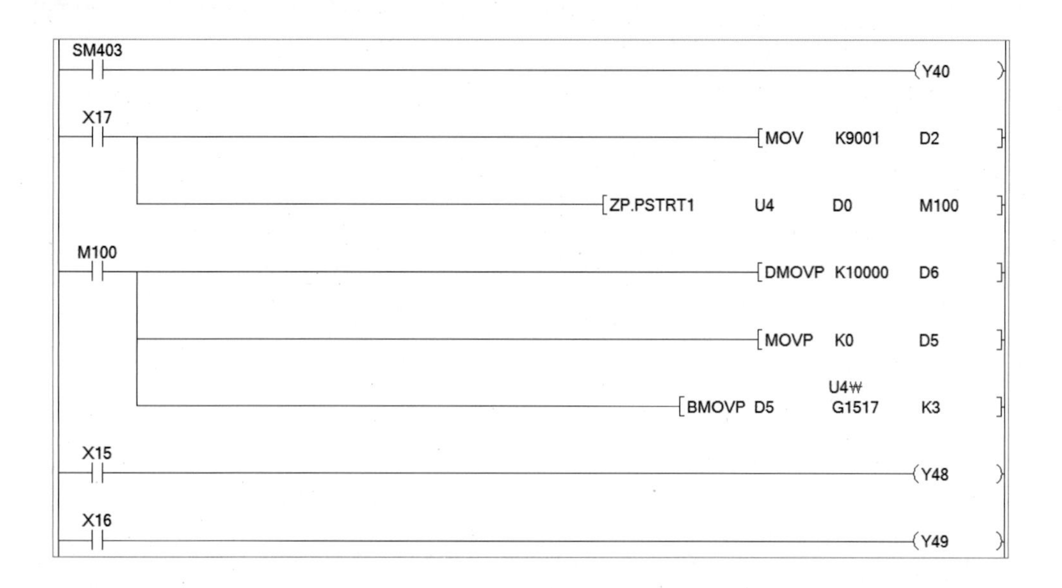

① 특수릴레이 SM403에 의해 1 scan OFF 후 상시 ON 상태로 Y40에 신호를 주어 PLC READY

② X17 스위치 조작에 의해 기계원점 복귀

③ 원점 복귀를 완료하면 1 scan ON하는 M100 신호에 따라 D5에 0을, D6과 D7에 10000을 입력

④ BMOVP에 의해 D5부터 3개(K3에 의해) D5, D6, D7에, 즉 D5에 0을, D6과 D7에 10000을 블록 데이터 이동

⑤ U4₩G1517부터 K3을 지정함에 따라 G1517에 D0, 즉 K0값을, G1518과 G1519에 K10000값을 할당하여 G1518, G1519의 K10000값 속도로 JOG 기동

⑥ X15, X16 스위치 조작에 의해 디바이스 1축 Y8(선두 어드레스 40이므로 Y48)에 의해 정회전 JOG 기동, Y9(선두 어드레스 40이므로 Y49)에 의해 역회전 JOG 기동

Project No.30

위치 지정하기

⊙ **학습목표** 서보모터에 의해 작동하는 축의 위치를 지정하여 필요한 지점으로 이동시킬 수 있다.

⊙ **동작조건** 원점 복귀 후 각각의 스위치 조작에 의해 2개의 위치를 지정한 다음 다른 2개의 스위치에 의해 지정된 위치로 각각 이동한다.

위치 결정 모듈에 위치를 지정하는 방법은 3가지가 있다.

1 인텔리전트기능 모듈의 1축_위치_결정_데이터에 직접 지정하는 방법

GX Works2의 왼쪽 창에서 **인텔리전트 기능 모듈 - 0040:QD75P1N - 축1_위치_결정_데이터**를 선택하여 창을 연다.

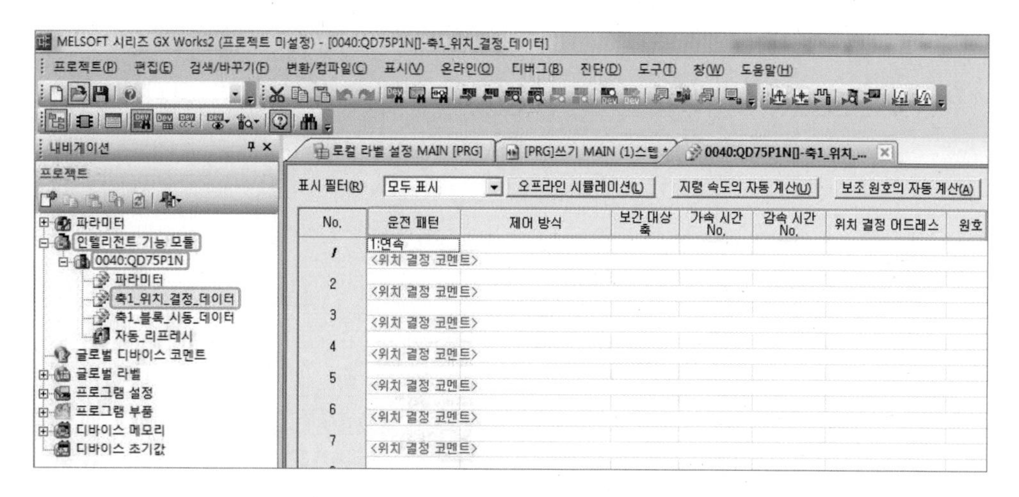

① 운전 패턴 설정

(가) **0:종료** : 지정된 No. 위치로 이동 후 정지

(나) **1:연속** : 지정된 No. 위치로 이동 후 PLC에서 지정하지 않아도 다음 No. 위치로 계속 진행

(다) **2:괘적** : 여기에서는 1축 제어이므로 해당하지 않음

② 제어 방식 설정(여기서는 01h 절대치 값을 사용하기로 함)

(가) **01h** : 절대치 값으로 직선동작 - 위치 결정 어드레스 값을 원점에서부터 계산(CAD의 절대좌표 값과 같은 의미)

(나) **02h** : 증분치 값으로 직선동작 - 위치 결정 어드레스 값을 현 위치에서부터 계산

③ **위치 결정 어드레스 설정** : 원점에서부터 현재 위치까지 이동하기 위한 Pulse 신호 개수. Pulse 수에 따라서 모터가 회전하기 때문이며 PULSE 개수 값을 알기 위해서는 수동으로(JOG라고 함) 원점에서 시작하여 원하는 위치까지 이동 후 나타난 Pulse 신호 개수 값을 읽는다.

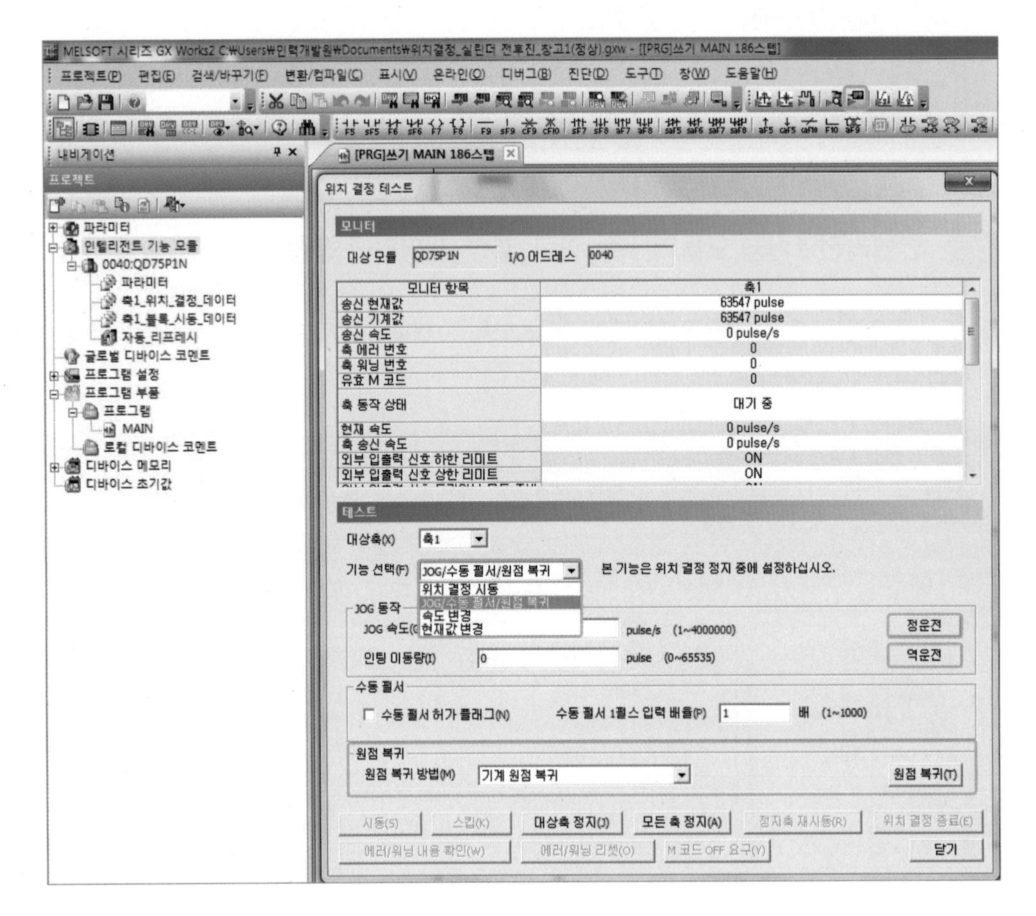

① 우측 상단의 **모듈 테스트** 아이콘( )을 클릭하여 수동조작 환경 화면을 Open한다.

② 먼저 원점 복귀를 해줘야 한다. 원점을 기준으로 몇 Pulse 이동했느냐를 따지기 때문이다. 원점 복귀를 하지 않을 경우 현재 위치를 원점으로 인식한다. **기능 선택(F)** 항목에서 **JOG/수동 펄서/원점 복귀**를 선택하고, **원점 복귀** 항목에서 **기계 원점 복귀 – 원점 복귀**를 선택한다.

③ 원하는 위치로 이동하여 Pulse 읽기 : **기능 선택** 항목에서 **JOG/수동 펄서/원점 복귀** 선택을 유지한 상태에서 **정운전**과 **역운전**을 마우스로 선택하여 이동시킨 후 모니터 항목에서 송신값을 읽는다. 이때 JOG 속도를 10000 pulse/s 정도로 설정하고 필요에 따라 수정한다.

④ 읽은 **송신 현재값**을 원하는 No.의 **위치 결정 어드레스** 항목에 입력한다. 같은 방법으로 No.1, No.2, No.3, No.4…의 **위치 결정 어드레스** 항목에 입력한다.

⑤ 컴퓨터(GX Works2)에서 작성한 위치 결정 데이터를 PLC로 전송한다.

2 특수 레지스터의 인텔리전트 명령어를 사용하는 방법(U4₩Gxxxx)

```
SM403
─┤├─┬──────────────────────────────(Y40      )
    └──────────────────[DMOV  U4₩G800   D100  ]
X0
─┤├─┬──────────────────[MOVP  K9001    D12   ]
    └──────[ZP.PSTRT1  "u4"   D10      M100  ]
X1
─┤├─┬──────────────────[MOV   K0       U4₩G1517 ]
    ├──────────────────[DMOV  K10000   U4₩G1518 ]
    └──────────────────────────────(Y48      )
X2
─┤├─┬──────────────────[MOV   K0       U4₩G1517 ]
    ├──────────────────[DMOV  K10000   U4₩G1518 ]
    └──────────────────────────────(Y49      )
X3
─┤├────────────────────[DMOVP D100     U4₩G2006 ]
X4
─┤├────────────────────[DMOVP D100     U4₩G2016 ]
X5
─┤├─┬──────────────────[MOVP  K1       D32   ]
    └──────[ZP.PSTRT1  "u4"   D30      M300  ]
X6
─┤├─┬──────────────────[MOVP  K2       D42   ]
    └──────[ZP.PSTRT1  "u4"   D40      M400  ]
───────────────────────────────────[END      ]
```

```
SM403
─┤├─┬──────────────────────────────(Y40      )
    └──────────────────[DMOV  U4₩G800   D100  ]
```

① 특수 릴레이 SM403에 의해 PLC READY(Y40)

② 다음 표에서 보는 바와 같이 버퍼메모리 800은 이송 현재값을 나타내므로 항상 실시간으로 이송 현재값(U4₩800)을 D100에 저장한다.

버퍼메모리 어드레스				
축 1	축 2	축 3	축 4	
800	900	1000	1100	Md. 20 이송 현재값
801	901	1001	1101	
802	902	1002	1102	Md. 21 이송 기계값
803	903	1003	1103	

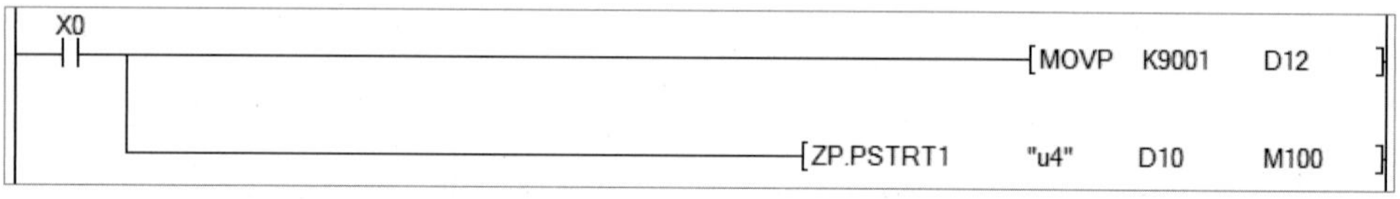

```
X0
─┤├──┬──────────────────[MOVP   K9001    D12    ]
     └──────────[ZP.PSTRT1  "u4"   D10     M100   ]
```

X0 스위치에 의해 원점 복귀를 실행한다.

```
X1                                            U4₩
─┤├──┬──────────────────[MOV    K0       G1517  ]
     │                                        U4₩
     ├──────────────────[DMOV   K10000   G1518  ]
     └──────────────────────────────────(Y48    )
```

X1 스위치에 의해 JOG(U4₩G1517을 K0으로) 모드로 설정하고 속도를 10000(U4₩G1518 K10000)으로 설정한 다음 JOG 정회전(Y48)을 작동한다.

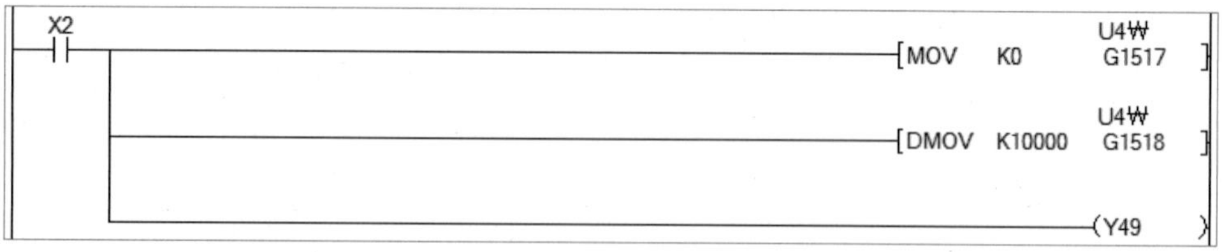

```
X2                                            U4₩
─┤├──┬──────────────────[MOV    K0       G1517  ]
     │                                        U4₩
     ├──────────────────[DMOV   K10000   G1518  ]
     └──────────────────────────────────(Y49    )
```

X2 스위치에 의해 JOG(U4₩G1517을 K0으로) 모드로 설정하고 속도를 10000(U4₩G1518 K10000)으로 설정한 다음 JOG 역회전(Y49)을 작동한다.

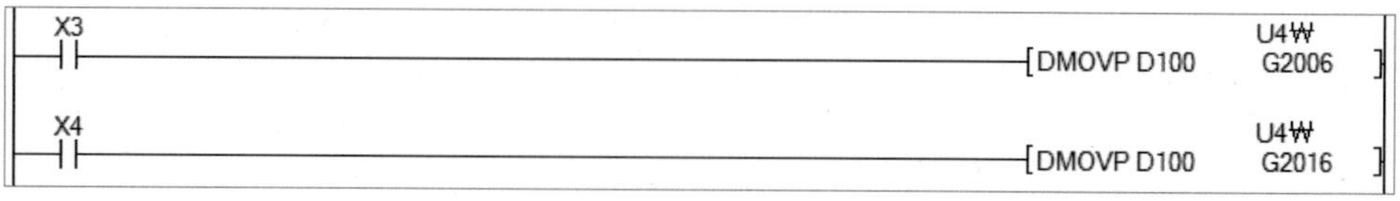

```
X3                                            U4₩
─┤├─────────────────────[DMOVP D100      G2006  ]
X4                                            U4₩
─┤├─────────────────────[DMOVP D100      G2016  ]
```

① X3 스위치에 의해 "1번" 위치인 위치 결정 어드레스(2006, 2007)에 이송 현재값(D100)을 등록

② X1, X2 스위치를 조작하여 JOG 모드로 위치를 변경한 다음

③ X4 스위치에 의해 "2번" 위치인 위치 결정 어드레스(2016, 2017)에 이송 현재값(D100)을 등록

데이터 No.	위치 결정 식별자	M코드	드웰 타임	지령 속도		위치 결정 어드레스		원호 데이터	
				하위	상위	하위	상위	하위	상위
1	2000	2001	2002	2004	2005	2006	2007	2008	2009
2	2010	2011	2012	2014	2015	2016	2017	2018	2019
3	2020	2021	2022	2024	2025	2026	2027	2028	2029
4	2030	2031	2032	2034	2035	2036	2037	2038	2039
5	2040	2041	2042	2044	2045	2046	2047	2048	2049
6	2050	2051	2052	2054	2055	2056	2057	2058	2059

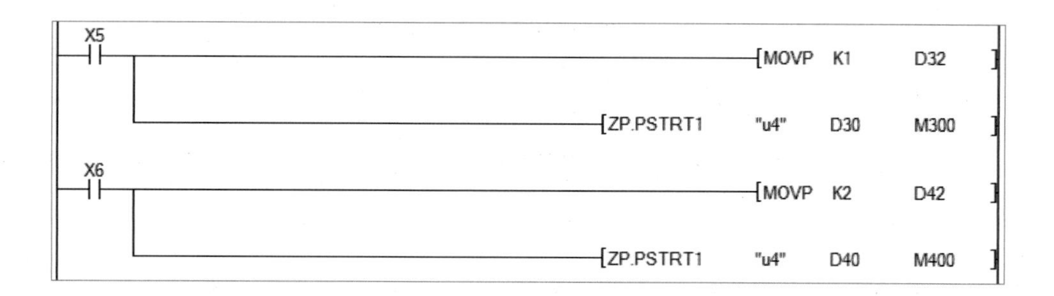

① X5 스위치를 조작하면 [ZP.PSRT1]과 K1에 의해 1번 등록 위치로 이동

② X6 스위치를 조작하면 [ZP.PSRT1]과 K2에 의해 2번 등록 위치로 이동하여 등록한 위치로 이동하는지 확인

3 전용 명령어를 사용하는 방법(ZP.TEACH1)

```
SM403
--| |----------------------------------------------(Y40 )
X0
--| |---------------------------------[MOVP K9001 D12 ]
      |
      +-------------------[ZP.PSTRT1 "u4" D10 M100 ]
X1
--| |---------------------------------[MOV K0 U4\G1517 ]
      |
      +-------------------------------[DMOV K10000 U4\G1518 ]
      |
      +--------------------------------------------(Y48 )
X2
--| |---------------------------------[MOV K0 U4\G1517 ]
      |
      +-------------------------------[DMOV K5000 U4\G1518 ]
      |
      +--------------------------------------------(Y49 )
X3
--| |---------------------------------[MOVP K1 D23 ]
      |
      +-------------------[ZP.TEACH1 "u4" D20 M200 ]
X4
--| |---------------------------------[MOVP K2 D33 ]
      |
      +-------------------[ZP.TEACH1 "u4" D30 M300 ]
X5
--| |---------------------------------[MOVP K1 D42 ]
      |
      +-------------------[ZP.PSTRT1 "u4" D40 M400 ]
X6
--| |---------------------------------[MOVP K2 D52 ]
      |
      +-------------------[ZP.PSTRT1 "u4" D50 M500 ]
---------------------------------------------------[END ]
```

```
SM403
--| |----------------------------------------------(Y40 )
X0
--| |---------------------------------[MOVP K9001 D12 ]
      |
      +-------------------[ZP.PSTRT1 "u4" D10 M100 ]
```

① 특수 릴레이 SM403에 의해 PLC READY

② X0 스위치에 의해 원점 복귀를 실행한다.

```
X1
─┤├─┬──────────────[MOV   K0      U4₩G1517 ]
    ├──────────────[DMOV  K10000  U4₩G1518 ]
    └──────────────(Y48                    )
X2
─┤├─┬──────────────[MOV   K0      U4₩G1517 ]
    ├──────────────[DMOV  K5000   U4₩G1518 ]
    └──────────────(Y49                    )
```

① X1 스위치 조작에 의해 JOG 모드로 동작(MOV K0 U4₩G1517)

속도는 10000(DMOV K10000 U4₩G1518)

정회전 동작(Y48)

② X2 스위치 조작에 의해 JOG 모드로 동작(MOV K0 U4₩G1517)

속도는 5000(DMOV K5000 U4₩G1518)

역회전 동작(Y49)

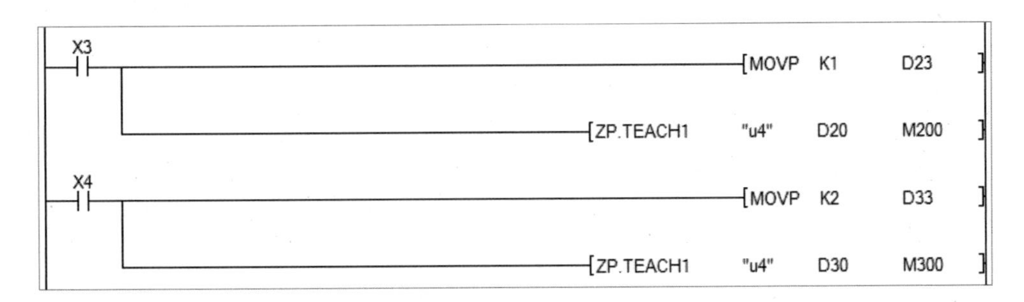

① X3 스위치 조작에 의해 1번(K1)에 현재 위치가 등록되고(ZP.TEACH1) 완료 후 M200에 Pulse 신호를 출력한다.

② X4 스위치 조작에 의해 2번(K2)에 현재 위치가 등록되고(ZP.TEACH1) 완료 후 M300에 Pulse 신호를 출력한다.

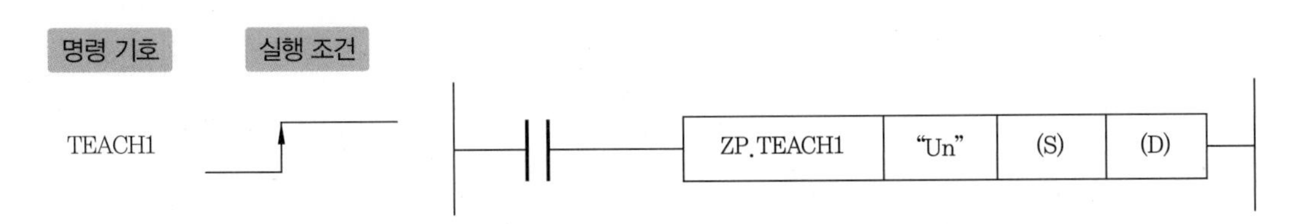

설정 데이터	설정 내용	세트측	데이터형
"Un"	QD75의 선두 입출력 번호 (00~FE : 입출력 번호를 3자리로 표현한 경우의 상위 2자리)	사용자	BIN16비트
(S)	컨트롤 데이터가 저장되어 있는 디바이스의 선두 번호	–	디바이스
(D)	명령 완료 시 1스캔 ON하는 비트 디바이스의 선두 번호. 이상 완료 시는 ((D)+1)도 ON한다.	시스템	비트

디바이스	항 목	설정 데이터	설정 범위	세트측
(S)+0	시스템 영역	–	–	–
(S)+1	완료 스테이터스	완료 시 상태가 저장된다. 0 : 정상 종료 0 이외 : 이상 완료(에러 코드)	–	시스템
(S)+2	터칭 데이터 선택	이송 현재값을 쓰는 어드레스(위치 결정 어드레스/원호 어드레스)를 설정한다. • 0 : 이송 현재값을 위치 결정 어드레스에 쓴다. • 1 : 이송 현재값을 원호 어드레스에 쓴다.	0, 1	사용자
(S)+3	위치 결정 데이터 No.	티칭을 실행하는 위치 결정 데이터 No.를 설정한다.	1~600	사용자

Note

D0 : 시스템 영역

D1 : 완료상태 표시(0이면 정상, 이상이면 에러코드)

D2 : 이송 현재값(0이면 직선 위치 결정, 1이면 원호, 초기값은 0이므로 따로 설정하지 않음)

D3 : 위치 결정 데이터 No에 설정 / 현재값을 1번에(K1) 또는 2번에(K2)

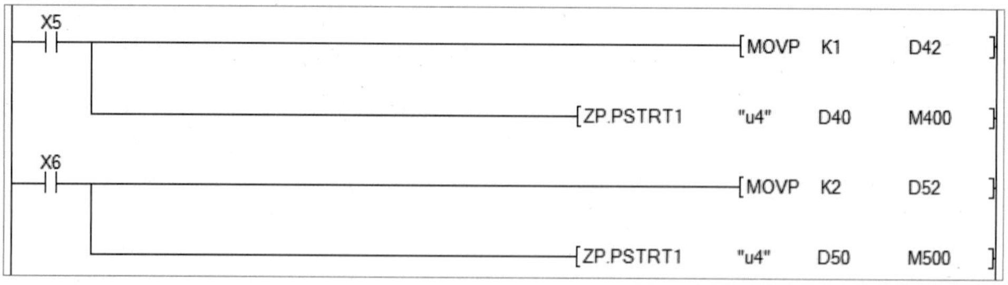

```
X5
─┤├──┬──────────────────────[MOVP   K1     D42   ]
     └──────────[ZP.PSTRT1  "u4"   D40    M400  ]
X6
─┤├──┬──────────────────────[MOVP   K2     D52   ]
     └──────────[ZP.PSTRT1  "u4"   D50    M500  ]
```

① X5 스위치 조작에 의해 이미 등록된 1번(K1) 위치로 이동하여 등록상태 확인, 완료 후 M400에 Pulse 신호 출력

② X6 스위치 조작에 의해 이미 등록된 2번(K2) 위치로 이동하여 등록상태 확인, 완료 후 M500에 Pulse 신호 출력

Part 3

터치스크린

제1장 HMI의 개요

1 정의

HMI란 사람과 기계 간의 접속장치(Human Machine Interface)로, 입력요소인 스위치, 센서, 컴퓨터의 키보드, 마우스 등과 출력요소 중 디스플레이 장치 등의 역할을 사람과 기계가 더욱 친숙하게 수행할 수 있도록 화면을 직접 접촉하여 작업하는 터치스크린을 말한다.

즉 기계를 동작시키기 위한 입출력장치를 보다 편리하게 만든 '사람과 기계의 접속장치'를 HMI라 한다.

2 터치스크린의 기능 및 응용 분야

(1) 기능

터치스크린은 복잡한 자동화장비의 기능을 그래픽으로 처리해주므로 사용자가 장비를 직접 눈으로 모니터링하고, 터치스크린을 통하여 장비를 실시간으로 조작하고 제어할 수 있다. 따라서 터치스크린은 스스로 제어하는 기능을 갖지 않고 PLC 등 제어장치에 연결하여 스위치 등 입력기능과 화면에 의한 시각적인 감시기능을 수행한다.

(2) 응용 분야

① FA(Factory Automation)의 스위치 조작(화면에서 직접 조작)

② 운전 지시 사항 전달이나 각종 운전 기기의 제어용

③ 감시 대상 및 장소의 모니터링, 백화점, 은행, 병원, 호텔 등 방제 시스템의 중앙 집중 제어시스템

④ 공공장소나 건물의 안내 시스템, 엘리베이터, 운송 수단에서의 안내, 광고 표시

⑤ 자동창고, 차고의 배송/출하 시스템, 무인 반송차, 문서와 펜이 필요 없는 전자 시험 및 교육 장비

3 터치스크린의 사용기종

이 교재에서는 수많은 종류의 터치스크린 중 M2I의 XTOP 제품, 미쓰비시의 GOT, 그리고 LS산전 제품에 대해 설명한다.

4 터치패널의 역할

터치패널의 역할은 PLC 등과 같은 제어장치에 연결하여 화면에서 직접 조작할 수 있는, 기계와 사람 간의 편리한 의사전달 기능이 첫 번째라고 할 수 있다. 그리고 화면에 스위치 모양을 그려 넣어 화면상 가상의 스위치를 조작할 수 있고 램프를 그려 넣어 램프가 켜지는 것과 같은 영상을 볼 수도 있다.

5 HMI의 구성

① 컴퓨터로 터치패널의 화면을 구성한 다음 터치패널에 업로드한다.

② 컴퓨터로 PLC 프로그램을 작성한 다음 PLC에 업로드한다.

③ PLC와 터치패널 간에 통신선으로 연결하여 스위치 역할과 모니터링 역할을 수행한다.

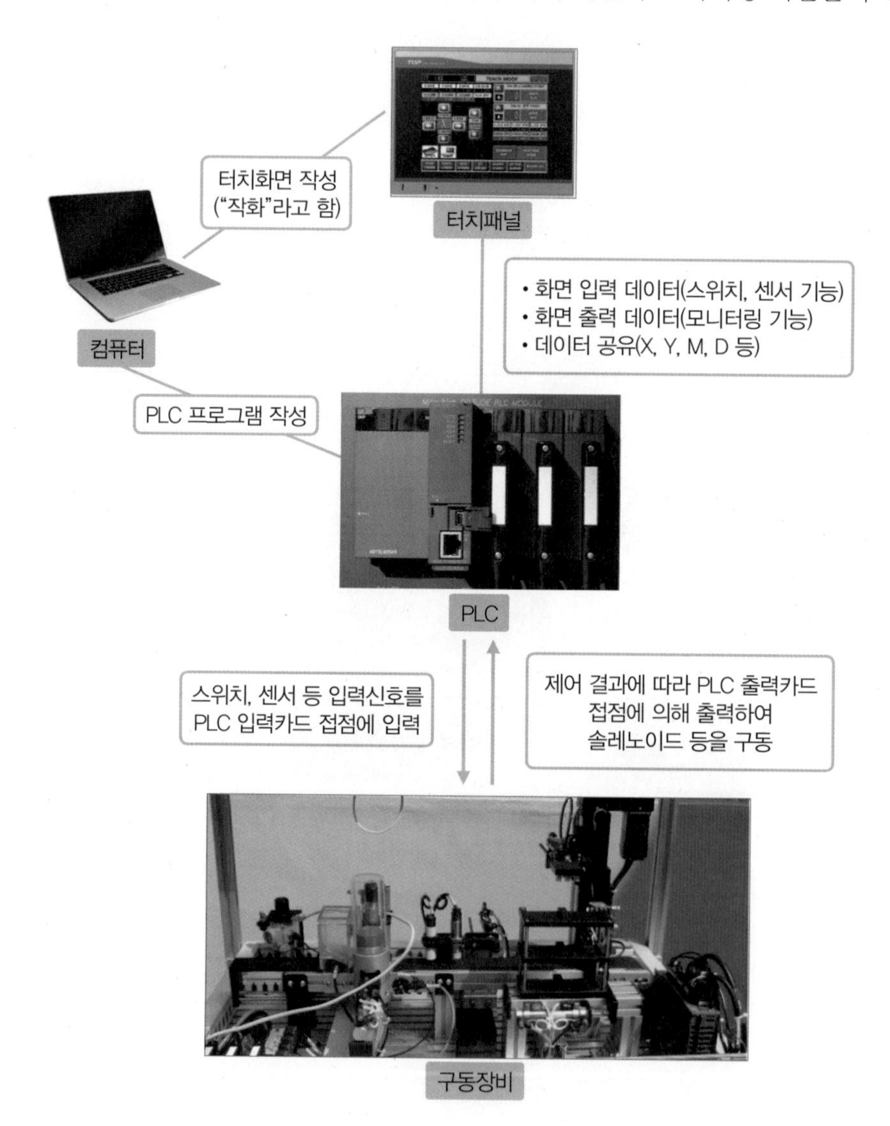

제2장 M2I의 XTOP 모델

1 전원 및 통신선 연결

XTOP10TW-UD-E 모델의 경우 전원은 DC 24 V를 공급하게 되어 있고 PLC 또는 컴퓨터와의 통신선 연결은 Ethernet, Serial COM1, COM2, USB 등으로 연결된다.

1-1 터치와 컴퓨터 연결하기

터치패널은 PLC의 스위치 버튼 역할을 하거나 램프 또는 FND 역할 등 입력과 출력장치 역할을 한다. 터치패널이 입출력장치 역할을 수행할 수 있도록 프로그램을 작성해 줘야 하는데 스스로 프로그램하는 기능이 없으므로 컴퓨터로 작성하여 입력(쓰기)해 줘야 한다.

(1) 케이블(USB 케이블) 연결

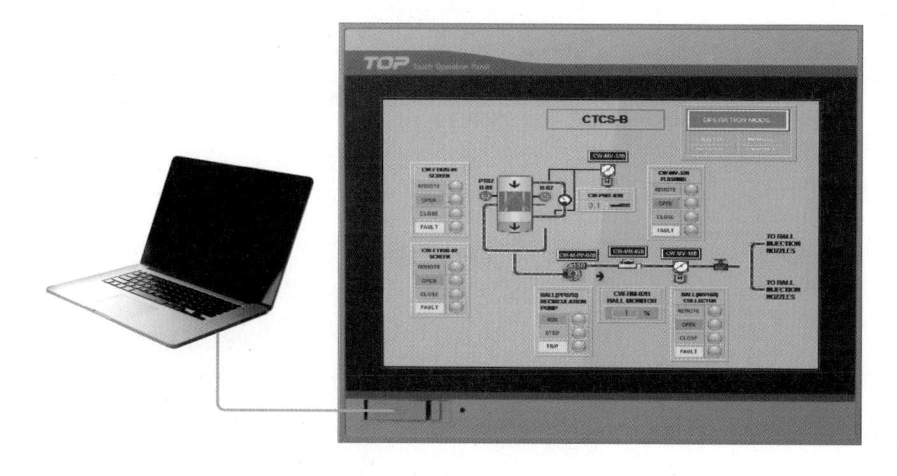

컴퓨터와 터치패널의 통신(연결)은 컴퓨터와 PLC의 경우와 같이 USB A-Mini5P 타입 케이블에 의해 연결되고 길이가 10 m 이상 길어질 경우 증폭기(리피터)를 설치해야 한다.

USB A-Mini5P 케이블 증폭기(리피터)

1-2 소프트웨어 설치하기

① 제조사 홈페이지(www.m2i.co.kr)를 방문하여 회원가입 후 로그인한다.

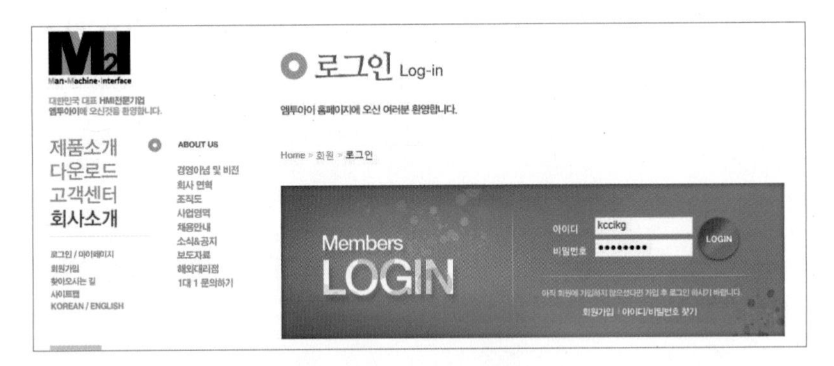

② 소프트웨어 다운로드 항목을 선택한다.

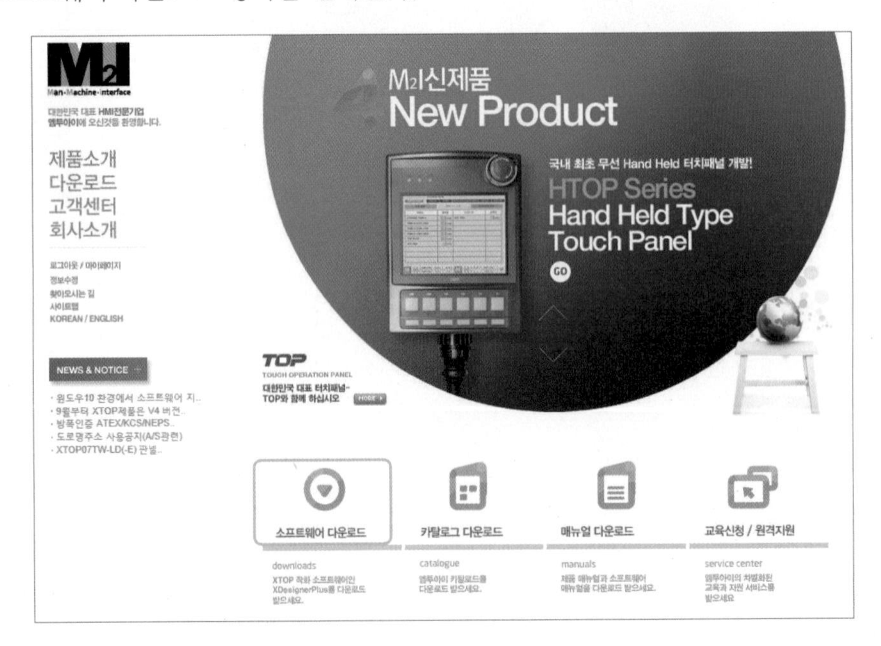

③ XDesignerPluse V4 최신버전 소프트웨어를 다운로드한다.

④ 다운로드받은 파일의 압축을 풀고 설치한다.

1-3 USB 드라이브 설치

컴퓨터와 터치패널 간의 통신을 위해서는 케이블만 연결한다고 되는 것이 아니고 알맞은 드라이버를 설치해야 한다. 윈도우에서 기본으로 제공하는 USB 드라이브에 일치하는 드라이브가 없기 때문에 장치관리자에서 확인해 보면 충돌이 발생하여 '알 수 없는 장치'로 표시된다. 따라서 작화한 터치 프로그램을 터치스크린 본체에 다운로드하기 위해서 맞는 USB 드라이브를 설치해야 한다. XDesignerPlus V2 이상의 버전에서는 프로그램을 설치하는 과정에서 자동으로 USB 드라이버가 설치되므로 별도의 작업이 필요치 않으나 하위 버전을 사용하는 경우 윈도우의 작업관리자를 점검 후 다음과 같은 작업을 수행해야 한다.

① 먼저 케이블을 연결한 후, 제조사 홈페이지를 방문하여 USB Driver를 다운로드한다.
② USB Driver Setup 파일을 클릭하여 설치를 시작한다.

③ Modify(수정)를 선택하고, Next를 클릭한다.

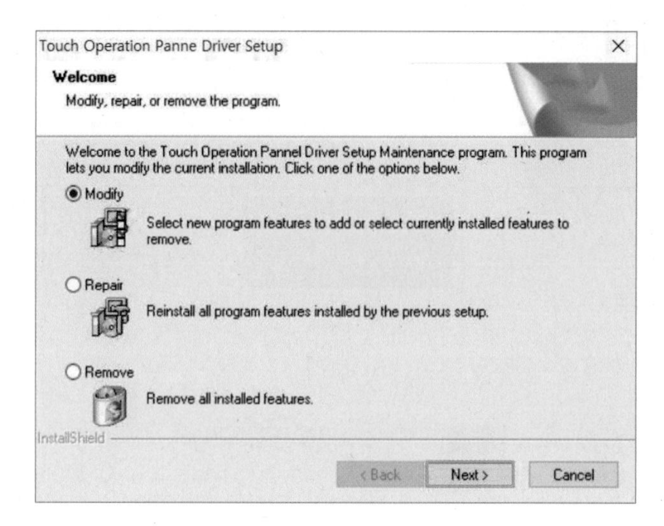

USB 드라이브 설치 설정

④ USB 드라이브를 설치한다.

⑤ USB 드라이브 설치가 모두 끝나면 Finish를 클릭하고 종료한다.

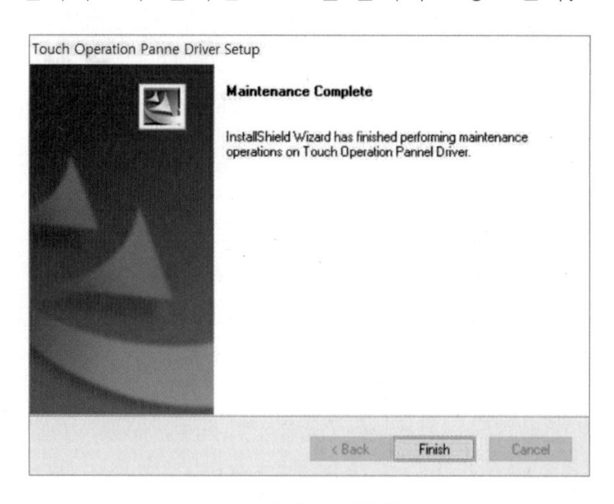

USB 드라이브 설치 완료

1-4 XDesignerPlus 설치 후 폴더에서 USB 드라이버 설치하기

프로그램 설치 후 USB 드라이버 설치가 완료되었는지 확인하기 위한 방법으로 터치패널과 PC를 USB 케이블로 연결한 후 작업을 진행해야 한다.

① PC의 윈도우상에서 **내 컴퓨터**의 **속성** – **장치관리자**를 클릭한다. 아래 그림과 같이 Touch Operation Panel이란 항목이 있으면 정상적으로 설치된 것이다.

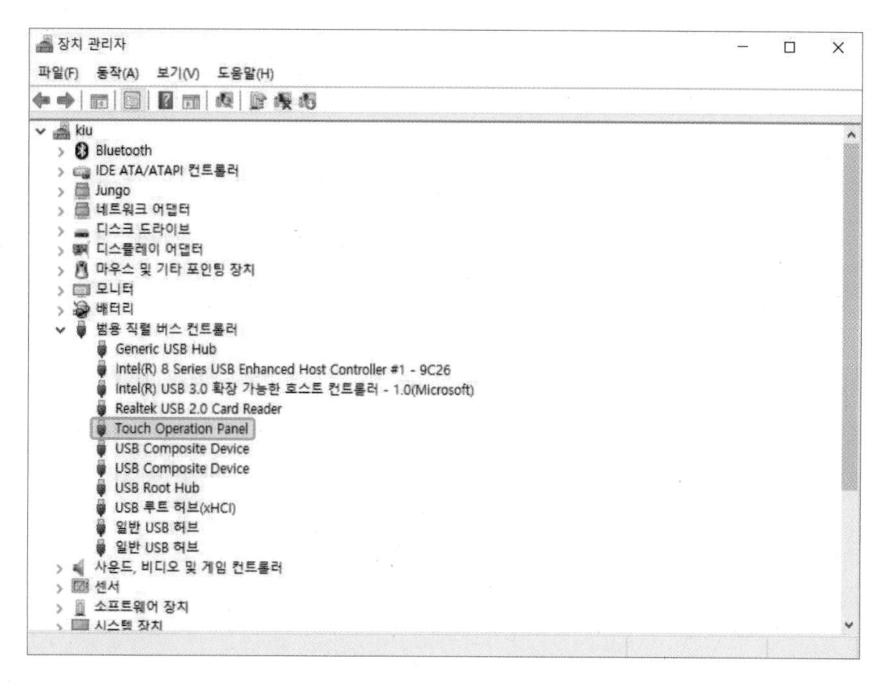

② 드라이버 설치가 잘못된 경우 드라이버 업데이트를 클릭하여 드라이버를 재설치해야 한다. 본체 HMI와 PC의 USB 연결을 분리했다가 다시 연결하고, 케이블 연결 후에도 느낌표 아이콘이 사라지지 않으면 드라이버 업데이트로 재설치한다.

③ **드라이버 업데이트**를 클릭 후 **컴퓨터에서 드라이브 소프트웨어 찾아보기**를 클릭하면, 아래와 같이 드라이브 소프트웨어를 검색할 수 있다.

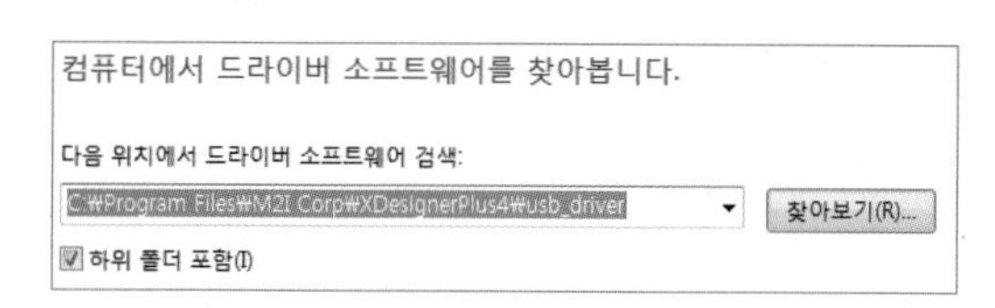

④ 드라이버 소프트웨어 검색에서 **찾아보기**를 클릭한 후 C:₩Program Files₩M2ICorp₩XDesignerPlus4₩usb_driver 경로에 따라 폴더를 클릭하고 **확인**을 클릭한다.

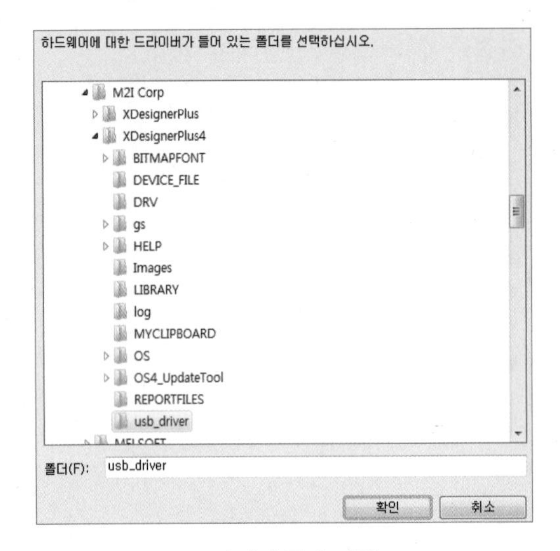

드라이버 폴더 검색

⑤ 드라이버 소프트웨어 검색 창에서 **다음**을 클릭하면 USB 드라이브 재설치가 완료된다.

2 XDesignerPlus4 실행하기

XDesignerPlus4 프로그램 설치가 정상적으로 완료되면 바탕화면에 XDesignerPlus4 아이콘이 생성되며, 윈도우의 **시작 - 모든 프로그램** - M2ICorp - XDesignerPlus4의 경로에도 XDesignerPlus4의 바로가기 아이콘 [XDesignerPlus4] 이 생성된다.

2-1 프로그램 언어 설정

프로그램 첫 실행 시 프로그램의 언어를 설정해야 하는데 사용자가 원하는 언어를 선택하면 프로그램 툴의 언어가 변환된다. 처음 설정 후에는 언어 설정 창이 활성화되지 않는다.

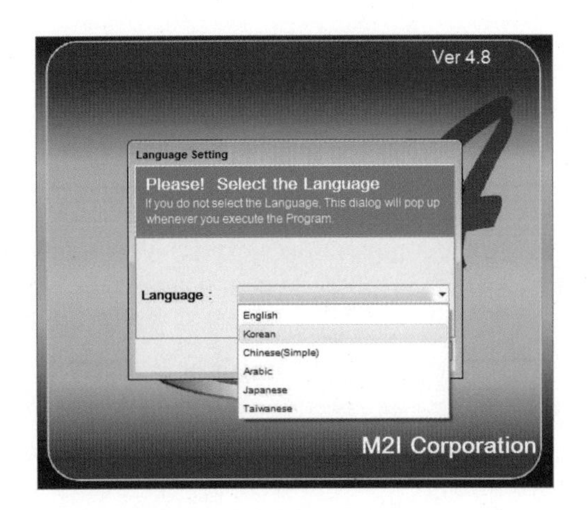

언어 설정

2-2 프로그램 실행

바탕화면의 아이콘을 더블클릭하거나, 윈도우 시작 메뉴에서 XDesignerPlus4 아이콘을 클릭하면 다음과 같이 XDesignerPlus4 프로그램이 실행된다.

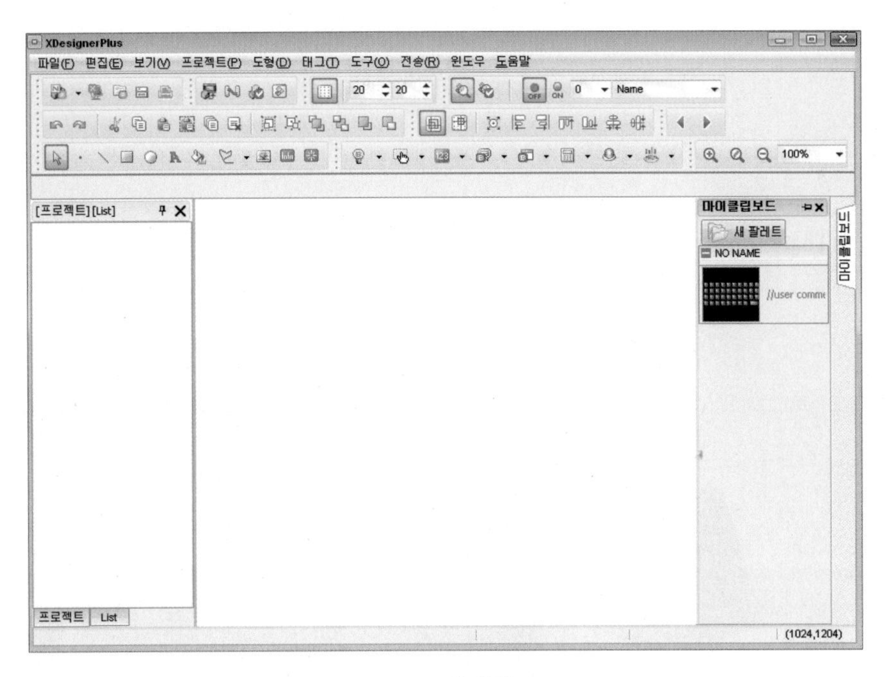

프로그램 실행

2-3 프로젝트 설정에서 언어 변경

언어를 설정한 후에는 새 프로젝트 실행 후 메뉴의 **보기 – Language**의 **언어 설정**에서 변경할 수 있다.

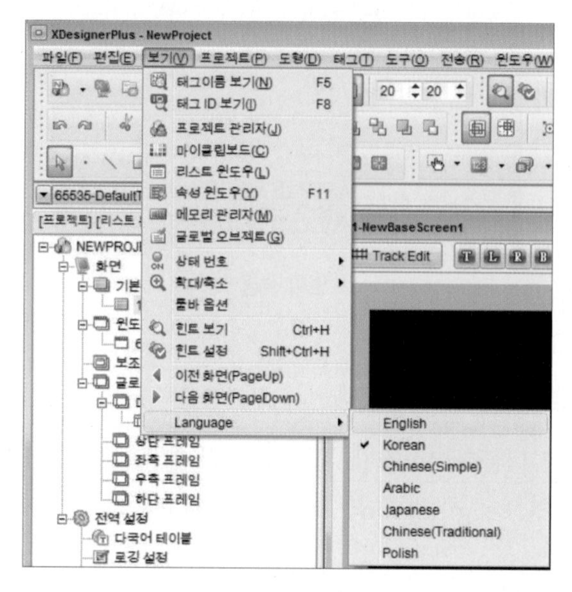

프로젝트 언어 변경

3 XDesignerPlus4 작화 후 터치패널에 전송하기

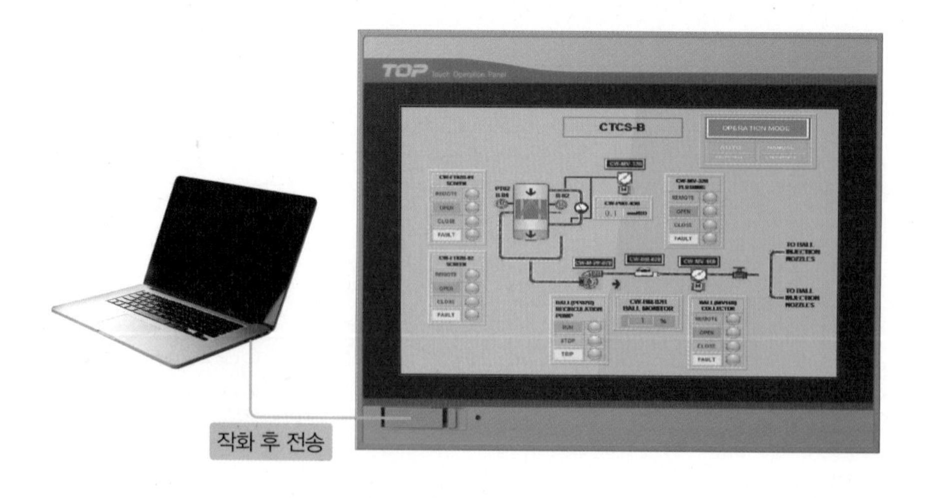

3-1 전송 테스트를 위한 간단한 작화

① **파일 – 새로 만들기 – 새 프로젝트**를 선택 후 사용하는 HMI/PLC Unit을 선택한다. 다음 전송 단계에서 변경이 가능하다.

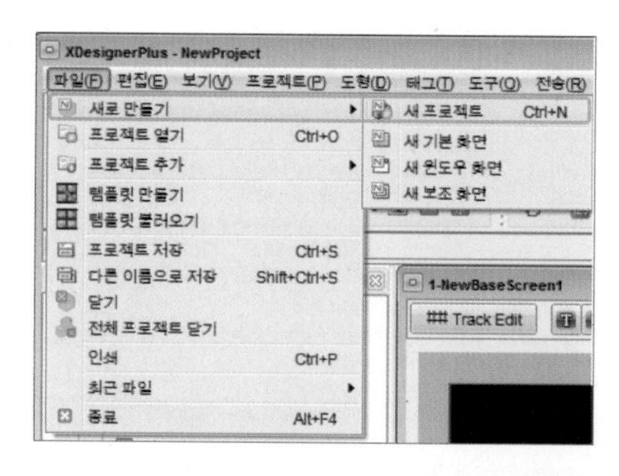

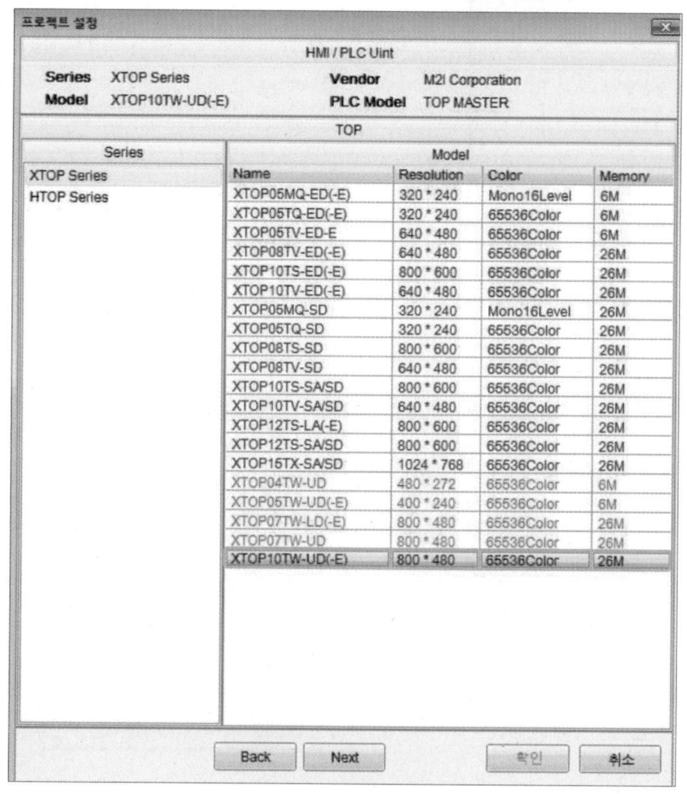

HMI : XTOP10TW–UD(–E) 선택

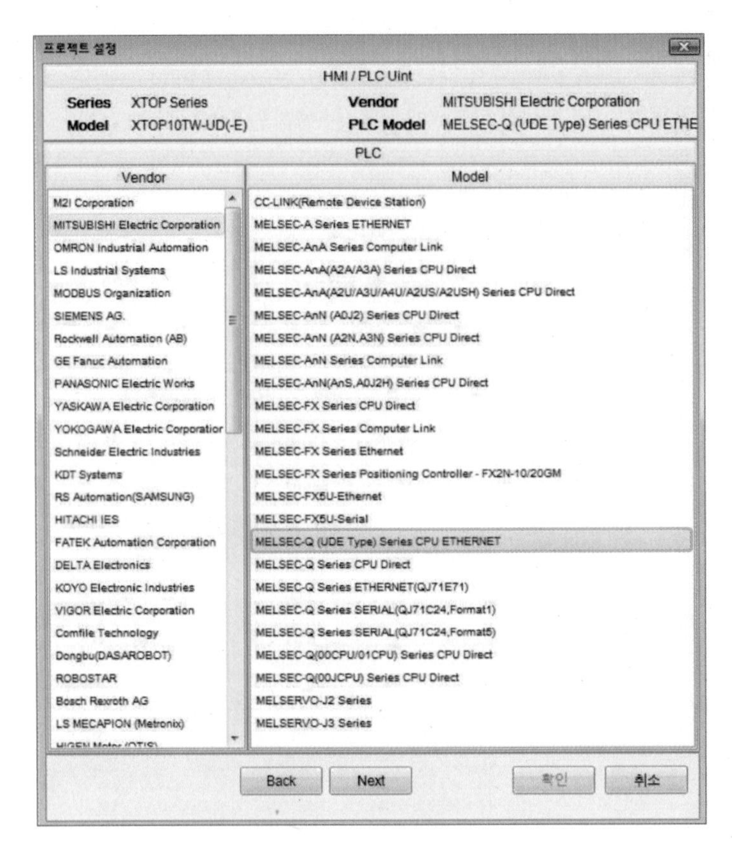

PLC : MELSEC-Q(UDE Type) Series CPU ETHERNET 선택

② **터치**를 선택하여 스위치 모양의 터치 아이콘을 만든다.

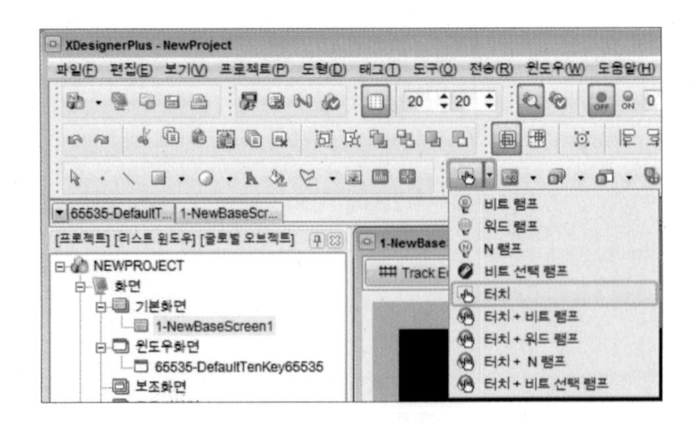

③ **터치** 항목을 선택한 후 작업창에 마우스 왼쪽 버튼을 누른 상태에서 드래그하여 아래 그림의 왼쪽 화면에서와 같은 사각형을 만든다(❶).

④ 만든 사각형을 마우스 왼쪽 버튼으로 더블클릭하고 Bitmap을 선택(❷)한 후 나무 모양 아이콘을 클릭한다(❸).

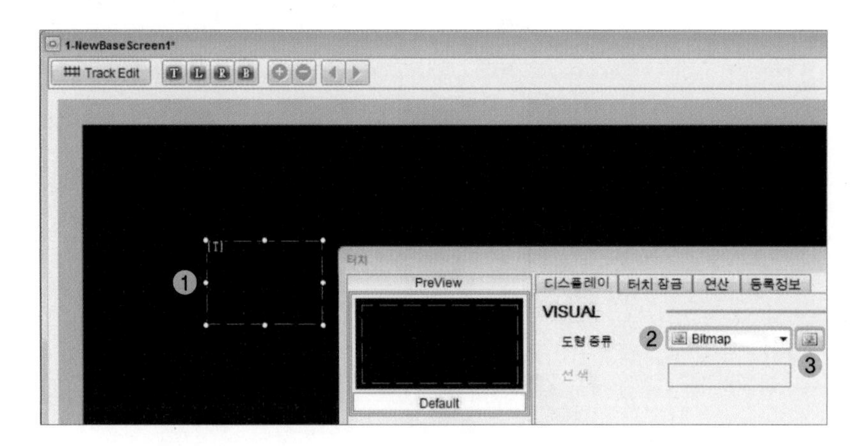

⑤ 버튼 모양을 선택할 수 있다.

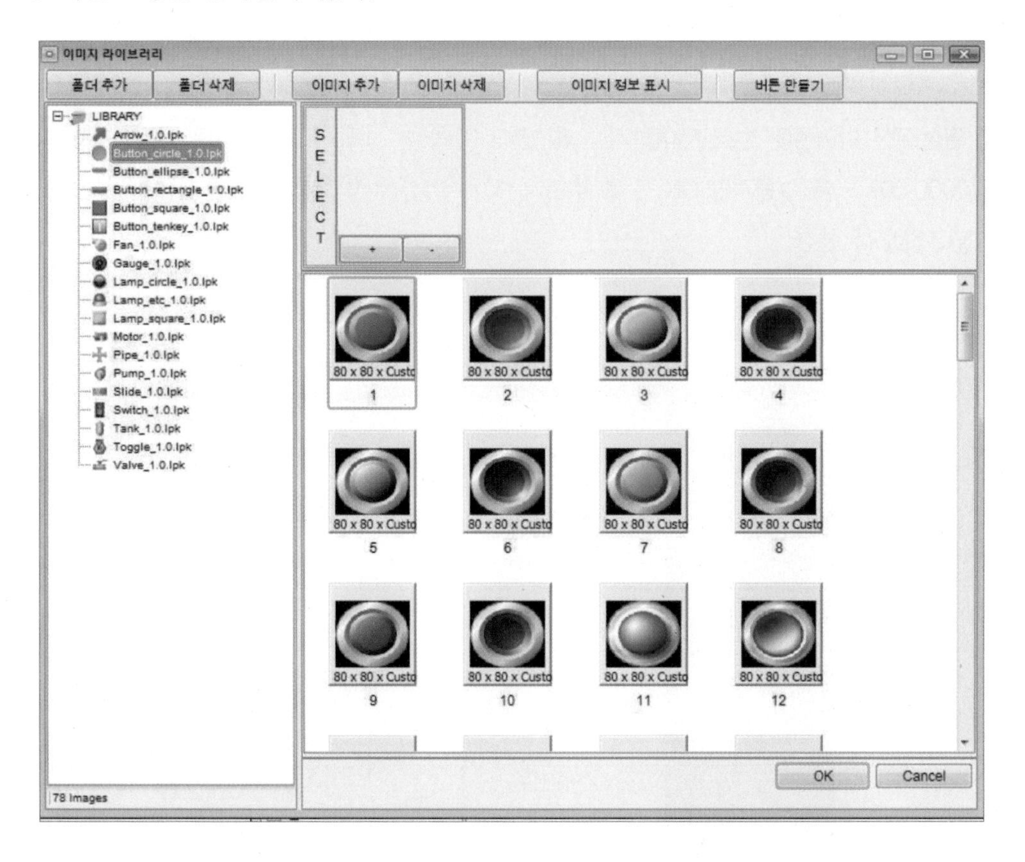

⑥ 버튼 모양을 선택한 후 +, −를 사용하여 등록하거나 제거한다.

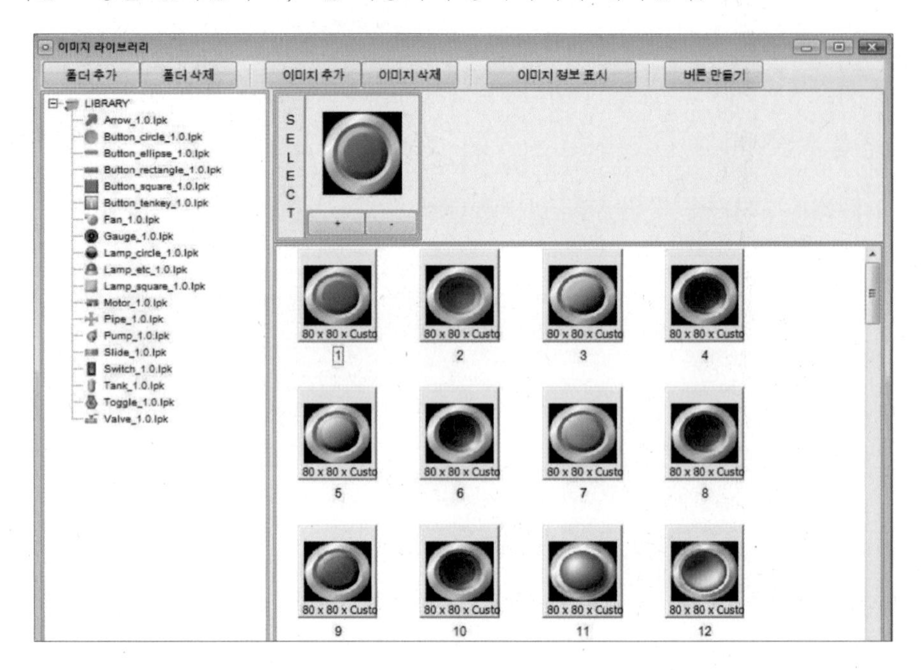

주의 선택 후 +를 사용하여 SELECT하지 않으면 작화화면에 나타나지 않을 수 있으므로 반드시 확인해야 한다.

⑦ 만들어진 아이콘에 번호 부여하기 : ❶ **연산** 항목을 선택하고 ❷ **비트 동작** − ❸ **내부(0000.00)** − ❹ **누름시만 ON** − ❺ **추가** 순서로 버튼에 번호를 부여하여 다른 요소들과 공유하도록 한다.

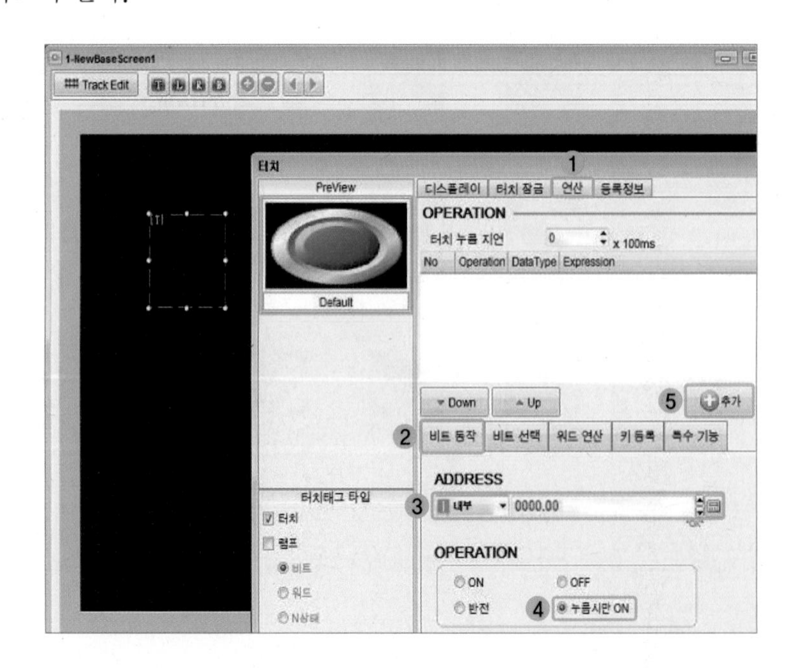

⑧ 램프 모양 아이콘 만들기 : **비트 램프** 아이콘을 선택하여 마우스 왼쪽 버튼을 클릭한 상태로 드래그하여 사각형을 만든다.

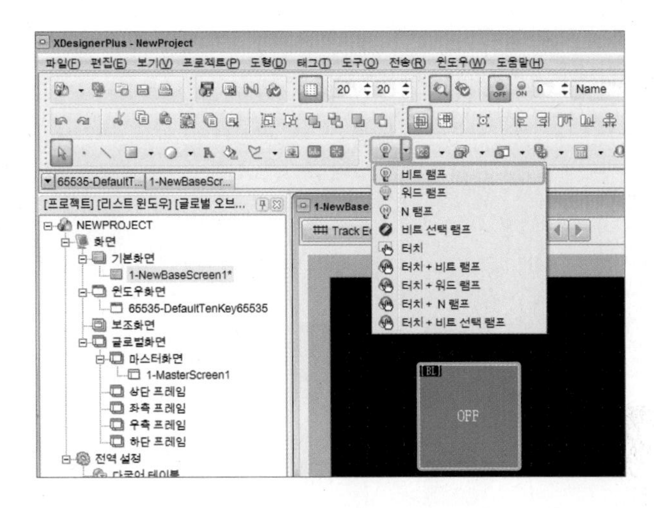

⑨ 사각형 가장자리를 선택하여 마우스 왼쪽 버튼을 더블클릭한다. **도형 종류**에서 Bitmap을 선택하여 램프 모양을 선택한다.

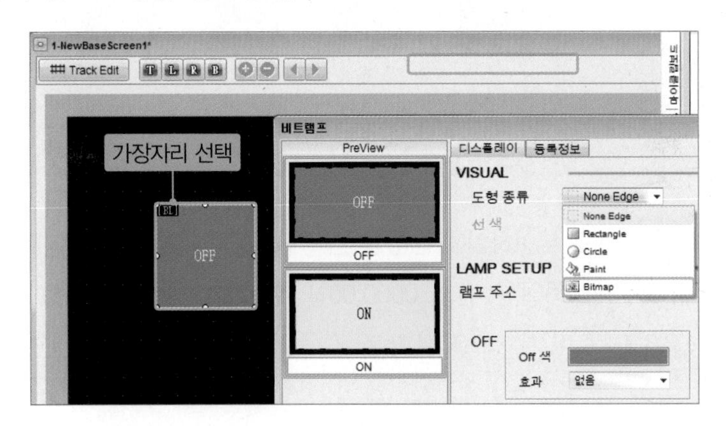

⑩ 왼쪽 메뉴에서 Lamp_etc_1.0.lpk 항목을 선택하여 램프 모양 7번을 선택 후 마우스 왼쪽 버튼을 더블클릭하거나 +, −를 선택하여 OFF, ON 상태에서 램프 모양을 변경할 수 있다. OK 버튼을 선택하여 완성한다.

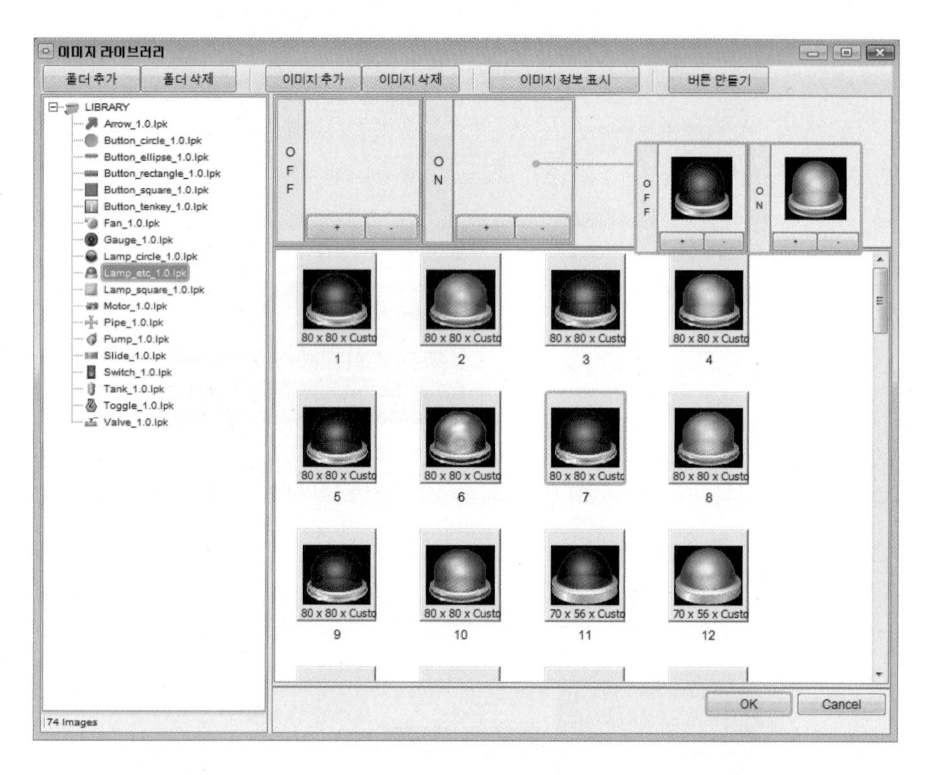

⑪ 램프 모양 아이콘에 번호 부여하기 : 완성된 램프 모양 아이콘에 앞서 만든 버튼 모양 아이콘에 부여된 번호와 동일한 번호 0000.00을 부여한다. 버튼과 램프가 동일한 번호 0000.00을 공유하므로 버튼을 조작하면 램프가 켜진다.

⑫ 가상운전 실행해 보기 : 버튼과 램프가 동일한 번호 0000.00을 공유하므로 버튼을 조작하면 램프가 켜지게 된다. 작성된 작화 프로그램을 터치패널에 전송하기 전에 컴퓨터에서 자동 상태를 점검해 보기 위해서다. **도구**에서 **가상운전 실행**을 선택하여 마우스로 버튼을 클릭하면 램프가 동작된다.

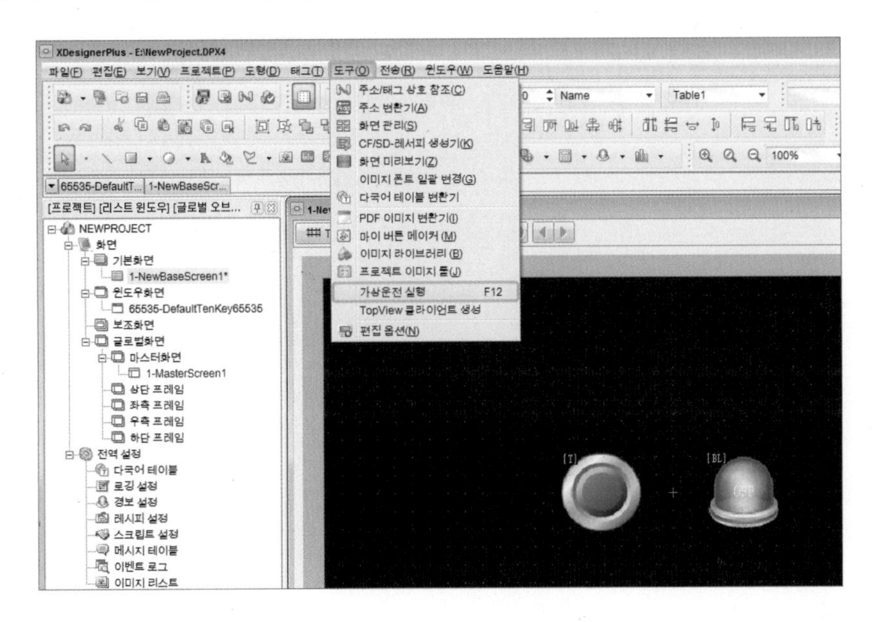

3-2 전송 및 테스트

① 컴퓨터와 터치패널을 USB 케이블로 연결 후 터치패널에 전원이 공급된 상태에서 **전송 – 빌드 및 전송**을 선택한다.

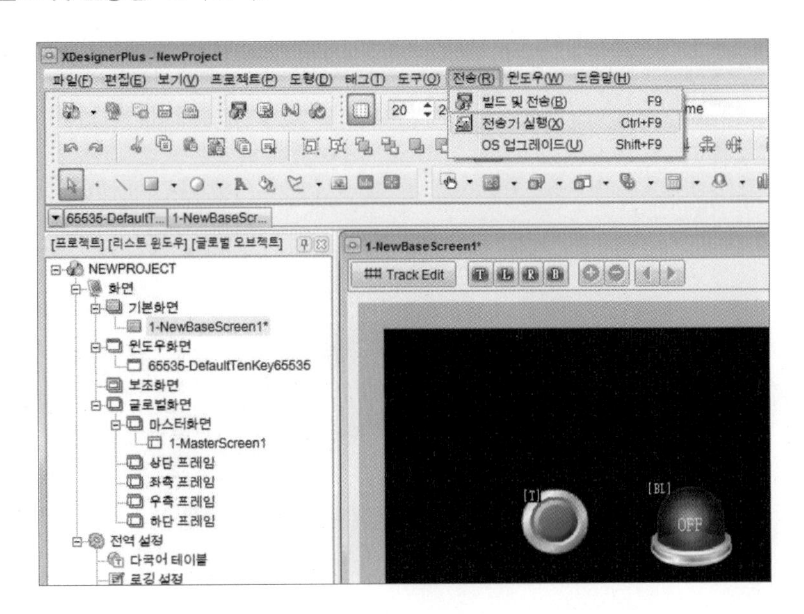

② 전송화면이 나타난다. **연결 안 됨**이 표시되면 **다시 연결**을 선택하여 다시 한 번 시도해 보고, 계속해서 같은 메시지가 나타나면 **안전모드**에 체크한 후 **다시 연결**을 다시 시도한다. 그래도 안 되면 리피터를 설치해야 한다. 연결이 되면 **전송**을 선택하여 전송한다.

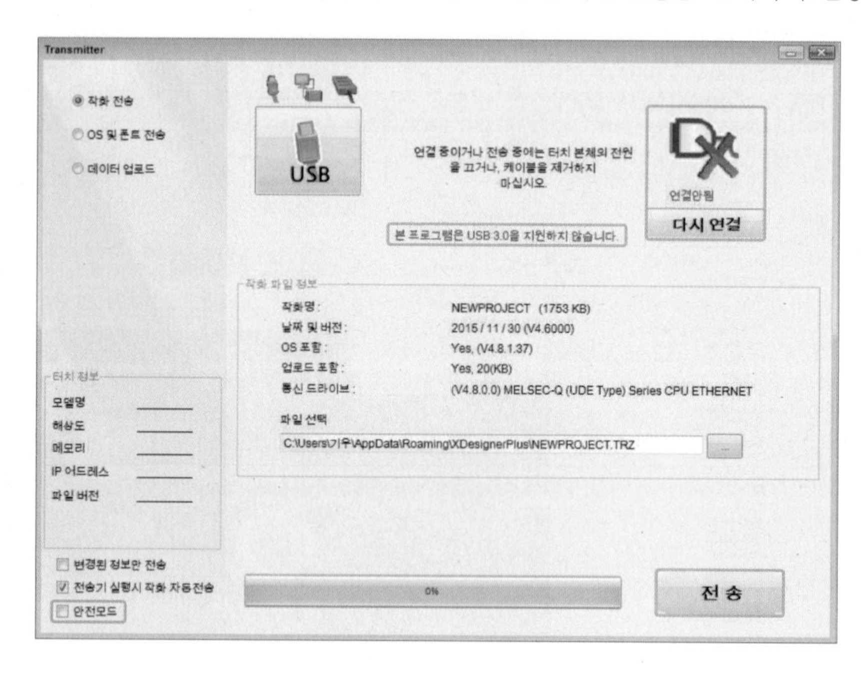

3-3 다른 방법으로 작화프로그램 전송하기

(1) 컴퓨터에서 작성한 작화 프로그램을 USB 메모리에 저장 후 터치패널에서 읽어 들이는 방법

① **다른 이름으로 저장**을 선택하여 USB 메모리에 저장 후 터치패널의 USB 소켓에 결합하여 읽어 들인다.

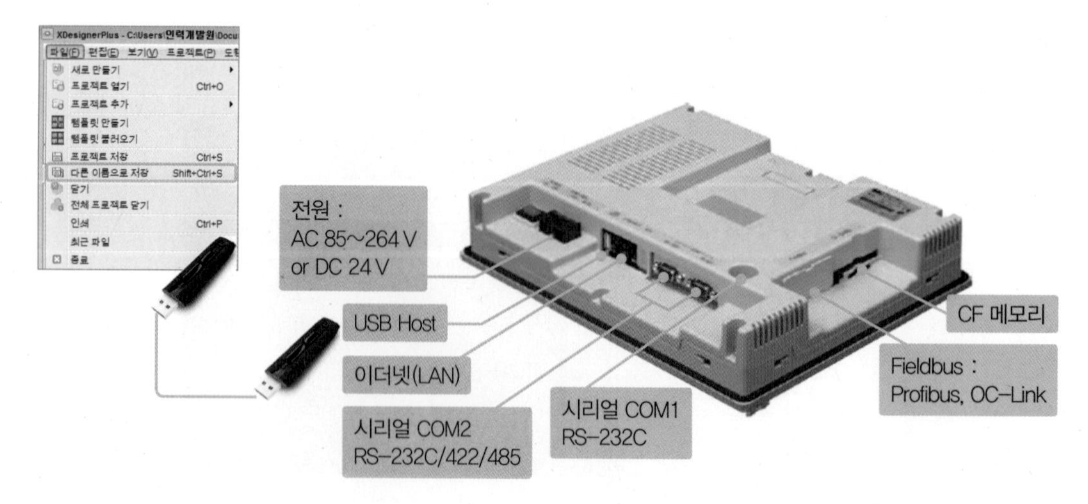

② USB 메모리카드를 장착한 후 터치화면의 메인화면에서 Interface를 터치하면 다음 화면이 진행된다. USB Storage – File Copy를 선택하여 작화한 파일을 불러들인다.

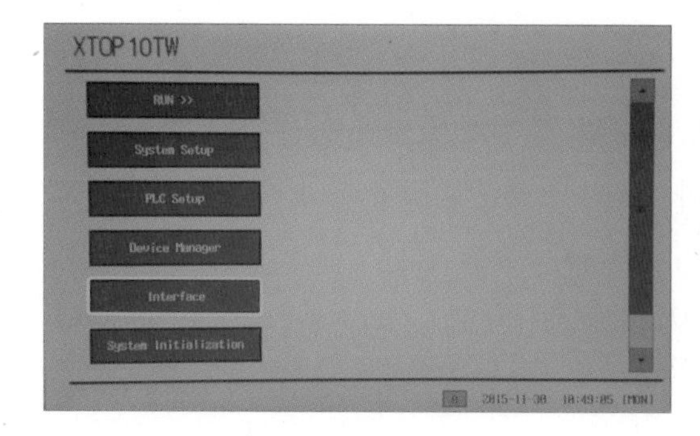

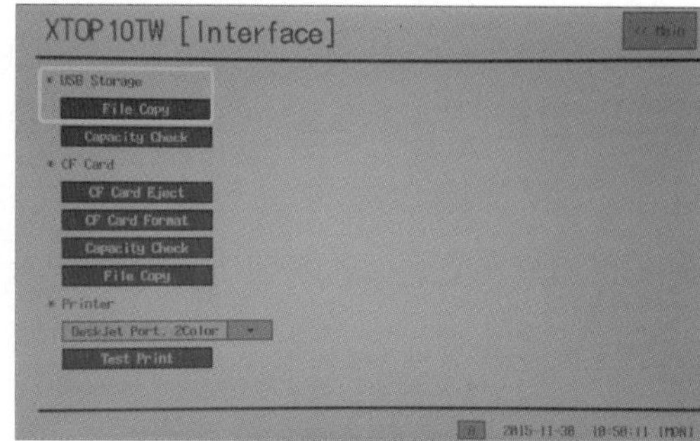

3-4 작동 테스트

① 프로그램이 전송되었으면 RUN을 선택한다.

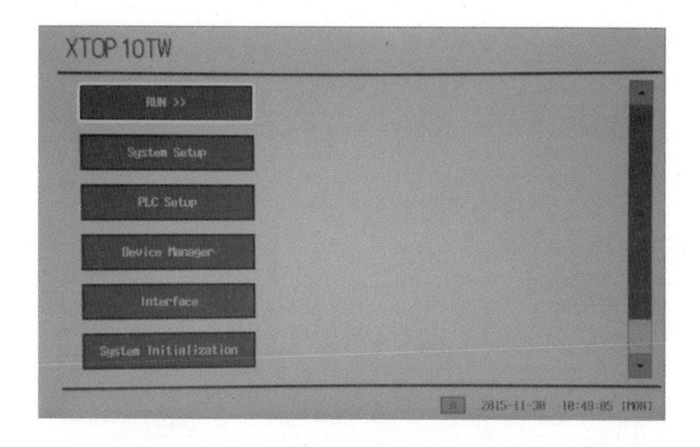

② 버튼과 램프가 화면에 나타나면 버튼을 손가락으로 터치하여 램프가 켜지는지 확인한다.

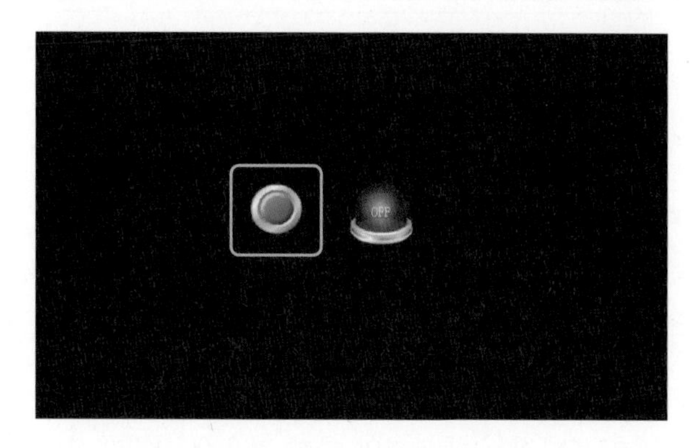

4 본체의 메인 메뉴

HMI 화면에는 메뉴화면과 운전화면이 있다. **메뉴화면**은 터치스크린의 설정 모드로, 터치스크린의 모델명과 사용하는 OS 버전을 확인할 수 있고, 현재 날짜와 시간, 통신설정, 초기설정을 설정할 수 있다. 또한 진단 메뉴가 있어서 터치스크린의 정상 동작 여부를 체크해 볼 수 있다. **운전화면**은 사용자의 작화 프로그램이 표시되는 화면이다.

HMI의 메인 메뉴는 사용자의 필요에 따라 사용하면 된다(터치스크린 버전에 따라 화면 구성이 다를 수 있음).

4-1 Calibration(보정) 방법

Analog Touch를 사용하는 제품 중 터치가 정확히 동작하지 않을 때 사용한다.

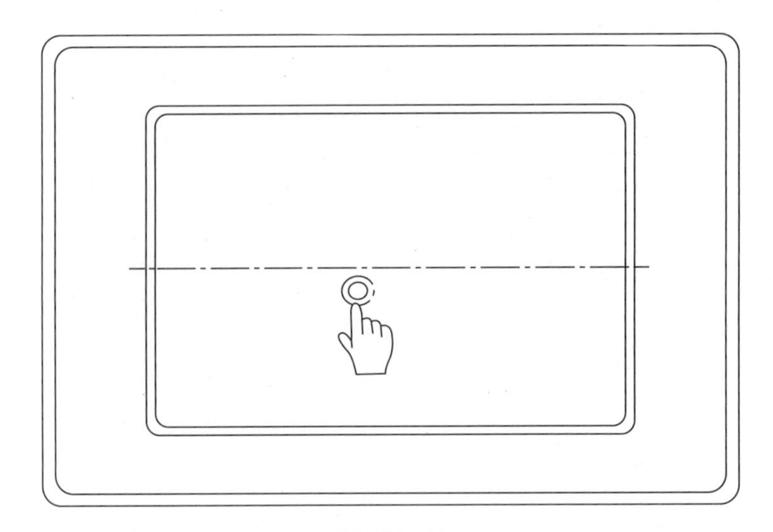

보정 예시 화면

① 본 기기의 전원을 OFF 상태로 만든다.

② 화면을 가로로 나누었을 때 아래 부분을 터치한 상태로 본 기기의 전원을 인가한다.

③ 화면이 흰색으로 변하면 화면에서 손을 뗀다. 그러면 "**터치를 보정하려면 아무 곳이나 누르시오.**"라는 문구가 나오고, 화면에 숫자가 카운트다운된다. 이 숫자가 0이 되기 전에 화면의 아무 곳이나 눌러준다.

④ "**화면의 가운데를 누르시오.**"라는 메시지와 함께 검은색 사각형이 화면 중앙에 표시된다. 그 부분을 정확히 눌러준다. 계속해서 좌상, 우상, 좌하, 우하 부분을 눌러 준다.

⑤ 완료되면 Data Saving이라는 메시지와 함께 Calibration을 완료한다.

4-2 RUN 모드에서 MENU 모드로 전환하는 방법

RUN 모드로 설정되어 있으면 본체에 전원 인가 시 프로그램으로 작성한 작화 화면으로 전환되고 MENU 모드로 설정되어 있으면 본체에 전원 인가 시 초기메뉴 창으로 전환된다.

모드 전환 예시 화면

① 본 기기의 전원을 OFF 상태로 만든다.

② 전원을 인가하면서 전면시트 위에 있는 TOP 로고 아래의 LCD 화면 부분을 신호음과 함께 눌러 준다.

1. 터치를 누른 채 전원을 켜면 Menu 모드로 전환되지 않는다.
2. 환경이 시끄러워 신호음을 확인할 수 없을 때에는, 로고 아랫부분을 눌렀다 떼었다를 연속적으로 하는 상태에서 터치의 전원을 인가한다.

이 방법 외에도 터치 태그로 RUN 모드에서 MENU 모드로 전환할 수 있다. 터치 태그의 연산 설정에서 동작 대상을 특수로 설정하고, 운전 종료를 선택한 후 연산 첨가를 하여 태그 등록하면 된다. 그 후, MENU 모드로 전환하고 싶을 때 등록한 터치 태그를 누르면 RUN 모드에서 MENU 모드로 전환된다.

4-3 메인메뉴

아래는 MENU 모드로 설정되어 있을 때 본체에 전원 인가 시 전환되는 창이다.

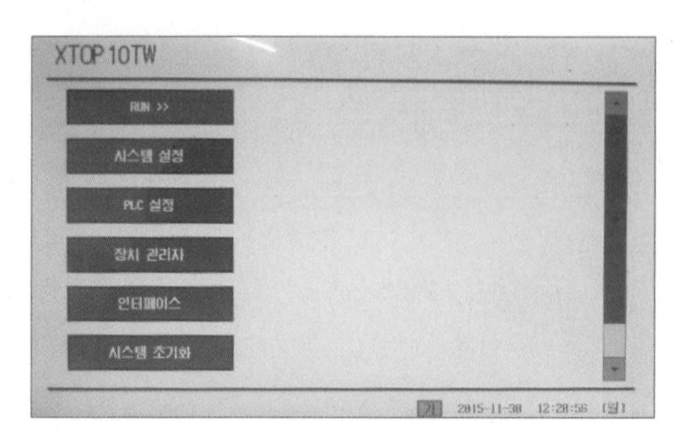

메인 메뉴 화면

① RUN : 메뉴화면에서 운전화면으로 전환된다.
② 시스템 설정 : 시스템 설정 화면으로 이동한다.
③ PLC 설정 : PLC 설정 화면으로 이동한다.
④ 장치 관리자 : 장치 관리자 화면으로 이동한다.
⑤ 인터페이스 : 인터페이스 화면으로 이동한다.
⑥ 시스템 초기화 : 시스템 초기화 화면으로 이동한다.
⑦ 시스템 정보 : 시스템 정보 화면으로 이동한다.
⑧ [메뉴화면]을 표시하는 현재 언어를 표시하고, 터치하여 다른 언어로 변경 가능하다.
⑨ 날짜/ 시간 : 현재 날짜와 시간을 표시하고, 터치하여 변경할 수 있다.

※ 자세한 설명은 XDesignerPlus4의 도움말을 참조하기 바란다.

5 XDesignerPlus4의 환경 설정

5-1 PLC에서

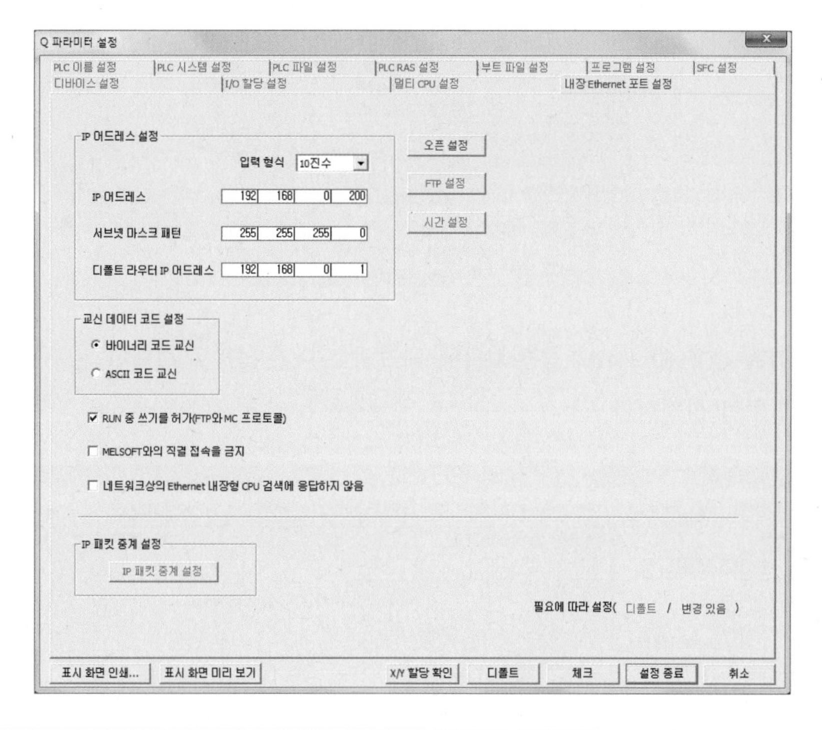

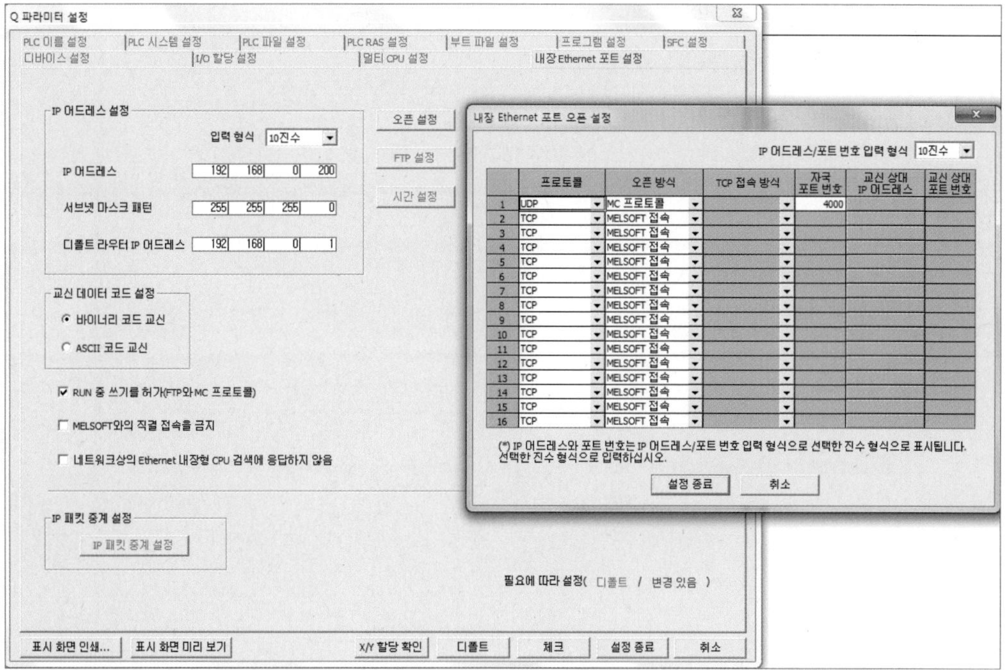

5-2 TOUCH에서

① **프로젝트 - 프로젝트 설정**을 선택한다.

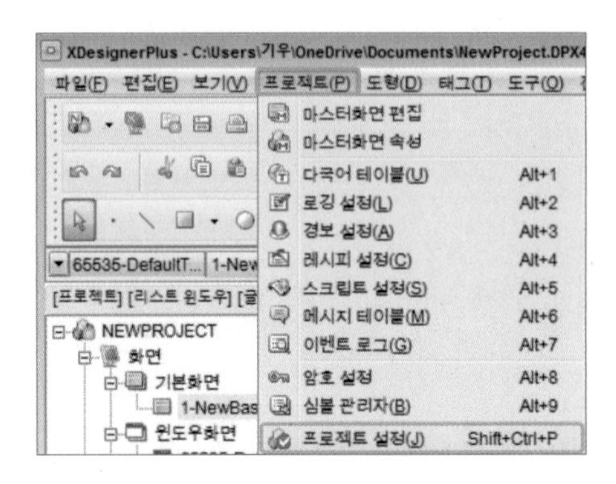

② XTOP10TW-UD(-E) - **HMI 설정 사용**에 체크하고 PLC **설정**을 선택한다. 나머지 항목은 아래 그림처럼 설정한다.

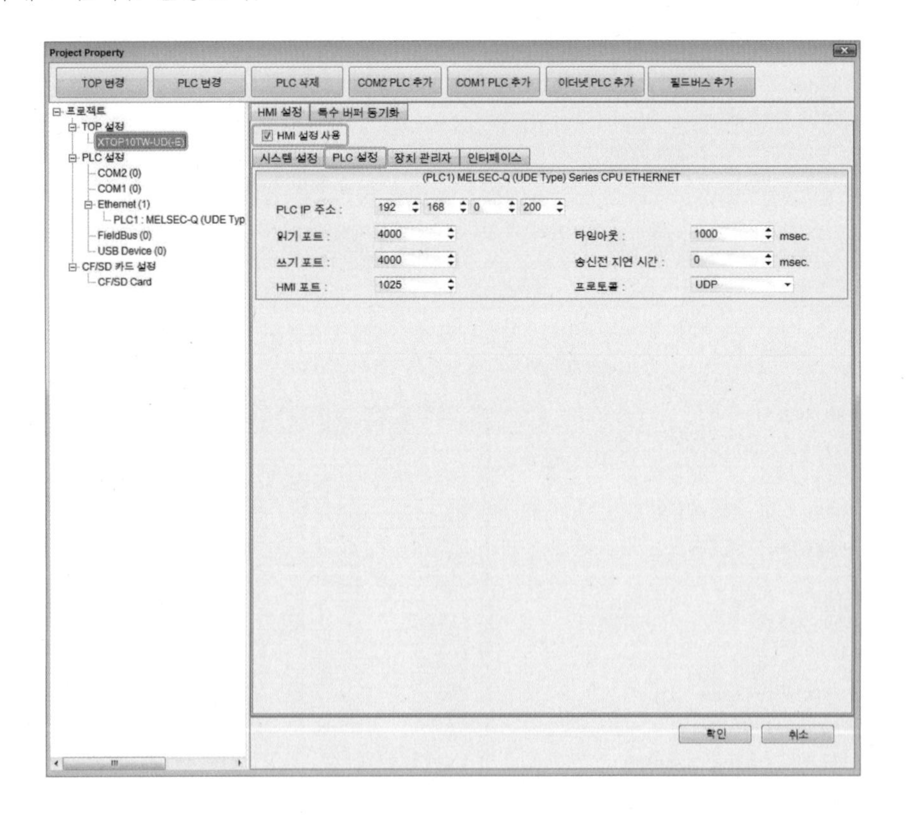

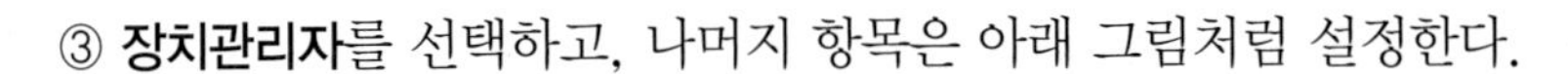

③ **장치관리자**를 선택하고, 나머지 항목은 아래 그림처럼 설정한다.

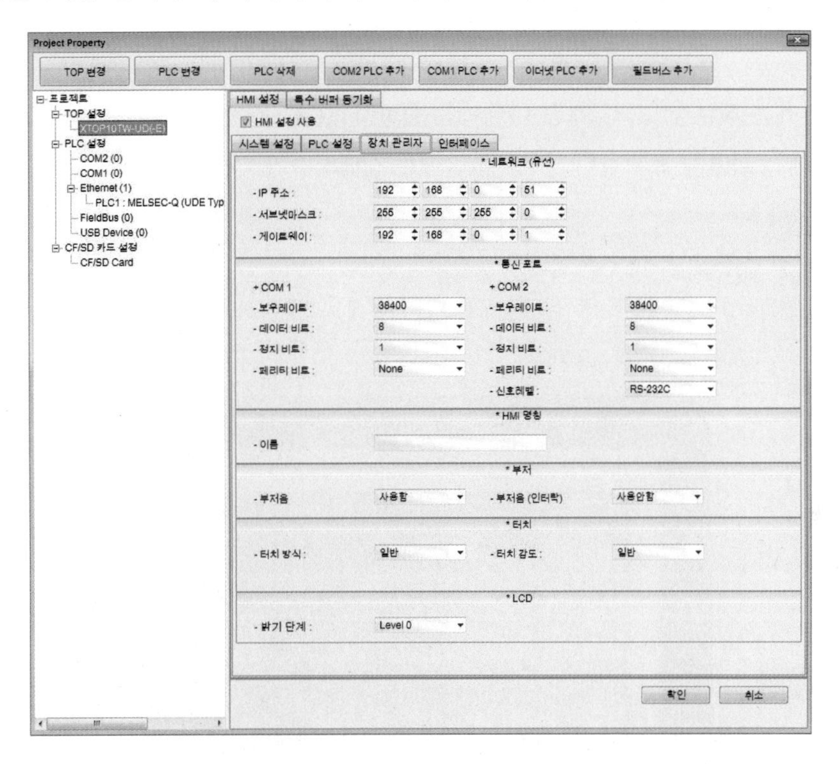

④ PLC1을 선택하고 나머지 항목은 아래 그림처럼 설정한 후 **확인**을 클릭한다.

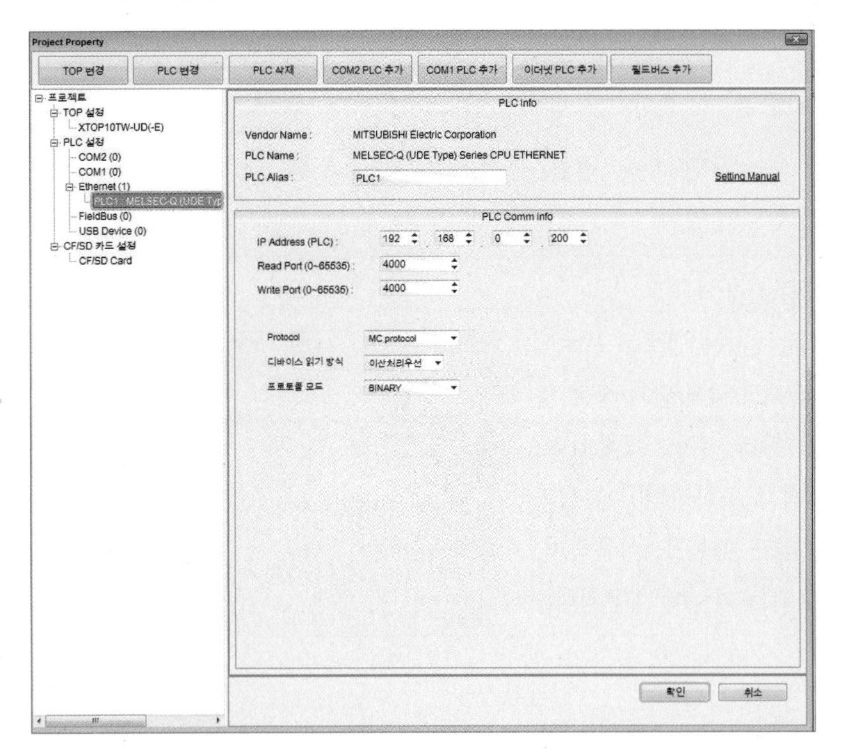

6 XDesignerPlus4의 화면 구성

가장 상단에는 **메뉴**가 있고, 메뉴 아래에는 **툴바**가 있다. 왼쪽과 오른쪽에는 **도킹 윈도우**가 있고, 가운데는 **화면**을 표시한다. 가장 하단에는 **상태바**가 있다.

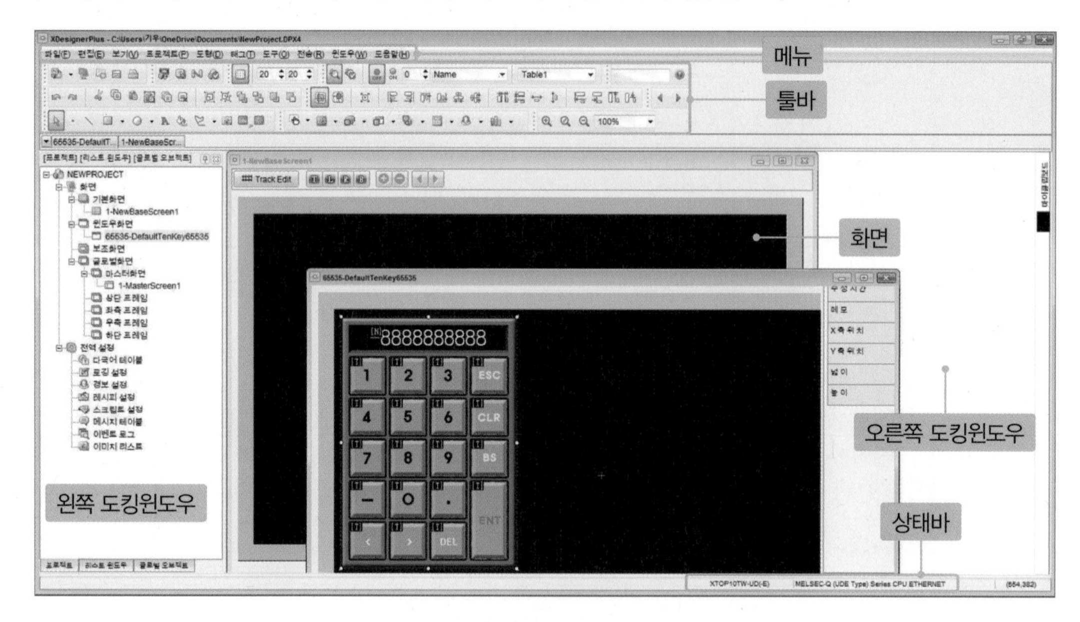

전체 화면 구성

6-1 메뉴 구성

작화를 할 때 필요한 파일, 편집, 보기, 프로젝트, 도형, 태그, 도구, 전송, 윈도우, 도움말 메뉴로 구성되어 있다.

(1) 파일 메뉴(Alt+F)

파일 메뉴에서는 새로운 프로젝트를 **생성/저장/열기/닫기/종료** 등의 작업을 한다. 또한, 기본화면/윈도우화면/보조화면의 생성과 **프로젝트 추가** 메뉴를 이용하여, 다중 프로젝트 기능이 제공된다.

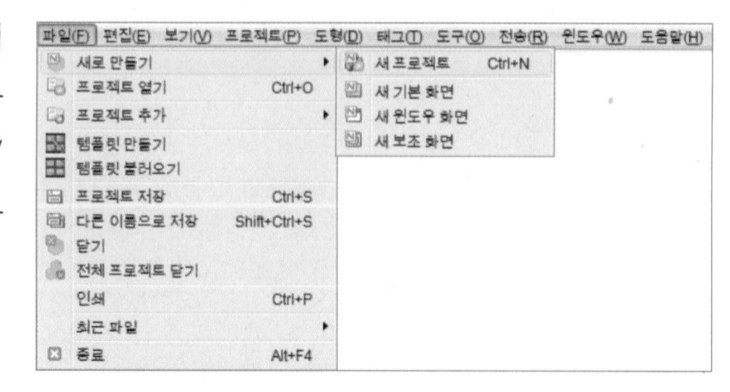

파일 메뉴

① 새로 만들기(Ctrl+N) : 프로젝트와 각 화면을 생성한다.

② 프로젝트 열기(Ctrl+O) : XDesignerPlus4로 작성하여 *.DPX 파일로 저장된 작화 프로젝트 파일을 불러온다.

③ 프로젝트 추가 : 이 메뉴는 다중 프로젝트 기능을 제공한다. 다중 프로젝트는 하나의 XDesignerPlus4 프로그램 안에 최대 4개의 작화 프로젝트를 열어서 편집할 수 있는 기능이다. 이 기능으로 다른 작화 프로젝트를 동시에 편집할 수 있을 뿐만 아니라, 다른 프로젝트 상호간의 화면복사 등의 기능을 쉽게 이용할 수 있다.

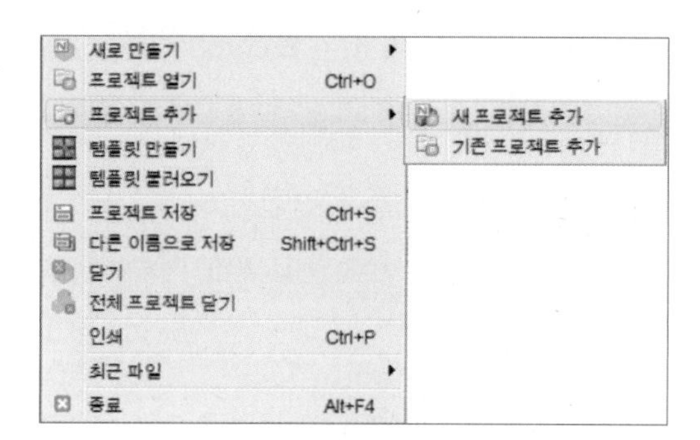

프로젝트 추가

④ 프로젝트 저장(Ctrl+S) : 현재 열려 있는 작화 프로젝트를 저장한다. 한 번도 저장하지 않은 작화 프로젝트인 경우에는 다음 그림과 같은 화면이 나타나서, 저장할 경로와 파일 이름을 지정하여 *.DPX 파일로 저장하게 해 준다.

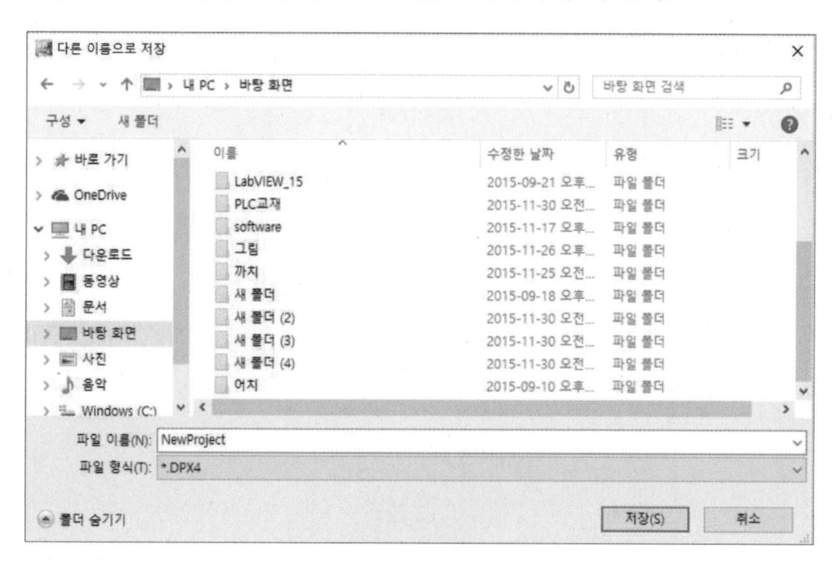

프로젝트 저장

⑤ **다른 이름으로 저장**(Shift+Ctrl+S) : 현재 열려있는 작화 프로젝트를 다른 이름으로 지정하여, 별도의 파일로 저장한다.

⑥ **닫기** : 현재 열려 있는 작화 프로젝트 중 활성화되어 있는 작화 프로젝트를 닫는다.

⑦ **전체 프로젝트 닫기** : 현재 열려 있는 모든 작화 프로젝트를 닫는다.

⑧ **인쇄**(Ctrl+P) : 프로젝트의 내용을 인쇄한다.

⑨ **최근 파일** : 최근 열어 본 작화 프로젝트의 리스트를 보여주고, 그 리스트 중 하나를 선택하면 프로젝트가 바로 열린다.

⑩ **종료**(Alt+F4) : XDesignerPlus 프로그램을 종료한다.

(2) 편집 메뉴(Alt+E)

편집 메뉴는 화면에 등록된 도형과 태그를 편집한다.

편집(E)	
실행취소	Ctrl+Z
실행반복	Ctrl+R
전체 선택	Ctrl+A
잘라내기	Ctrl+X
복사	Ctrl+C
멀티복사	Ctrl+T
붙여넣기	Ctrl+V
원래 위치에 붙여넣기	Shift+Ctrl+V
삭제	Del
그룹	Ctrl+G
그룹 해제	Ctrl+U
왼쪽 회전	
오른쪽 회전	
회전 취소	
세로 대칭	
가로 대칭	
상속 해제	
속성(Y)	
정렬	▸

편집 메뉴

① **정렬** : 정렬 기능을 이용하면 터치스크린 작화 시 매우 용의하다.

정렬

(3) 보기 메뉴(Alt+V)

보기 메뉴는 프로그램의 왼쪽과 오른쪽에 제공되는 여러 도킹 윈도우들을 보이거나 안 보이게 한다. 또한 화면에서 풍선 도움말, ON/OFF 상태, 확대/축소, 사용언어 등의 보기 방법을 선택한다.

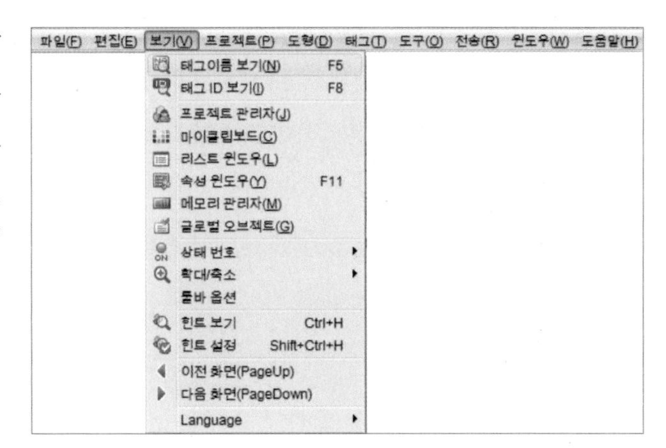

보기 메뉴

(4) 프로젝트 메뉴(Alt+P)

프로젝트 메뉴는 작화 프로젝트 전체에 적용되는 설정을 하는 부분이다.

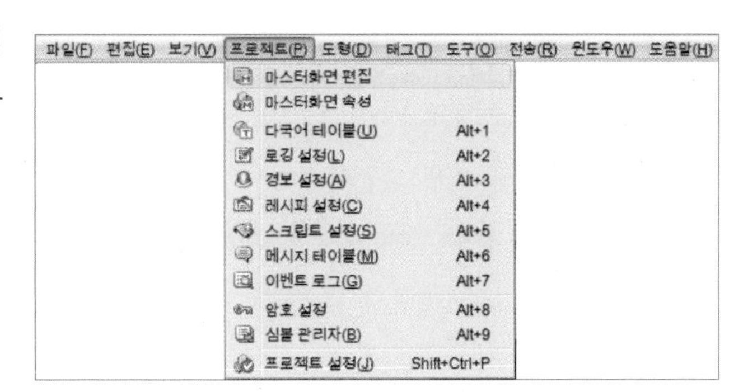

프로젝트 메뉴

(5) 도형 메뉴(Alt+D)

도형 메뉴는 작화를 꾸미는데 필요한 여러 가지 도형을 제공한다.

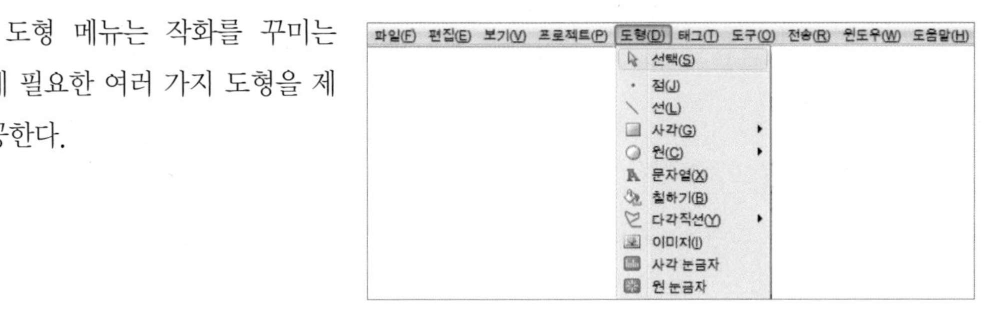

도형 메뉴

(6) 태그 메뉴(Alt+T)

태그 메뉴는 동작을 지정하거나, 컨트롤러의 데이터를 표시하고 제어하는 여러 가지 태그를 제공한다. 태그 메뉴는 터치스크린 작화 시 가장 중요하며, 각각의 라이브러리들로 터치스크린의 화면을 구성한다. 이 각각의 라이브러리에 사용자의 PLC I/O를 입력하여 사용할 수 있다.

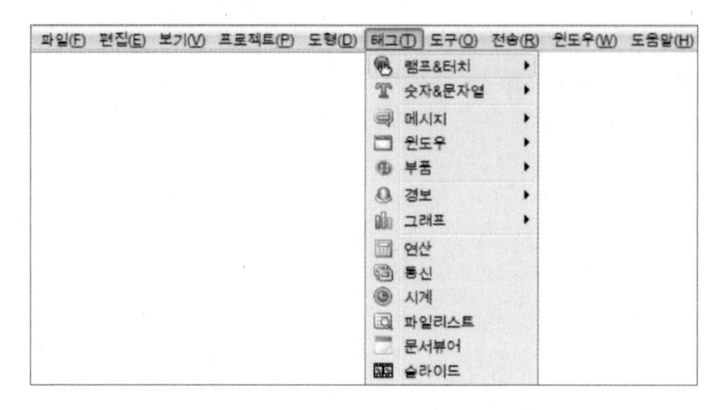

태그 메뉴

(7) 도구 메뉴(Alt+O)

도구 메뉴는 프로젝트의 화면을 구성하고 관리하는 데 필요한 편의 기능들을 제공한다.

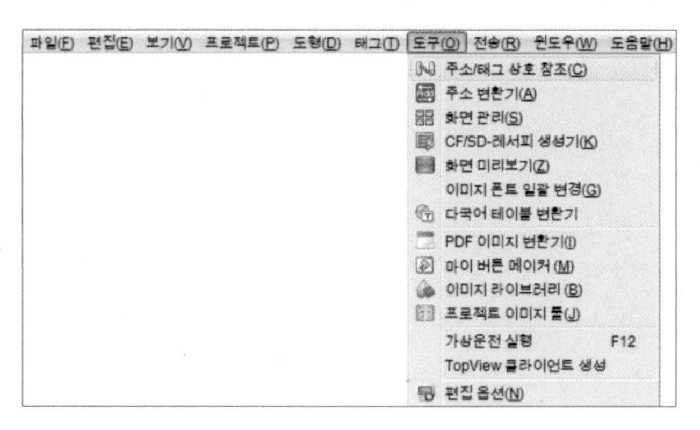

도구 메뉴

(8) 전송 메뉴(Alt+R)

전송 메뉴는 프로젝트/OS/Font 등의 파일을 터치 장비로 전송하거나, 터치스크린의 데이터를 PC로 업로드할 때 사용한다.

전송 메뉴

(9) 윈도우 메뉴

윈도우 메뉴는 열려 있는 편집 화면들을 정리하는 기능을 제공한다.

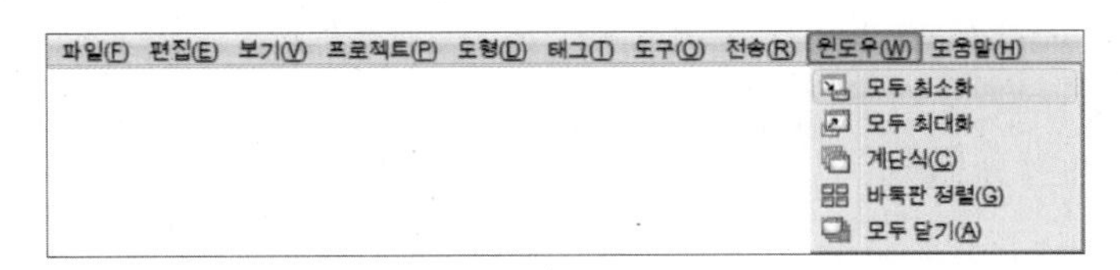

윈도우 메뉴

(10) 도움말 메뉴

XDesignerPlus4 프로그램에 대한 정보와 온라인 Help를 제공한다.

도움말 메뉴

7 HMI와 PLC 간 통신 설정

7-1 XDesignerPlus4의 통신 설정(MELSEC-Q)

XDesignerPlus4 프로그램의 구성을 확인 후 프로그램을 시작하면 된다. XDesignerPlus4 아이콘을 클릭하여 프로그램을 실행하고 아래 순서와 같이 프로그램을 Setting한다.

(1) 프로젝트 설정(HMI 시리즈 설정)

① **새 프로젝트**(Ctrl+N)를 실행한 후, 프로젝트 설정을 시작한다.

② HMI 시리즈를 선택한다(XTOP Series의 XTOP10TW-UD(-E) 선택).

③ 설정 후, Next를 클릭한다.

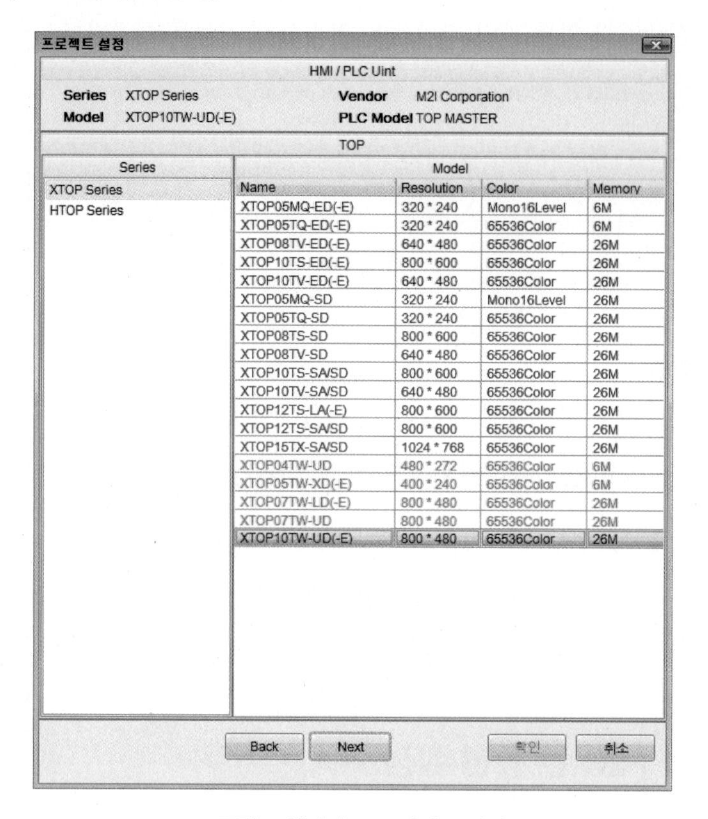

프로젝트 설정의 HMI 시리즈 선택

④ 프로젝트 설정이 사용하는 TOP 시리즈와 다르게 설정되면, 프로젝트를 HMI로 전송할 때 다음과 같은 에러 메시지가 표시되고 전송이 되지 않는다.

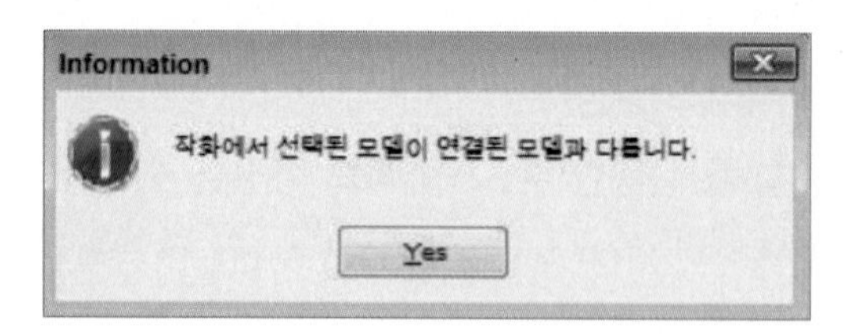

(2) 프로젝트 설정(PLC 시리즈 설정)

① Vendor(PLC 시리즈 회사)에서 Mitsubishi Electric Corporation을 선택한다.

② Model(PLC 시리즈)에서 MELSEC–Q(UDE Type) Series CPU ETHERNET을 선택한다.

③ 설정 후, Next를 클릭한다.

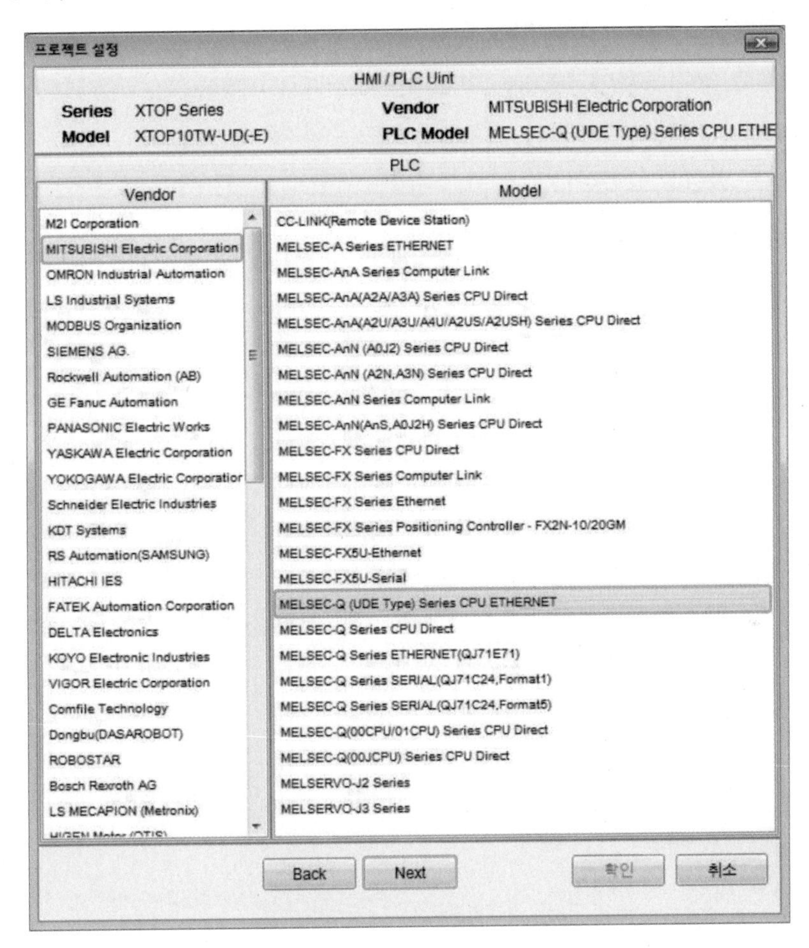

프로젝트 설정의 PLC 시리즈 선택

④ 현재, HMI와 연동하려고 하는 PLC는 MELSEC–Q 시리즈의 CPU Q03UDE이기 때문에 위와 같이 선택하였다. 다른 PLC CPU와 연동 시 Vendor에서 회사 제품군을 검색하여 선택하면 된다.

(3) 프로젝트 설정(PLC의 정보 설정)

① MELSEC-Q 시리즈의 CPU Q03UDE는 Ethernet 통신 방식을 사용하고 있다. HMI와 PLC CPU 간에 정보를 송수신하기 위해 HMI와 PLC CPU 간의 통신 방식을 Ethernet 설정해야 한다.

② **통신 옵션**의 **IP 주소**에 192. 168. 0. 51(예)을 입력한다.

③ **읽기 포트**, **쓰기 포트**에 4000(예)을 입력한다.

④ **Protocol**, **디바이스 읽기 방식**, **프로토콜 모드**는 변경하지 않는다.

⑤ 설정 후, **확인**을 클릭한다.

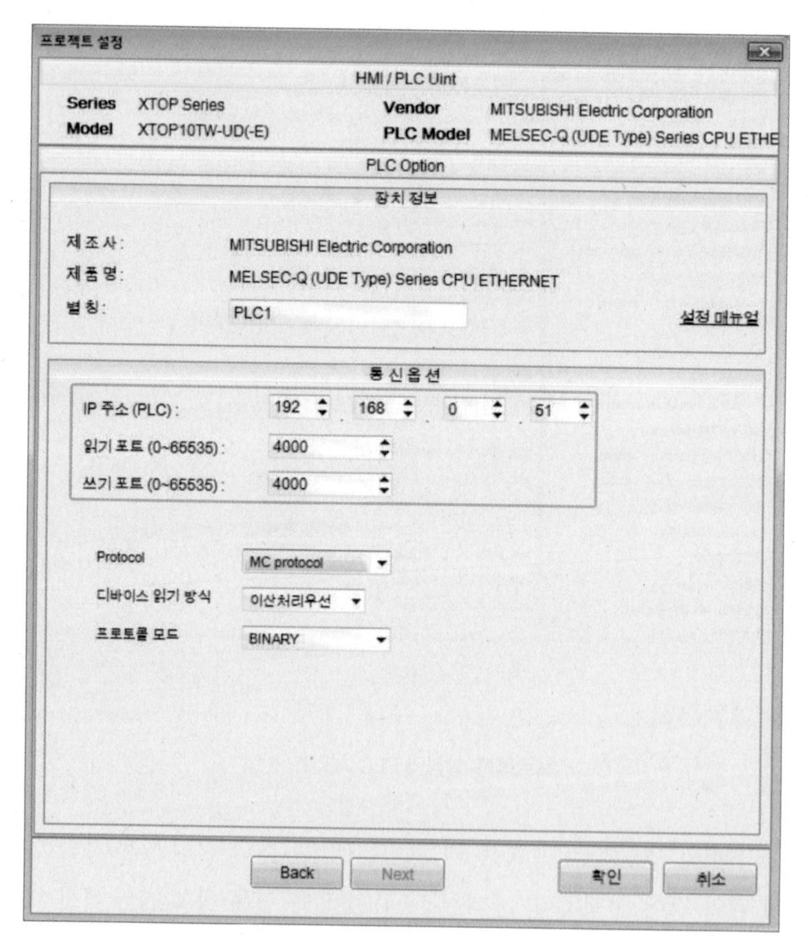

프로젝트 설정의 PLC 시리즈 선택

⑥ TOP와 외부 장치의 네트워크 주소(IP 앞 세 자리 192.168.000)는 일치해야 한다.

⑦ HMI와 PLC는 중복된 IP 주소를 사용하면 안 된다.

(4) 프로젝트 설정(HMI의 IP 주소 설정)

① 메뉴에서 **프로젝트 – 프로젝트 설정**을 클릭한다.

② **TOP 설정**의 **XTOP10TW–UD(–E)**을 클릭하여 HMI 설정으로 화면을 전환한다.

③ **HMI 설정 사용**을 체크해야 설정을 변경할 수 있다.

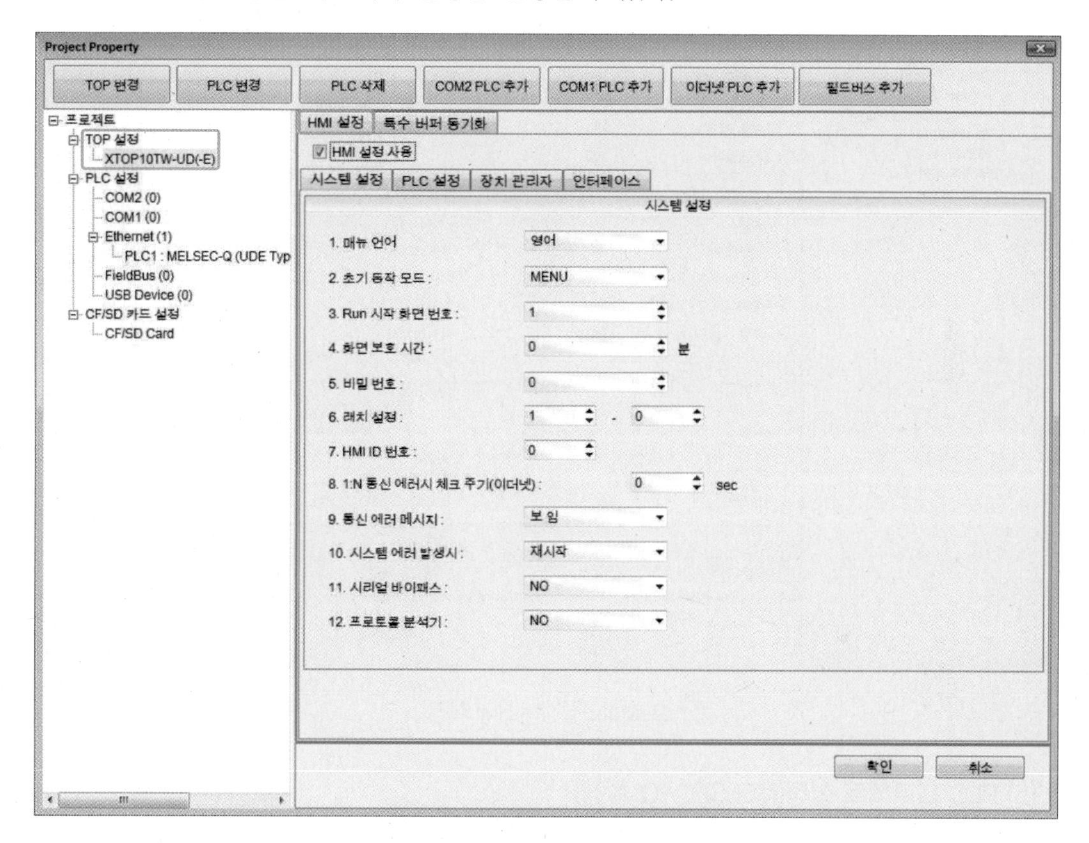

프로젝트 설정의 HMI의 IP 주소 설정

④ **PLC 설정**을 클릭하면 PLC에 해당되는 통신 설정을 변경할 수 있다.

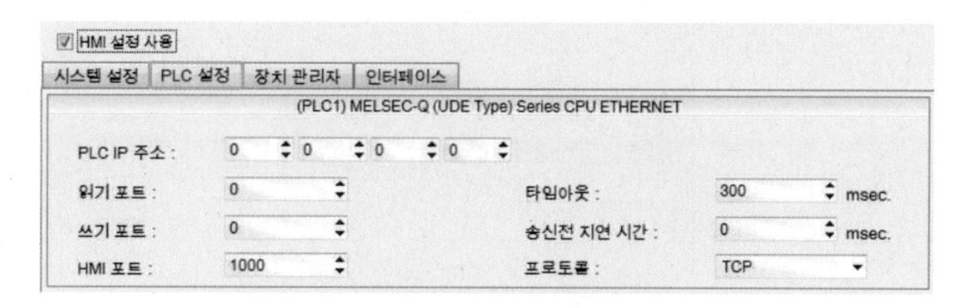

프로젝트 설정의 PLC 설정

⑤ **장치 관리자**를 클릭하면 HMI에 해당되는 통신 설정을 변경할 수 있다.

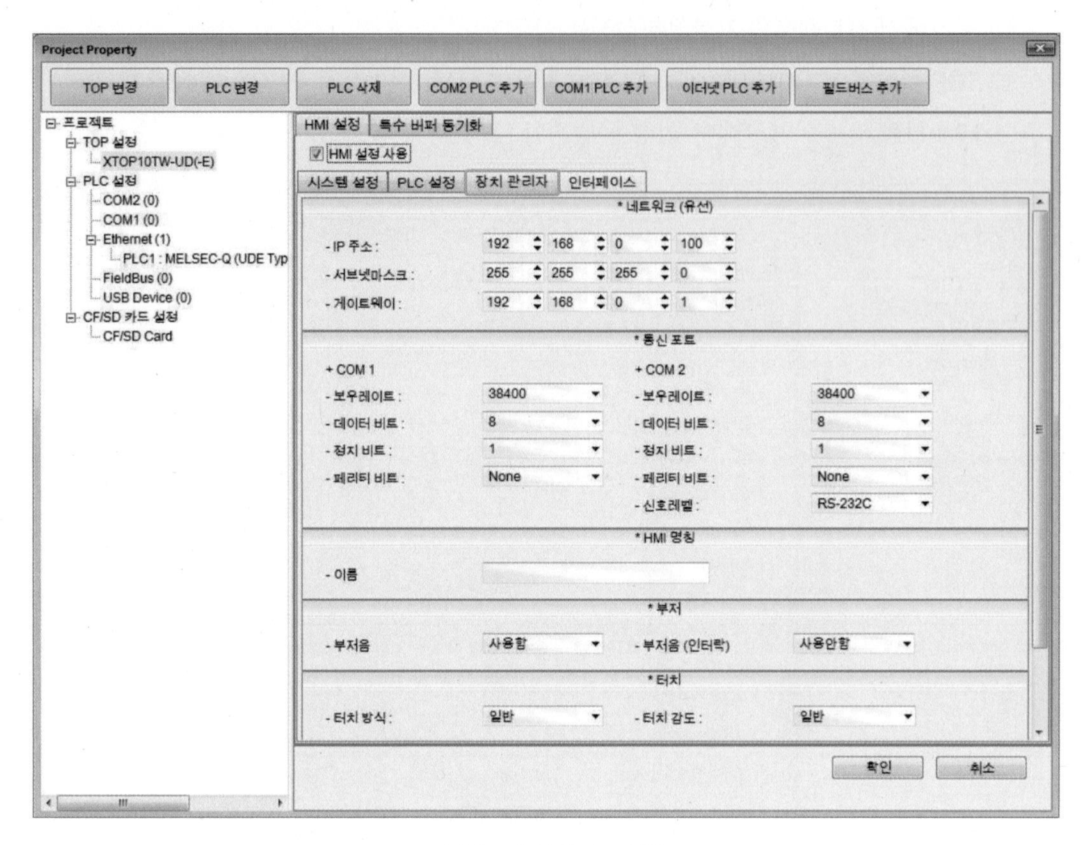

프로젝트 설정의 HMI 설정

(5) PLC 프로젝트 설정(MELSEC-Q 설정)

① GX Work2 아이콘을 클릭하여 PLC 소프트웨어를 실행한다.

② **새 프로젝트**(Ctrl+N)를 실행한 후, 프로젝트 설정을 시작한다.

③ PLC 시리즈를 선택한다(QCPU(Q 모드)의 Q03UDE 선택).

④ 설정 후, **확인**을 클릭한다.

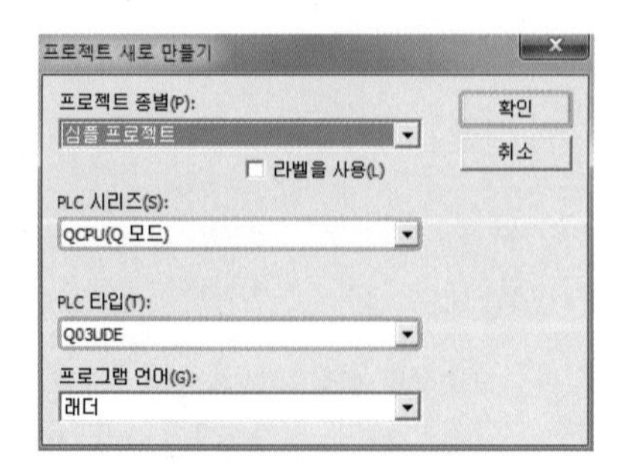

PLC 프로젝트 새로 만들기

(6) PLC 파라미터 설정(MELSEC-Q 설정)

① 새 프로젝트가 실행되면 좌측 메뉴에 **내비게이션**이 생성된다.

② **내비게이션**에서 **프로젝트**의 **파라미터**를 클릭하면 **PLC 파라미터** 트리를 확인할 수 있다.

③ **PLC 파라미터**를 클릭한다.

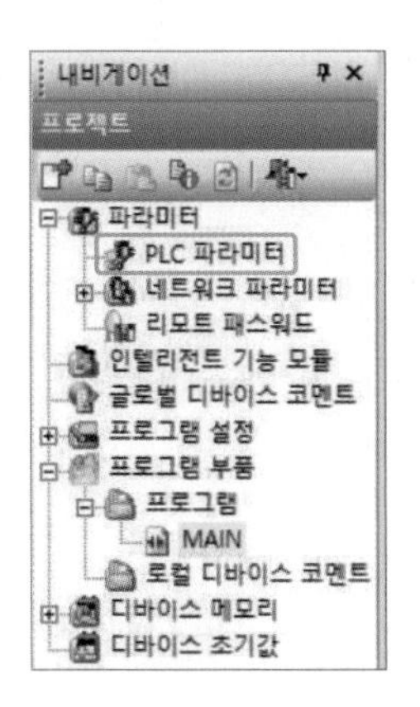

PLC 파라미터 설정

(7) Q 파라미터 설정(MELSEC-Q 설정)

① **PLC 파라미터 설정**을 클릭하면 **Q 파라미터** 창이 활성화된다.

② **내장 Ethernet 포트 설정**을 클릭하여 통신 설정 페이지로 전환된다.

③ **IP 어드레스**에 HMI의 PLC 설정에 입력한 어드레스와 동일한 주소를 입력한다(예 : 192. 168. 3. 39).

④ **RUN 중 쓰기를 허가**에 체크한다.

⑤ **교신 데이터 코드 설정**은 기본적으로 **바이너리(2진수) 코드 교신**으로 설정되어 있다.

⑥ **오픈 설정**을 클릭하여 나머지 기본 설정을 한다.

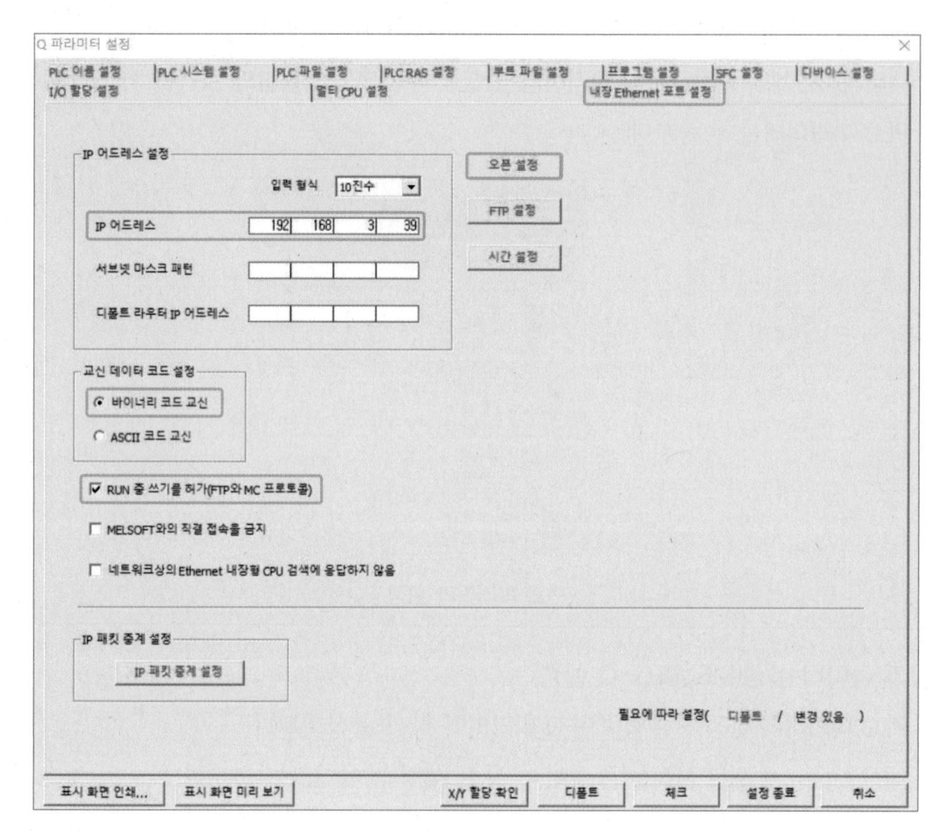

PLC 파라미터의 통신 설정

(8) 오픈 설정(MELSEC-Q 설정)

① **오픈 설정**을 클릭하면 **내장 Ethernet 포트 오픈 설정** 창이 활성화된다.

② **프로토콜**에서 TCP, UDP 중 선택하여 설정한다.

(가) TCP(Transminssion Control Protocol) : 양방향 통신으로, 데이터 유실을 방지하여 신뢰도와 정확성이 좋다.

(나) UDP(User Datagram Protocol) : 단방향 통신으로, 신뢰도는 낮지만 속도를 보장한다.

③ HMI의 PLC 설정과 같이 **오픈 방식**을 **MC 프로토콜**(MELSEC 프로토콜)로 선택한다.

④ HMI의 PLC 설정과 같이 **자국 포트 번호**를 **4000**(예)으로 한다(HMI와 PLC 자국 포트 번호는 항상 동일해야 한다).

⑤ **설정 종료**를 클릭하여 오픈 설정을 종료한다.

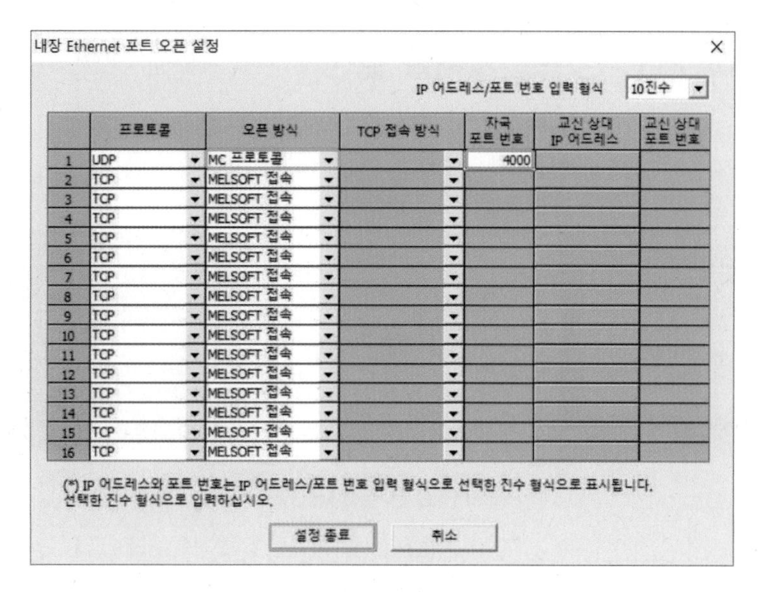

오픈 설정

(9) PLC 통신 설정 종료(MELSEC-Q 설정)

① **Q 파라미터 설정**의 하단의 **체크**를 클릭한 후, **설정 종료**를 클릭하여 PLC 통신 설정을 종료한다.

② HMI와 PLC 간의 Ethernet 통신 설정을 할 수 있다.

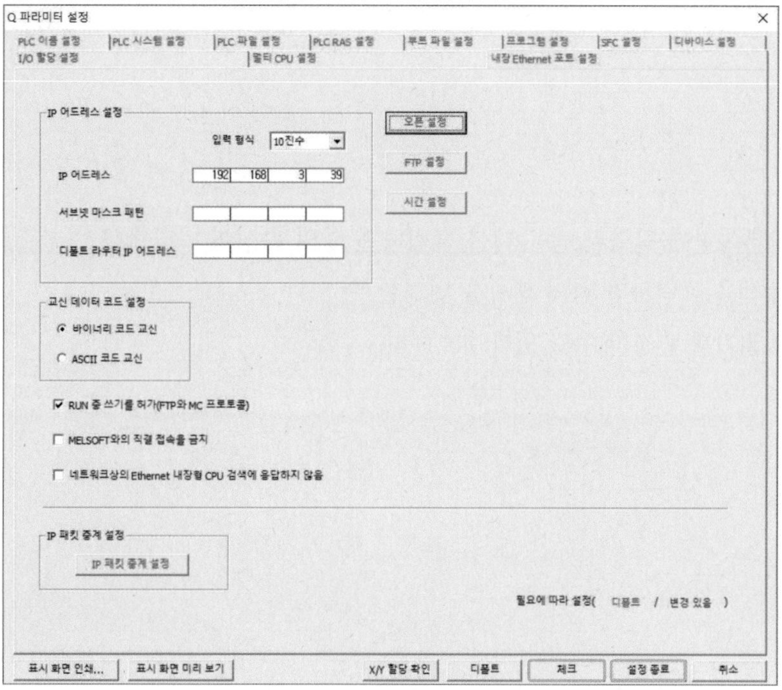

통신 설정 종료

8 HMI와 PLC 간 통신케이블 결선

HMI와 MELSEC-Q PLC 간 결선은 Ethernet 케이블을 사용한다.

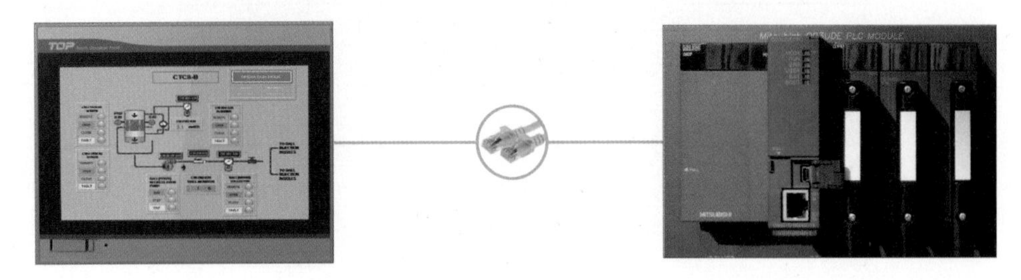

HMI와 PLC 간 결선(MELSEC)

9 자주 사용하는 도형과 태그 작화 방법

9-1 자주 사용하는 도형 작화 방법

※ 자주 사용하는 도형을 일부 소개하였으며 자세한 사항은 매뉴얼을 참고하기 바란다.

화면 구성에서 TOOL bar 구성에 도형 아이콘을 확인하여 클릭 후 기본화면에서 구현할 수 있다.

(1) 점, 선

① 점

㈎ 기본화면에 작화된 점을 더블 클릭하면 점의 속성이 나타난다.

㈏ **점 색**을 클릭하면 점의 색상을 변경할 수 있다.

㈐ **점 굵기**를 변경할 수도 있다(범위 1~10).

㈑ 변경이 완료되면 **확인**을 클릭한다.

점의 속성

㈒ **점 색**을 선택하고 OK를 클릭하면 원하는 색상으로 변경된다.

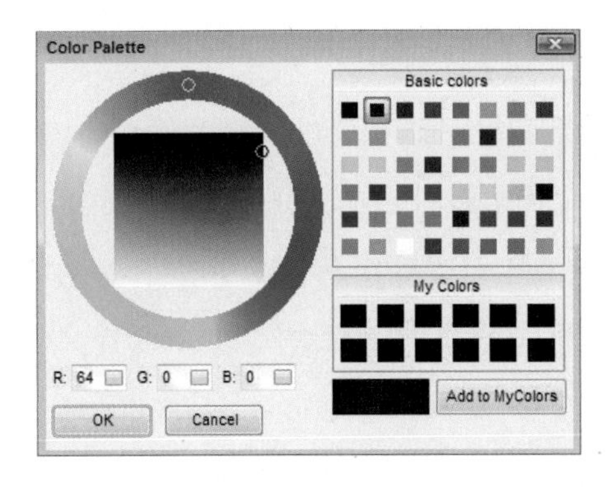

점 색

② 선

㈎ 기본화면에 작화된 선을 더블 클릭하면 선의 속성이 나타난다.

㈏ **선 색**을 클릭하면 선의 색상을 변경할 수 있다.

㈐ **선 굵기**를 변경할 수도 있다(범위 1~10).

㈑ **선 모양**을 클릭하면 5가지 모양으로 변경할 수 있다.

(마) 변경이 완료되면 **확인**을 클릭한다.

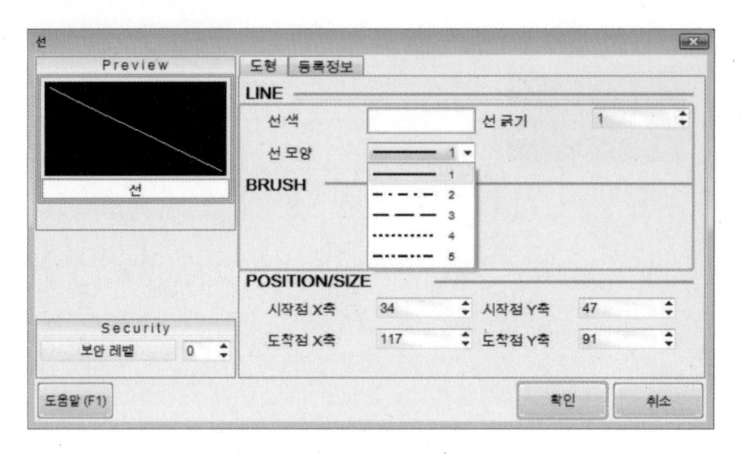

선의 속성

(2) 사각형, 원

① 사각형

(가) Tool bar에서 아이콘 클릭 시 사각, 둥근 사각 2가지 형태로 선택할 수 있다.

(나) 기본화면에 작화된 사각형을 더블클릭하면 사각형의 속성이 나타난다.

(다) **선 색, 배경색, 채움색**을 클릭하면 색상을 변경할 수 있다.

(라) **선 모양**을 클릭하면 5가지 모양으로 변경할 수 있다.

(마) **선 굵기**를 변경할 수도 있다(범위 1~10).

(바) **칠하기방식**을 클릭하면 14가지의 칠하기 형태로 변경할 수 있다.

(사) 변경이 완료되면 **확인**을 클릭한다.

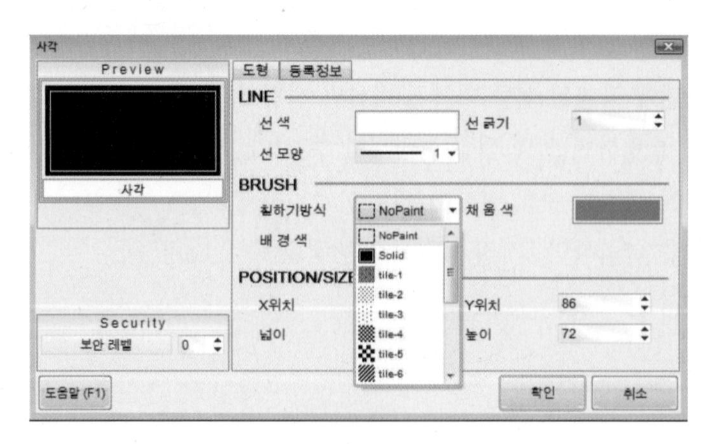

사각의 속성

② 원

㈎ Tool bar에서 아이콘 클릭 시 원, 호, 파이, 현 4가지 형태로 선택할 수 있다.

㈏ 기본화면에 작화된 원을 더블클릭하면 원의 속성이 나타난다.

㈐ **선 굵기**를 변경할 수도 있다(범위 1~10).

㈑ **선 모양**을 클릭하면 5가지 모양으로 변경할 수 있다.

㈒ **선 색**, **배경색**, **채움색**을 클릭하면 색상을 변경할 수 있다.

㈓ **칠하기방식**을 클릭하면 14가지의 칠하기 형태로 변경할 수 있다.

㈔ 변경이 완료되면 **확인**을 클릭한다.

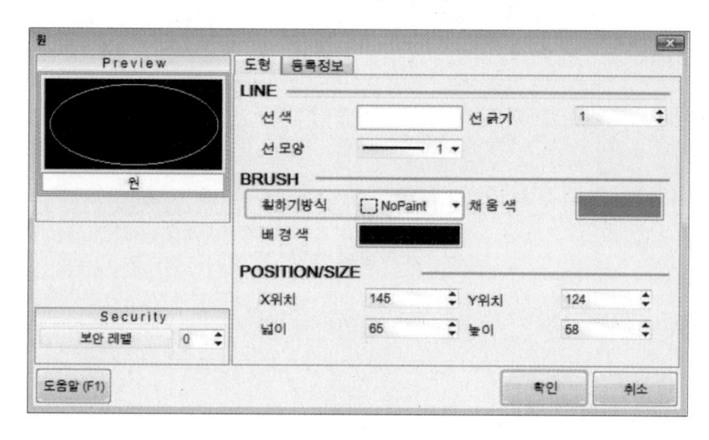

원의 속성

(3) 문자열

① **이미지 문자**에 체크하면 [정렬 아이콘] 아이콘이 생성된다(글씨 굵게, 기울게, 밑줄, 취소선 생성).

② 문자열의 정렬 기준을 변경할 수 있다.

③ 문자열을 작성할 수 있다.

④ 글씨체를 변경할 수 있다(이미지 문자를 클릭하면 더 많은 글씨체를 생성한다).

⑤ 문자의 글씨 크기를 변경할 수 있다.

⑥ 문자의 색상을 변경할 수 있다.

⑦ **바탕속성**에서 **채움색**, **바탕색**을 클릭하여 배경색의 색상을 변경할 수 있다.

⑧ 변경이 완료되면 **확인**을 클릭한다.

문자열의 속성

(4) 칠하기

① Tool bar에서 **칠하기** 아이콘 클릭 후 칠할 부분을 클릭하면 작화된 도형의 색상이 변경된다.

② 기본화면에 작화된 칠하기( )를 더블 클릭하면 칠하기 속성이 나타난다.

③ **칠하기색**을 클릭하여 색상을 변경할 수 있다.

④ 변경이 완료되면 **확인**을 클릭한다.

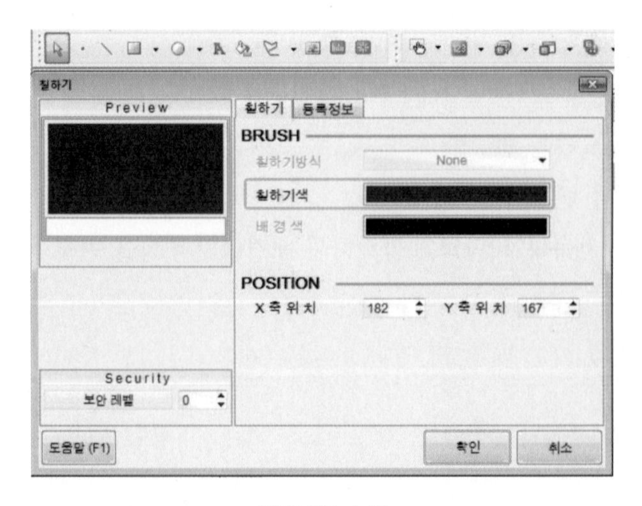

칠하기의 속성

9-2 자주 사용하는 태그 작화 방법

화면 구성에서 TOOL bar 구성에 태그 아이콘을 확인하여 클릭 후 기본화면에서 구현할 수 있다.

(1) 기본화면

① 새 화면 추가 : 화면의 좌측 프로젝트 트리에서 기본화면에 마우스 오른쪽 버튼으로 클릭하면 새 화면이 표시된다. 거기서 마우스 왼쪽 버튼으로 새 화면을 클릭하면 기본화면이 하나 더 생성된다(새 화면 추가 생성 시 이와 같이 한다).

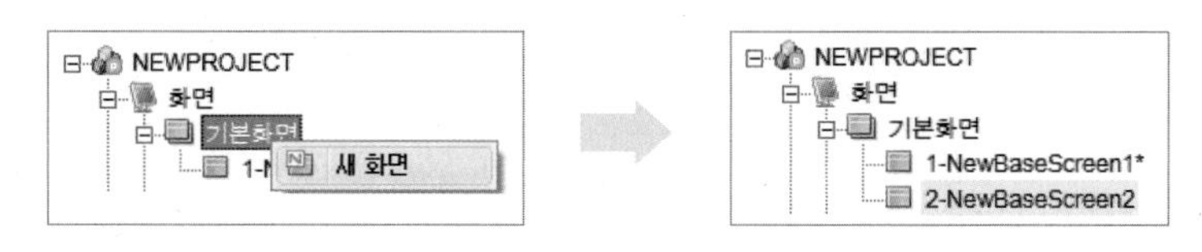

새 화면 추가

② 화면 속성

㈎ 2-NewBaseScreen에 마우스 오른쪽 버튼으로 클릭한 후 **속성**을 클릭한다.

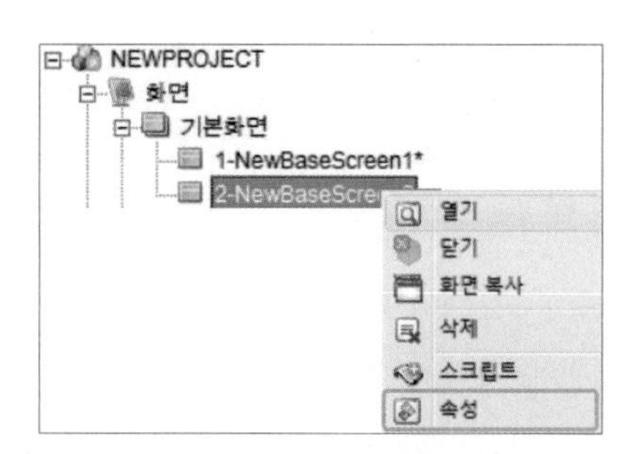

화면 속성

㈏ **화면 번호**, **화면 이름**을 변경할 수 있다.

㈐ **배경 종류**를 Color로 선택하면 배경색을 변경할 수 있으며, Image를 선택하면 **배경 이미지**가 활성화되고 이미지를 불러오기 하여 이미지를 배경에 삽입할 수 있다.

㈑ 설정 완료 후 **확인**을 클릭한다.

화면 속성

(2) 램프&터치

① 비트램프

㈎ 비트램프 아이콘을 클릭하여 기본화면에 원하는 크기로 드래그한다.

㈏ 기본적으로 BL(비트램프)로 설정되어 있고 램프의 초기상태는 OFF이다.

㈐ 램프를 더블 클릭하여 램프 속성을 변경한다.

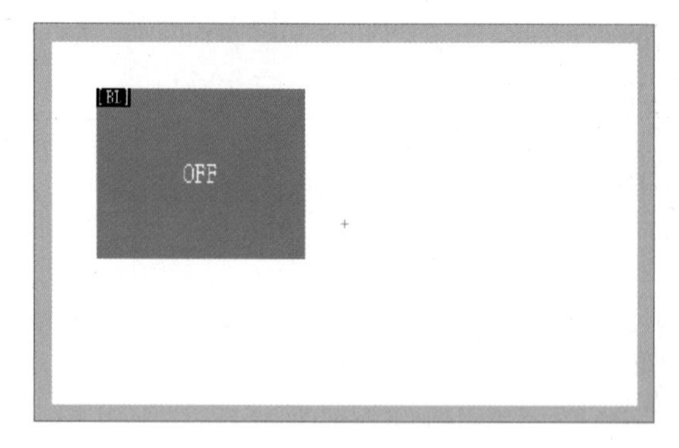

비트램프 선택

㈑ 비트램프 아이콘 옆 방향키를 클릭하면 여러 가지 형태의 램프가 표시된다. 그중 원하는 형태의 램프를 선택하여 기본화면에 드래그할 수 있다.

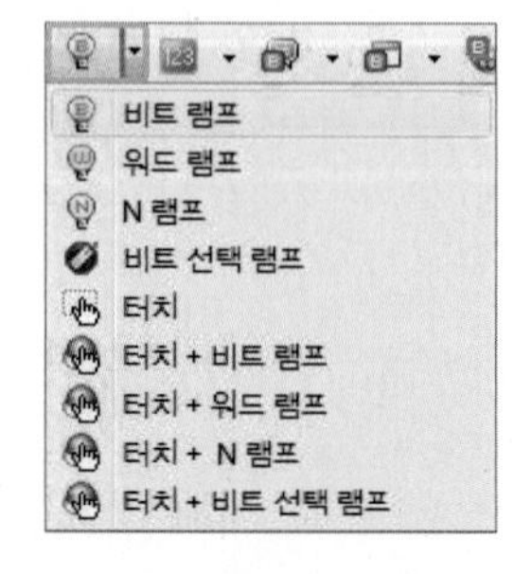

여러 가지 램프 형태

(마) 생성된 램프를 더블 클릭하여 램프의 속성을 확인한다.

(바) 디스플레이를 클릭하여 램프의 상태를 확인하고 변경한다.

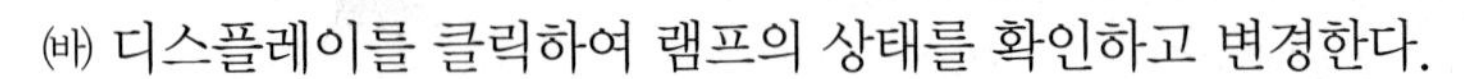

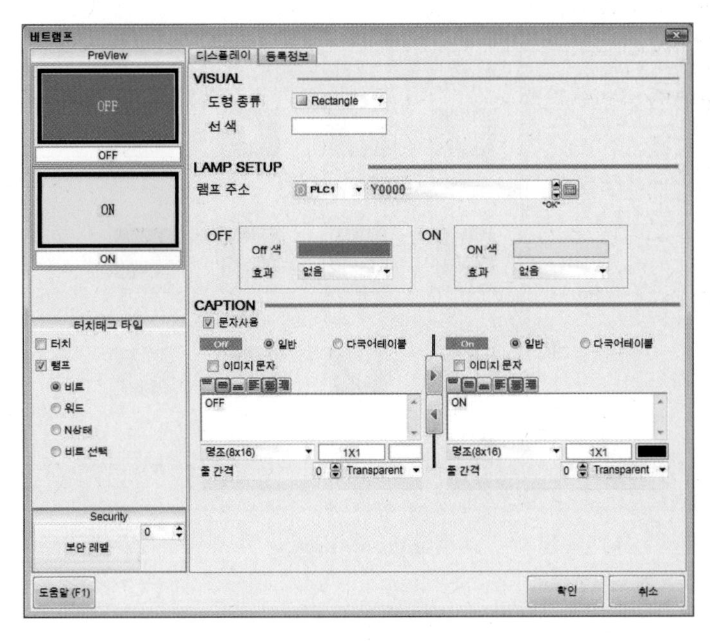

램프 형태 변경

㉠ VISUAL

- 도형 종류에는 5가지가 있다. Bitmap을 제외한 나머지는 LAMP SETUP에서 색상을 변경할 수 있다.

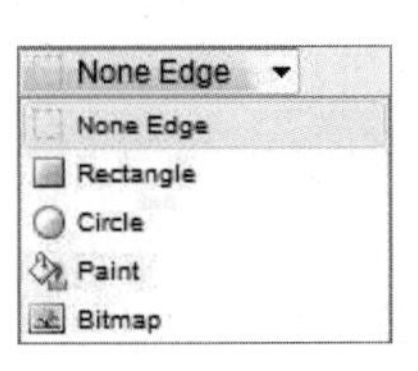

램프의 VISUAL

- Bitmap을 선택하고 Bitmap 불러오기 아이콘 Bitmap 을 클릭하면 이미지 라이브러리 창이 활성화되는데 필요한 라이브러리를 클릭 후 OK를 클릭한다.

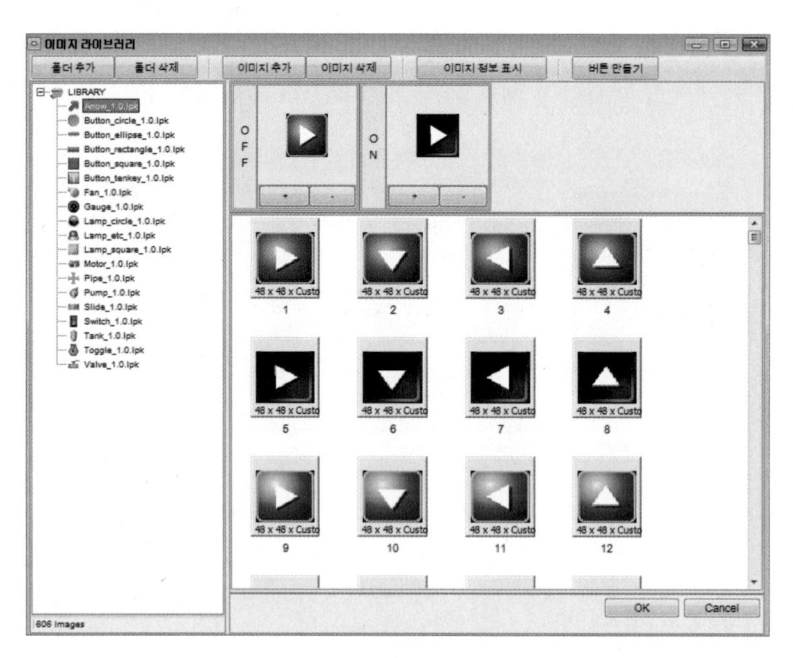

이미지 라이브러리

㉡ LAMP SETUP

- 램프 셋업에서는 램프의 주소와 색상 등을 변경한다. 램프에 PLC 디바이스를 입력하기 위해 아이콘을 클릭하면 아래와 같이 디바이스 입력기가 활성화된다.

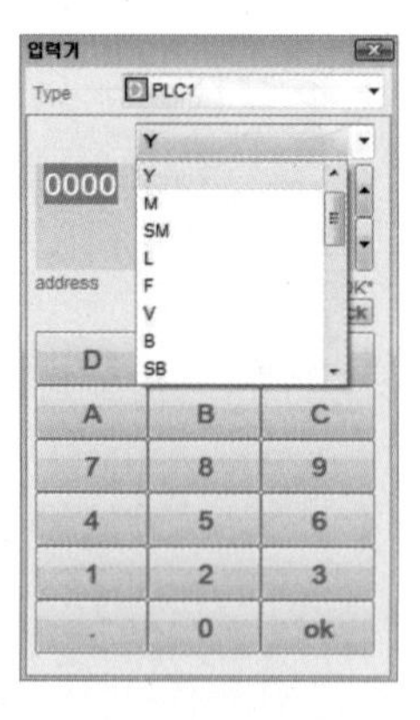

디바이스 입력기

- 입력하려는 디바이스 선택 후 OK를 클릭하면 디바이스 입력이 완료된다.
- 램프의 OFF 상태와 ON 상태 시 램프 색상을 변경할 수 있고 램프 효과를 사용할 수 있다(점멸, 숨김, 반전).

㉢ CAPTION

- 기본적으로 **문자사용**에 체크되어 있는 상태이다. 체크를 해제하면 문자사용을 하지 않는다.
- 사용 방법은 도형의 문자열 사용 방법과 일치한다.

㉣ 터치태그 타입(비트램프 창의 왼쪽 하단)

- 원하는 타입으로 체크를 하면 램프의 변형이 가능하다.
- 기본적으로 비트램프 상태에 체크되어 있다.

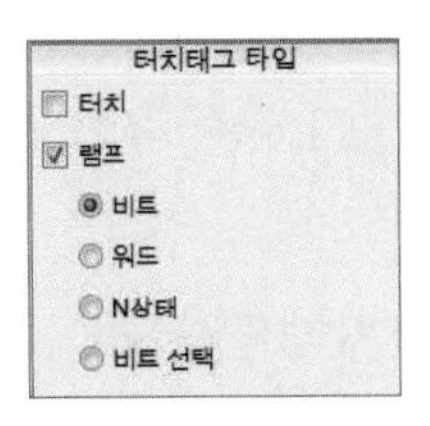

터치태그 타입

② 워드램프

㈎ 터치태그 타입에서 **램프 – 워드**에 체크하면 워드램프로 변환된다.

㈏ 비트램프와 다르게 케이스 창이 활성화된다.

㈐ **케이스** 탭을 클릭하면 CASE List를 확인할 수 있다.

㈑ 워드램프는 CASE List에 추가된 모든 기능을 사용한다.

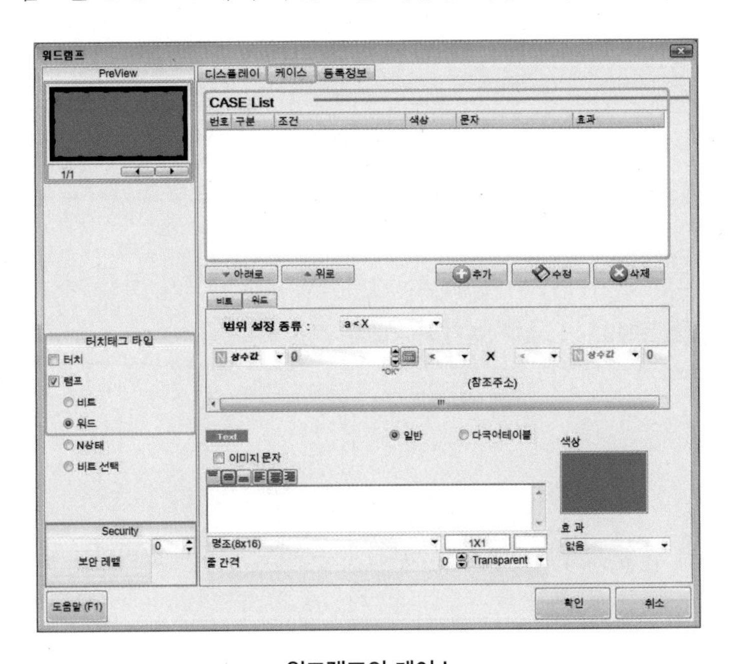

워드램프의 케이스

㉠ 비트

- 비트를 클릭하여 디바이스를 입력하면 비트램프로 사용 가능하다.

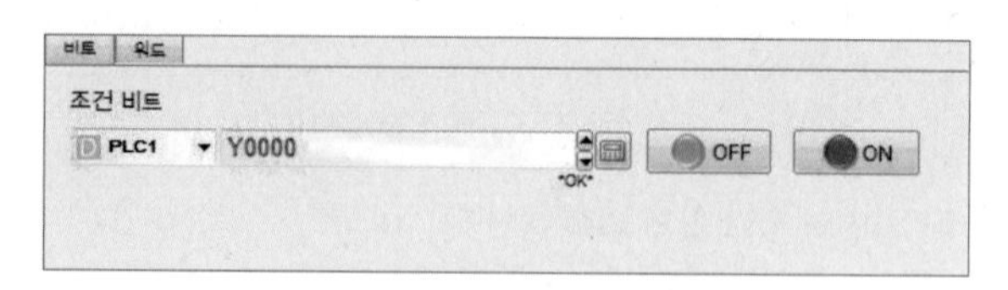

워드램프에서 비트 사용

㉡ CASE List

- 위의 비트 상태에서 CASE List에 **추가**를 클릭하면 비트의 디바이스와 비트 상태가 추가된다.
- 위의 비트에서 **OFF**를 클릭하고 CASE List에 **추가**를 클릭하면 **Y0000 == 0** 상태로 추가된다(1: ON 상태, 0: OFF 상태).
- 수정하고자 하는 List를 클릭하여 수정한다.
- 변경하고자 하는 List를 클릭하여 변경한다.

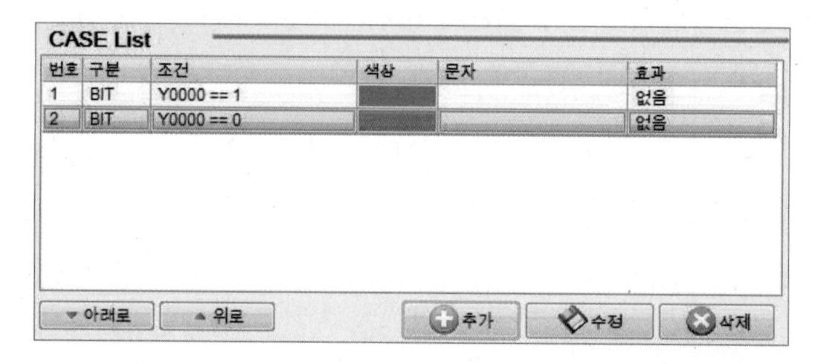

CASE List

㉢ 워드

- 워드를 클릭하여 디바이스를 입력하면 워드램프로 사용 가능하다(디바이스 입력은 **디스플레이** – LAMP SETUP – **램프 주소**에서 입력한다).

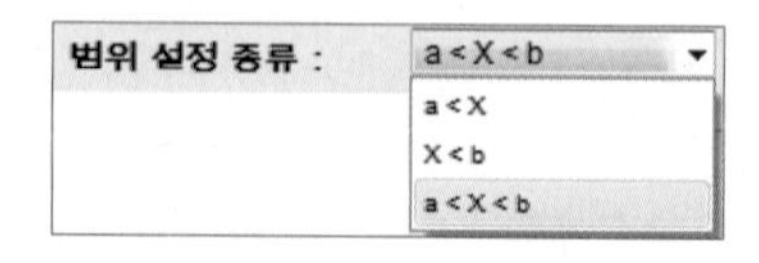

- 범위 설정 종류는 3가지가 있다. X는 워드 디바이스이다.

• a, b의 값을 입력하여 변경할 수 있고, N 상수값 대신 PLC1의 디바이스와 비교할 수도 있다.

워드램프에서 워드 사용

• 각각의 상태일 때 CASE List에 **추가**를 클릭하면 입력된다.

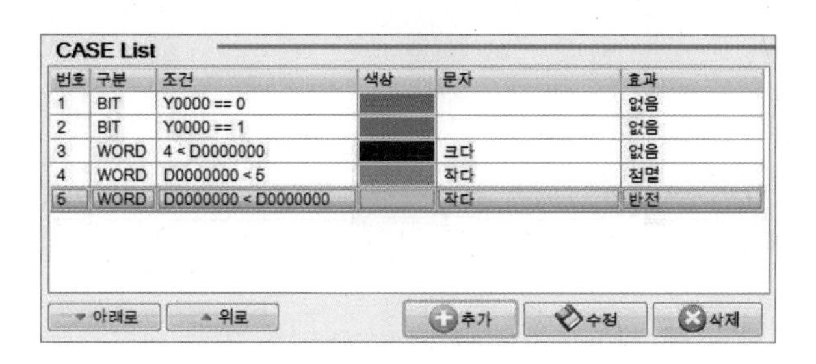
CASE List

번호	구분	조건	색상	문자	효과
1	BIT	Y0000 == 0			없음
2	BIT	Y0000 == 1			없음
3	WORD	4 < D0000000		크다	없음
4	WORD	D0000000 < 6		작다	점멸
5	WORD	D0000000 < D0000000		작다	반전

CASE List 추가

• 각각의 상태일 때마다 문자, 색상, Text를 입력할 수 있다. 이때 반드시 수정 버튼을 클릭해야 한다.

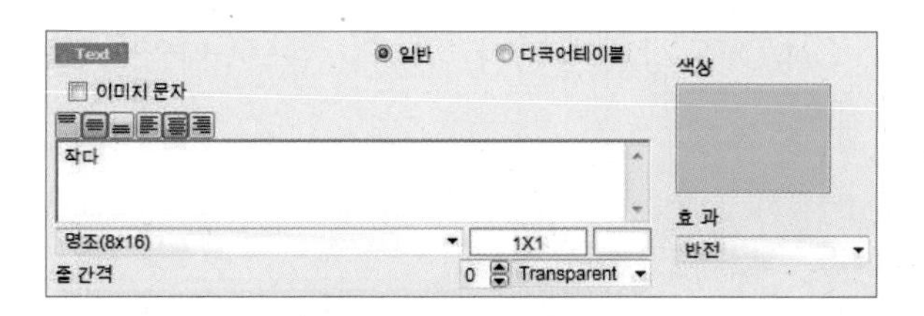

문자, 색상, Text 입력

③ N상램프

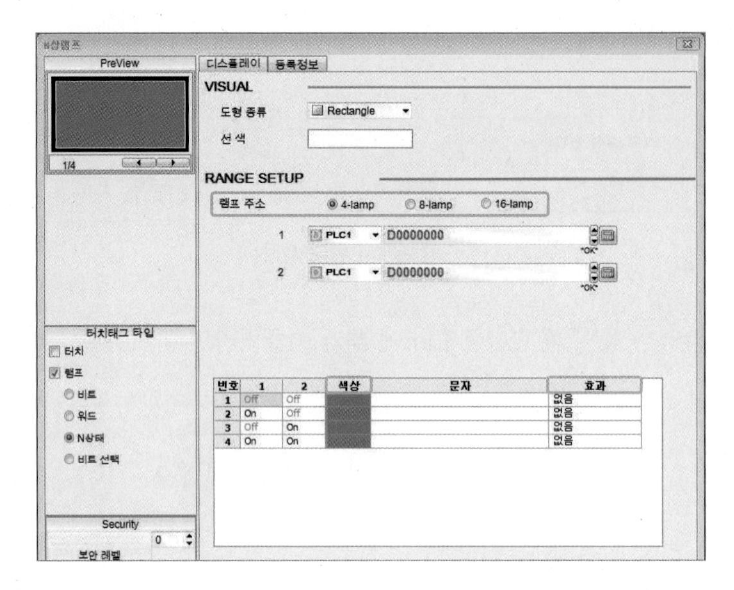

(가) **램프 - N상태**에 체크한 후 디스플레이 상태의 **램프 주소**에서 **4-lamp**를 클릭하면 2진수 형태, **8-lamp**를 클릭하면 8진수 형태, **16-lamp**를 클릭하면 16진수 형태로 생성된다.

(나) **색상**을 클릭하여 색상을 변환한다.

(다) **효과**를 클릭하여 효과를 나타낸다.

(라) 각 디바이스 ON/OFF 상태에 따라 하나의 램프로 다양한 색상을 변화할 때 사용된다.

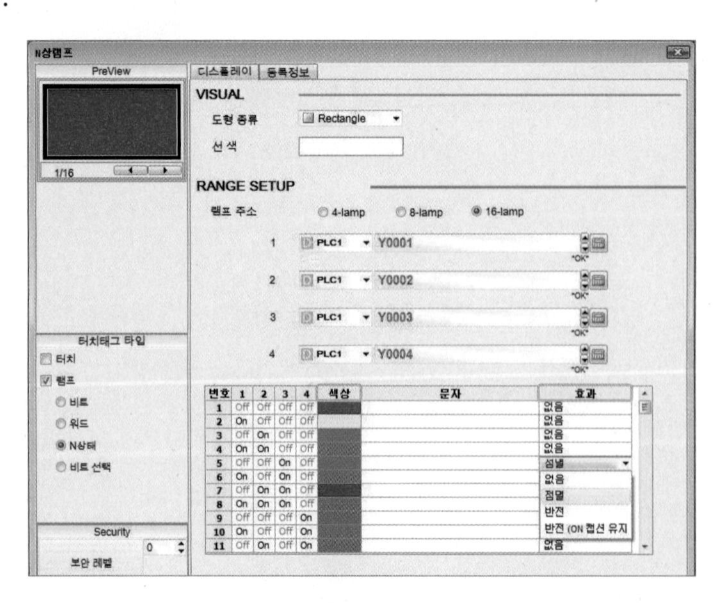

N상램프

④ 비트 선택 램프

(가) 램프 수는 최대 8개까지 생성된다.

(나) 하나의 램프로 다양한 비트를 사용하여 램프의 색상과 효과를 바꿀 수 있다.

(다) **색상**을 클릭하여 색상을 변환한다.

(라) **효과**를 클릭하여 효과를 나타낸다.

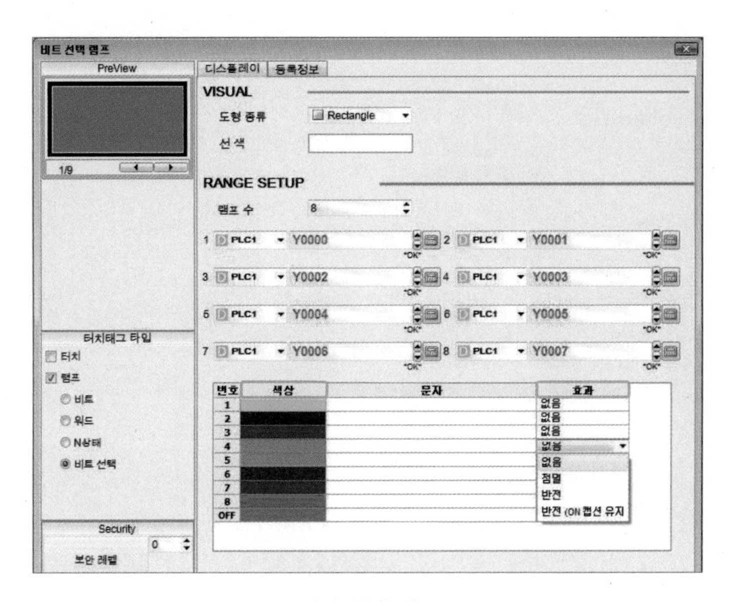

비트 선택 램프

⑤ 터치

(가) 터치 아이콘을 클릭하여 기본화면에 원하는 크기로 드래그한다.

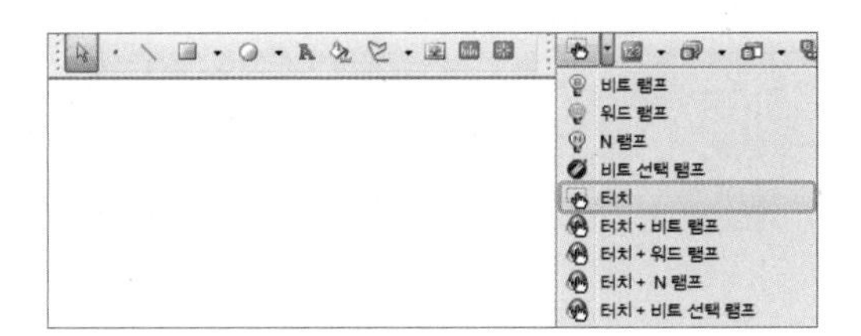

(나) 기본적으로 T(터치)로 설정되어 있고 램프의 초기상태는 Default이다.

(다) 터치 기능은 HMI의 스위치이다.

(라) 디스플레이의 기능은 램프와 동일하다.

(마) 터치를 더블 클릭하여 터치 속성을 변경한다.

터치 디스플레이

(바) 터치 잠금 기능은 HMI에 터치가 작화되어 있지만 어떤 조건 시 미사용하기 위해 터치를 잠금하는 것이다.

(사) 터치 잠금에는 **비트 상태, 워드값** 두 가지 방법이 있다.

(아) 일반적으로 비트 상태일 때 잠금 기능을 많이 사용한다.

(자) Y0에 값이 OFF일 때 터치는 잠금(사용되지 못함)된다.

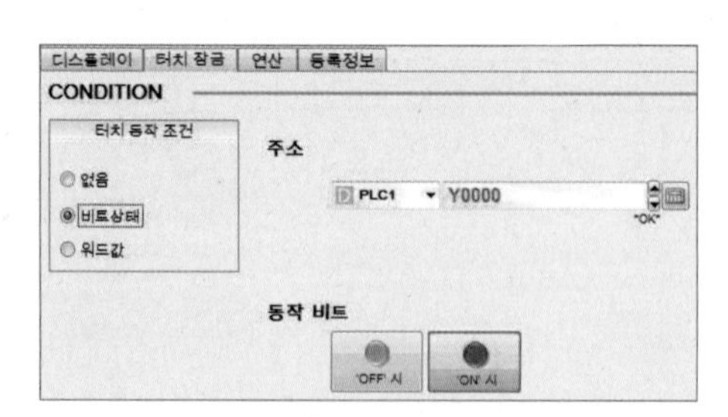

터치 잠금

㉠ 비트 동작

- **비트 동작**은 **연산**에서 가장 많이 사용하는 기능이다.
- 주소를 입력하고, 동작을 선택하여 **OPERATION**에서 추가를 클릭하면 생성된다.
- **비트 선택**은 자주 사용되지 않는다.

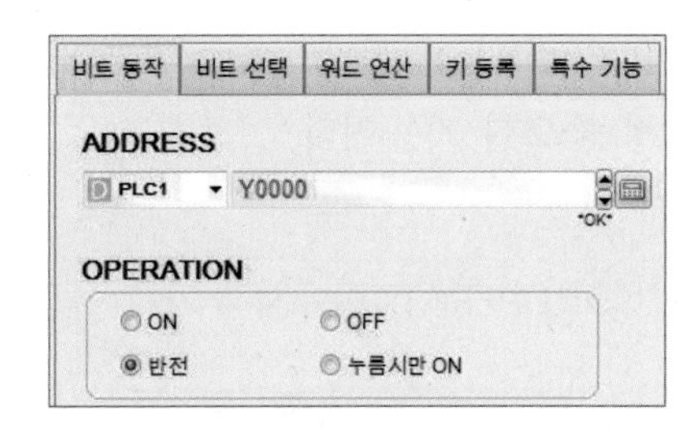

비트 동작

㉡ 워드 연산

- 아래와 같이 작성한 연산을 실행한다.
- 을 클릭하면 다양한 연산 입력기가 생성된다. 클릭하여 입력한다.
- OPERATION에서 **추가**를 클릭하면 생성된다.

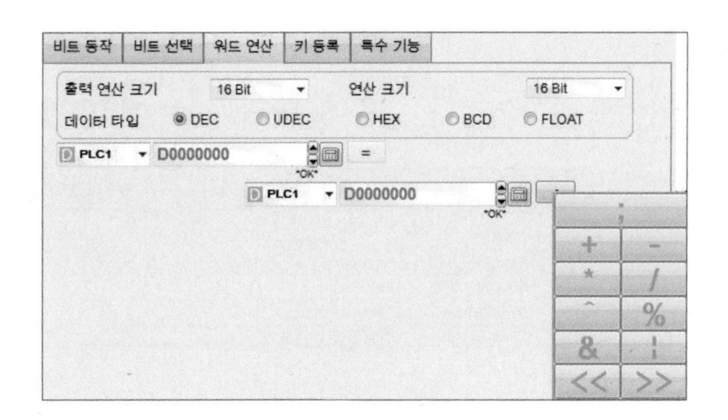

워드 연산

㉢ 키 등록

- 기본적으로 **숫자**에 체크되어 있다. **문자**에 체크하면 문자 입력도 된다.
- 여러 가지 키를 등록하여 문자 입력기, 숫자 입력기 등을 직접 작화할 수 있다.
- OPERATION에서 **추가**를 클릭하면 생성된다.

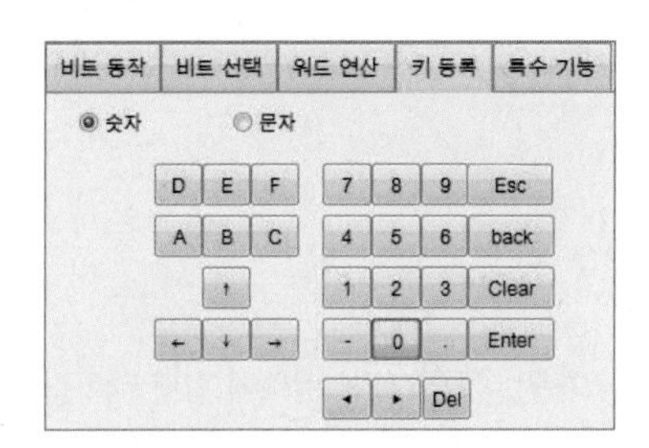

키 등록

㉣ 특수 기능

- 터치 기능 중 가장 중요한 기능이다.
- 모든 특수 기능들을 포함하고 있다.
- **특수 기능**을 선택하고 OPERATION에서 **추가**를 클릭하면 생성된다.

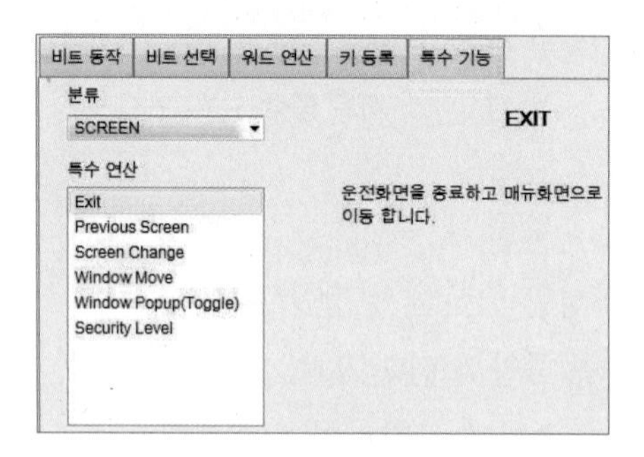

특수 기능

- 분류는 5가지로 나누어진다. 그중 SCREEN(화면 전환)이 가장 많이 사용된다.

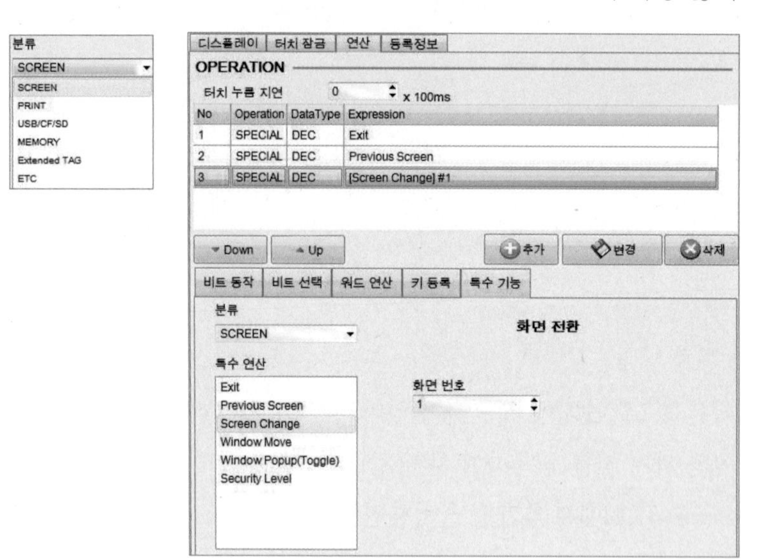

자주 사용되는 특수 기능

- Exit : 메뉴화면 이동
- Previous Screen : 이전 화면 이동
- Screen Change : 화면 전환(화면 번호에 입력된 화면 번호로 화면이 전환된다.)
- OPERATION에서 **추가**를 클릭하면 생성된다.

㉤ 터치&램프

- **터치태그 타입**에서 터치와 사용하고자 하는 램프를 클릭하면 겸용으로 사용할 수 있다. 즉, 스위치와 램프를 혼용으로 사용할 수 있다.

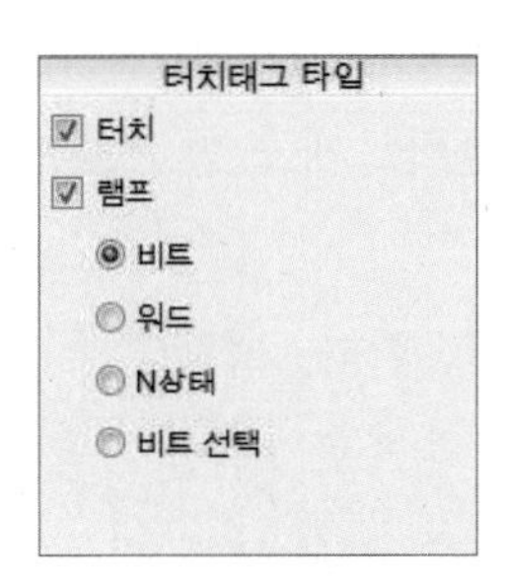

터치&램프

(3) 가상 운전 실행

① **도구 – 가상운전 실행**을 클릭하면 작화된 터치스크린의 라이브러리들을 HMI가 없어도 시뮬레이션을 할 수 있다.

② 단축키 F12로도 실행할 수 있다.

(4) 빌드 및 전송

① 프로젝트 빌더

㈎ **전송 – 빌드 및 전송**을 클릭하면 작화된 터치스크린의 라이브러리들을 빌드한다.

㈏ 프로젝트 빌더 실행 후 전송기 실행이 자동으로 이루어진다.

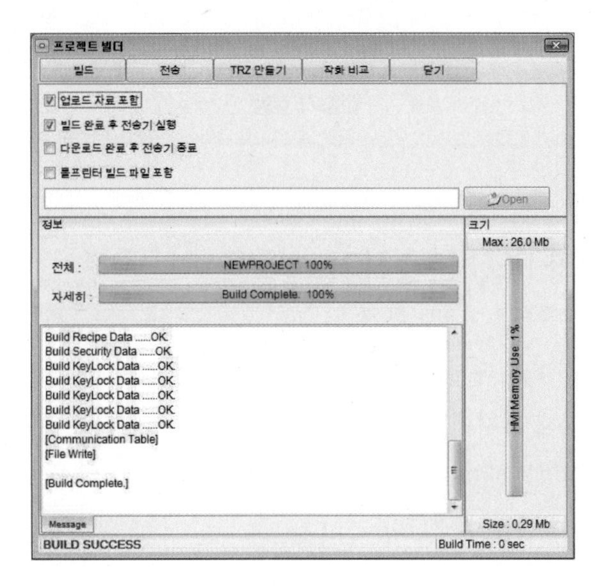

프로젝트 빌더

② 전송기 실행

(가) **전송 – 전송기 실행**을 클릭한다. 작화 전송뿐만 아니라 OS 및 폰트 전송, 데이터 업로드를 모두 **전송기 실행**에서 실행한다.

(나) OS 및 폰트 전송, 데이터 업로드 시 USB 케이블을 꼭 사용해야 업로드가 가능하다.

(다) 터치정보의 모든 정보가 올바르게 뜨면 PC와 HMI 간의 접속이 원활히 이루어진 것이다.

(라) **전송**을 클릭하면 작화를 전송한다.

(마) OS(Operating system) PC 내에 프로그램을 효율적으로 사용하기 위해 OS 파일을 전송해야 한다. OS 파일 버전은 HMI 본체 기종에 따라 다를 수가 있다.

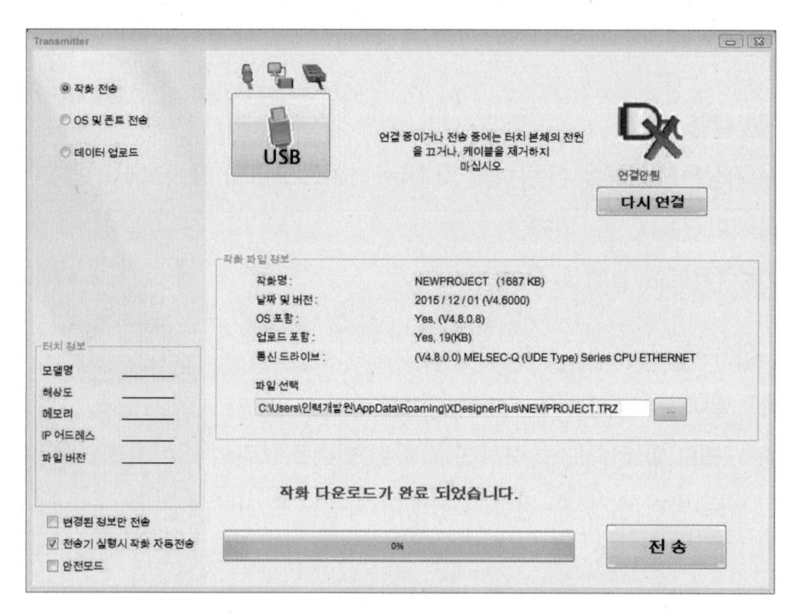

전송기 실행

10 터치패널과 PLC 연결하기

컴퓨터에 의해 PLC와 터치패널의 프로그램이 각각 작성되어 저장되었다면 PLC와 터치패널 간의 연결(통신)에 의해 터치패널이 PLC의 입출력스위치 역할을 수행하게 된다. 연결 방법은 기종에 따라 시리얼통신(RS-232C/422/485), 이더넷통신 등 여러 형태가 있는데 여기서는 이더넷통신에 의한 방법을 설명한다.

10-1 케이블(Ethernet 케이블) 연결

PLC의 Ethernet 통신 카드와 터치패널의 이더넷(LAN)통신포트에 이더넷 케이블로 연결한다. 이때 이더넷 케이블은 트위스트 타입을 사용해야 하는데 허브와 허브 간의 통신(다이렉트 타입) 외에 일반적으로 트위스트 타입을 사용한다. 따라서 시중에서 일반적으로 사용하는 케이블이면 가능하다.

(1) PLC에서

① **PLC 파라미터**를 선택한 후 파라미터 설정 환경에서 **내장 Ethernet 포트 설정**을 선택하면 **IP 어드레스 설정** 창이 활성화된다.

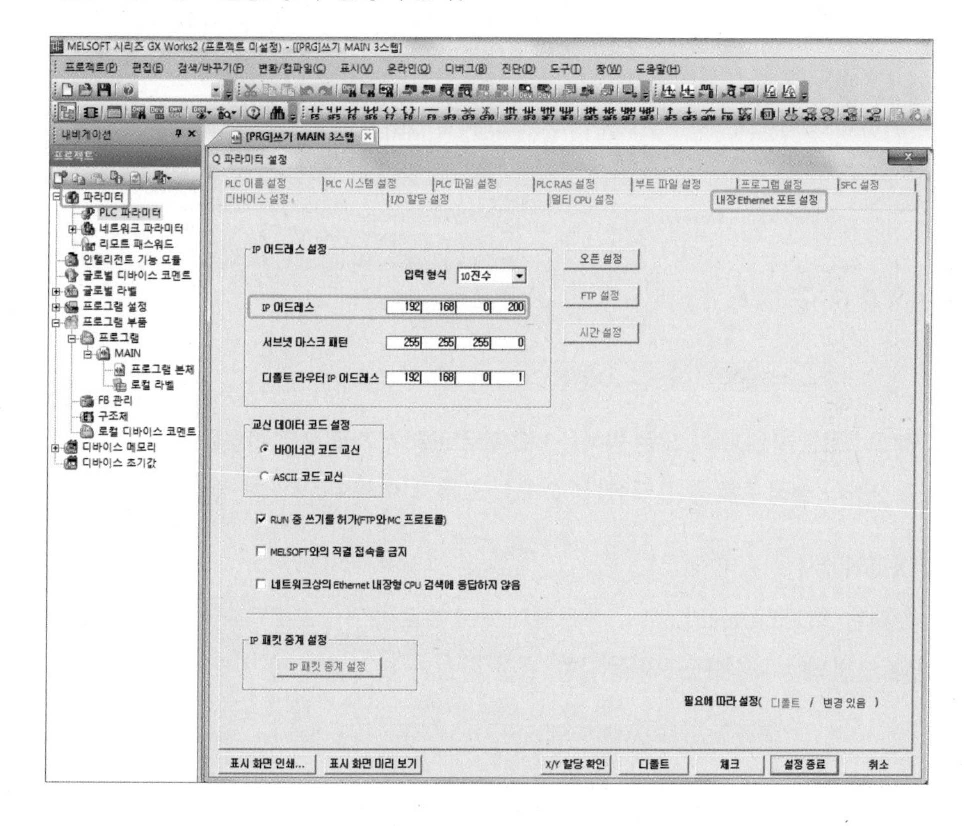

㈎ **IP 어드레스**는 PLC의 **192. 168. 0. 200**을 입력하는데 100단위 이하 어느 숫자든 상관이 없다.

㈏ 단, 왼쪽으로부터 세 번째 칸까지는 상대(터치패널)의 IP 어드레스와 반드시 일치해야 한다.

(다) 마지막 칸의 숫자는 상대(터치패널)의 IP 어드레스와 반드시 다른 숫자를 입력해야 한다.

예 PLC IP – 192. 168. 0. 200

터치패널 IP – 192. 168. 0. 51 (터치환경에서 설정할 것임)

② **오픈 설정**을 선택하여 설정 창을 활성화한다.

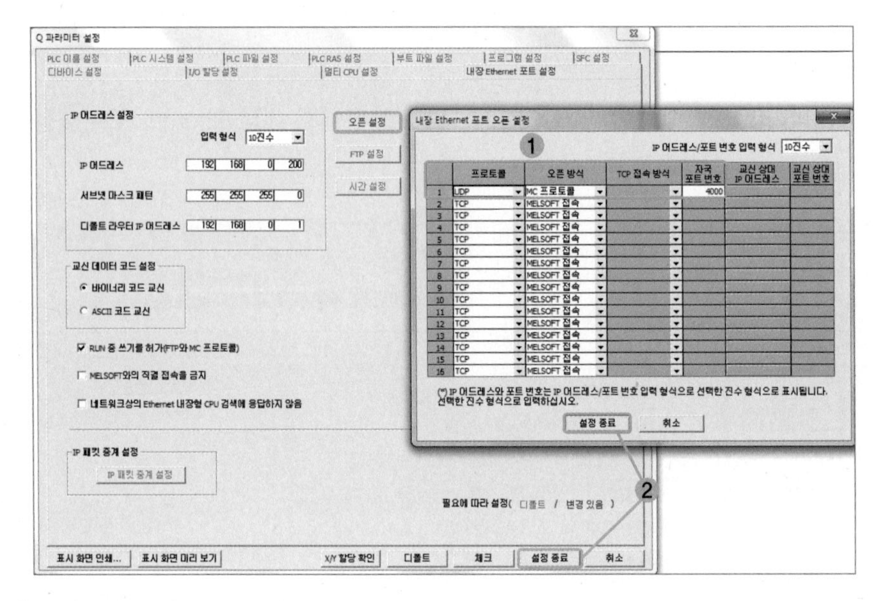

❶ **프로토콜**을 UDP로, **오픈 방식**을 MC **프로토콜**로, **자국 포트 번호**를 4000으로 설정한다.

❷ 2곳의 **설정 종료**를 선택한다. 2개소 모두 선택하지 않으면 통신이 불가능하다.

(2) TOUCH에서

터치패널 XDesignerPlus4 소프트웨어에서 **프로젝트 – 프로젝트 설정**을 선택하여 터치패널과 연결되는 대상 PLC의 동일한 설정 환경과 터치패널 환경을 설정한다.

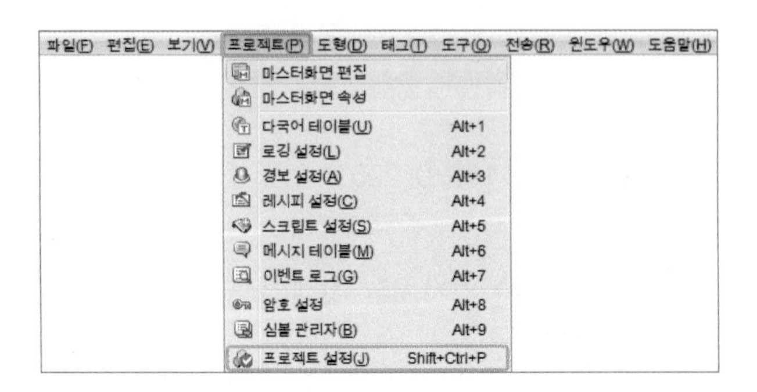

① PLC 환경 : 다음 그림과 같이 설정

HMI 설정 사용에 체크한다. PLC에서 설정한 192. 168. 0. 200을 입력하고 **프로토콜**도 UDP로 설정한 후 나머지 사항도 다음 그림처럼 입력하고 마지막으로 **확인**을 선택한다.

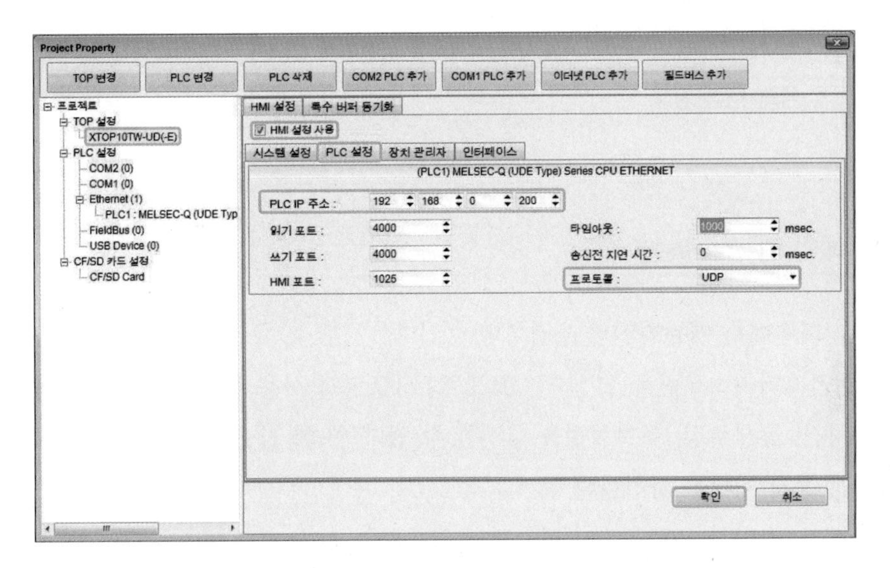

② 터치패널 환경 : **장치 관리자**를 선택하여 아래 그림과 같이 설정

터치패널 IP 어드레스를 PLC에서 설정한 192. 168. 0. 200 중 192. 168. 0.까지 같은 숫자를 입력하고 마지막 자리는 다른 숫자인 51을 설정한 후 **확인**을 선택한다.

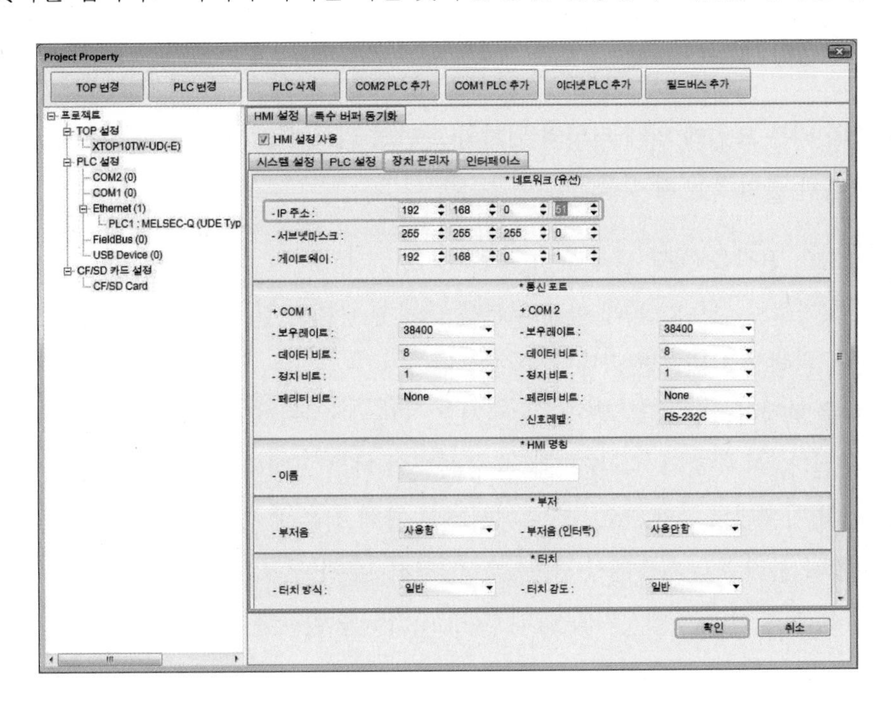

Project No. 1

램프 켜기

⊙ **학습목표** 1. 터치패널의 환경을 설정할 수 있다.
2. 터치패널과 PLC를 연결하여 상호간에 동작할 수 있다.

⊙ **동작조건** 작화한 터치패널 화면의 버튼을 손가락으로 터치하면 화면의 가상램프와 PLC에 연결된 실제 램프가 점등된다.

1 메인 메뉴(초기화면)

터치패널 화면에는 메뉴화면과 운전화면이 있다.

① 메뉴화면 : 터치스크린을 설정하는 모드로, 모델명과 사용 중인 OS 버전 확인, 현재 날짜와 시간, 통신설정, 초기설정을 설정할 수 있다. 또한 진단 메뉴가 있어서 터치스크린의 정상 동작 여부를 확인한다.

② 운전화면 : 작화한 프로그램이 표시되어 작동하는 화면이다.

Note 메인메뉴의 설정은 항상 하는 작업은 아니며 필요에 따라 사용한다.

2 보정하기(Calibration)

온도 등의 외부 요인에 의해 터치의 위치와 화면의 위치가 달라질 수 있는데 제품 사용 중 터치의 위치가 틀어졌을 때 다음과 같이 보정한다.

① 본 기기의 전원을 OFF 상태로 만든다.

② 화면을 가로로 나누었을 때 아래 부분을 터치한 상태로 본 기기의 전원을 인가한다.

③ 화면이 흰색으로 변하면 화면에서 손을 뗀다.

④ "터치를 보정하려면 아무 곳이나 누르시오."라는 메시지가 나오고, 화면에 숫자가 카운트다운된다. 이 숫자가 "0"이 되기 전에 화면의 아무 곳이나 눌러준다.

⑤ "화면의 가운데를 누르시오."라는 메시지와 함께 검은색 사각형이 화면 중앙에 표시되면 정확히 눌러주고 계속해서 좌상, 우상, 좌하, 우하 부분을 눌러 준다.

⑥ Data Saving이라는 메시지와 함께 Calibration을 완료한다.

3 RUN 모드에서 MENU 모드로 전환하는 방법

초기 화면에서 필요에 따라 환경에 맞는 여러 작업을 마친 후 RUN 모드를 실행하면 작화한 화면이 실행되는데 이때 다시 초기메뉴로 되돌아가는 방법에 대해 설명한다.

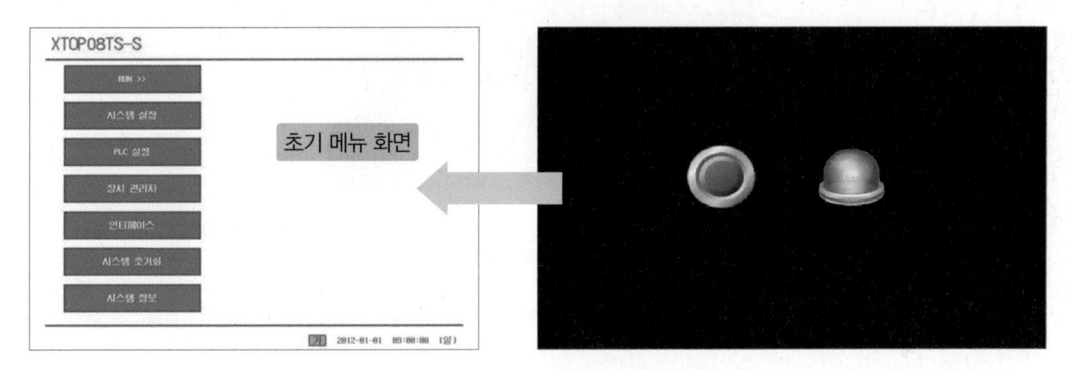

RUN 모드 전환 예시 화면

(1) 방법 1

메인 메뉴에서 RUN 항목을 MENU로 설정한 경우 전원을 껐다가 켜면 초기 메인메뉴 화면이 시작된다.

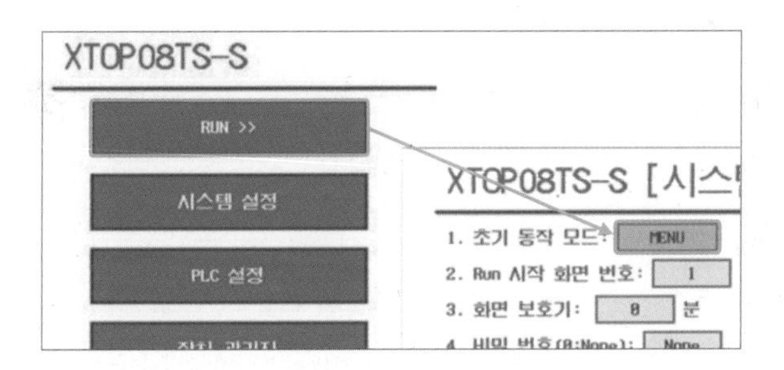

(2) 방법 2

위 방법에서 메인 메뉴의 RUN 항목을 MENU로 설정하지 않고 RUN 모드로 설정한 경우 전원을 껐다가 켜면 곧바로 실행 화면이 나타나 당황하게 되는데, 이런 경우 다음과 같은 방법에 의해 메인메뉴로 돌아가게 된다.

① 전원을 껐다가 켠 후 곧바로 전면시트 위에 있는 TOP 로고 아래의 LCD 화면 부분을 신호음과 함께 눌러 준다.

② 터치를 누른 채 전원을 켜면 MENU 모드로 전환되지 않는다. 따라서 주위가 소란스러워 신호음을 확인할 수 없을 때나 언제 눌러야 할지 모를 때는 로고 아랫부분을 눌렀다 떼었다(톡-톡-톡)를 연속적으로 하는 상태에서 전원을 켠다.

(3) 방법 3

실행 화면에 화면을 탈출하여 메인 메뉴로 돌아가는 버튼을 만드는 방법이다.

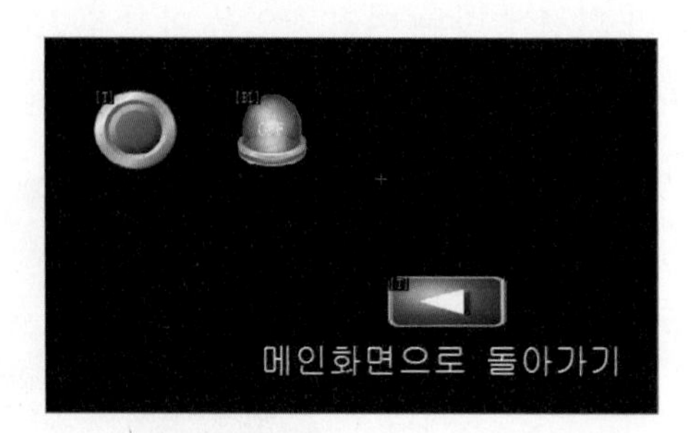

화면에 버튼(터치)을 하나 만들고(①), ② **연산** - ③ **특수 기능** - ④ **특수 연산**의 Exit를 선택한 후 ⑤ **추가**를 클릭하고 ⑥ **확인**을 클릭한다. 이때 **추가**와 **확인**을 누락하여 작동이 되지 않는 경우가 있으니 주의해야 한다.

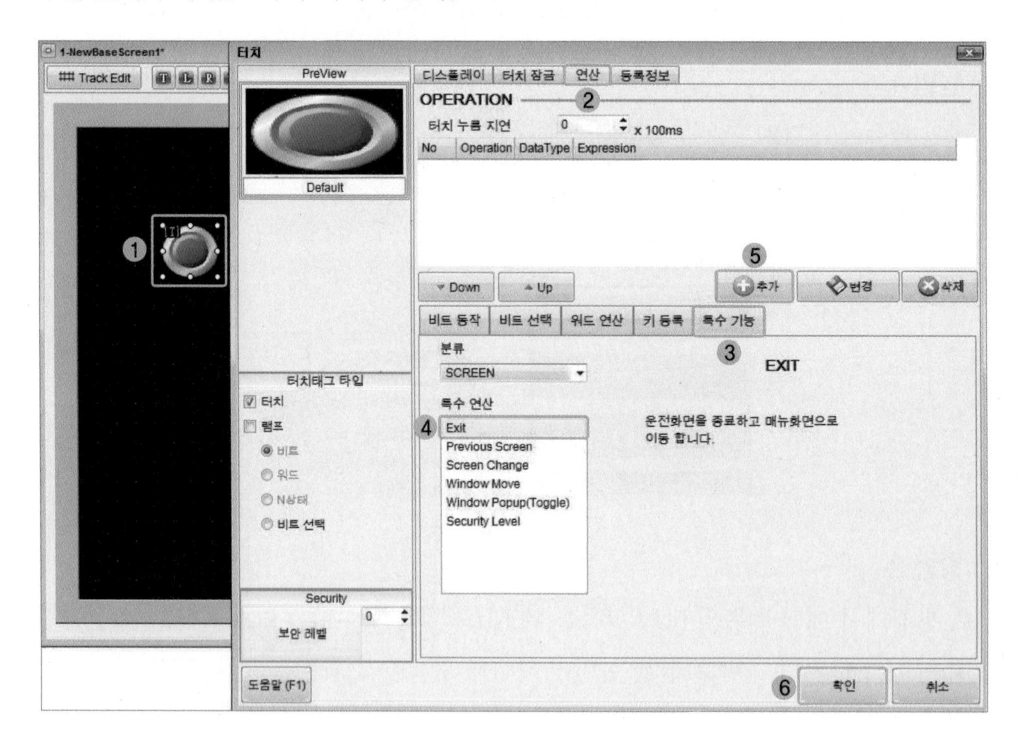

4 여러 가지 MENU 항목 설정 방법

XDesignerPlus4 소프트웨어의 도움말을 선택하여 PDF 파일로 된 사용설명서를 열어 참조하기 바란다. 600쪽이 넘는 방대한 양으로 여기서 모두 설명하기는 어려우므로 파일을 저장하여 사용하면 편리하다. 앞으로 설명하는 내용은 본 설명서의 일부를 인용하여 제시하는 것이다.

4-1 프로젝트 수행 작화하기

(1) 새 프로젝트 만들기

① **파일 – 새로 만들기 – 새 프로젝트**(Ctrl+N)를 선택한다.

② 터치패널과 PLC 환경 설정 창에서 해당 사항을 설정한 다음(예 : 터치패널의 기종 XTOP10TW-UD(-E)/PLC CPU 기종 MITSUBISHI, MELSEC-Q(UDE Type) Series CPU ETHERNET)

③ PLC에서 설정한 **IP 주소** 192. 168. 0. 20을 작화프로그램의 PLC 통신옵션에 똑같이 입력한다. 다음 환경설정은 앞에서 설명한 바와 같이 **프로젝트 설정** 창에서 변경이 가능하므로 **확인**을 선택하여 넘어가도 무방하다.

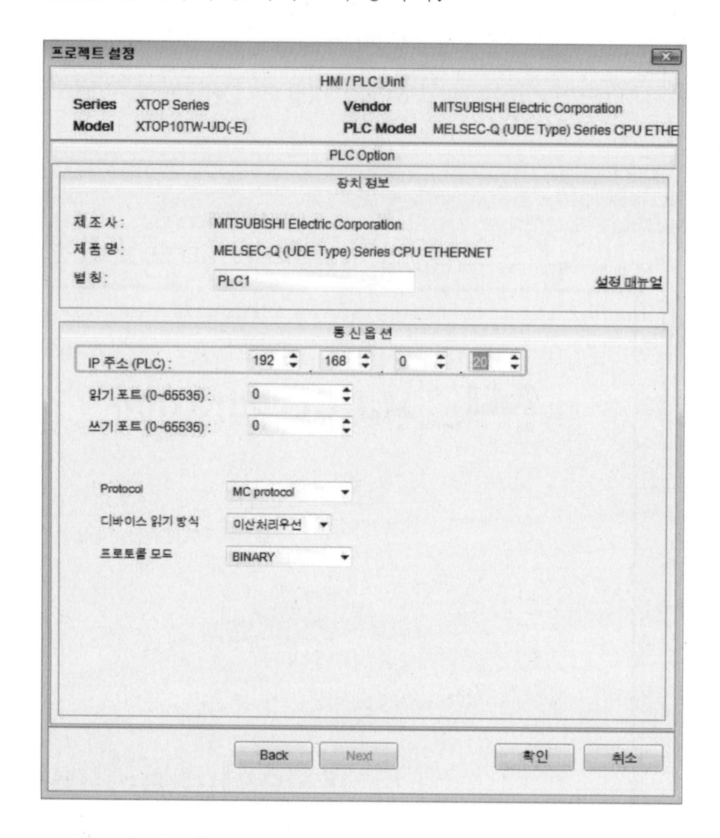

④ 작화할 수 있는 기본화면이 나타난다.

(2) 버튼 그리기

① **터치**를 선택하여 작업창에 사각형을 그린다.

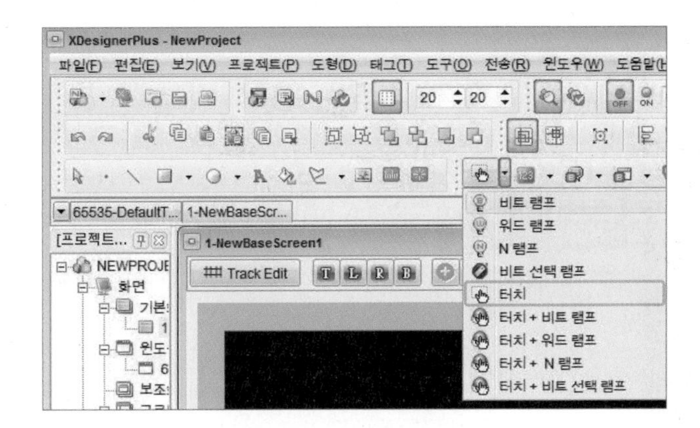

② **디스플레이 – 이미지 라이브러리**에서 Button_circle_1.0.lpk를 선택하여 아래 그림과 같은 버튼을 그려 넣는다.

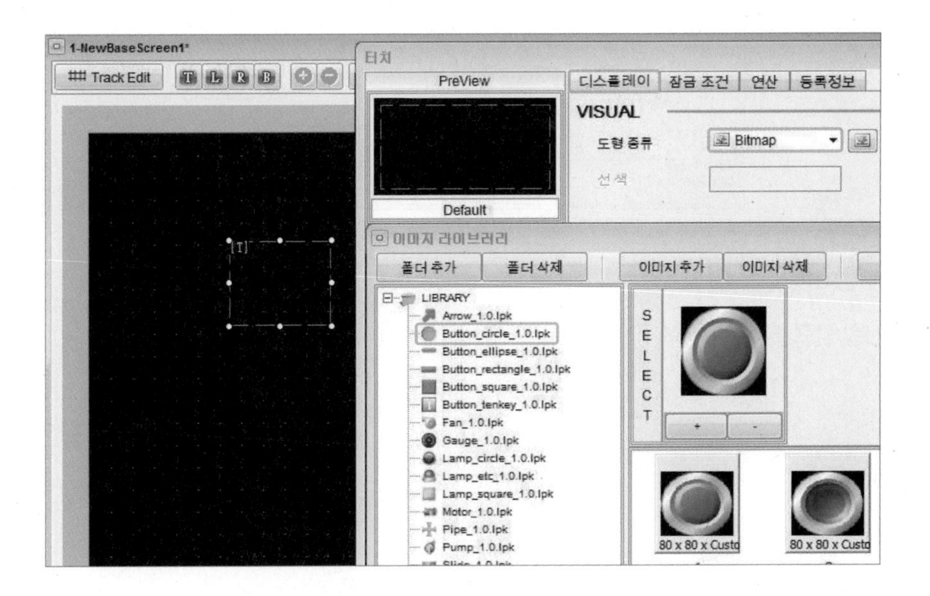

③ **연산**을 선택한 후 ADDRESS의 PLC1에서 **X0000**을 입력하고 **누름시만** ON에 체크한 후 **확인** 버튼을 클릭하여 완성한다(X0000은 PLC의 입력 접점과 일치).

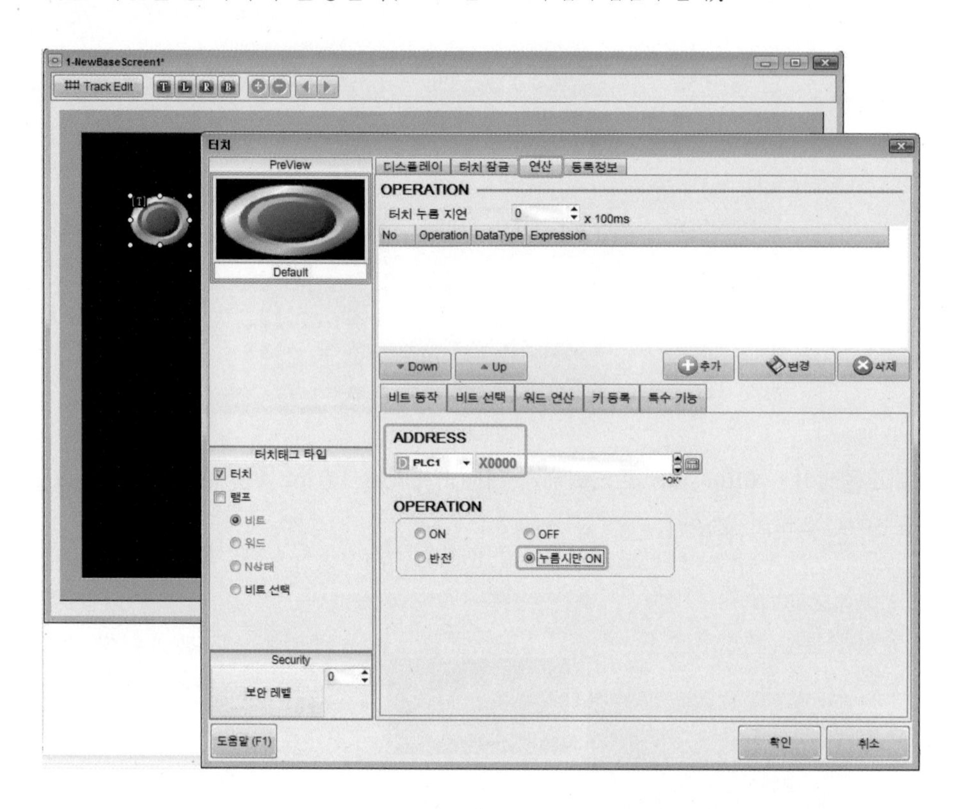

(3) 램프 그리기

① **비트 램프**를 선택하여 작업창에 사각형을 그린다.

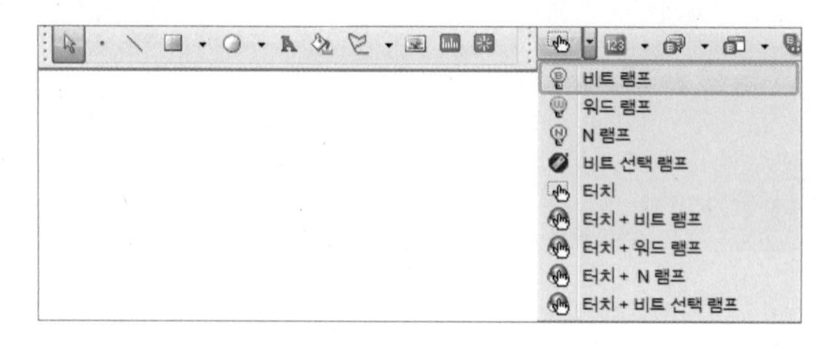

② **디스플레이** – 이미지 라이브러리에서 Lamp_etc_1.0.lpk를 선택하여 아래 그림과 같은 버튼을 그려 넣는다. LAMP SETUP에서 램프 주소를 PLC1, Y0020으로 선택하고 아래 **확인** 버튼을 선택하여 완성한다(Y0020은 PLC의 출력 접점과 일치).

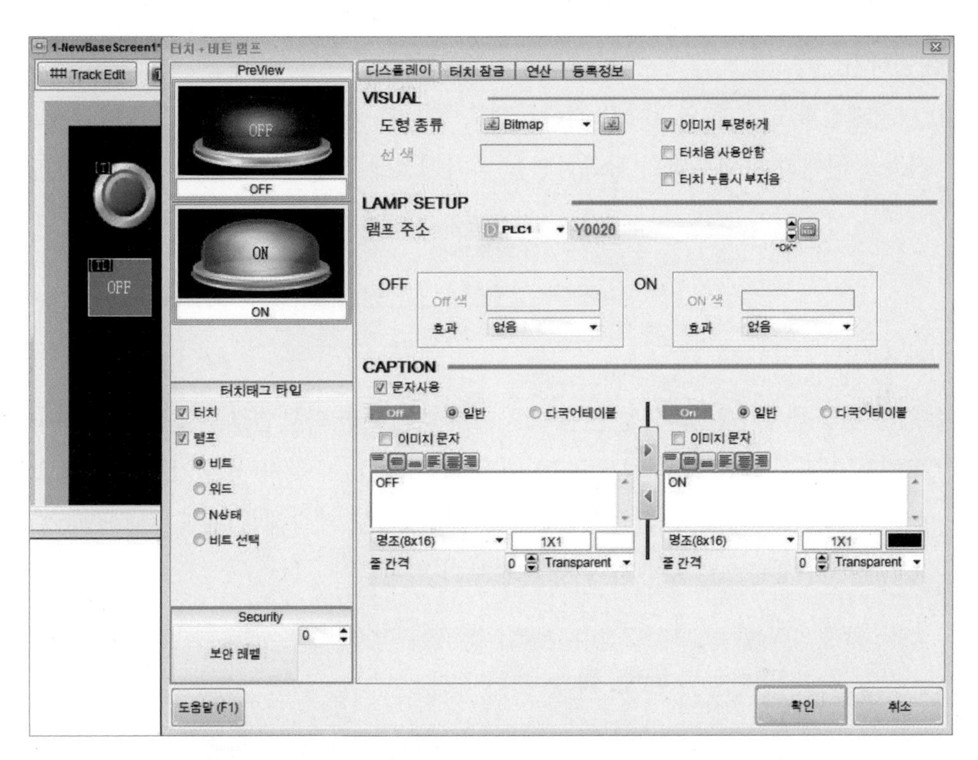

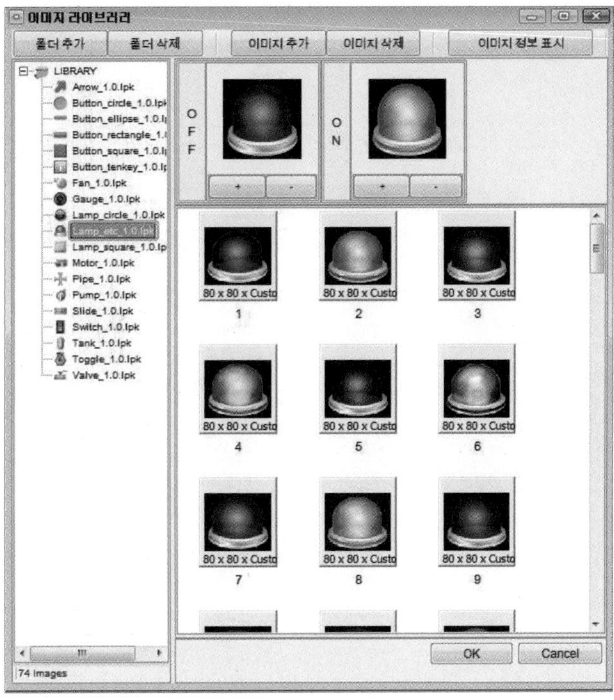

(3) 컴퓨터－터치－PLC 연결하기 및 환경 설정하기

컴퓨터－PLC－터치패널 상호간의 연결과 환경설정, 실행 과정은 앞에서 설명하였으므로 생략하며, 필요에 따라 이미 설명한 내용을 참조하기 바란다.

(4) 실행하기

① 터치패널과 PLC를 연결하고 정상적으로 통신이 되는지 확인한 다음 **전송 － 빌드 및 전송**을 선택하여 컴퓨터의 작화화면을 터치패널에 전송한다.

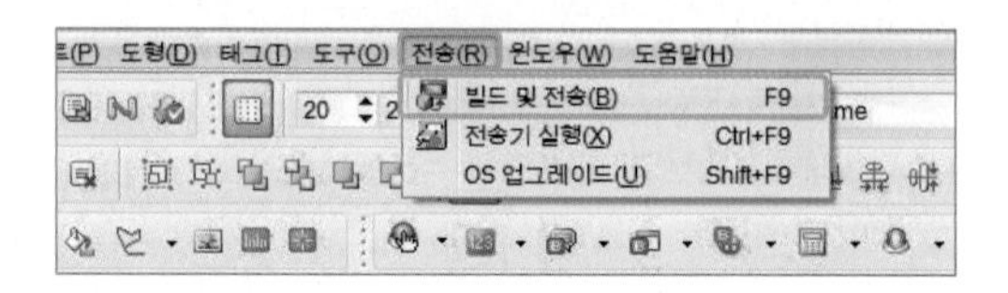

② 연결 상태를 확인한 후 **연결 안 됨** 메시지가 나타나면 **다시 연결**을 클릭하고 그래도 계속해서 연결이 되지 않을 경우 USB 버전(2.0 또는 3.0)이 맞지 않을 가능성이 크므로 **안전모드**에 체크하여 다시 한 번 시도해 보거나 그래도 계속해서 문제가 발생할 경우 리피터를 최신제품으로 구매하여 사용해 보기 바란다.

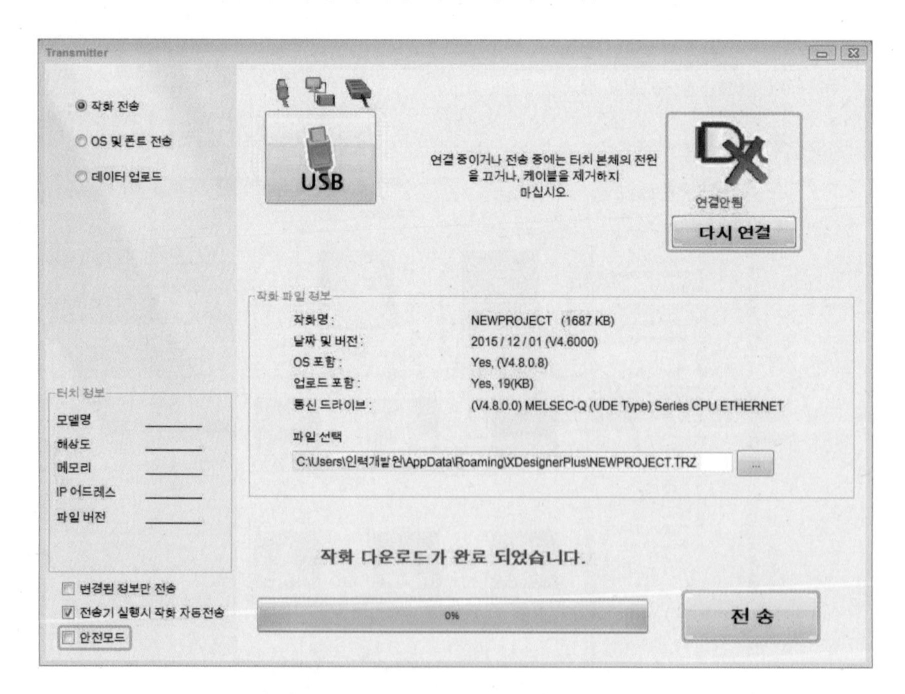

③ 터치의 버튼 아이콘에 PLC 입력접점 X0000을 부여했기 때문에 터치스크린의 버튼을 누르면 PLC의 접점 X0000이 연결되고 출력접점 Y20이 출력되어 터치스크린의 램프도 불이 켜진다.

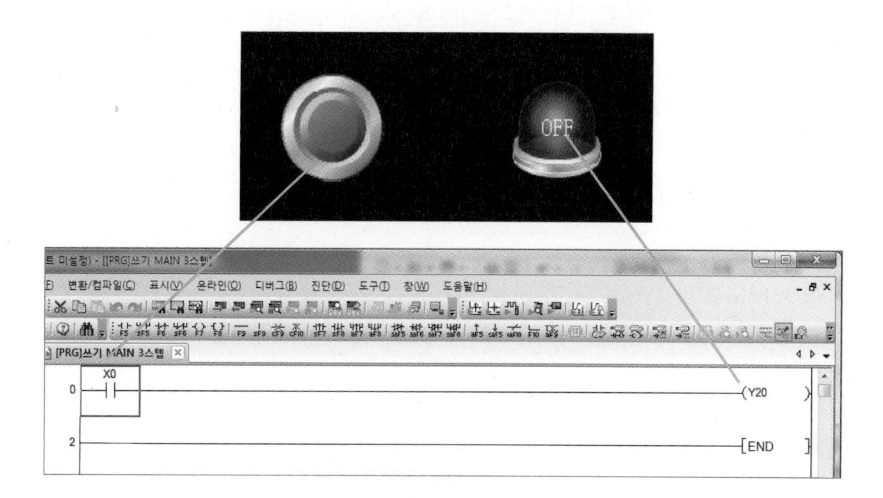

Project No. 2

숫자 표시하기

⊙ **학습목표** PLC의 숫자 값을 터치스크린에 표시할 수 있다.

⊙ **동작조건** 터치스크린의 스위치를 한 번 조작할 때마다 PLC의 카운터가 증가하고 현재 값이 터치스크린에 나타난다.

1 PLC 프로그램하기

① 입력접점 X0이 입력될 때마다 카운터 C0 값이 증가한다.

② SM400에 의해 항상 D0번지에 C0의 현재 값을 저장한다.

③ D0값은 터치패널의 데이터주소와 공유한다. 즉 PLC의 D0값이 변하면 터치패널의 D0 값도 동시에 같은 값으로 바뀐다.

```
PRG]쓰기 MAIN 9스텝
0  X0 ─┤├──────────────────────────( C0  K10 )
5  SM400 ─┤├───────────────[ MOV  C0  D0 ]
8  ───────────────────────────────[ END ]
```

2 터치화면 작화하기

① **숫자**를 선택하여 화면에 사각형을 그린다.

② **주소** 탭에서 PLC1, D0000000을 선택하여 PLC와 데이터를 공유하도록 한다.

③ **디스플레이**의 **폰트 유형**을 Image Font로 설정하고 크기를 조절한다.

④ **확인**을 누르면 화면에 크기가 조절된 숫자판이 나타난다.

3 실행하기

① 컴퓨터에서 작성한 화면을 터치패널에 전송한다(전송 방법은 Project No.1 참조).

② PLC와 터치패널 간의 통신 상태를 점검한 후 터치스크린의 스위치 버튼을 누른다.

③ PLC의 카운터값이 증가하면서 터치스크린에 숫자가 표시된다.

Project No. 3

화면 전환하기

⊙ **학습목표** 터치화면을 여러 페이지로 나눠 필요에 따라 원하는 화면으로 전환할 수 있다.

⊙ **동작조건** 1. 첫 번째 화면에서 화면전환 선택 버튼을 누르면 해당되는 페이지로 화면이 전환된다.
2. 전환된 화면에서 첫 번째 화면이나 다른 화면 또는 실행되기 전 터치패널의 메인 화면으로 전환된다(프로그램을 빠져 나간다).

1 작화 작업순서

① 화면 왼쪽의 **기본화면**에 마우스 오른쪽 버튼을 클릭하면 **새 화면**이 나타난다.

② **새 화면**을 클릭하면 아래 **1-NewBaseScreen1**이 만들어지면서 오른쪽 화면이 나타난다.

③ 같은 방법을 수행할 때마다 화면이 하나씩 새로 만들어지는데 실습을 위해 1, 2, 3(3개)의 화면을 만든다.

④ 1번 화면에 오른쪽 화면과 같은 글과 아이콘들을 만든다.

⑤ 1번 화면의 글과 아이콘들을 복사하여 2번과 3번에 각각 붙인 후 수정하여 완성한다(왼쪽 화면 번호를 선택하면 해당되는 화면으로 전환된다).

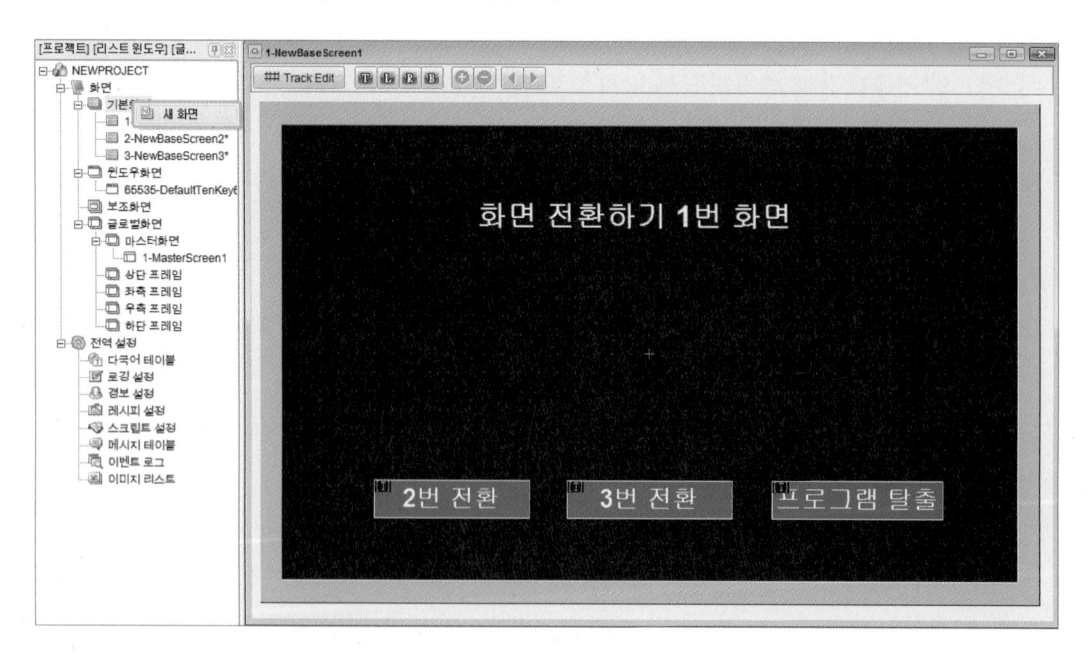

2 작화 방법

(1) 타이틀 글쓰기

① [A] 아이콘을 클릭한 후 바탕화면에 나타난 ABC를 마우스 왼쪽 버튼으로 더블클릭한다.

② 새로운 화면이 나타나면 아래 그림처럼 변경한다.

③ **확인**을 클릭하여 완성한다.

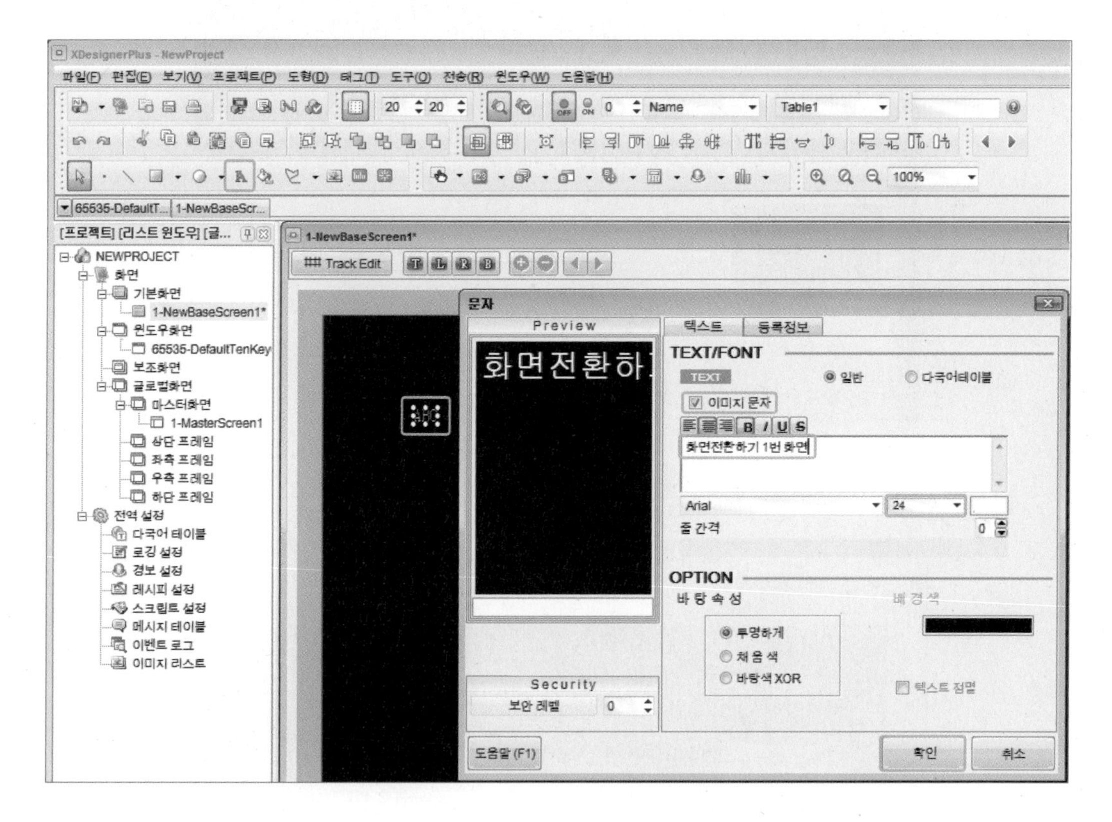

(2) 화면전환 아이콘 만들기

① 앞에서 버튼을 만들 때 선택했던 **터치**를 선택한다.

② **비트맵**에서 Button_rectangle_1.0.lpk를 선택한다.

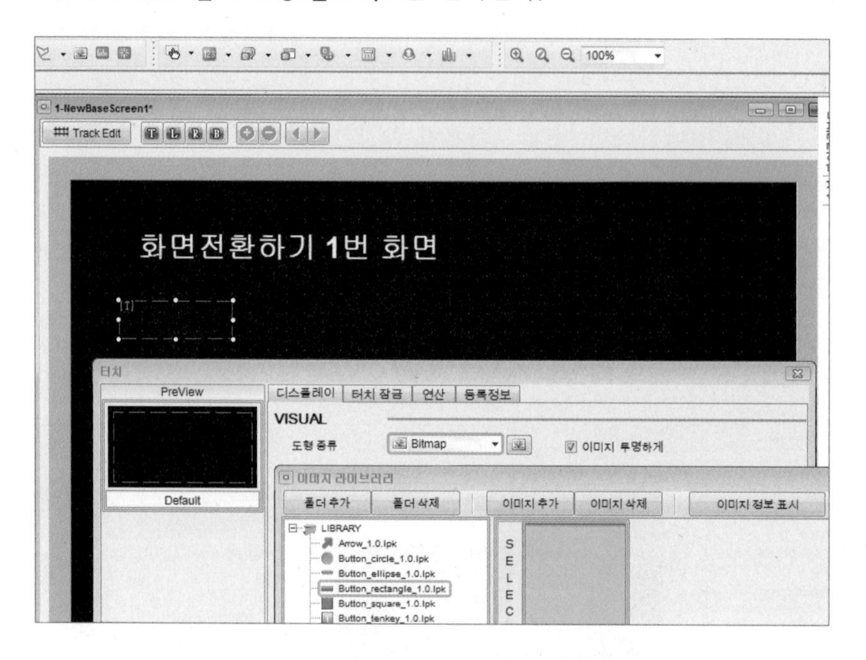

③ CAPTION의 **문자사용**에 체크하면 나타나는 사항에 대해 아래 그림과 같이 작성한다.

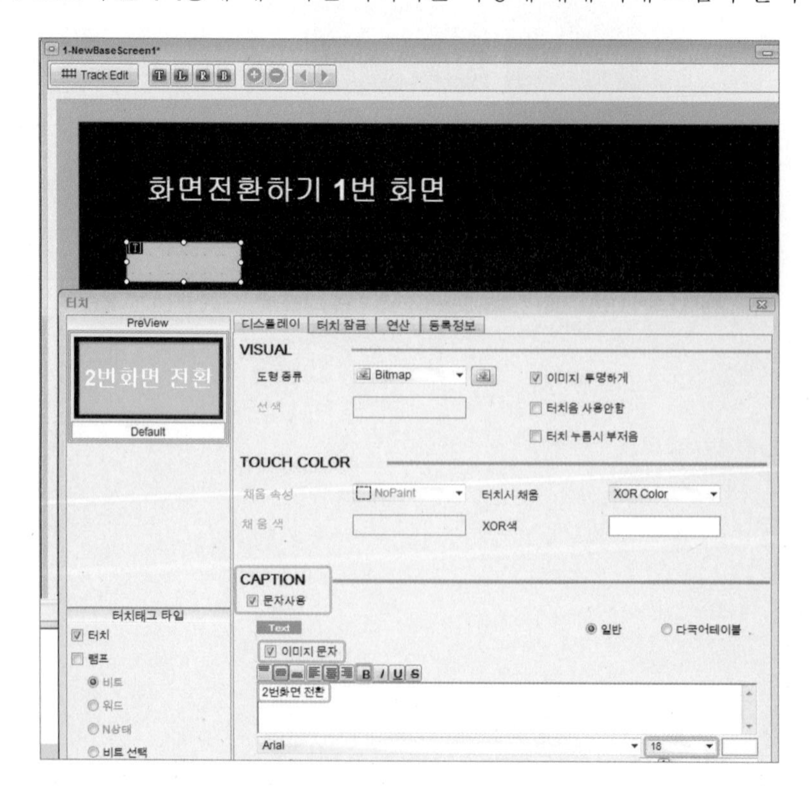

④ **선 색**을 클릭하면 색상을 선택하는 창이 나타나는데, 파란색을 선택하여 색깔을 바꾼다.

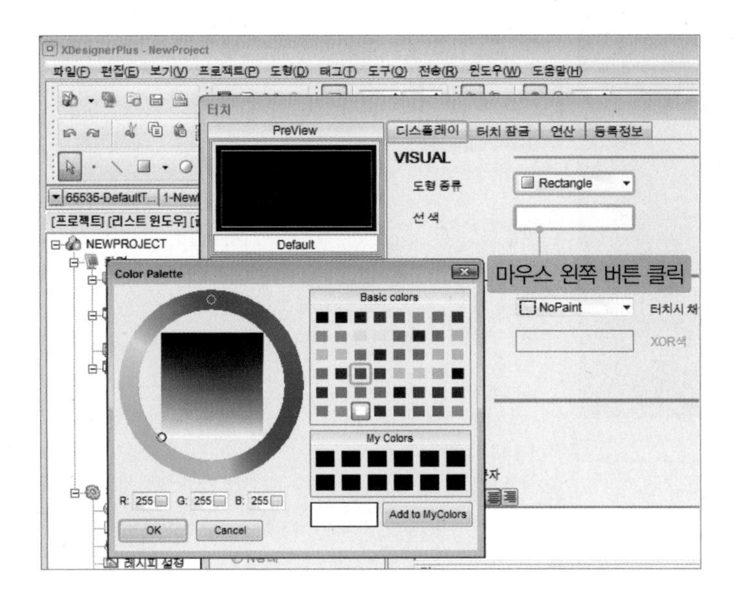

⑤ 이어서 버튼의 외곽선뿐 아니라 안쪽도 같은 색으로 채우기 위해서는 Solid를 선택하여 색상을 채운다.

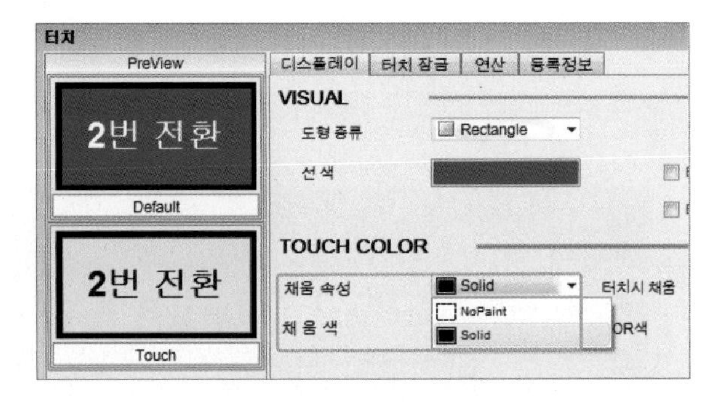

⑥ 같은 방법으로 나머지 **3번 전환**과 **프로그램 탈출** 버튼을 만들어 완성한다.

(3) 만들어진 버튼에 화면 전환 기능 부여하기

연산 – **특수기능** – Screen Change – **화면번호** 2 – **확인**을 완성하면 **2번 화면**으로 전환되는 기능이 부여된다.

추가와 **확인**을 클릭하지 않는 경우 올바른 동작이 되지 않는다.

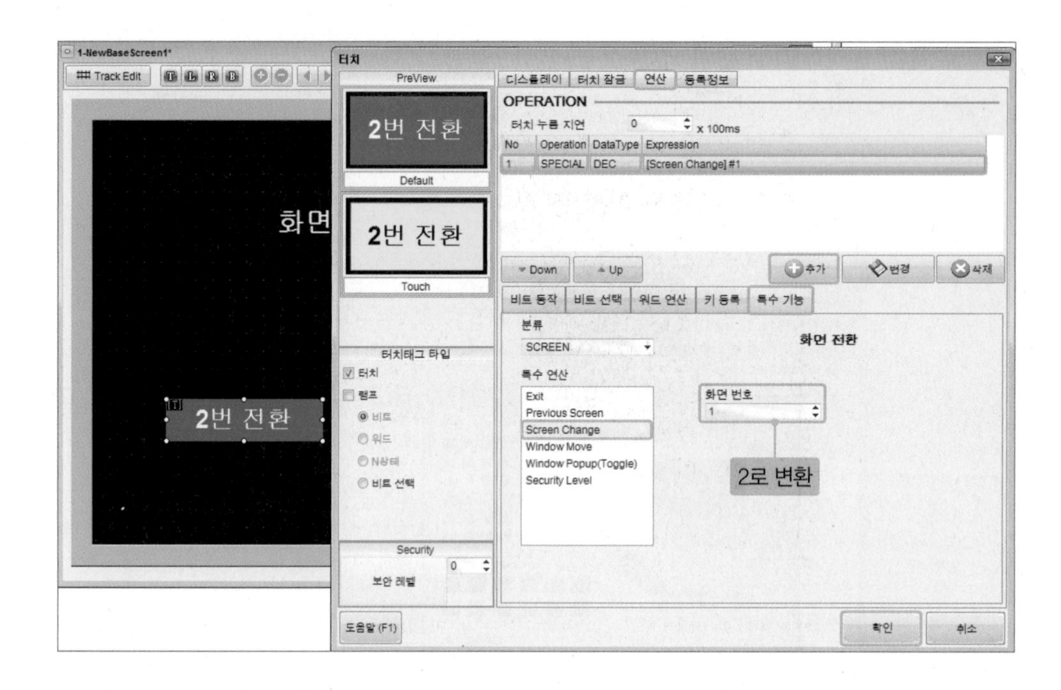

(4) 2번 화면, 3번 화면 만들기

① 왼쪽 **기본화면**에 마우스 오른쪽 버튼을 클릭하여 새 화면을 3개 만든다.

② 1번 화면 내용을 Ctrl+C, Ctrl+V하여 복사한 후 해당 버튼을 더블 클릭하여 화면 성격에 맞게 수정한다.

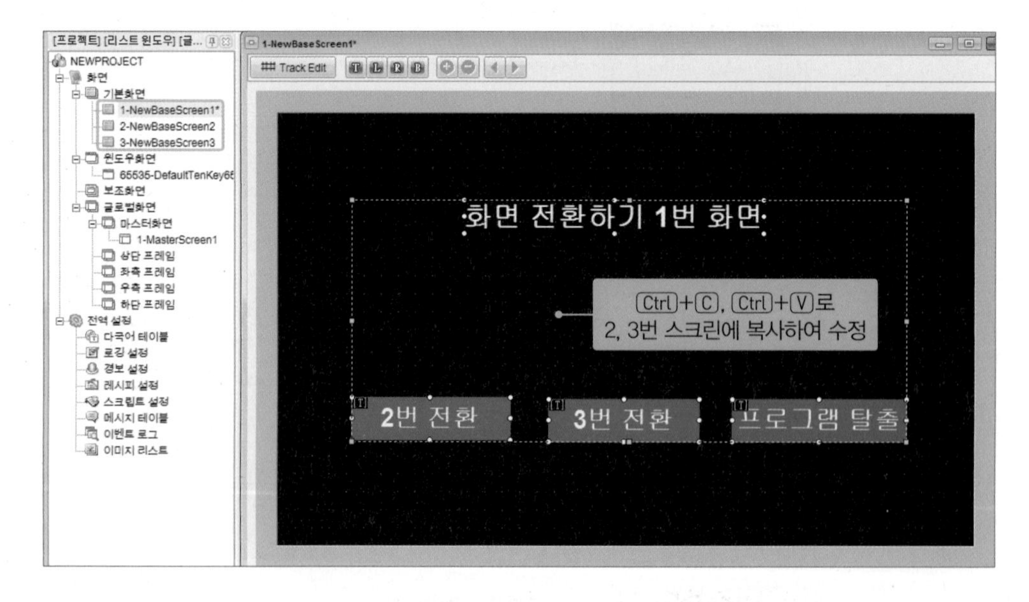

제3장 Mitsubishi의 GOT모델

1 미쓰비시전기오토메이션㈜ 제공 e-learning 학습하기

제조사에서 제공하는 무료강좌를 수강할 수 있다.

① www.mitsubishi-automation.co.kr을 방문하여 회원가입 후 Login한다.

② Service 항목의 e-learning 들어가기

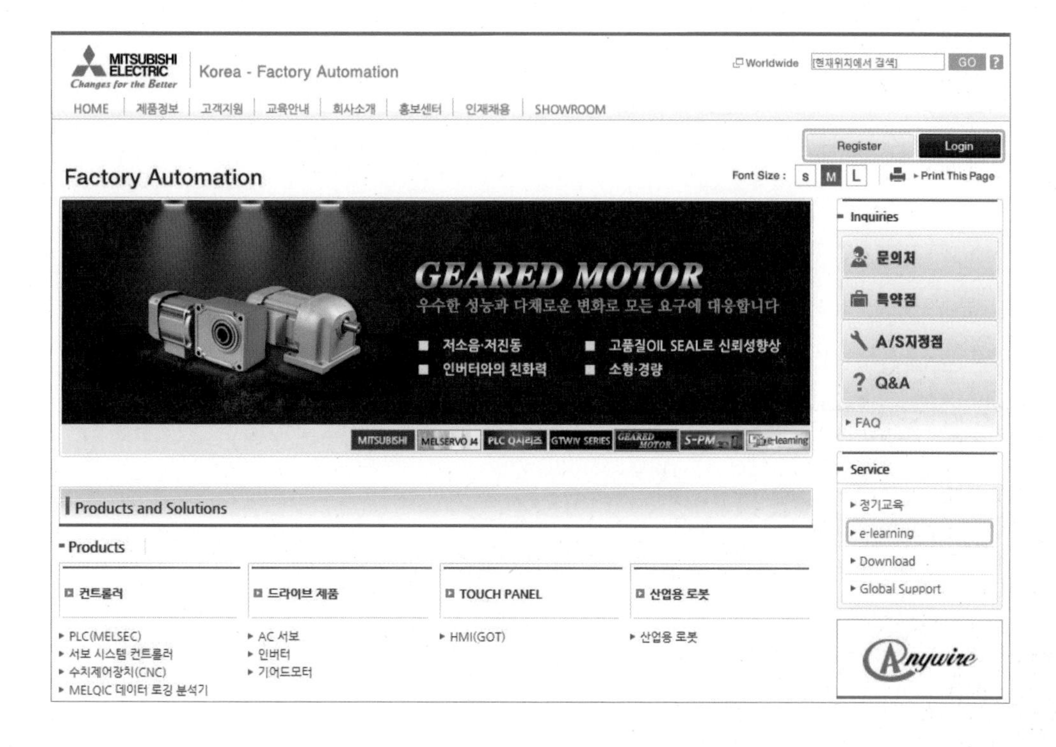

③ 수강 신청하기 : **이러닝(e-learning)** 항목에서 **플래시 e-learning** - **PLC-GOT** - **신청** 순으로 클릭한다.

④ 학습하기 : 수강신청 및 승인이 완료되면 **나의정보**에서 **나의수강내역**을 클릭한 후 **e-learning**을 선택하면 수강신청했던 강좌들을 학습할 수 있다.

GOT 터치패널 교육뿐 아니라 대부분 기초적인 교육은 무료로 수강할 수 있다. 또한 그 외 미쓰비시 심화 교육이 필요한 경우 정기교육을 통해 유료로 진행되는 2~3일 단위의 교육을 받을 수 있는데 현재 직장에 근무하고 있다면 본인 부담 최저 0%에서 최고 20%만 부담하면 배울 수 있는 곳도 많다.

2 터치패널(GOT)과 화면 작성 프로그램 소프트웨어(GT Designer3)

GOT란 Graphic Operation Terminal의 약어로 미쓰비시 터치패널의 명칭이다. 컴퓨터에서 전용 작화 소프트웨어(GT Designer3)로 작성한 후 터치패널(GOT)로 전송하며, 전송하기 전 전용 작화 소프트웨어(GT Designer3)에서 시뮬레이션해 볼 수 있다. 통신은 Ethernet, RS-232C, RS422/485, CF카드 등 다양한 방법으로 가능하다.

3 PC-GOT-PLC 통신 네트워크

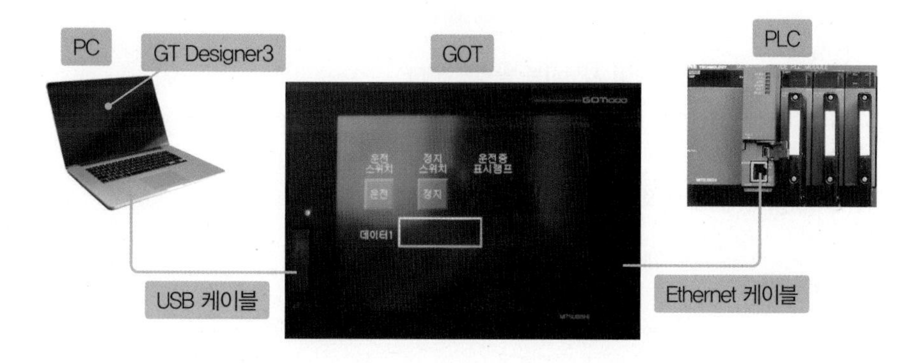

4 GOT시리즈를 사용하기 위한 프로그램인 GT Designer3에 의한 작화

※ 제조사에서 제공하는 매뉴얼이 300쪽이 넘는 관계로 기본적인 작화 방법 및 통신에 대하여 설명하였으며 자세한 내용은 제조사 매뉴얼을 참고하기 바란다.

4-1 시작하기

① **시작** 버튼을 누른다. 

② **모든 프로그램** – MELSOFT Application – GT Works3 – GT Designer3을 클릭한다.

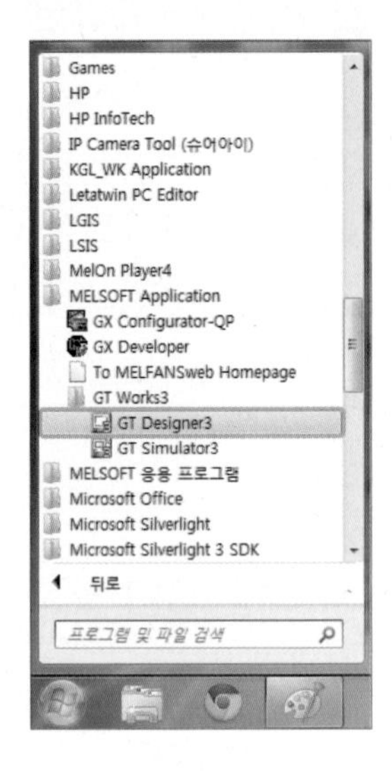

※ 바탕화면의 [icon] 아이콘을 클릭하여 시작하는 방법도 있다.

4-2 GT Designer3 프로젝트 생성 및 환경 설정하기

① GT Designer3 소프트웨어가 실행되면 New 버튼을 클릭한다.

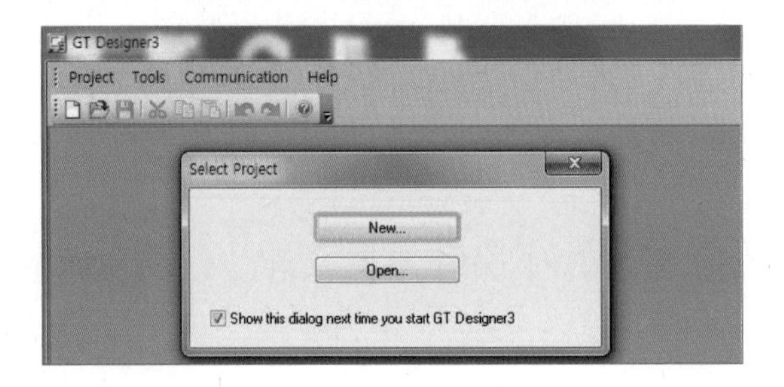

GT Designer3에서 작성한 화면 데이터나 동작 설명 등 하나의 GOT에서 표시된 데이터의 묶음을 프로젝트 데이터라 하며 화면의 지시에 따라 새로운 프로젝트를 작성한다.

② Next 버튼을 클릭한다.

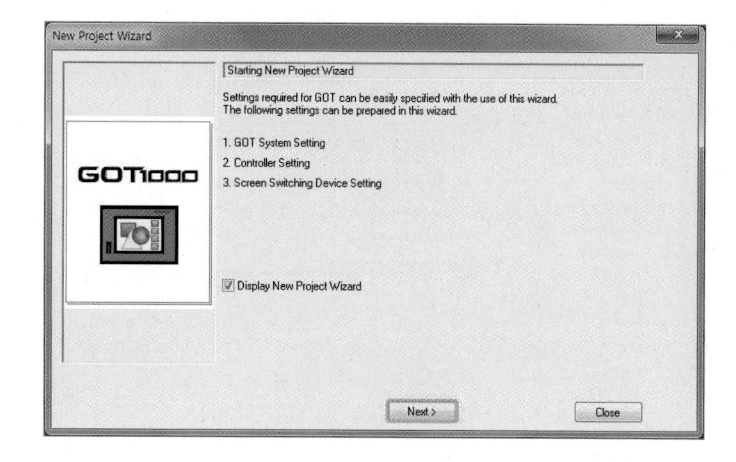

③ 제품의 뒷면 라벨을 확인한 후 GOT Type에서 GT16**-S(800x600)를 선택하고 Next 버튼을 클릭한다.

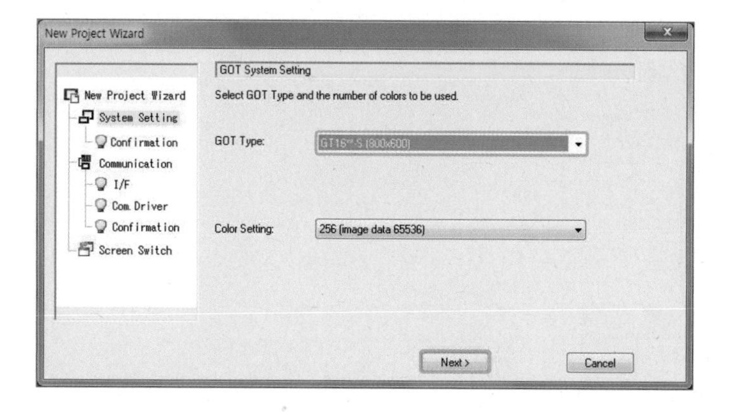

④ ▾ 버튼을 클릭한다.

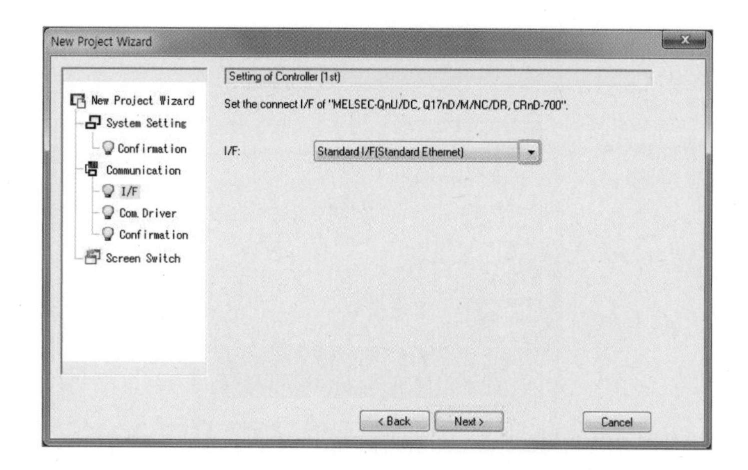

⑤ Standard I/F(Standard Ethernet)를 선택하고 Next 버튼을 클릭한다.

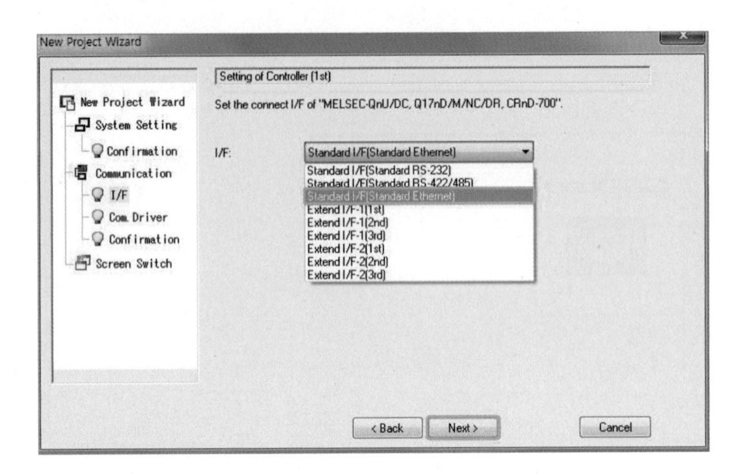

⑥ Details Setting 버튼을 클릭한다.

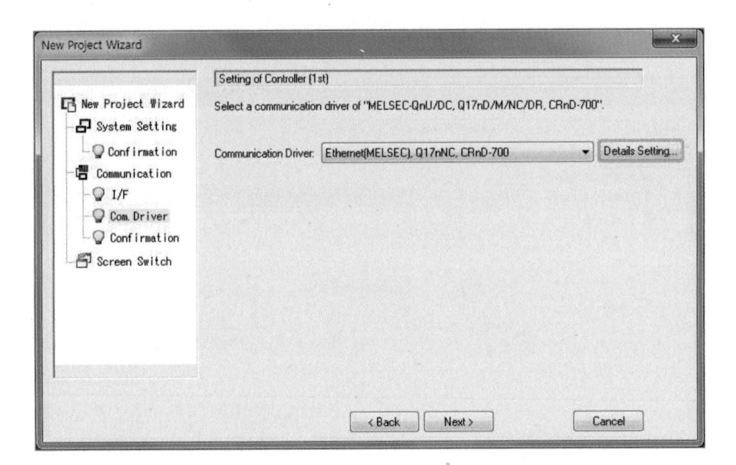

⑦ GOT IP Adress를 선택한다.

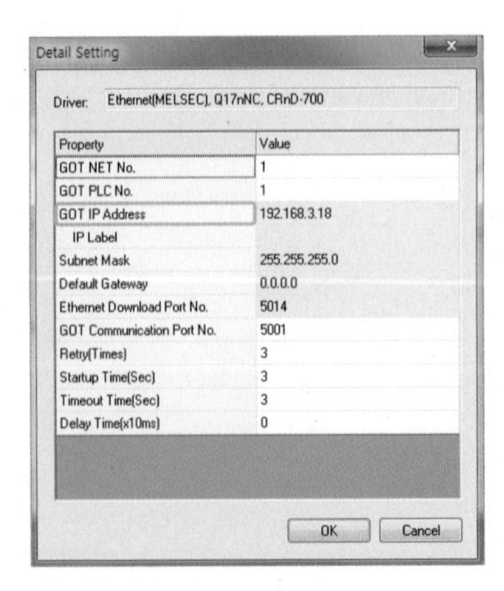

⑧ Setting 버튼을 클릭한다.

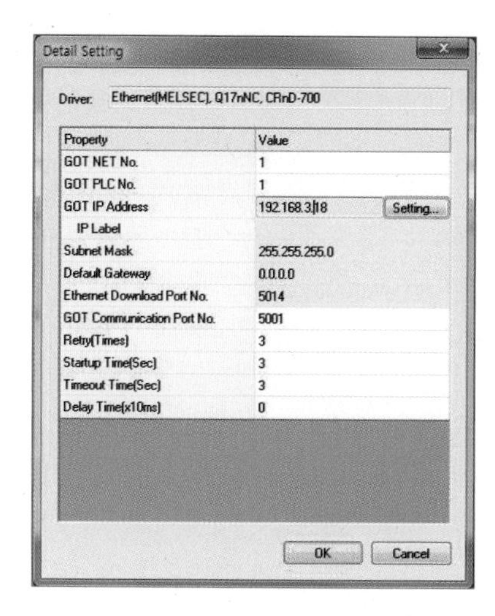

⑨ GOT IP Adress 텍스트 상자를 선택하여 192.168.3.1로 수정하고 OK 버튼을 클릭한다.

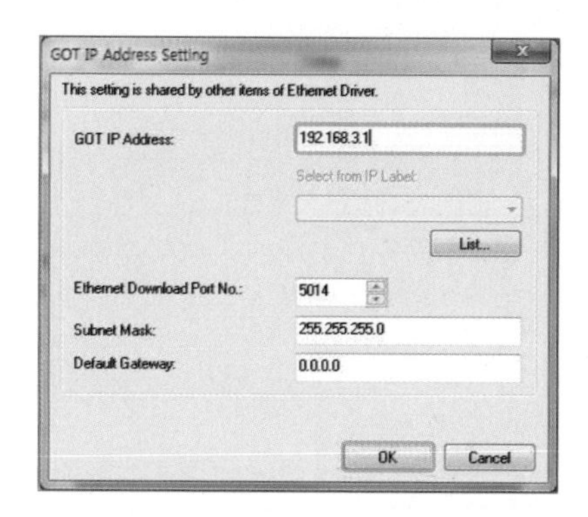

⑩ OK 버튼을 클릭한다.

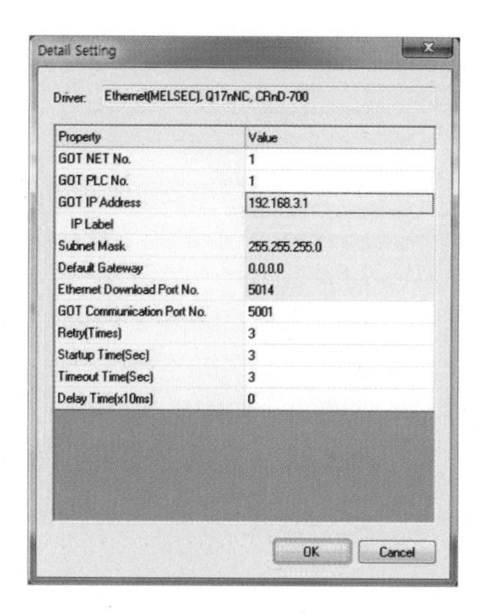

⑪ Next 버튼을 클릭한다.

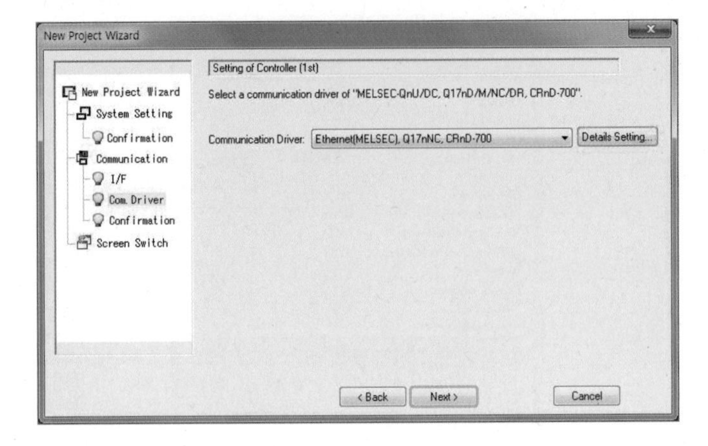

⑫ Next 버튼을 클릭한다.

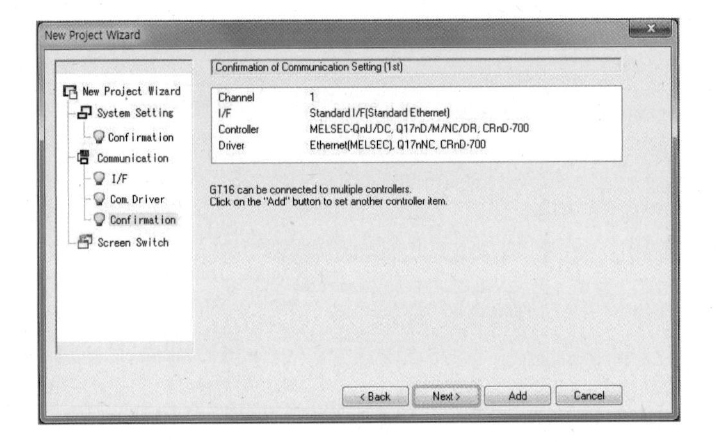

⑬ Next 버튼을 클릭한다.

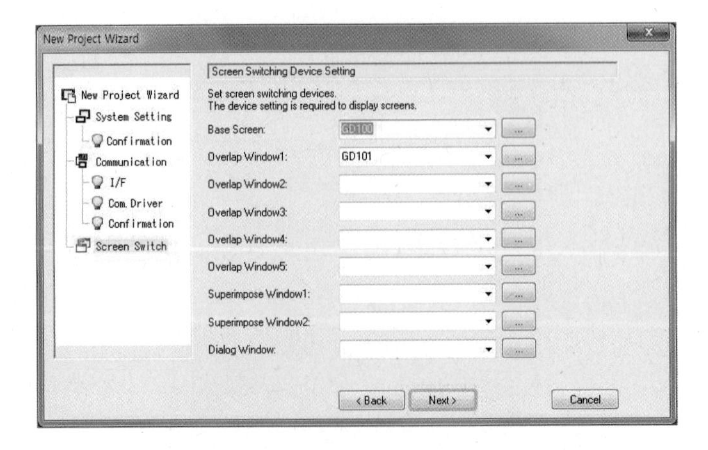

⑭ Finish 버튼을 클릭한다.

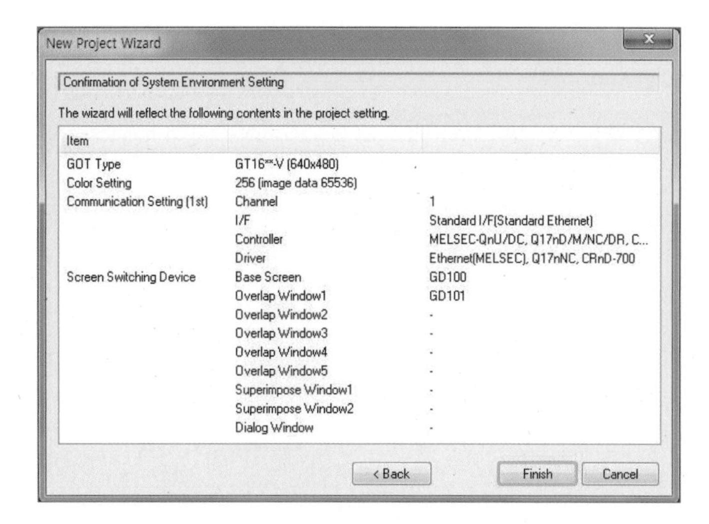

4-3 버튼스위치, 램프, 숫자표시 작성 따라 하기

① 메뉴에서 Object 메뉴를 선택한다.

② Switch – Bit Switch를 선택한다.

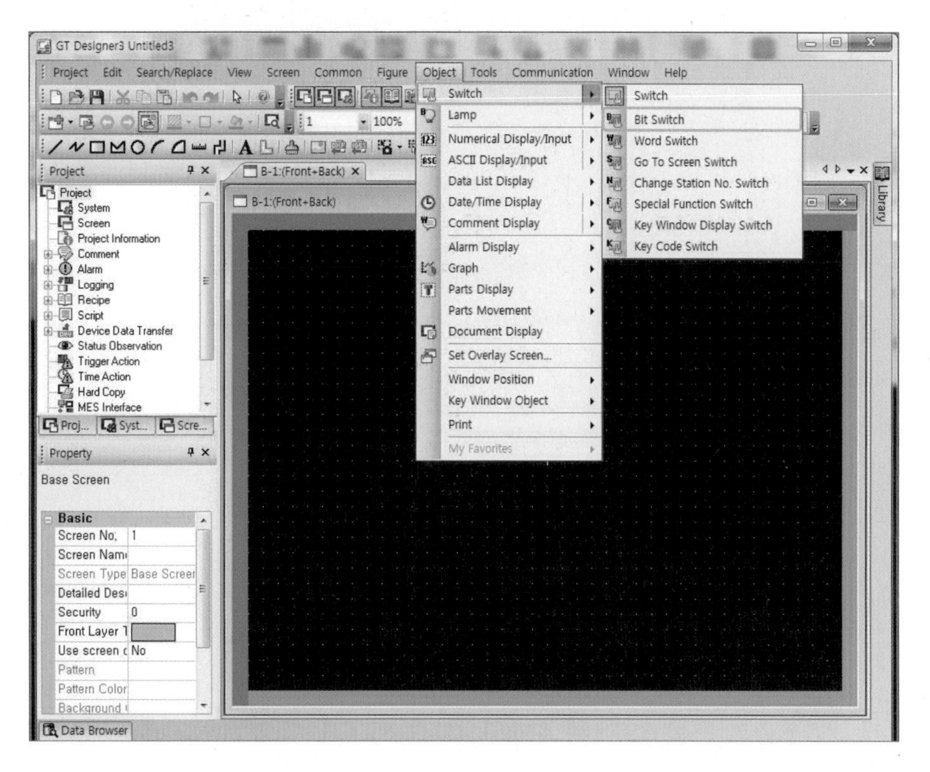

③ **드래그 앤드 드롭**으로 임의의 크기로 스위치를 배치한다.

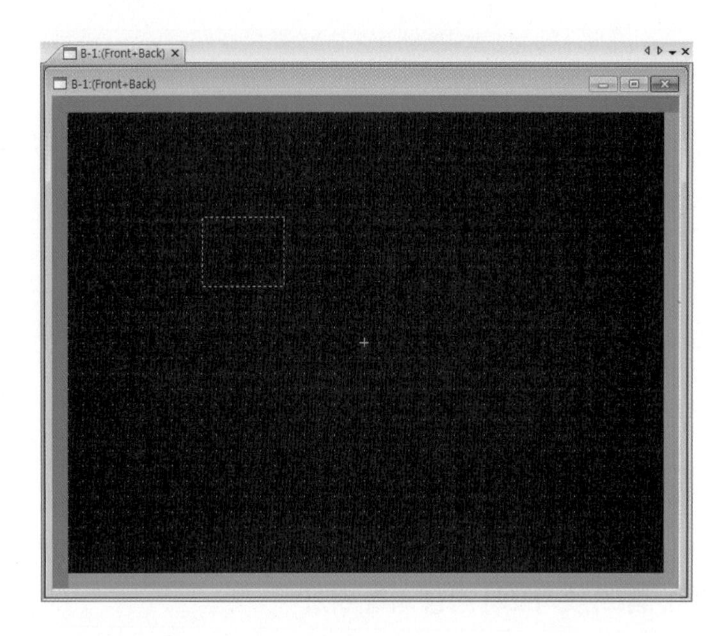

④ 스위치를 더블 클릭한다.

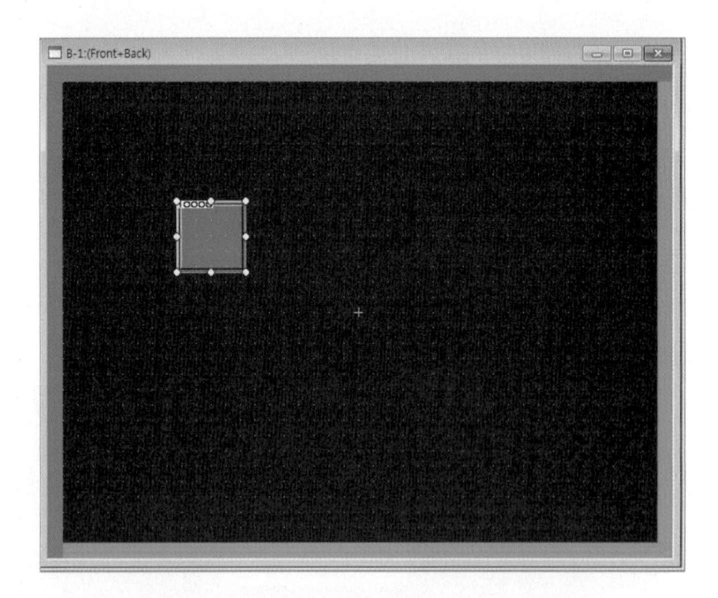

⑤ Add Action의 Bit를 클릭하고 [...] 버튼을 클릭한다.

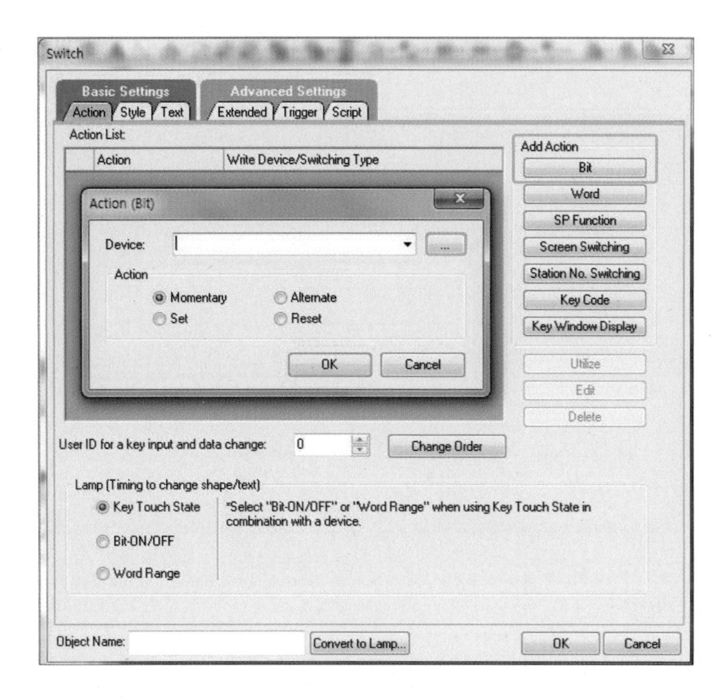

⑥ [▼] 버튼을 클릭한다.

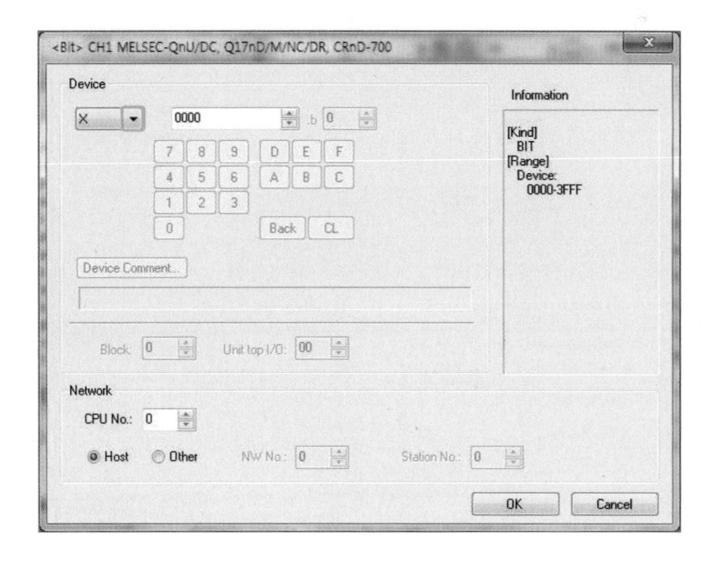

⑦ **디바이스**에서 M을 선택하고 디바이스 번호 **0**을 확인한 후 **OK** 버튼을 클릭한다.

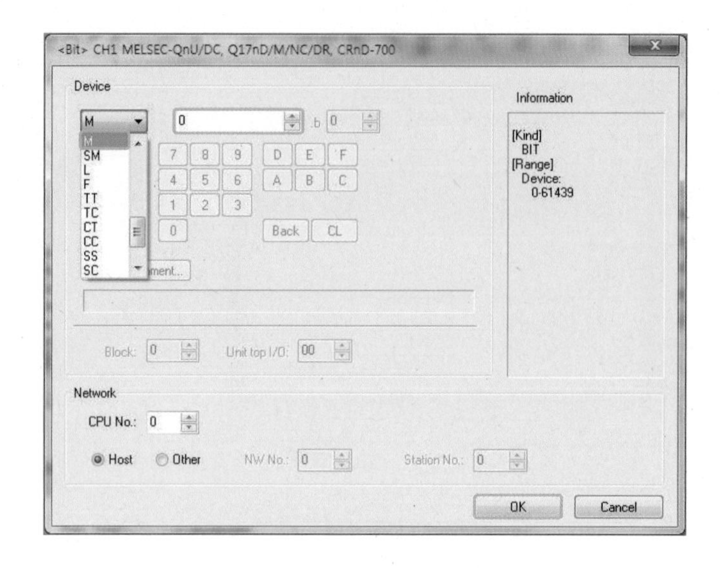

⑧ **Style** 탭을 선택한다.

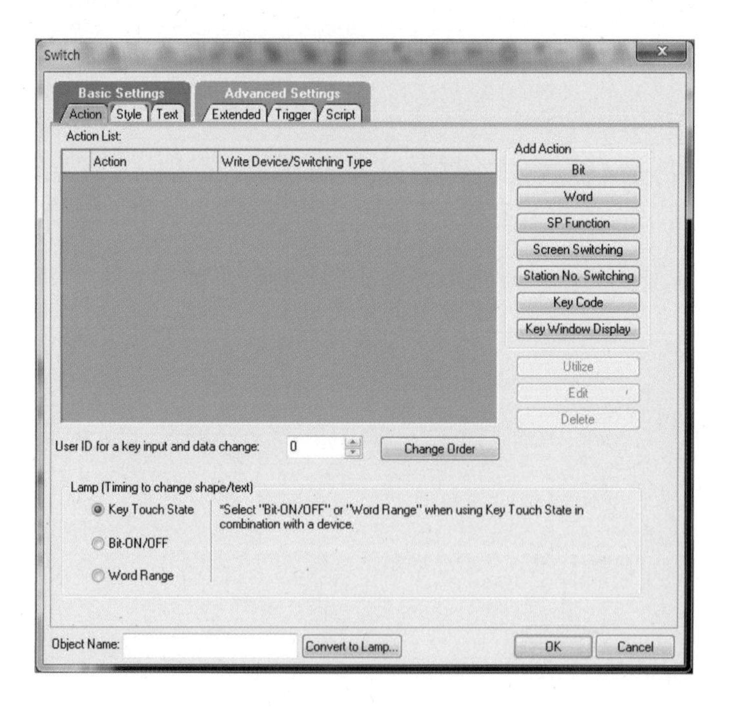

⑨ Key Touch ON을 선택한다.

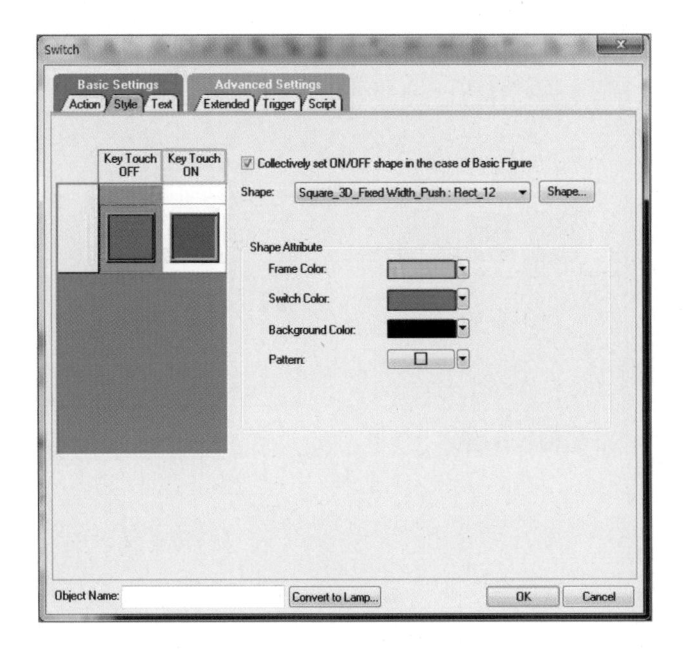

⑩ Frame Color 버튼을 클릭한다.

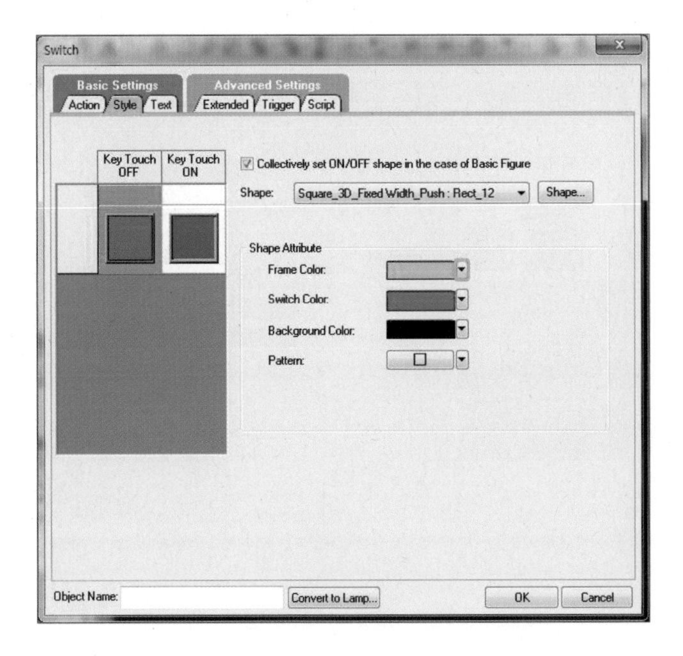

⑪ 원하는 색을 선택한다.

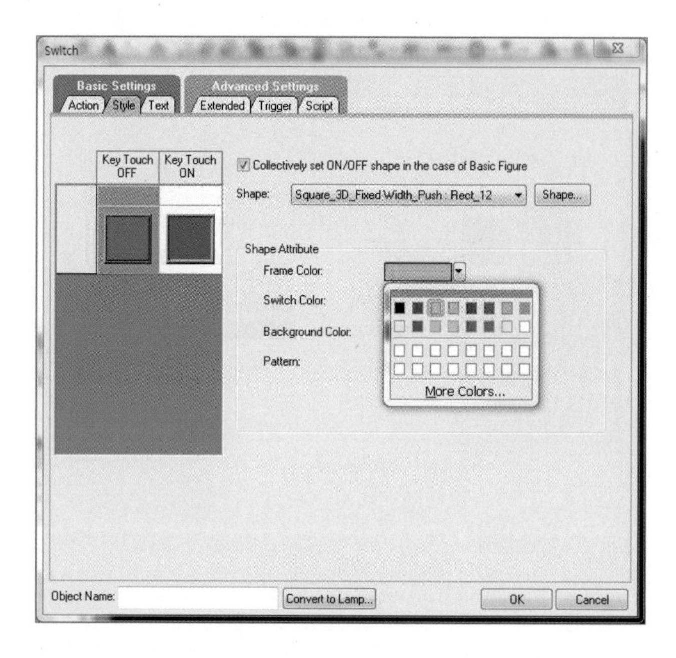

⑫ Switch Color 버튼을 클릭한 후 원하는 색을 선택한다.

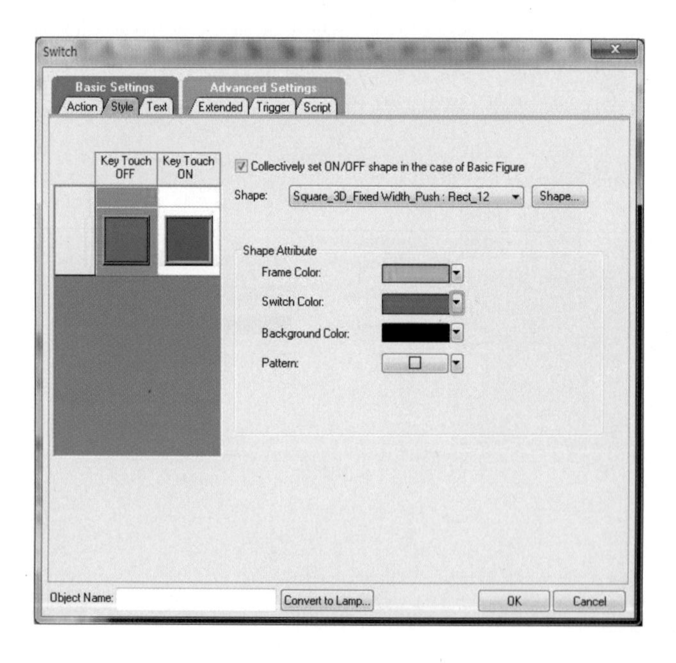

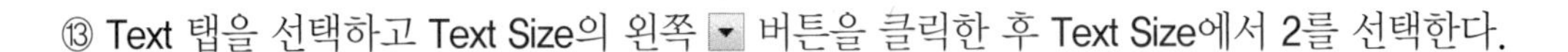

⑬ Text 탭을 선택하고 Text Size의 왼쪽 ▼ 버튼을 클릭한 후 Text Size에서 2를 선택한다.

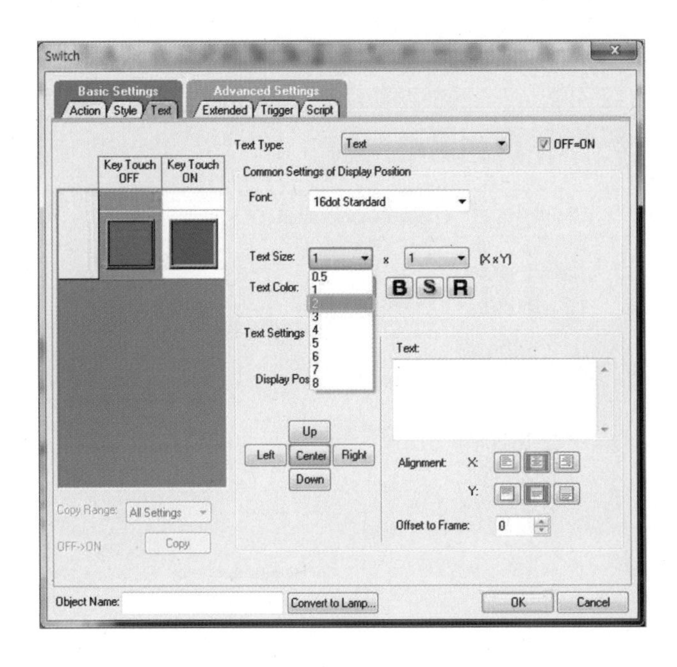

⑭ Text Size의 오른쪽 ▼ 버튼을 클릭한 후 2를 선택한다.

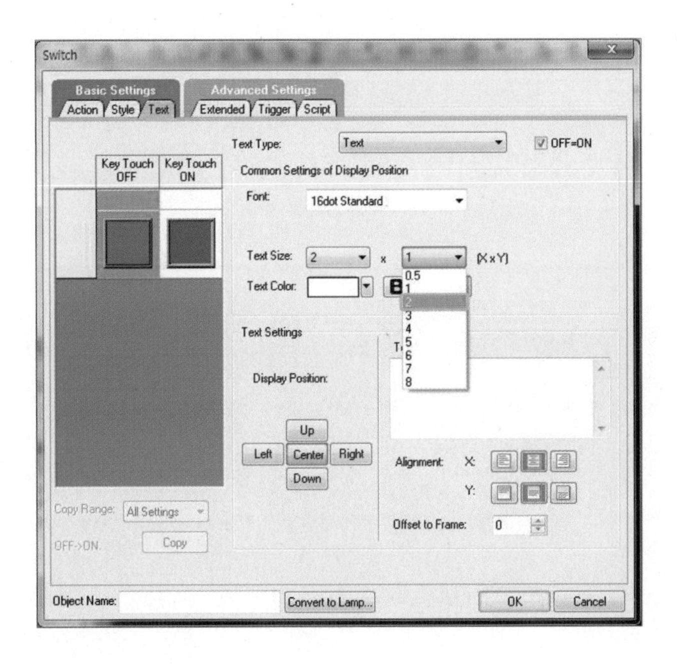

⑮ Text 상자를 선택한 다음 Text 창에 **스위치**를 입력하고 Enter 키를 누른 다음 ON을 입력하고 OK 버튼을 클릭한다.

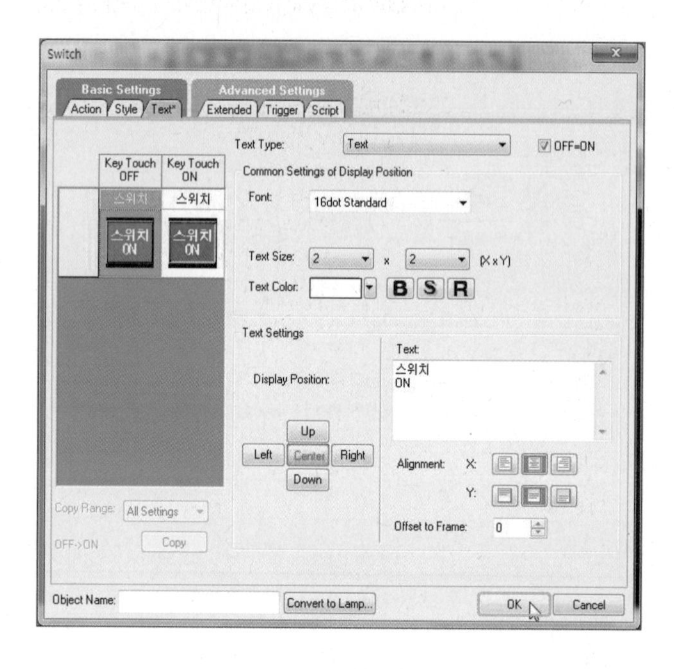

⑯ 정상적인 작업이 완료되면 화면과 같은 모양의 버튼이 만들어진다.

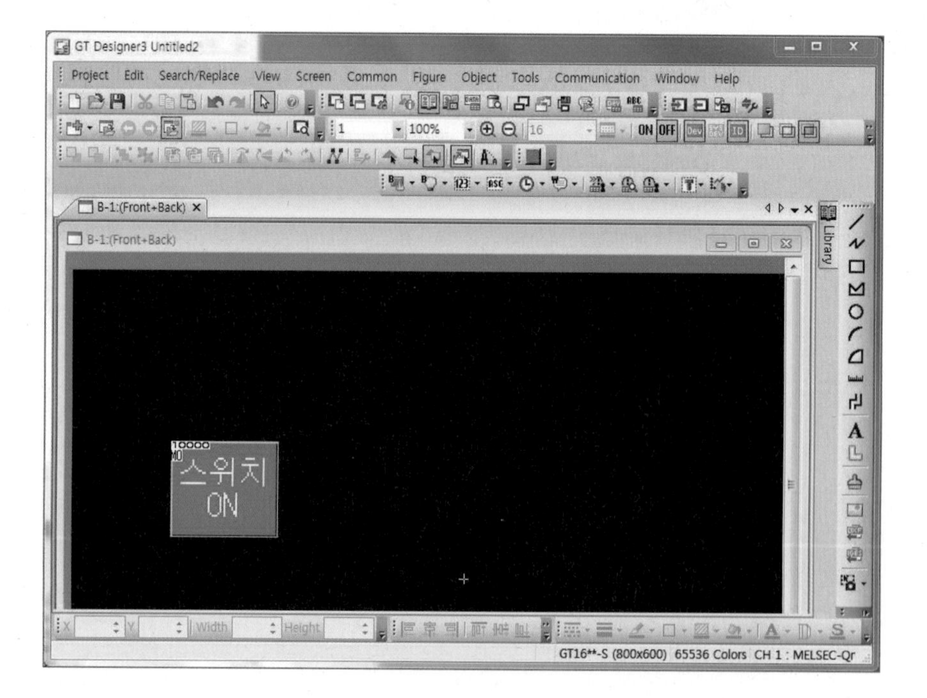

⑰ "스위치 OFF" 작화하기 : 같은 방법으로 작화하여 글자를 바꾸거나 Ctrl+C, Ctrl+V로 복사하여 붙여 넣거나, Ctrl 키를 누르면서 **스위치** ON 스위치를 클릭하고 끌어서 놓기를 한 후 글자를 바꾼다.

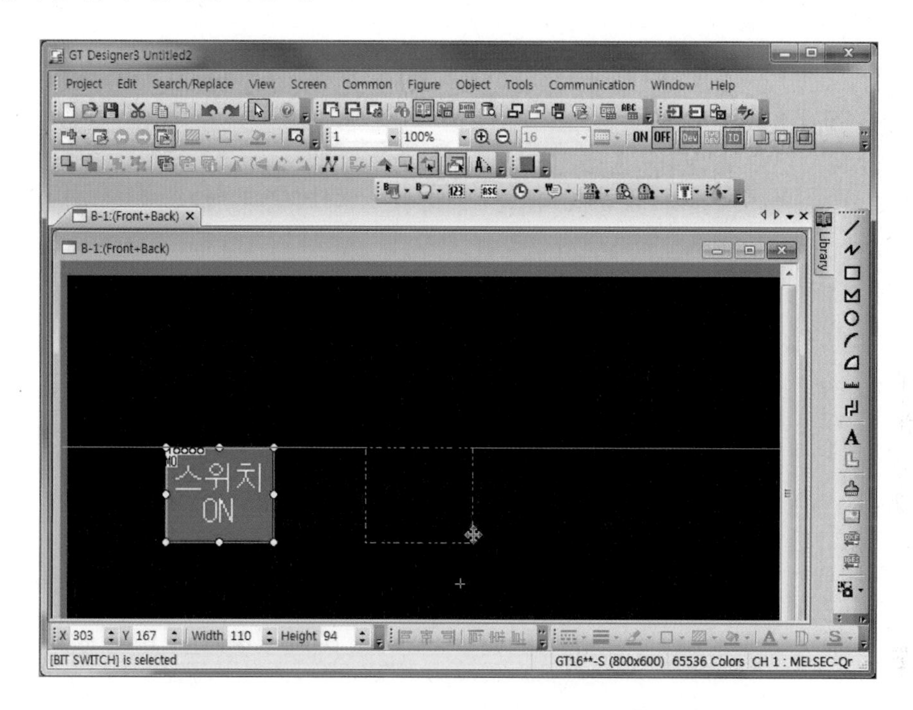

⑱ 글자를 **스위치** OFF로 변경하기 위해 스위치를 더블 클릭한다.

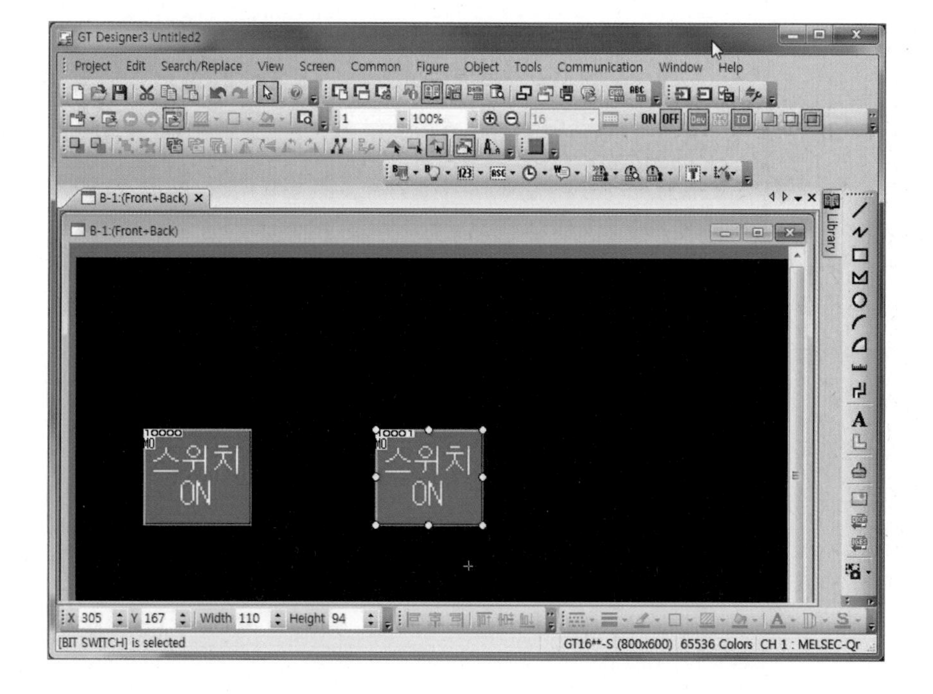

⑲ Add Action – Bit를 클릭하고 [...] 버튼을 클릭한다.

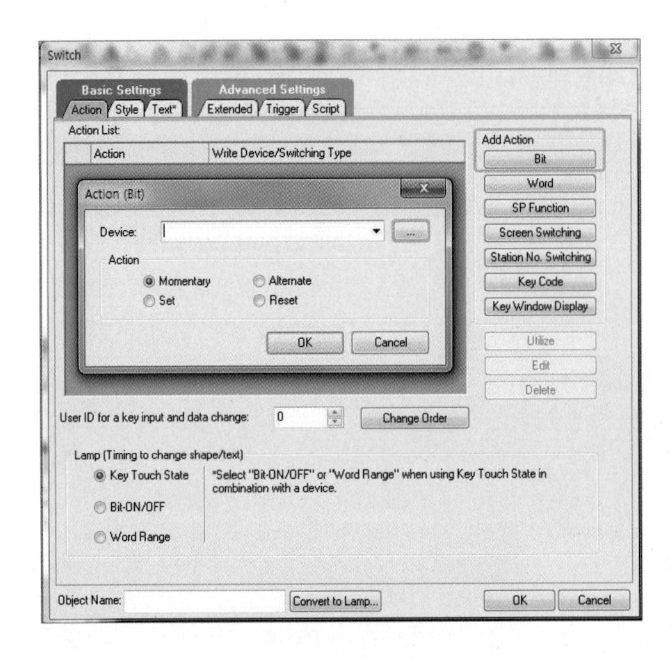

⑳ 디바이스 번호 설정용 텍스트 상자를 선택한다.

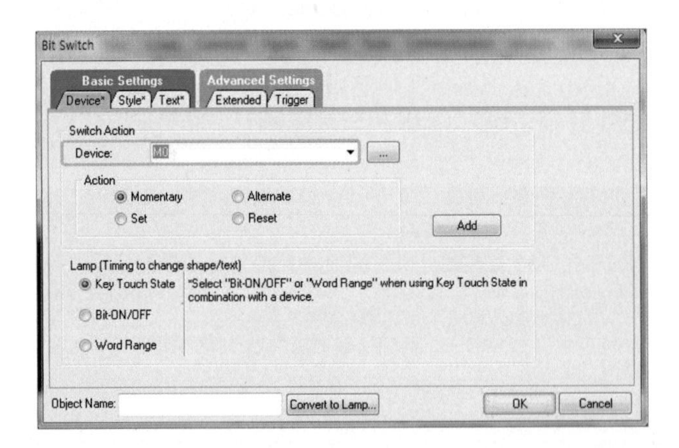

㉑ 디바이스 번호 M과 1을 각각 설정하고 OK 버튼을 클릭한다.

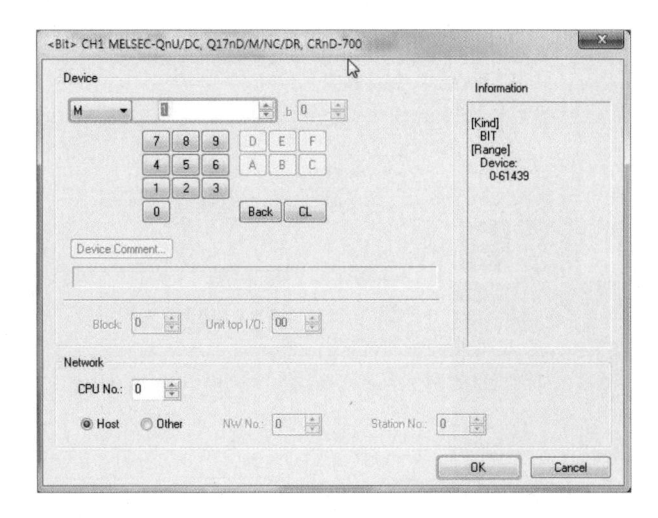

㉒ **스타일 탭**을 선택한다.

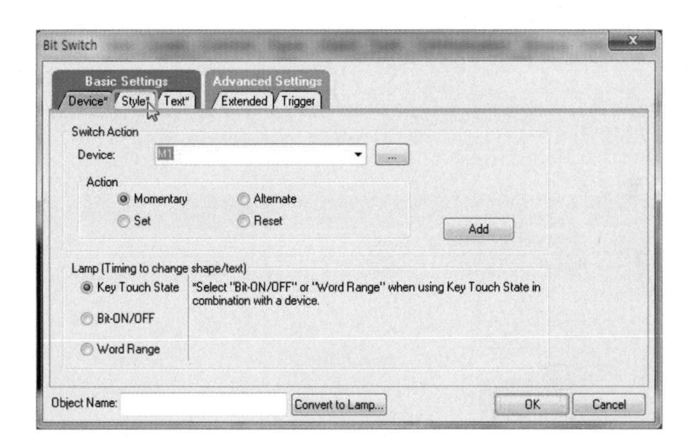

㉓ 버튼스위치 프레임 색상 바꾸기 : Frame Color 버튼을 클릭한다.

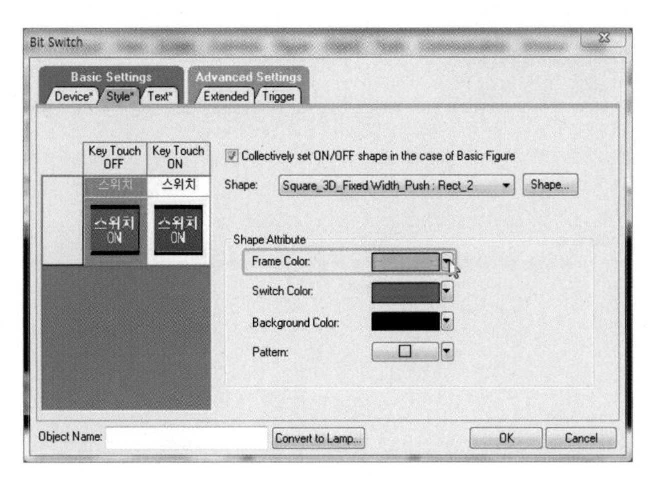

㉔ 원하는 색상을 선택한다.

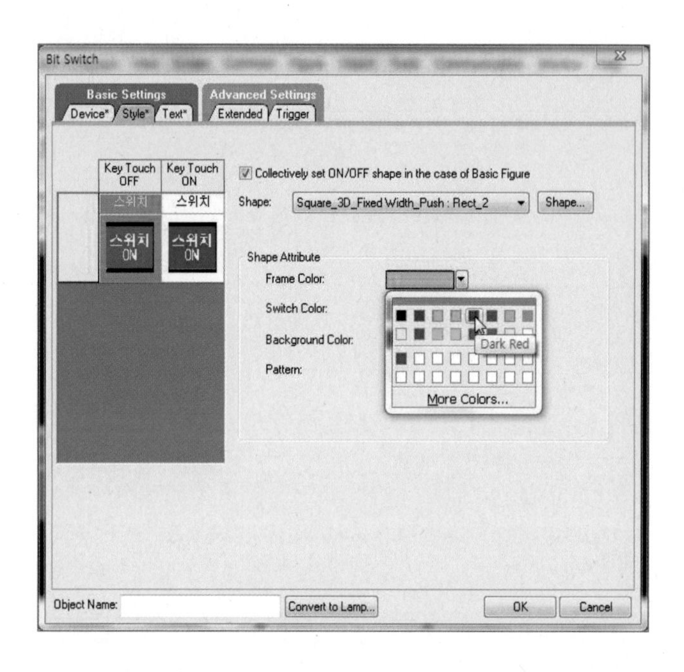

㉕ 버튼스위치 색상을 바꾸기 위해 Switch Color 버튼을 클릭한다.

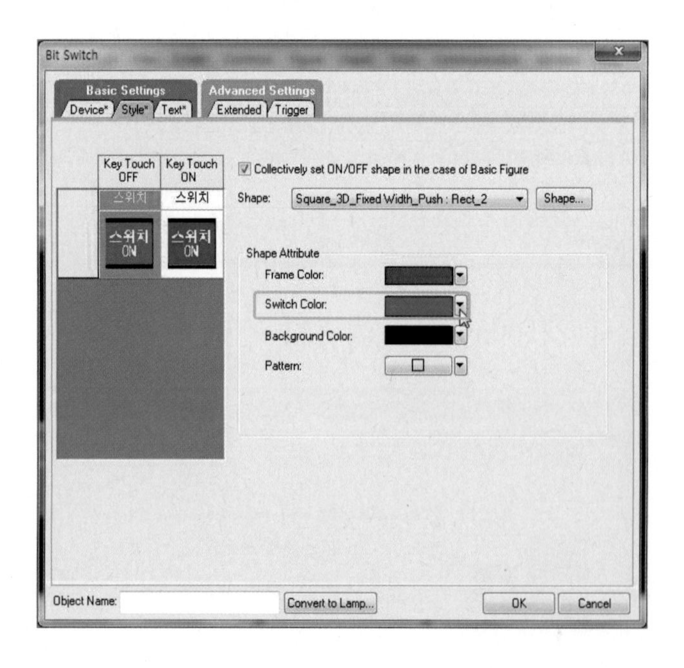

㉖ 원하는 색상을 클릭한다.

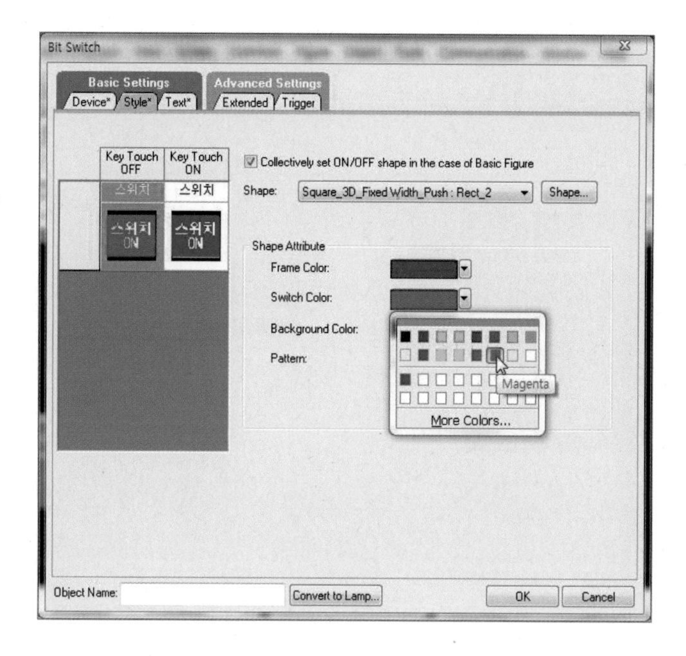

㉗ Key Touch ON을 선택한다.

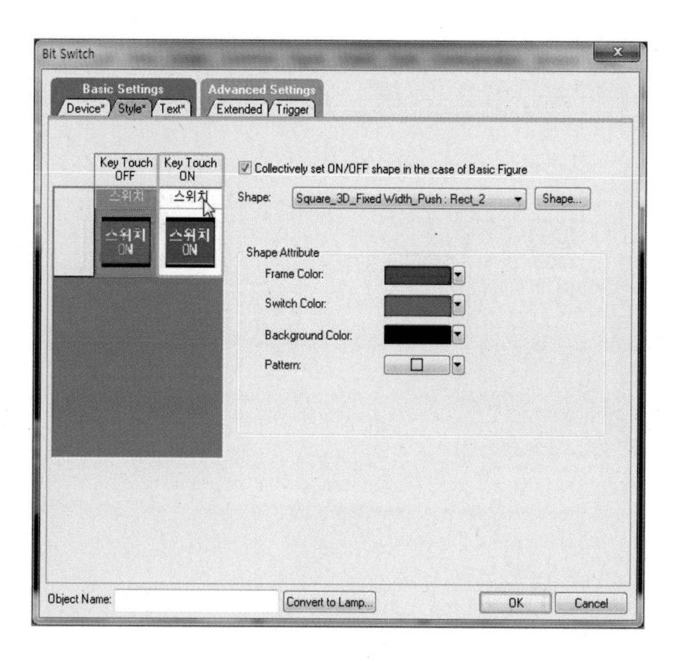

㉘ Frame Color 버튼을 클릭한다.

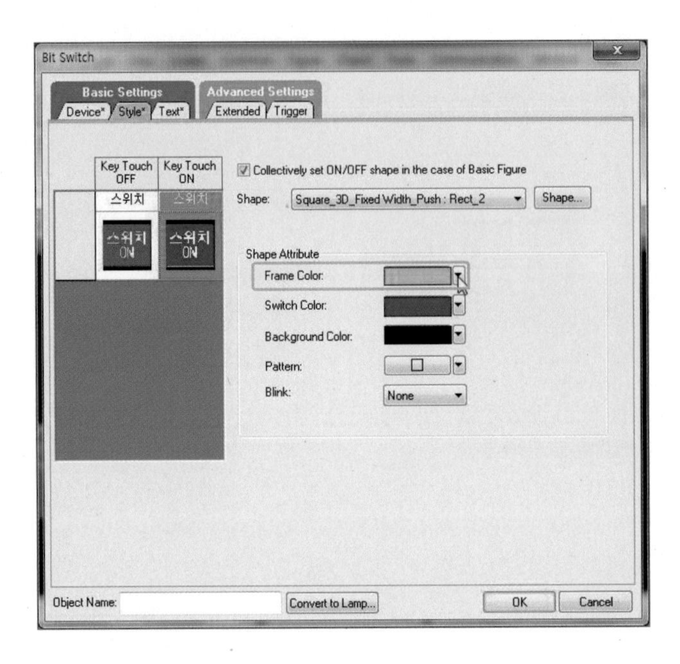

㉙ 원하는 색상의 버튼을 클릭한다.

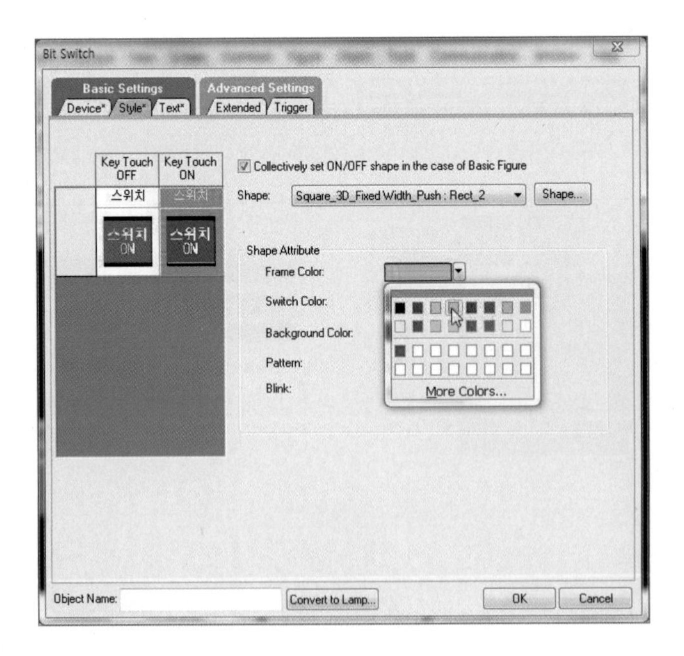

㉚ Switch Color 버튼을 클릭한다.

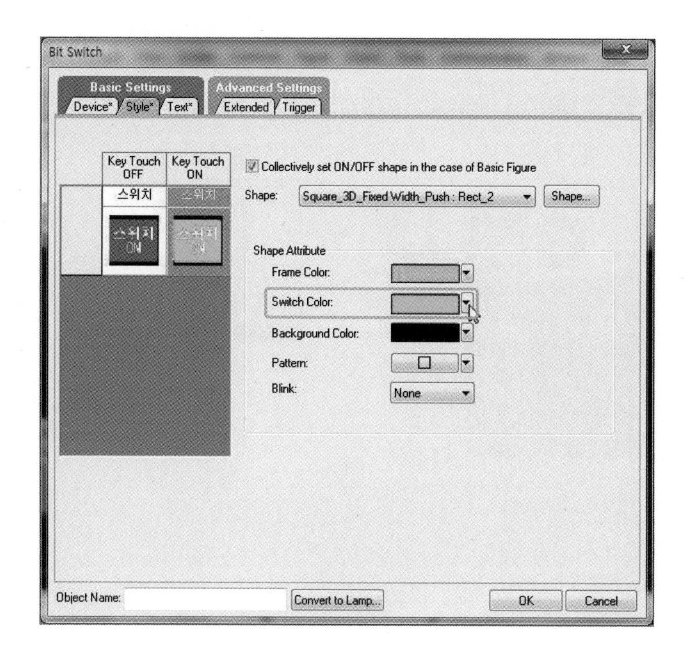

㉛ 원하는 색상의 버튼을 선택한다.

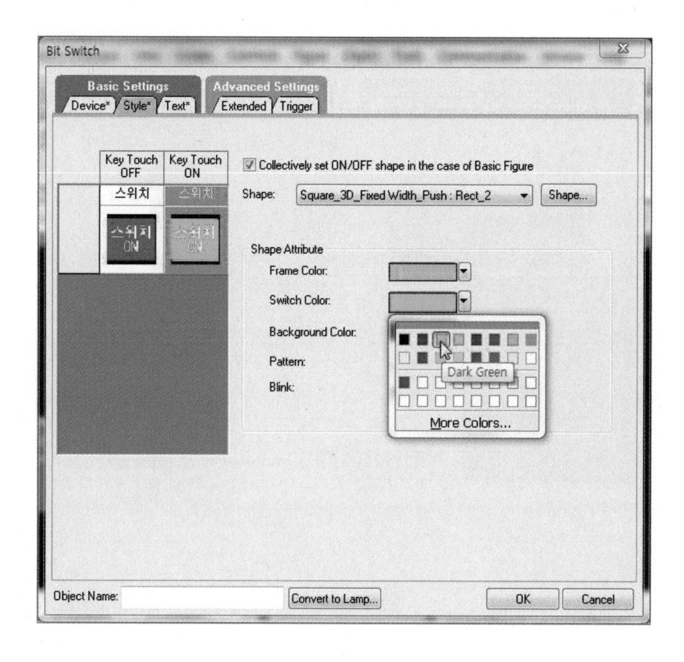

㉜ Text* 탭을 선택한다.

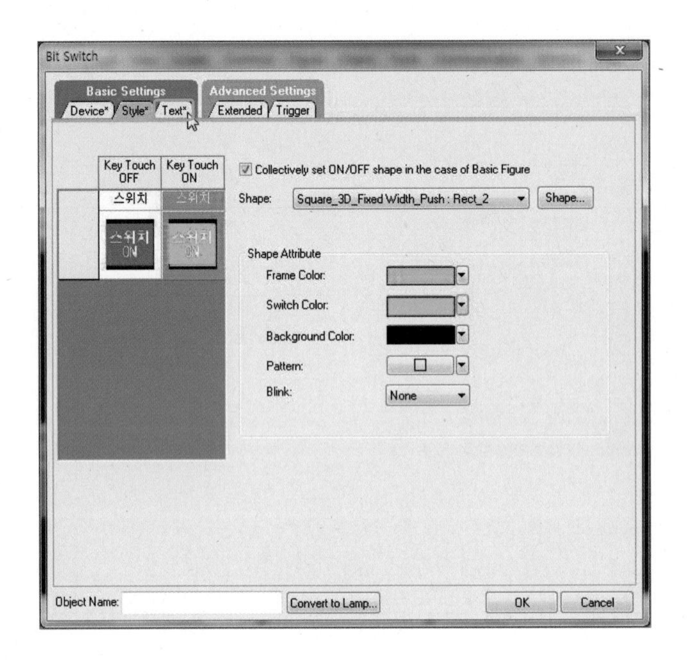

㉝ **스위치** OFF로 바꾸기 위해 Text 상자를 선택한다.

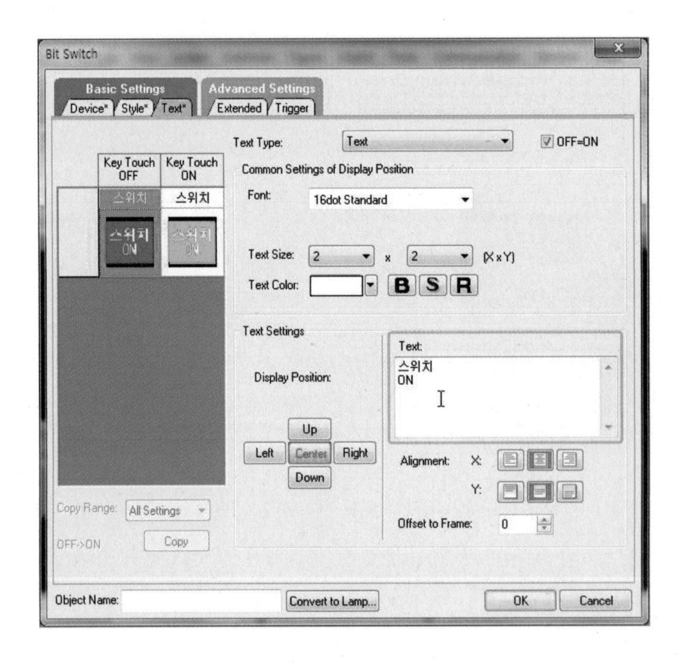

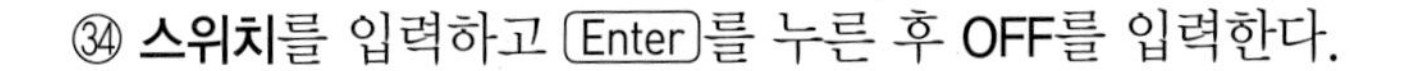
㉞ **스위치**를 입력하고 Enter를 누른 후 OFF를 입력한다.

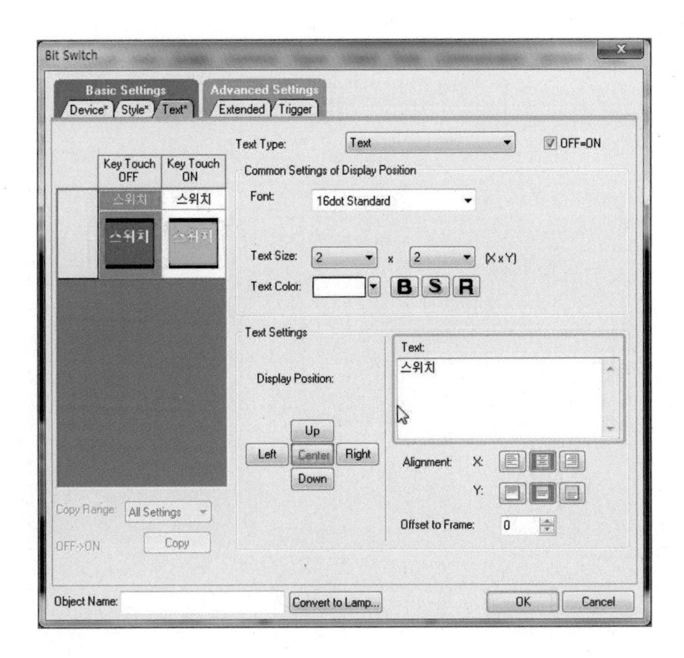

㉟ 원하는 색상으로 변경 후 OK 버튼을 클릭한다.

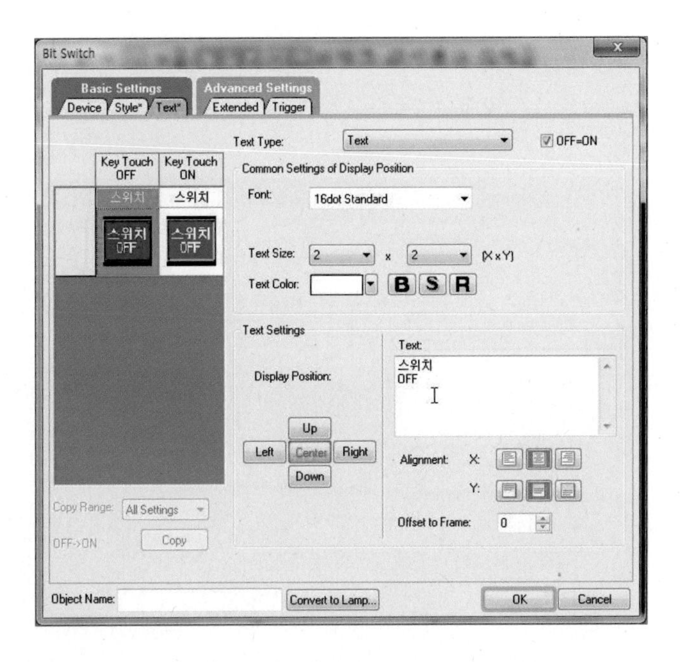

㊱ 정상적인 작업이 완료되면 다음과 같은 화면이 나타난다.

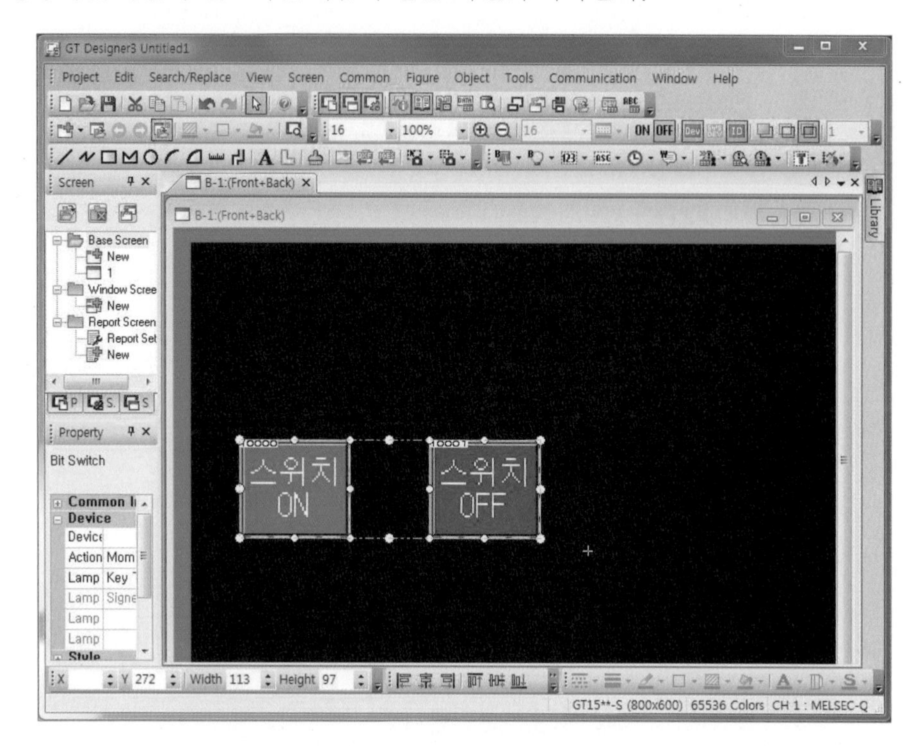

4-4 GT Designer3 램프 작성

① 메뉴에서 Object를 선택한다.

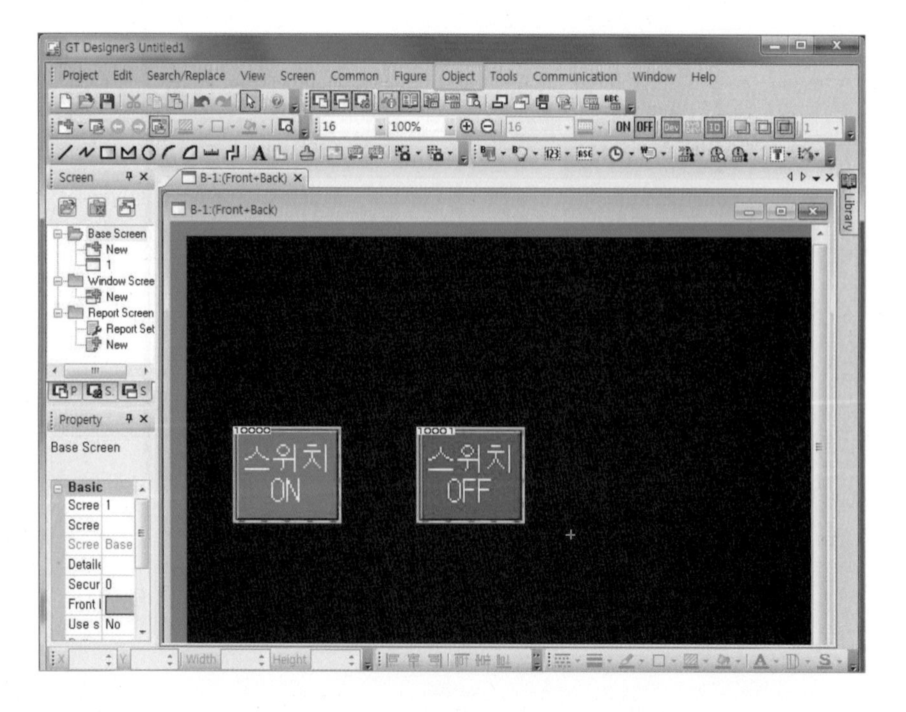

② Lamp – Bit Lamp를 선택한다.

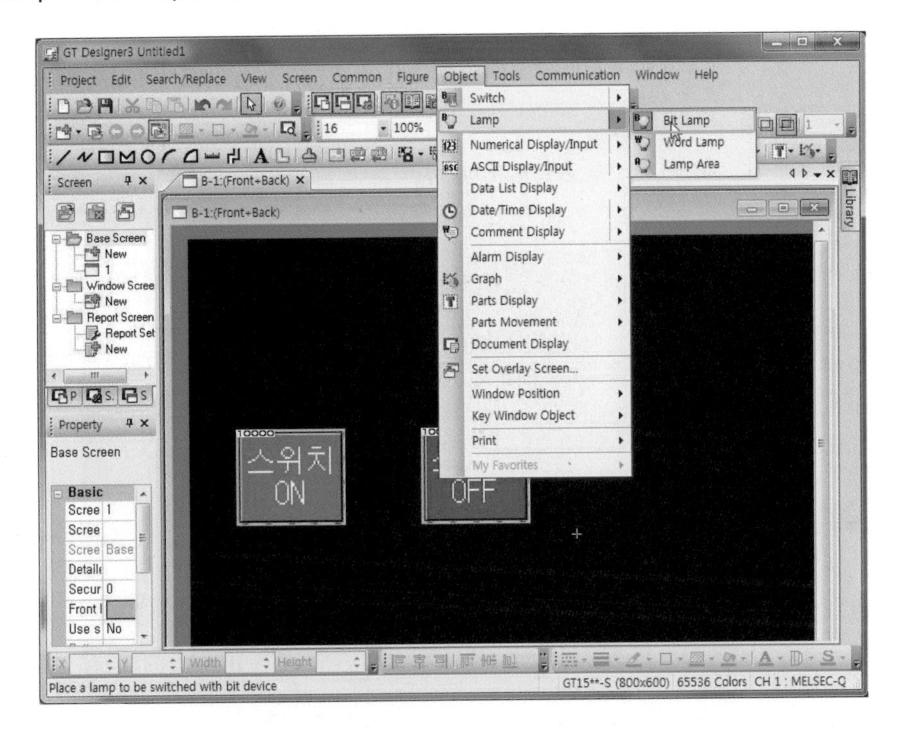

③ 마우스로 드래그하여 램프를 배치한다.

④ 속성 변경을 위해 램프를 더블 클릭한다.

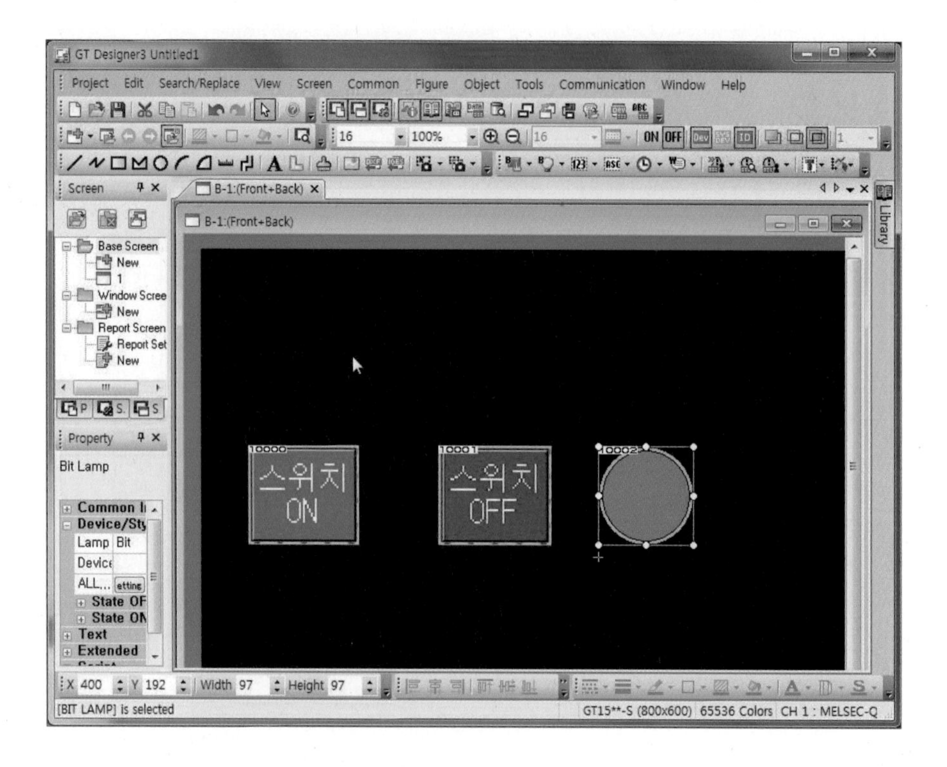

⑤ [...] 버튼을 클릭한다.

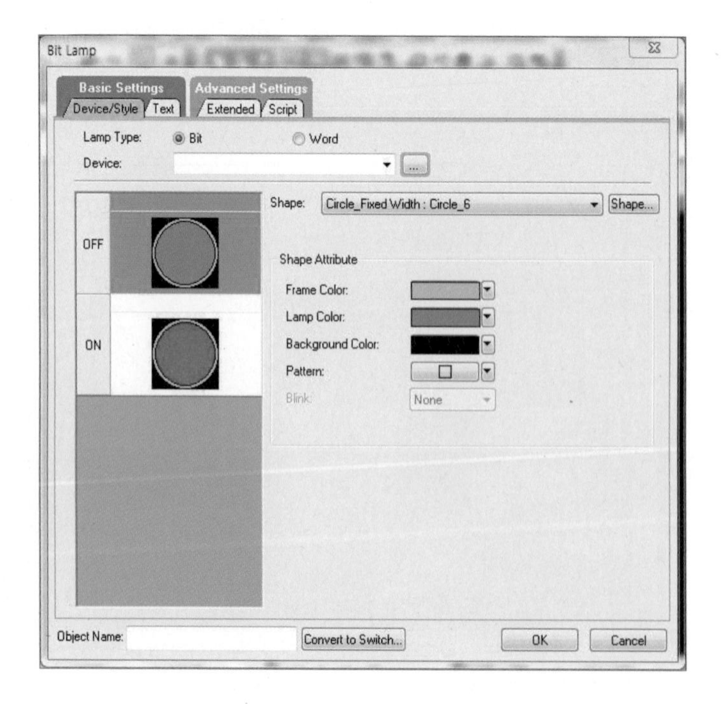

⑥ Device 버튼을 클릭한다.

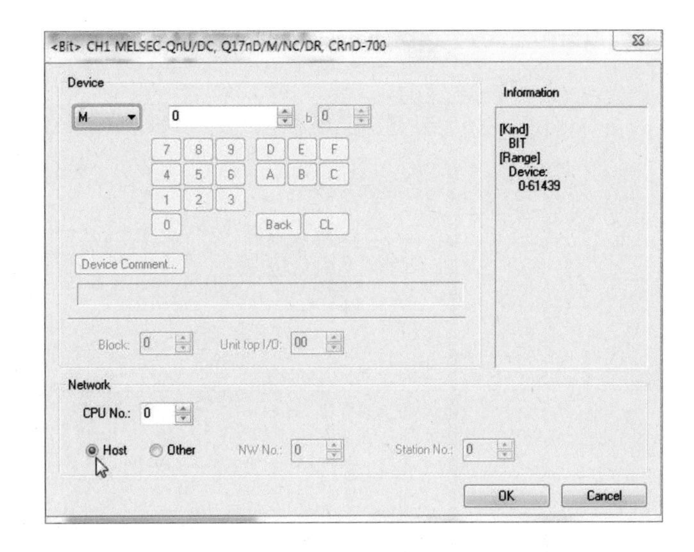

⑦ Device에서 Y를 선택한다.

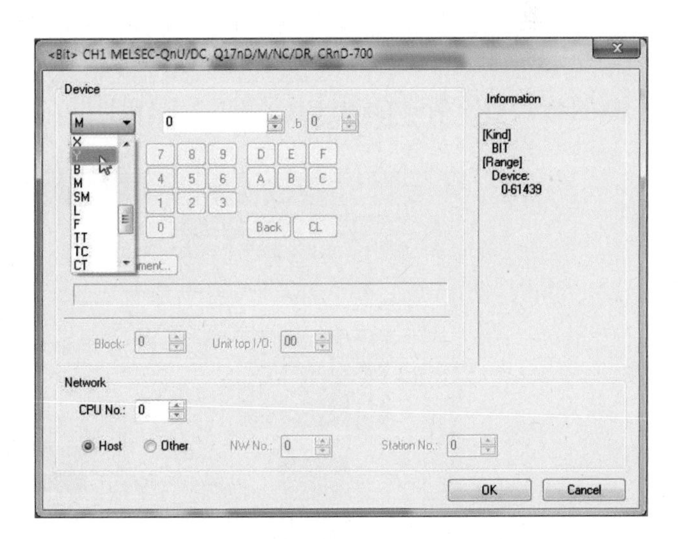

⑧ 디바이스 번호 설정용 텍스트 상자를 선택한다.

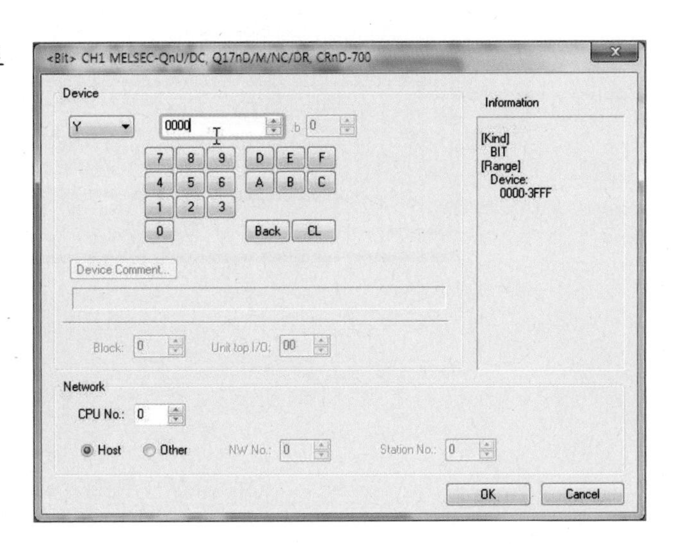

⑨ 디바이스 번호 0020을 설정하고, OK 버튼을 클릭한다.

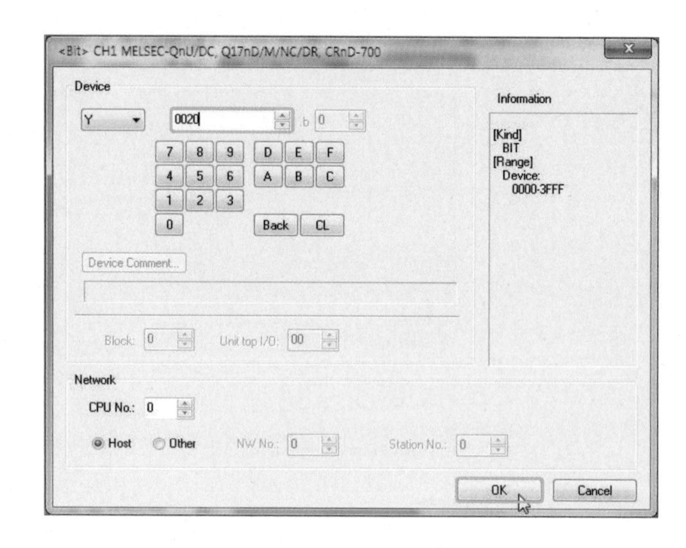

⑩ 색상 선택을 위해 Lamp Color 버튼을 클릭한다.

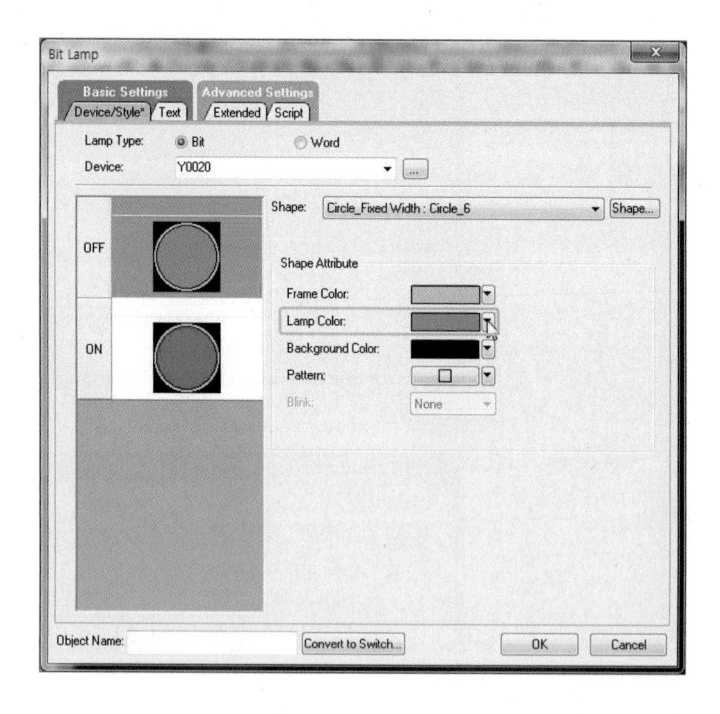

⑪ 원하는 색상을 선택한다.

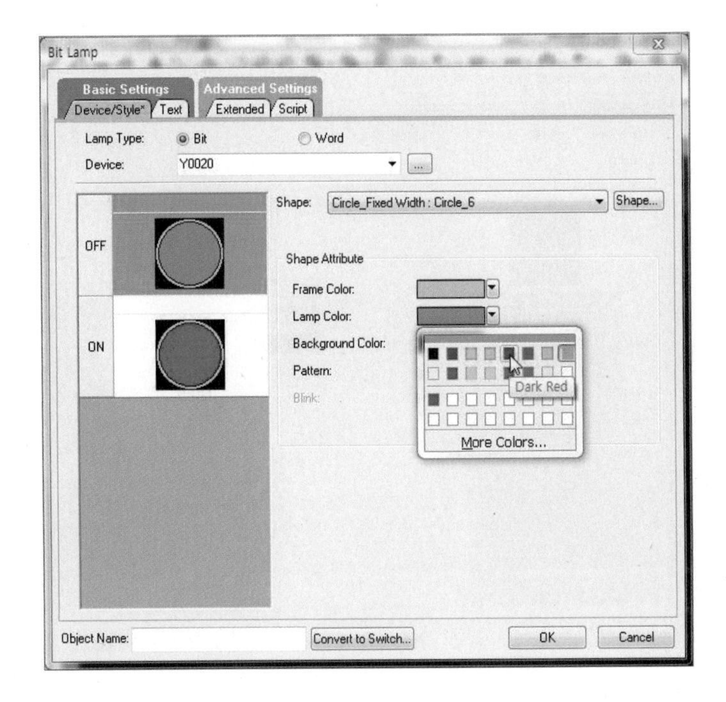

⑫ Lamp ON을 선택한다.

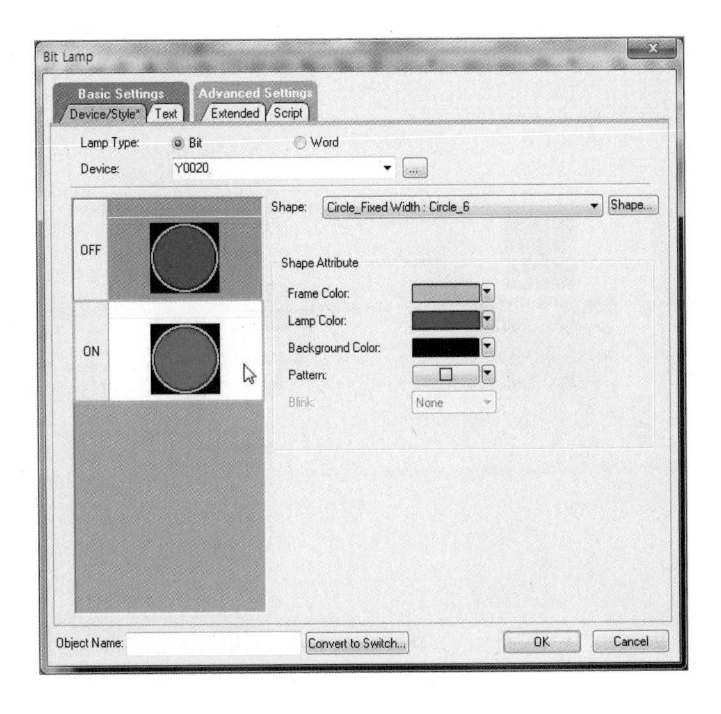

⑬ Lamp Color 버튼을 클릭한다.

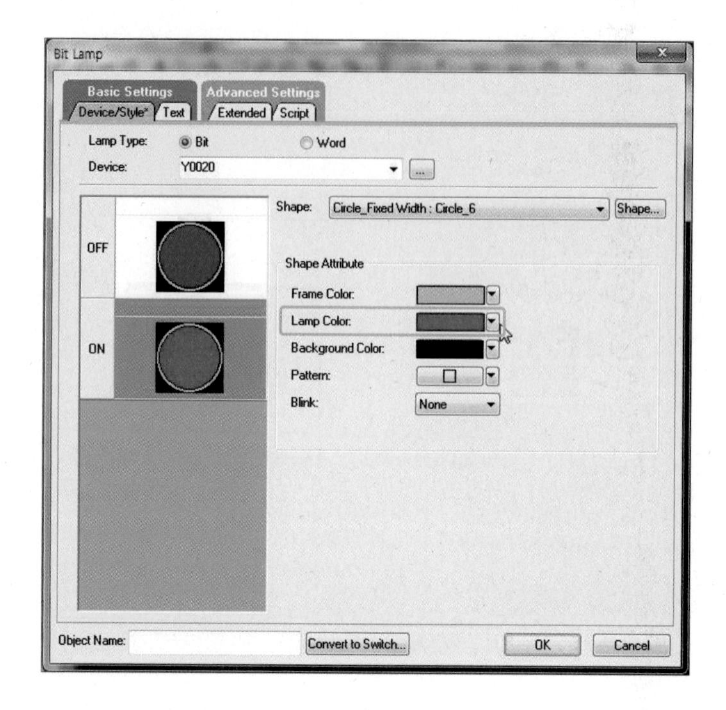

⑭ 원하는 색상을 선택한다.

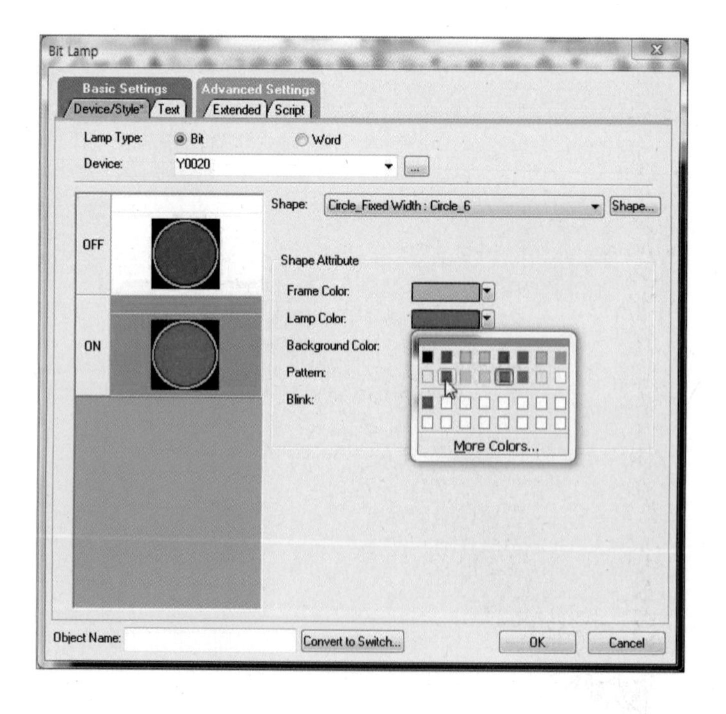

⑮ Text 탭을 선택한다.

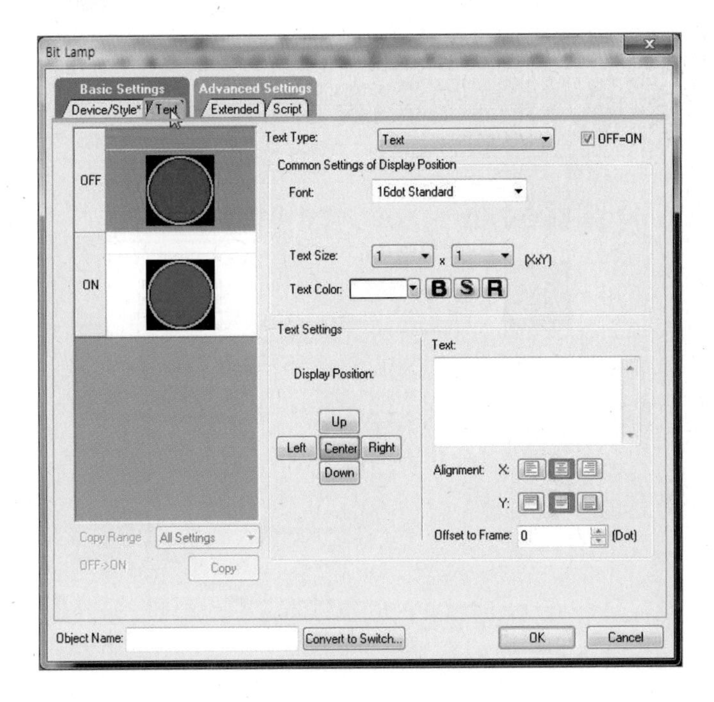

⑯ ▾ 버튼을 클릭한다.

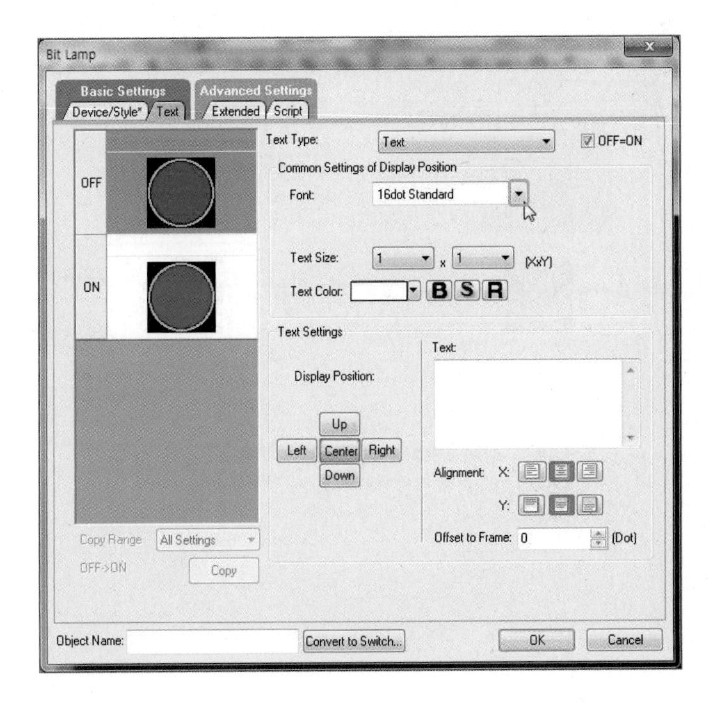

⑰ 16dot Standard를 선택한다.

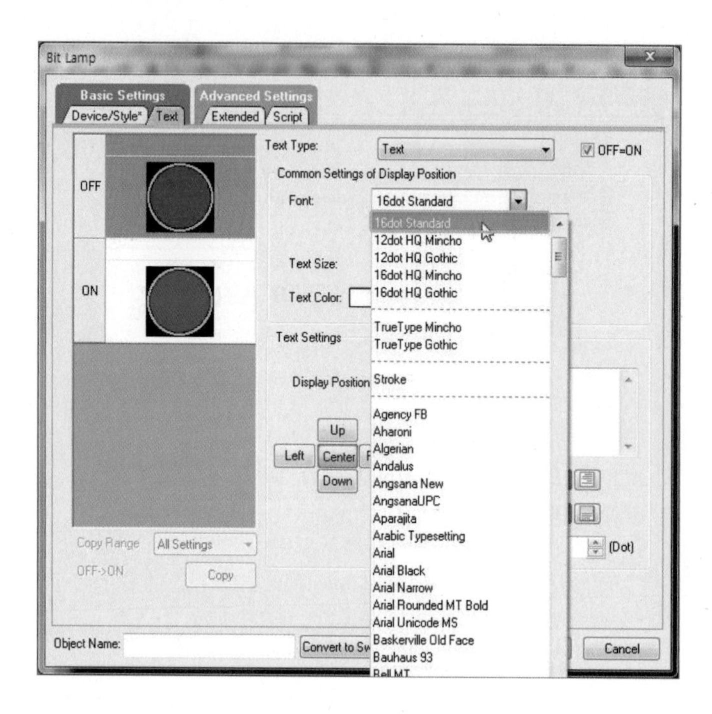

⑱ Text Size(X)를 연다.

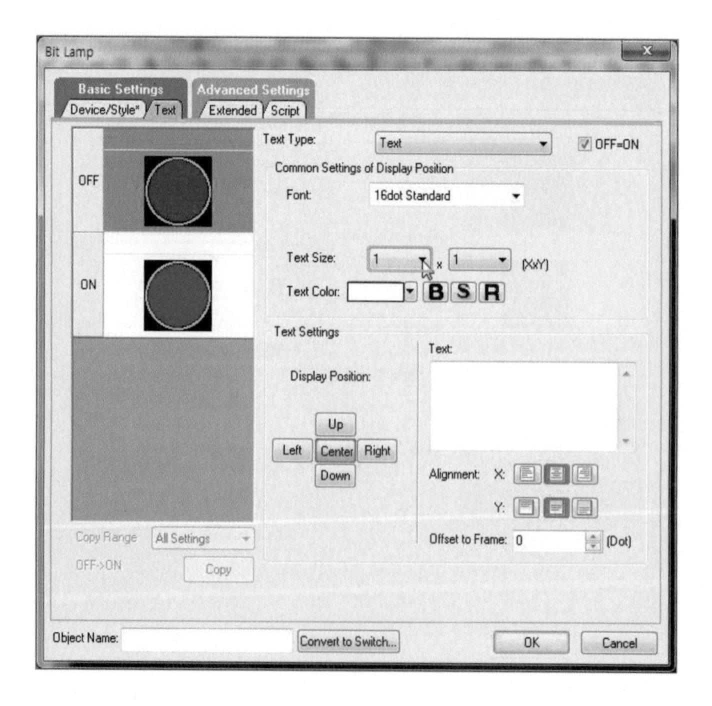

⑲ Text Size(X)에서 2를 선택한다.

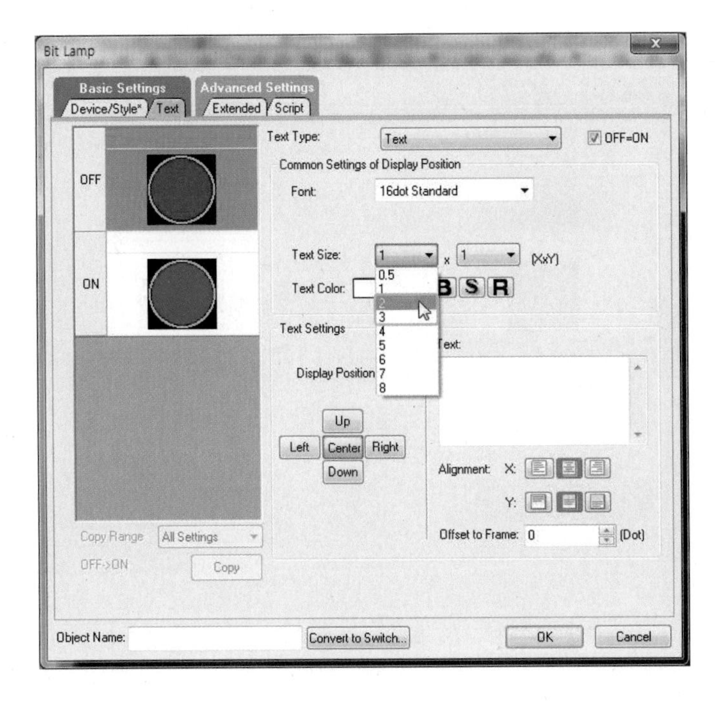

⑳ Text Size(Y)를 연다.

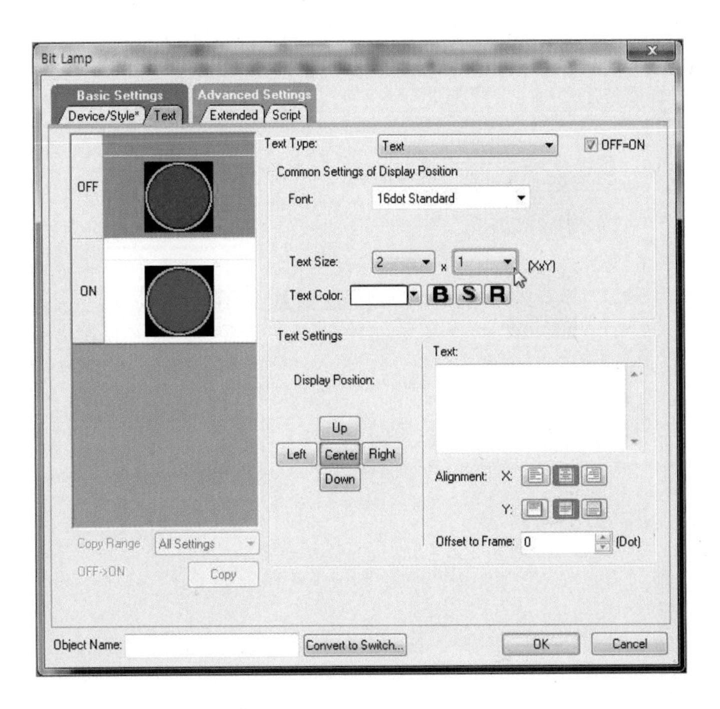

㉑ Text Size(Y)에서 2를 선택한다.

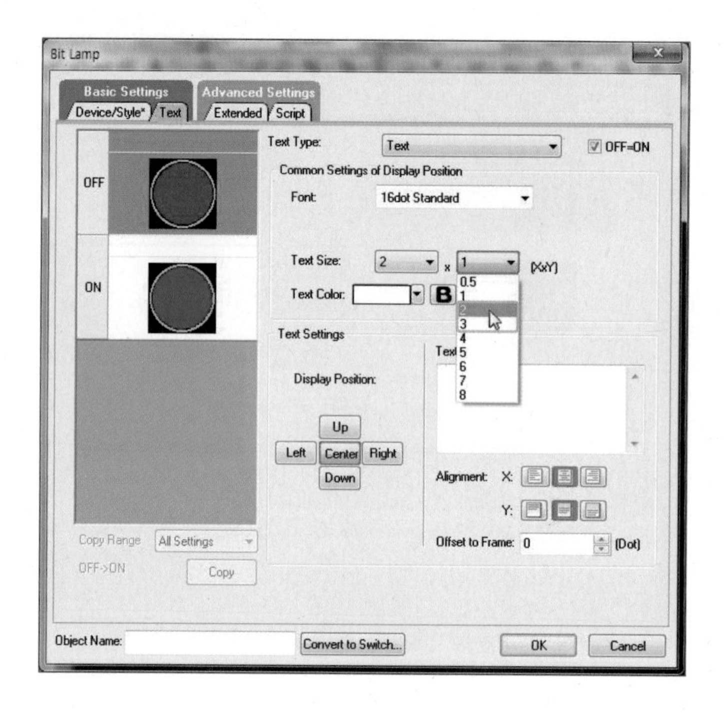

㉒ Text 상자를 선택한다.

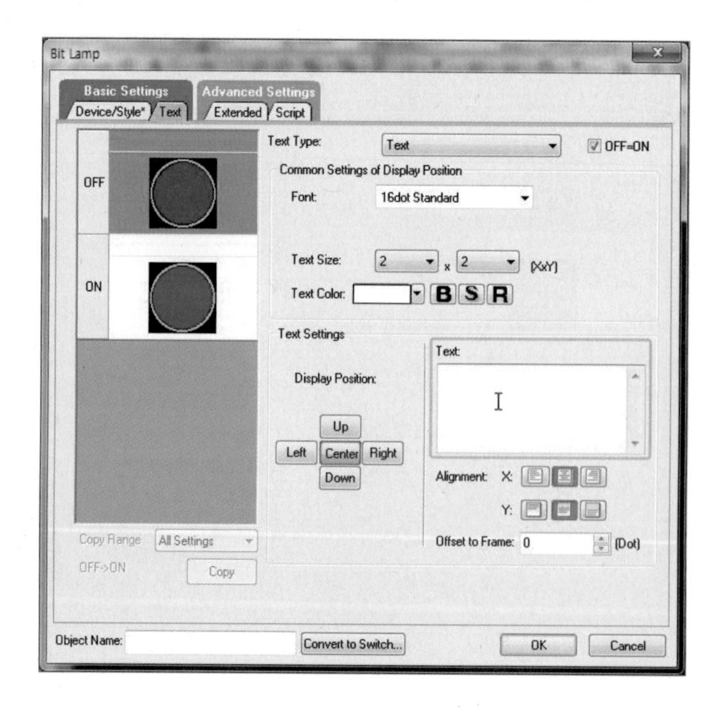

㉓ OFF를 입력한다.

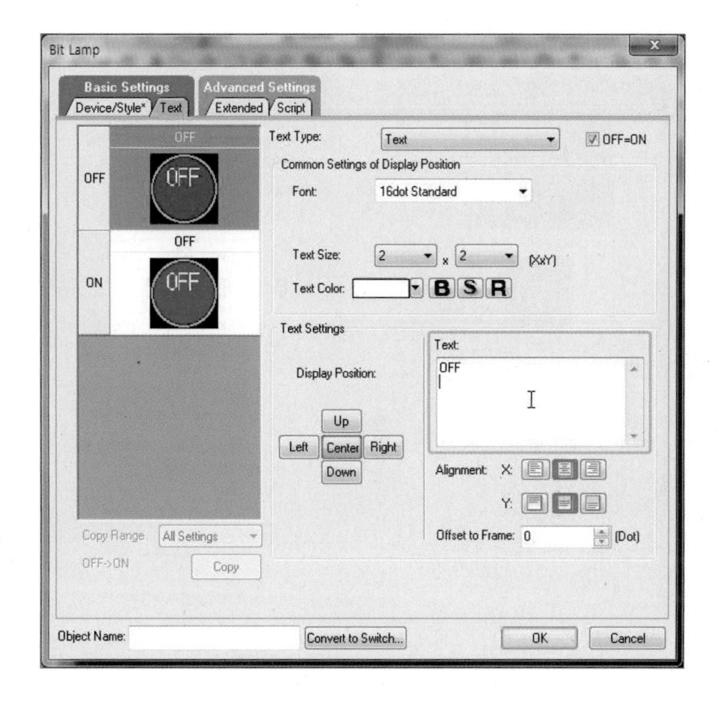

㉔ OFF=ON의 체크를 해제한다.

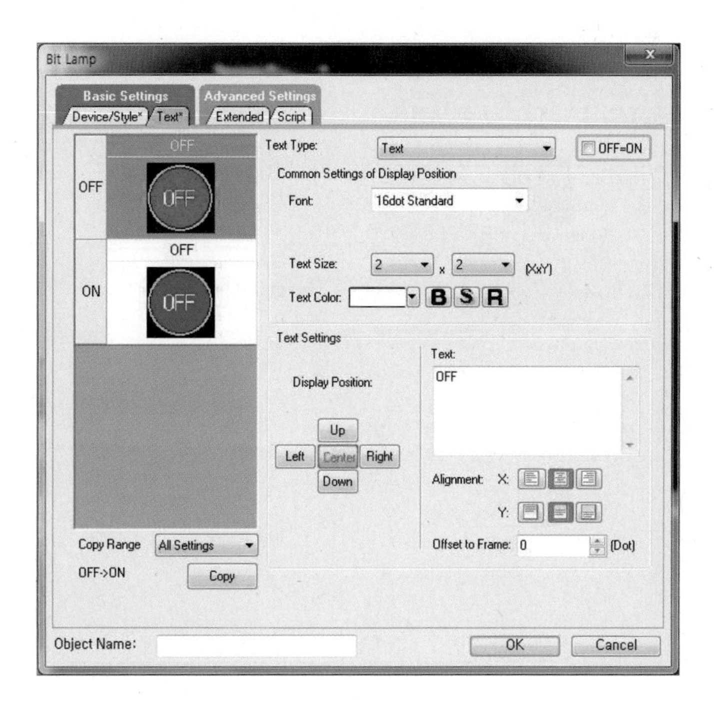

㉕ Lamp ON을 선택한다.

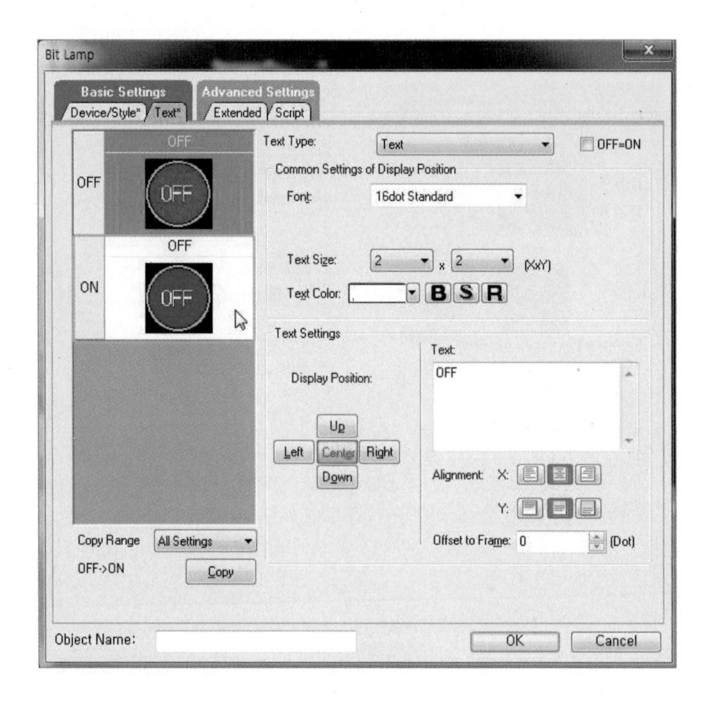

㉖ Text 상자를 선택한다.

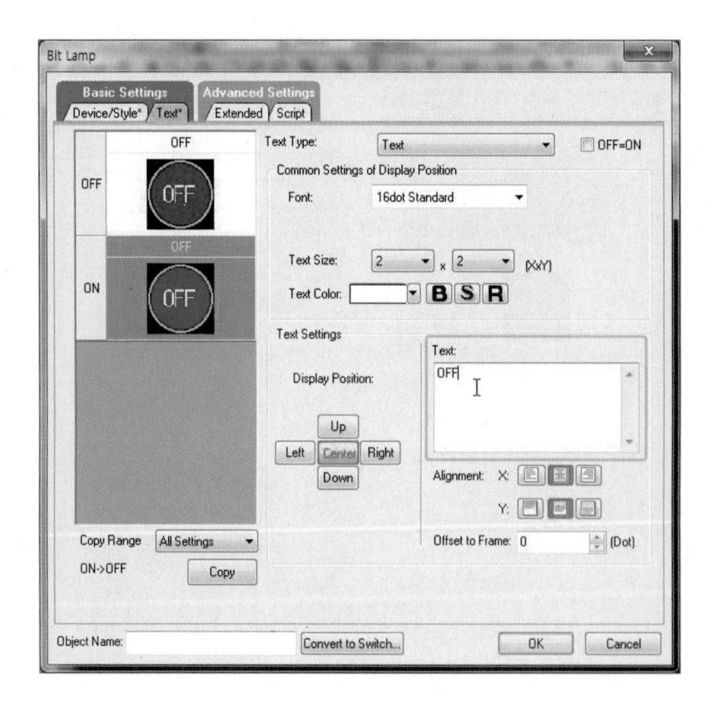

㉗ ON을 입력한다.

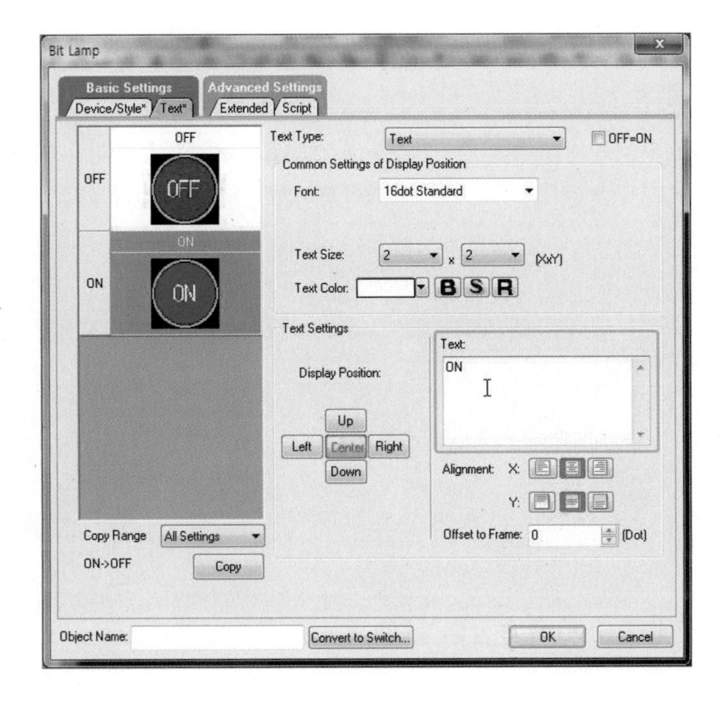

㉘ OK 버튼을 클릭한다.

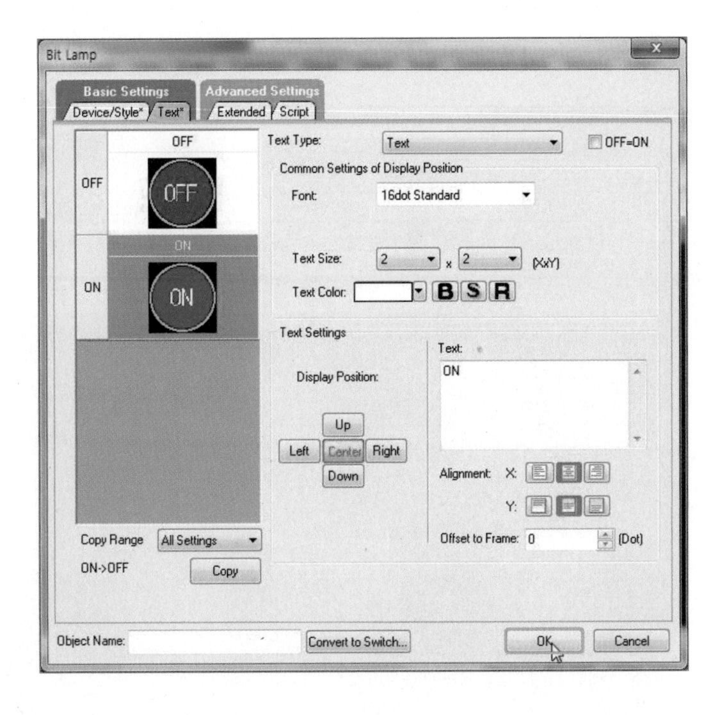

㉙ 완성된 화면

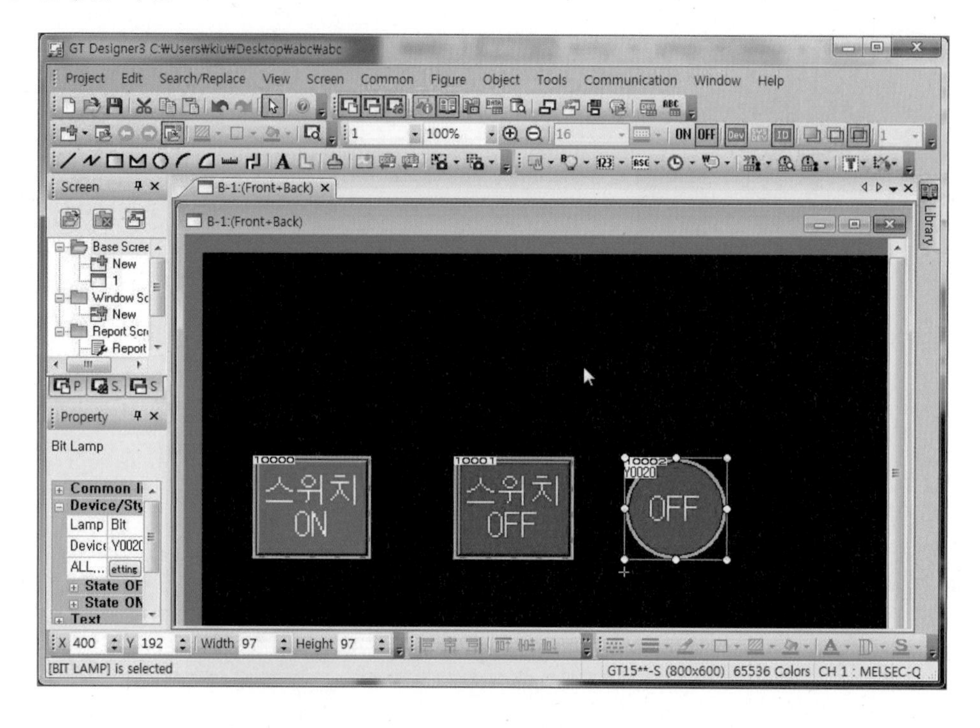

4-5 작화된 객체 속성 바꾸기

① 변경을 원하는 객체(스위치 ON)를 더블 클릭한다.

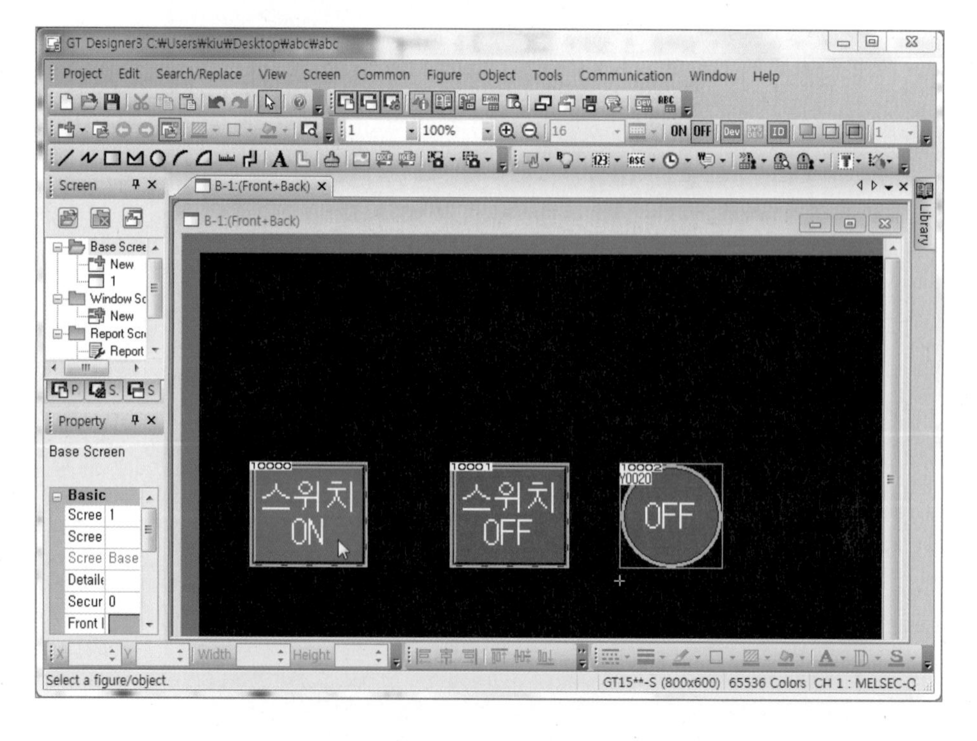

② 버튼 모양을 변경하기 위해 Style 탭을 선택한다.

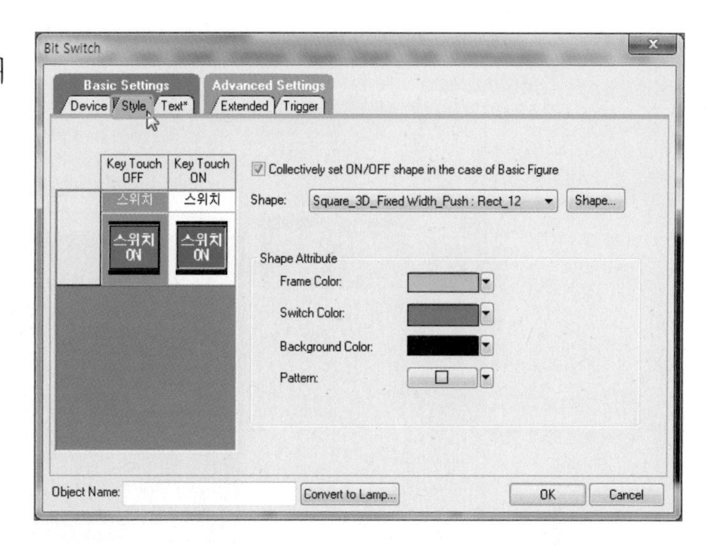

③ Shape를 클릭한다.

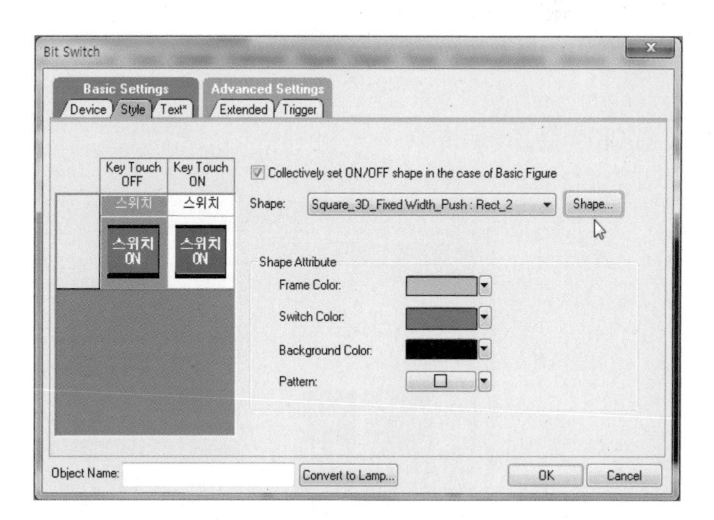

④ 137 Circle_Fixed Width를 선택한다.

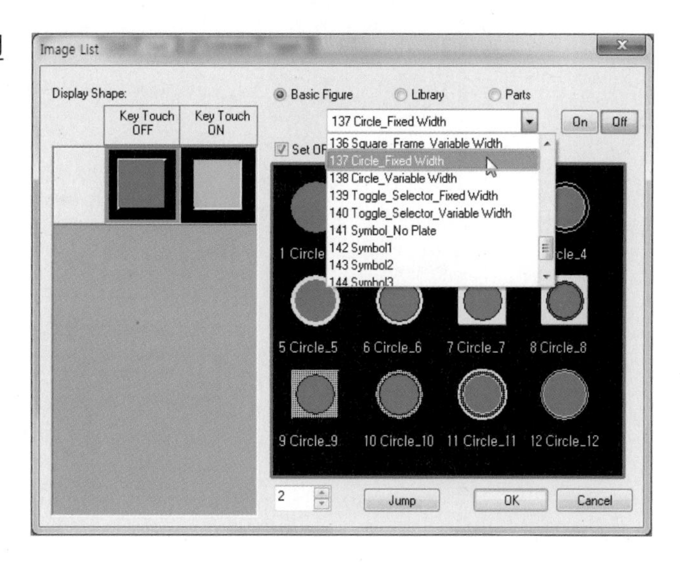

⑤ 5 Circrle_5를 선택한 후 OK 버튼을 클릭한다.

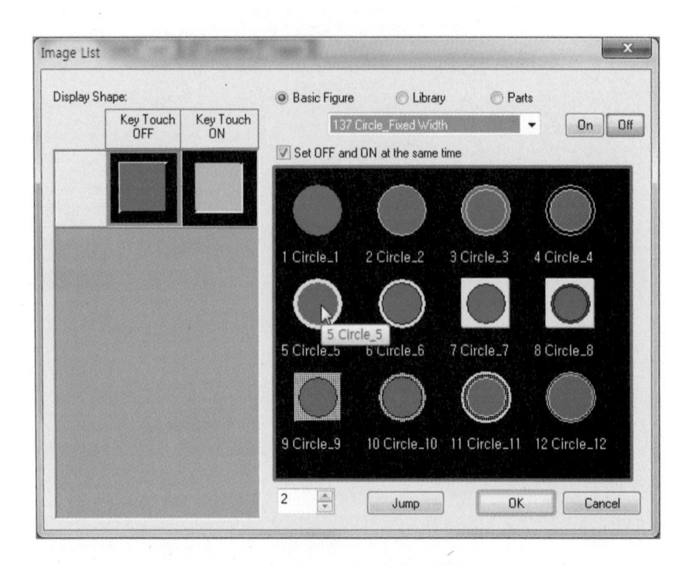

⑥ OK 버튼을 클릭한다.

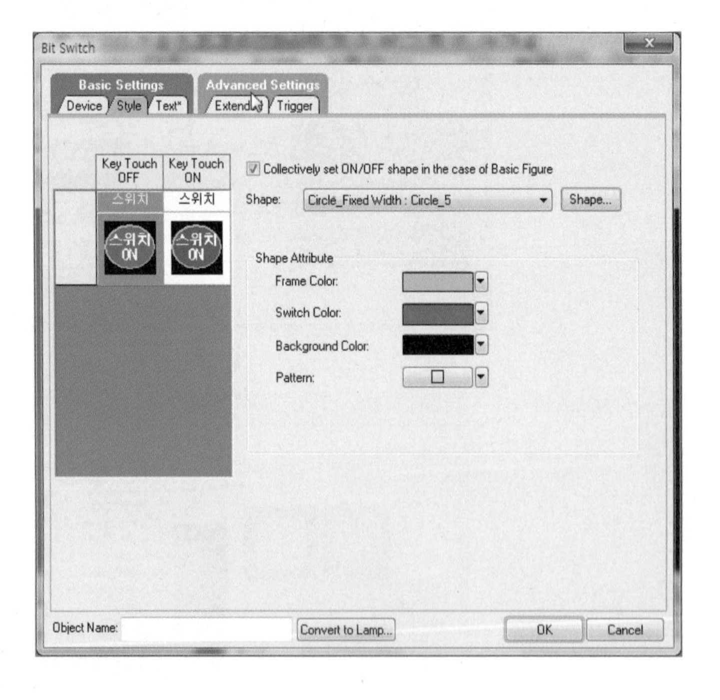

⑦ **스위치 ON**의 모양이 사각형에서 원형으로 변경되었다.

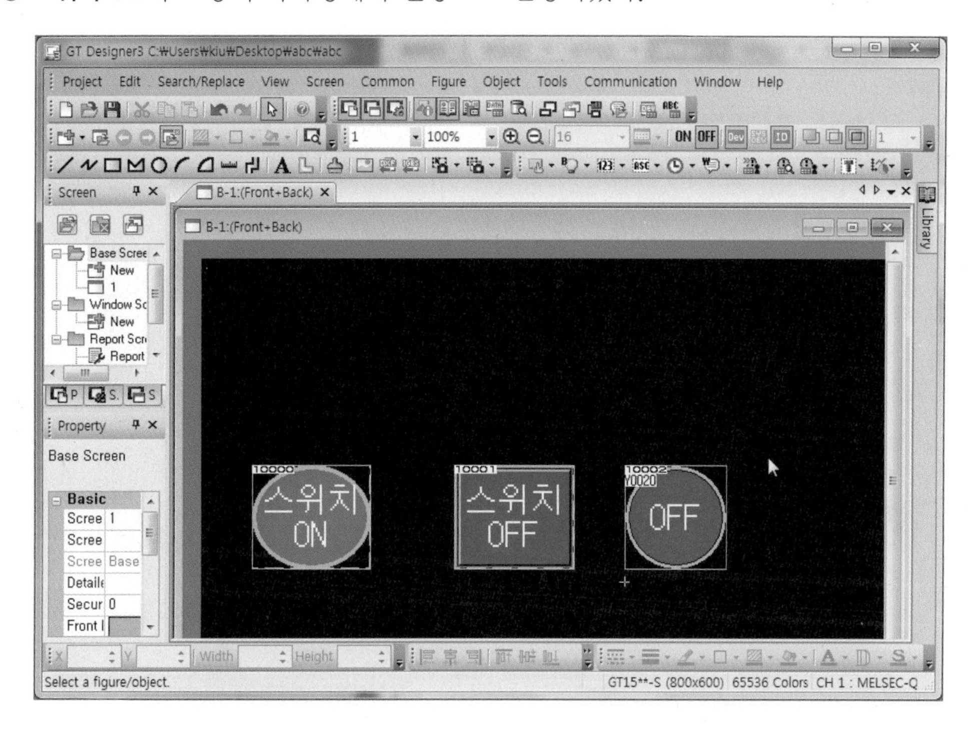

4-6 GT Designer3 숫자 표시

① 메뉴에서 Object를 선택한다.

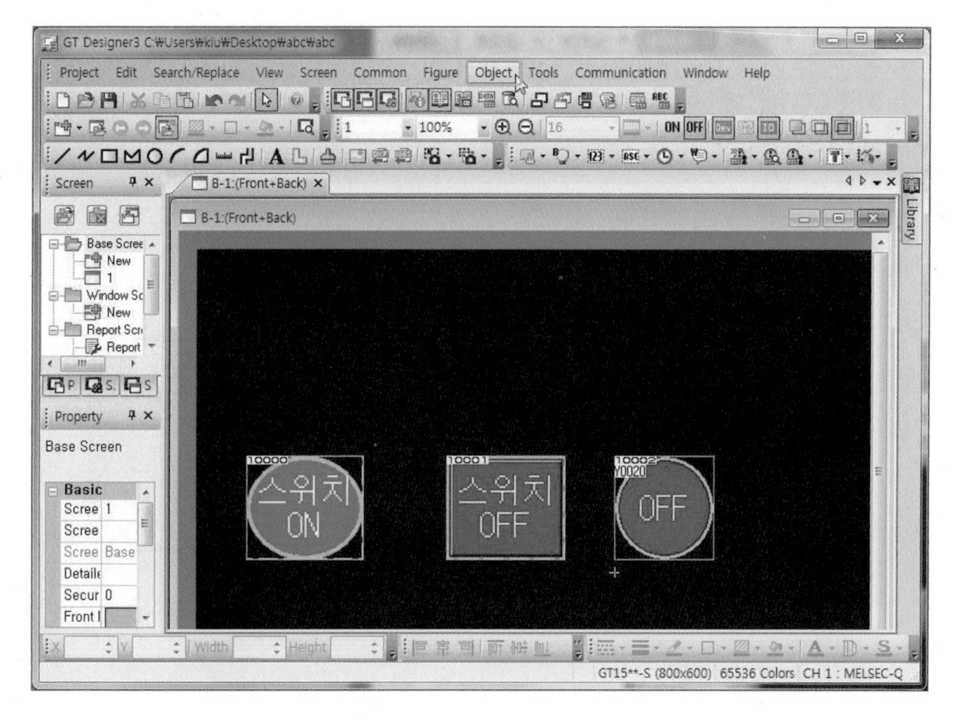

② Numerical Display/Input – Numerical Display를 선택한다.

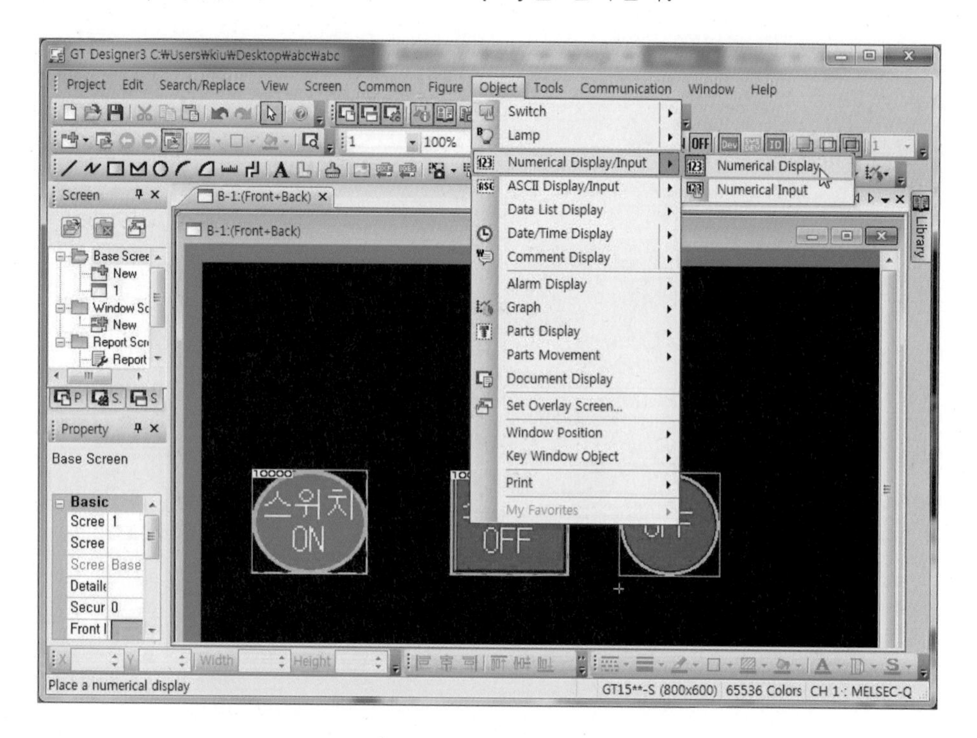

③ 나타내고자 하는 위치에 마우스로 끌어 표시한다.

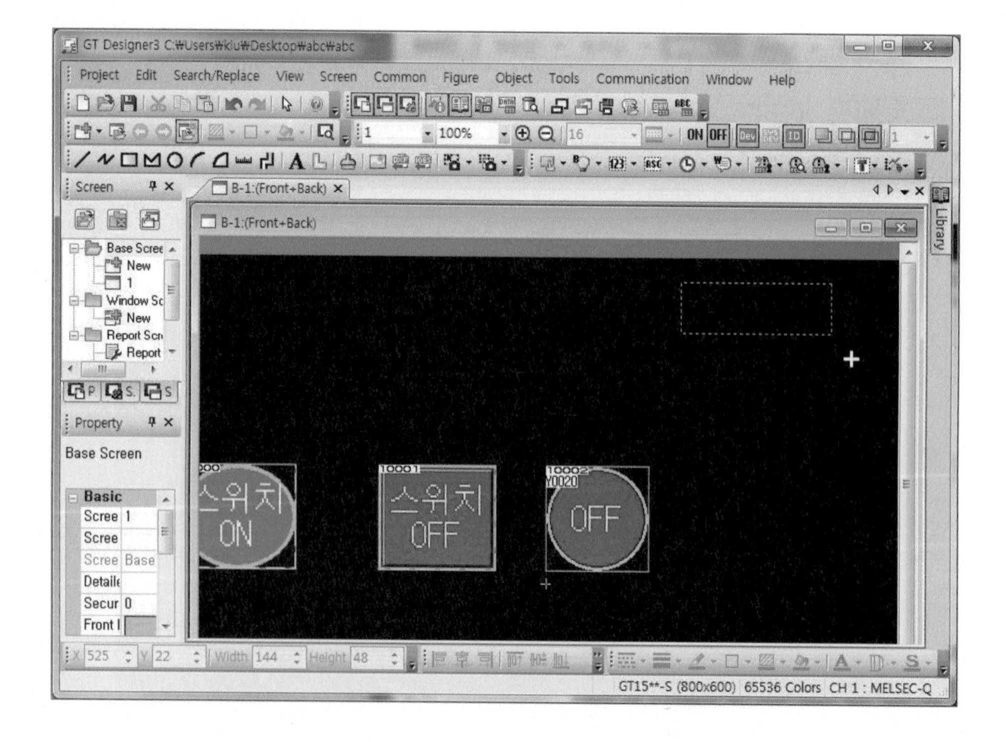

④ 수치 표시창을 더블 클릭한다.

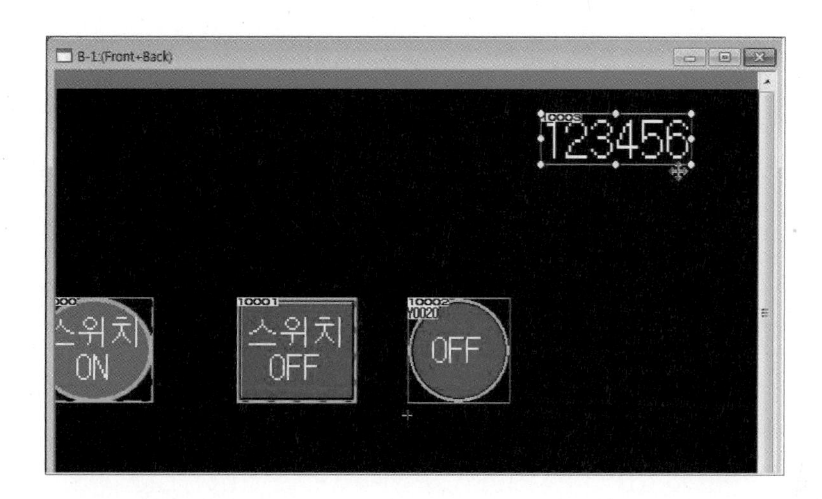

⑤ [...] 버튼을 클릭한다.

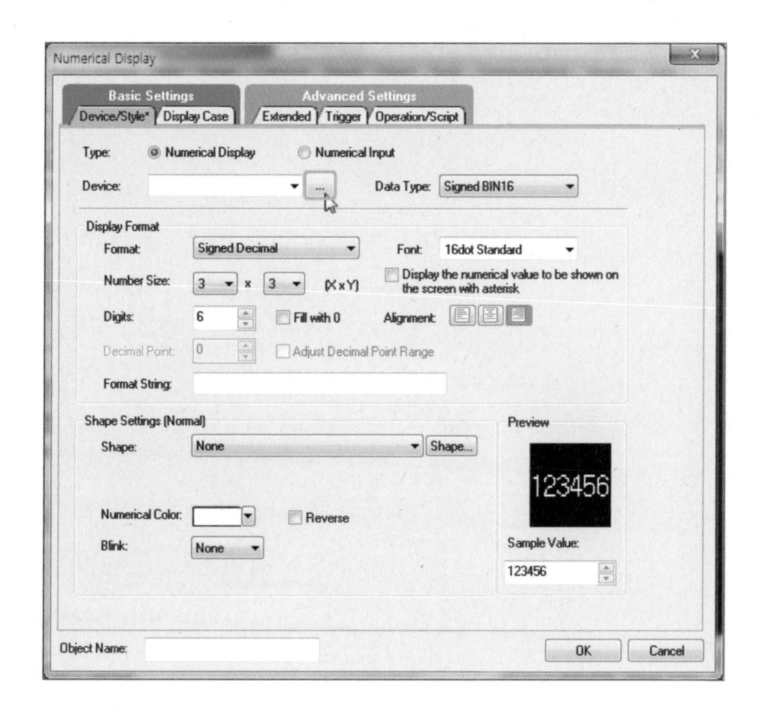

⑥ 디바이스 번호 설정용 텍스트 상자를 선택한다.

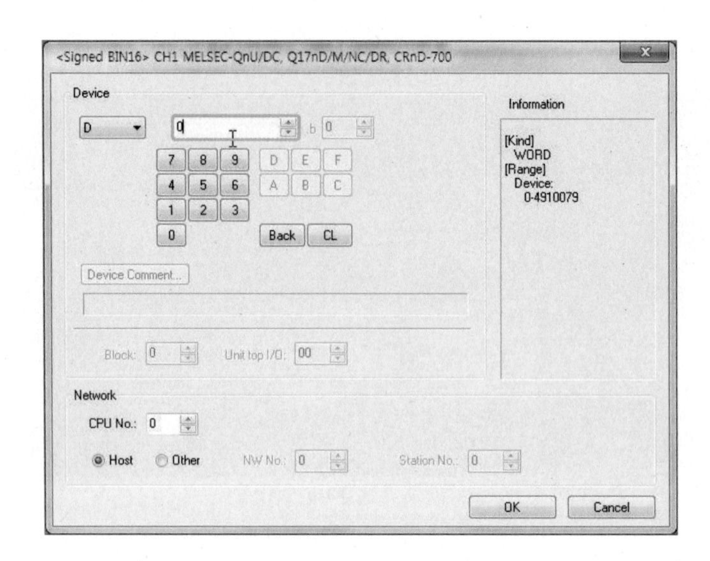

⑦ 디바이스 번호 D10을 설정하고, OK 버튼을 클릭한다.

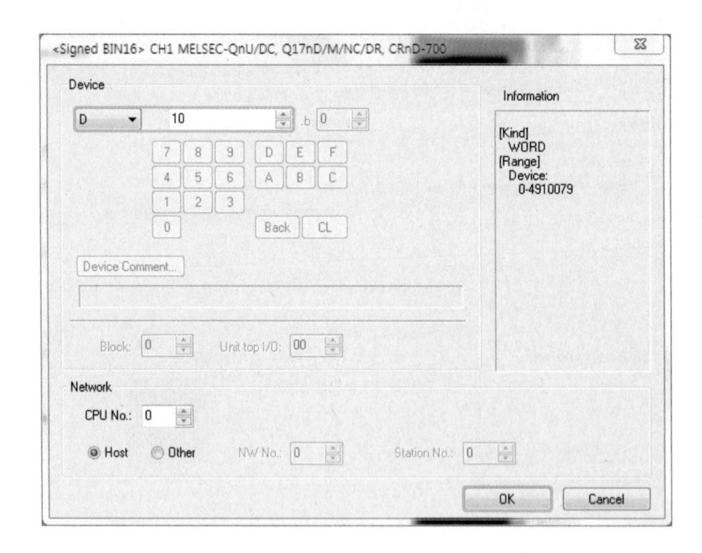

4-7 숫자 표시 속성 변경하기

① Shape 버튼을 클릭한다.

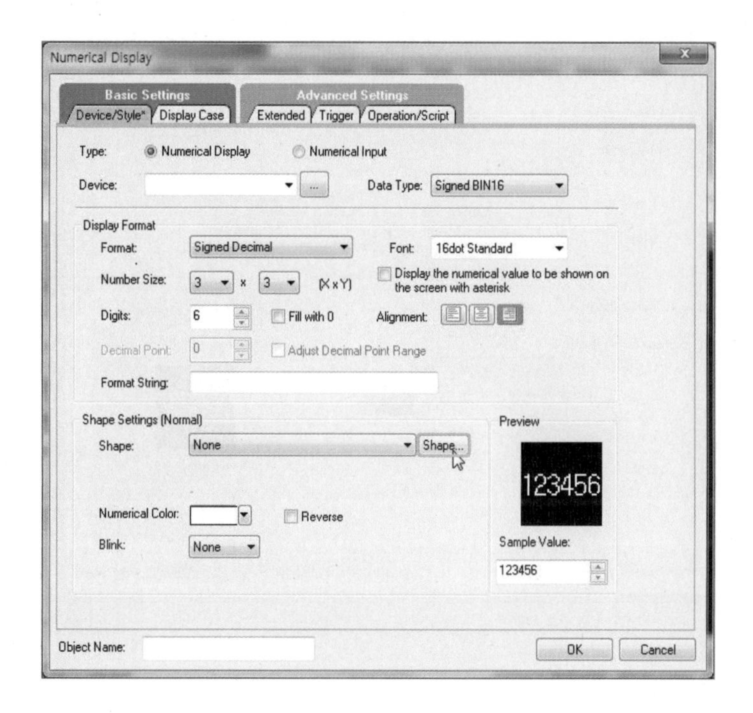

② 12 Rect_12를 클릭한 후 OK 버튼을 선택한다.

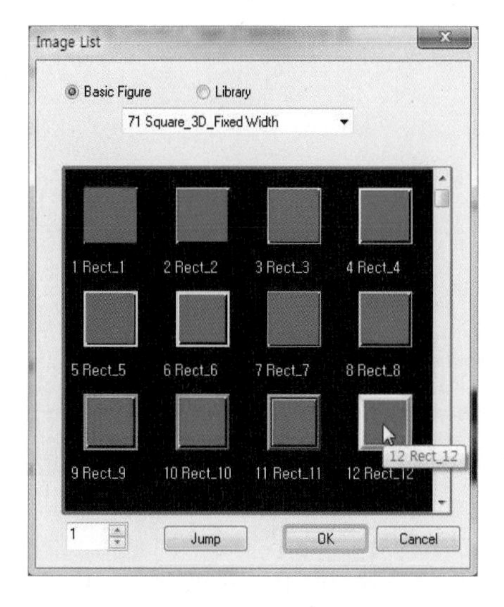

③ Frame Color를 클릭한다.

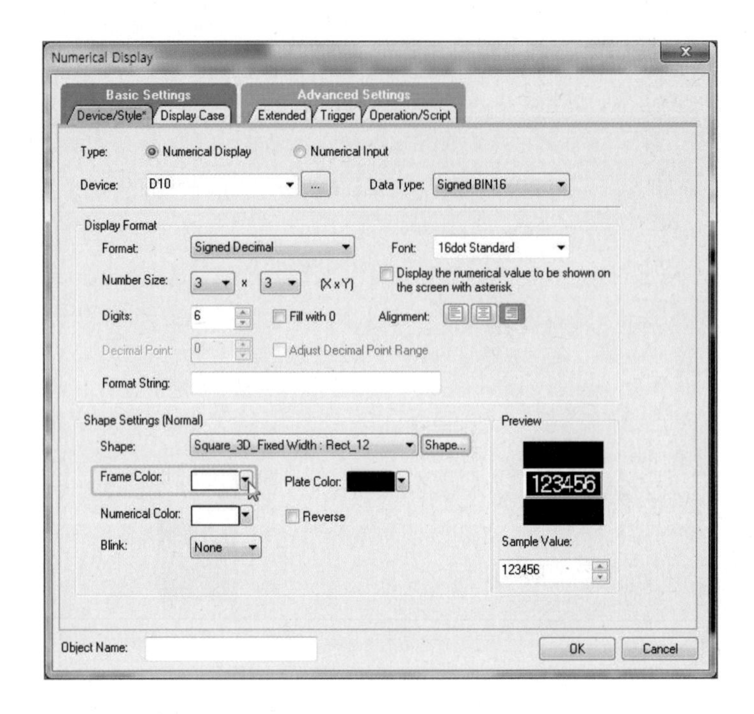

④ 원하는 색상을 선택한다.

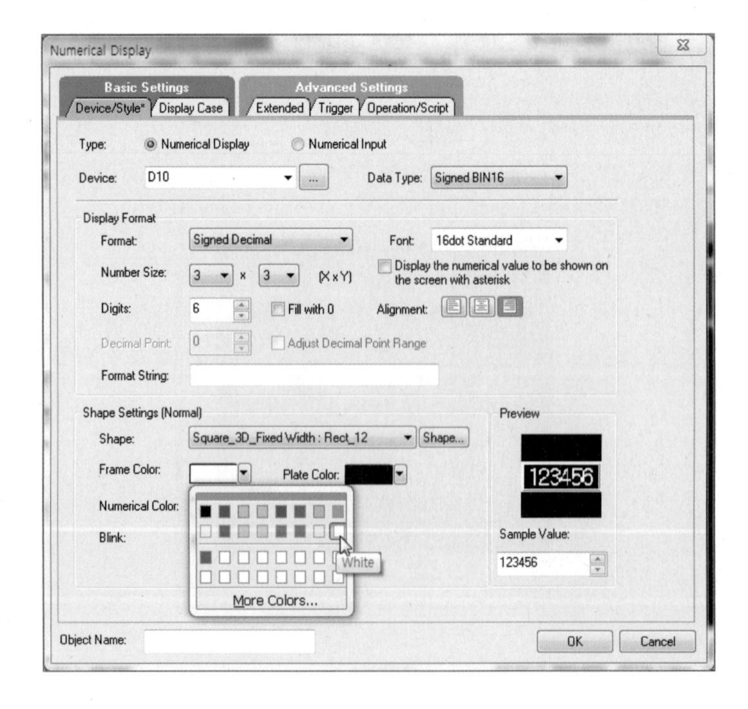

⑤ Numerical Color 버튼을 클릭한다.

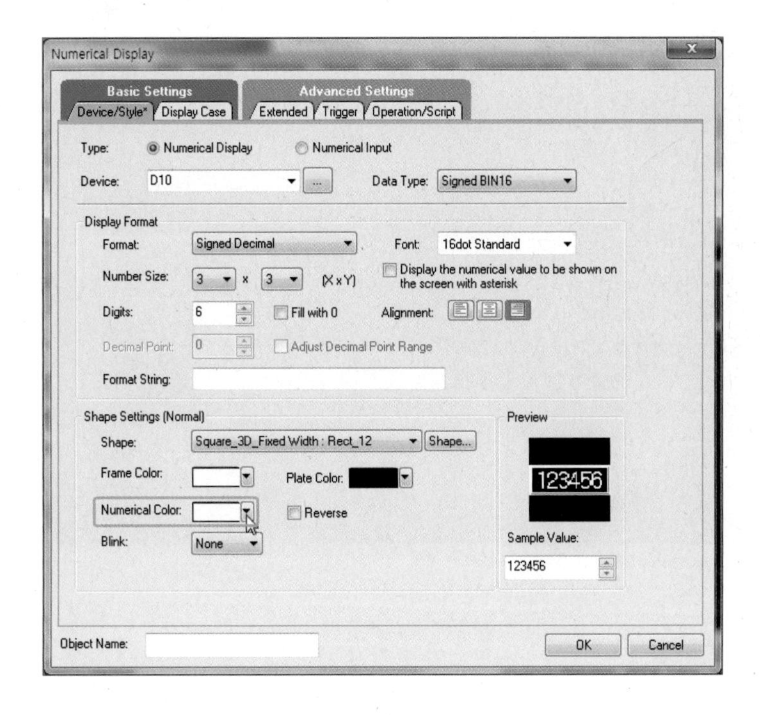

⑥ 원하는 색상을 선택한 후 OK 버튼을 클릭한다.

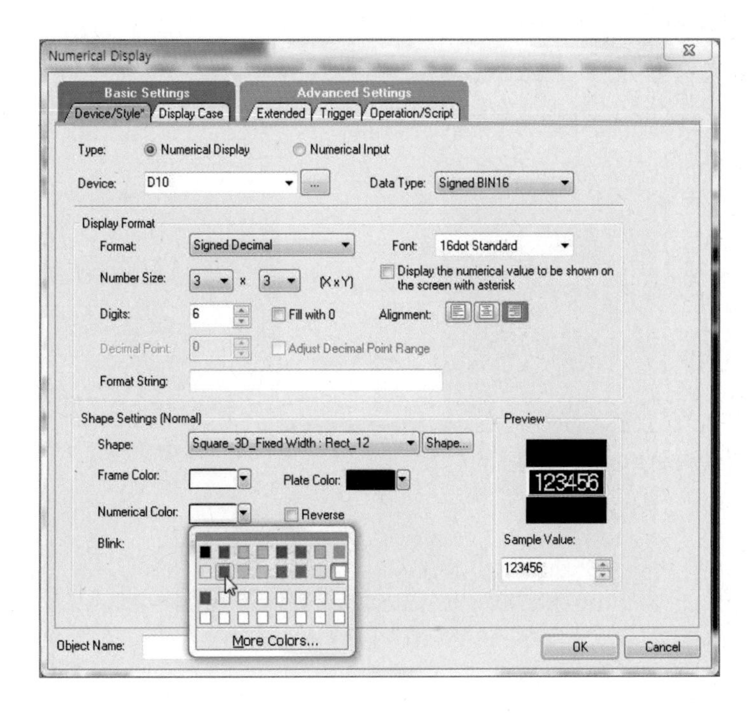

⑦ 수치 표시의 속성 변경 후 결과

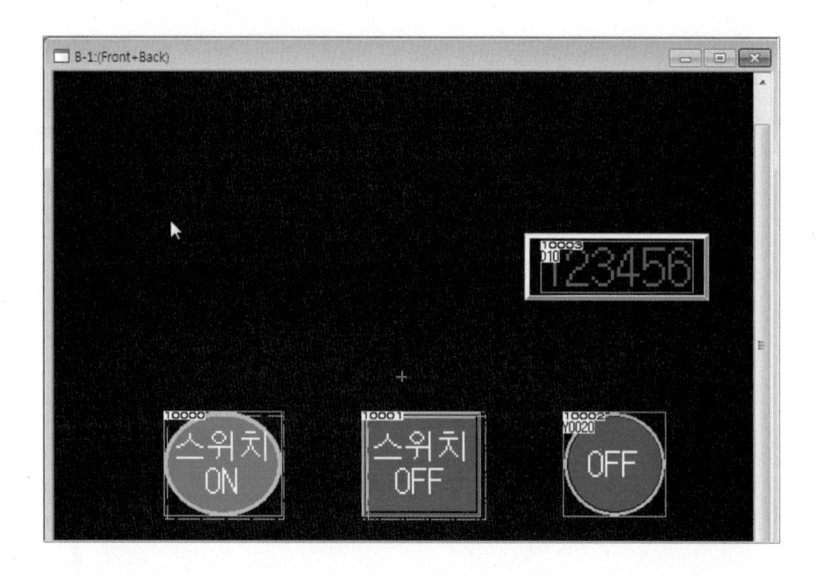

4-8 문자 표시하기

① Figure – Text 메뉴를 선택하거나 A 아이콘을 선택한다.

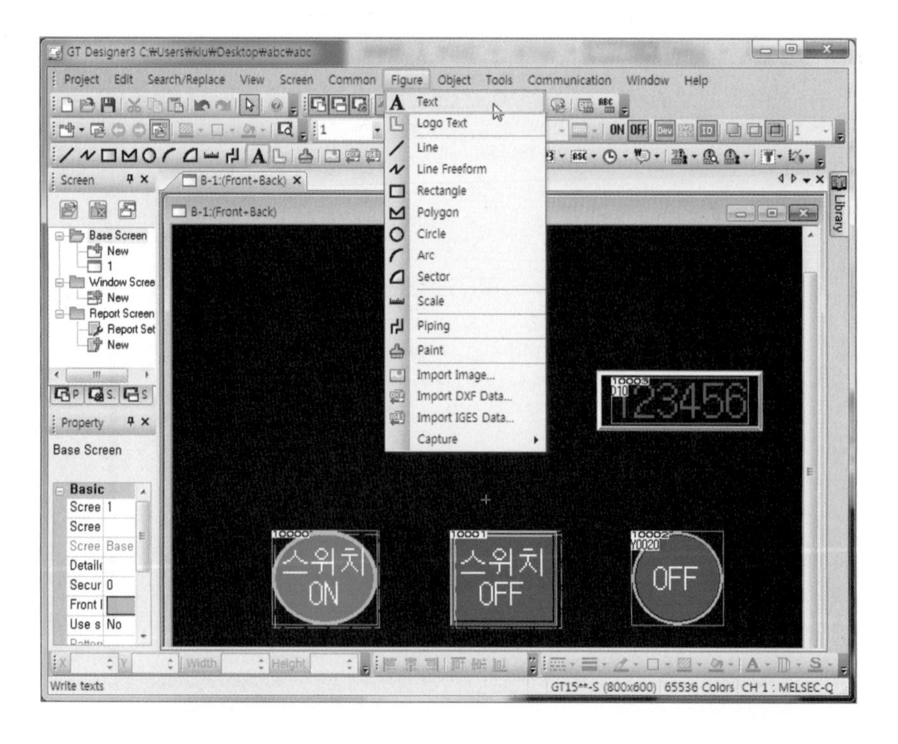

② 작성하고자 하는 위치에 커서를 놓는다.

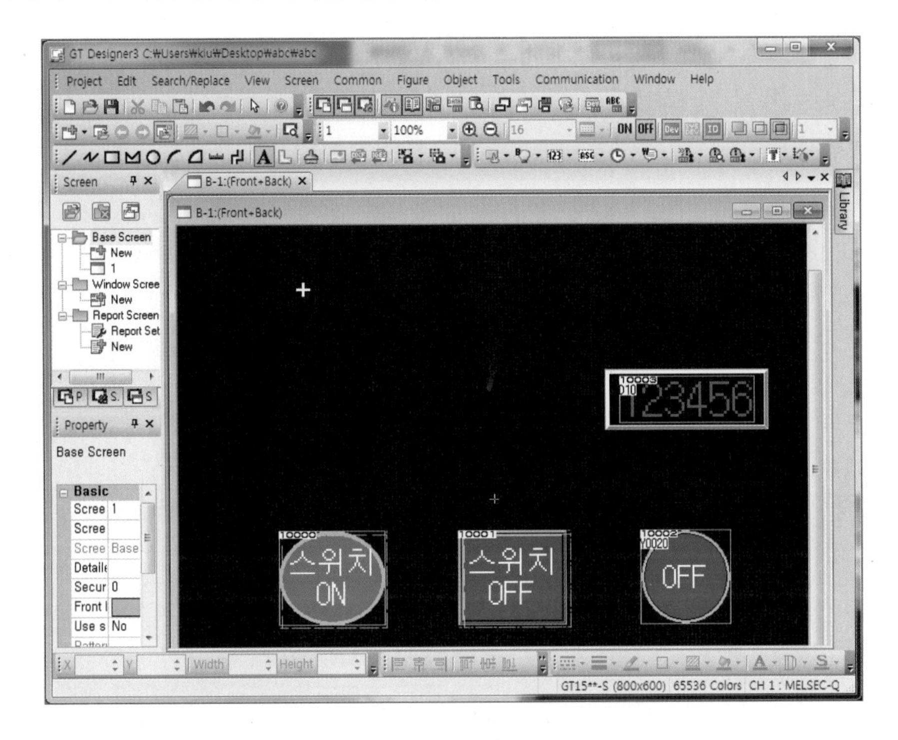

③ Text 상자를 선택한다.

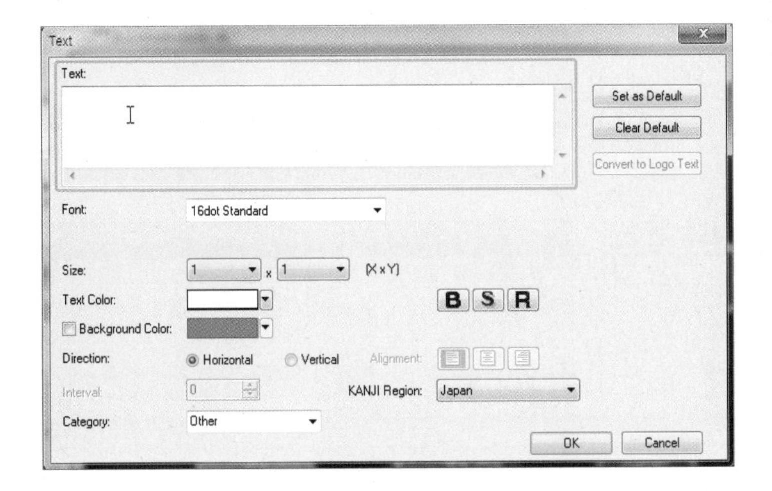

④ **램프제어**라고 입력한다.

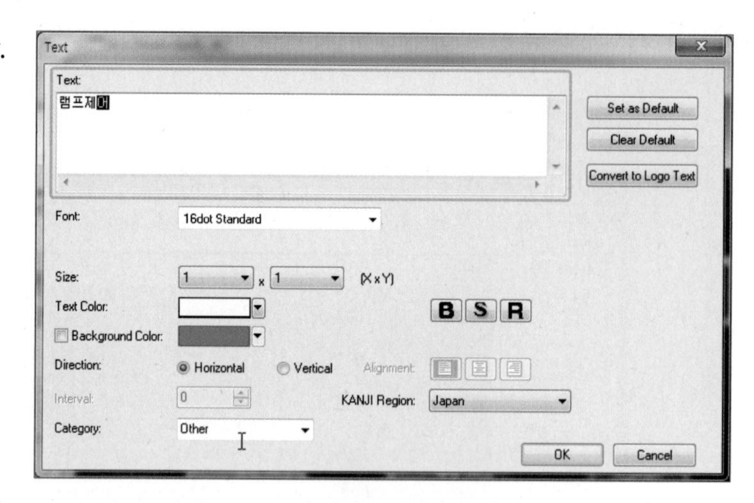

⑤ 원하는 서체(16dot HQ Mincho)를 선택한다.

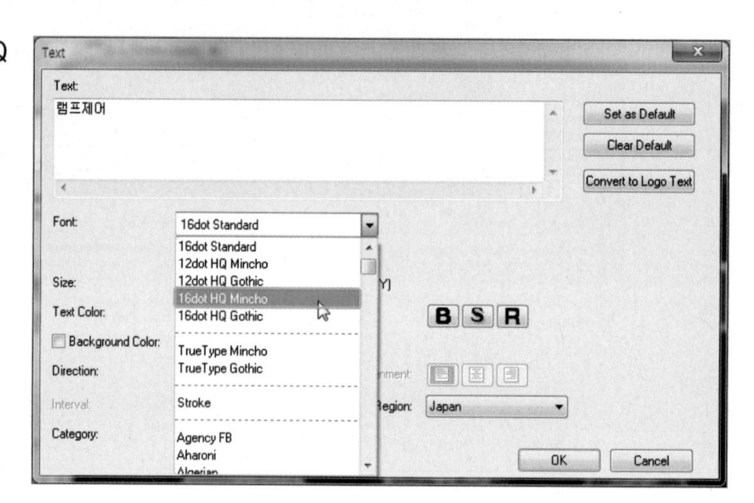

⑥ Size를 4×4로 변경한 후 OK 버튼을 클릭한다.

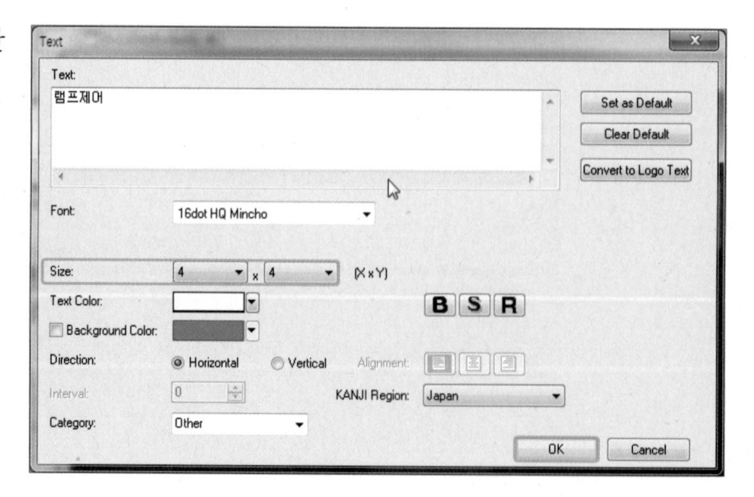

⑦ 문자 완성 화면

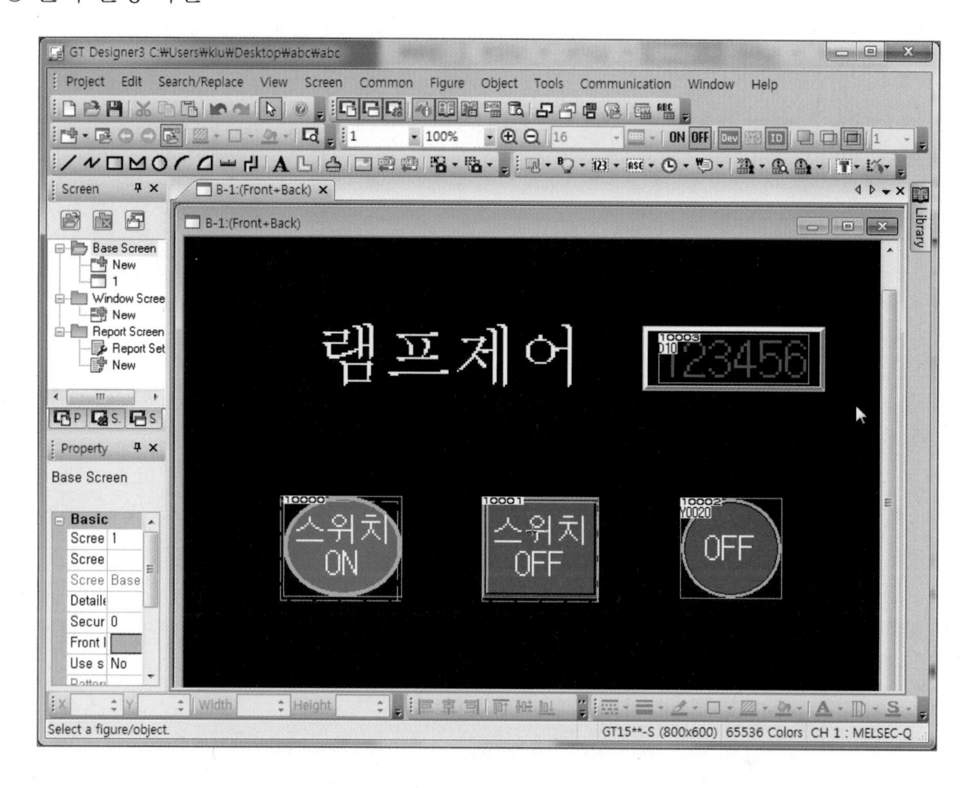

⑧ 같은 방법으로 다음의 문자들을 완성한다.

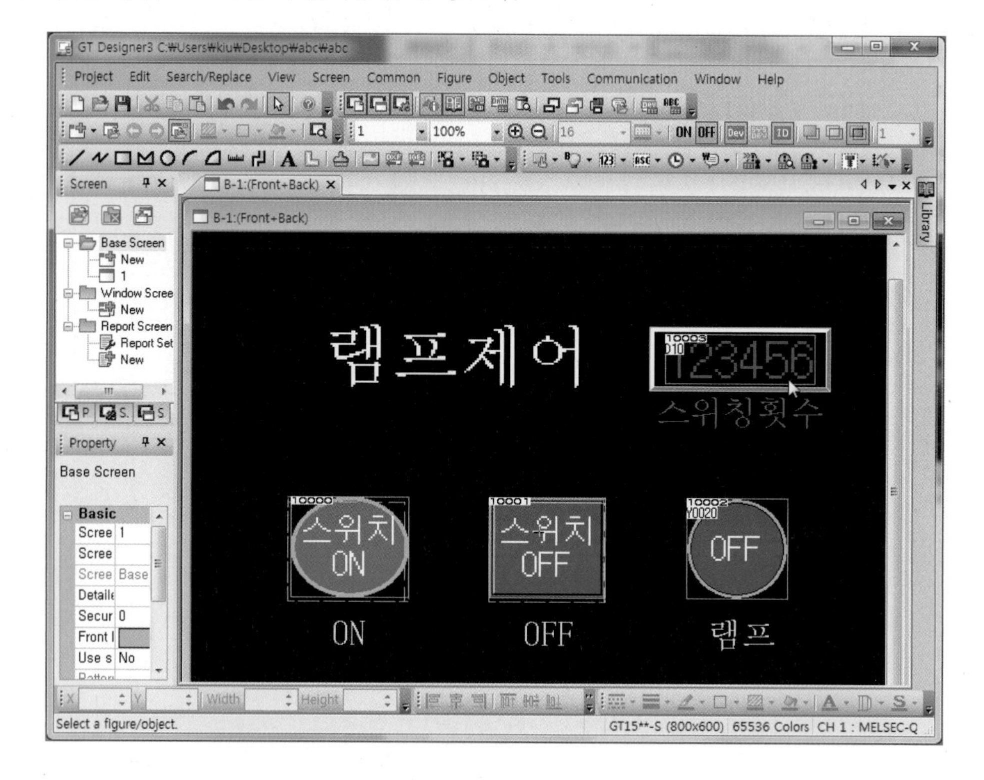

5 컴퓨터-터치패널-PLC 상호 연결환경 설정

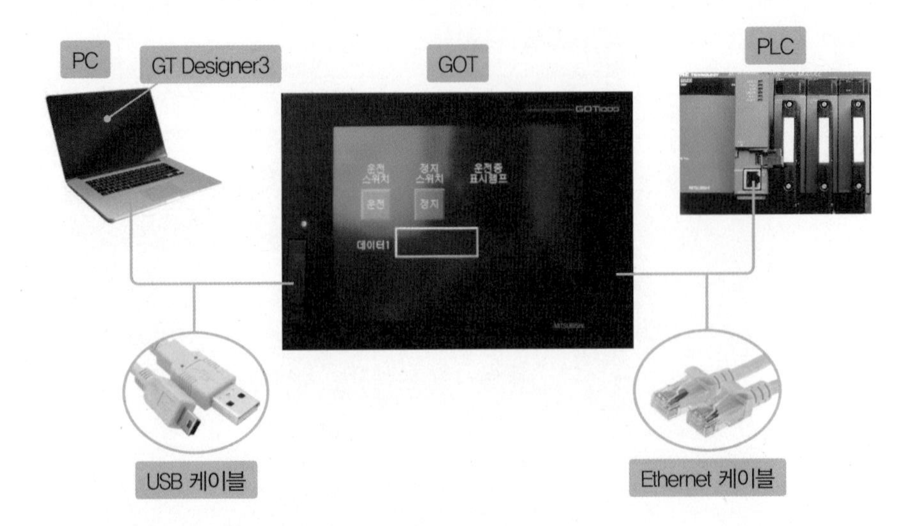

① 메뉴에서 Common을 선택한다.

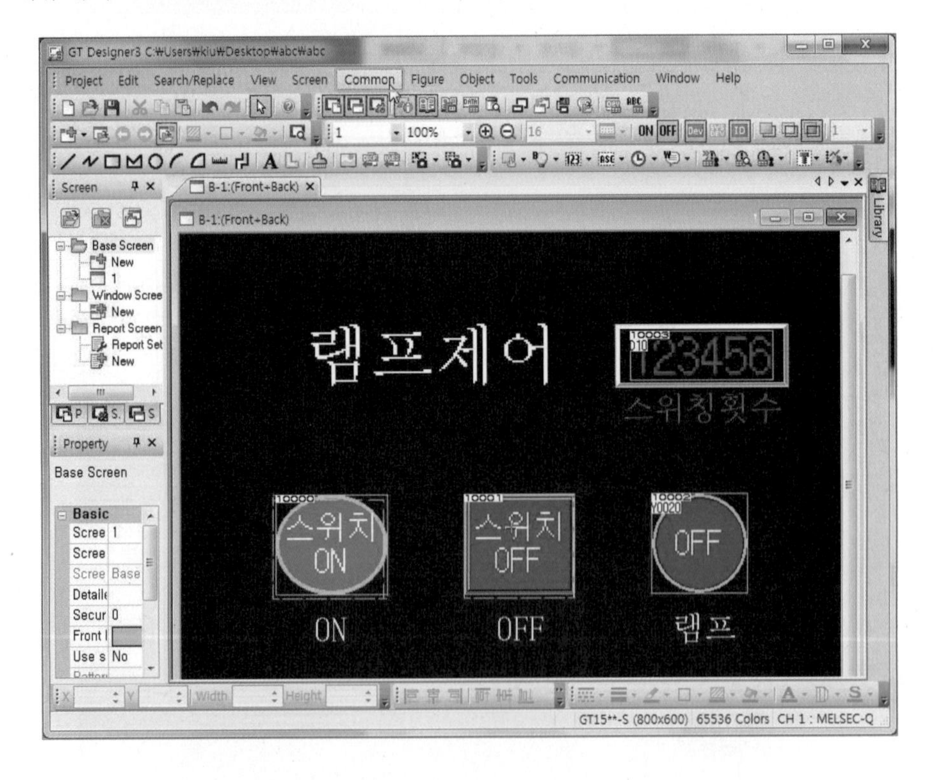

② Controller Setting을 선택한다.

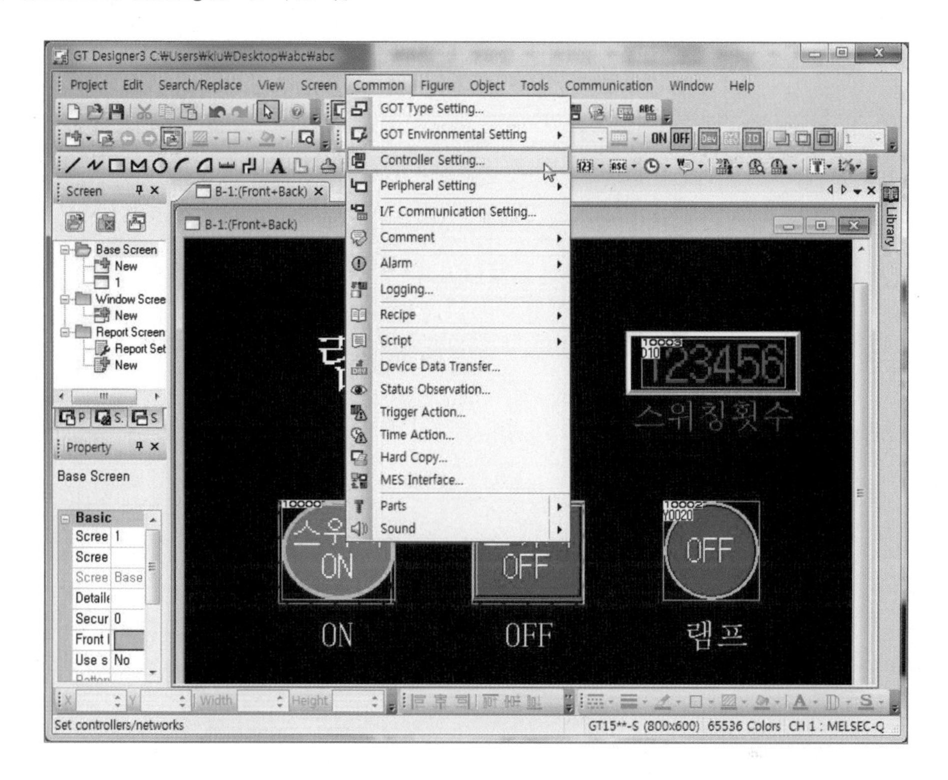

③ Ethernet을 선택한다.

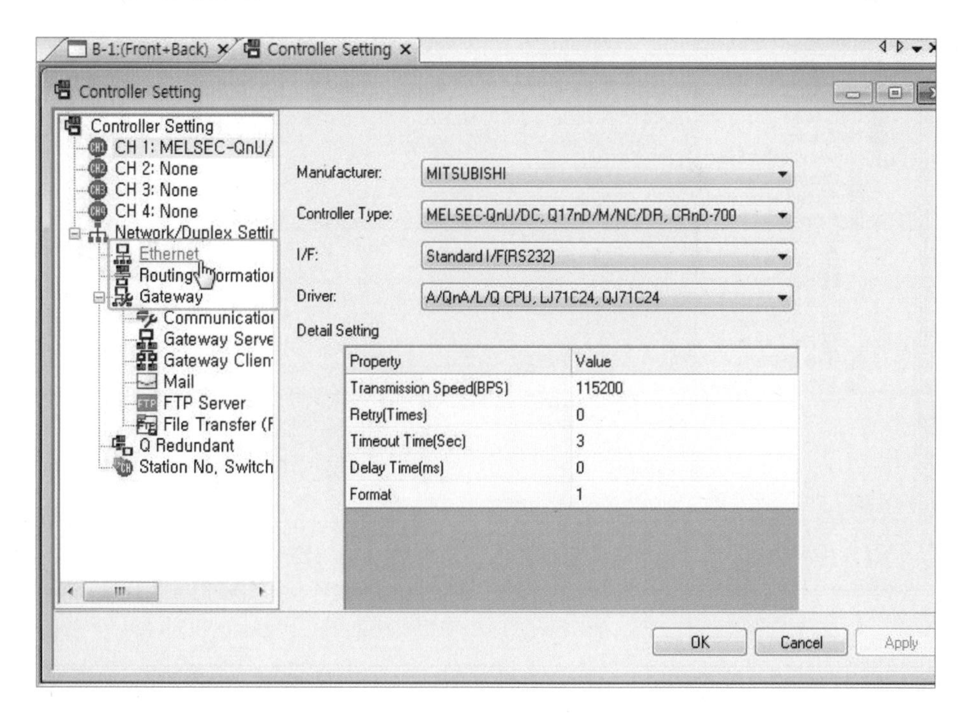

④ New 버튼을 클릭한다.

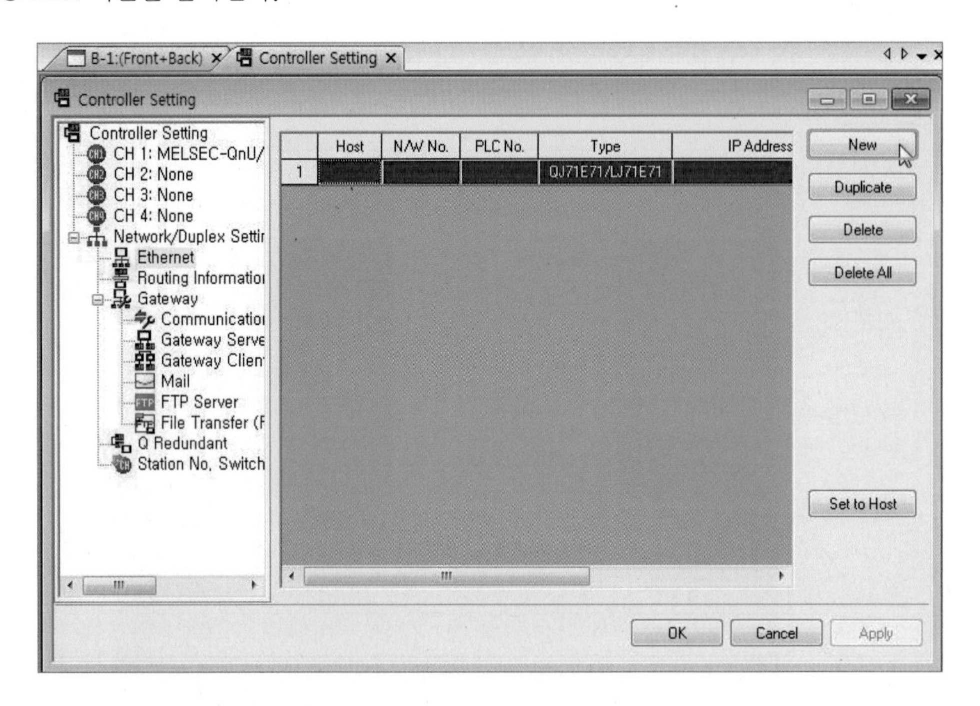

⑤ 기종을 선택한다.

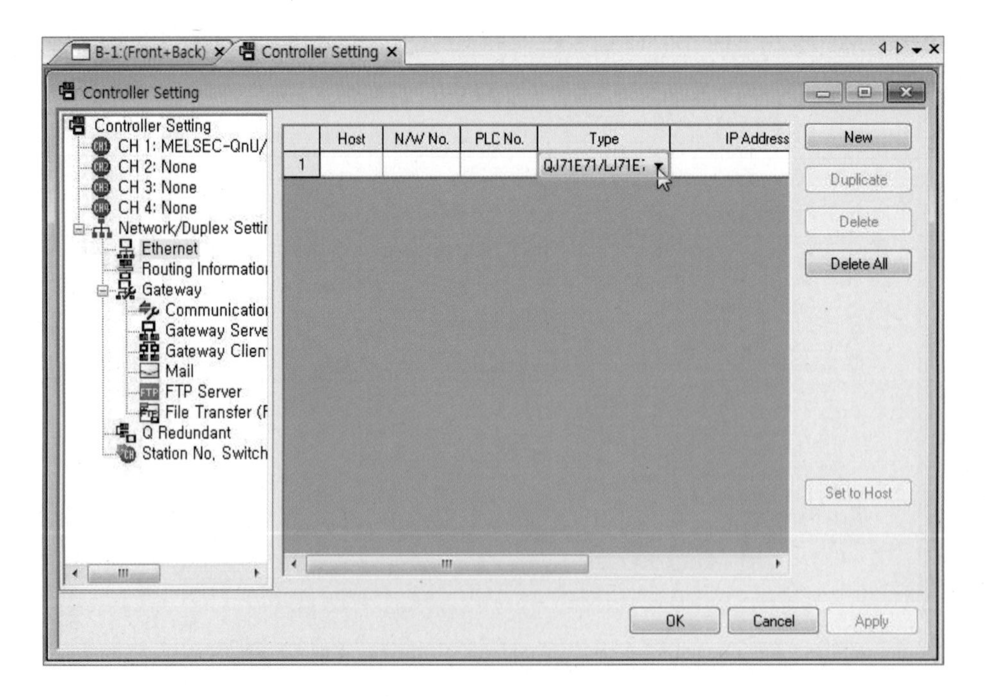

⑥ QnUD(V/EH)를 선택한다.

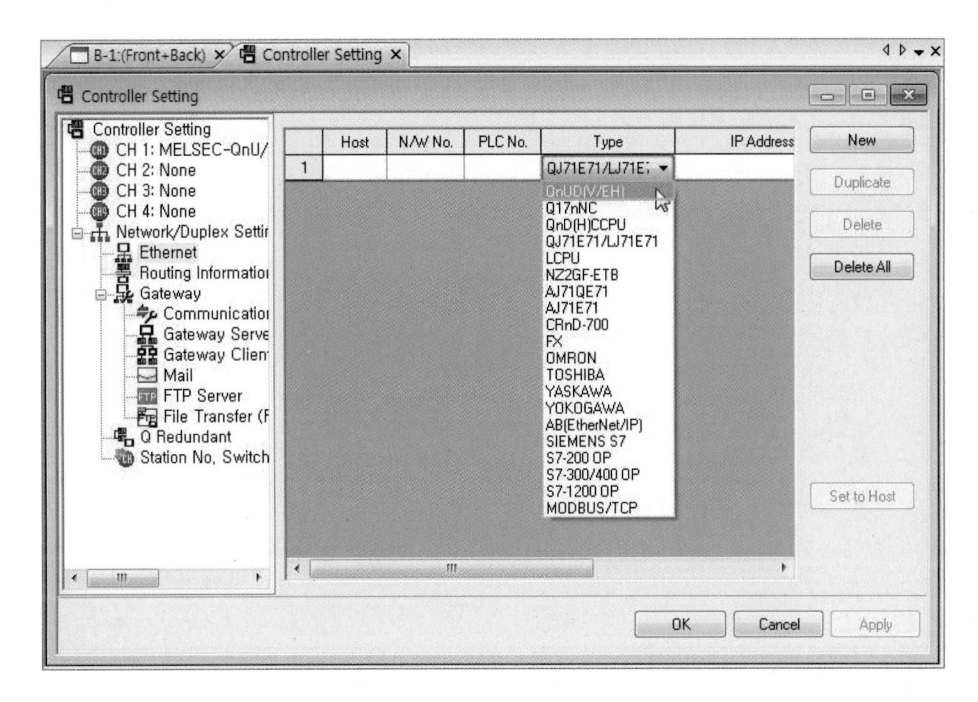

⑦ Host를 선택한다.

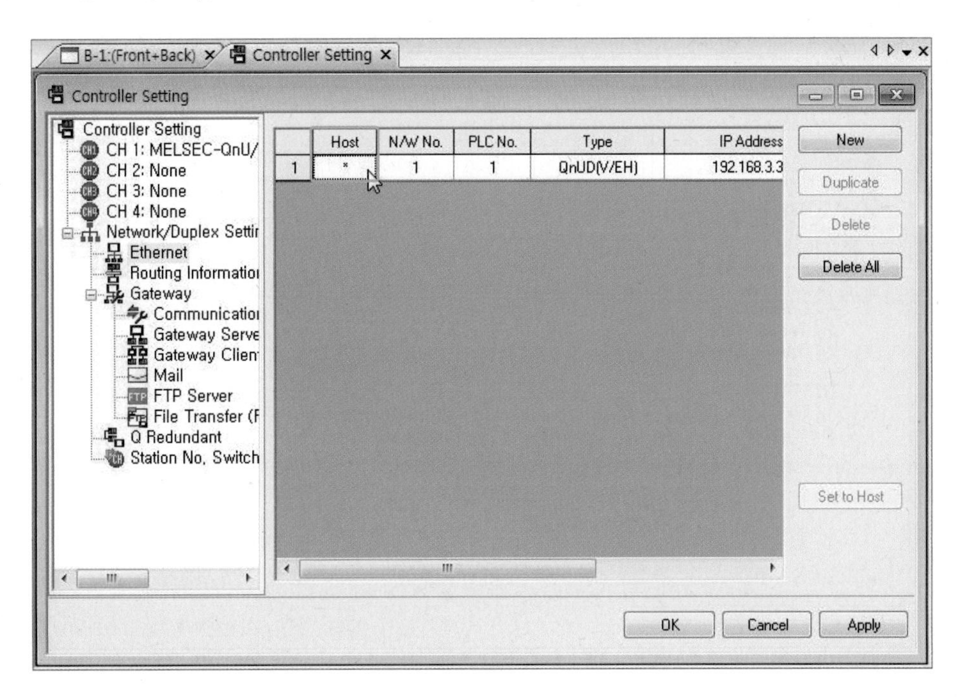

⑧ Apply 버튼을 클릭한다.

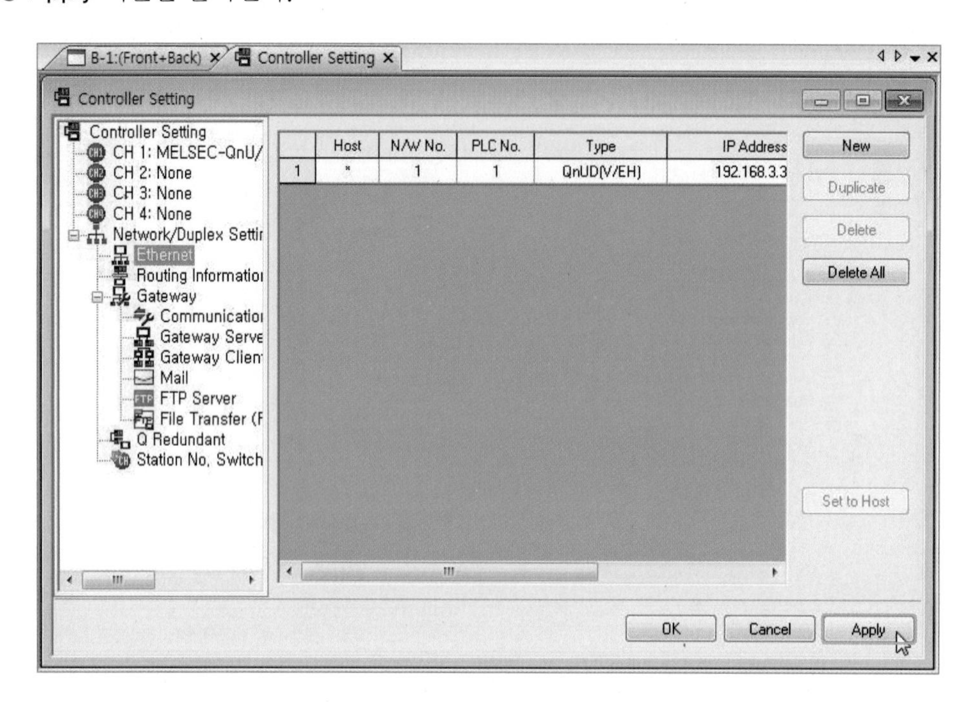

⑨ OK 버튼을 클릭한다.

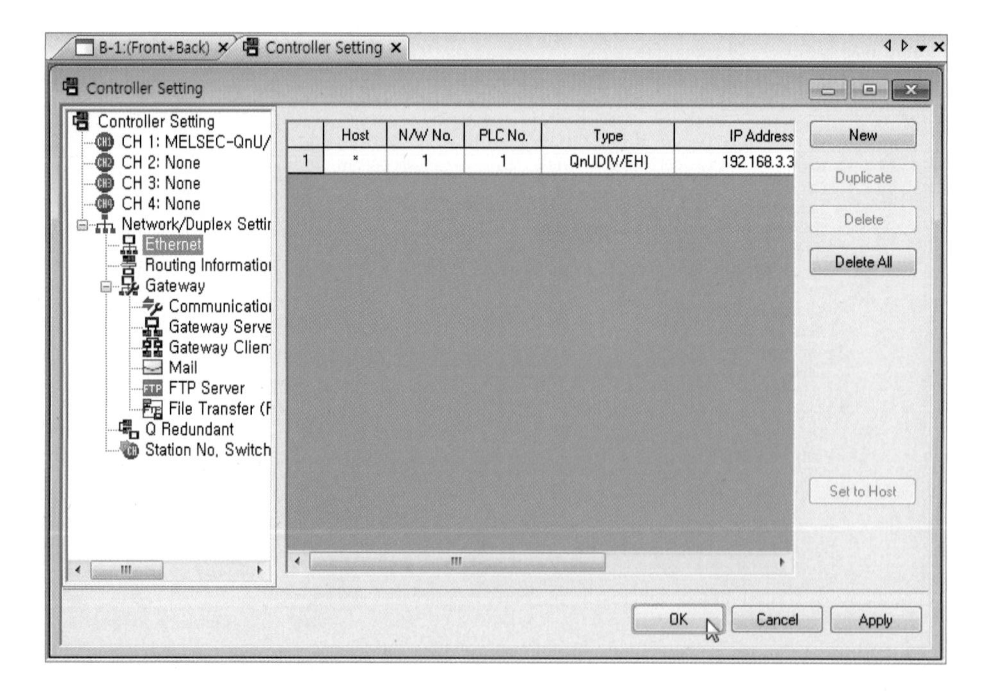

⑩ 접속 대상 설정이 완료되었다.

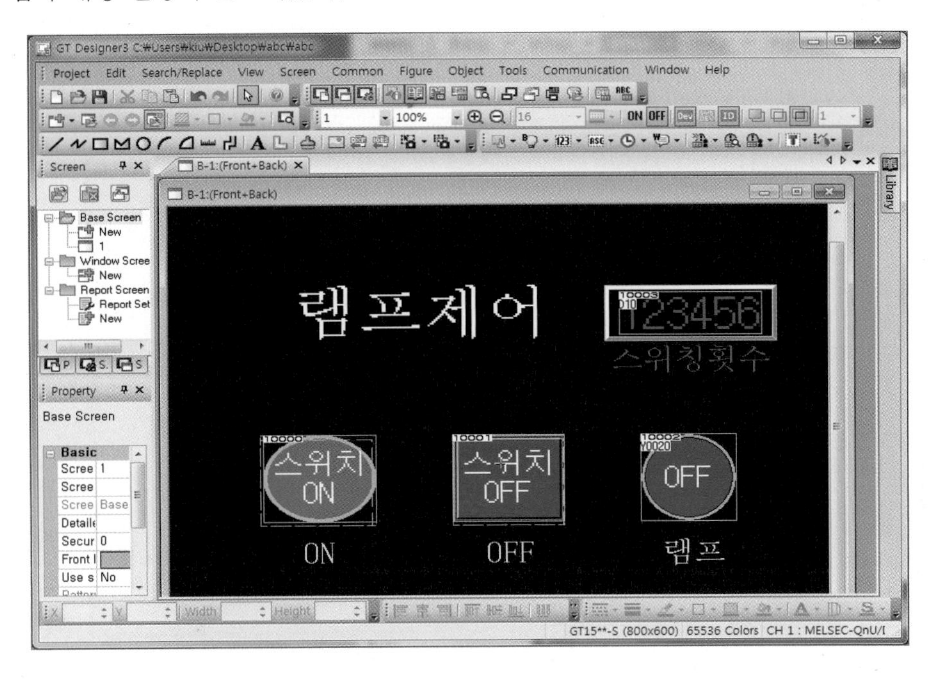

6 PC에서 GOT로 프로젝트 쓰기

6-1 USB 통신 케이블에 의한 방법

① Communication 메뉴를 선택한다.

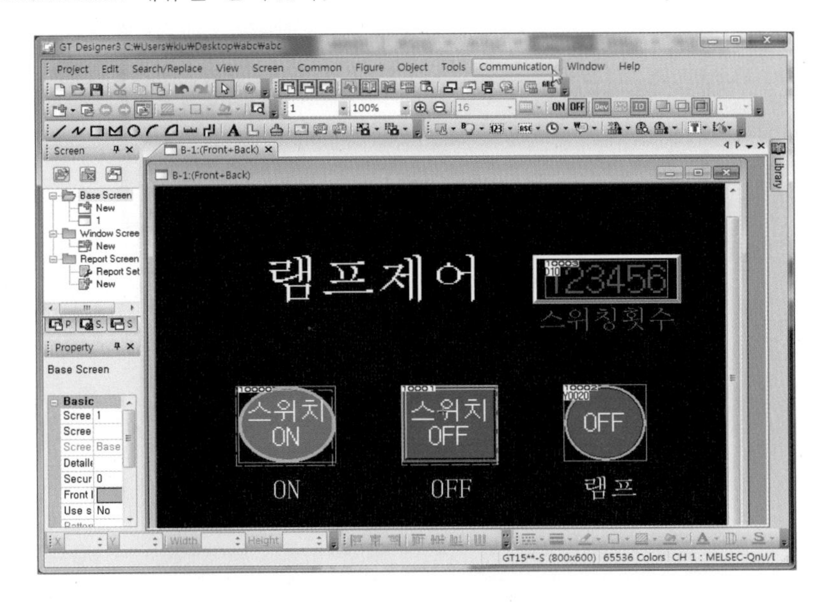

② Write to GOT...를 선택한다.

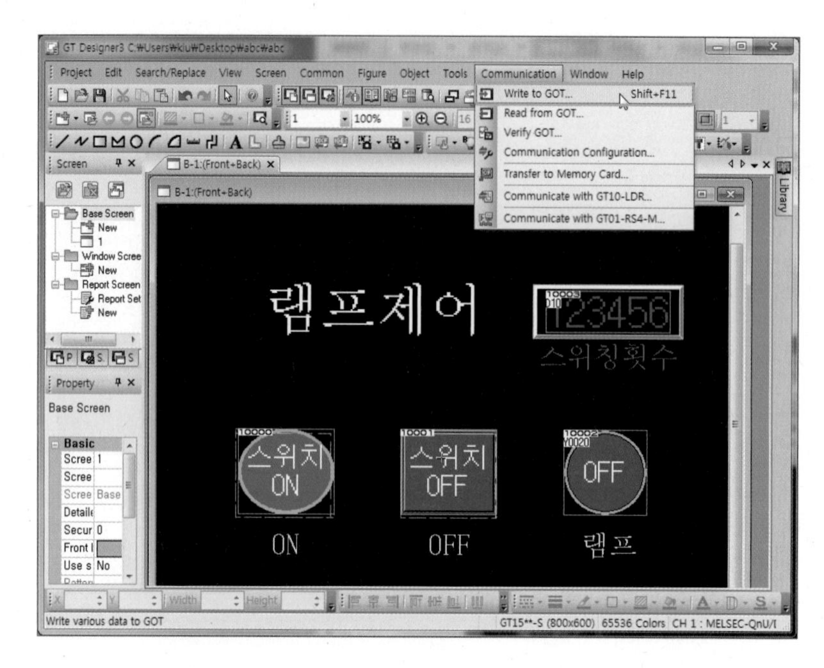

③ 컴퓨터와 GOT 간의 연결 방법을 선택하고 OK 버튼을 클릭한다(본 교재의 경우 USB 선택).

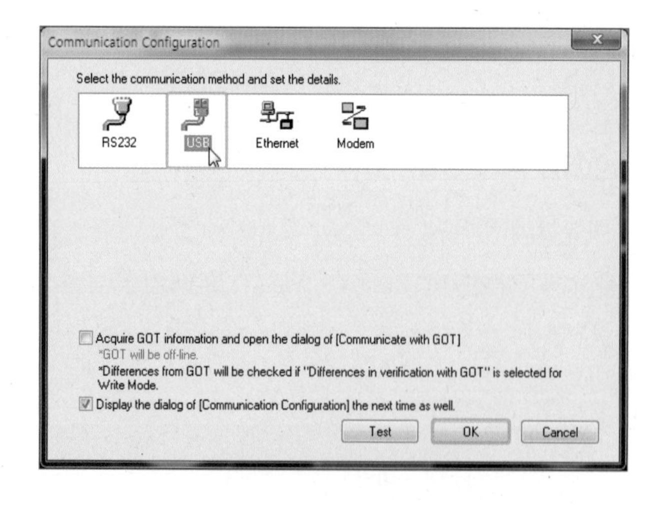

④ Info Reception 버튼을 클릭한다.

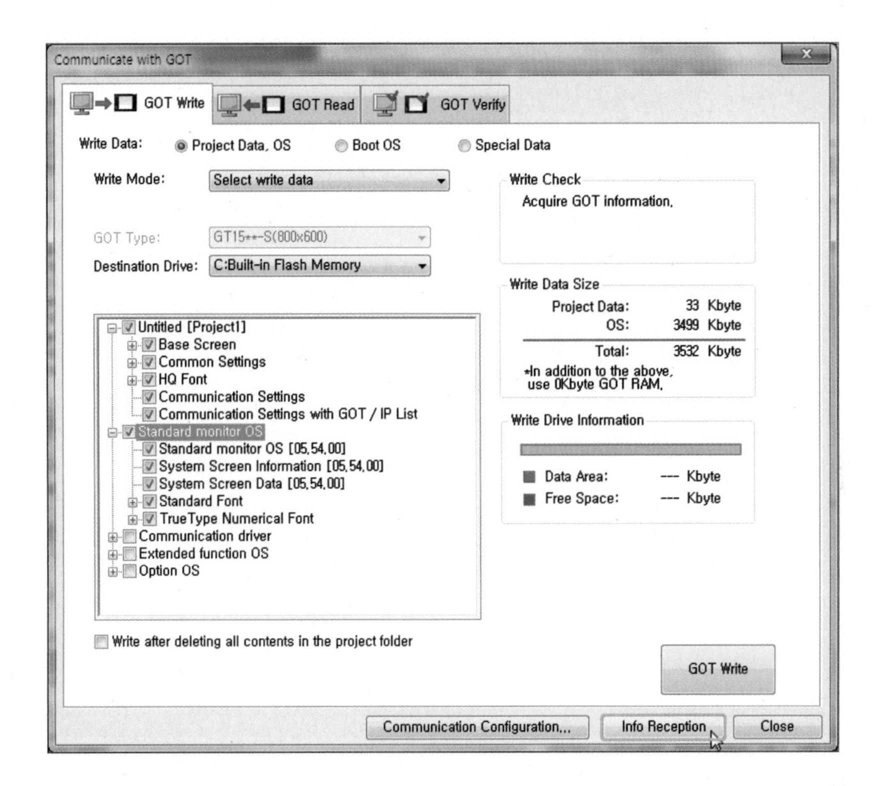

⑤ **예(Y)** 버튼을 클릭한다.

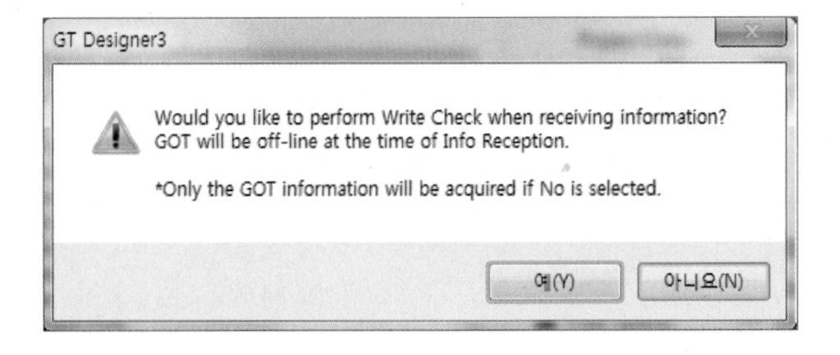

⑥ ▼ 버튼을 클릭한다.

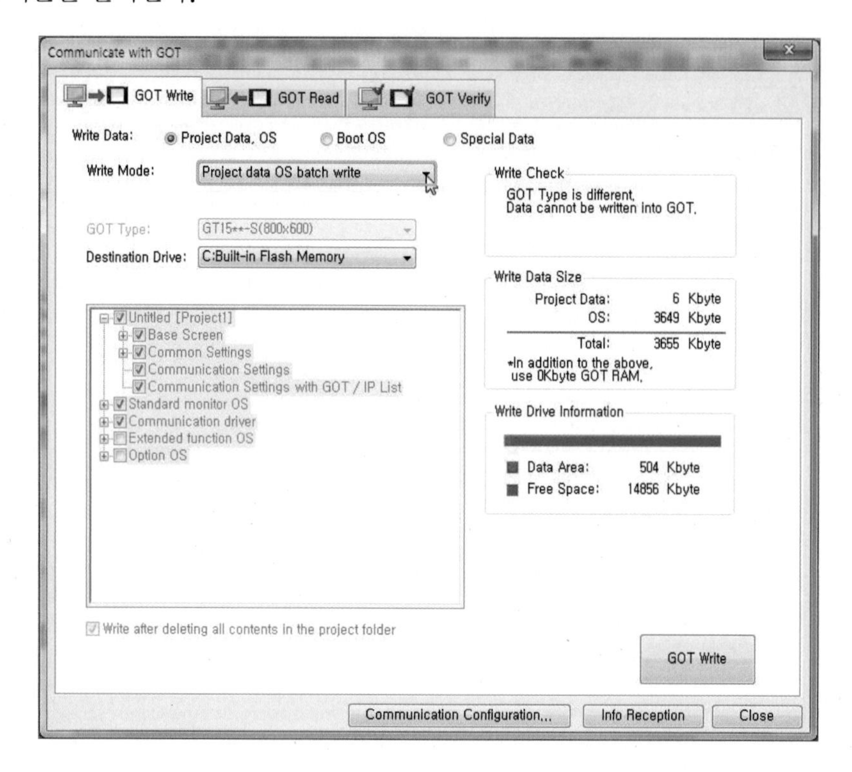

⑦ Project data OS batch write를 선택한다.

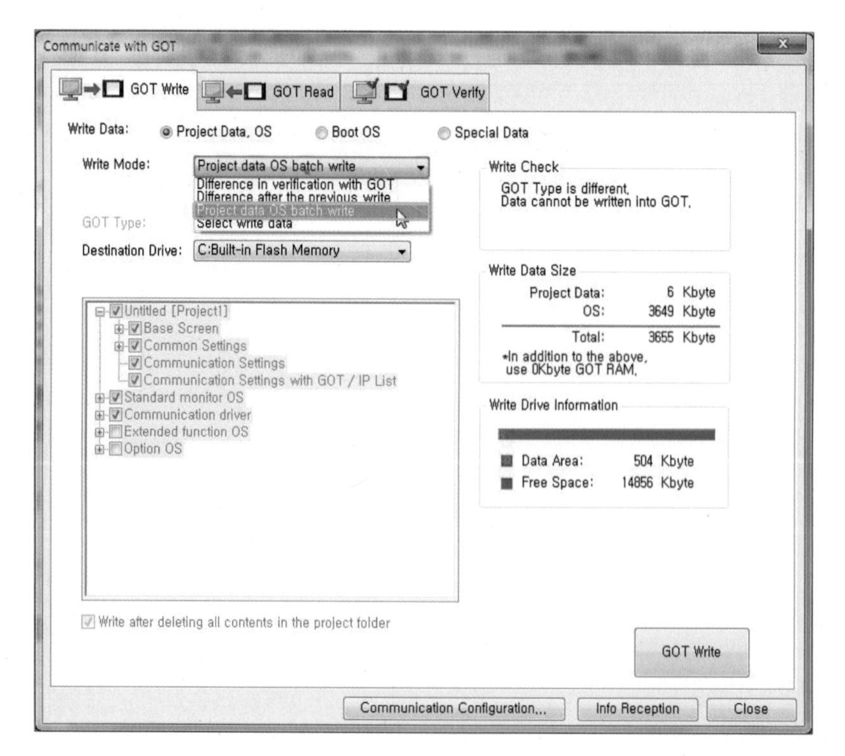

⑧ GOT Write 버튼을 클릭한다.

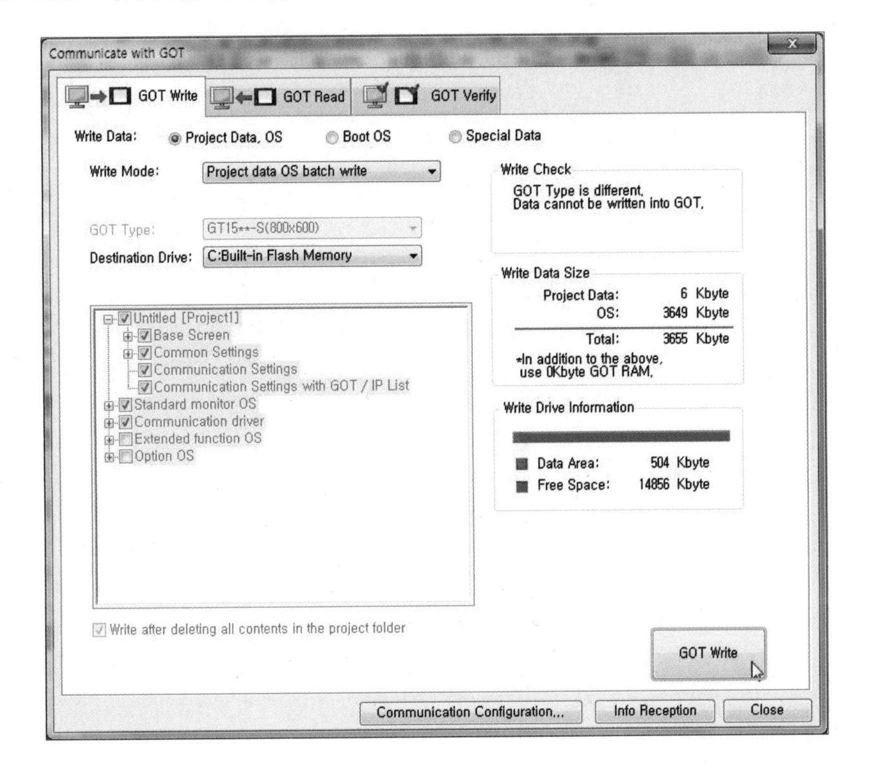

⑨ 예(Y) 버튼을 클릭한다.

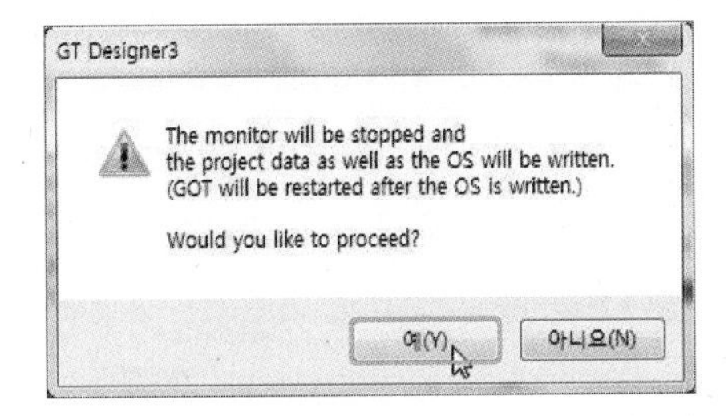

⑩ Yes 버튼을 클릭한다.

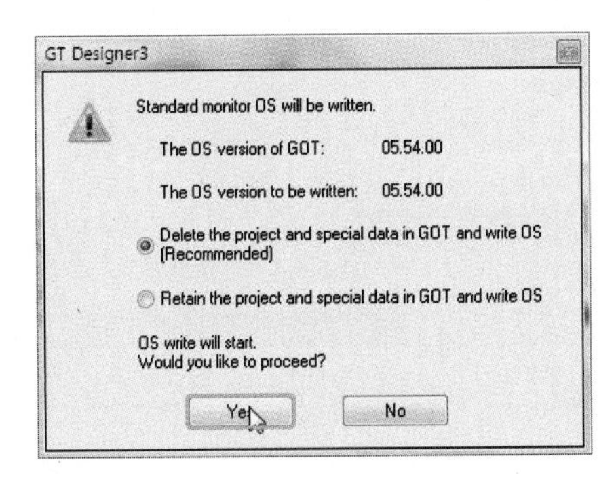

⑪ 아래와 같이 터치패널 데이터가 전송되는 것을 확인할 수 있다.

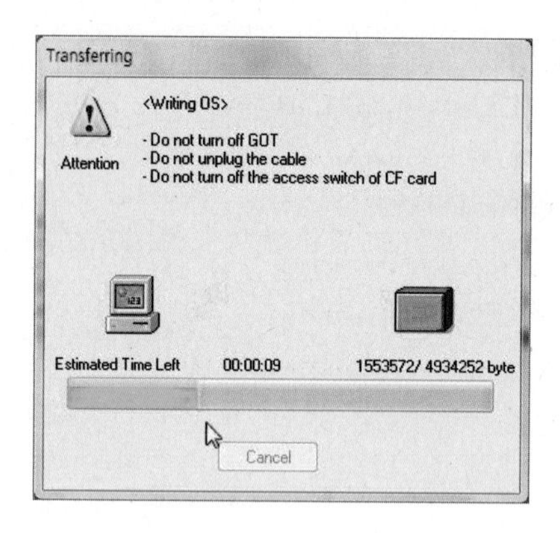

⑫ **확인** 버튼을 클릭한다.

⑬ 프로젝트 데이터의 GOT에 대한 쓰기를 완료한다.

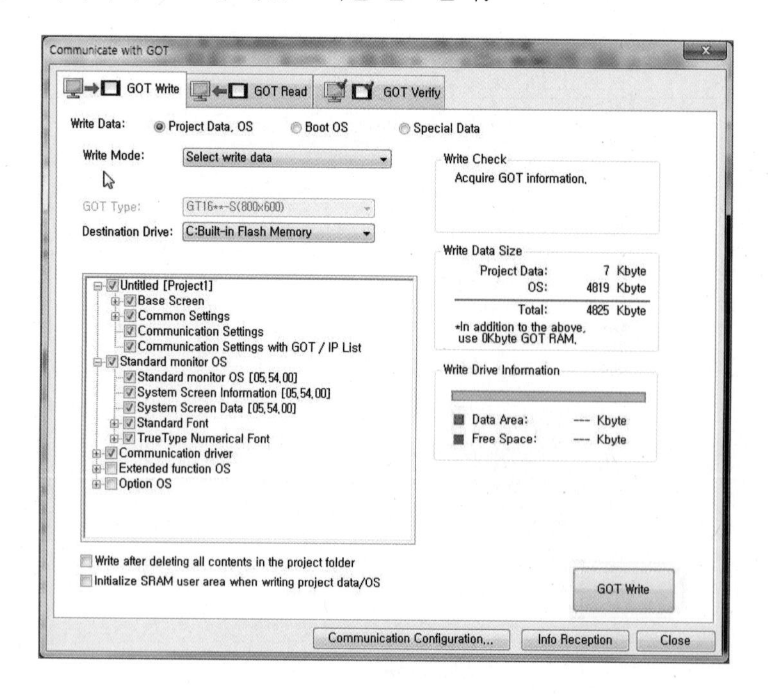

6-2 USB 메모리카드에 의한 방법

① USB 메모리카드를 포맷한다(다른 내용이 있을 경우 GOT에서 읽을 때 에러가 발생할 수 있다).

② 컴퓨터에 메모리카드를 장착 후 Communication을 선택한다.

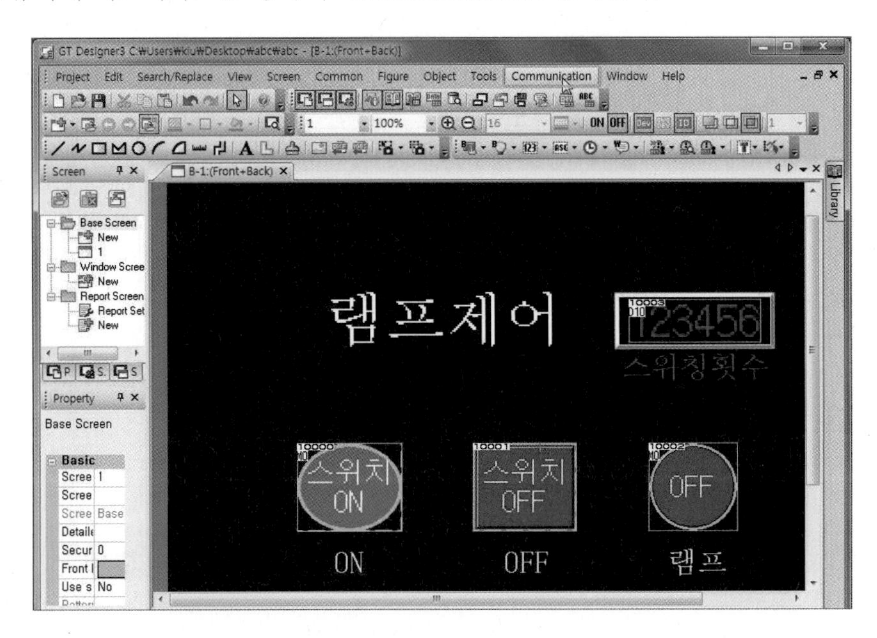

③ Transfer to Memory Card....를 선택한다.

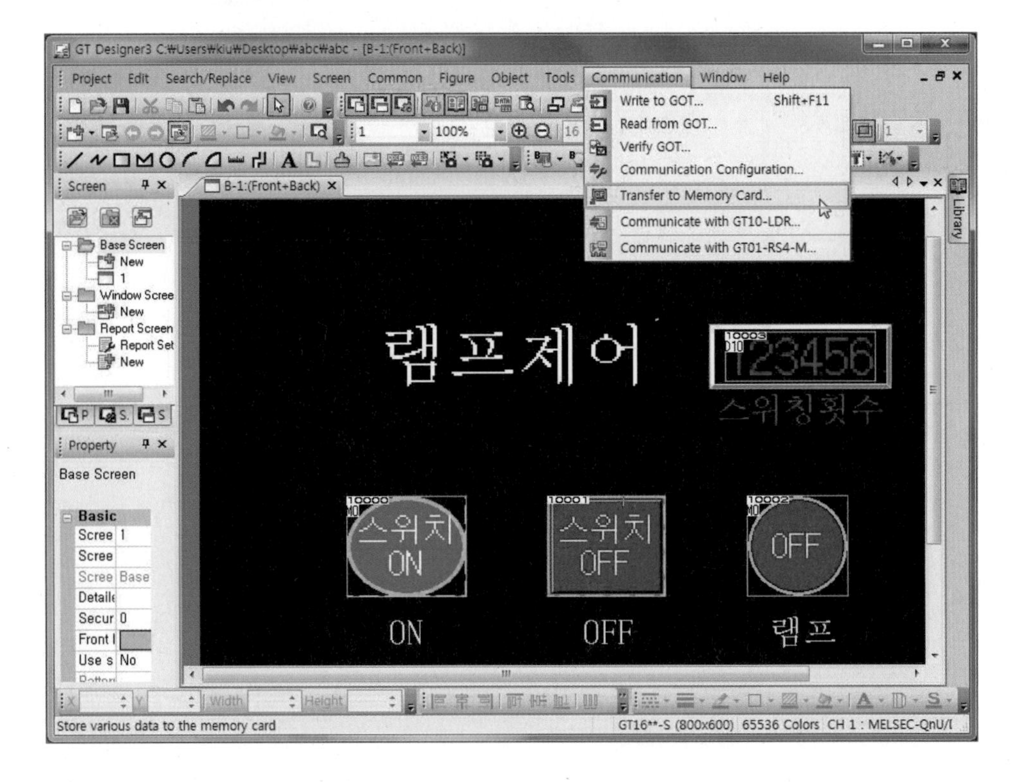

④ Memory Card Write를 선택한다.

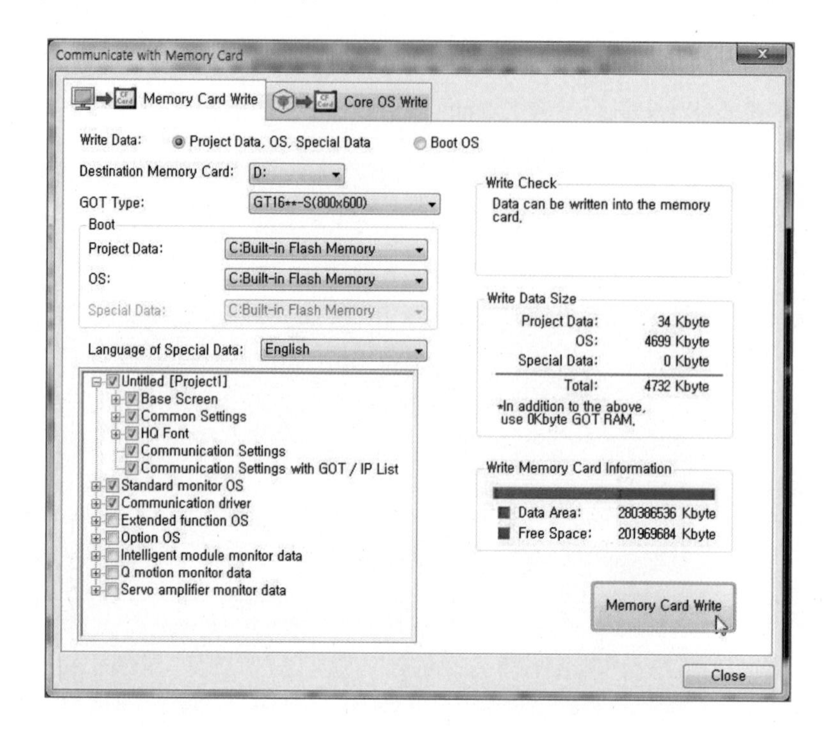

⑤ **예(Y)**를 선택하면 컴퓨터로 작화한 내용이 메모리카드에 저장된다.

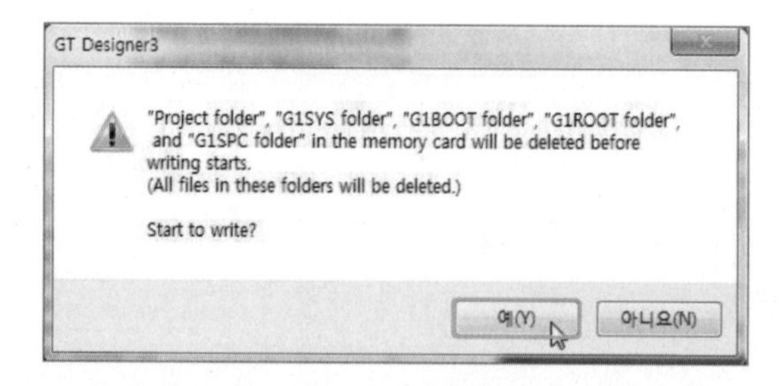

⑥ 정상적인 저장이 완료되면 나타나는 창에서 확인을 선택한다.

⑦ GOT의 전면 좌측 중간에 메모리카드를 장착 후 왼쪽 상단 모서리를 손으로 접촉하면 다음과 같은 유틸리티 화면이 나타나는데 터치화면의 **OS · 프로젝트 정보 – 프로젝트 정보**를 손가락으로 터치한다.

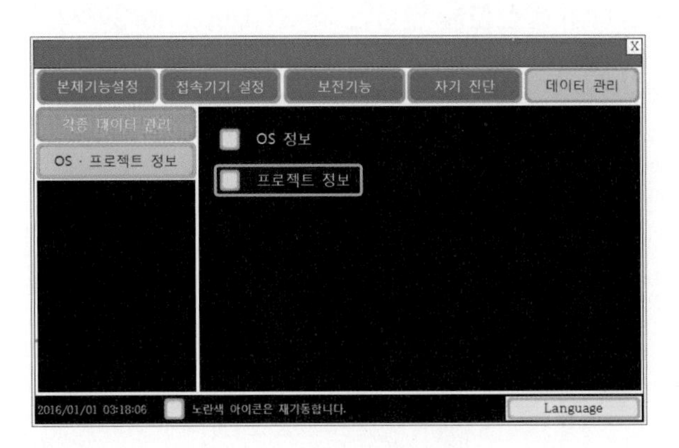

⑧ USB 메모리카드가 장착된 **E:USB 드라이브**를 선택한 후 **업로드**를 선택하면 작화한 내용이 GOT로 업로드된다.

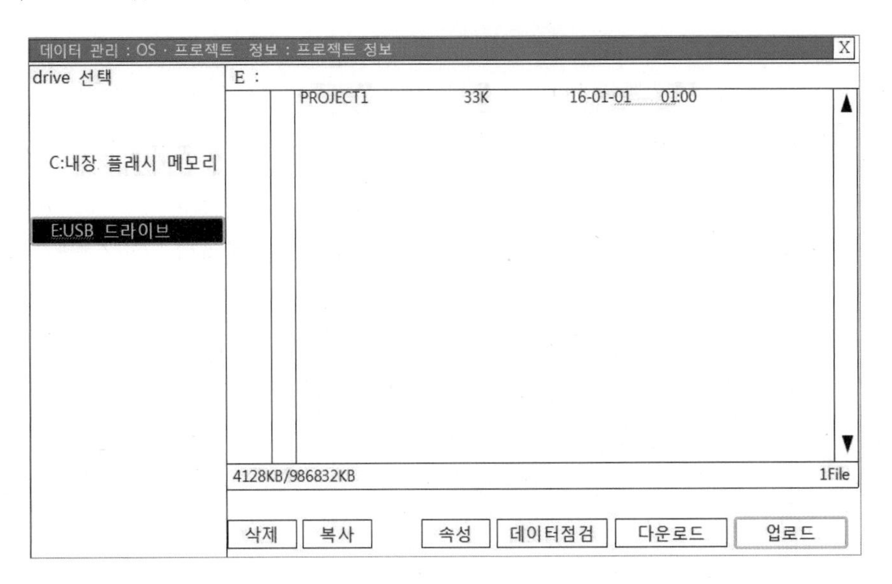

7 PLC와 터치패널 통신하기

7-1 Ethernet(비틀림 타입) 통신선을 연결한 후 GT Designer3에서 통신 설정하기

① 상단 탭에서 Controller Setting...을 선택한다.

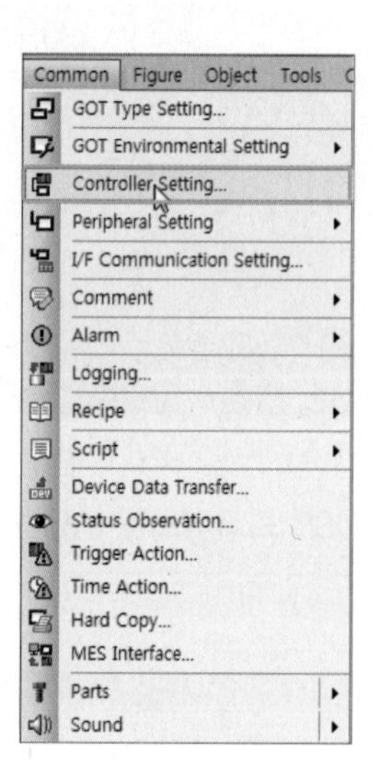

② 아래와 같이 설정한다.

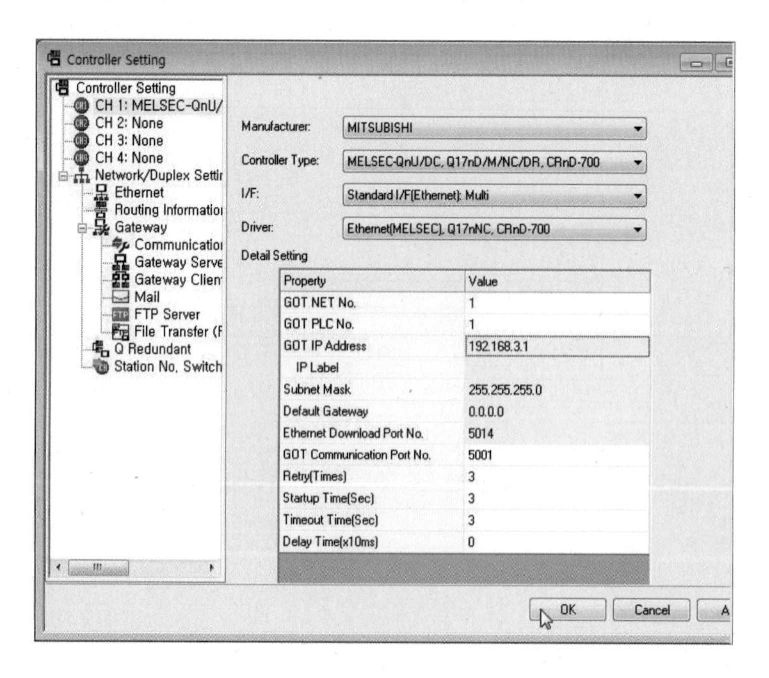

③ Network/Duplex Setting의 Ethernet을 선택하고 New를 클릭한다.

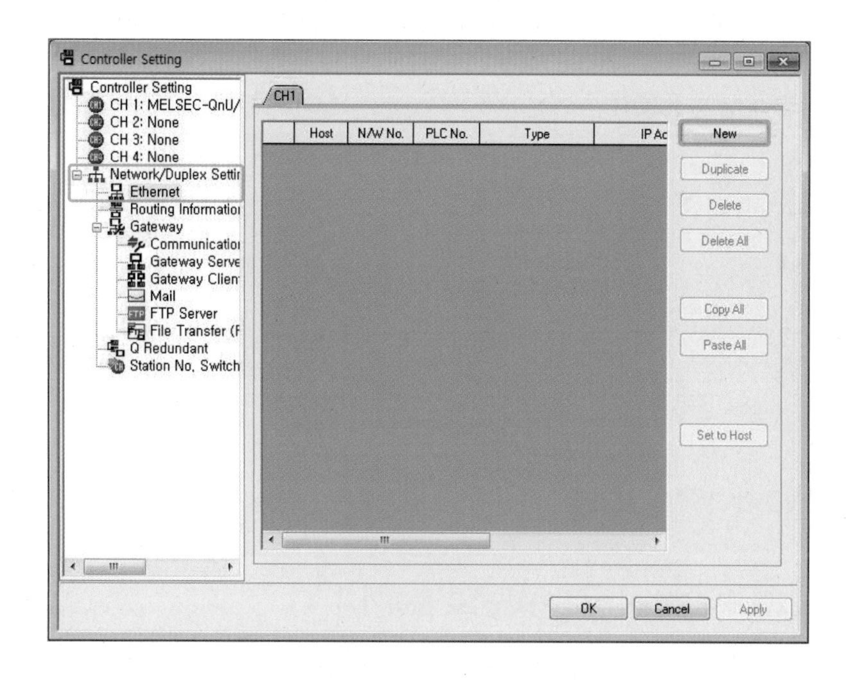

④ 아래와 같이 설정 후 하단의 Apply를 클릭하고 OK 버튼을 클릭하면 통신설정이 완료된다.

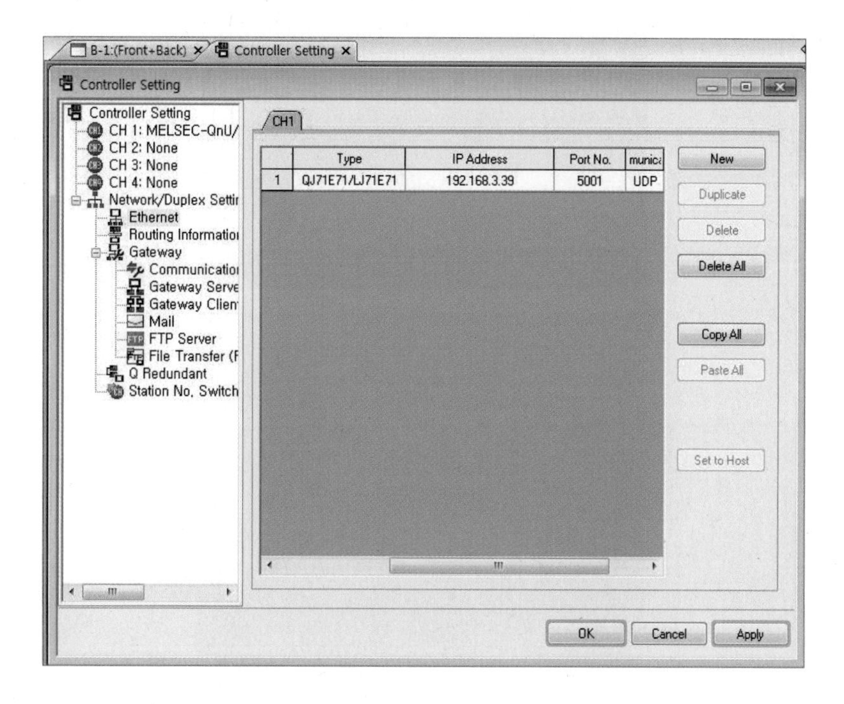

⑤ PLC와 터치패널 각각 한 대씩 1:1 접속의 경우, PLC 설정은 필요 없다. GT Designer3의 [Controller Setting], [Ethernet]을 설정하여 접속한다.

터치패널에서(GOT)

네트워크 No.	1
PLC No.	1
IP 어드레스	192.168.3.1
포트 No.	5001
통신 방식	UDP(고정)

※ 나머지 환경은 디폴트값 사용

PLC에서(Ethernet 포트 내장 CPU 모델)

네트워크 No.	1(가상)
PLC No.	1(가상)
IP 어드레스	192.168.3.39
포트 No.	5006(고정)
통신 방식	UDP(고정)

※ 나머지 환경은 디폴트값 사용

PLC에서 설정할 항목은 없지만, 터치패널(GOT)에서 가상의 값을 설정한다.

7-2 프로그램에서 메인메뉴(초기화면)로 돌아가기

프로그램 실행 중 메인화면(초기)으로 돌아가기 위해서는 왼쪽 상단 모서리를 손으로 터치한다.

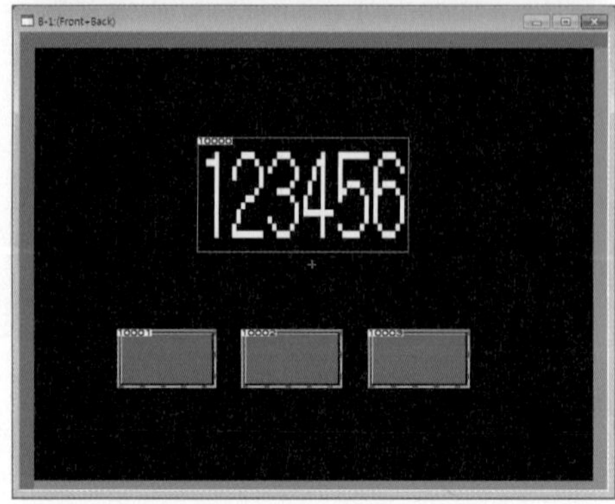

Project No. 4

비트 스위치를 사용한 램프 제어

⊙ **학습목표** 1. 3개의 비트 스위치 작화 후 각각의 램프를 제어할 수 있다.
2. 터치패널과 PLC를 연결하여 상호간에 동작할 수 있다.

⊙ **동작조건** 작화한 터치패널 화면의 버튼을 손가락으로 터치하면 화면의 가상램프와 PLC에 연결된 실제 램프가 점등된다.

① PLC 프로그램을 작성한다.

② 비트 스위치와 램프를 드래그 앤 드롭으로 생성한 후 PLC의 M0~M12까지 부여한다.

Project No. 5 숫자 나타내기 1

⊙ **학습목표** PLC나 터치의 메모리 번지에 저장된 숫자를 화면에 표시할 수 있다.

⊙ **동작조건** 터치패널 화면의 버튼을 ON/OFF하면 화면의 숫자가 하나씩 증가한다.

① PLC의 M0에 의해 카운터 C0가 증가하고 항상 C0값을 D0에 MOV시킨다.

```
   M0                                                         K10
0 ─┤↑├──────────────────────────────────────────────────────( C0 )

   SM400
5 ─┤ ├──────────────────────────────────────────[MOV   C0    D0  ]

8 ──────────────────────────────────────────────────────────[END ]
```

② GOT 상단 메뉴에서 Object – Numerical Display/Input – Numerical Display를 선택하여 화면에 드래그 & 드롭하여 숫자판을 작화한다.

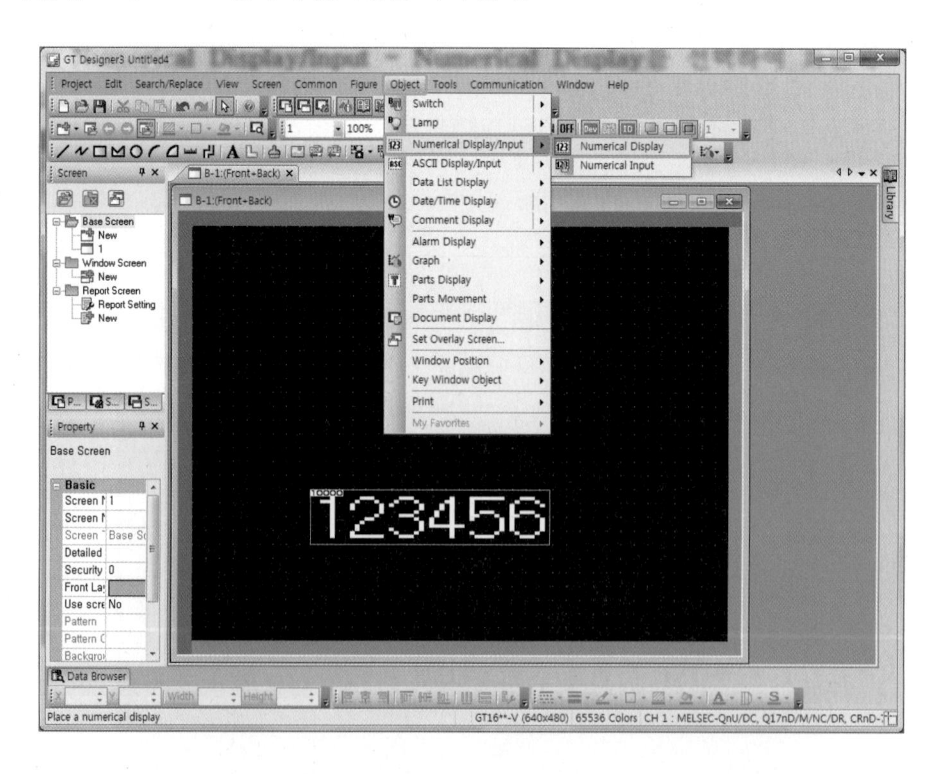

③ 다음과 같이 화면에 생성된 숫자판(Numerical Display)을 더블 클릭하여 세팅창을 연다.

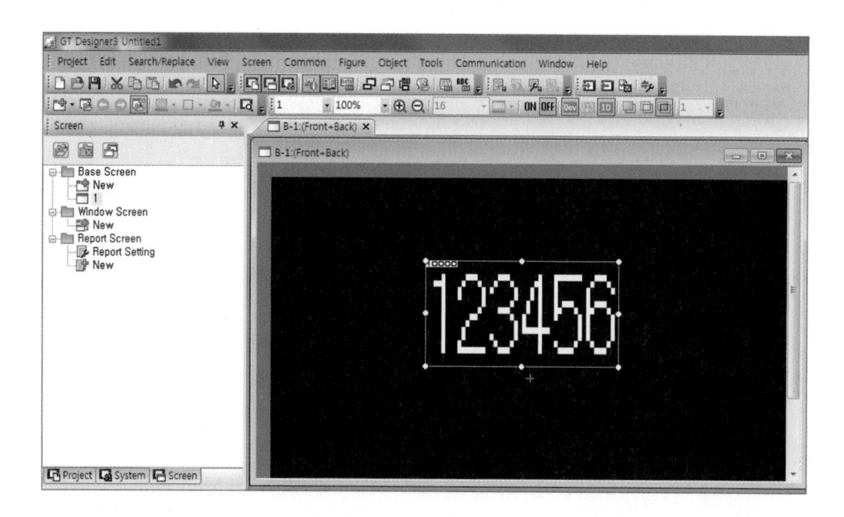

④ 세팅창의 Basic Settings의 Device에 D0을 입력한 후 OK 버튼을 눌러 세팅을 마친다.

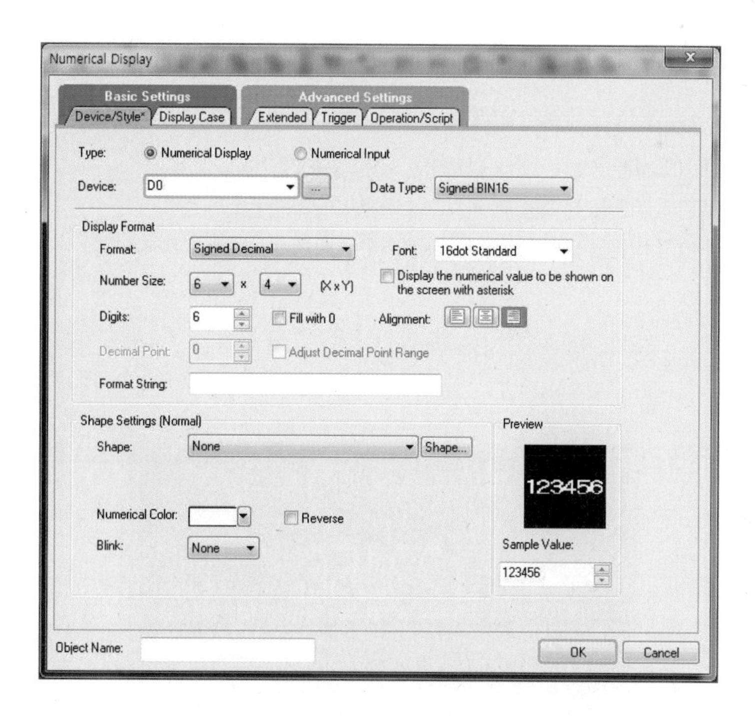

Project No. 6

숫자 나타내기 2

⊙ **학습목표** 터치패널 화면에 버튼을 만들어 숫자를 증가 · 감소 · 초기화할 수 있도록 제어한다.

⊙ **동작조건** 작화한 터치패널 화면의 버튼을 손가락으로 눌렀을 때 화면의 숫자판(Numerical Display)이 PLC에 연결되어 숫자의 증가, 감소, 초기화 동작을 할 수 있다.

① Numerical Display를 작동시키기 위한 PLC 프로그램을 작성한다.

Note

각 릴레이의 기능

- M0 : 화면의 버튼을 눌렀을 때 터치패널 화면의 숫자를 증가시킨다.
- M1 : 화면의 버튼을 눌렀을 때 터치패널 화면의 숫자를 감소시킨다.
- M2 : 화면의 버튼을 눌렀을 때 터치패널 화면의 숫자를 0으로 초기화시킨다.

② 증가, 감소, 초기화 버튼을 화면에 만든다.

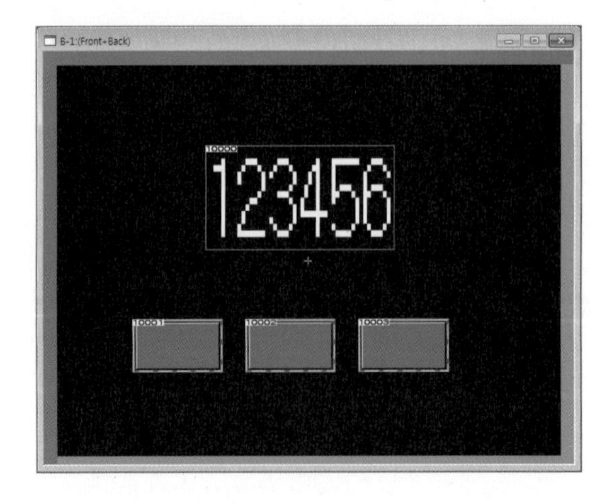

③ 각 버튼을 더블 클릭하여 세팅창을 열고 Basic Settings의 Device에 M0~M2를 입력한 후 Text에서 각 버튼에 맞는 동작을 입력하고 OK를 누른다.

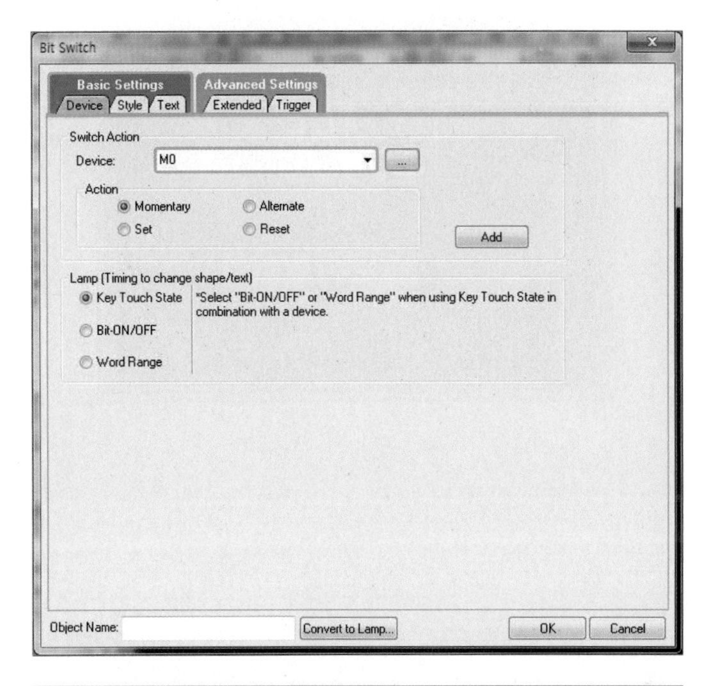

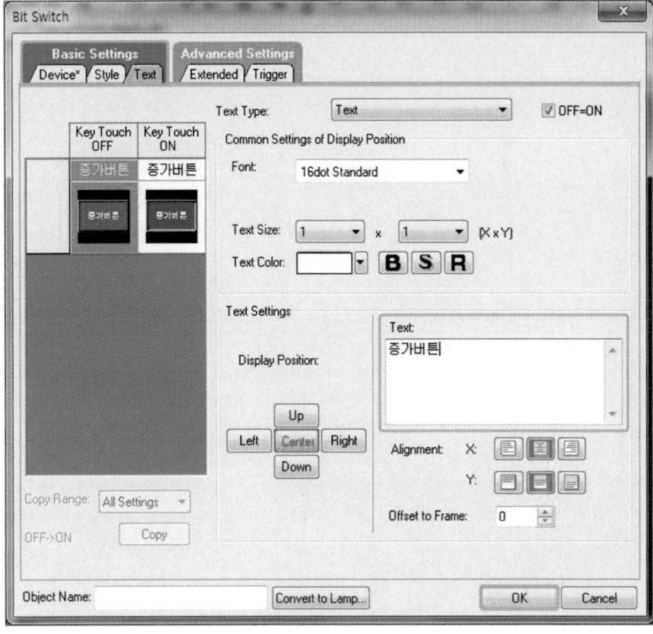

④ 아래와 같이 작업이 완료된다.

Project No. 7

화면 전환하기

⊙ **학습목표** 스크린을 추가로 생성한 후 각각의 스크린으로 이동하는 스위치를 만들고 확인할 수 있다.

⊙ **동작조건** 페이지 전환 버튼을 누르면 각각의 페이지로 화면이 전환된다.

① 화면의 Screen 탭을 클릭하고 New를 더블 클릭한다.

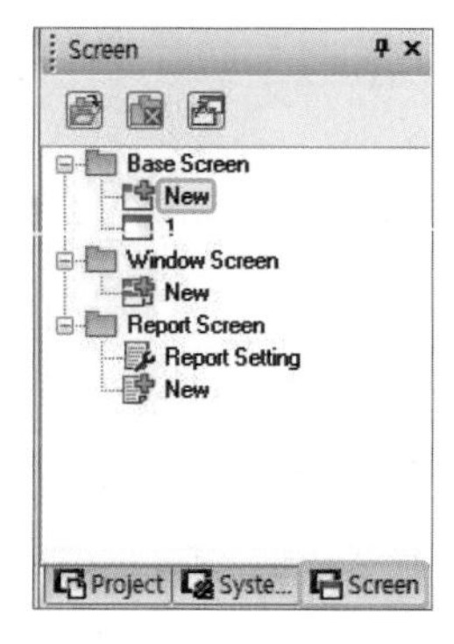

② Screen No.에서 2를 선택하고 하단의 OK를 클릭한다.

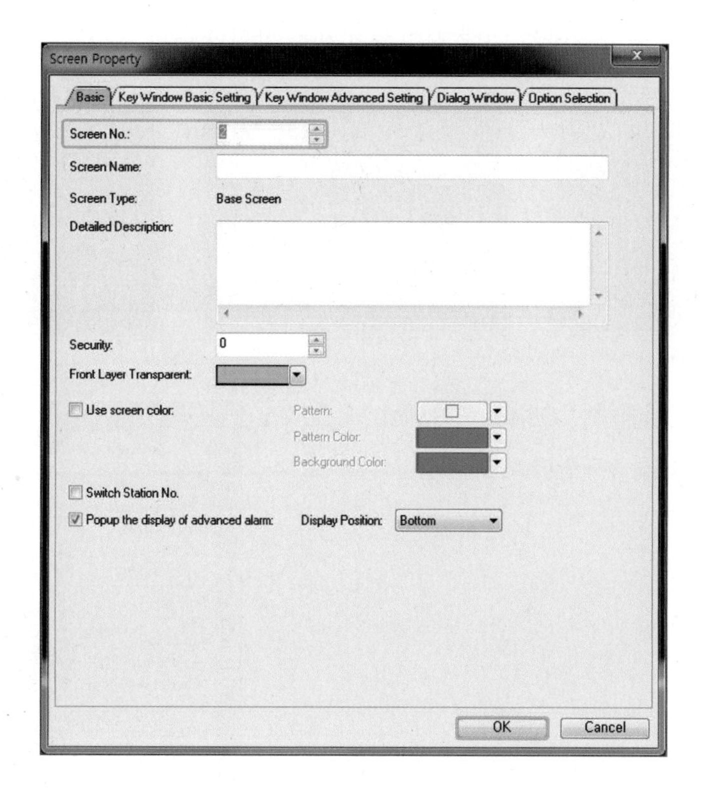

③ 추가된 스크린을 확인할 수 있다.

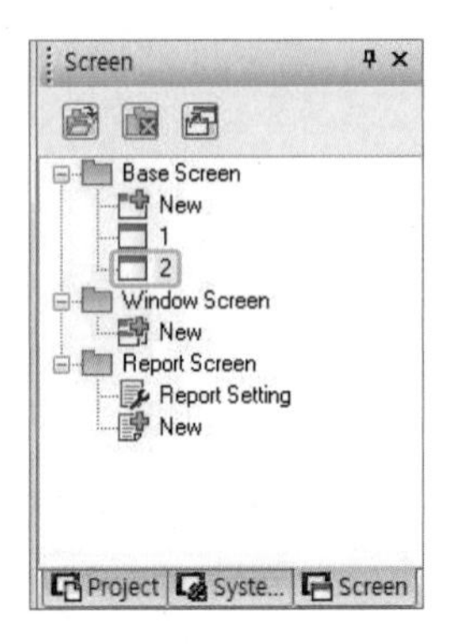

④ 이와 같은 방법으로 스크린을 하나 더 작성한다.

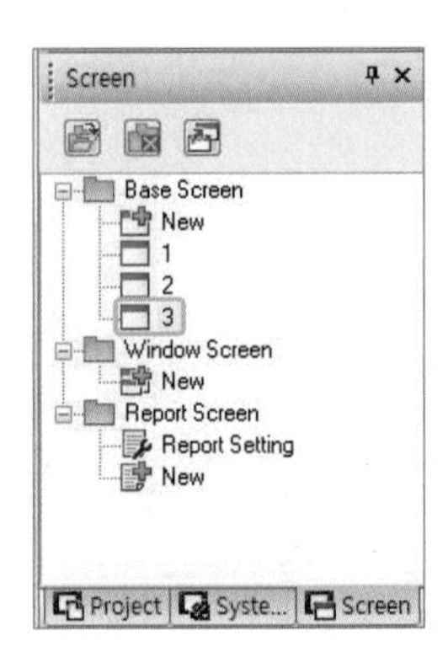

⑤ 각각의 페이지를 구분하기 위해 페이지 번호를 작성한다.

⑥ **1번화면**으로 전환하여 Object – Switch – Go To Screen Switch를 선택한다.

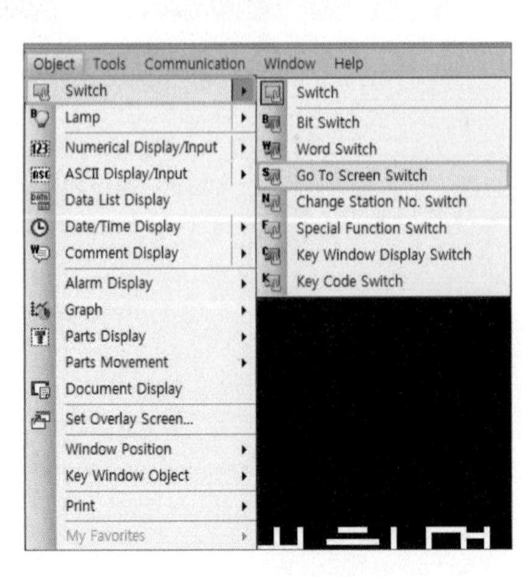

⑦ 클릭하고 스위치를 만든다.

⑧ 스위치를 더블 클릭한 후 Screen No.를 확인한다.

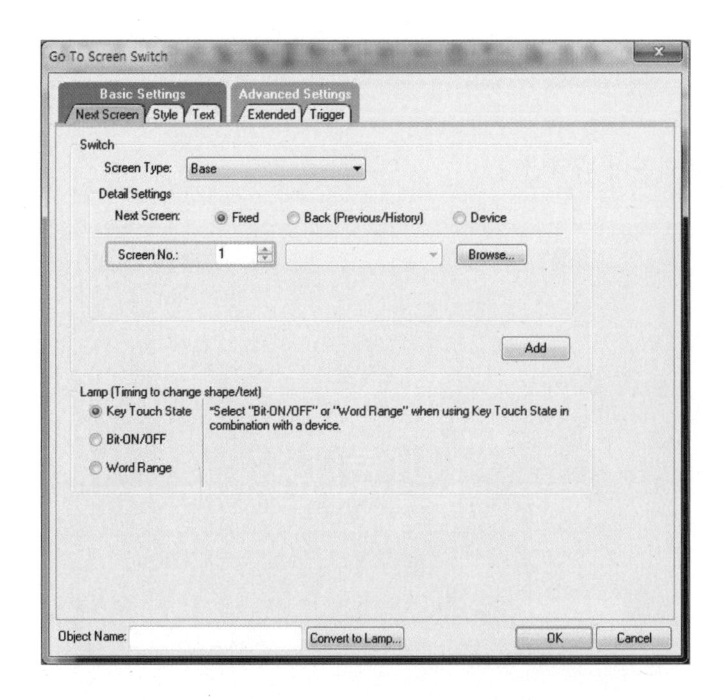

⑨ Text 탭에 들어가서 화면번호를 작성한 후 OK 버튼을 클릭한다.

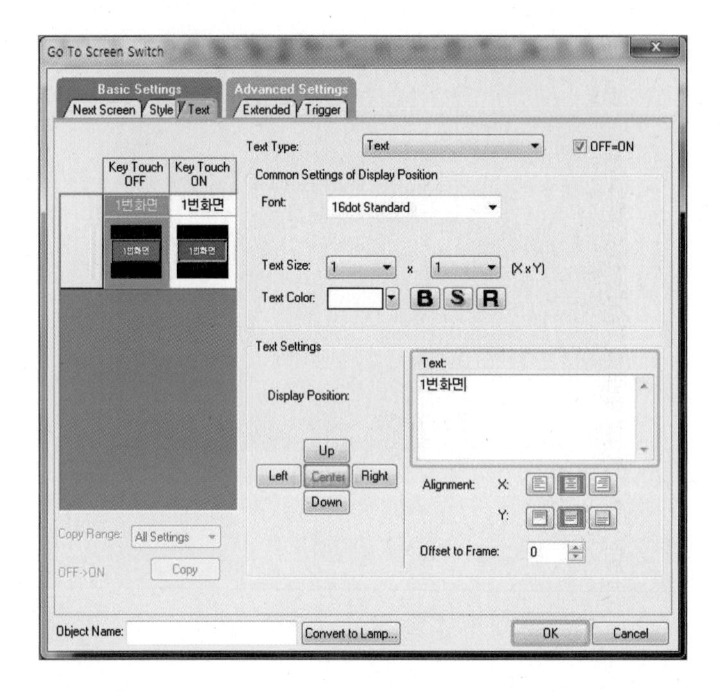

⑩ 다음과 같은 화면이 나타난다.

⑪ 위와 같은 방법으로 2개의 스위치를 더 작성한다.

⑫ 터치패널로 전송하여 확인한다.

Part 4

A/D 모듈과 D/A 모듈

제1장 아날로그 데이터 처리

1 ON/OFF 제어

일반적인 DC 24 V 전원을 공급받는 PLC의 경우 스위치 또는 센서에서 DC 24 V의 전원이 공급되면 입력신호로 인식하고 PLC에서 제어 처리를 한 다음 결과 출력 또한 DC 24 V 전원을 출력하게 된다. 즉 스위치를 누르면 실린더가 전진하는 시스템의 경우, "입력이 들어왔다/출력이 나왔다"로 ON 또는 OFF 제어만이 가능하다.

2 A/D(Analog/Digital) · D/A(Digital/Analog) 제어

스위치가 켜졌는지 꺼졌는지에 대하여 데이터를 처리하는 경우가 아니고 현재 온도가 몇 도인지, 1분에 몇 리터의 액체가 흘러가는지, 압력이 얼마인지 등의 데이터를 처리하기 위해서는 ON/OFF만 가지고는 불가능하다. 따라서 연속적인(아날로그라고 함) 데이터를 처리하기 위해서 PLC에 다음과 같은 특별한 장치를 장착해야 한다.

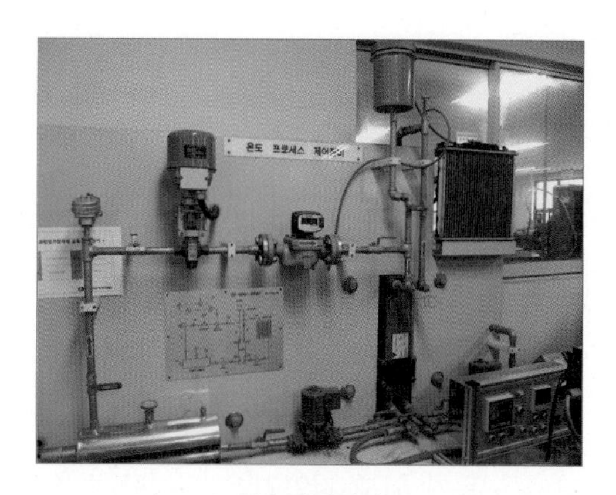

온도제어장치

설정온도를 초과하면 보일러 가동을 중지하는 장치

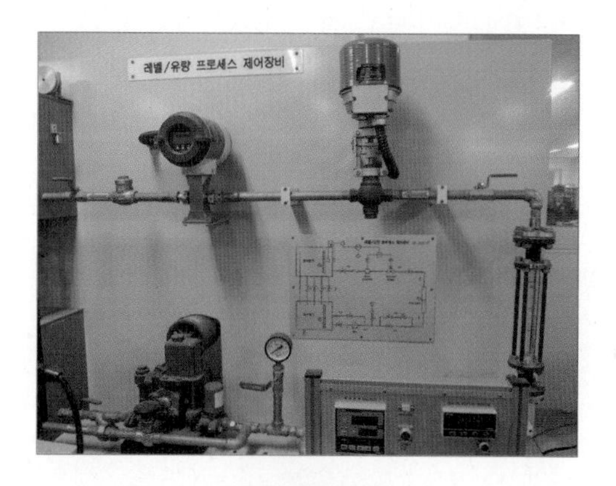

유량제어장치

1분에 2리터가 흐르도록 설정한 경우 밸브를 조작하여 설정값을 유지하도록 제어하는 장치

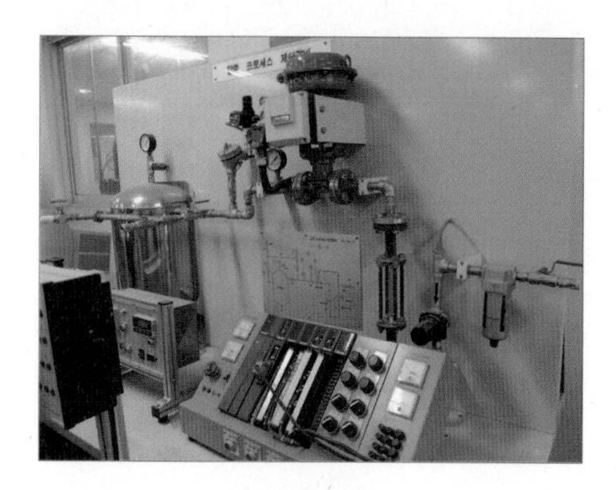

압력제어장치

파이프 속의 압력을 5 Mpa로 설정한 경우 밸브를 조작하여 설정값을 유지하도록 제어하는 장치

제2장 하드웨어 구성

① PLC는 디지털 데이터 처리만 가능하기 때문에 온도의 변화값을 처리할 수 없다.
② 따라서 아날로그(전압 또는 전류)값을 디지털(숫자)로 변환해 주는 장치(A/D카드)가 필요하다.
③ 반대로 외부 장치는 PLC에서 나오는 디지털(숫자)값을 활용할 수 없기 때문에 아날로그(전압 또는 전류)값으로 변환해 주는 장치(D/A카드)가 필요하다.

다음 장치는 학습자의 이해를 돕기 위해 전압값을 조절할 수 있는 전원 공급장치와 데이터를 처리하는 PLC, 그리고 결과를 읽을 수 있는 테스터기(디지털형)로 구성되어 A/D카드에 의한 전압 입력값이 PLC에 의해 처리되고 처리된 결과 숫자값이 D/A카드에 의해 전압으로 환산되어 출력되는 값을 테스터기로 읽어 입력값과 출력값이 같은지 확인하는 시스템이다.

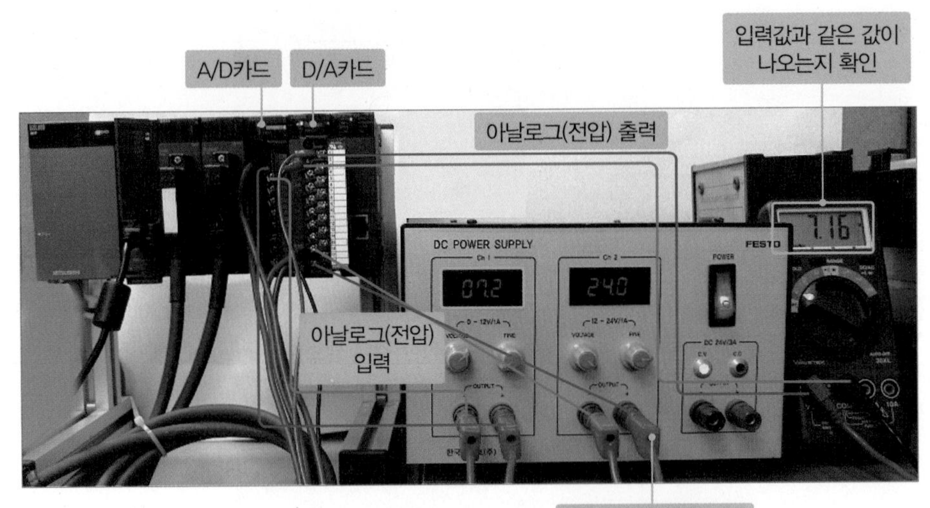

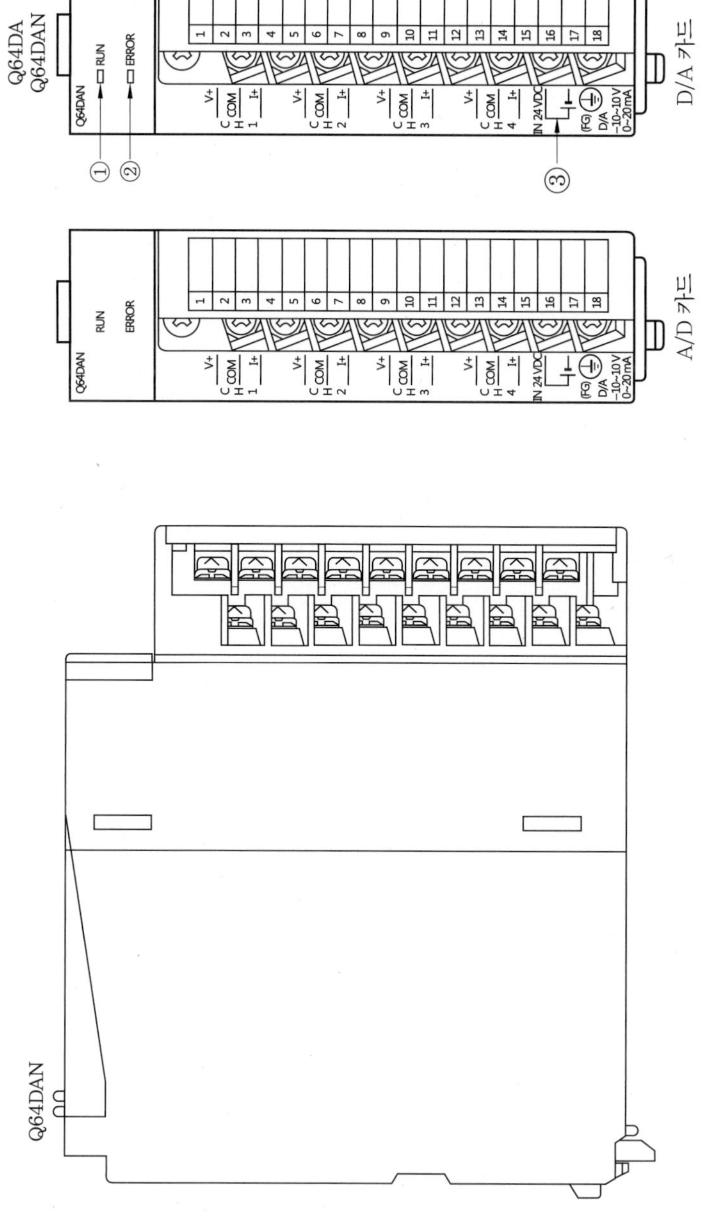

아날로그-디지털 변환장치

Project No.1

아날로그/디지털(A/D) 제어

⊙ **학습목표** 아날로그 데이터(전압) 입력값을 PLC에서 확인할 수 있다.

⊙ **동작조건** 전압을 A/D카드에 입력하면 숫자(디지털)값으로 변환된 결과를 PLC 모니터링을 통해 확인할 수 있다.

1 A/D카드(Q64AD모델) 환경 설정하기

(1) 스위치 설정

① 채널 선택 : 1, 2, 3, 4번 채널 중 선택(데이터 입력을 4개까지 할 수 있음을 의미)

② 입력 범위 : 전압 또는 전류 중 어떤 데이터를 입력받을 것인지 선택

㈎ 전류 입력 : 0~20 mA, 4~20 mA

㈏ 전압 입력 : 1~5 V, 0~5 V, 0~10 V, −10~10 V, 0~10 V

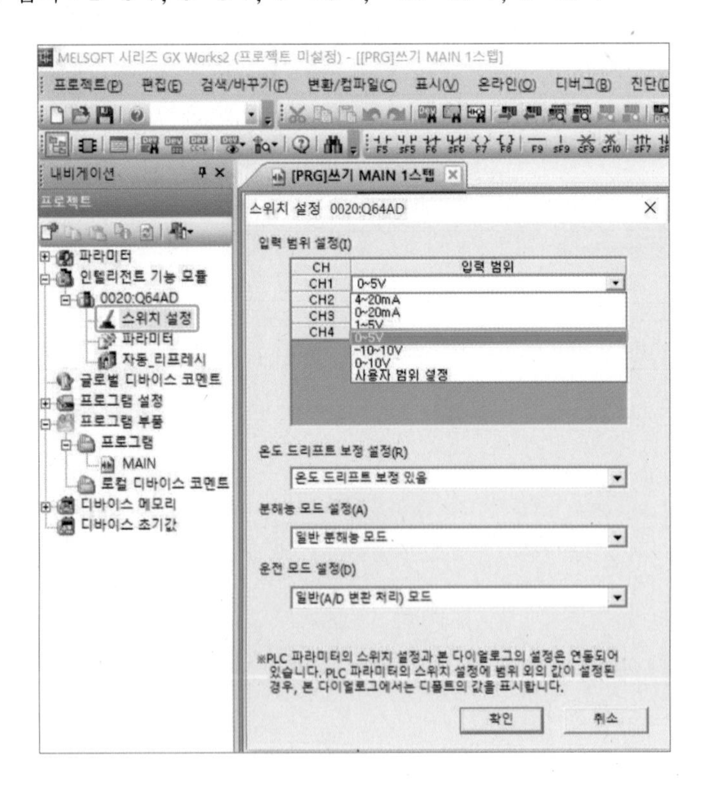

③ 온도 드리프트 보정 설정 : 초기 값 유지

④ 분해능 모드 설정 : 일반 분해능(4000), 고분해능(16000) 중 선택

⑤ 운전 모드 설정 : 초기 값 유지

(2) 파라미터 설정

① 각 채널 **변환 허가** 또는 **금지 설정**(**허가**를 해야 사용 가능)

② **샘플링 처리** 또는 **평균 처리** 선택(연속 데이터이므로 데이터 선택 개수가 필요함)

③ **평균 처리** 선택 시 **시간 평균** 또는 **횟수 평균** 선택

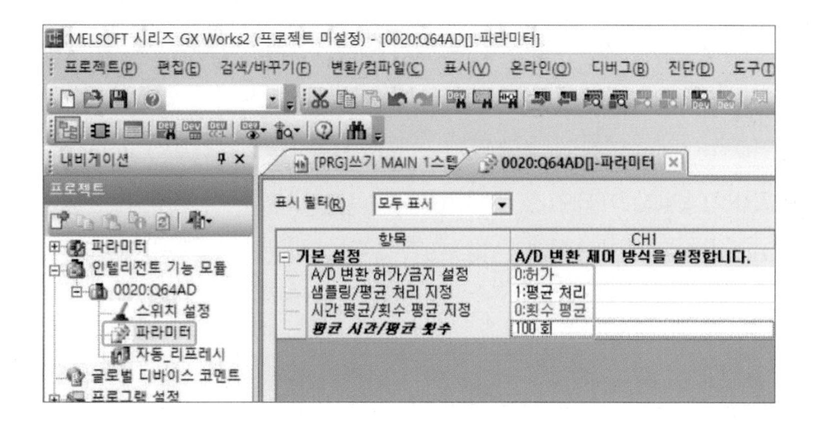

(3) 자동 리프레시 설정

아날로그 입력 값을 어디에 저장(전송 디바이스)받을 것인가 설정한다(16비트 데이터 디바이스 D10에 저장).

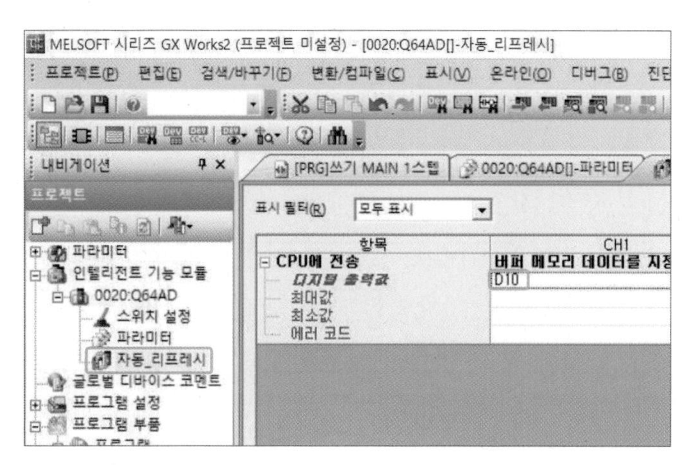

2 프로그램 작성

① 자동 리프레시에서 입력 데이터 변환 결과 디바이스 D10으로 설정했으므로 입력데이터 디지털 변환값이 D10에 실시간 저장된다.

② 디지털(숫자)값은 최저 0부터 4000까지이므로 설정한 입력 범위 “0~5 V”와 대응했을 때 0 V가 0이고 5 V가 4000이 된다.

③ 4000을 5로 나눴을 때 800이므로 1 V당 800이 되어 “1 V : 800”, “2 V : 1600”, “3 V : 2400”, “4 V : 3200”, “5 V : 4000”이 된다.

④ 입력값 “D10”이 800 이하이면 “M1 : 1 V를 나타내는 코일 출력”
입력값 “D10”이 1600 이하이면 “M2 : 2 V를 나타내는 코일 출력”
입력값 “D10”이 2400 이하이면 “M3 : 3 V를 나타내는 코일 출력”
입력값 “D10”이 3200 이하이면 “M4 : 4 V를 나타내는 코일 출력”
입력값 “D10”이 4000 이하이면 “M5 : 5 V를 나타내는 코일 출력”

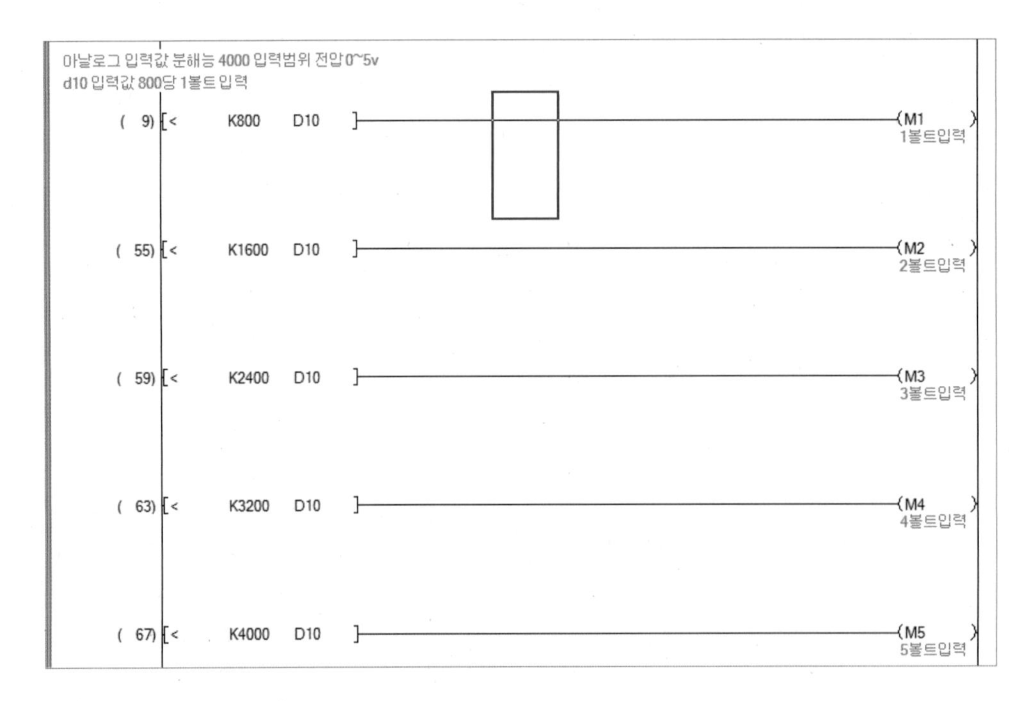

Note 이론적인 숫자 데이터이므로 실제 적용 시 모니터를 통해 0 V일 때 숫자를 읽고 5 V일 때 값을 읽어 5로 나눠 분해능을 산정해야 실제적인 적용이 가능하다.

Project No.2

디지털/아날로그(D/A) 제어

⊙ **학습목표** 디지털(숫자)값을 해당하는 아날로그 데이터(전압)로 외부로 출력할 수 있다.

⊙ **동작조건** 조건에 맞는 숫자에 따라 D/A카드에 의해 외부로 아날로그 데이터(전압)값을 출력한 결과를 전압 측정기(테스터)로 확인할 수 있다.

1 D/A카드(Q62DAN모델) 환경 설정하기

(1) 스위치 설정

① 채널 선택 : 1, 2 채널 중 선택(2개까지 출력할 수 있다)

② 출력 범위 설정 : 전류 출력 4~20 mA, 0~20 mA, 전압출력 1~5 V, 0~5 V, −10~10 V 중 선택

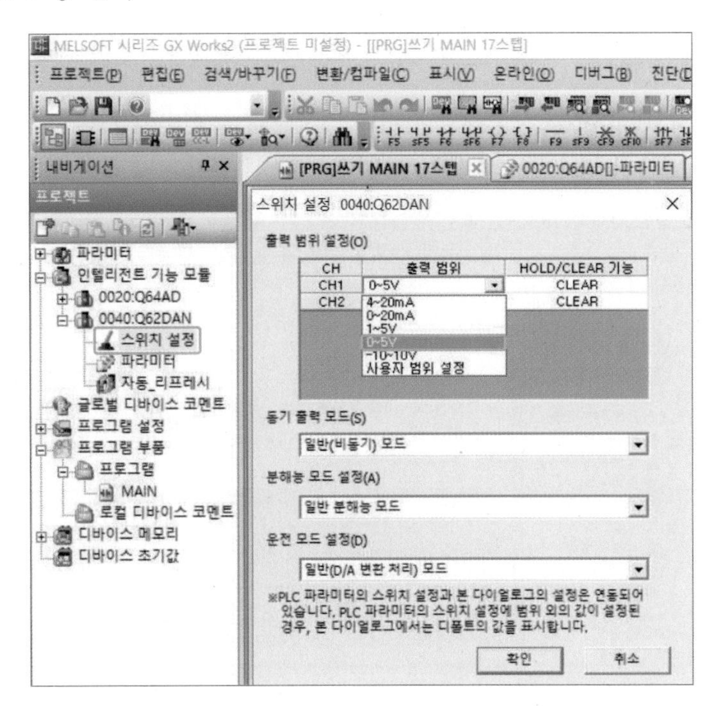

③ 동기 출력 모드 : 초기 값 유지

④ 분해능 모드 설정 : 일반 분해능(4000), 고분해능(16000) 중 선택

⑤ 운전 모드 설정 : 초기 값 유지

(2) 파라미터 설정

각 채널을 사용할 것인가, 사용하지 않을 것인가 설정한다(0:허가 또는 1:금지).

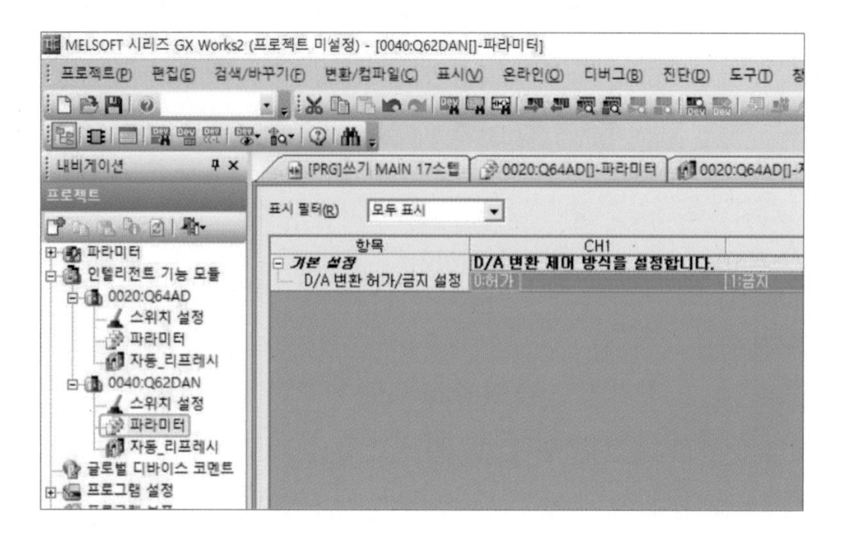

(3) 자동 리프레시 설정

① 출력(밖으로 내보냄)값을 저장하는 버퍼메모리에 값을 전송할 디바이스 설정 : D20

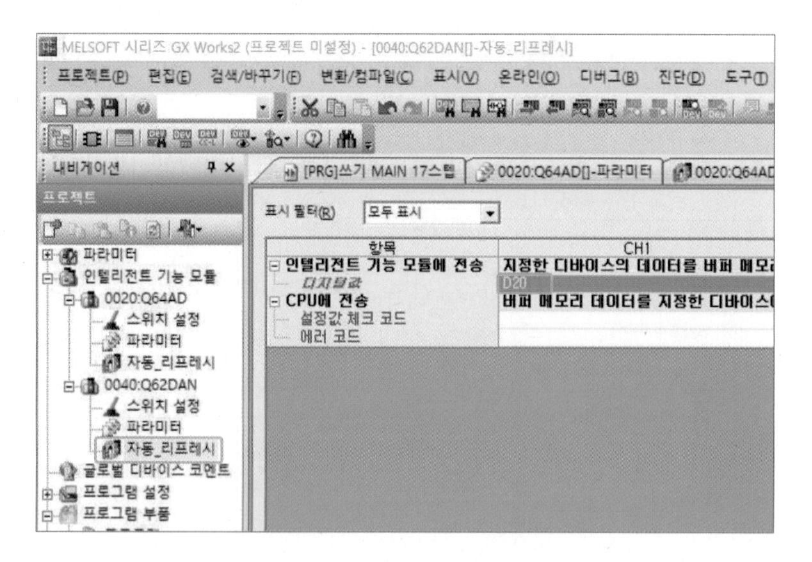

② D20값이 D/A카드 해당 채널로 아날로그값(전압)으로 변환되어 출력된다.

③ 해당 채널에 전압측정기(테스터)를 연결하여 측정값을 확인한다.

2 프로그램 작성

① 특수 릴레이 SM400(상시 ON) 기능으로 출력해야 할 PLC 단자를 설정한다.

② 첫 번째 슬롯은 입력모듈 32점(0~1F), 두 번째 슬롯은 출력모듈 32점(20~3F), 세 번째 슬롯은 A/D모듈로 16점(40~4F), 네 번째 슬롯이 해당 D/A모듈로 (50~5F)인데 Y51은 선두 어드레스 Y50의 1번 채널, 즉 Y51을 항상 활성화해 줘야 한다.

③ M10 접점이 만족하면 800을 출력디바이스 D20에 값을 MOV시켜 1 V가 출력된다.
M11 접점이 만족하면 1600을 출력디바이스 D20에 값을 MOV시켜 2 V가 출력된다.
M12 접점이 만족하면 2400을 출력디바이스 D20에 값을 MOV시켜 3 V가 출력된다.
M13 접점이 만족하면 3200을 출력디바이스 D20에 값을 MOV시켜 4 V가 출력된다.
M14 접점이 만족하면 4000을 출력디바이스 D20에 값을 MOV시켜 5 V가 출력된다.

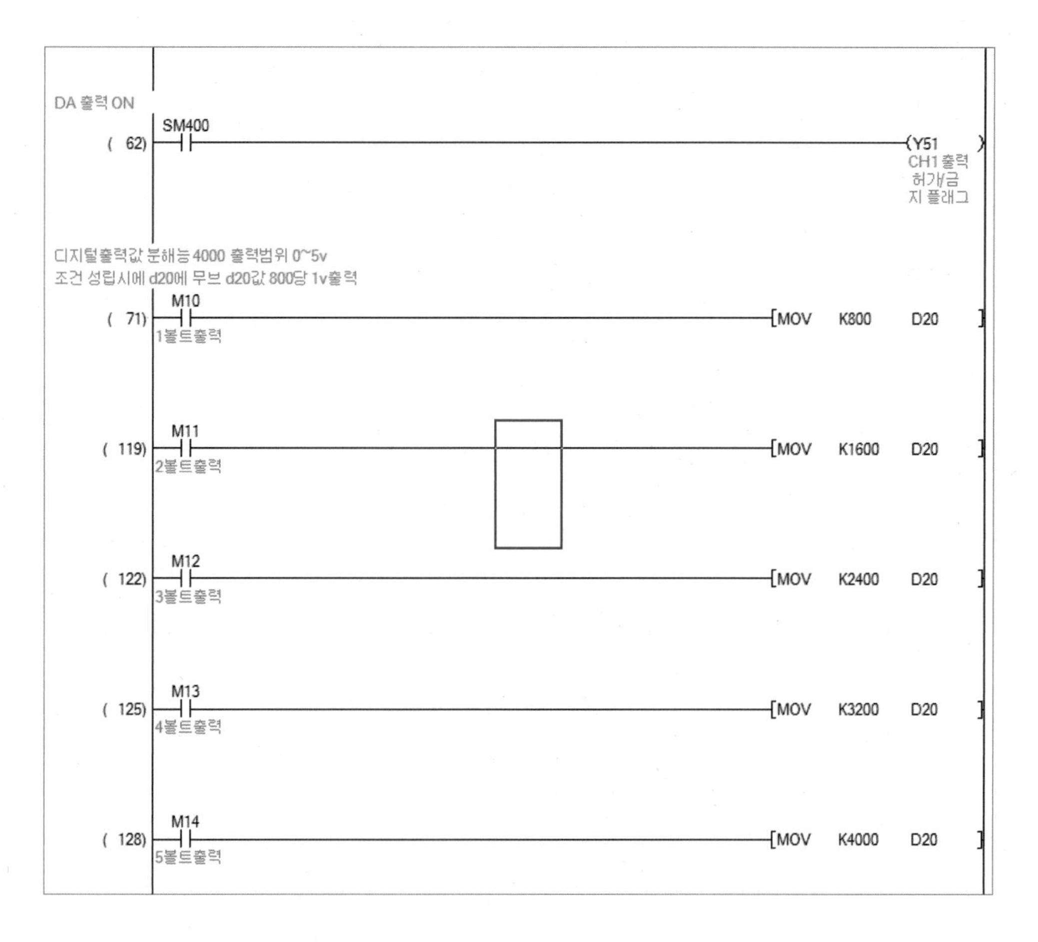

3 프로그램에 설명문(코멘트) 달기

다음 작업은 프로그램 내용을 설명하는 것으로, 생략해도 동작과는 무관하다. 그러나 일반적으로 현장에서는 코멘트를 달도록 요구하는 경우가 더 많다. 불필요할 시 해당 접점에 마우스를 클릭하여 코멘트 표시 부분을 선택할 수 있다.

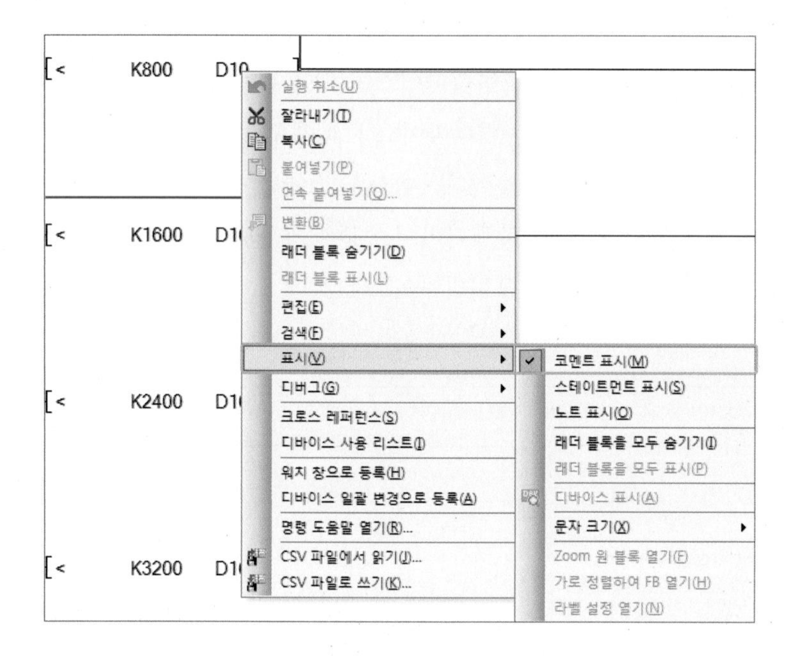

① **글로벌 디바이스 코멘트** 창을 연다(내부지정 코멘트 불러오기).

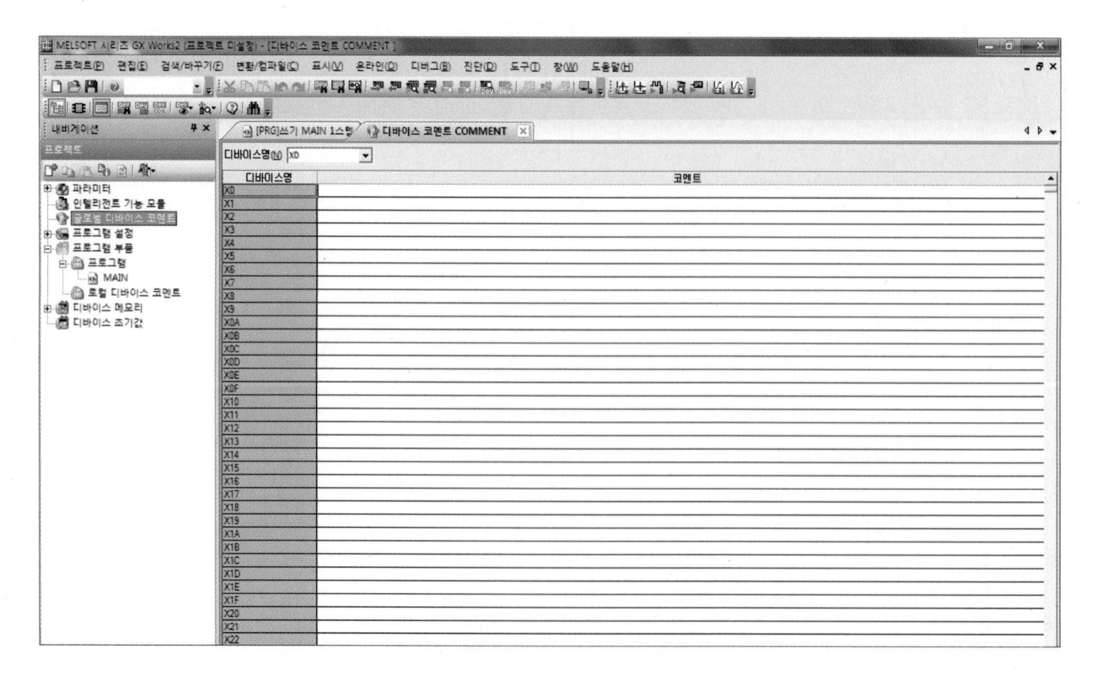

② **글로벌 디바이스 코멘트** 창에서 마우스 오른쪽 버튼 클릭 후 **샘플 코멘트 유용 - 인텔리전트 기능 모듈**을 클릭한다.

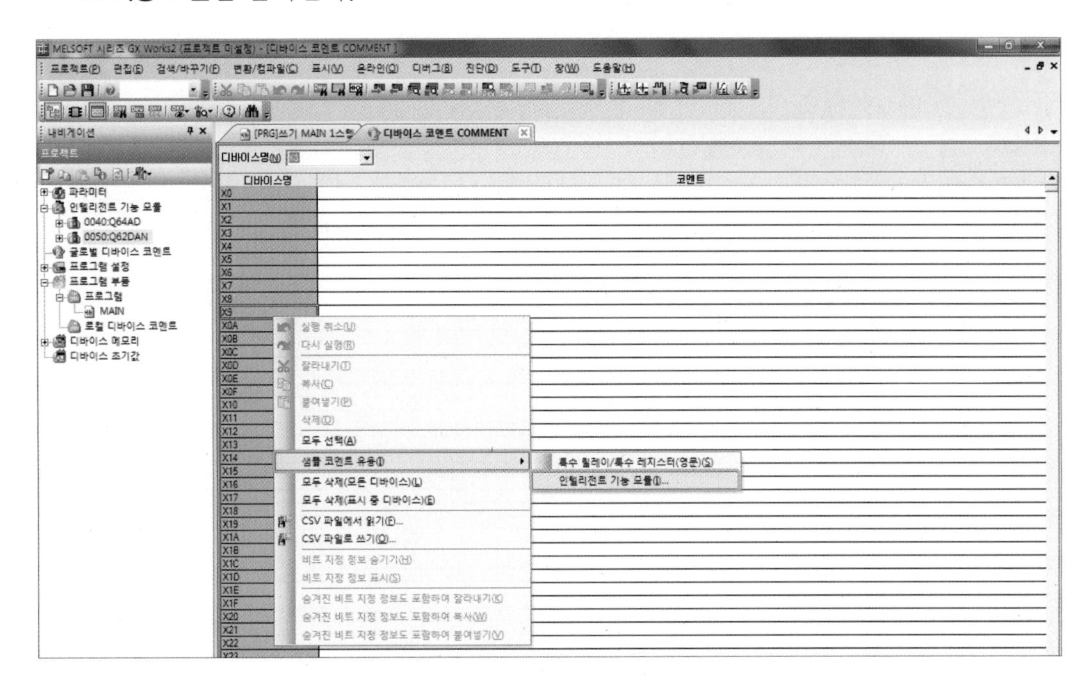

③ 인텔리전트 기능 모듈 체크하고 **확인**을 클릭한다.

인텔리전트 기능 모듈용 샘플 코멘트 유용

선두 XY 어드레스	모듈 형명
☑ 0040	Q64AD
☑ 0050	Q62DAN

샘플 코멘트의 유용을 실행하면 선택된 모듈의 지금까지의 편집 내용은 파기되어 원래대로 복원할 수 없습니다.

확인 취소

④ Y51을 검색한다.

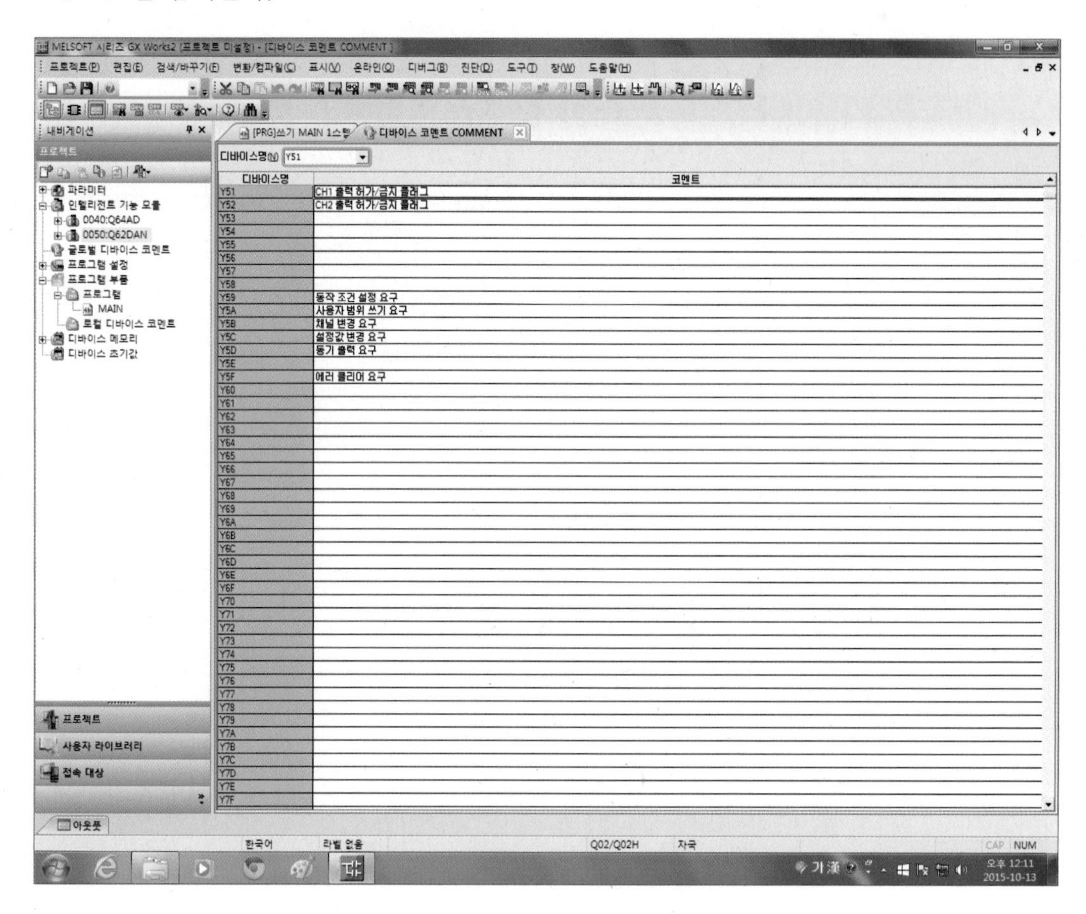
MELSOFT 시리즈 GX Works2 (프로젝트 미설정) - [디바이스 코멘트 COMMENT]
프로젝트(P) 편집(E) 검색/바꾸기(F) 변환/컴파일(C) 표시(V) 온라인(O) 디버그(B) 진단(D) 도구(T) 창(W) 도움말(H)
내비게이션
프로젝트
파라미터
인텔리전트 기능 모듈
0040:Q64AD
0050:Q62DAN
글로벌 디바이스 코멘트
프로그램 설정
프로그램 부품
프로그램
MAIN
로컬 디바이스 코멘트
디바이스 메모리
디바이스 초기값
[PRG]쓰기 MAIN 1스텝
디바이스 코멘트 COMMENT
디바이스명(N) Y51
디바이스명
코멘트
Y51 CH1 출력 허가/금지 플래그
Y52 CH2 출력 허가/금지 플래그
Y59 동작 조건 설정 요구
Y5A 사용자 범위 쓰기 요구
Y5B 채널 변경 요구
Y5C 설정값 변경 요구
Y5D 동기 출력 요구
Y5F 에러 클리어 요구
프로젝트
사용자 라이브러리
접속 대상
아웃풋
한국어
라벨 없음
Q02/Q02H
자국
CAP NUM
오후 12:11
2015-10-13

Project No.3

A/D · D/A 제어

⊙ **학습목표** 입력값과 출력값이 동일한지 확인할 수 있다.

⊙ **동작조건** 전원 공급장치의 전압을 조절하여 입력하면 같은 값이 실시간으로 출력된다.

1 A/D카드(Q64AD모델) 환경 설정하기

그림과 같이 3가지 사항을 설정한다.

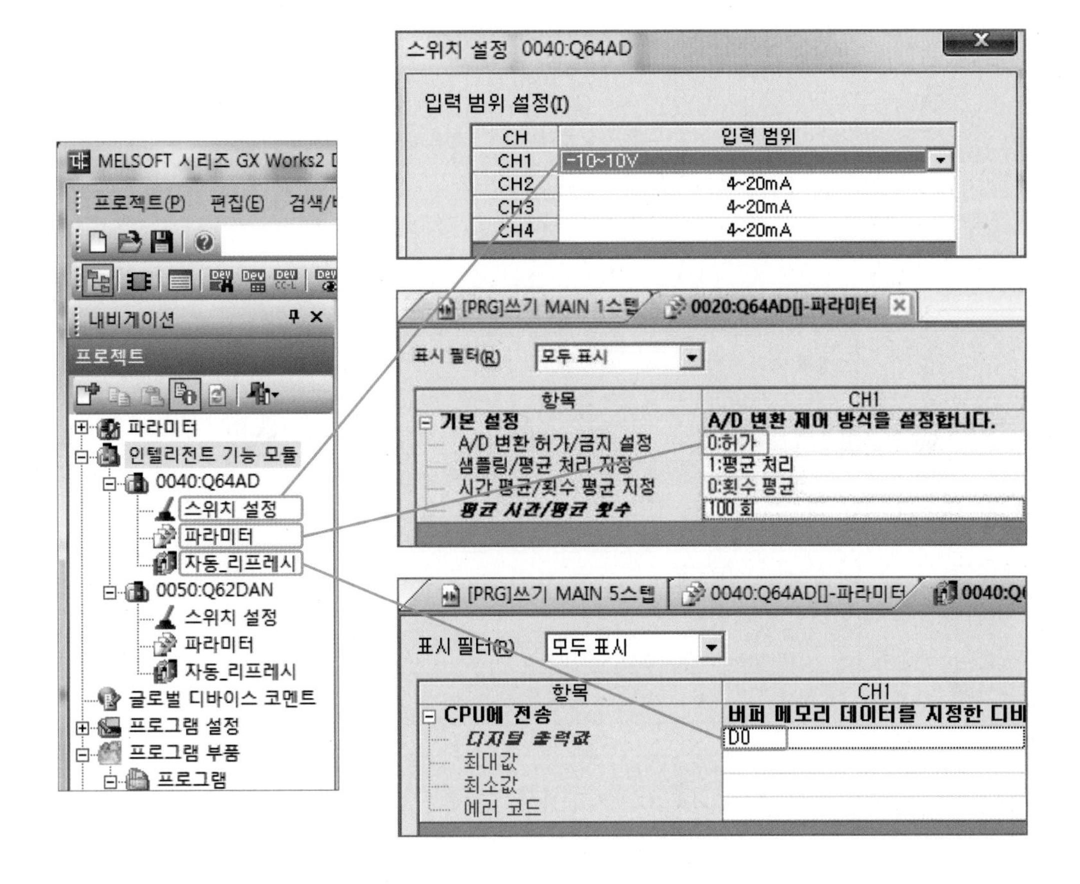

2 D/A카드(Q62DAN 모델) 환경 설정하기

그림과 같이 3가지 사항을 설정한다.

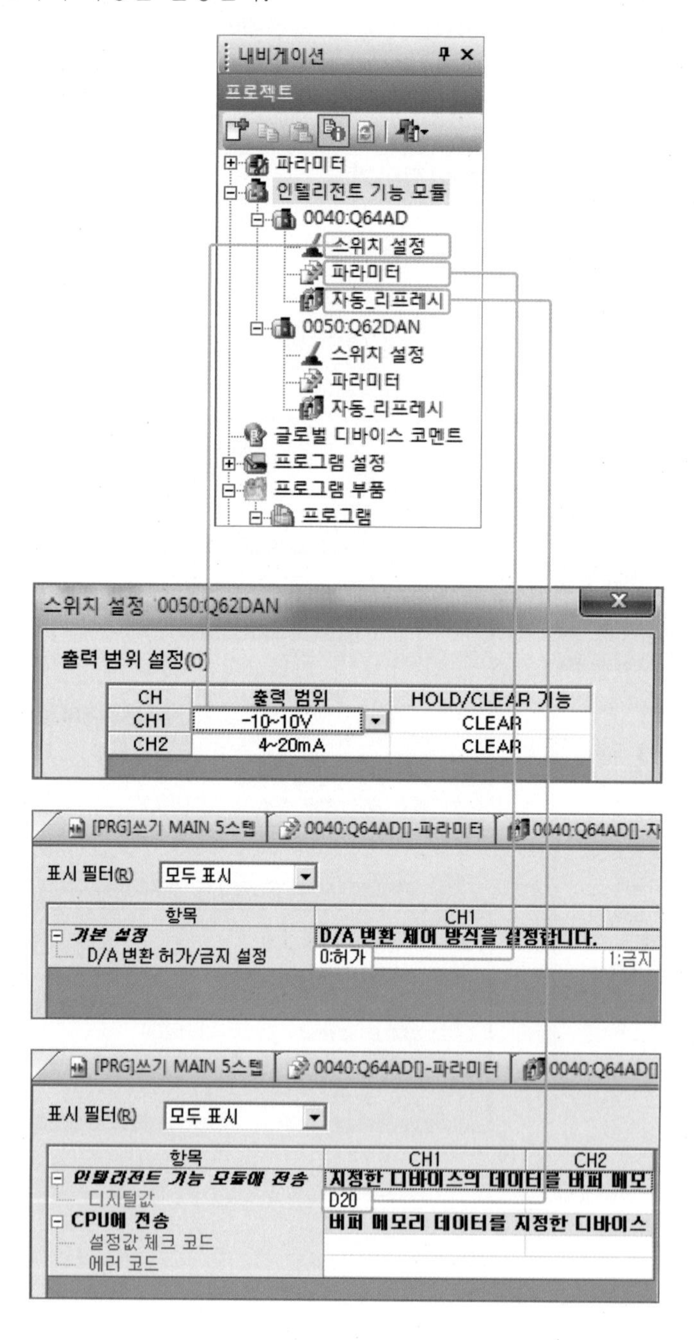

3 프로그램 작성

① 설정값 D0은 입력값을 저장하는 디바이스이다.

② 설정값 D20은 출력값을 저장하는 디바이스이다.

③ 특수릴레이 SM403은 프로그램이 시작되면 1스캔 OFF 후 계속 ON되는 기능으로, 계속 ON 상태인 SM400을 사용해도 무방하나 시작 시 1스캔 OFF하므로 시작시점을 알 수 있는 의미가 있다.

④ Y51은 A/D 모듈의 선두 어드레스인 50에 1번 채널을 의미하는 Y51을 계속해서 활성화하는 것이다.

⑤ D0에 들어오는 입력 전압을 D20으로 MOV시켜 Y51에 출력한다. 즉 입력값이 곧바로 출력된다.

Part 5

종합실습

1 종합실습을 위한 장비 구성

아래 그림은 공급실린더에 의해 공급된 제품을 분배실린더로 컨베이어에 올려놓고, 제품이 센서를 통과하면서 금속인지 비금속인지 판별하여 두 재질 중 하나는 취출실린더로 분류하고 나머지 재질의 제품만 저장 테이블에 쌓는 장치이다.

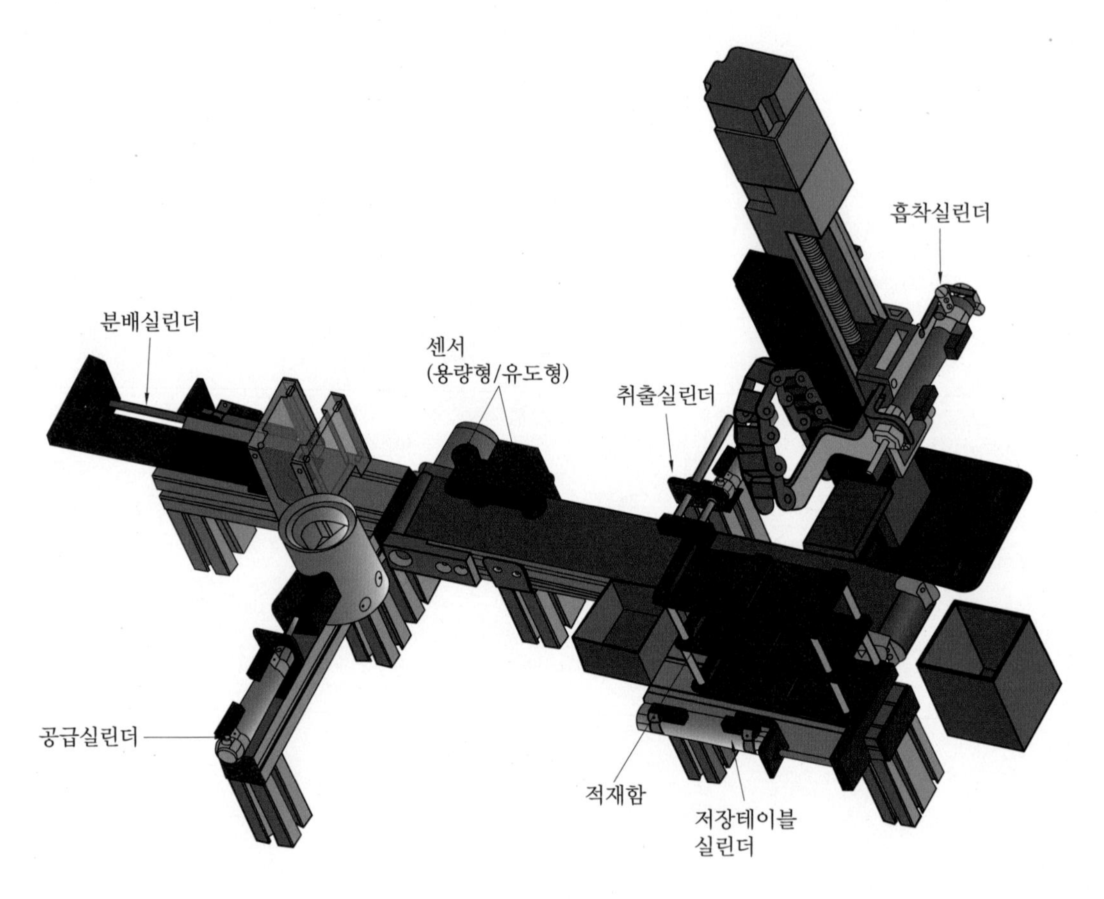

제품 분류 · 이송 · 저장 시스템

※ PLC I/O 할당표(참고용)

입 력			출 력		
번호	기 능	기 호	번호	기 능	기 호
1	공급실린더 후진	CS1	1	공급실린더 전진동작	SOL1
2	공급실린더 전진	CS2	2	공급실린더 후진동작	SOL2
3	분배실린더 후진	CS3	3	분배실린더 전진동작	SOL3
4	분배실린더 전진	CS4	4	분배실린더 후진동작	SOL4
5	가공실린더 상승	CS5	5	가공실린더 동작(편솔)	SOL5
6	가공실린더 하강	CS6	6	취출실린더 전진동작	SOL6
7	취출실린더 후진	CS7	7	취출실린더 후진동작	SOL7
8	취출실린더 전진	CS8	8	스토퍼실린더 동작(편솔)	SOL8
9	스토퍼실린더 상승	CS9	9	흡착실린더 전진동작	SOL9
10	스토퍼실린더 하강	CS10	10	흡착실린더 후진동작	SOL10
11	흡착실린더 후진	CS11	11	흡착컵 동작(편솔)	SOL11
12	흡착실린더 전진	CS12	12	저장테이블 실린더 전진동작	SOL12
13	저장테이블 실린더 후진	CS13	13	저장테이블 실린더 후진동작	SOL13
14	저장테이블 실린더 전진	CS14	14	가공 모터	M1
15	흡착 센서	VS1	15	컨베이어 모터	M2
16	매거진 1 공작물 검출센서	S1	16	표시 램프(1)	PL1
17	매거진 2 공작물 검출센서	S2	17	표시 램프(2)	PL2
18	공작물 분류센서(1)	S3	18	표시 램프(3)	PL3
19	공작물 분류센서(2)	S4	19	표시 램프(4)	PL4
20	스토퍼 공작물 검출 센서	S5	20		
21	엔코더 센서	ENC	21		
22	토글 스위치(1)	TG1	22		
23	토글 스위치(2)	TG2	23		
24	시작 스위치	PB1	24		
25	정지 스위치	PB2	25		

2 실린더 시퀀스 동작하기

예제 시작스위치(PB1)를 누르면 아래와 같은 순서로 동작하도록 프로그램을 작성하시오(각 실린더 제어 1초 간격 동작).

공급실린더 전진 → 공급실린더 후진 → 가공실린더 하강 → 가공모터 3초간 회전 → 가공모터 상승 → 송출실린더 전진 → 송출실린더 후진 → 컨베이어 3초간 동작

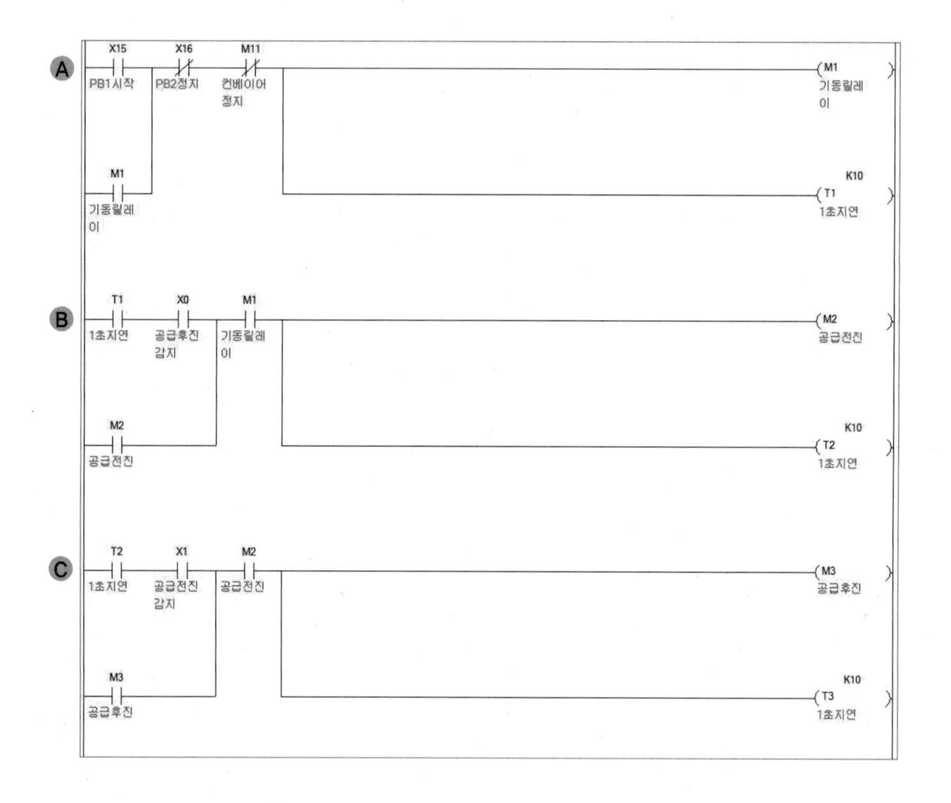

A	• X15(PB1)로 동작을 시작하고 X16(PB2)으로 M1 자기유지를 정지시켜 동작을 정지한다. • 컨베이어를 정지시키는 M11 신호가 마지막 동작 신호이므로 M11도 자기유지를 정지시켜 초기화한다.
B	• M1이 자기유지되고 1초 후 신호인 T1과 X0(공급실린더 전진 센서)이 감지되면 M2가 자기유지되며 Y20(공급실린더 전진)에 신호를 공급해 공급실린더를 전진시킨다.
C	• M2가 자기유지되고 1초 후 신호인 T2과 X1(공급실린더 전진 센서)이 감지되면 M3가 자기유지되며 Y21(공급실린더 후진)에 신호를 공급해 공급실린더를 후진시킨다.

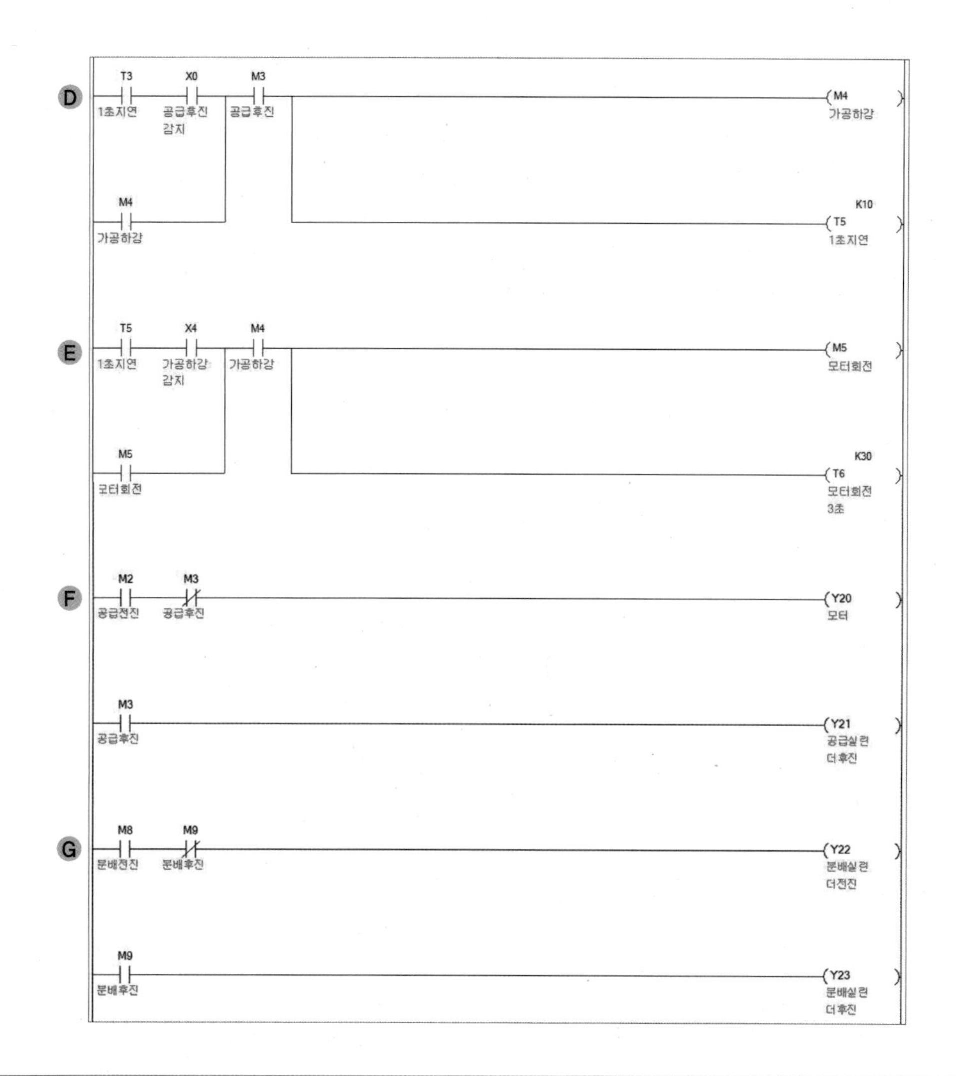

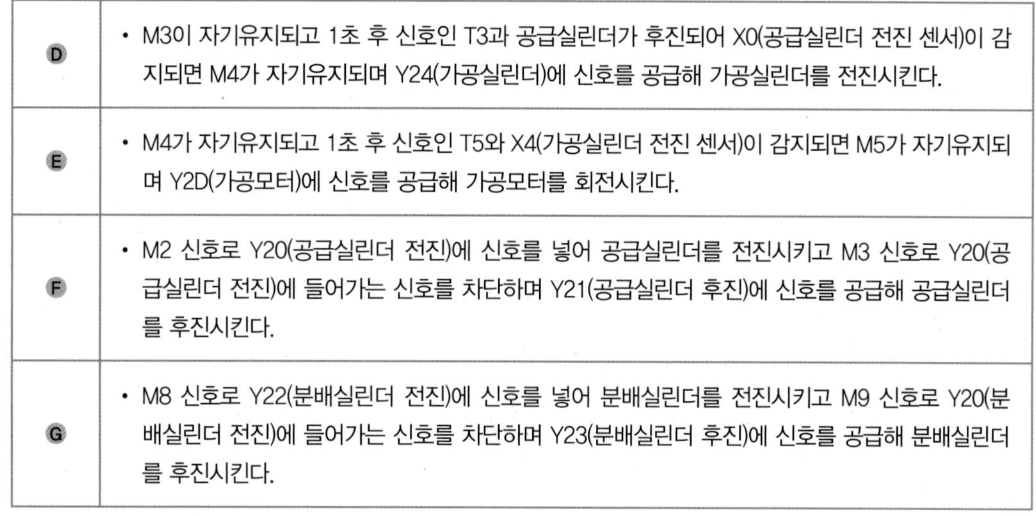

D	• M3이 자기유지되고 1초 후 신호인 T3과 공급실린더가 후진되어 X0(공급실린더 전진 센서)이 감지되면 M4가 자기유지되며 Y24(가공실린더)에 신호를 공급해 가공실린더를 전진시킨다.
E	• M4가 자기유지되고 1초 후 신호인 T5와 X4(가공실린더 전진 센서)이 감지되면 M5가 자기유지되며 Y2D(가공모터)에 신호를 공급해 가공모터를 회전시킨다.
F	• M2 신호로 Y20(공급실린더 전진)에 신호를 넣어 공급실린더를 전진시키고 M3 신호로 Y20(공급실린더 전진)에 들어가는 신호를 차단하며 Y21(공급실린더 후진)에 신호를 공급해 공급실린더를 후진시킨다.
G	• M8 신호로 Y22(분배실린더 전진)에 신호를 넣어 분배실린더를 전진시키고 M9 신호로 Y20(분배실린더 전진)에 들어가는 신호를 차단하며 Y23(분배실린더 후진)에 신호를 공급해 분배실린더를 후진시킨다.

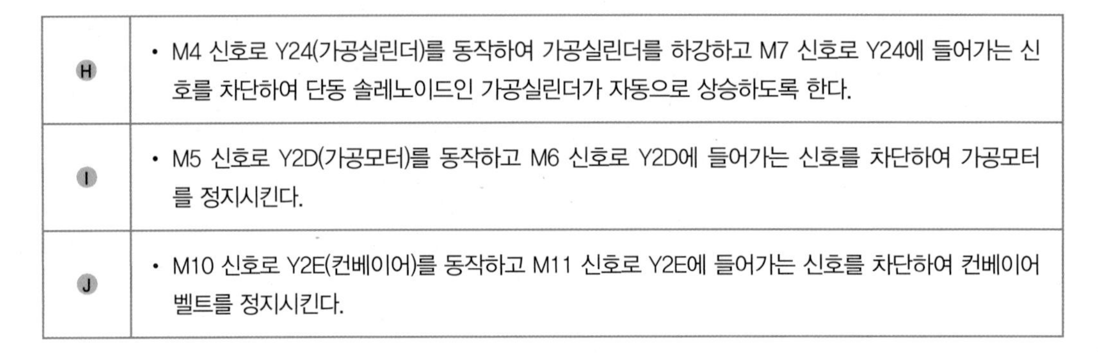

H	• M4 신호로 Y24(가공실린더)를 동작하여 가공실린더를 하강하고 M7 신호로 Y24에 들어가는 신호를 차단하여 단동 솔레노이드인 가공실린더가 자동으로 상승하도록 한다.
I	• M5 신호로 Y2D(가공모터)를 동작하고 M6 신호로 Y2D에 들어가는 신호를 차단하여 가공모터를 정지시킨다.
J	• M10 신호로 Y2E(컨베이어)를 동작하고 M11 신호로 Y2E에 들어가는 신호를 차단하여 컨베이어 벨트를 정지시킨다.

3 금속/ 비금속 제품 검출하기

예제 제품이 금속일 때 취출실린더가 전진/후진하여 가로방향으로 컨베이어에서 퇴출시키고 비금속일 때 스토퍼실린더가 전진한 후 2초 뒤에 후진하도록 프로그램을 작성하시오.

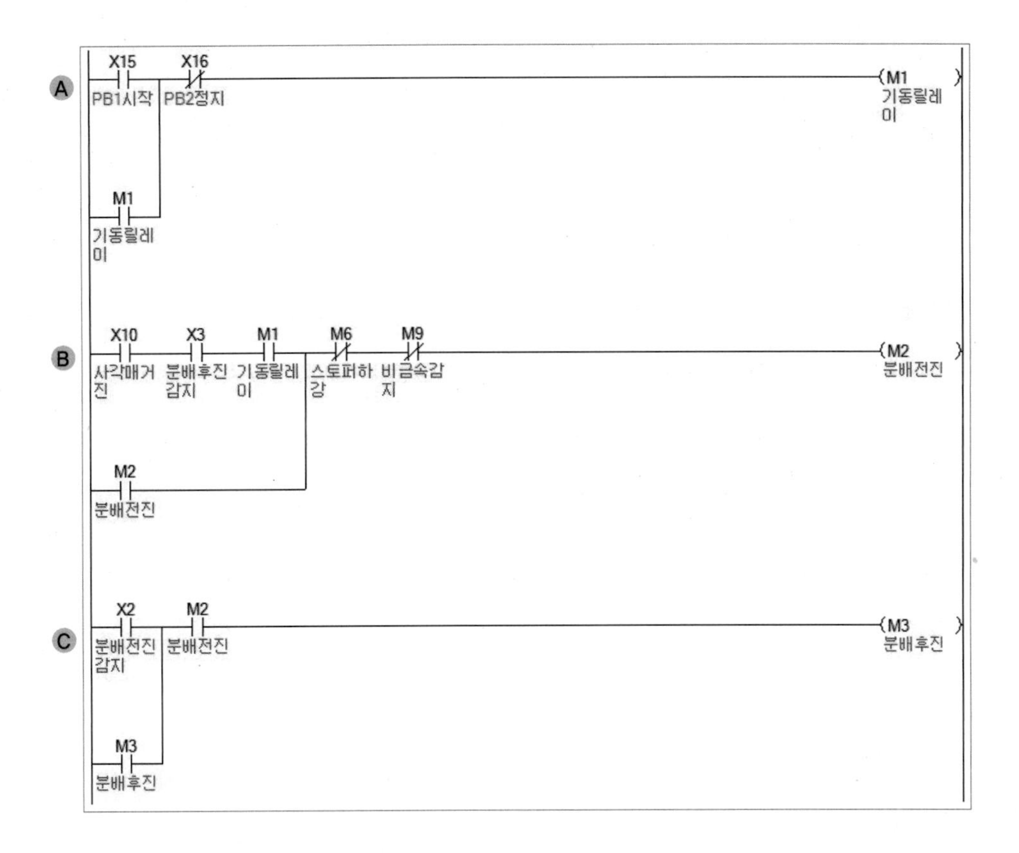

Ⓐ	• PB1(X15) 버튼을 누르면 M1 릴레이가 자기유지되어 작동한다. • PB2(X16) 버튼을 누르면 M1 릴레이가 끊어지게 된다.
Ⓑ	• M1 작동 후(순서 확인) 사각매거진 센서, 분배실린더 후진 센서에 신호가 들어오면 M2가 자기유지되어 작동한다. • M6 릴레이가 작동하면 M6 B접점으로 인해 M2 릴레이는 끊어지게 된다. • M9 릴레이가 작동하면 M9 B접점으로 인해 M2 릴레이는 끊어지게 된다.
Ⓒ	• M2 작동 후(순서 확인) 분배실린더 전진 센서에 신호가 들어오면 M3가 자기유지되어 작동한다. • M2 릴레이가 끊어지면 M3 릴레이도 끊어지게 된다.

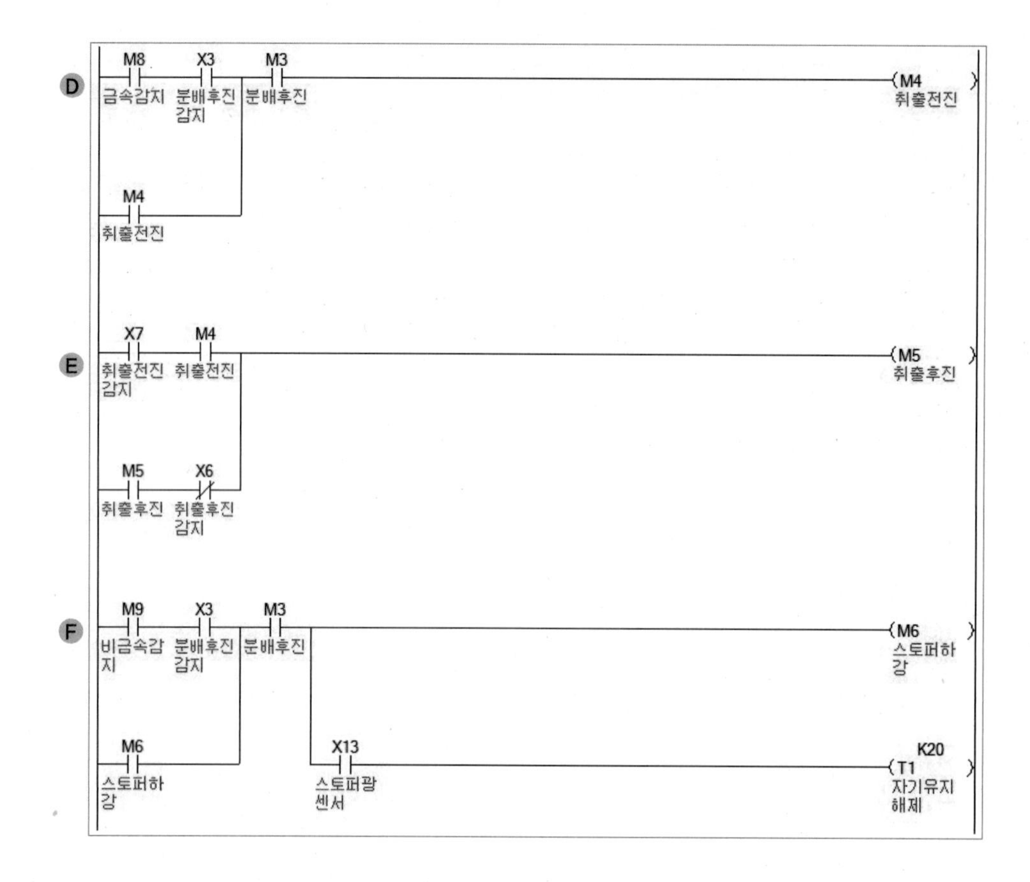

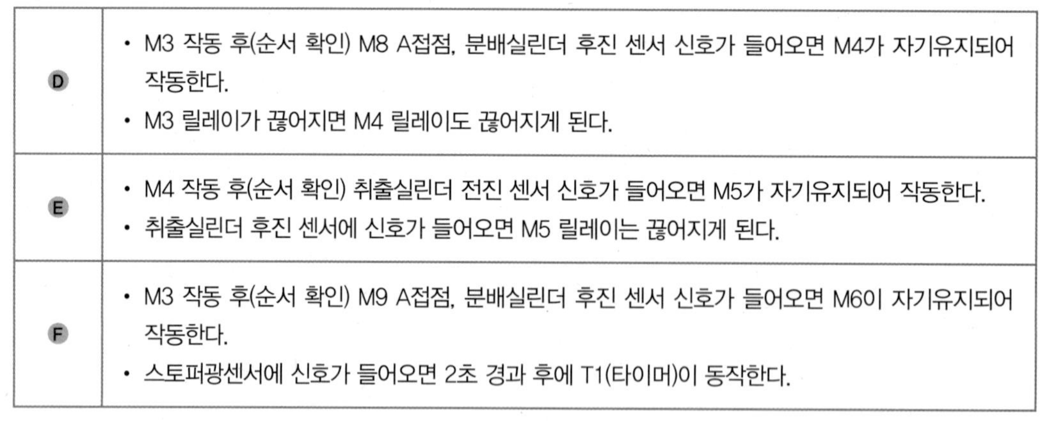

D	• M3 작동 후(순서 확인) M8 A접점, 분배실린더 후진 센서 신호가 들어오면 M4가 자기유지되어 작동한다. • M3 릴레이가 끊어지면 M4 릴레이도 끊어지게 된다.
E	• M4 작동 후(순서 확인) 취출실린더 전진 센서 신호가 들어오면 M5가 자기유지되어 작동한다. • 취출실린더 후진 센서에 신호가 들어오면 M5 릴레이는 끊어지게 된다.
F	• M3 작동 후(순서 확인) M9 A접점, 분배실린더 후진 센서 신호가 들어오면 M6이 자기유지되어 작동한다. • 스토퍼광센서에 신호가 들어오면 2초 경과 후에 T1(타이머)이 동작한다.

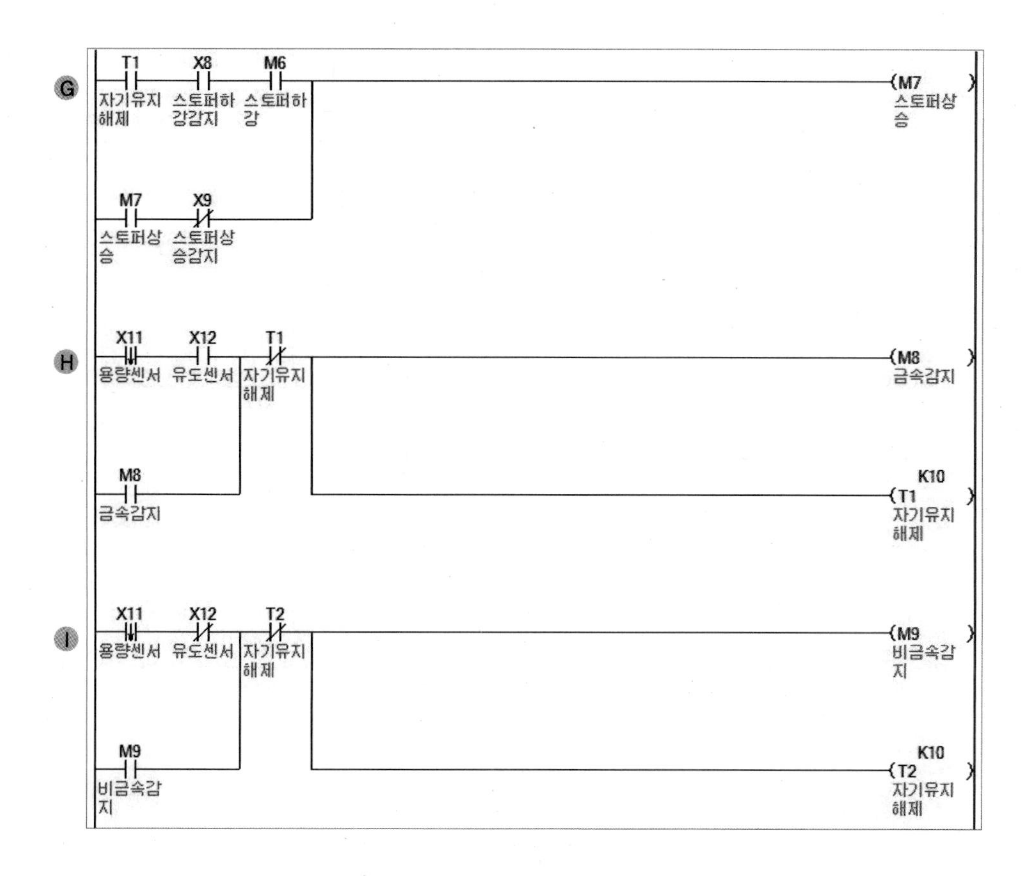

G	• M6 작동 후(순서 확인) T1 A접점 , 스토퍼 하강 센서에 신호가 들어오면 M7 릴레이가 자기유지되어 작동한다. • 스토퍼 상승 센서에 신호가 들어오면 M7 릴레이는 끊어지게 된다.
H	• 용량형 센서 하강펄스 신호 , 유도형 센서 A접점에 신호가 들어오면 M8 릴레이가 자기유지되어 작동한다. • M8 릴레이가 작동 1초 경과 후 T1(타이머)이 작동하여 T1 B접점에 의해 M8 릴레이는 끊어지게 된다.
I	• 용량형 센서 하강펄스 신호가 들어오고 유도형 센서 B접점에 신호가 감지되지 않으면 M9 릴레이가 자기유지되어 작동한다. • M9 릴레이가 작동 1초 경과 후 T2(타이머)가 작동하여 T2 B접점에 의해 M9 릴레이는 끊어지게 된다.

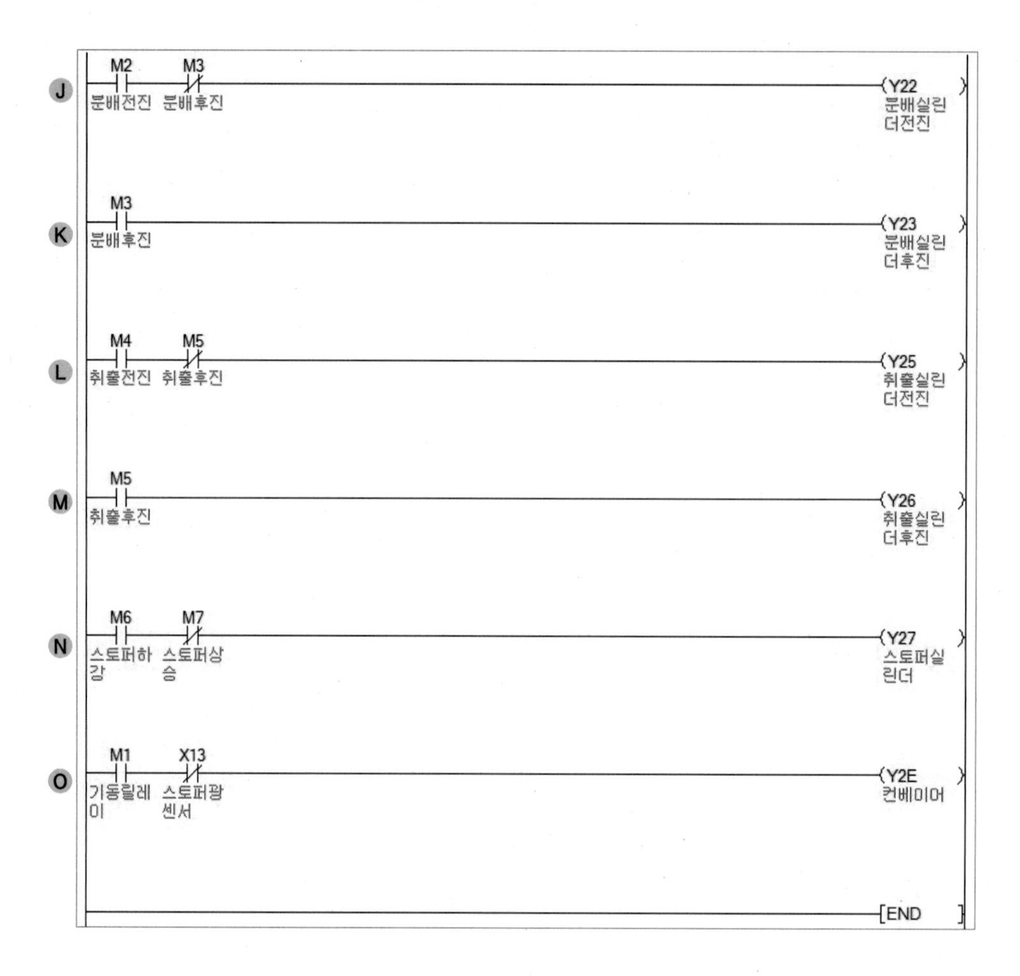

J	• M2 A접점에 의해 분배실린더 전진을 한다. • M3 B접점에 의해 분배실린더 전진이 끊긴다.
K	• M3 A접점에 의해 분배실린더 후진을 한다.
L	• M4 A접점에 의해 취출실린더 전진을 한다. • M5 B접점에 의해 취출실린더 전진이 끊긴다.
M	• M5 A접점에 의해 취출실린더 후진을 한다.
N	• M6 A접점에 의해 스토퍼실린더 전진을 한다. • M7 B접점에 의해 스토퍼실린더 전진이 끊긴다(후진한다).
O	• M1 A접점에 의해 컨베이어 모터 구동을 한다. • 스토퍼 광센서에 의해 컨베이어 모터 구동이 끊긴다.

4 여러 실린더 동시 동작하기

예제 아래 조건에 맞는 프로그램을 작성하시오(각 실린더 제어 2초 간격 동작).

A+
B+ → D− → C− → B− → A−
C+
D+
A : 공급실린더, B : 가공실린더, C : 스토퍼실린더, D : 취출실린더

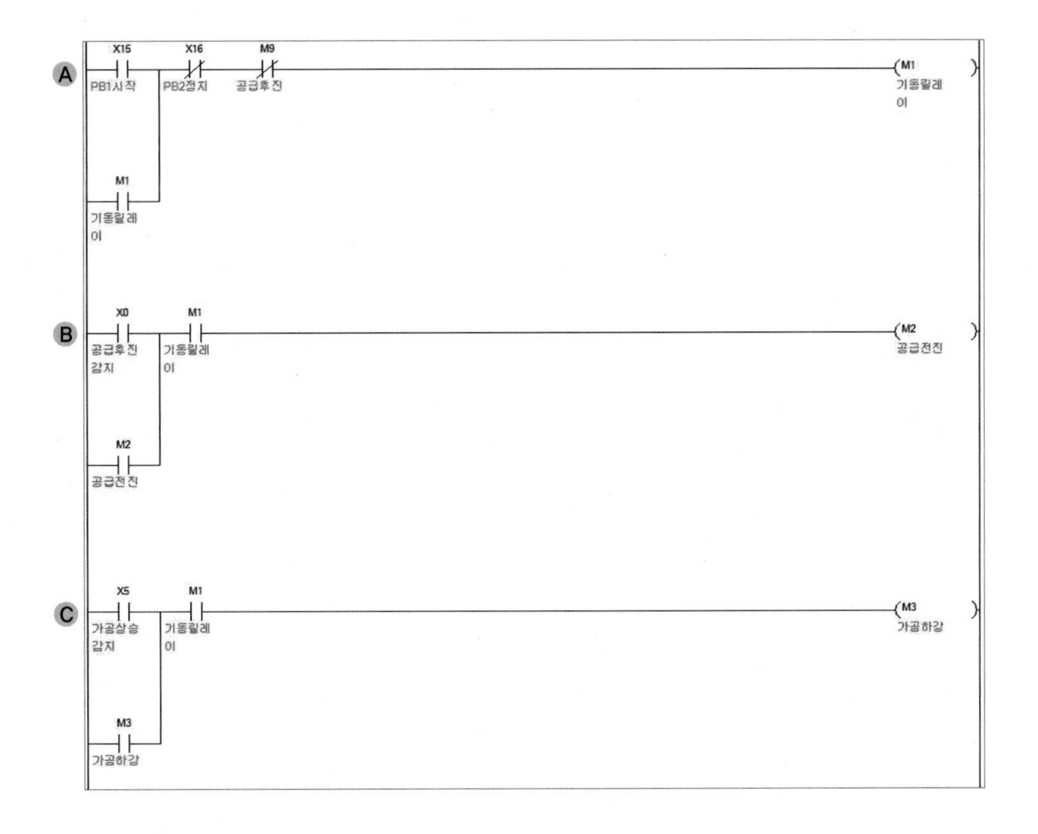

A	• X15(PB1)을 누르면 M1이 자기유지가 되며 작동을 시작한다. X16(PB2)을 누르면 M1 자기유지를 끊어서 동작을 정지하고 마지막 동작(M9) 신호가 들어가면 자기유지를 끊어서 X15로 재동작할 수 있다.
B	• 기동신호 M1과 M0(공급실린더 후진 센서)이 감지되면 M2가 자기유지가 되어 공급실린더를 전진시킨다.
C	• 기동신호 M1과 M5(공급실린더 후진 센서)가 감지되면 M3이 자기유지가 되어 공급실린더를 전진시킨다.

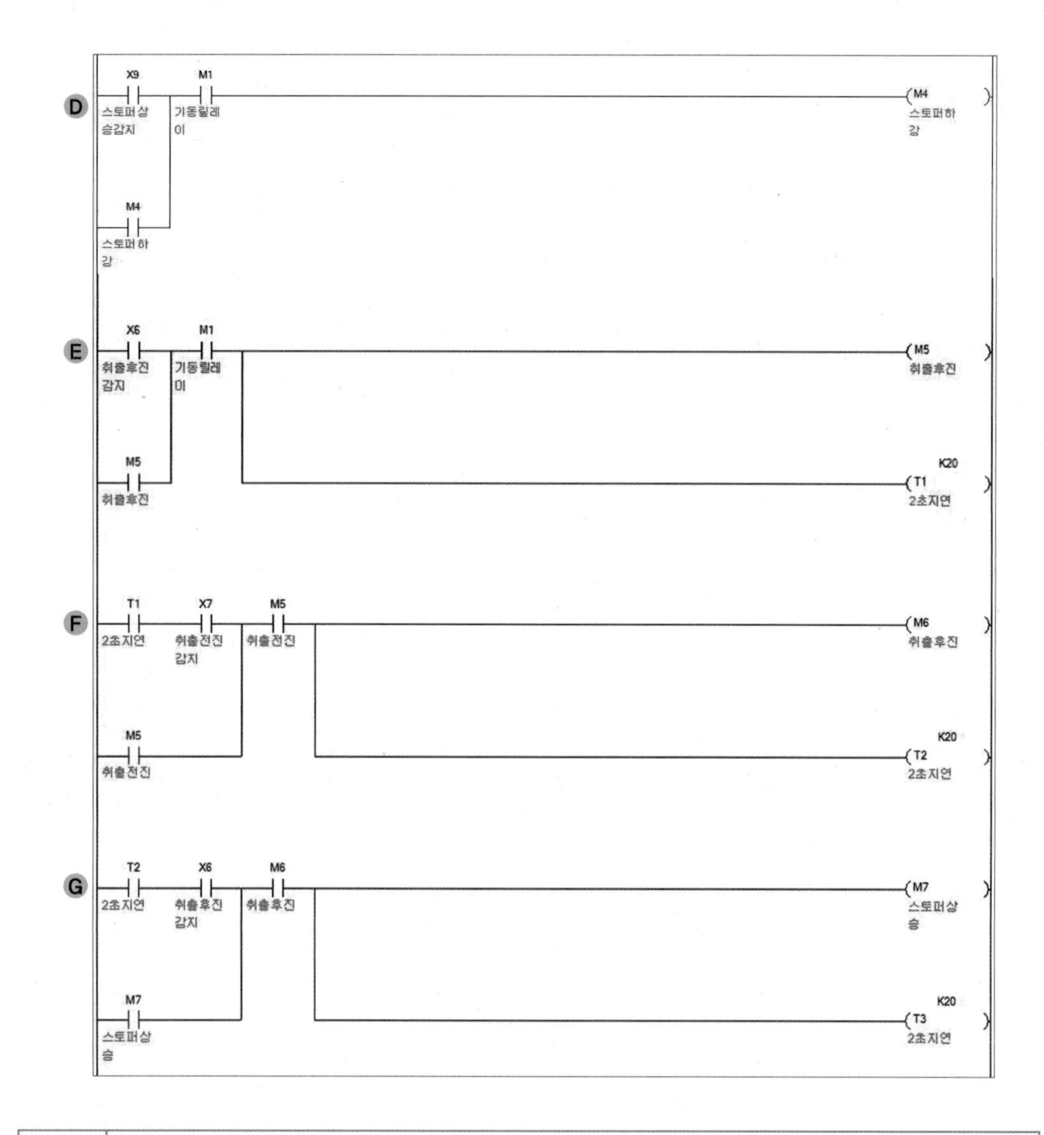

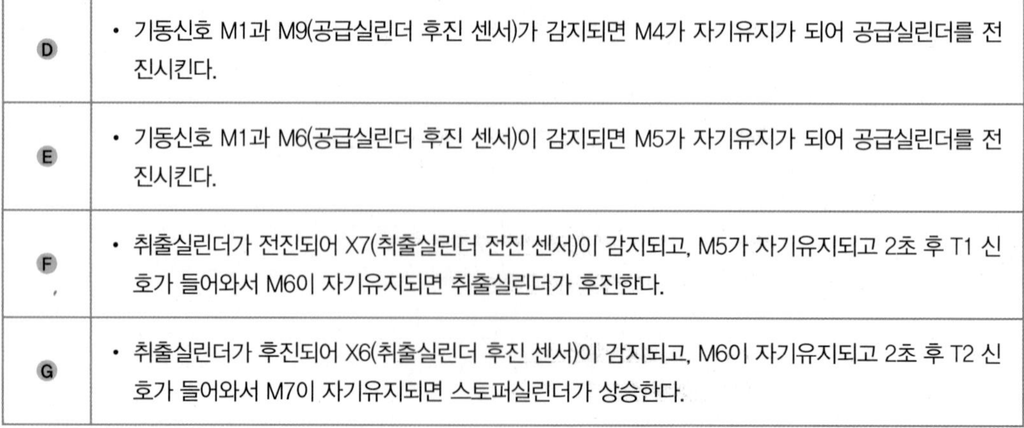

D	• 기동신호 M1과 M9(공급실린더 후진 센서)가 감지되면 M4가 자기유지가 되어 공급실린더를 전진시킨다.
E	• 기동신호 M1과 M6(공급실린더 후진 센서)이 감지되면 M5가 자기유지가 되어 공급실린더를 전진시킨다.
F	• 취출실린더가 전진되어 X7(취출실린더 전진 센서)이 감지되고, M5가 자기유지되고 2초 후 T1 신호가 들어와서 M6이 자기유지되면 취출실린더가 후진한다.
G	• 취출실린더가 후진되어 X6(취출실린더 후진 센서)이 감지되고, M6이 자기유지되고 2초 후 T2 신호가 들어와서 M7이 자기유지되면 스토퍼실린더가 상승한다.

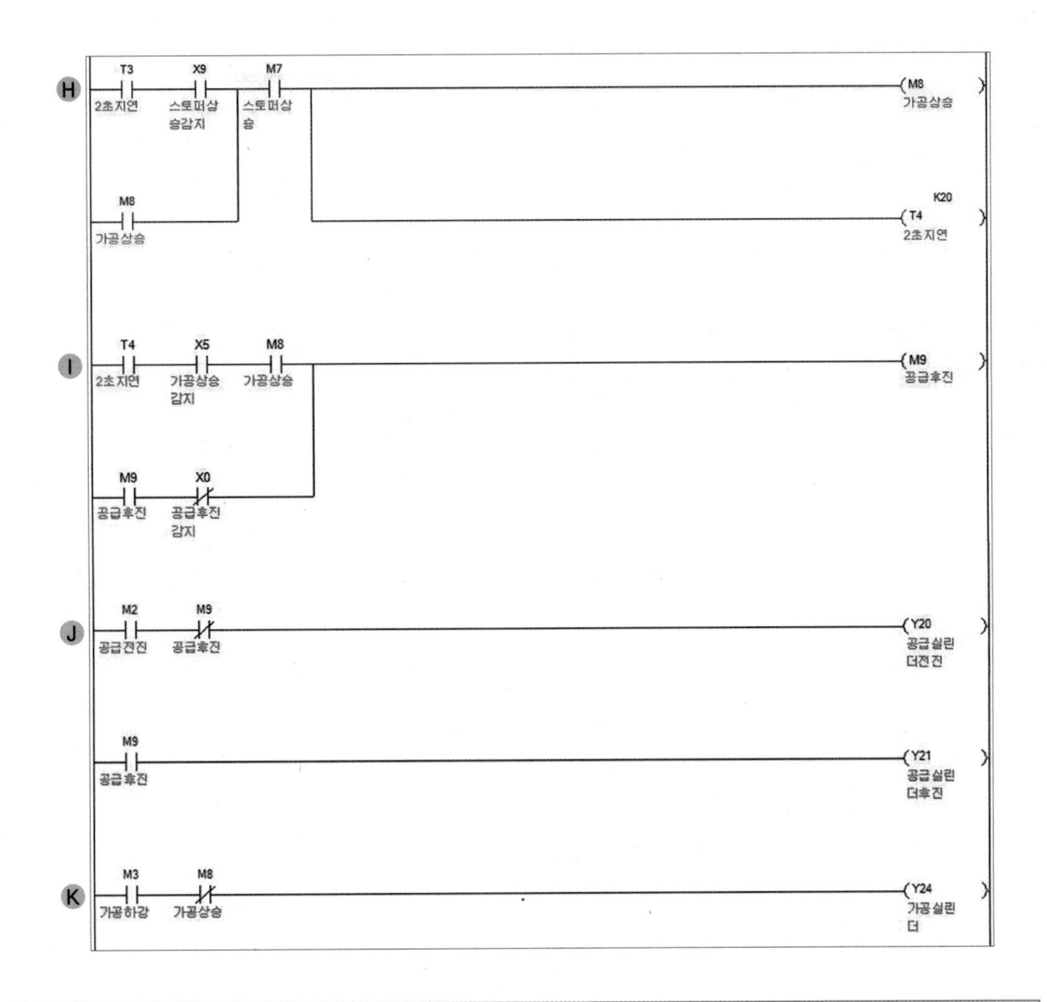

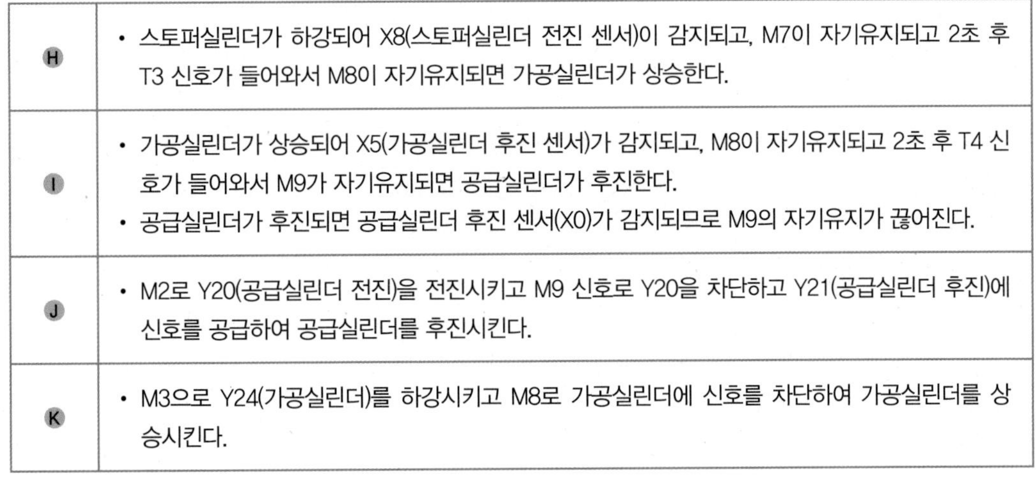

H	• 스토퍼실린더가 하강되어 X8(스토퍼실린더 전진 센서)이 감지되고, M7이 자기유지되고 2초 후 T3 신호가 들어와서 M8이 자기유지되면 가공실린더가 상승한다.
I	• 가공실린더가 상승되어 X5(가공실린더 후진 센서)가 감지되고, M8이 자기유지되고 2초 후 T4 신호가 들어와서 M9가 자기유지되면 공급실린더가 후진한다. • 공급실린더가 후진되면 공급실린더 후진 센서(X0)가 감지되므로 M9의 자기유지가 끊어진다.
J	• M2로 Y20(공급실린더 전진)을 전진시키고 M9 신호로 Y20을 차단하고 Y21(공급실린더 후진)에 신호를 공급하여 공급실린더를 후진시킨다.
K	• M3으로 Y24(가공실린더)를 하강시키고 M8로 가공실린더에 신호를 차단하여 가공실린더를 상승시킨다.

L	• M5로 Y25(취출실린더 전진)를 전진시키고 M6 신호로 Y25를 차단하고 Y26(취출실린더 후진)에 신호를 공급하여 취출실린더를 후진시킨다.
M	• M4로 Y27(스토퍼실린더)을 하강시키고 M7로 스토퍼실린더 신호를 차단하여 스토퍼실린더를 상승시킨다.

5 사이클 반복 프로그램하기

예제 다음 동작이 2사이클 동작 후 멈추도록 하시오.

공급실린더 전진 → 가공실린더 전진 → 가공모터 3초간 회전 → 가공실린더 후진 → 공급실린더 후진 → 분배실린더 전진 → 컨베이어 동작 → 분배실린더 후진 → 컨베이어 정지

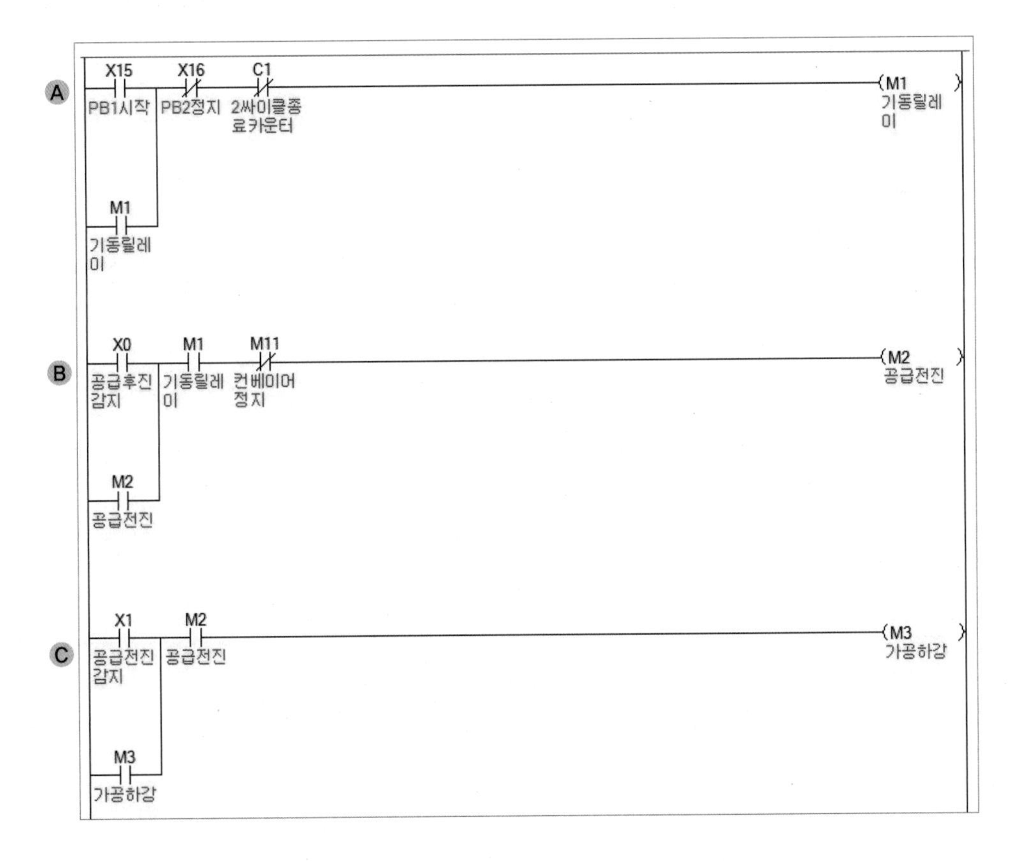

Ⓐ	• PB1(X15) 버튼을 누르면 M1 릴레이가 자기유지되어 작동한다. • PB2(X16) 버튼 또는 C1(카운터 릴레이) B접점에 의해 끊어진다.
Ⓑ	• M1 작동 후(순서 확인) 공급실린더 후진 센서에 신호가 들어오면 M2가 자기유지되어 작동한다. • M11 릴레이가 작동하면 M11 B접점에 의해 끊어진다. • M1 릴레이가 끊어지면 M2 릴레이도 끊어지게 된다.
Ⓒ	• M2 작동 후(순서 확인) 공급실린더 전진 센서에 신호가 들어오면 M3가 자기유지되어 작동한다. • M2 릴레이가 끊어지면 M3 릴레이도 끊어지게 된다.

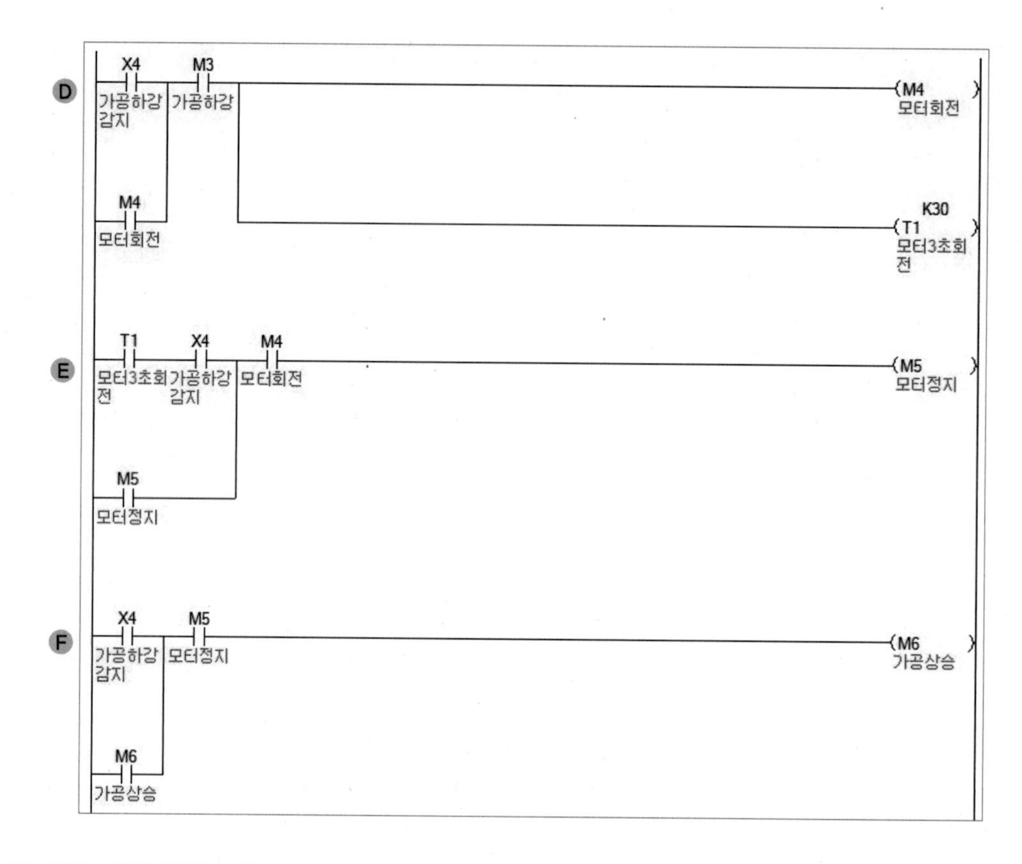

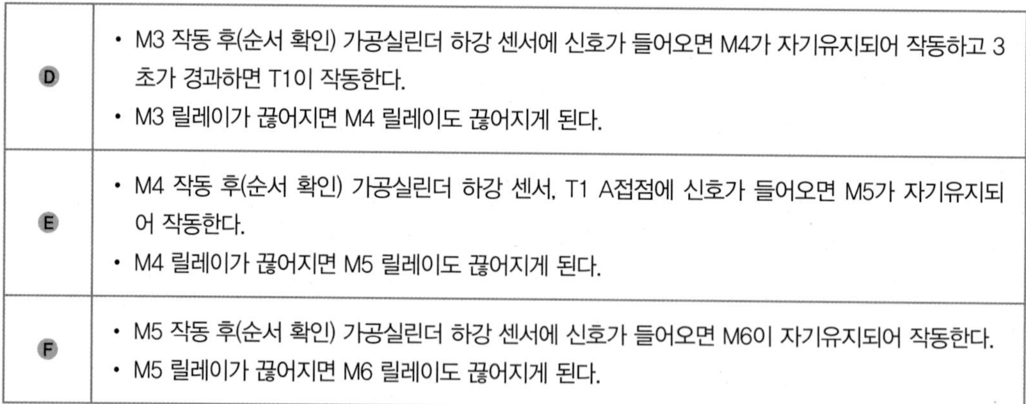

D	• M3 작동 후(순서 확인) 가공실린더 하강 센서에 신호가 들어오면 M4가 자기유지되어 작동하고 3초가 경과하면 T1이 작동한다. • M3 릴레이가 끊어지면 M4 릴레이도 끊어지게 된다.
E	• M4 작동 후(순서 확인) 가공실린더 하강 센서, T1 A접점에 신호가 들어오면 M5가 자기유지되어 작동한다. • M4 릴레이가 끊어지면 M5 릴레이도 끊어지게 된다.
F	• M5 작동 후(순서 확인) 가공실린더 하강 센서에 신호가 들어오면 M6이 자기유지되어 작동한다. • M5 릴레이가 끊어지면 M6 릴레이도 끊어지게 된다.

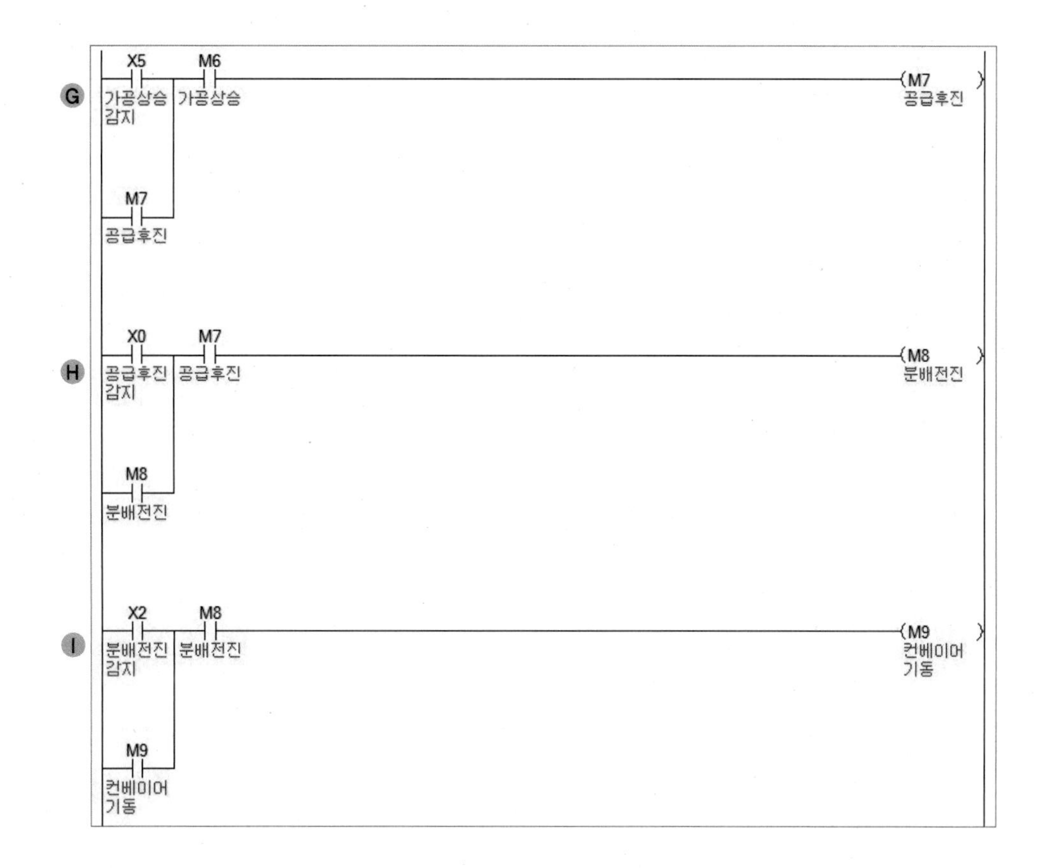

G	• M6 작동 후(순서 확인) 가공실린더 상승 센서에 신호가 들어오면 M7이 자기유지되어 작동한다. • M6 릴레이가 끊어지면 M7 릴레이도 끊어지게 된다.
H	• M7 작동 후(순서 확인) 공급실린더 후진 센서에 신호가 들어오면 M8이 자기유지되어 작동한다. • M7 릴레이가 끊어지면 M8 릴레이도 끊어지게 된다.
I	• M8 작동 후(순서 확인) 분배실린더 전진 센서에 신호가 들어오면 M9가 자기유지되어 작동한다. • M8 릴레이가 끊어지면 M9 릴레이도 끊어지게 된다.

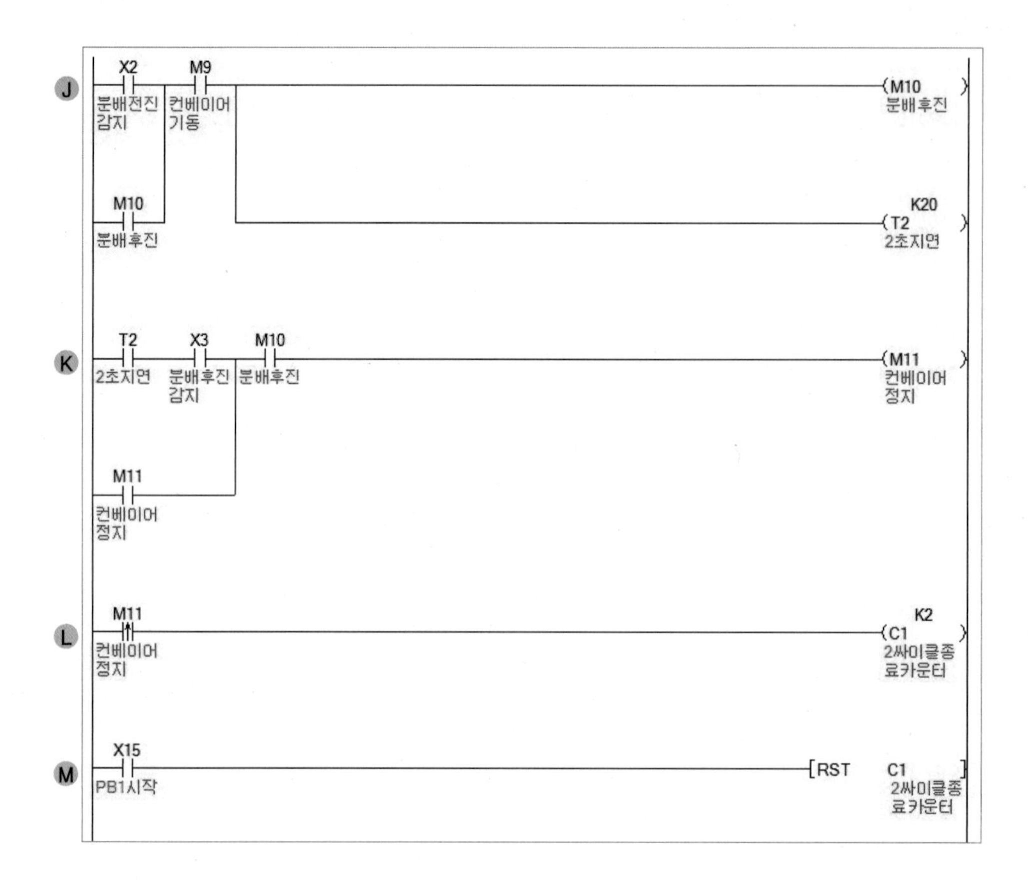

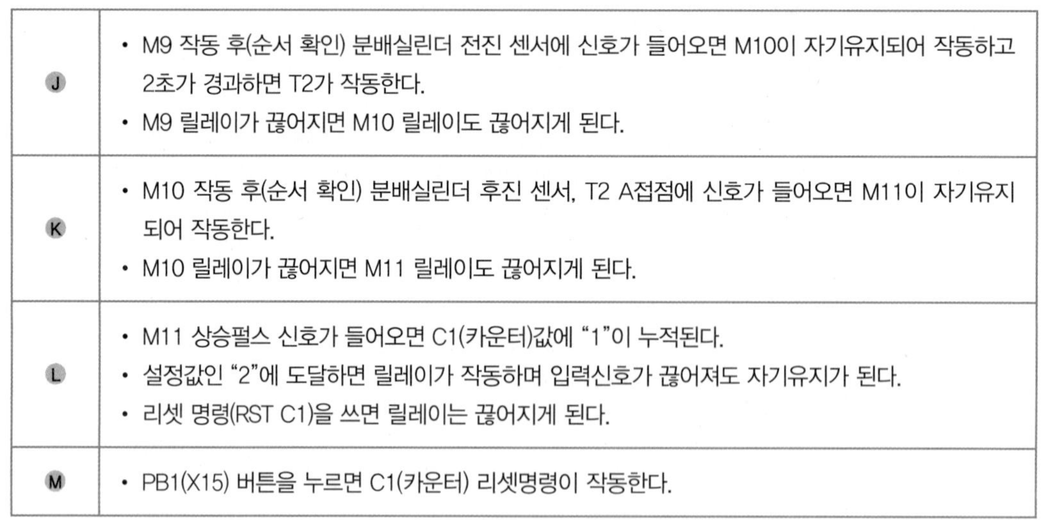

J	• M9 작동 후(순서 확인) 분배실린더 전진 센서에 신호가 들어오면 M10이 자기유지되어 작동하고 2초가 경과하면 T2가 작동한다. • M9 릴레이가 끊어지면 M10 릴레이도 끊어지게 된다.
K	• M10 작동 후(순서 확인) 분배실린더 후진 센서, T2 A접점에 신호가 들어오면 M11이 자기유지되어 작동한다. • M10 릴레이가 끊어지면 M11 릴레이도 끊어지게 된다.
L	• M11 상승펄스 신호가 들어오면 C1(카운터)값에 "1"이 누적된다. • 설정값인 "2"에 도달하면 릴레이가 작동하며 입력신호가 끊어져도 자기유지가 된다. • 리셋 명령(RST C1)을 쓰면 릴레이는 끊어지게 된다.
M	• PB1(X15) 버튼을 누르면 C1(카운터) 리셋명령이 작동한다.

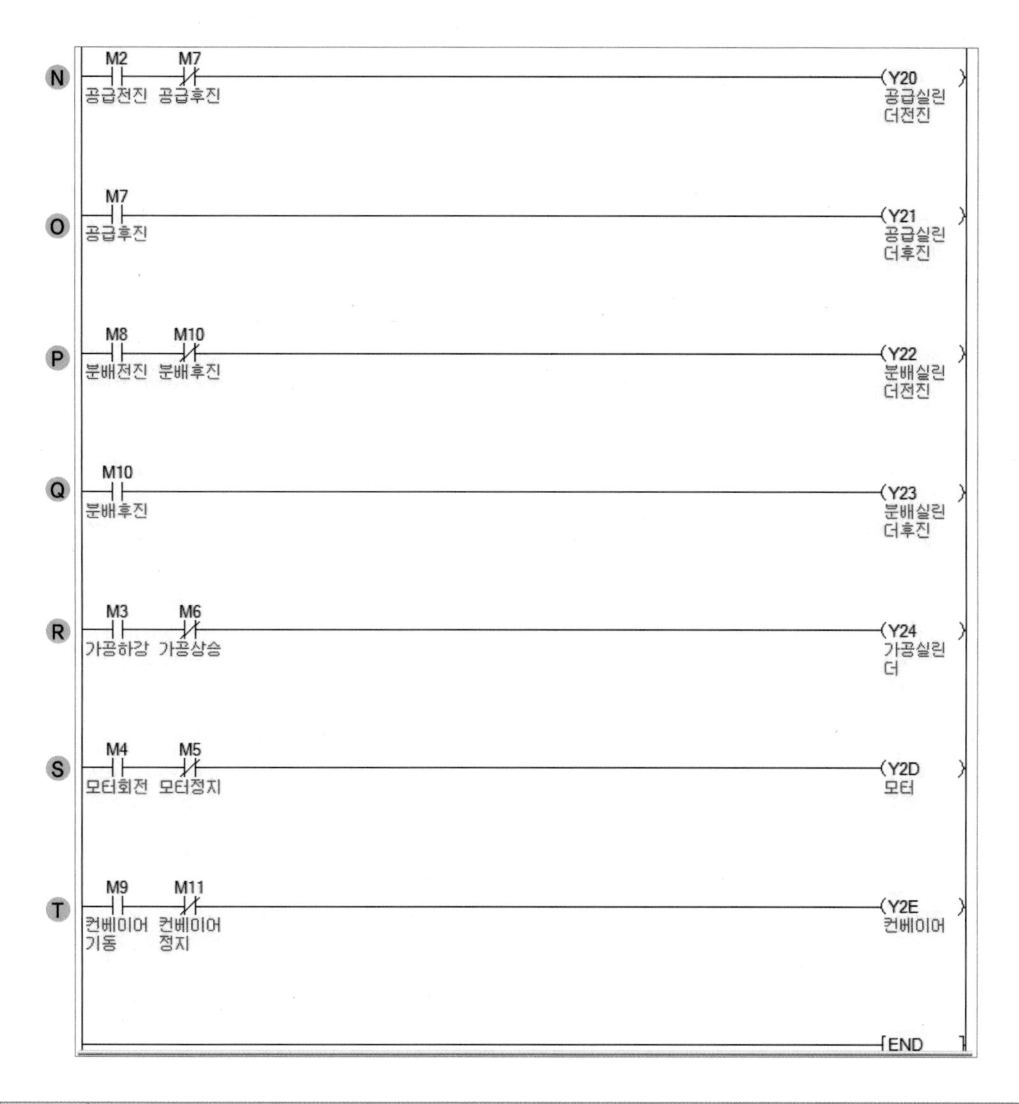

N	• M2 A접점에 의해 공급실린더 전진을 한다. • M7 B접점에 의해 공급실린더 전진이 끊긴다.
O	• M7 A접점에 의해 공급실린더 후진을 한다.
P	• M8 A접점에 의해 분배실린더 전진을 한다. • M10 B접점에 의해 분배실린더 전진이 끊긴다.
Q	• M10 A접점에 의해 분배실린더 후진을 한다.
R	• M3 A접점에 의해 가공실린더 전진을 한다. • M6 B접점에 의해 가공실린더 전진이 끊긴다(후진한다).
S	• M4 A접점에 의해 가공 모터 구동을 한다. • M5 B접점에 의해 가공 모터 구동이 끊긴다.
T	• M9 A접점에 의해 컨베이어 기동을 한다. • M11 B접점에 의해 컨베이어 기동이 끊긴다.

6 정지/비상정지하기 1

예제 정지 버튼을 누르면 즉시 정지하고 3초 후 초기 상태로 되돌아가도록 프로그램을 작성하시오.

※ 초기 상태 : 모든 실린더 후진 상태
공급실린더 전진 → 가공실린더 전진 → 가공실린더 후진 → 공급실린더 후진 → 분배실린더 전진 → 분배실린더 후진 → 컨베이어 정지

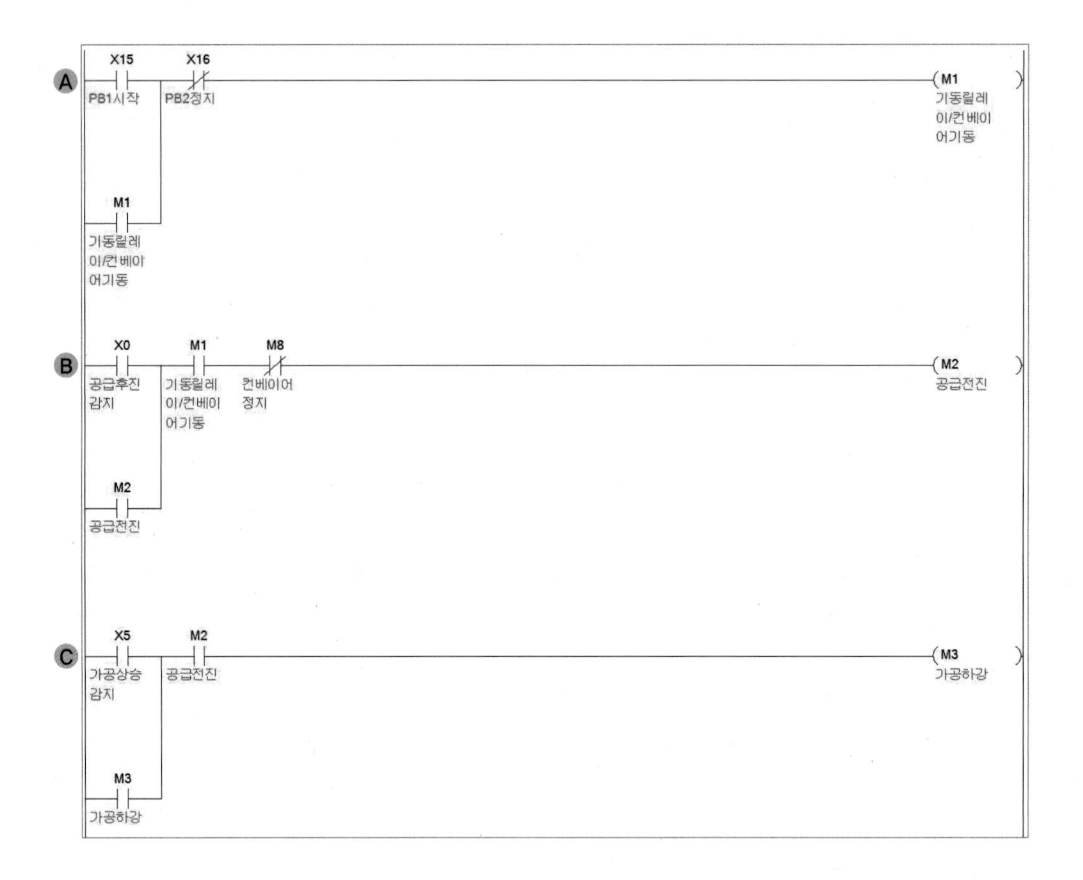

Ⓐ	• X15(PB1)을 누르면 M1이 자기유지가 되며 회로가 기동하게 되며, 컨베이어 벨트가 동작한다. • X16(PB2)을 누르면 자기유지를 끊게 되어 동작이 즉시 정지하게 된다.
Ⓑ	• 자기유지된 M1과 X0(공급실린더 후진 센서)이 감지되면 M2가 자기유지가 되고 자기유지된 M2는 공급실린더에 Y20(공급실린더 전진) 신호를 주어 실린더를 전진시킨다.
Ⓒ	• 자기유지된 M2와 X5(가공실린더 후진 센서)가 감지되면 M3이 자기유지되고 자기유지된 M3은 Y24(가공실린더)를 동작시켜 가공실린더가 하강한다.

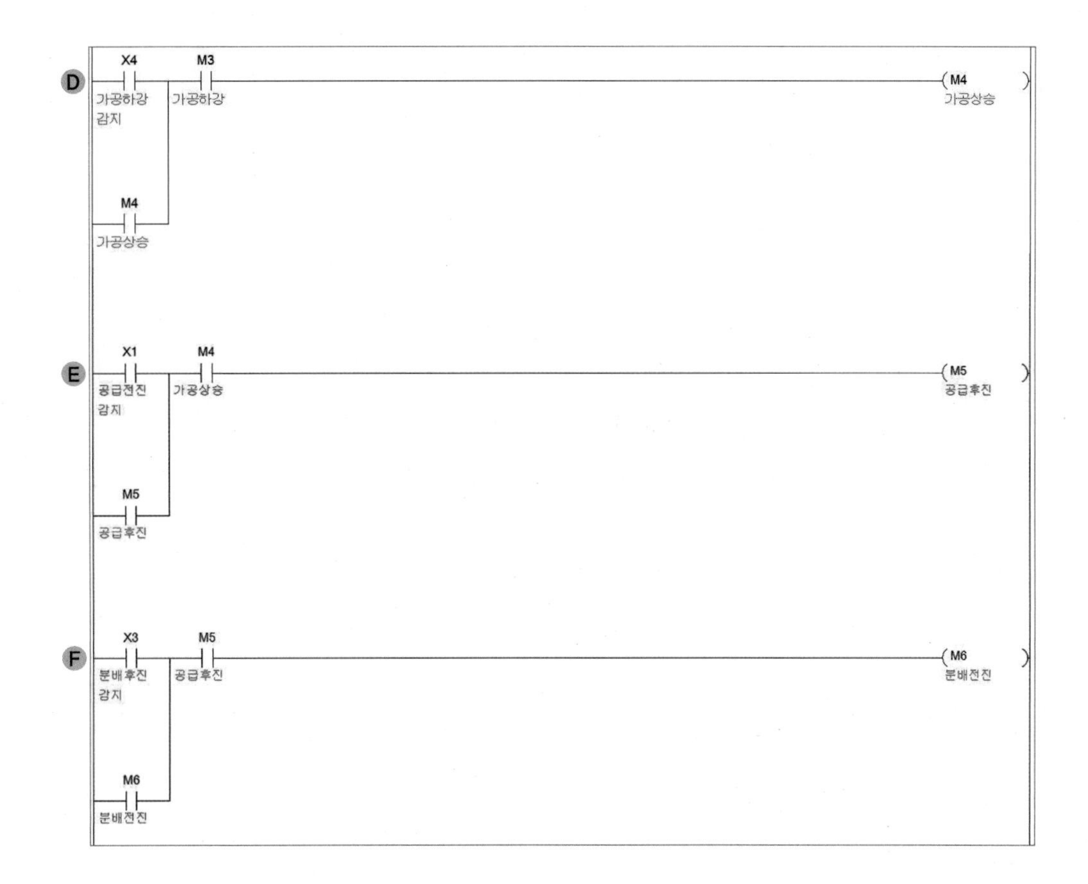

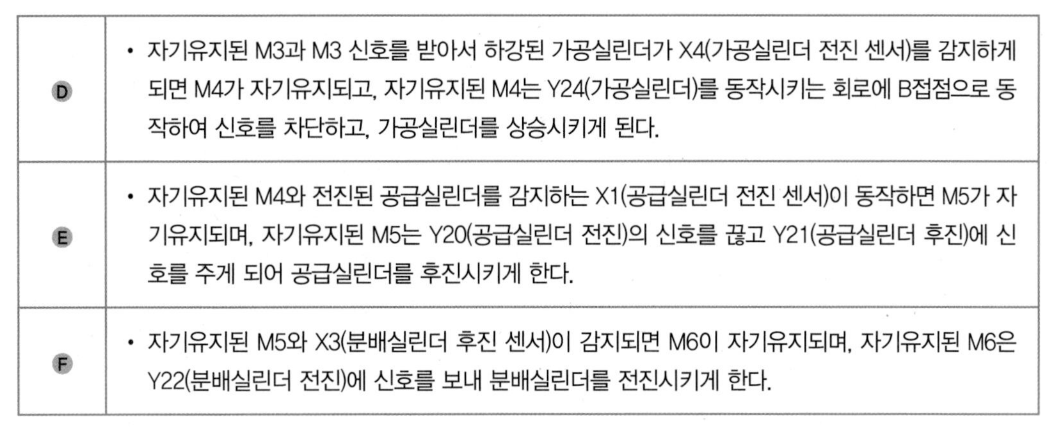

D	• 자기유지된 M3과 M3 신호를 받아서 하강된 가공실린더가 X4(가공실린더 전진 센서)를 감지하게 되면 M4가 자기유지되고, 자기유지된 M4는 Y24(가공실린더)를 동작시키는 회로에 B접점으로 동작하여 신호를 차단하고, 가공실린더를 상승시키게 된다.
E	• 자기유지된 M4와 전진된 공급실린더를 감지하는 X1(공급실린더 전진 센서)이 동작하면 M5가 자기유지되며, 자기유지된 M5는 Y20(공급실린더 전진)의 신호를 끊고 Y21(공급실린더 후진)에 신호를 주게 되어 공급실린더를 후진시키게 한다.
F	• 자기유지된 M5와 X3(분배실린더 후진 센서)이 감지되면 M6이 자기유지되며, 자기유지된 M6은 Y22(분배실린더 전진)에 신호를 보내 분배실린더를 전진시키게 한다.

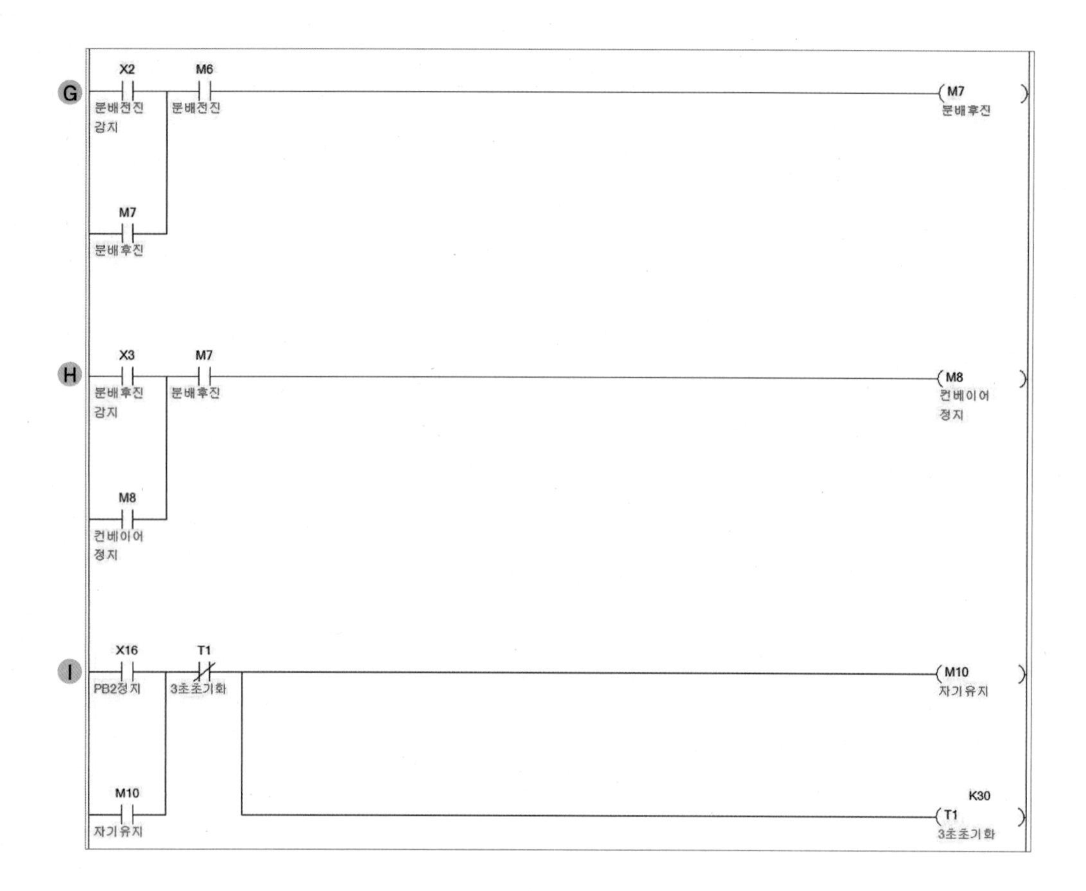

G	• 자기유지된 M6과 전진된 분배실린더를 감지하는 X2(분배실린더 전진 센서)가 동작하면 M7이 자기유지되며, 자기유지된 M7은 Y22(분배실린더 전진)의 신호를 끊고 Y23(분배실린더 후진)에 신호를 보내 분배실린더를 후진시키게 한다.
H	• 자기유지된 M7과 G에서 후진된 분배실린더를 감지한 X3(분배실린더 후진 센서)가 동작하게 되면 M8이 자기유지가 되어 A에서 M1로 동작한 컨베이어벨트의 신호를 끊게 되고 B의 자기유지를 끊어 회로가 처음부터 반복하게 된다.
I	• X16(PB2)을 동작하게 되면 A에서 M1의 자기유지를 끊어주어 회로의 동작이 정지된다. • M10이 자기유지되며 타이머인 T1을 동작시키게 된다. • T1이 3초 후 동작하게 되면 J에 신호를 보내고 M10의 자기유지를 끊어주게 된다.

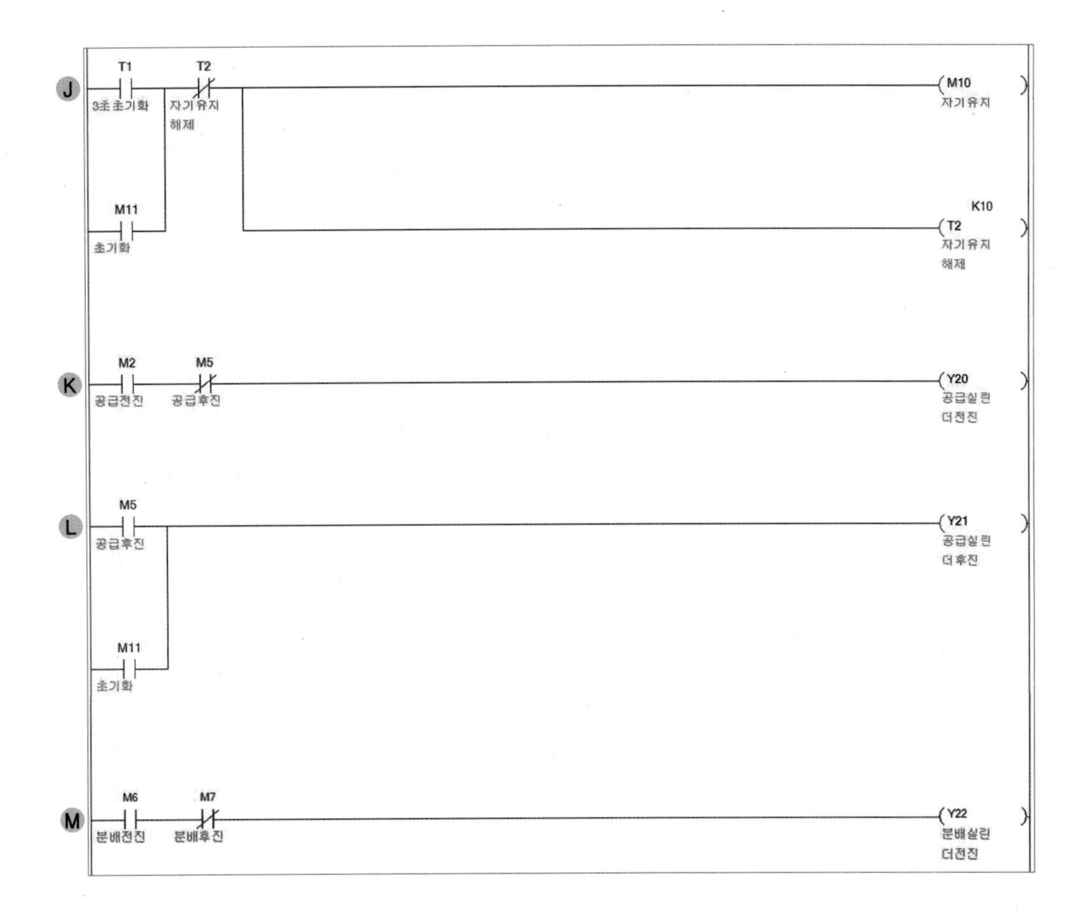

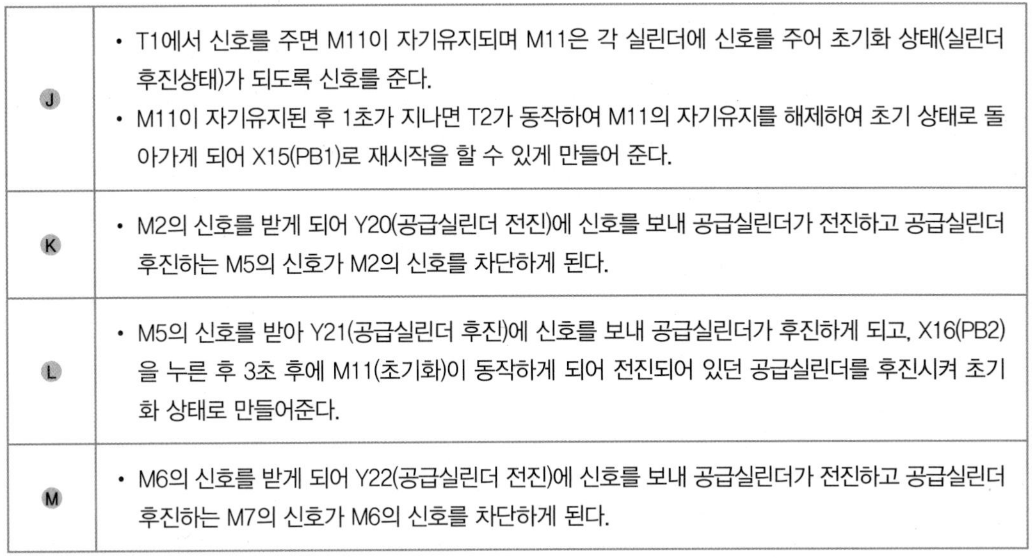

J	• T1에서 신호를 주면 M11이 자기유지되며 M11은 각 실린더에 신호를 주어 초기화 상태(실린더 후진상태)가 되도록 신호를 준다. • M11이 자기유지된 후 1초가 지나면 T2가 동작하여 M11의 자기유지를 해제하여 초기 상태로 돌아가게 되어 X15(PB1)로 재시작을 할 수 있게 만들어 준다.
K	• M2의 신호를 받게 되어 Y20(공급실린더 전진)에 신호를 보내 공급실린더가 전진하고 공급실린더 후진하는 M5의 신호가 M2의 신호를 차단하게 된다.
L	• M5의 신호를 받아 Y21(공급실린더 후진)에 신호를 보내 공급실린더가 후진하게 되고, X16(PB2)을 누른 후 3초 후에 M11(초기화)이 동작하게 되어 전진되어 있던 공급실린더를 후진시켜 초기화 상태로 만들어준다.
M	• M6의 신호를 받게 되어 Y22(공급실린더 전진)에 신호를 보내 공급실린더가 전진하고 공급실린더 후진하는 M7의 신호가 M6의 신호를 차단하게 된다.

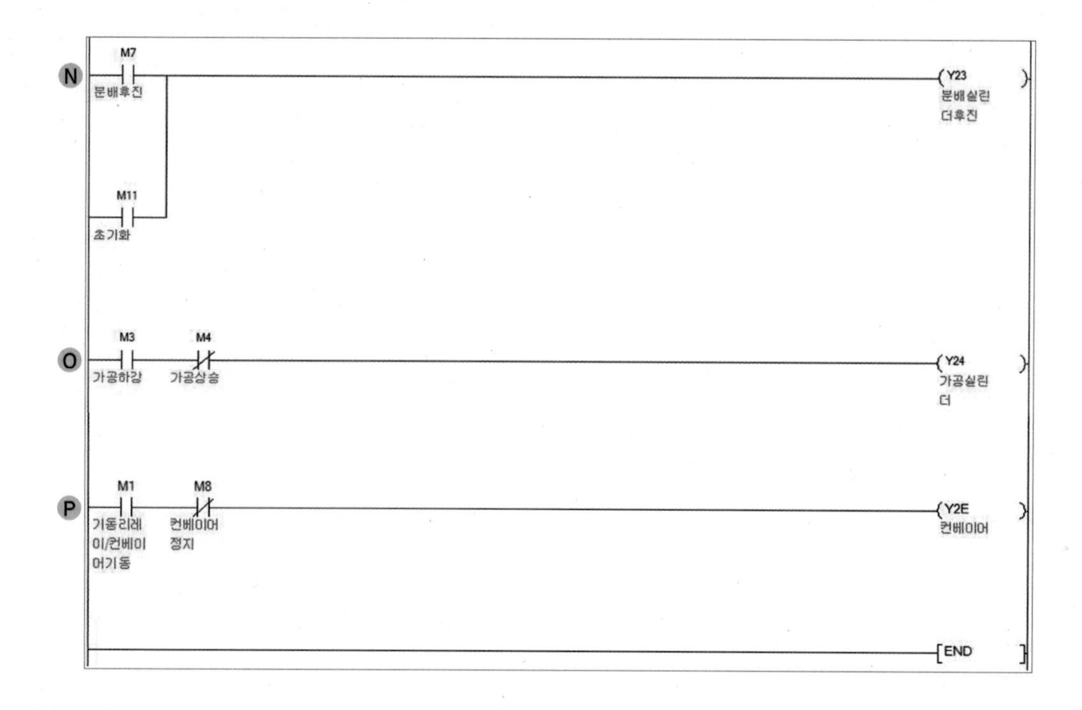

N	• M7의 신호를 받아 Y23(공급실린더 후진)에 신호를 보내 공급실린더가 후진하게 되고, X16(PB2)을 누르고 3초 후에 M11(초기화)이 동작하게 되어 전진되어 있던 공급실린더를 후진시켜 초기화 상태로 만들어준다.
O	• M3의 신호를 받으면 Y24(가공실린더)가 동작하여 가공실린더가 하강하게 되고 M4 신호를 받으면 Y24에 들어가는 신호가 끊어져서 단동 솔레노이드인 가공실린더가 상승하게 된다.
P	• X15(PB1)를 눌러 동작하는 M1로 컨베이어벨트를 작동시키며 분배실린더가 후진되어 초기 위치로 돌아오게 되는 M8의 신호로 컨베이어 벨트를 정지시킨다.

7 정지/비상정지하기 2

예제 정지버튼을 누르면 1사이클 동작 후 정지하여 초기 상태로 되돌아가도록 프로그램을 작성하시오.

※ 초기 상태 : 모든 실린더 후진 상태
공급실린더 전진 → 가공실린더 전진 → 가공실린더 후진 → 공급실린더 후진 → 분배실린더 전진 → 분배실린더 후진 → 컨베이어 정지

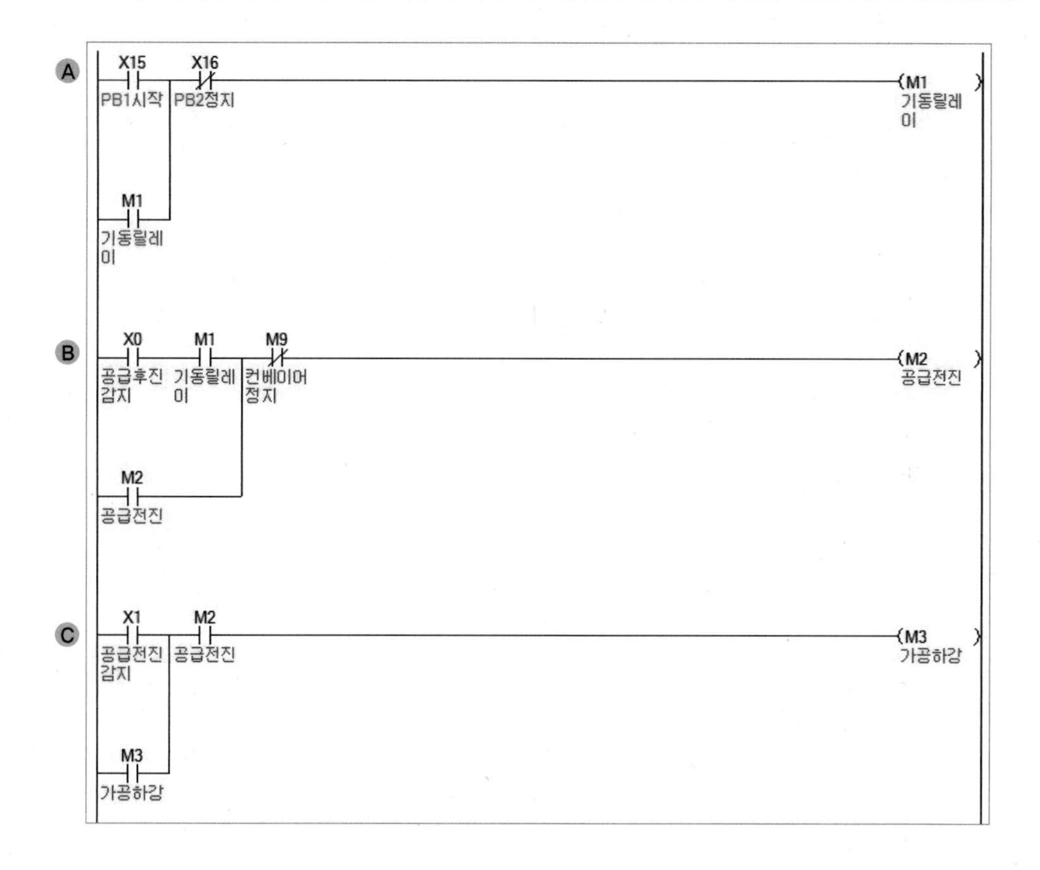

A	• PB1(X15) 버튼을 누르면 M1 릴레이가 자기유지되어 작동한다. • PB2(X16) 버튼에 의해 끊어진다.
B	• M1 작동 후(순서 확인) 공급실린더 후진 센서에 신호가 들어오면 M2가 자기유지되어 작동한다. • M9 릴레이가 작동하면 M9 B접점에 의해 끊어진다.
C	• M2 작동 후(순서 확인) 공급실린더 전진 센서에 신호가 들어오면 M3이 자기유지되어 작동한다. • M2 릴레이가 끊어지면 M3 릴레이도 끊어지게 된다.

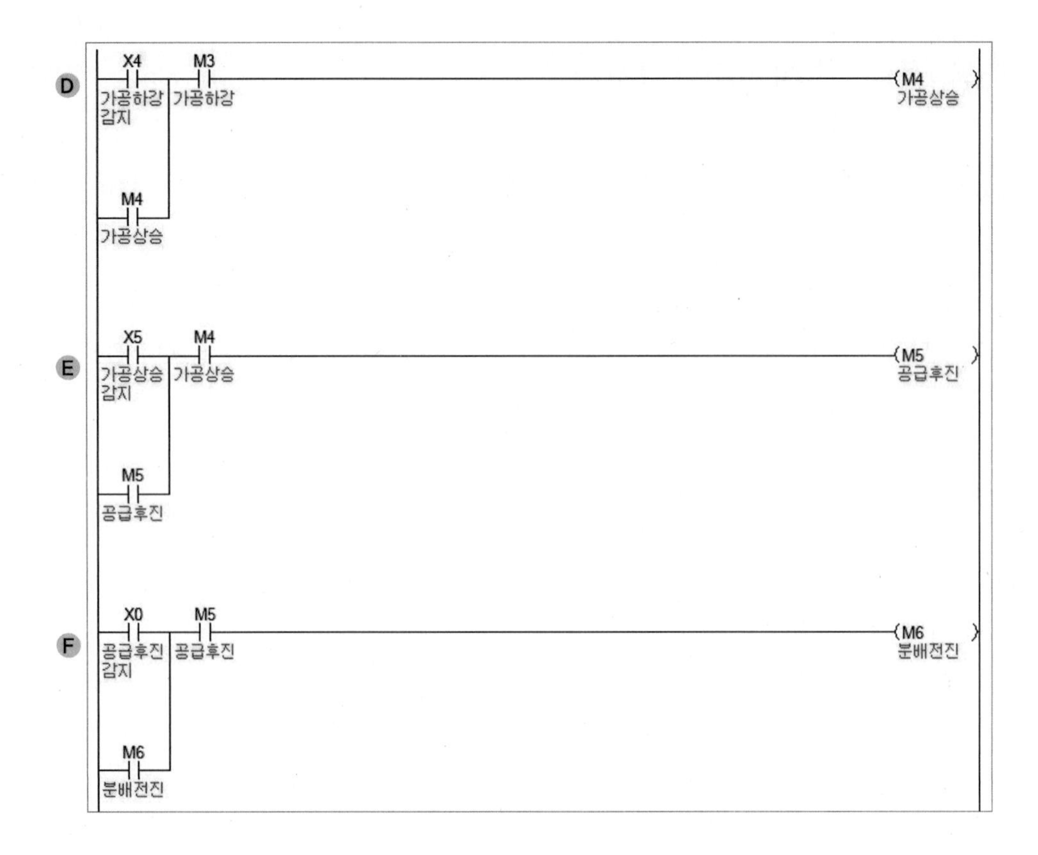

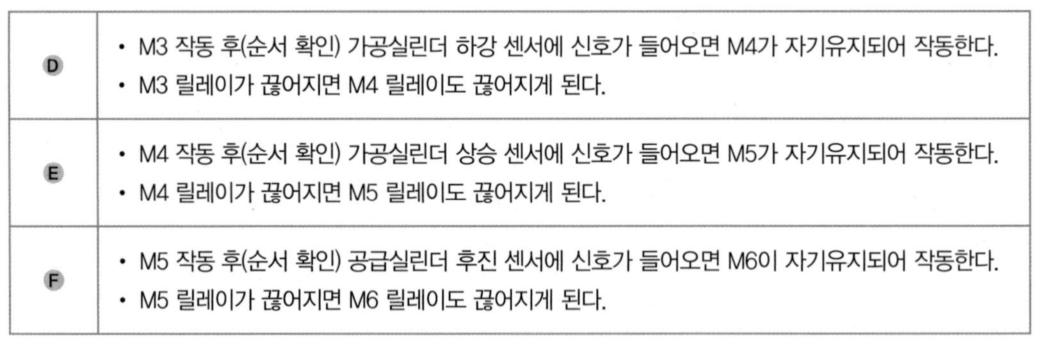

D	• M3 작동 후(순서 확인) 가공실린더 하강 센서에 신호가 들어오면 M4가 자기유지되어 작동한다. • M3 릴레이가 끊어지면 M4 릴레이도 끊어지게 된다.
E	• M4 작동 후(순서 확인) 가공실린더 상승 센서에 신호가 들어오면 M5가 자기유지되어 작동한다. • M4 릴레이가 끊어지면 M5 릴레이도 끊어지게 된다.
F	• M5 작동 후(순서 확인) 공급실린더 후진 센서에 신호가 들어오면 M6이 자기유지되어 작동한다. • M5 릴레이가 끊어지면 M6 릴레이도 끊어지게 된다.

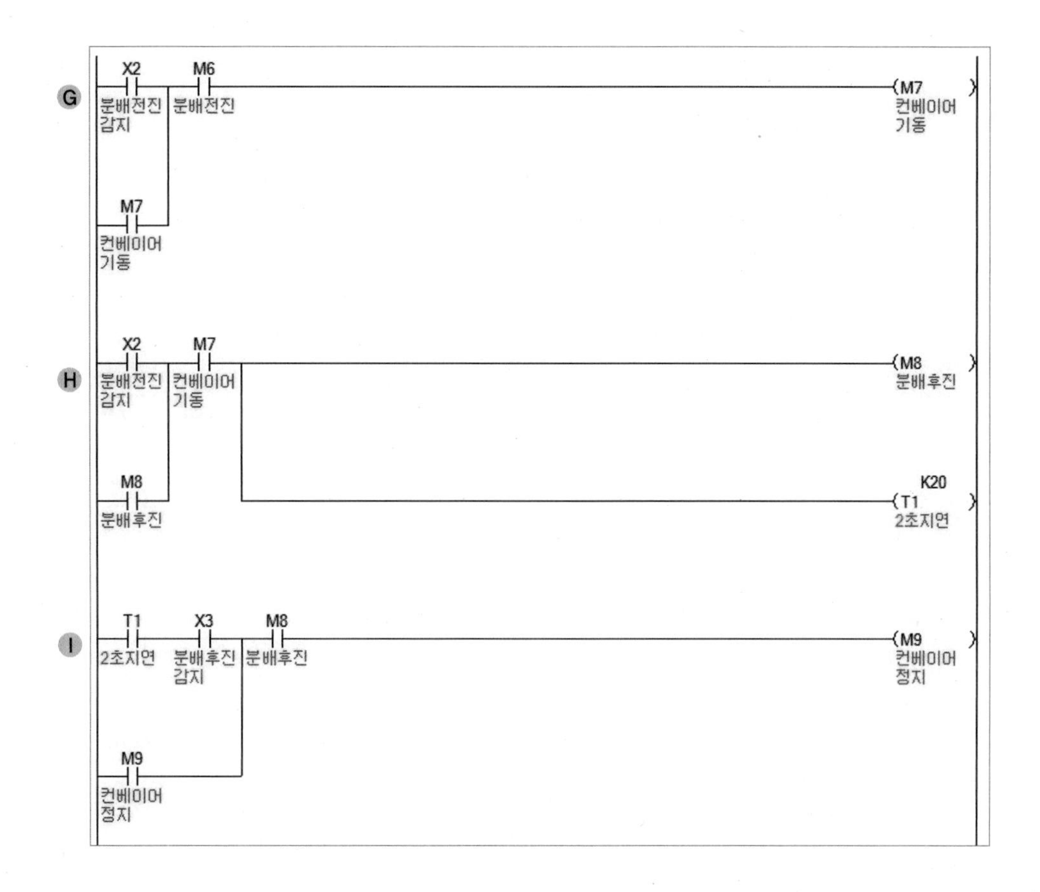

G	• M6 작동 후(순서 확인) 분배실린더 전진 센서에 신호가 들어오면 M7이 자기유지되어 작동한다. • M6 릴레이가 끊어지면 M7 릴레이도 끊어지게 된다.
H	• M7 작동 후(순서 확인) 분배실린더 전진 센서에 신호가 들어오면 M8이 자기유지되어 작동하고 2초가 경과하면 T1이 작동한다. • M7 릴레이가 끊어지면 M8 릴레이도 끊어지게 된다.
I	• M8 작동 후(순서 확인) 분배실린더 후진 센서, T1 A접점에 신호가 들어오면 M9가 자기유지되어 작동한다. • M8 릴레이가 끊어지면 M9 릴레이도 끊어지게 된다.

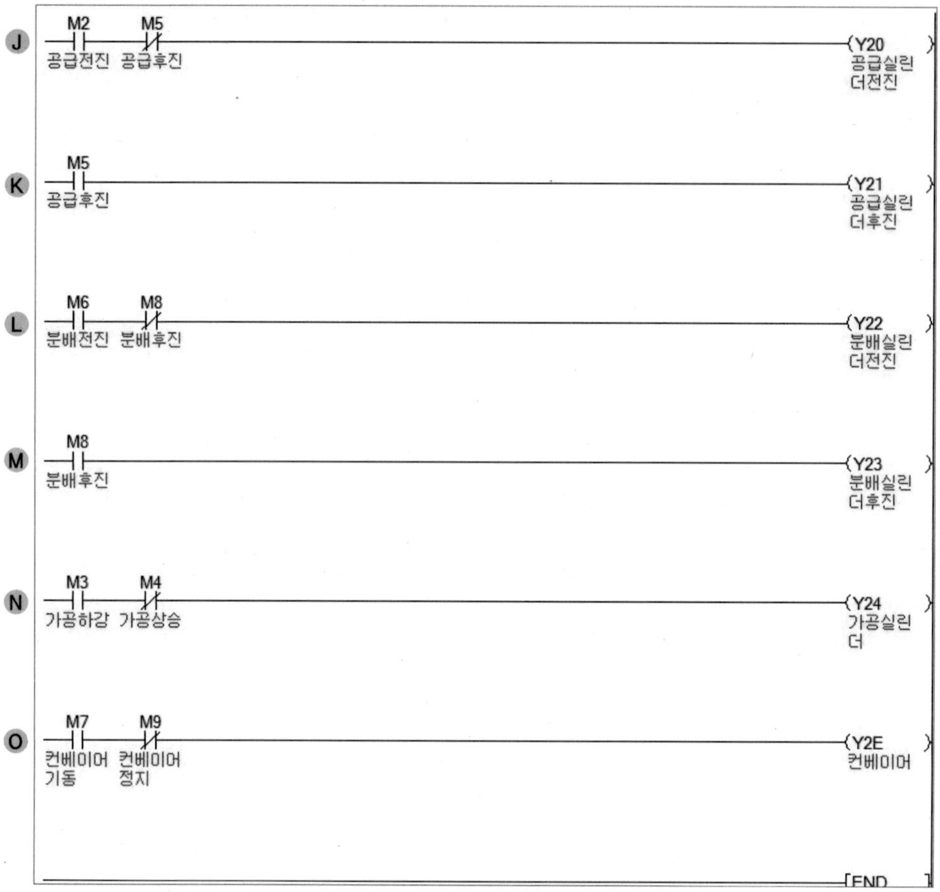

```
J  M2(공급전진) ─┤ ├─ M5(공급후진) ─┤/├─────────────( Y20 공급실린더전진 )
K  M5(공급후진) ─┤ ├─────────────────────────────────( Y21 공급실린더후진 )
L  M6(분배전진) ─┤ ├─ M8(분배후진) ─┤/├─────────────( Y22 분배실린더전진 )
M  M8(분배후진) ─┤ ├─────────────────────────────────( Y23 분배실린더후진 )
N  M3(가공하강) ─┤ ├─ M4(가공상승) ─┤/├─────────────( Y24 가공실린더 )
O  M7(컨베이어 기동) ─┤ ├─ M9(컨베이어 정지) ─┤/├───( Y2E 컨베이어 )
   ──────────────────────────────────────────────────[ END ]
```

J	• M2 A접점에 의해 공급실린더 전진을 한다. • M5 B접점에 의해 공급실린더 전진이 끊긴다.
K	• M5 A접점에 의해 공급실린더 후진을 한다.
L	• M6 A접점에 의해 분배실린더 전진을 한다. • M8 B접점에 의해 분배실린더 전진이 끊긴다.
M	• M8 A접점에 의해 분배실린더 후진을 한다.
N	• M3 A접점에 의해 가공실린더가 전진(하강) 한다. • M4 B접점에 의해 가공실린더 전진이 끊겨 후진(상승) 한다.
O	• M7 A접점에 의해 컨베이어 기동을 한다. • M9 B접점에 의해 컨베이어 기동이 끊긴다.

8 정지/비상정지하기 3

예제 비상정지 버튼을 누르면 즉시 정지하고 다시 시작 버튼을 누르면 계속 진행되도록 프로그램을 작성하시오.

※ 초기 상태 : 모든 실린더 후진 상태
공급실린더 전진→가공실린더 전진→가공실린더 후진→ 공급실린더 후진→ 분배실린더 전진 → 분배실린더 후진 → 컨베이어 정지

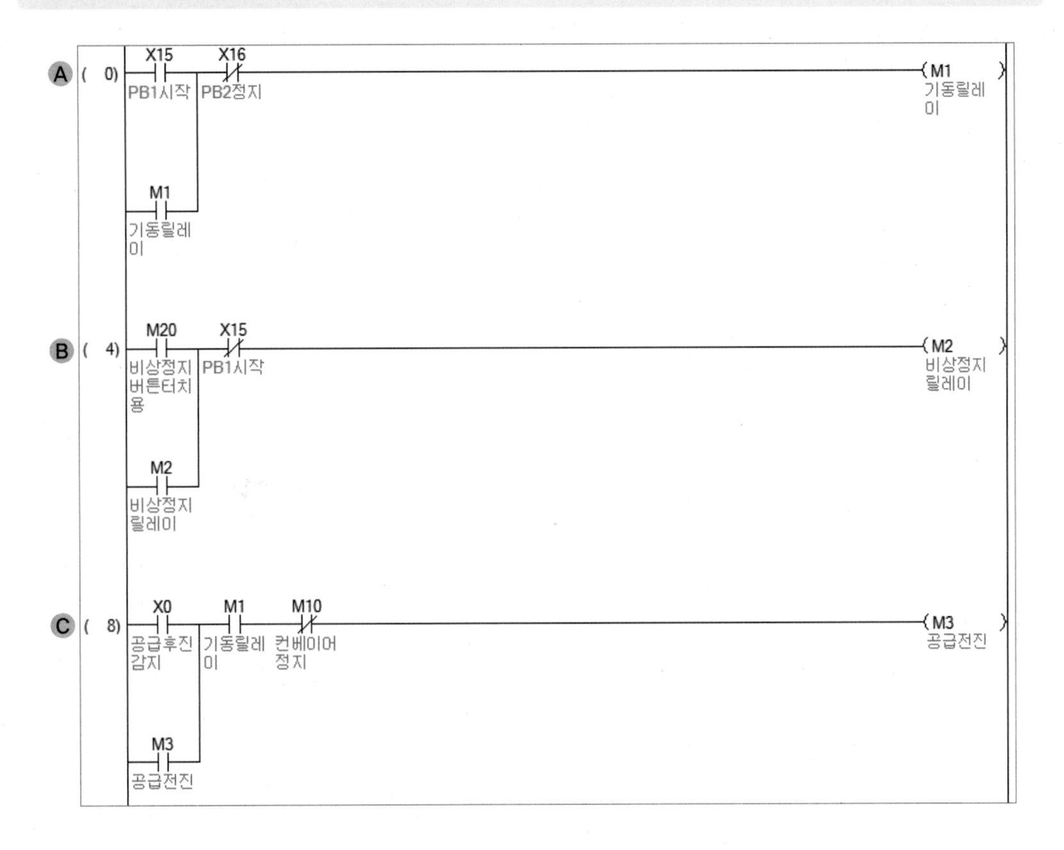

A	• X15(PB1)로 동작을 시작하고 X16(PB2)으로 M1 자기유지를 정지시켜 동작을 정지한다.
B	• M20(터치스크린으로 작화)으로 비상정지를 동작하고 X15(PB1)로 M2 자기유지를 정지시켜 비상정지를 해제하여 멈춘 동작부터 재시작하게 된다.
C	• M1 신호가 들어오고 공급실린더 후진 센서(X0)가 감지되면 M2가 자기유지되며 공급실린더를 전진(Y20)하는 신호를 보낸다.

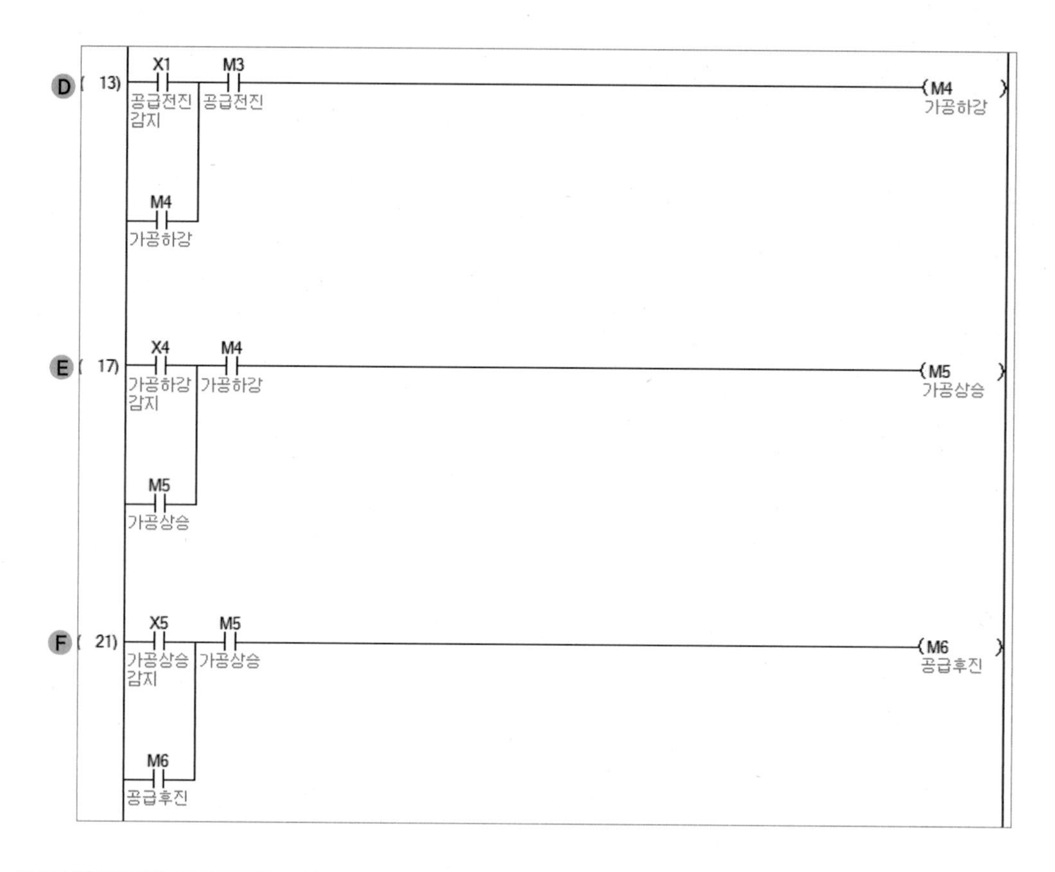

D	• X1(공급실린더 전진 센서)이 감지되고 M3 신호가 들어오면 M4가 자기유지되고 M3으로 가공실린더(Y24)를 하강시키는 신호를 보낸다.
E	• X4(가공실린더 하강 센서)가 감지되고 M4 신호가 들어오면 M5가 자기유지되고 M5로 가공실린더(Y24)에 들어가는 신호를 차단하여 단동 솔레노이드인 가공실린더는 상승하게 된다.
F	• X5(가공실린더 상승 센서)가 감지되고 M5 신호가 들어오면 M6이 자기유지되고 M6으로 Y20(가공실린더 전진)에 들어가는 신호를 차단하여 Y21(가공실린더 후진)에 신호를 공급하여 가공실린더가 후진하는 신호를 보낸다.

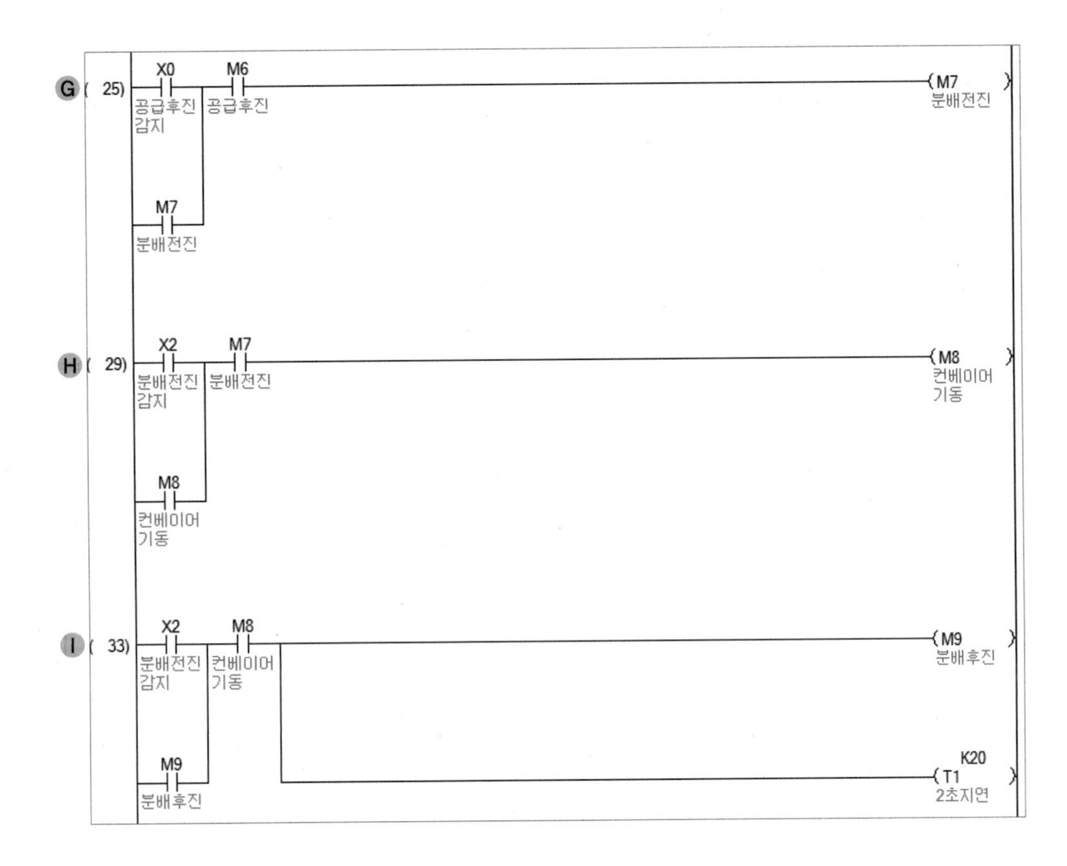

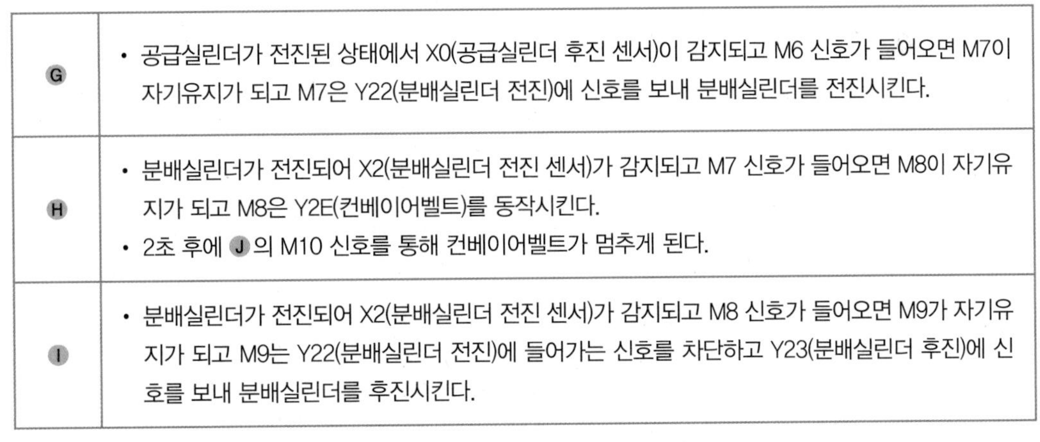

G	• 공급실린더가 전진된 상태에서 X0(공급실린더 후진 센서)이 감지되고 M6 신호가 들어오면 M7이 자기유지가 되고 M7은 Y22(분배실린더 전진)에 신호를 보내 분배실린더를 전진시킨다.
H	• 분배실린더가 전진되어 X2(분배실린더 전진 센서)가 감지되고 M7 신호가 들어오면 M8이 자기유지가 되고 M8은 Y2E(컨베이어벨트)를 동작시킨다. • 2초 후에 J의 M10 신호를 통해 컨베이어벨트가 멈추게 된다.
I	• 분배실린더가 전진되어 X2(분배실린더 전진 센서)가 감지되고 M8 신호가 들어오면 M9가 자기유지가 되고 M9는 Y22(분배실린더 전진)에 들어가는 신호를 차단하고 Y23(분배실린더 후진)에 신호를 보내 분배실린더를 후진시킨다.

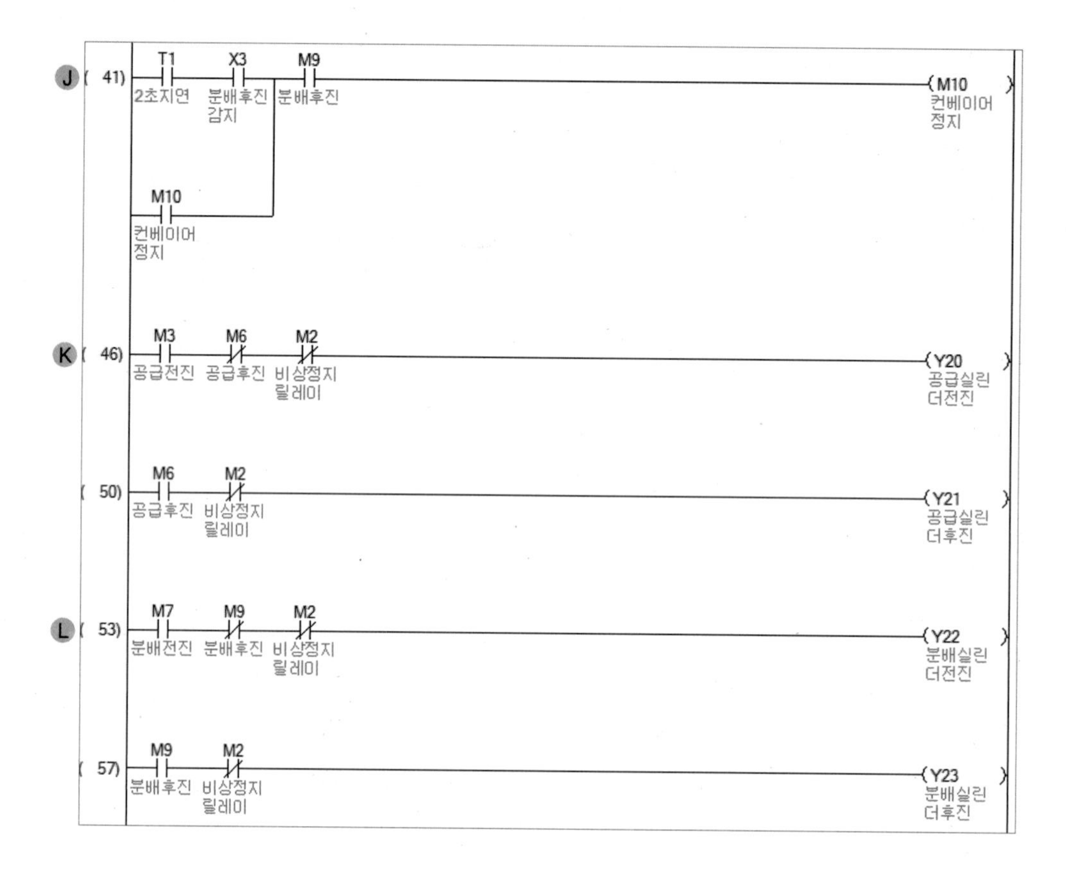

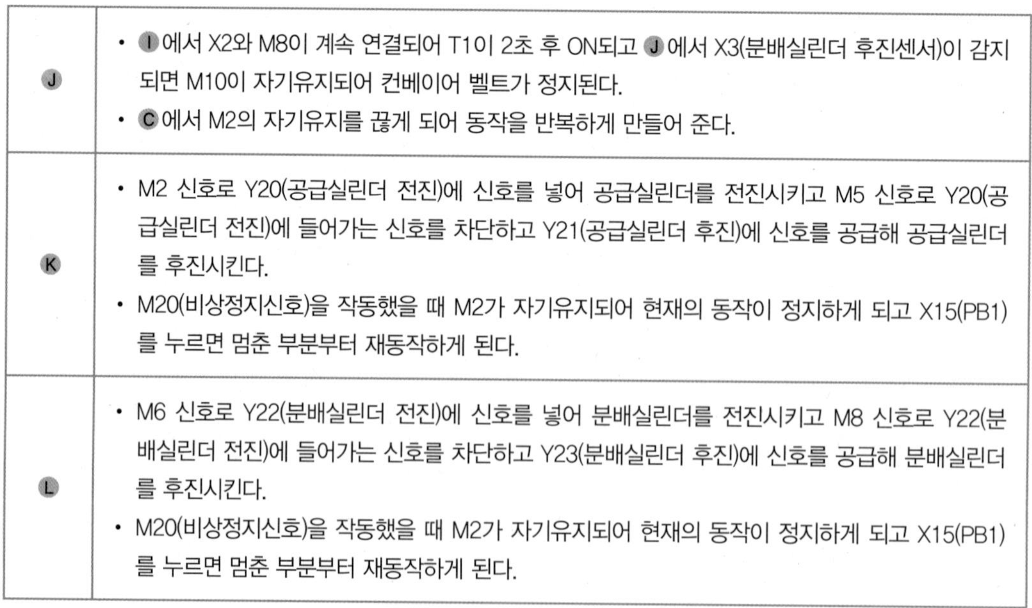

J	• I에서 X2와 M8이 계속 연결되어 T1이 2초 후 ON되고 J에서 X3(분배실린더 후진센서)이 감지되면 M10이 자기유지되어 컨베이어 벨트가 정지된다. • C에서 M2의 자기유지를 끊게 되어 동작을 반복하게 만들어 준다.
K	• M2 신호로 Y20(공급실린더 전진)에 신호를 넣어 공급실린더를 전진시키고 M5 신호로 Y20(공급실린더 전진)에 들어가는 신호를 차단하고 Y21(공급실린더 후진)에 신호를 공급해 공급실린더를 후진시킨다. • M20(비상정지신호)을 작동했을 때 M2가 자기유지되어 현재의 동작이 정지하게 되고 X15(PB1)를 누르면 멈춘 부분부터 재동작하게 된다.
L	• M6 신호로 Y22(분배실린더 전진)에 신호를 넣어 분배실린더를 전진시키고 M8 신호로 Y22(분배실린더 전진)에 들어가는 신호를 차단하고 Y23(분배실린더 후진)에 신호를 공급해 분배실린더를 후진시킨다. • M20(비상정지신호)을 작동했을 때 M2가 자기유지되어 현재의 동작이 정지하게 되고 X15(PB1)를 누르면 멈춘 부분부터 재동작하게 된다.

M	• M3 신호로 Y24(가공실린더)를 동작하여 가공실린더를 하강하고 M4 신호로 Y24에 들어가는 신호를 차단하여 단동솔레노이드인 가공실린더가 자동으로 상승하도록 한다. • M20(비상정지신호)을 작동했을 때 M2가 자기유지되어 현재의 동작이 정지하게 되고 X15(PB1)를 누르면 멈춘 부분부터 재동작하게 된다.
N	• 분배실린더가 전진한 뒤 M7이 컨베이어 벨트를 작동시킨다. 그리고 2초 뒤 M9가 컨베이어벨트의 신호를 차단하여 컨베이어벨트가 정지하게 된다. • M20(비상정지신호)을 작동했을 때 M2가 자기유지되어 현재의 동작이 정지하게 되고 X15(PB1)를 누르면 멈춘 부분부터 재동작하게 된다.

9 다른 공작물 판별하기

예제 **계속 투입되는 공작물의 재질과 다른 공작물이 들어올 때 스토퍼실린더를 작동하도록 프로그램을 작성하시오.**

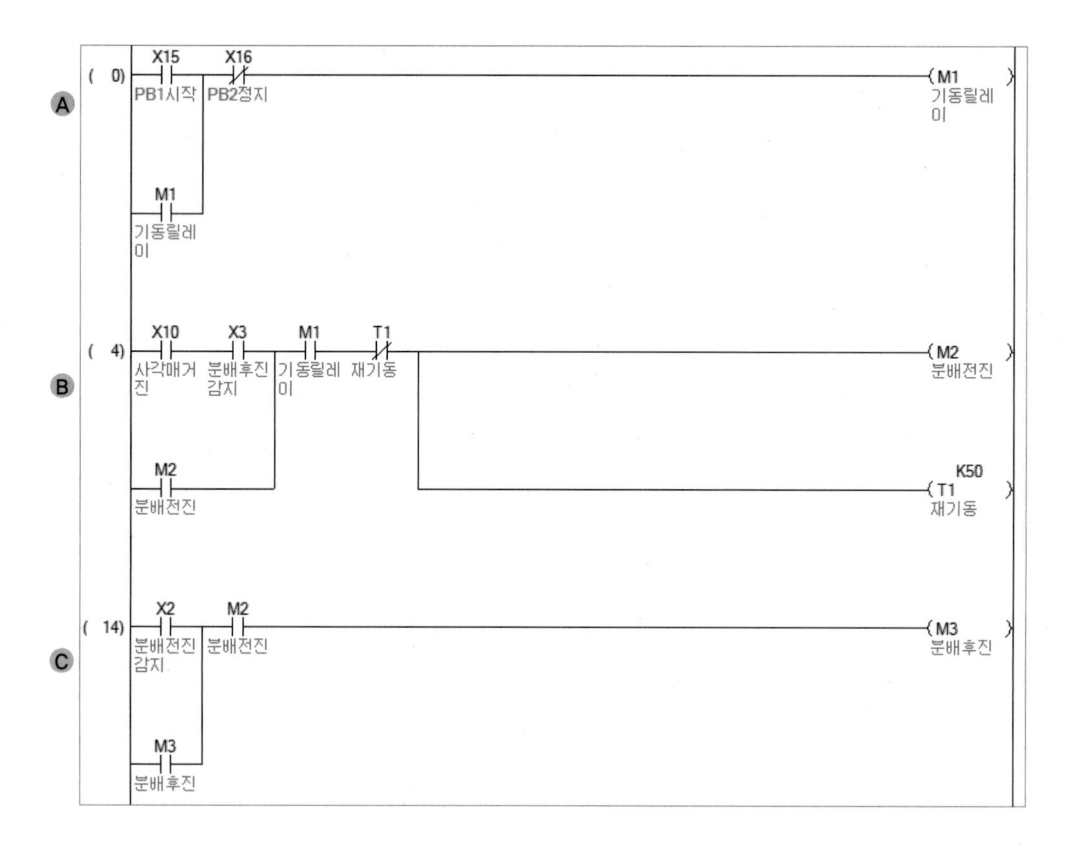

A	• X15(PB1)로 동작을 시작하고 X16(PB2)로 M1 자기유지를 정지시켜 동작을 정지한다.
B	• 매거진에 물체가 들어있고(X10) X3(분배실린더 후진 센서)이 감지되며 M1 신호가 들어올 때 M2가 자기유지가 되고 Y22(분배실린더 전진)를 동작하는 신호를 보낸다. • M2가 동작하고 5초 후 T1이 동작하여 M2 자기유지를 끊고, 매거진에 물체가 있고 X3이 다시 감지되면 재동작하게 된다.
C	• X2(분배실린더 전진 센서)가 감지되고 M2 신호가 들어오면 M3이 자기유지가 되며 M3은 Y22(분배실린더 전진)의 신호를 차단하고 Y23(분배실린더 후진)에 신호를 보내 실린더를 후진시킨다.

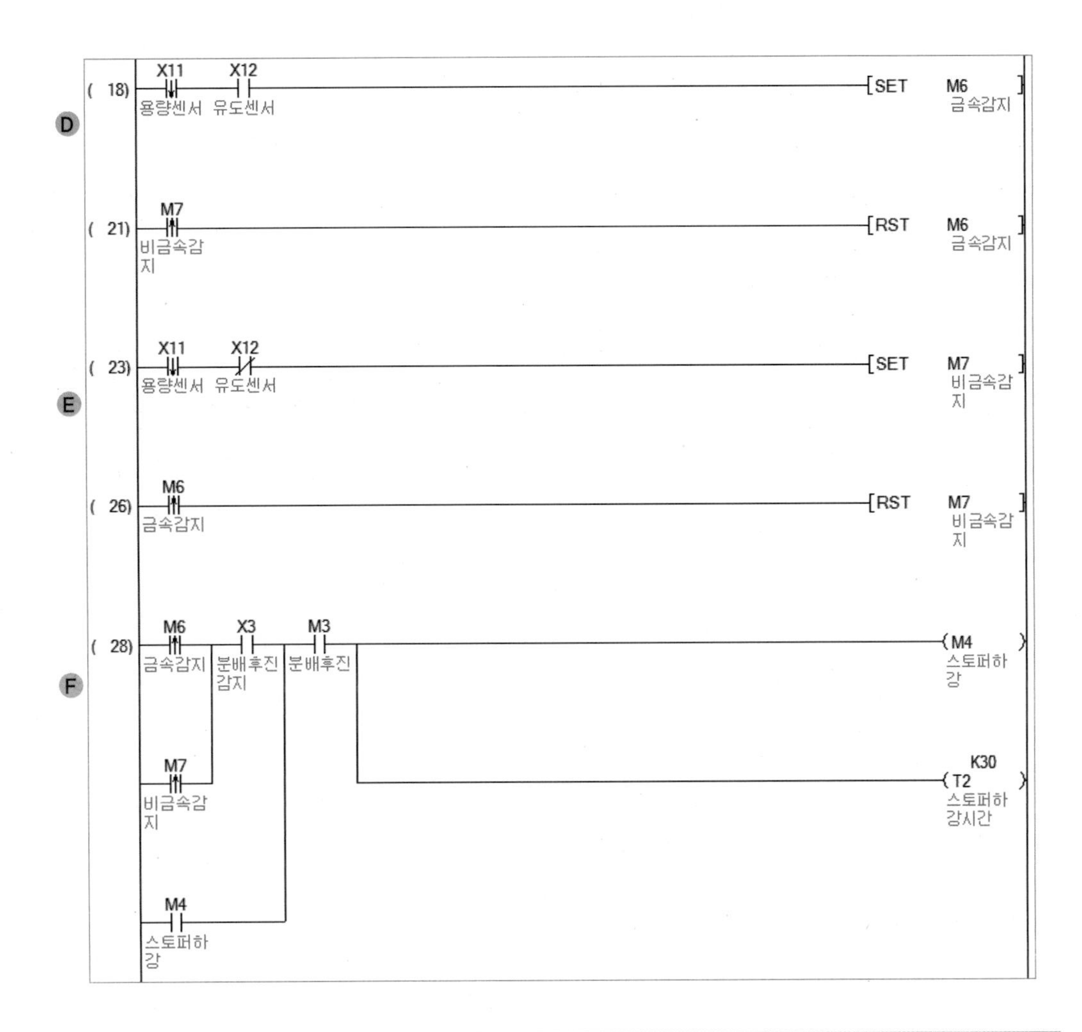

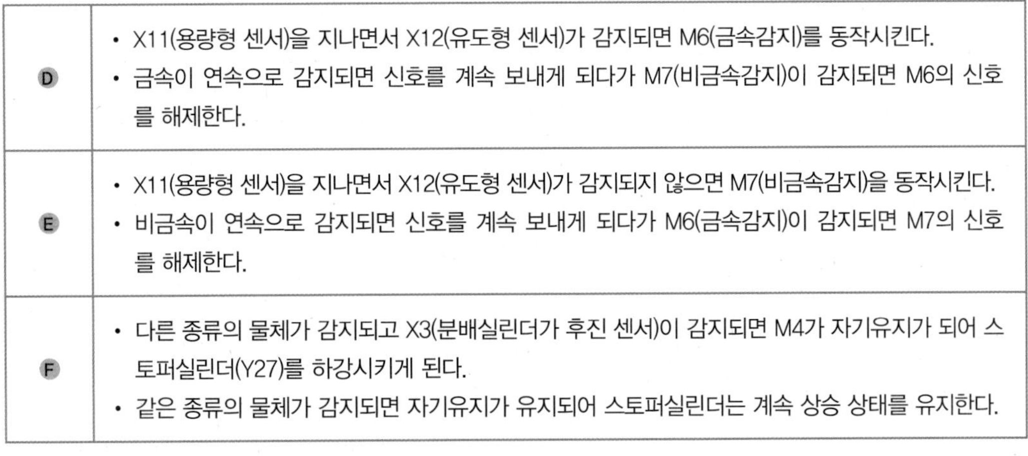

D	• X11(용량형 센서)을 지나면서 X12(유도형 센서)가 감지되면 M6(금속감지)를 동작시킨다. • 금속이 연속으로 감지되면 신호를 계속 보내게 되다가 M7(비금속감지)이 감지되면 M6의 신호를 해제한다.
E	• X11(용량형 센서)을 지나면서 X12(유도형 센서)가 감지되지 않으면 M7(비금속감지)을 동작시킨다. • 비금속이 연속으로 감지되면 신호를 계속 보내게 되다가 M6(금속감지)이 감지되면 M7의 신호를 해제한다.
F	• 다른 종류의 물체가 감지되고 X3(분배실린더가 후진 센서)이 감지되면 M4가 자기유지가 되어 스토퍼실린더(Y27)를 하강시키게 된다. • 같은 종류의 물체가 감지되면 자기유지가 유지되어 스토퍼실린더는 계속 상승 상태를 유지한다.

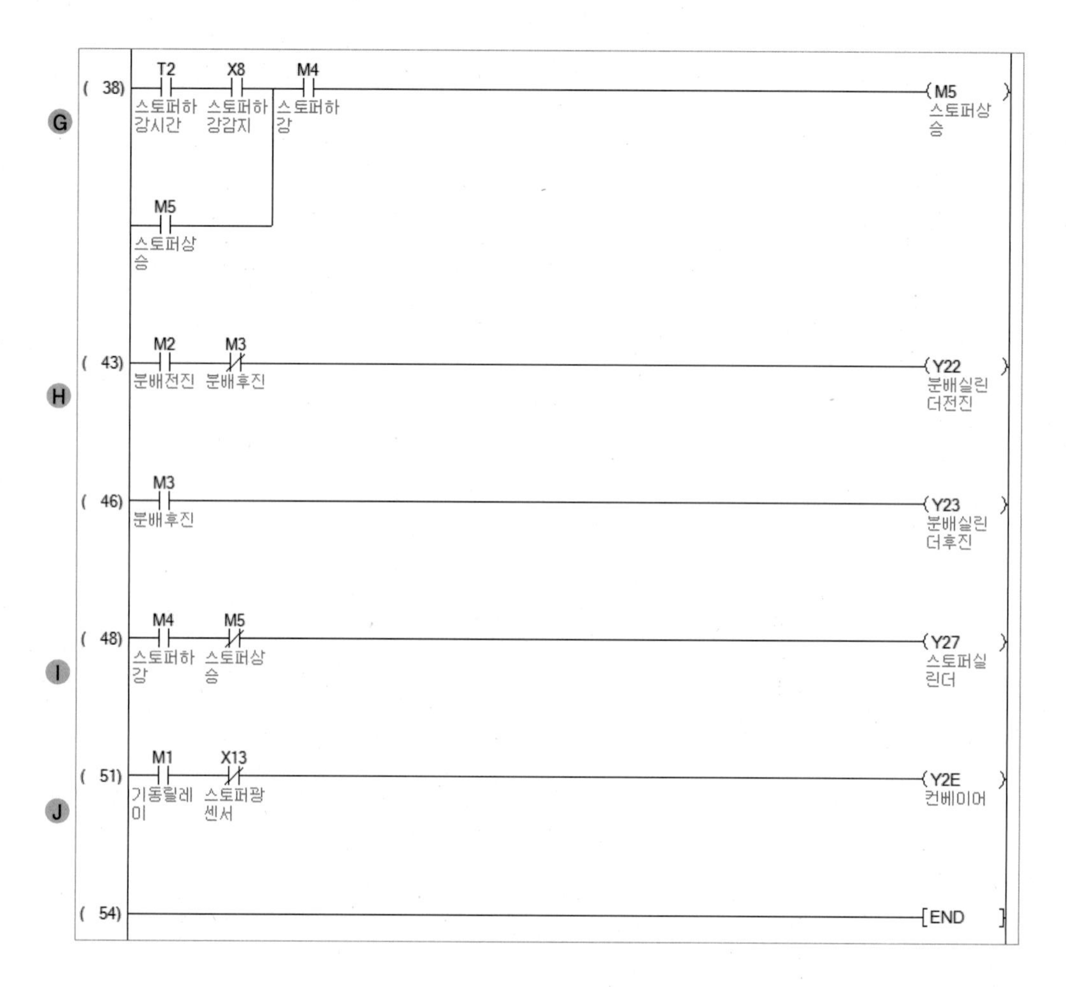

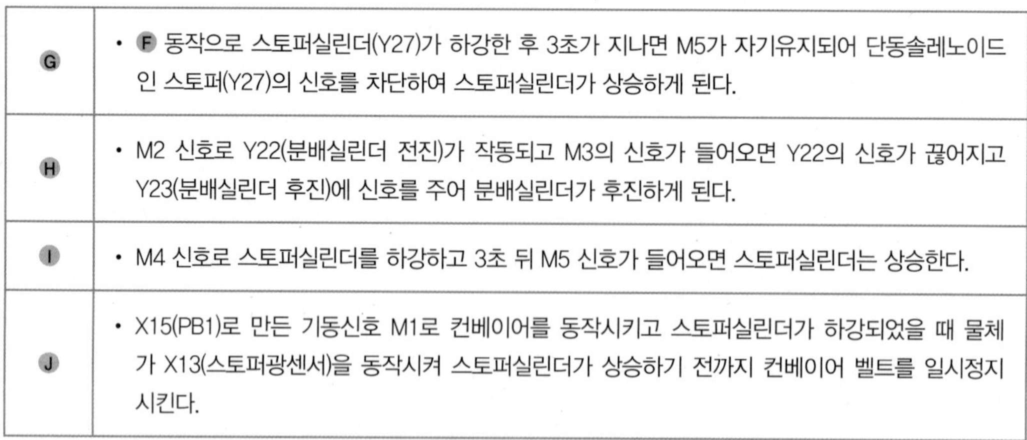

G	• F 동작으로 스토퍼실린더(Y27)가 하강한 후 3초가 지나면 M5가 자기유지되어 단동솔레노이드인 스토퍼(Y27)의 신호를 차단하여 스토퍼실린더가 상승하게 된다.
H	• M2 신호로 Y22(분배실린더 전진)가 작동되고 M3의 신호가 들어오면 Y22의 신호가 끊어지고 Y23(분배실린더 후진)에 신호를 주어 분배실린더가 후진하게 된다.
I	• M4 신호로 스토퍼실린더를 하강하고 3초 뒤 M5 신호가 들어오면 스토퍼실린더는 상승한다.
J	• X15(PB1)로 만든 기동신호 M1로 컨베이어를 동작시키고 스토퍼실린더가 하강되었을 때 물체가 X13(스토퍼광센서)을 동작시켜 스토퍼실린더가 상승하기 전까지 컨베이어 벨트를 일시정지시킨다.

10 램프 제어하기 1

예제 PB1을 누르면 램프 1이 1초 간격으로 5회 점멸 후 소등하도록 프로그램을 작성하시오.

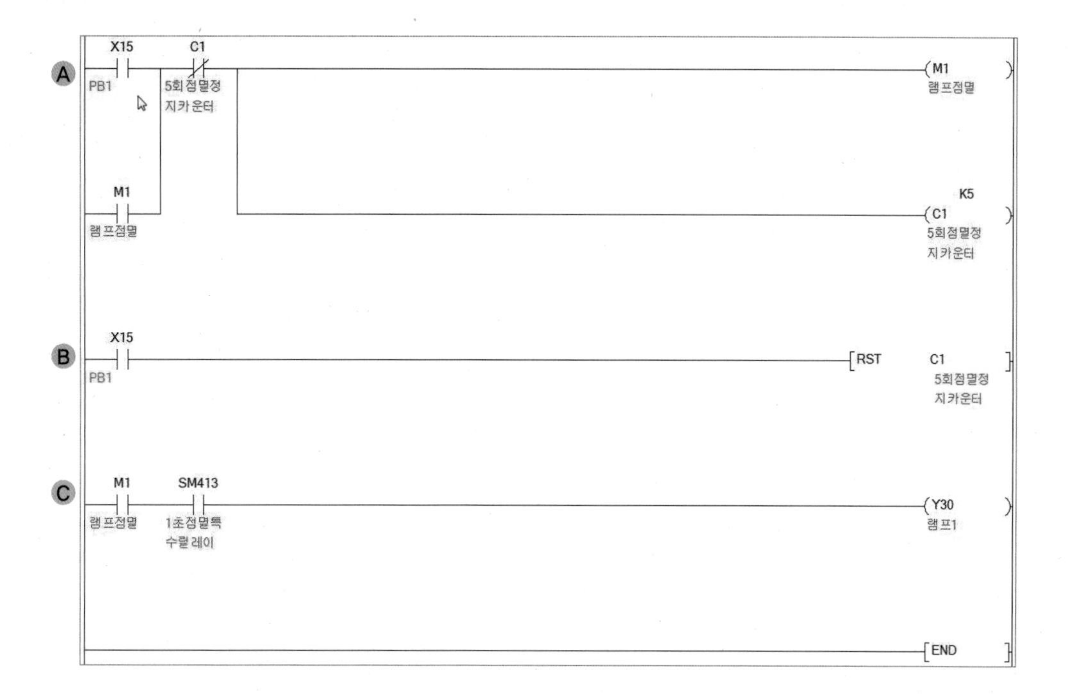

Ⓐ	• X15(PB1)를 동작하면 M1이 자기유지되고 1초 점멸릴레이인 SM413을 이용해 1초에 1번씩 신호를 주어 C1(카운터)에 신호를 준다. C1에 신호가 5번 들어가게 되면(5초간 동작) C1은 M1의 자기유지를 끊는다.
Ⓑ	• C1에 신호를 5번 주어 동작이 멈추었을 때 X15(PB1)를 다시 누르면 카운터가 리셋[RST C1]되어 재동작하게 된다.
Ⓒ	• M1이 자기유지가 되면 1초 점멸릴레이인 SM413과 함께 1초당 1번씩 Y30(램프 1)을 동작시킨다.

11 램프 제어하기 2

예제 PB1을 누르면 램프 1이 3초 점등 → 1초 소등 → 2초 점등 → 정지하도록 프로그램을 작성하시오.

Ⓐ	• X15(PB1)를 누르면 M1이 자기유지가 되고 타이머 T1이 동작하여 3초 후에 자기유지된 M1을 끊는다. • M1은 Y30(램프 1)을 3초간 점등시킨다.
Ⓑ	• T1이 동작하면 M2가 자기유지가 되고 타이머 T2가 동작하여 1초 후에 자기유지된 M2를 끊는다. • M2는 Y30(램프 1)을 1초간 소등시킨다.

C	• T2가 동작하면 M3이 자기유지되고 T3이 동작하여 2초 후에 자기유지된 M3을 끊는다. • M3은 Y30(램프 1)을 2초간 점등시킨다.
D	• M1은 Y30(램프 1)을 3초간 점등시키고 M2는 Y30(램프 1)을 2초간 점등시키고 꺼진다.

12 램프 제어하기 3

예제 PB1을 누르면 램프 1이 점등하고, PB2를 누르면 10초간 1초 간격으로 점멸 후 소등하도록 프로그램을 작성하시오.

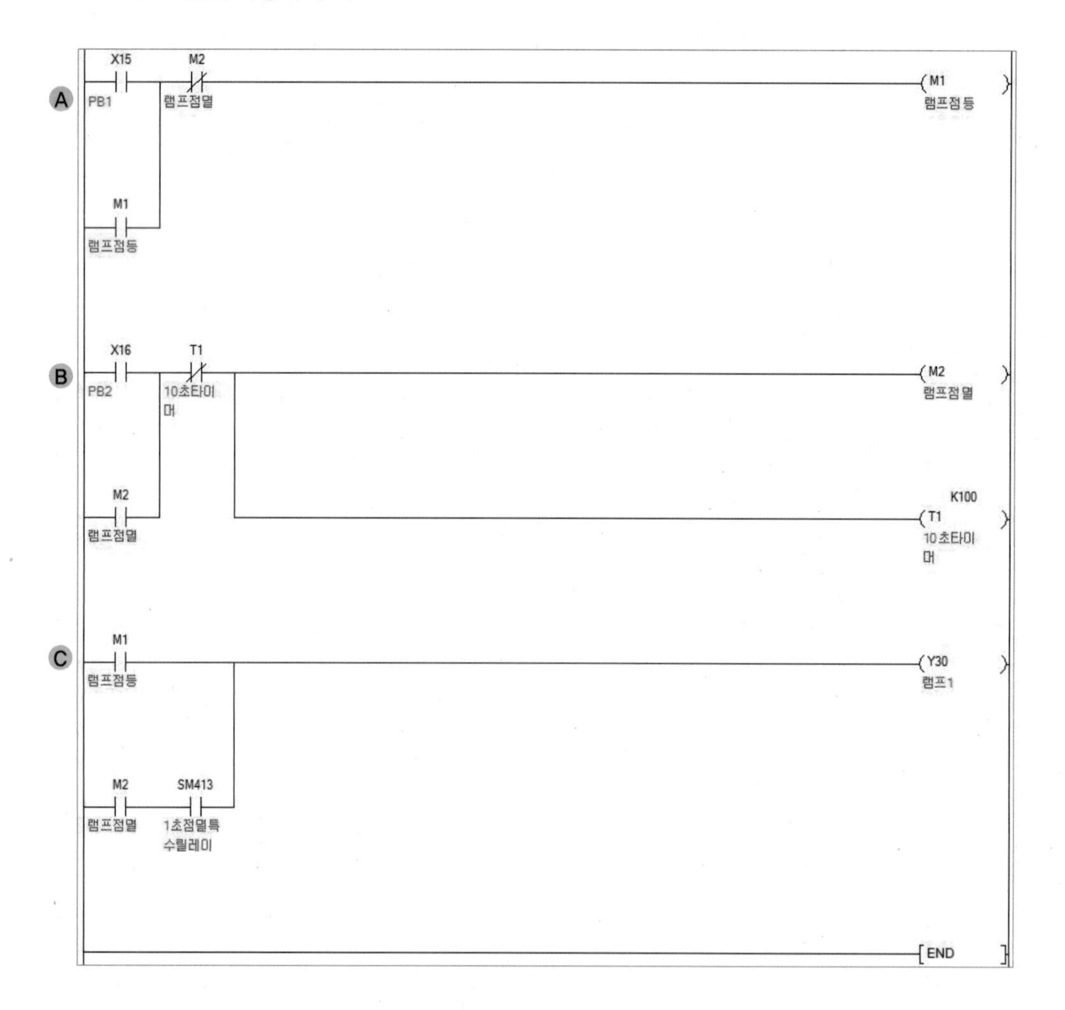

Ⓐ	• X15(PB1)를 동작하면 M10이 자기유지되어 Y30(램프 1)이 점등한다.
Ⓑ	• X16(PB2)을 동작하면 M1의 자기유지를 끊고 M2가 자기유지된다. 그리고 T1의 타이머가 동작해 10초 후에 M2의 자기유지를 끊는다.
Ⓒ	• X15(BP1)를 동작했을 때는 Y30(램프 1)이 동작하고 X16(PB2)을 동작하면 M1의 자기유지를 끊고 M2와 1초 간격 플리커인 SM4130이 같이 동작하여 Y30을 1초당 1번씩 동작하게 만들고 10초 뒤에 소등한다.

13 연속/단속 운전하기

예제 X17 스위치가 동작하면 연속운전하고, X17이 꺼지면 단속운전하도록 프로그램을 작성하시오.

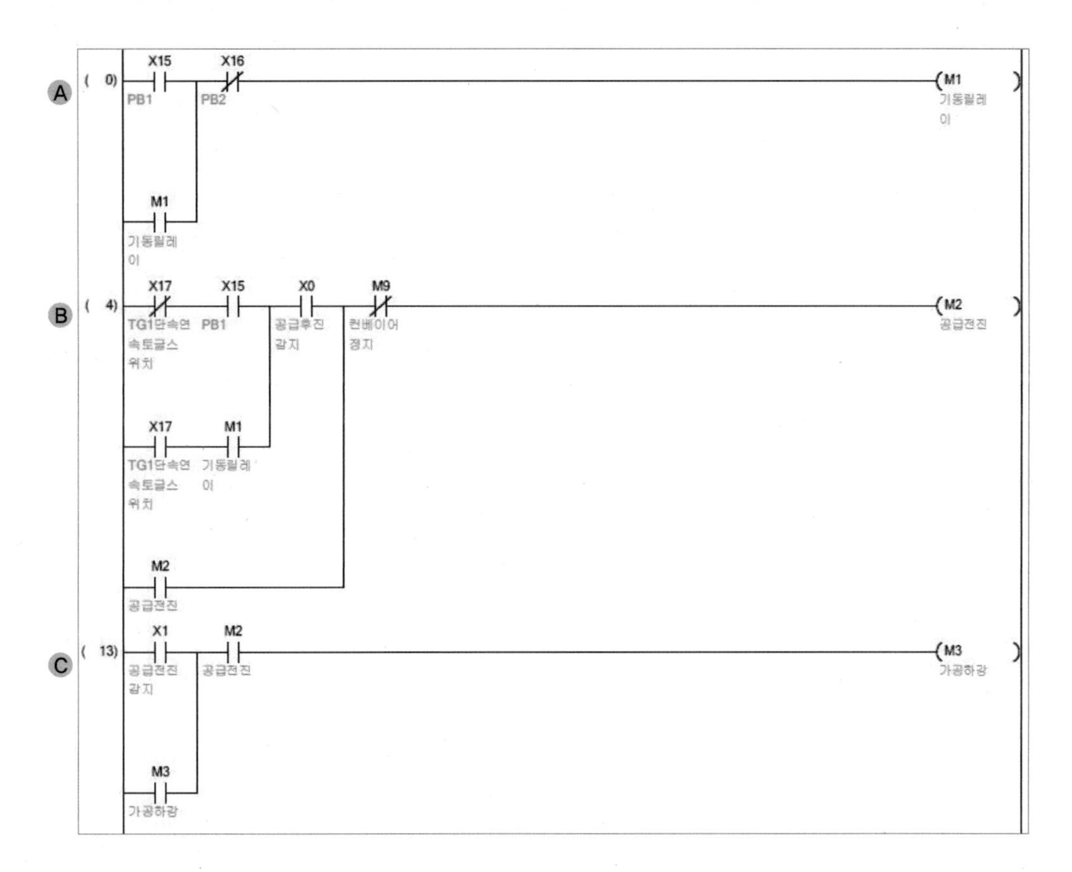

Ⓐ	• X15(PB1)로 동작을 시작하고 X16(PB2)으로 M1 자기유지를 정지시켜 동작을 정지한다.
Ⓑ	• X17(TG1)로 단속(TG1 OFF) 연속(TG1 ON)모드를 설정할 수 있다. • 단속모드는 회로가 1회 동작하고 정지하는 회로이고, 연속모드는 회로가 X16(PB2)을 누르기 전까지 동작하는 회로이다. M1 신호가 들어오고 공급실린더 후진 센서(X0)가 감지되면 M2가 자기유지가 되며 공급실린더를 전진(Y20)하는 신호를 보낸다.
Ⓒ	• X1(공급실린더 전진 센서)이 감지되고 M2 신호가 들어오면 M3이 자기유지되고 M3으로 가공실린더(Y24)를 하강시키는 신호를 보낸다.

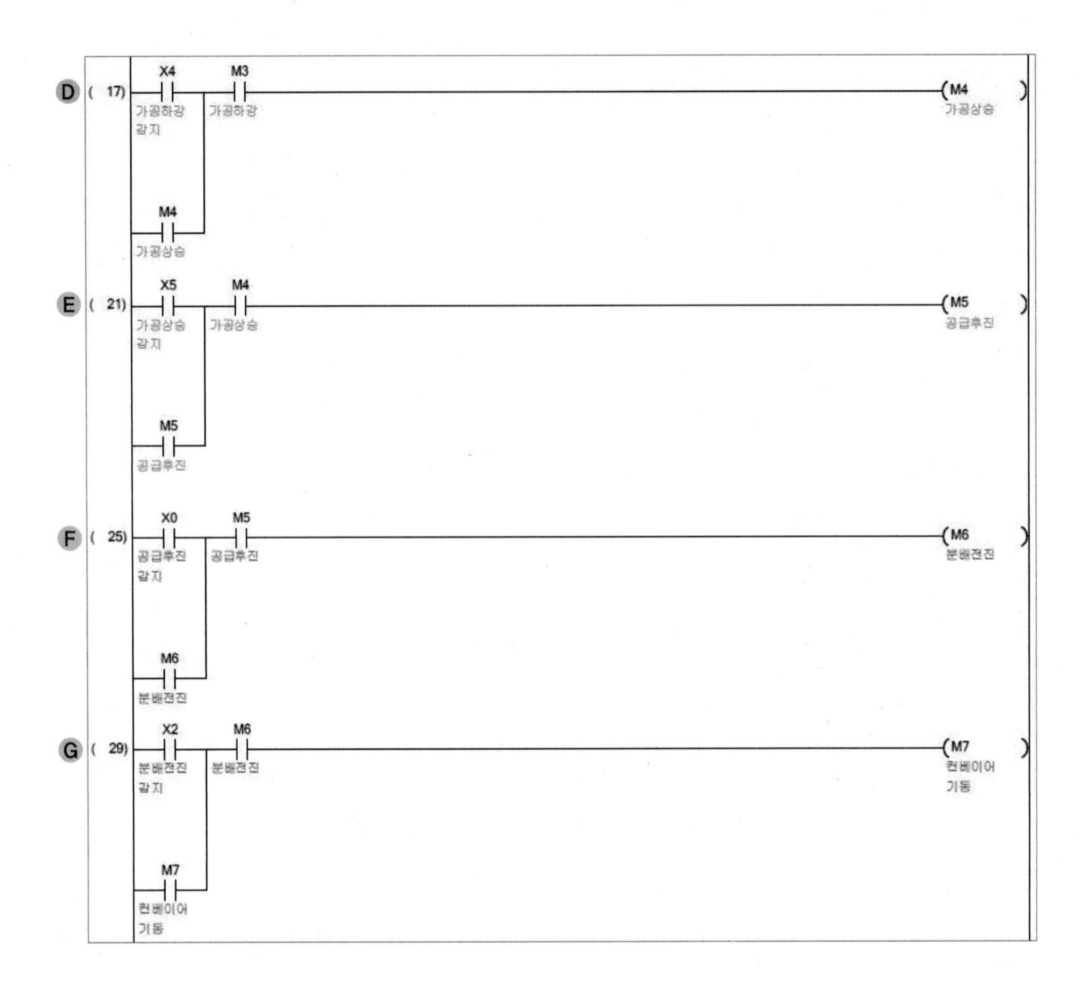

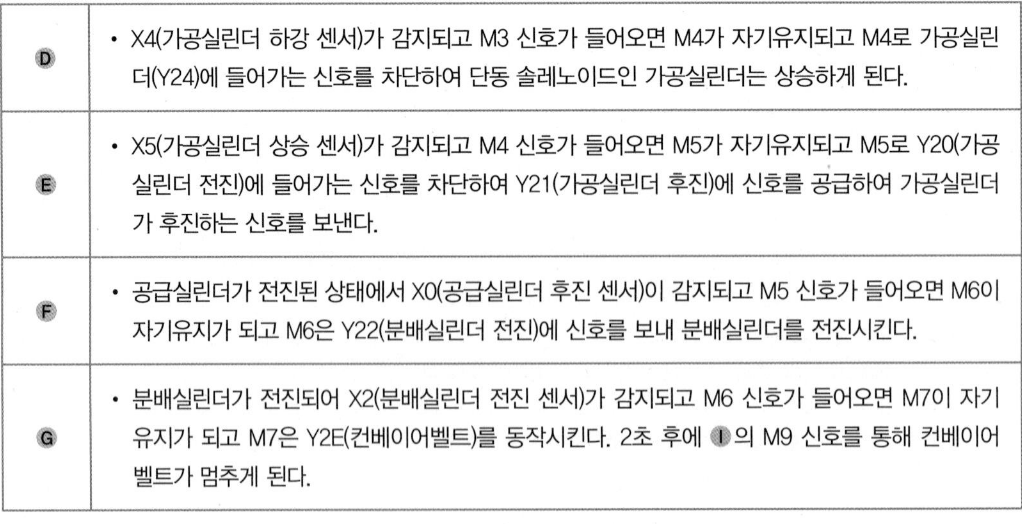

D	• X4(가공실린더 하강 센서)가 감지되고 M3 신호가 들어오면 M4가 자기유지되고 M4로 가공실린더(Y24)에 들어가는 신호를 차단하여 단동 솔레노이드인 가공실린더는 상승하게 된다.
E	• X5(가공실린더 상승 센서)가 감지되고 M4 신호가 들어오면 M5가 자기유지되고 M5로 Y20(가공실린더 전진)에 들어가는 신호를 차단하여 Y21(가공실린더 후진)에 신호를 공급하여 가공실린더가 후진하는 신호를 보낸다.
F	• 공급실린더가 전진된 상태에서 X0(공급실린더 후진 센서)이 감지되고 M5 신호가 들어오면 M6이 자기유지가 되고 M6은 Y22(분배실린더 전진)에 신호를 보내 분배실린더를 전진시킨다.
G	• 분배실린더가 전진되어 X2(분배실린더 전진 센서)가 감지되고 M6 신호가 들어오면 M7이 자기유지가 되고 M7은 Y2E(컨베이어벨트)를 동작시킨다. 2초 후에 I의 M9 신호를 통해 컨베이어벨트가 멈추게 된다.

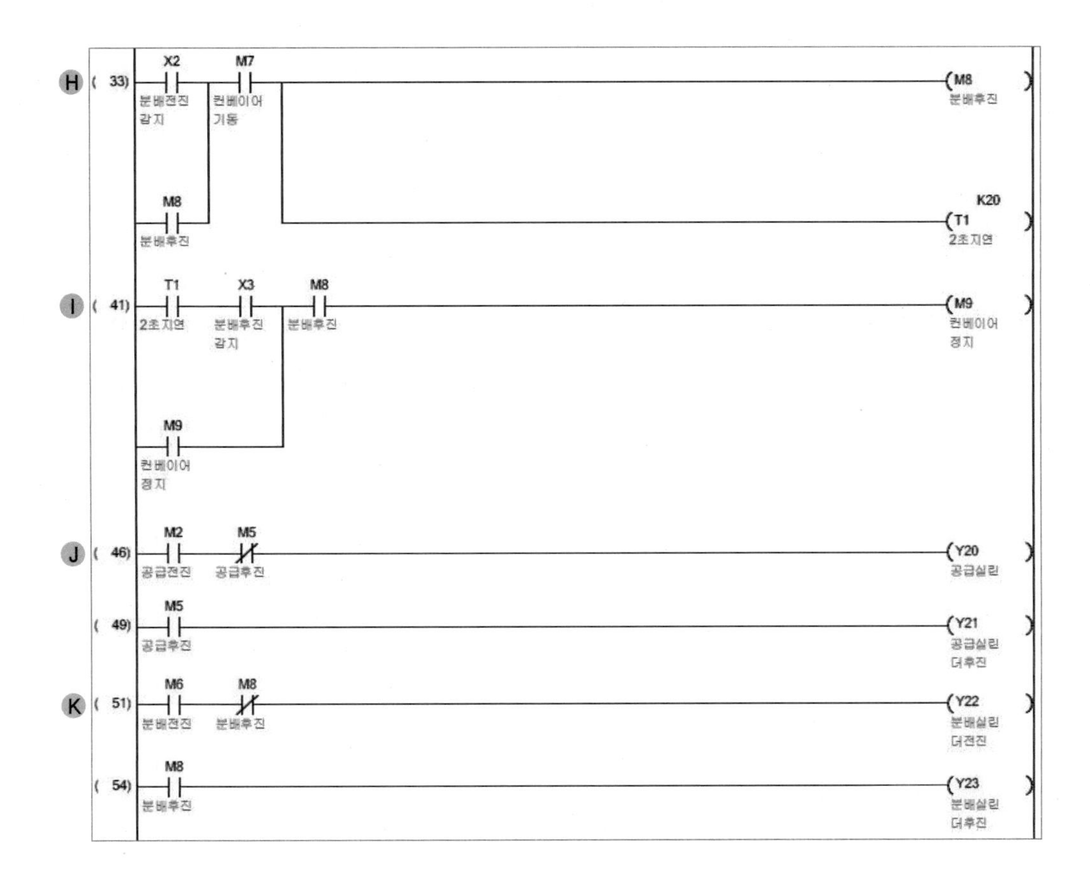

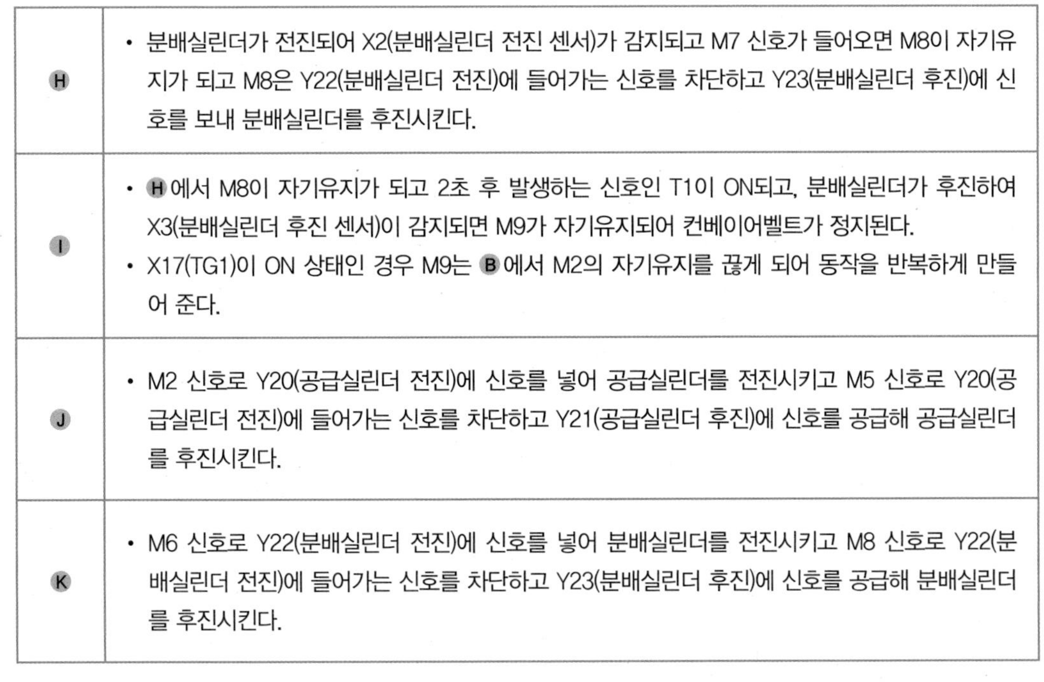

Ⓗ	• 분배실린더가 전진되어 X2(분배실린더 전진 센서)가 감지되고 M7 신호가 들어오면 M8이 자기유지가 되고 M8은 Y22(분배실린더 전진)에 들어가는 신호를 차단하고 Y23(분배실린더 후진)에 신호를 보내 분배실린더를 후진시킨다.
Ⓘ	• Ⓗ에서 M8이 자기유지가 되고 2초 후 발생하는 신호인 T1이 ON되고, 분배실린더가 후진하여 X3(분배실린더 후진 센서)이 감지되면 M9가 자기유지되어 컨베이어벨트가 정지된다. • X17(TG1)이 ON 상태인 경우 M9는 Ⓑ에서 M2의 자기유지를 끊게 되어 동작을 반복하게 만들어 준다.
Ⓙ	• M2 신호로 Y20(공급실린더 전진)에 신호를 넣어 공급실린더를 전진시키고 M5 신호로 Y20(공급실린더 전진)에 들어가는 신호를 차단하고 Y21(공급실린더 후진)에 신호를 공급해 공급실린더를 후진시킨다.
Ⓚ	• M6 신호로 Y22(분배실린더 전진)에 신호를 넣어 분배실린더를 전진시키고 M8 신호로 Y22(분배실린더 전진)에 들어가는 신호를 차단하고 Y23(분배실린더 후진)에 신호를 공급해 분배실린더를 후진시킨다.

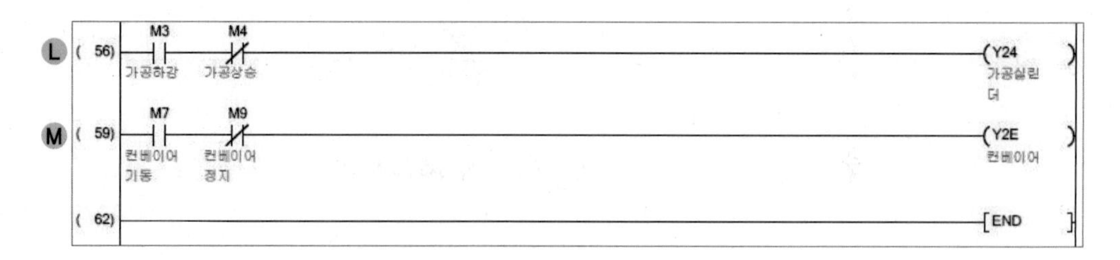

L	• M3 신호로 Y24(가공실린더)를 동작하여 가공실린더를 하강하고 M4 신호로 Y24에 들어가는 신호를 차단하여 단동솔레노이드인 가공실린더가 자동으로 상승하도록 한다.
M	• 분배실린더가 전진한 뒤 M7이 컨베이어 벨트를 작동시킨다. 그리고 2초 뒤 M9가 컨베이어벨트의 신호를 차단하여 컨베이어벨트가 정지하게 된다.

14 터치프로그램 작화 시작하기

예제 1 **터치 토글스위치를 이용하여 컨베이어를 돌리시오. (토글 ON시 LAMP1은 점등, OFF시 소등 된다.)**

❶ M100, M200은 ADDRESS에 들어간 릴레이를 적어준 것이다.

❷ OFF는 현재 신호가 들어오지 않아 꺼져있음을 의미한다.

❸ 상단에 작게 보이는 [TL]은 터치램프를 의미하고, [BL]은 비트램프를 의미한다.

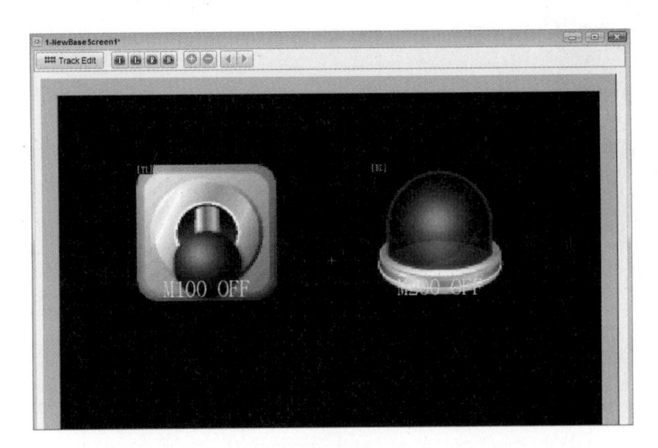

그림 1

❹ **그림 2~4**는 실제 작화된 터치화면과 PLC 프로그램이다. 반전을 사용한 M100 토글스위치는 누르면 ON이 되고, 한 번 더 누르기 전까지 그 상태가 유지된다.

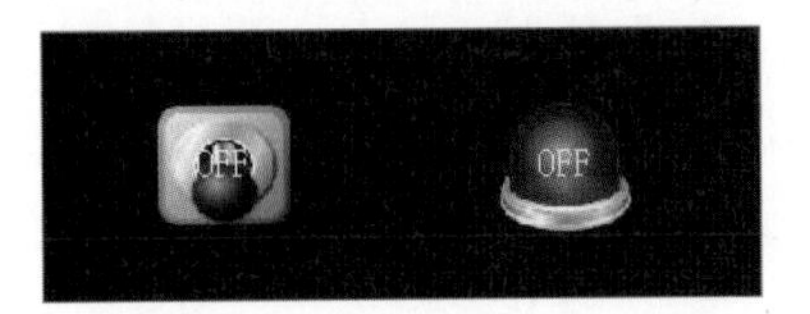

그림 2

그림 3

```
(  0)  M100                                         (Y2E      )
       토글 스위치                                    컨베이어
                                                    벨트출력

                                                    (M200     )
                                                    LAMP1

(  3)                                               [END      ]
```

그림 4

(1) 터치스위치를 이용하여 숫자표시기(FND) 만들기

① 상단 아이콘에서 **숫자 키표시**를 눌러 원하는 위치에 드래그한다.

② 드래그한 사각박스를 더블클릭하면 **그림 6**과 같은 창이 나온다.

③ **ADDRESS 데이터 주소**에 사용할 데이터를 등록한다.

④ **데이터 종류**는 DEC(10진수)를 선택한다.

⑤ **데이터 크기**는 서보위치 현재값과 같이 값이 큰 값을 읽으려면 **32비트**를 선택해준다.

숫자
문자열
숫자 키표시
문자 키표시

그림 5

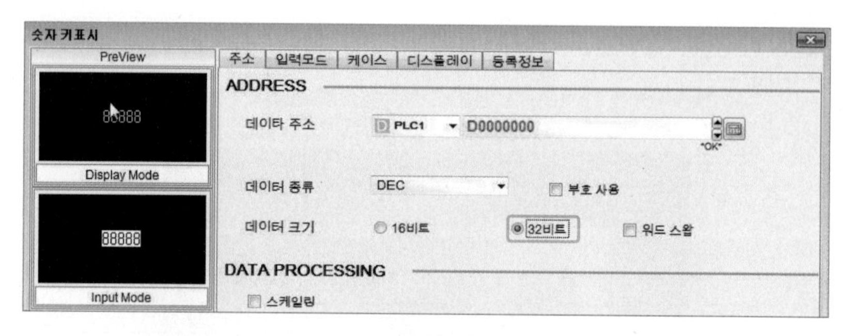

그림 6

⑥ **숫자 길이**는 디스플레이 모드에서 나타내는 자릿수를 의미한다.

⑦ **'0'으로 채움**은 화면의 숫자판 초기상태 8888을 0000으로 바꿔준다.

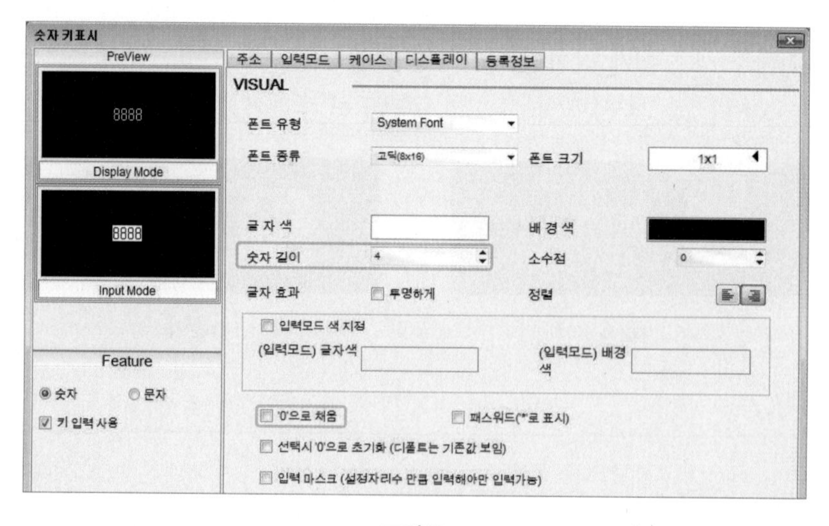

그림 7

예제 2 스위치를 누를 때마다 숫자표시기(FND)의 숫자가 1씩 증가하도록 프로그램을 작성하시오.

❶ 스위치는 **누름시만** ON으로 설정해준다.

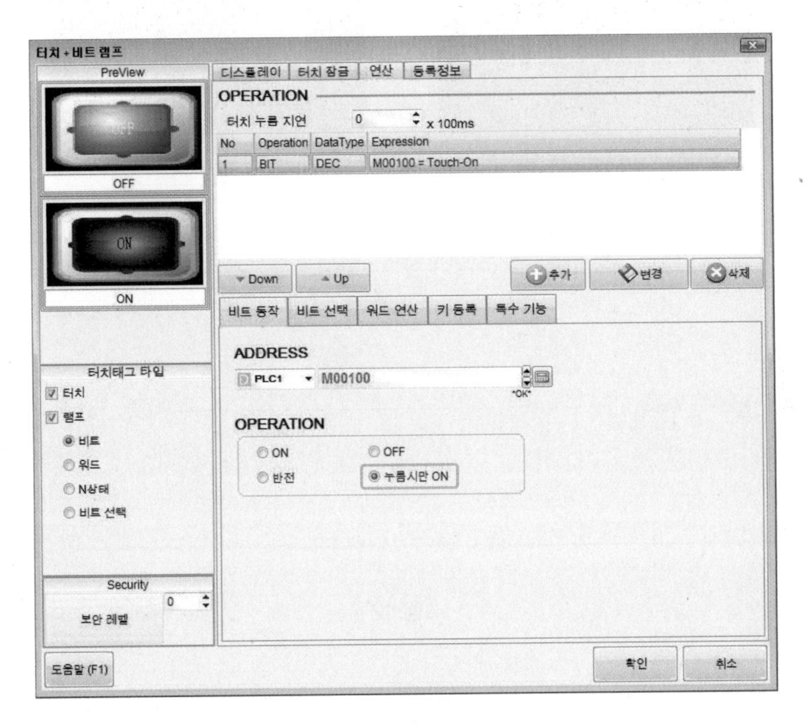

그림 8

❷ M100, D100은 각각의 ADDRESS에 등록된 값이다.

❸ [NE]는 숫자키를 나타낸다.

그림 9

❹ **그림 10~12**는 실제 작화된 터치프로그램과 PLC 프로그램이다.

그림 10　　　　　　그림 11

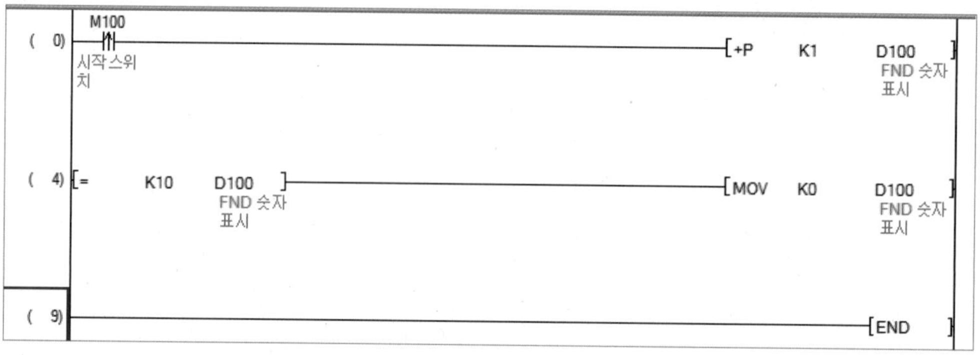

```
( 0)  M100                                        [+P    K1    D100    ]
      -|↑|-                                                    FND 숫자
      시작스위                                                  표시
      치
( 4) [=   K10   D100   ]                          [MOV   K0    D100    ]
                FND 숫자                                       FND 숫자
                표시                                           표시
( 9)                                               [END                 ]
```

그림 12

❺ 스위치를 한 번 누를 때마다 FND의 숫자는 1씩 증가하고 시작 스위치가 10번 눌렸을 때 FND의 숫자는 0으로 바뀐다.

(2) 터치패널 메시지 표시하기

① 상단 메뉴에서 **프로젝트 – 메시지 테이블**(M)을 클릭한다.

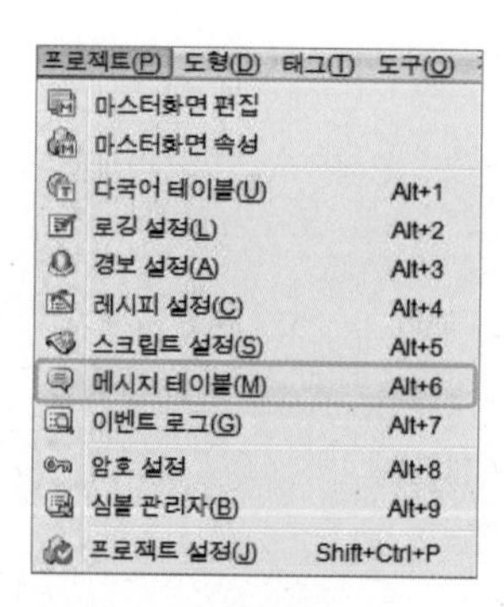

그림 13

② **메시지 테이블** 창이 열리면 Contents에 메시지를 등록한다.

③ **적용**을 눌러 빠져나온다.

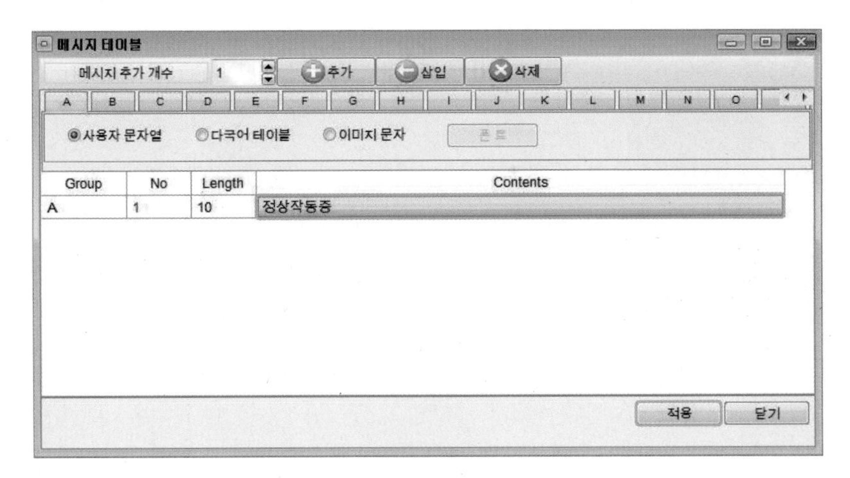

그림 14

④ 상단의 아이콘을 클릭하고 **비트 메시지**를 눌러 원하는 위치에 드래그한다.

그림 15

⑤ 드래그한 사각박스를 더블 클릭하면 **그림 16**과 같은 창이 나온다.

⑥ MESSAGE 창에서 ON **메시지 테이블**에서 등록한 메시지를 선택한다.

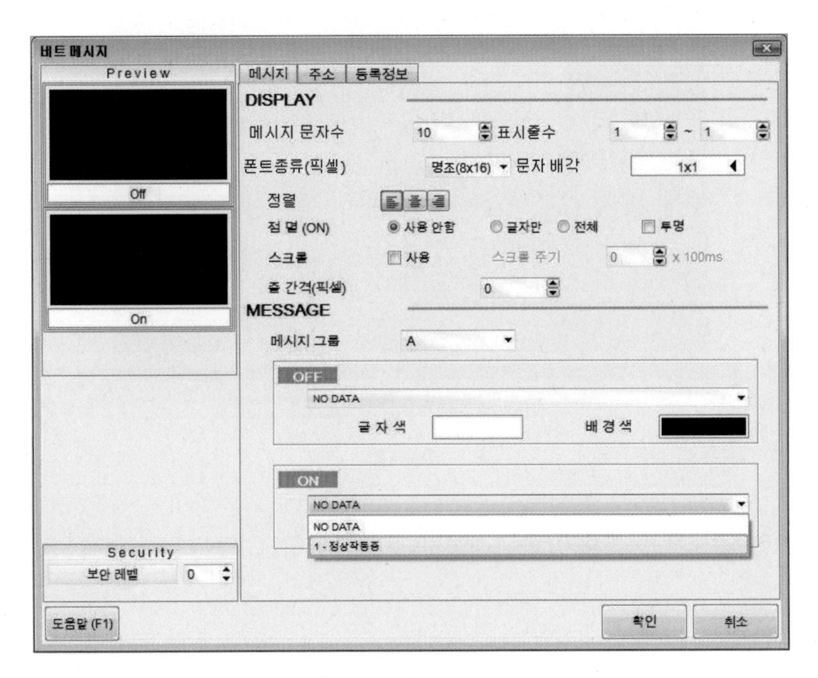

그림 16

⑦ **주소** 창으로 넘어가서 ADDRESS에 사용할 데이터를 넣어준 후 **확인**을 눌러 종료한다.

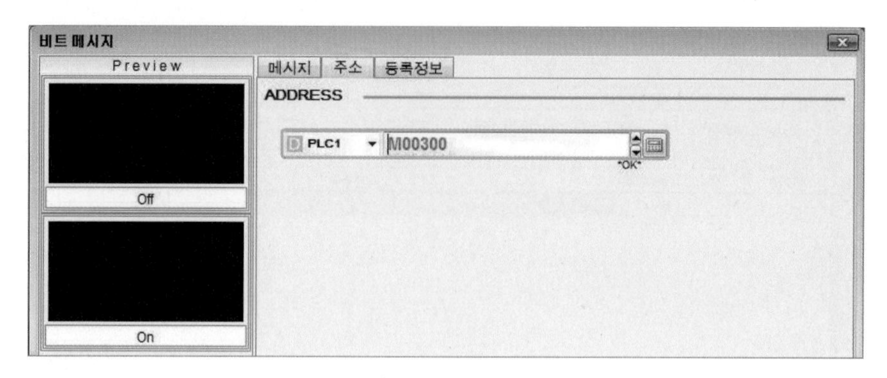

그림 17

예제 3 **토글스위치가 켜져 있는 동안 0.5초 간격으로 메시지가 표시되도록 프로그램을 작성하시오. (램프도 메시지 표시와 같이 표현된다.)**

❶ 토글스위치는 **반전**으로 설정해준다.

❷ M100, M300은 각각의 ADDRESS에 등록된 값이다.

❸ [MB]는 Message Bit를 나타낸다.

그림 18

❹ **그림** 19~21은 실제 작화된 터치프로그램과 PLC 프로그램이다.

❺ 토글스위치가 OFF 상태일 때는 램프가 소등되고, 메시지 표시가 나타나지 않는다.

그림 19

❻ 토글스위치가 ON 상태일 때는 램프가 점등되고, **'정상작동중'** 상태표시를 나타낸다.

그림 20

❼ 상태표시 메시지는 1초 간격으로 점멸한다.

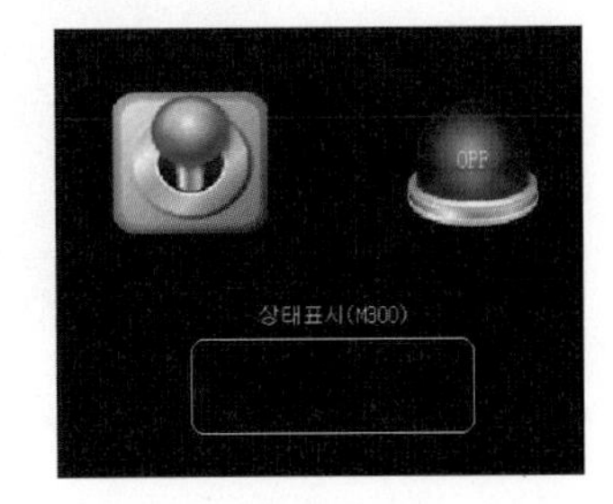

그림 21

(3) 터치화면에서 페이지 이동하기

① **프로젝트** 창에서 **기본화면**에 마우스 오른쪽 버튼을 클릭하여 **새 화면**을 연다.

② 새 화면은 원하는 수만큼 만들어주면 된다.

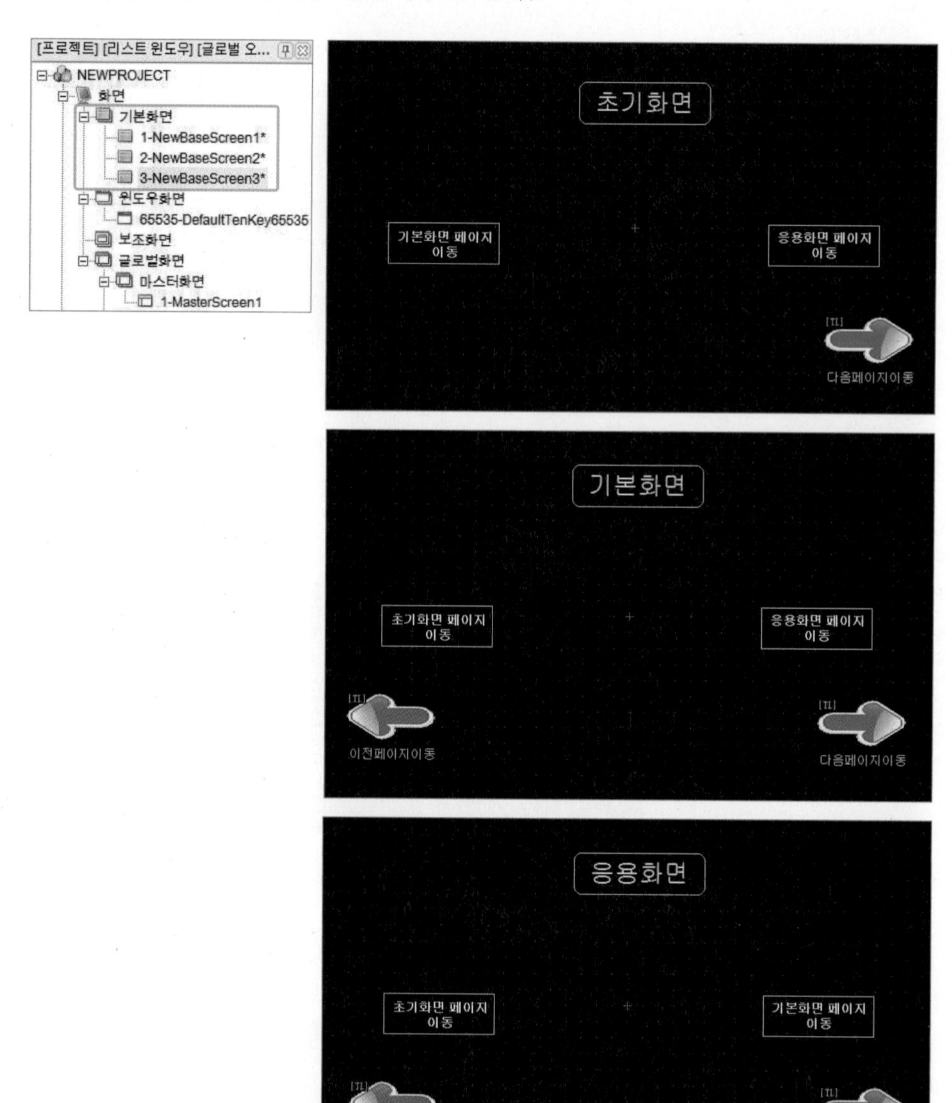

그림 22

③ 드래그하여 만들어놓은 터치스위치를 더블 클릭하여 원하는 모양을 선택하고 **연산**으로 들어간다.

④ **연산**에서 **특수 기능** 창을 누르고 원하는 **특수 연산**을 사용한다.

⑤ Screen Change에 **화면 번호**를 설정하면 해당 화면으로 이동된다.

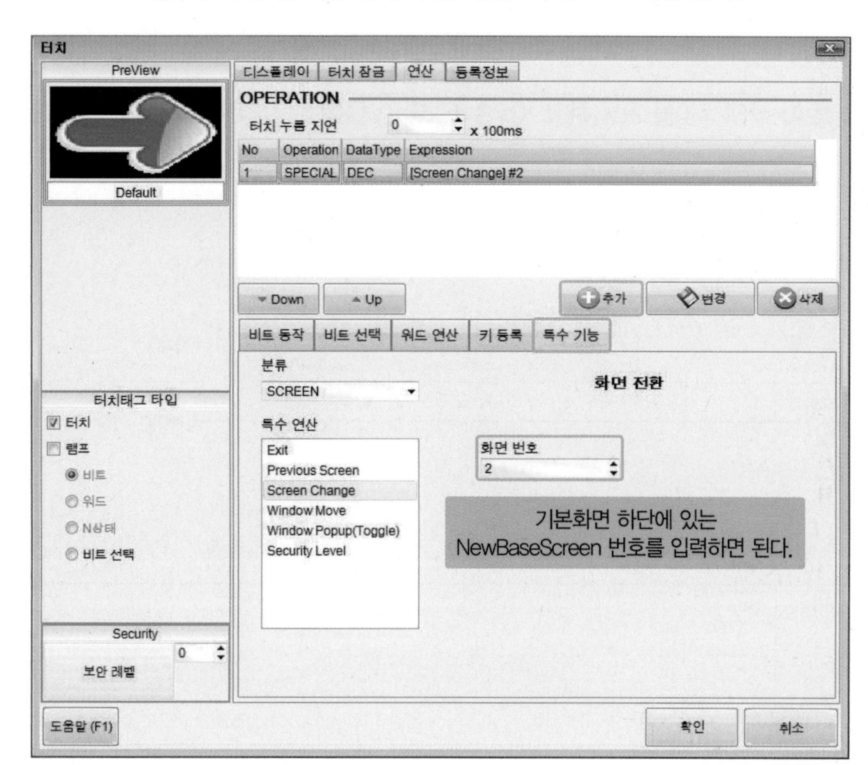

그림 23

⑥ Previous Screen을 선택하면 이전 화면으로 이동한다.

⑦ 모든 설정이 완료되면 반드시 **추가**를 눌러준다.

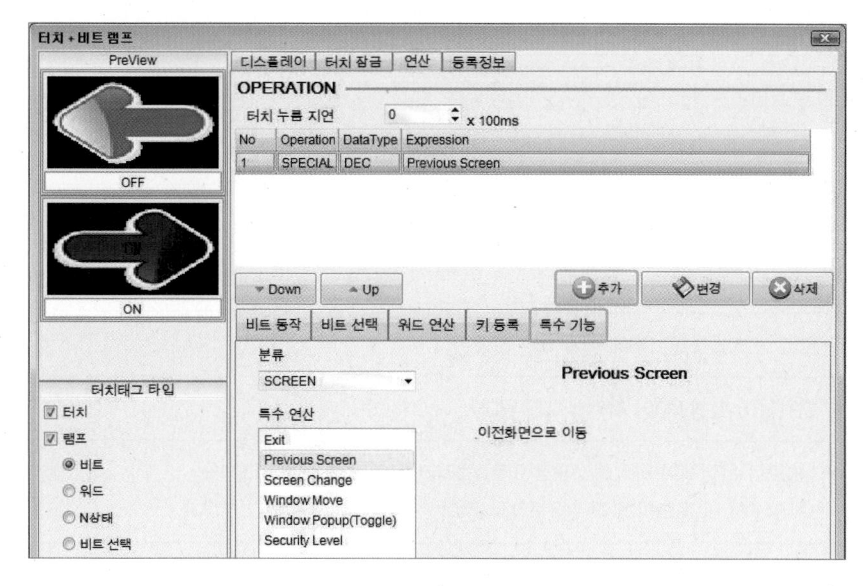

그림 24

15 숫자 표시하기 1

(1) FND 초기 상태 = 0을 표시하고 0 3 6 9 0 을 3초 간격으로 표시한다.

① FND=3일 때 램프 1 점등

② FND=6일 때 램프 2 점등

③ FND=9일 때 램프 3 점등

④ PB2를 누르면 초기 상태로 돌아간다.

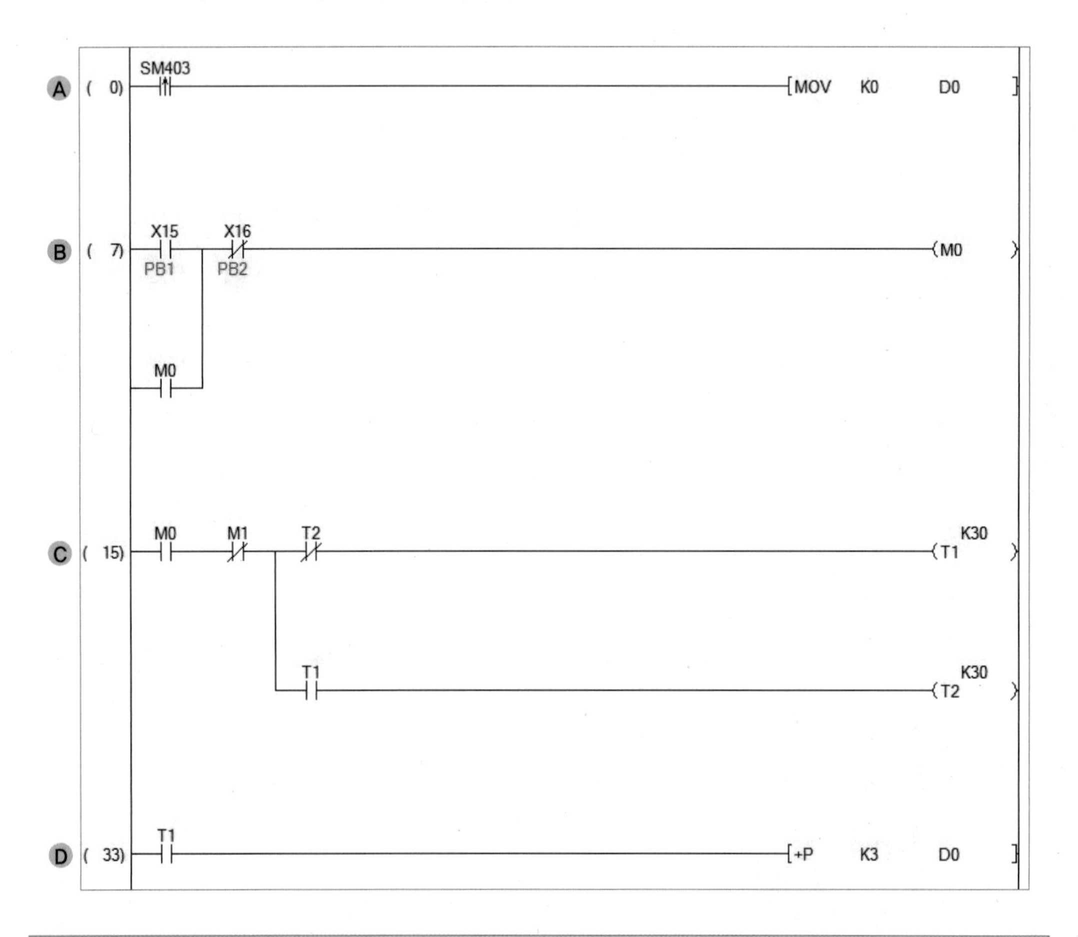

A	• PLC RUN을 하면 D0에 상수 0을 전송한다.
B	• PB1을 누르면 M0이 자기유지가 된다.
C	• M0으로 온딜레이 타이머 2개로 만든 플리커 타이머가 작동한다. • M1이 ON 되면 타이머 작동을 정지시킨다.
D	• T1이 ON 되면 D0에 상수 3을 더한다.

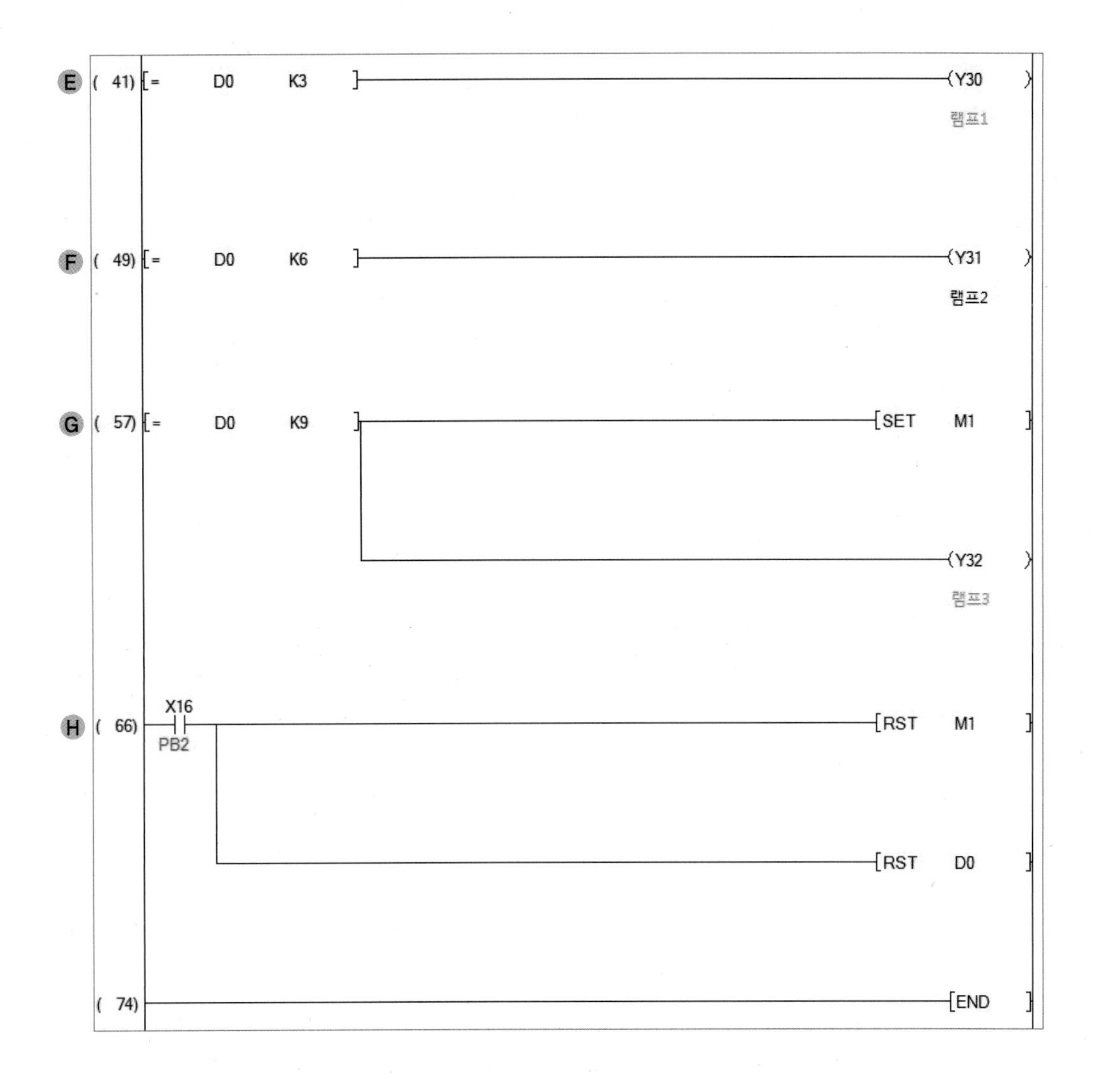

E	• D0의 값이 3과 같으면 Y30(램프 1)이 켜진다.
F	• D0의 값이 6과 같으면 Y31(램프 2)이 점등된다.
G	• D0의 값이 9와 같으면 Y32(램프 3)가 점등되고 M1을 SET시킨다.
H	• PB2를 누르면 M1과 D0을 리셋시킨다(초기 상태로 돌아간다).

(2) FND 초기 상태 = 50을 표시한다.

① PB1을 누를 때마다 1씩 감소, PB1을 2초 이상 누르고 있으면 1초 간격으로 0까지 감소한다.

② PB2를 누르면 초기 상태로 돌아간다.

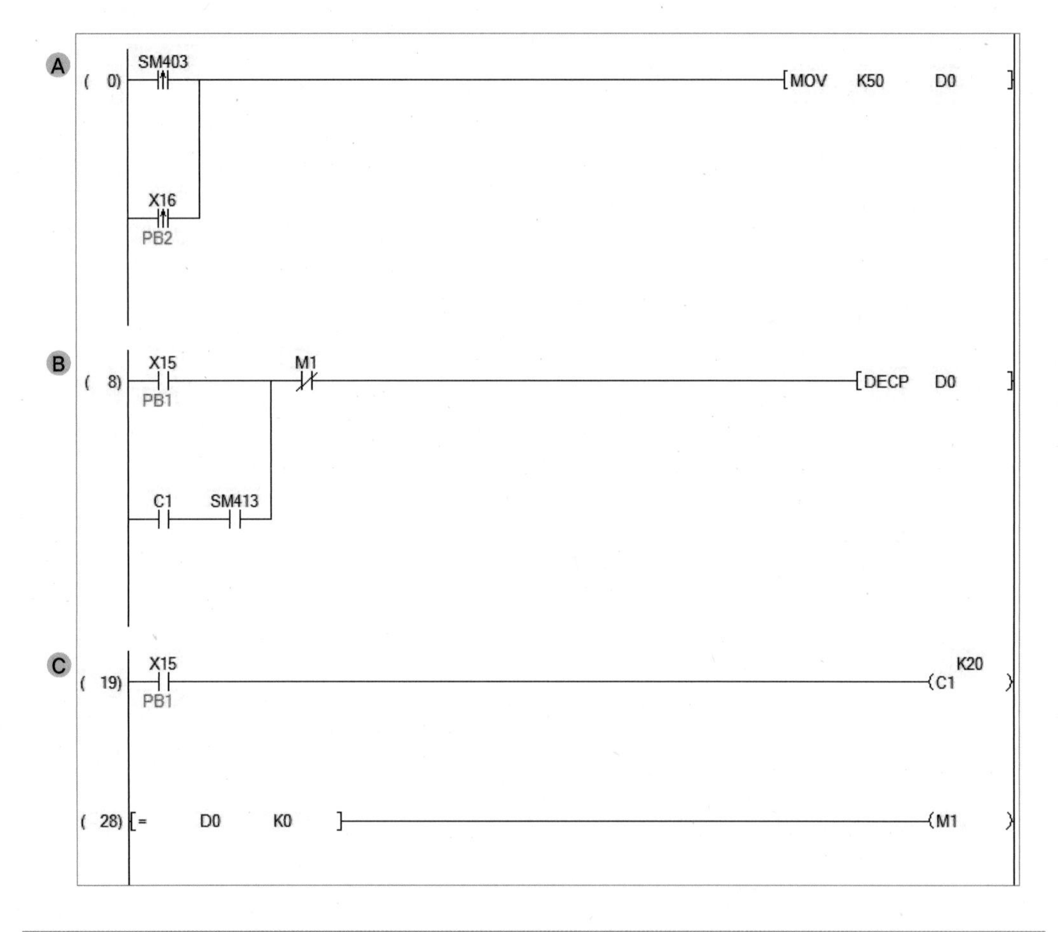

A	• PLC를 RUN시키면 D0에 상수 50을 전송한다. • PB2가 ON 되면 D0에 상수 50을 전송한다.
B	• PB1을 누르면 1씩 감소한다. • C1이 ON 되면 1초 간격으로 1씩 감소한다. • M1이 ON 되면 정지시킨다.
C	• X15를 2초 이상 누르면 C1이 ON 된다. • D0의 값이 0이 되면 M1이 ON 된다.

D	• PB2를 누르면 C1을 리셋시킨다.

(3) FND 초기 상태 = 0을 표시한다.

① PB1을 누를 때마다 1씩 증가한다. PB1을 2초 이상 누르고 있으면 1초 간격으로 50까지 증가한다.

② FND가 10 이하일 때 램프 1이 0.5초 간격으로 점멸

③ FND가 11 이상 20 이하일 때 램프 1이 점등

④ FND가 21 이상 30 이하일 때 램프 1이 1초 간격으로 점멸

⑤ FND가 31 이상 40 이하일 때 램프 1이 점등

⑥ FND가 41 이상 50 이하일 때 램프 1이 2초 간격으로 점멸

⑦ PB2를 누르면 초기 상태로 돌아간다.

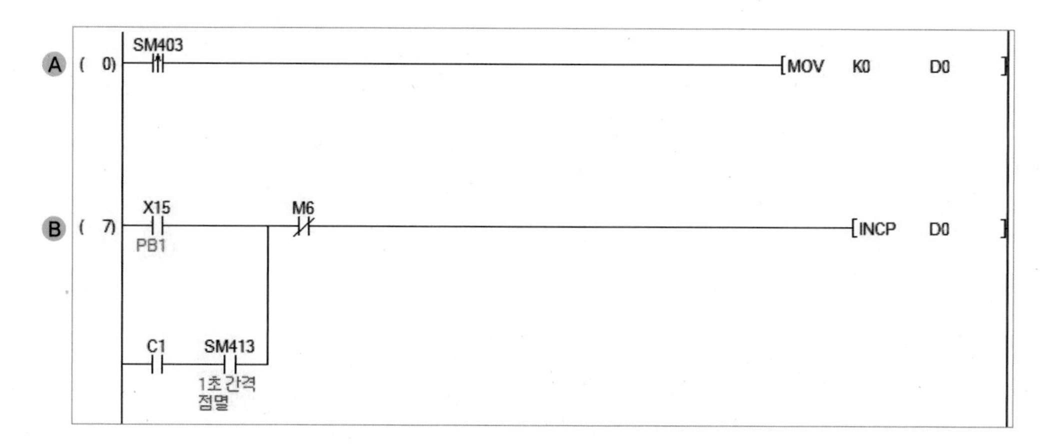

A	• PLC가 ON 되면 D0에 상수 0을 전송한다.
B	• PB1을 누르면 D0을 1씩 증가시킨다. • C1이 ON 되면 1초 간격으로 D0을 1씩 증가시킨다. • M6이 ON 되면 정지시킨다.

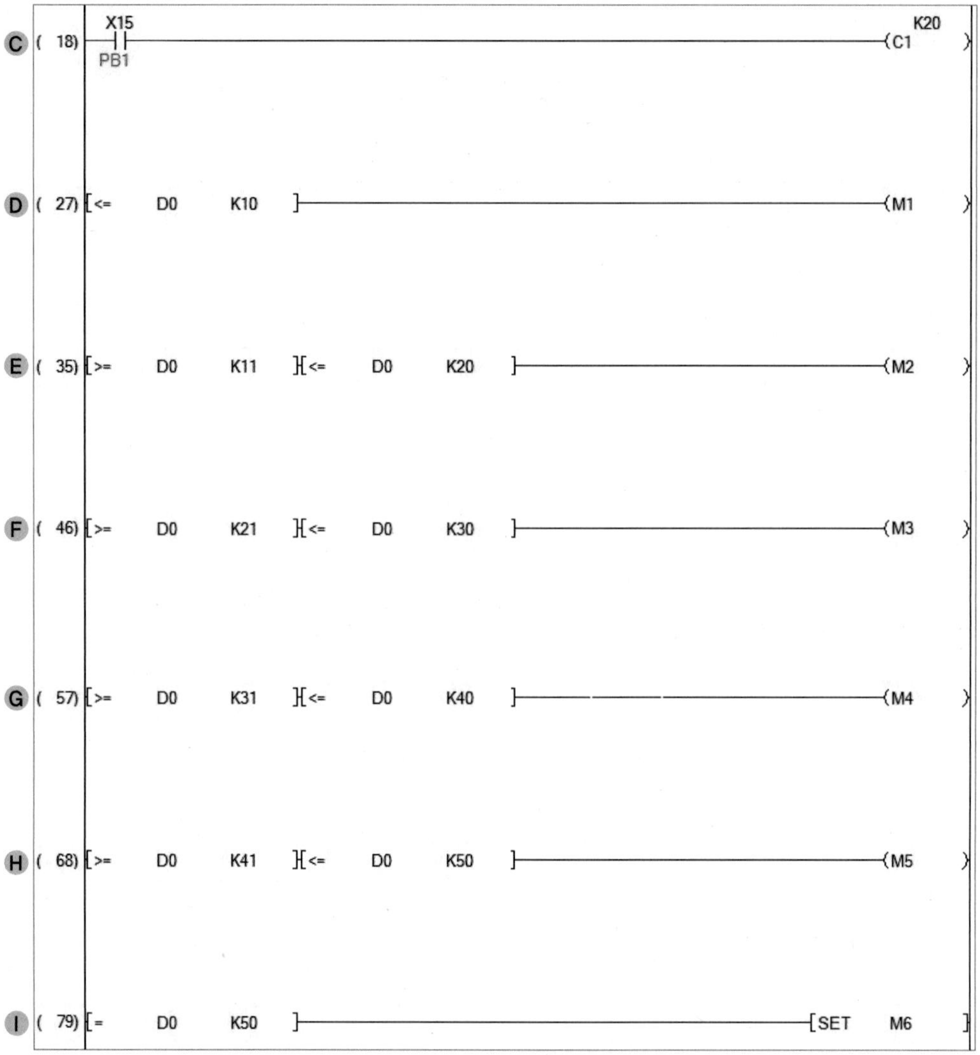

```
      X15                                                      K20
C ( 18)─┤├──────────────────────────────────────────────────(C1      )
      PB1

D ( 27)[<=  D0  K10 ]───────────────────────────────────────(M1      )

E ( 35)[>=  D0  K11 ][<=  D0  K20 ]─────────────────────────(M2      )

F ( 46)[>=  D0  K21 ][<=  D0  K30 ]─────────────────────────(M3      )

G ( 57)[>=  D0  K31 ][<=  D0  K40 ]─────────────────────────(M4      )

H ( 68)[>=  D0  K41 ][<=  D0  K50 ]─────────────────────────(M5      )

I ( 79)[=   D0  K50 ]───────────────────────────────────[SET   M6    ]
```

C	• PB1을 2초 이상 누르면 C1이 ON 된다.
D	• D0의 값이 10보다 작거나 같으면 M1이 ON 된다.
E	• D0의 값이 11보다 크거나 같고 20보다 작거나 같으면 M2가 ON 된다.
F	• D0의 값이 21보다 크거나 같고 30보다 작거나 같으면 M3이 ON된다.
G	• D0의 값이 31보다 크거나 같고 40보다 작거나 같으면 M4가 ON 된다.
H	• D0의 값이 41보다 크거나 같고 50보다 작거나 같으면 M5가 ON 된다.
I	• D0의 값이 50과 같으면 M6을 세트시킨다.

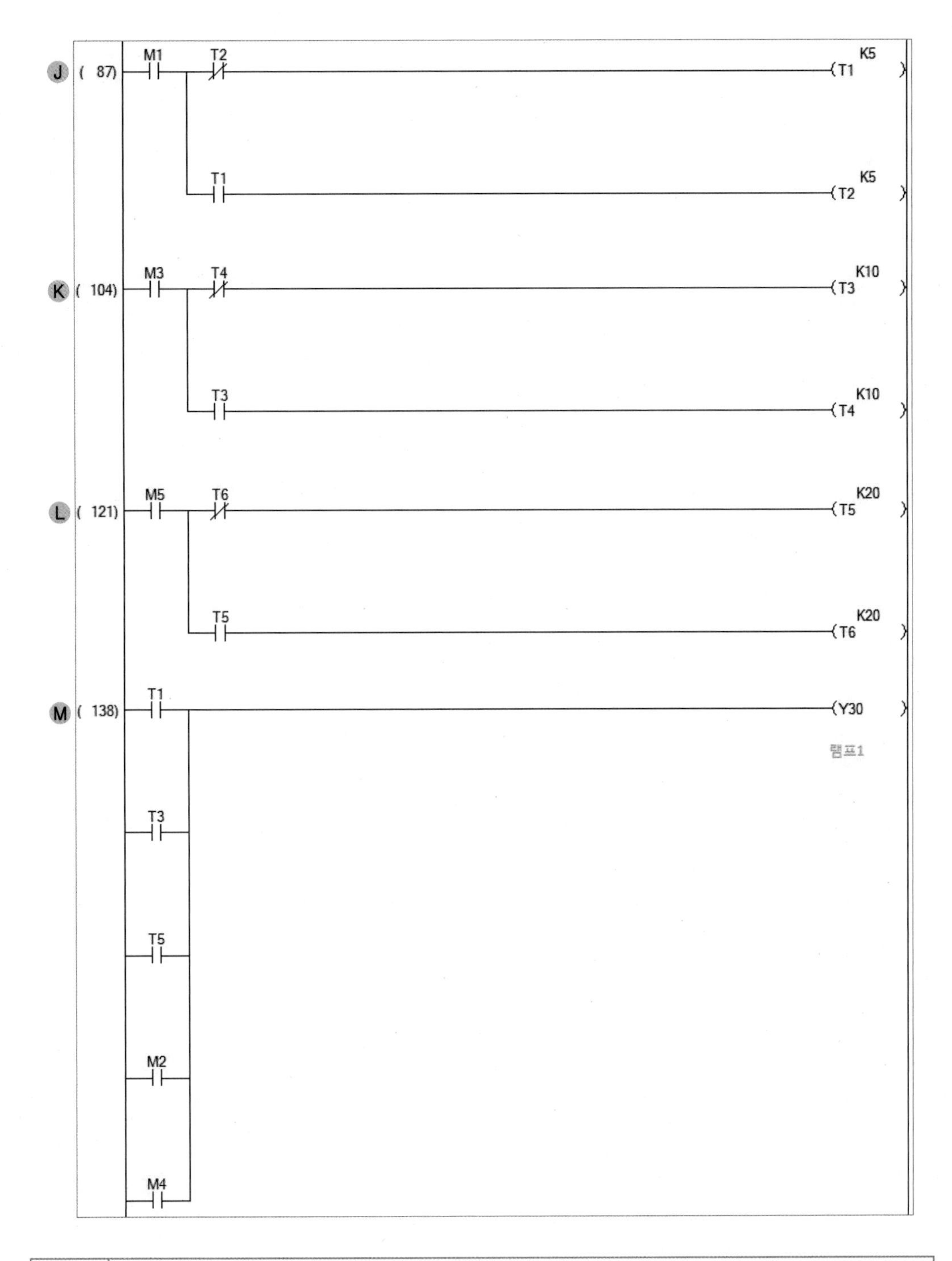

J	• M1이 ON 되면 0.5초 간격으로 T1, T2가 ON / OFF 한다.
K	• M3이 ON 되면 1초 간격으로 T3, T4가 ON / OFF 한다.
L	• M5가 ON 되면 2초 간격으로 T5, T6이 ON / OFF 한다.
M	• T1, T3, T5, M2, M4가 각각 ON 되면 Y30(램프 1)이 점등된다.

N	• PB2를 누르면 M0과 D0을 리셋시킨다.

(4) FND1 / FND2 표현(각 단계는 2초씩 유지)

① 1단계 : 4 / 4

② 2단계 : 3 / 3

③ 3단계 : 2 / 2

④ 4단계 : 1 / 1

⑤ 4단계 이후 : 0 / 0 표시

⑥ PB2를 누르면 초기 상태로 돌아간다.

A	• PLC를 ON 시키면 D0과 D1에 상수 4를 전송한다. • PB2가 ON 되면 D0과 D1에 상수 4를 전송한다(초기 상태로).

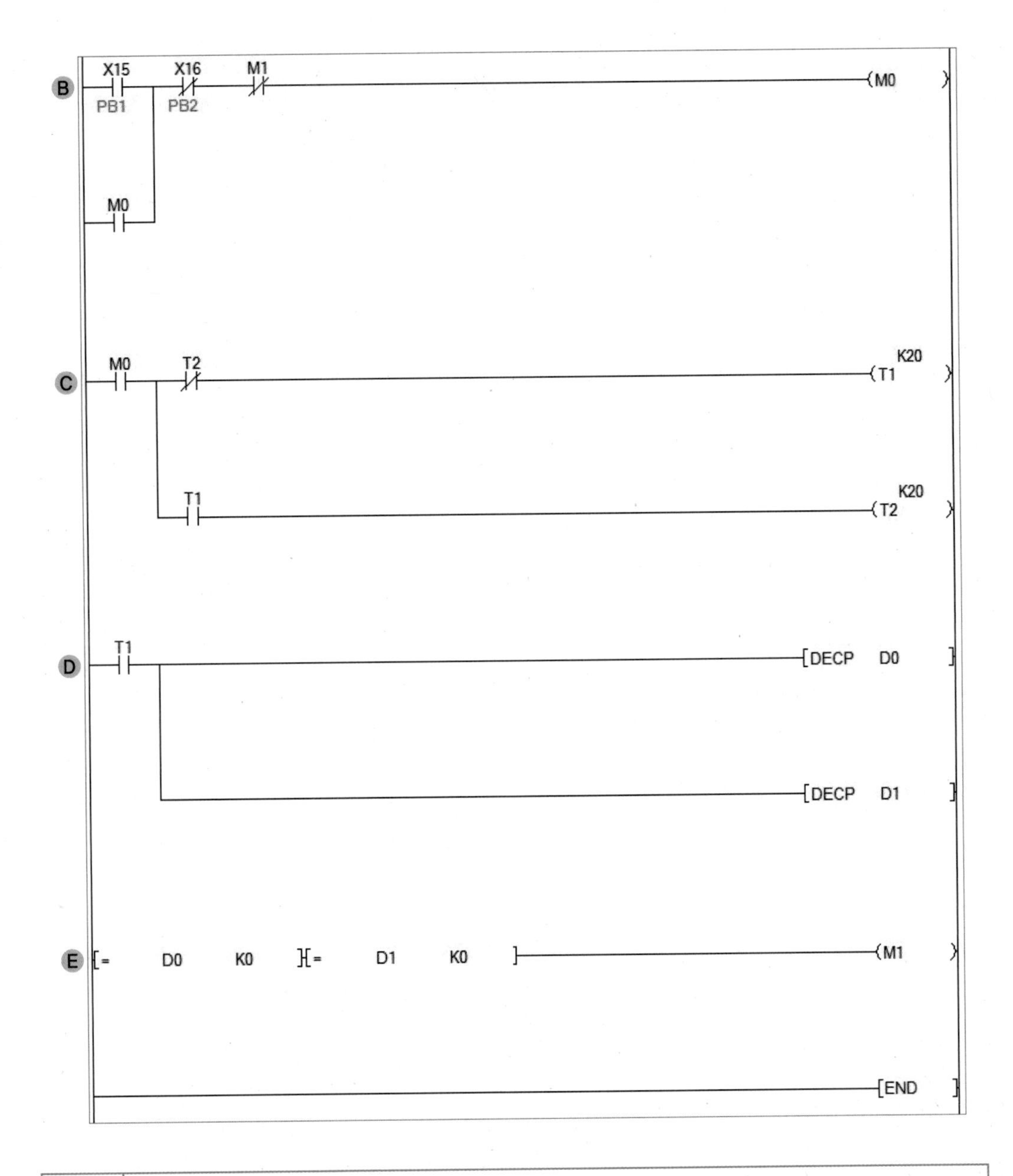

B	• PB1을 누르면 M0이 ON 된다(자기유지). • PB2가 ON 되면 M0 자기유지가 끊긴다. • M1이 ON 되면 M0 자기유지가 끊긴다.
C	• M0이 ON 되면 2초 간격으로 T1, T2가 ON / OFF 된다.
D	• T1이 ON 되면 D0과 D1을 1씩 감소시킨다.
E	• D0 과 D1의 값이 0과 같으면 M1이 ON 된다.

(5) FND1/FND2 표현(각 단계 2초씩 유지)

① 1단계 : 0 / 1

② 2단계 : 2 / 3

③ 3단계 : 4 / 5

④ 4단계 : 6 / 7

⑤ 5단계 : 8 / 9

⑥ 5단계 이후 : 0 / 0 표시

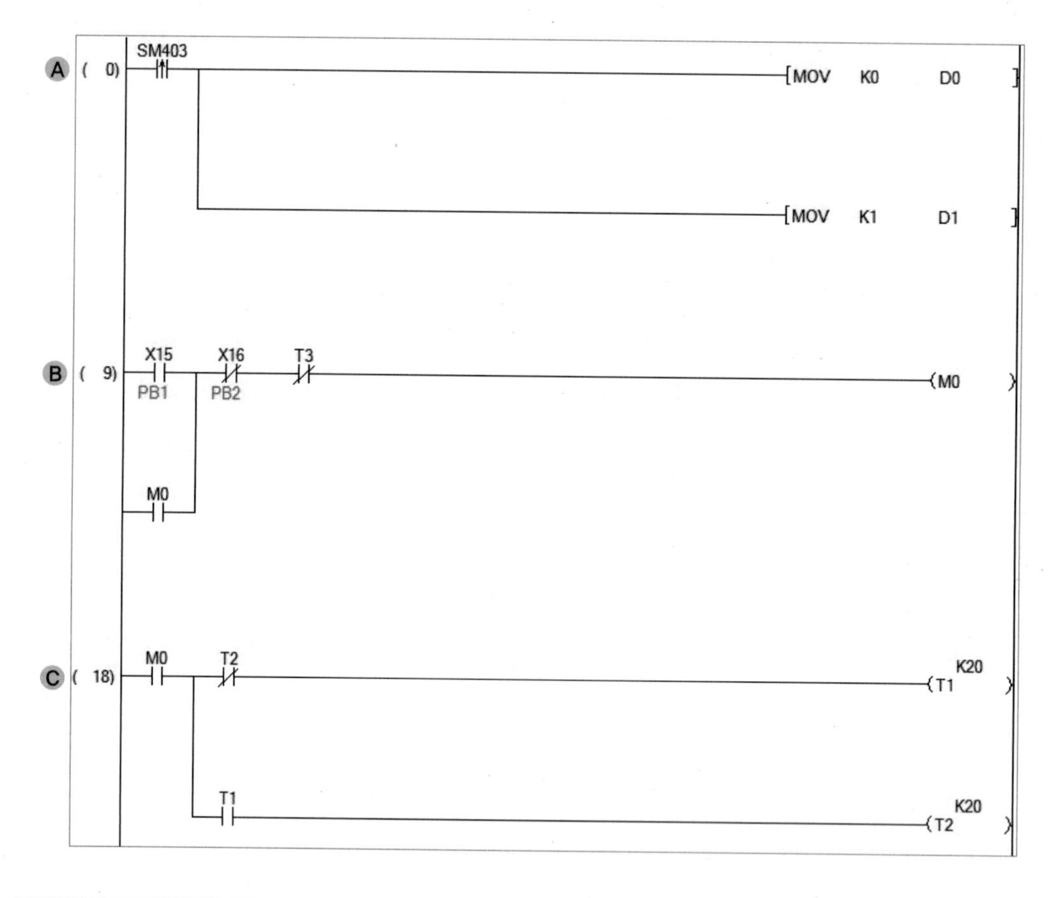

A	• PLC를 ON 시키면 D0과 D1에 각각 0 / 1을 전송한다.
B	• PB1을 누르면 M0이 ON된다(자기유지). • PB2를 누르면 M0의 자기유지가 끊긴다. • T3이 ON 되면 M0의 자기유지가 끊긴다.
C	• M0이 ON 되면 2초 간격으로 T1, T2가 ON / OFF 한다.

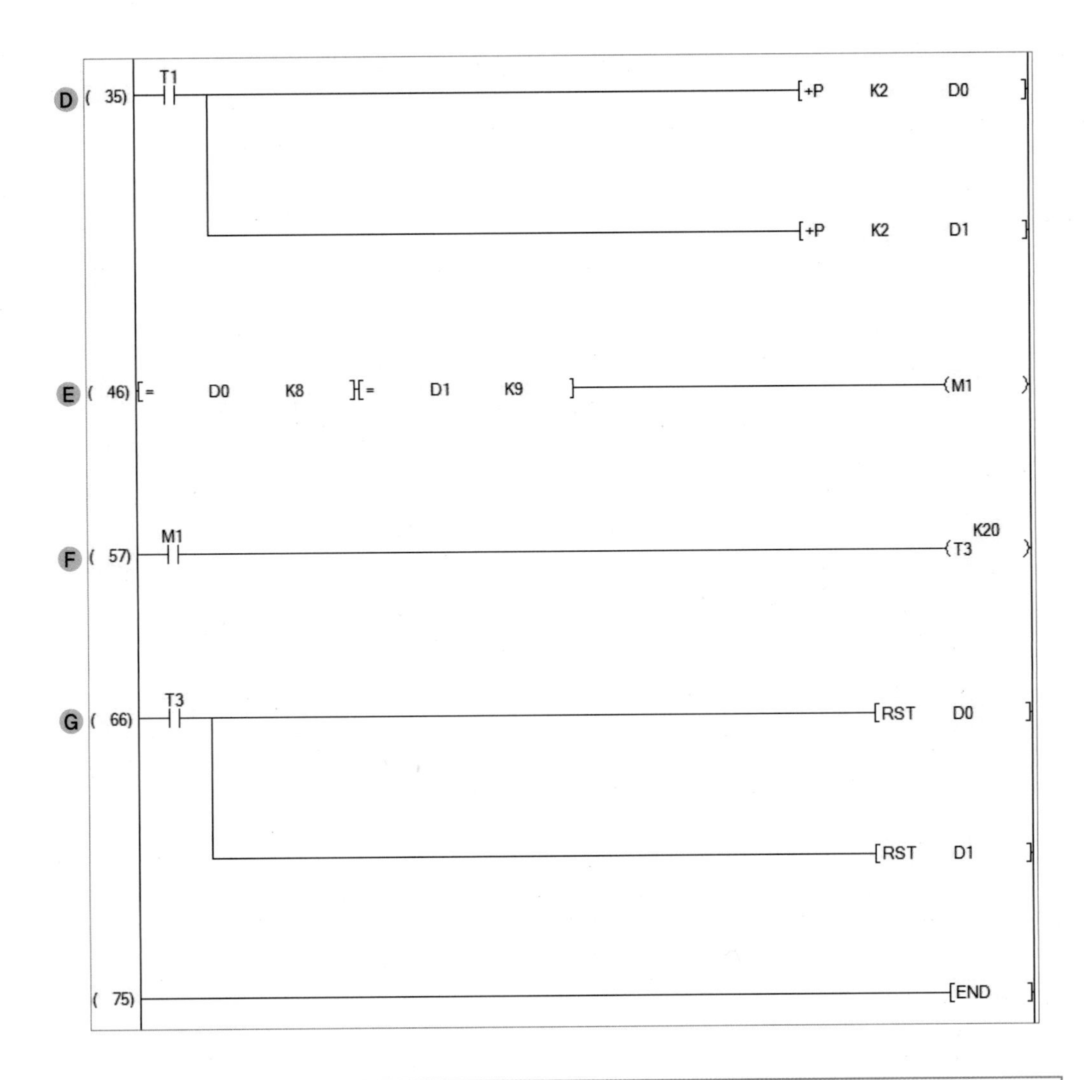

D	• T1이 ON 되면 D0과 D1에 각각 상수 2를 더한다.
E	• D0의 값이 8과 같고 D1의 값이 9와 같으면 M1이 ON 된다.
F	• M1이 ON 되면 T3이 2초 후에 ON이 된다.
G	• T3이 ON 되면 D0과 D1을 리셋시킨다.

(6) 금속 / 비금속 검출횟수 표현하기

① 비금속 검출 시 램프 1 2초간 점등

② 금속 검출 시 램프 2 2초간 점등

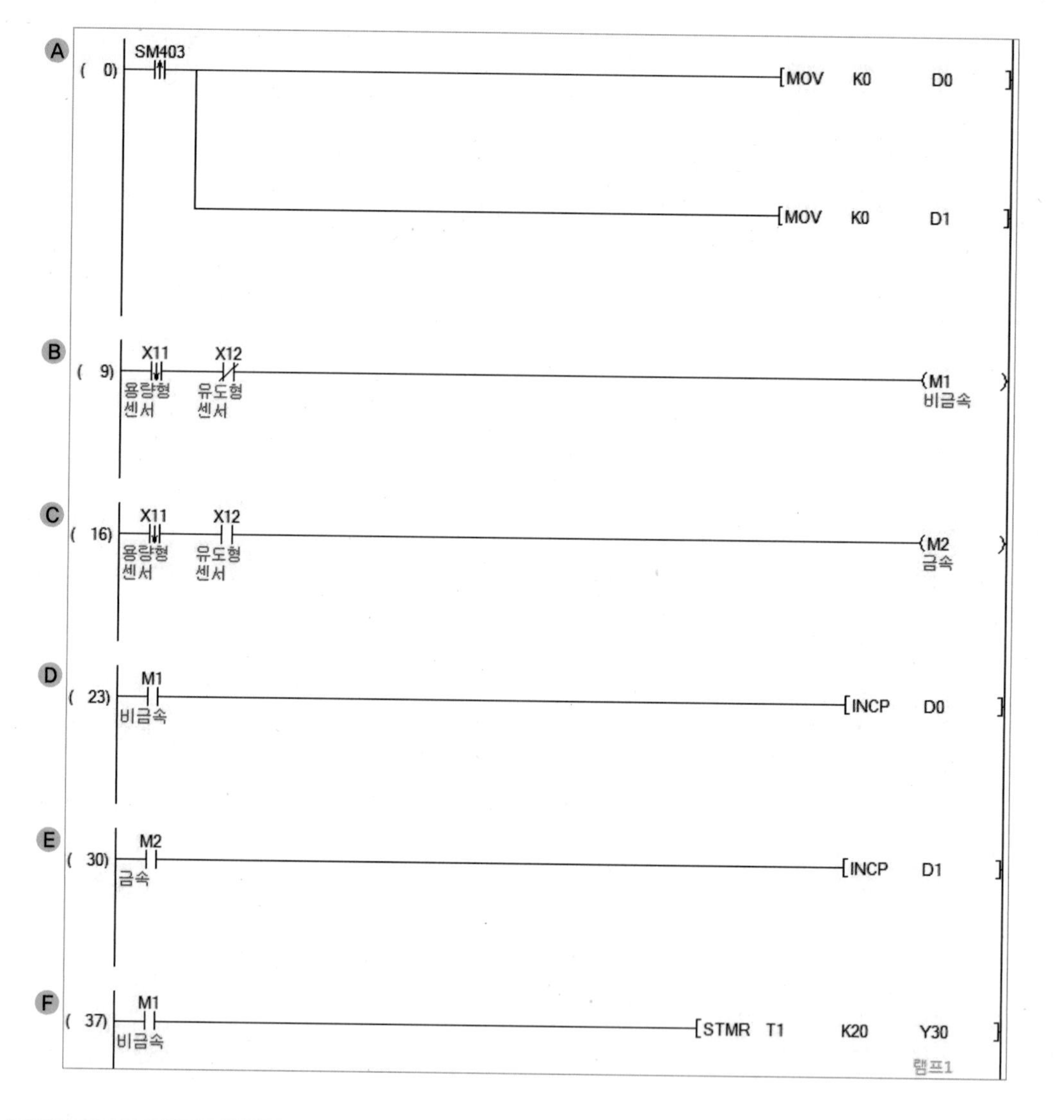

A	• PLC를 ON 시키면 D0과 D1에 각각 상수 0을 전송한다.
B	• 비금속 감지
C	• 금속 감지
D	• 비금속이 감지되면 D0의 값에 1을 더한다.
E	• 금속이 감지되면 D1의 값에 1을 더한다.
F	• 비금속이 감지되면 오프딜레이 타이머가 작동하여 2초간 Y30(램프 1)을 점등시킨다.

```
G ( 46) ─┤├─ M2 (금속) ──────────────[STMR  T2  K20  Y31 (램프2)]
  ( 55) ─────────────────────────────[END]
```

G	금속이 감지되면 오프딜레이 타이머가 동작하여 2초간 Y31(램프 2)을 점등시킨다.

(7) 공급된 공작물 수량 표현하기

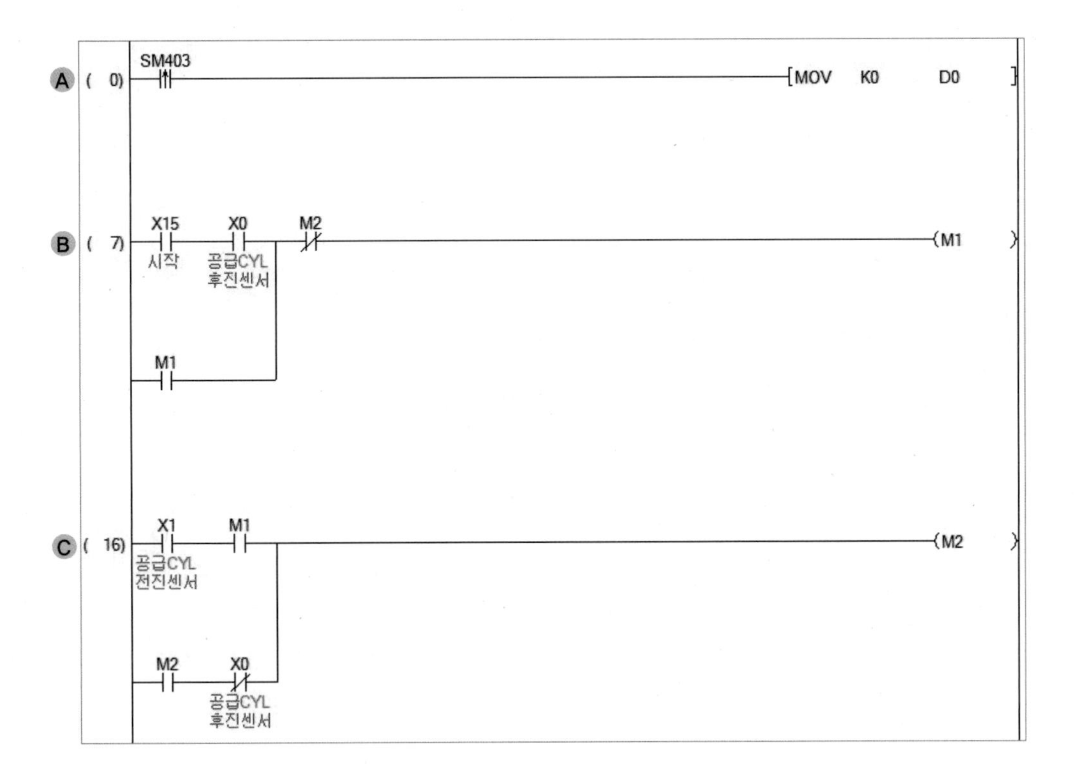

A	• PLC를 ON 시키면 D0에 상수 0을 전송한다.
B	• PB1을 누르면 M1이 ON 된다(자기유지). • M2가 ON 되면 M1의 자기유지가 끊긴다.
C	• X1이 ON 되면 M2가 ON 되고(자기유지) X0이 ON 되면 자기유지가 끊긴다.

D	• M1이 ON 되면 D0의 값에 1을 더한다.
E	• M1이 ON 되면 공급실린더가 전진한다. • M2가 ON 되면 M1 신호를 끊어준다.
F	• M2가 ON 되면 공급실린더를 후진시킨다.

16 숫자 표시하기 2

(1) FND 초기 상태 = 0을 표시하고 0 3 6 9 0 을 3초 간격으로 표시한다.

① FND=3일 때 램프 1 점등

② FND=6일 때 램프 2 점등

③ FND=9일 때 램프 3 점등

④ PB2를 누르면 초기 상태로 돌아간다.

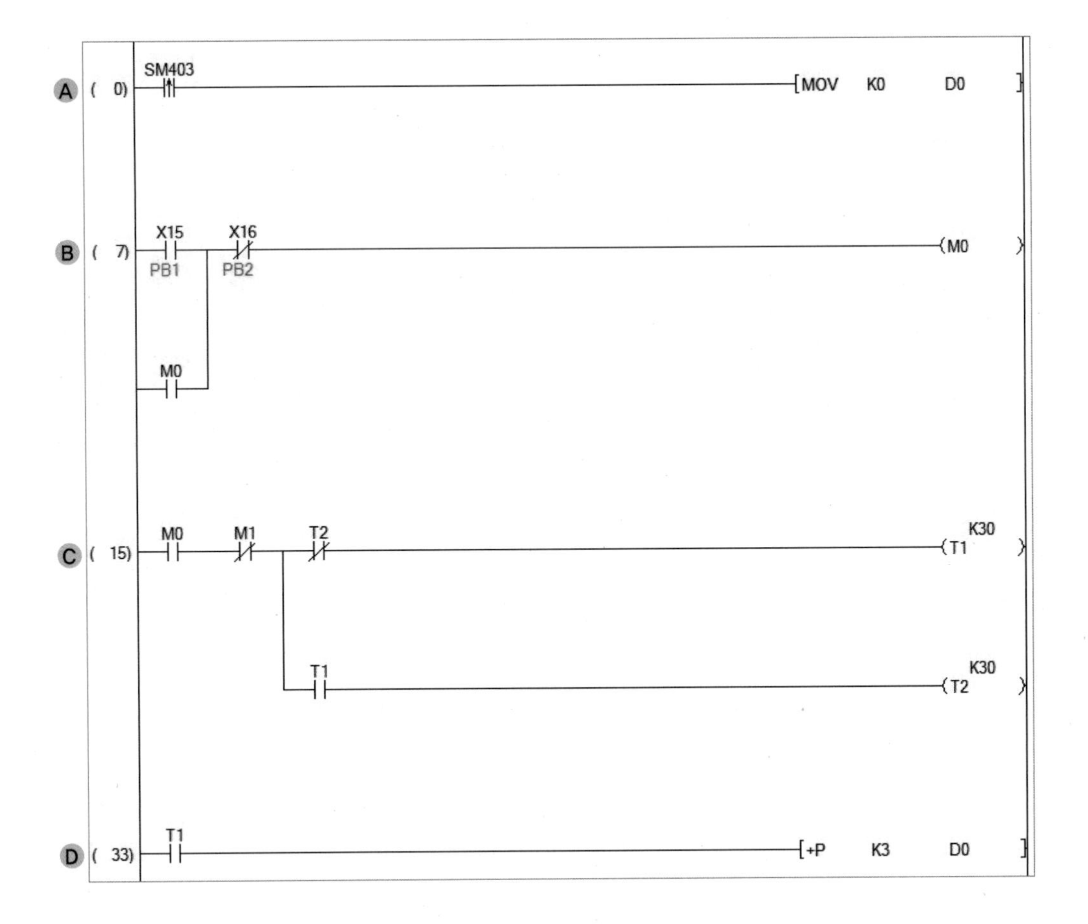

A	• PLC RUN을 하면 D0에 상수 0을 전송한다.
B	• PB1을 누르면 M0이 자기유지가 된다.
C	• M0으로 온딜레이 타이머 2개로 만든 플리커 타이머가 작동한다. • M1이 ON 되면 타이머 작동을 정지시킨다.
D	• T1이 ON 되면 D0에 상수 3을 더한다.

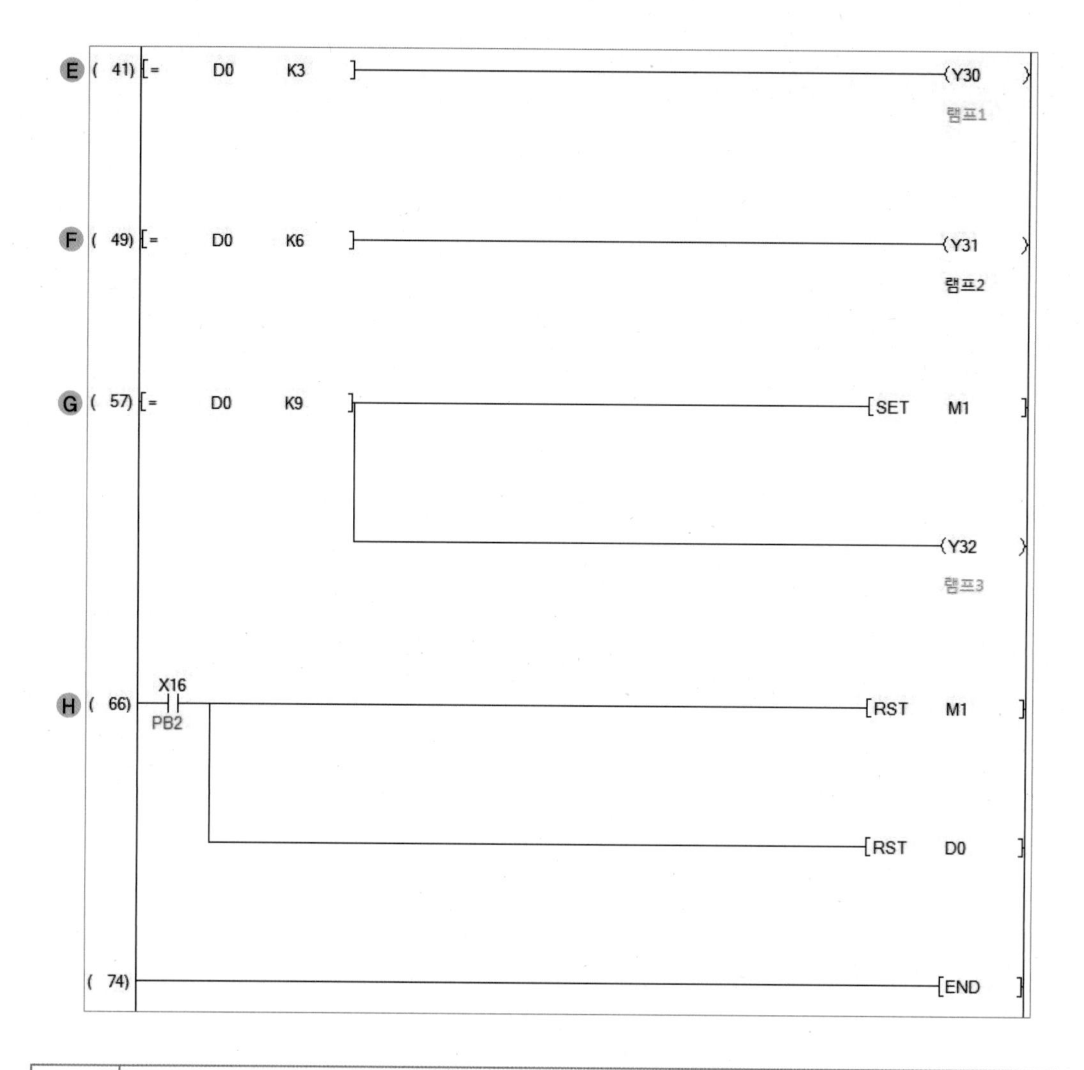

E	• D0의 값이 3과 같으면 Y30(램프 1)이 켜진다.
F	• D0의 값이 6과 같으면 Y31(램프 2)이 점등된다.
G	• D0의 값이 9와 같으면 Y32(램프 3)가 점등되고 M1을 SET시킨다.
H	• PB2를 누르면 M1과 D0을 리셋시킨다(초기 상태로 돌아간다).

(2) FND 초기 상태 = 50을 표시한다.

① PB1을 누를 때마다 1씩 감소, PB1을 2초 이상 누르고 있으면 1초 간격으로 0까지 감소한다.

② PB2를 누르면 초기 상태로 돌아간다.

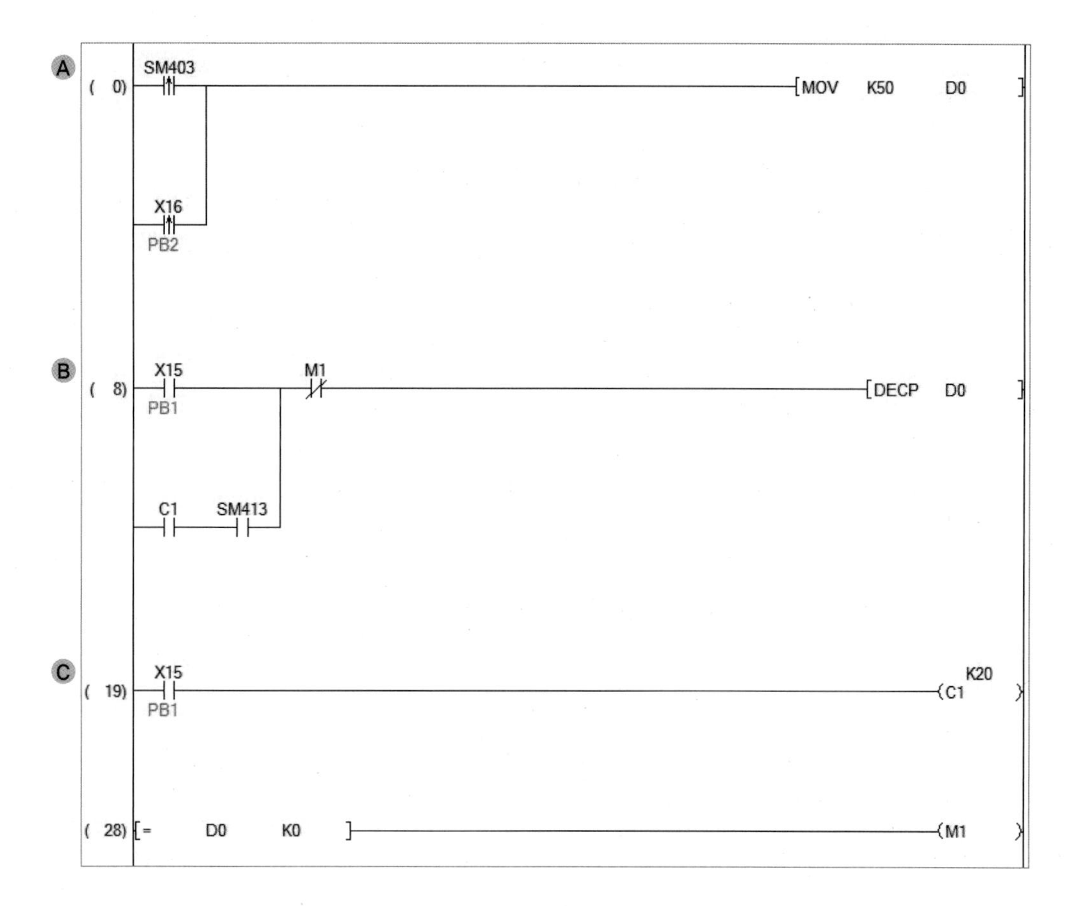

A	• PLC를 RUN시키면 D0에 상수 50을 전송한다. • PB2가 ON 되면 D0에 상수 50을 전송한다.
B	• PB1을 누르면 1씩 감소한다. • C1이 ON 되면 1초 간격으로 1씩 감소한다. • M1이 ON 되면 정지시킨다.
C	• X15를 2초 이상 누르면 C1이 ON 된다. • D0의 값이 0이 되면 M1이 ON된다.

D
(32) X16 PB2 [RST C1]
(41) [END]

D	• PB2를 누르면 C1을 리셋시킨다.

(3) FND 초기 상태 = 0을 표시한다.

① PB1을 누를 때마다 1씩 증가한다. PB1을 2초 이상 누르고 있으면 1초 간격으로 50까지 증가한다.

② FND가 10 이하일 때 램프 1이 0.5초 간격으로 점멸

③ FND가 11 이상 20 이하일 때 램프 1이 점등

④ FND가 21 이상 30 이하일 때 램프 1이 1초 간격으로 점멸

⑤ FND가 31 이상 40 이하일 때 램프 1이 점등

⑥ FND가 41 이상 50 이하일 때 램프 1이 2초 간격으로 점멸

⑦ PB2를 누르면 초기 상태로 돌아간다.

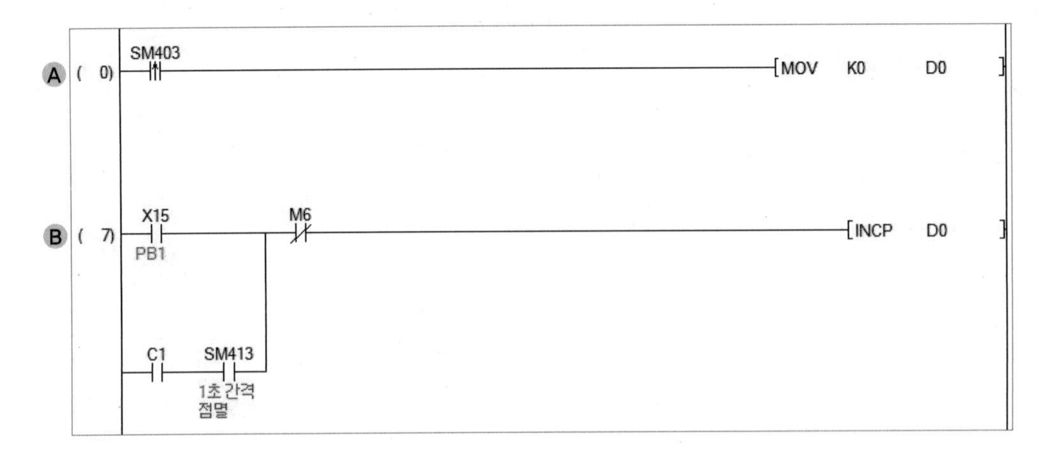

A	• PLC가 ON되면 D0에 상수 0을 전송한다.
B	• PB1을 누르면 D0을 1씩 증가시킨다. • C1이 ON 되면 1초 간격으로 D0을 1씩 증가시킨다. • M6이 ON 되면 정지시킨다.

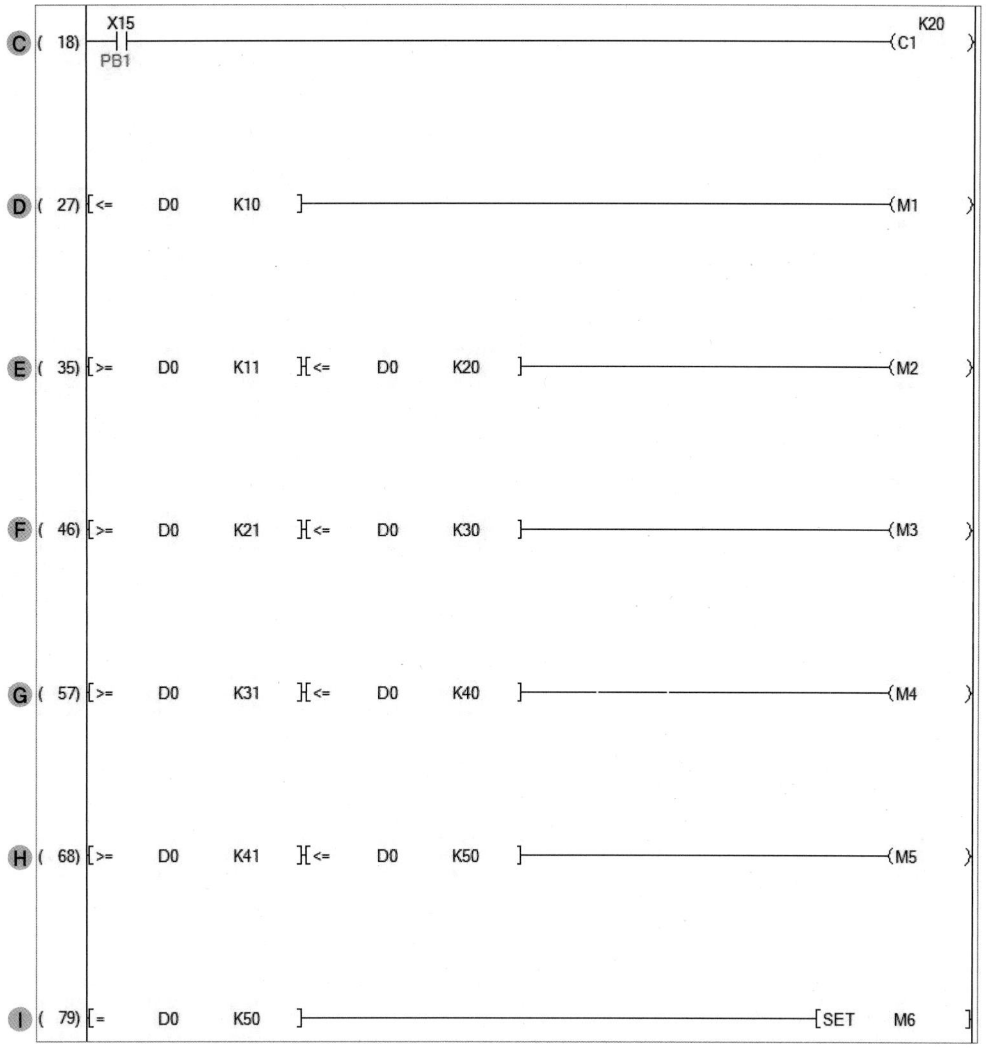

```
C ( 18)  X15                                                          K20
        ─┤├──────────────────────────────────────────────────────────(C1   )
         PB1

D ( 27) [<=   D0   K10   ]───────────────────────────────────────────(M1   )

E ( 35) [>=   D0   K11   ][<=   D0   K20   ]─────────────────────────(M2   )

F ( 46) [>=   D0   K21   ][<=   D0   K30   ]─────────────────────────(M3   )

G ( 57) [>=   D0   K31   ][<=   D0   K40   ]─────────────────────────(M4   )

H ( 68) [>=   D0   K41   ][<=   D0   K50   ]─────────────────────────(M5   )

I ( 79) [=    D0   K50   ]──────────────────────────────────[SET    M6   ]
```

C	• PB1을 2초 이상 누르면 C1이 ON 된다.
D	• D0의 값이 10보다 작거나 같으면 M1이 ON 된다.
E	• D0의 값이 11보다 크거나 같고 20보다 작거나 같으면 M2가 ON 된다.
F	• D0의 값이 21보다 크거나 같고 30보다 작거나 같으면 M3이 ON 된다.
G	• D0의 값이 31보다 크거나 같고 40보다 작거나 같으면 M4가 ON 된다.
H	• D0의 값이 41보다 크거나 같고 50보다 작거나 같으면 M5가 ON 된다.
I	• D0의 값이 50과 같으면 M6을 세트시킨다.

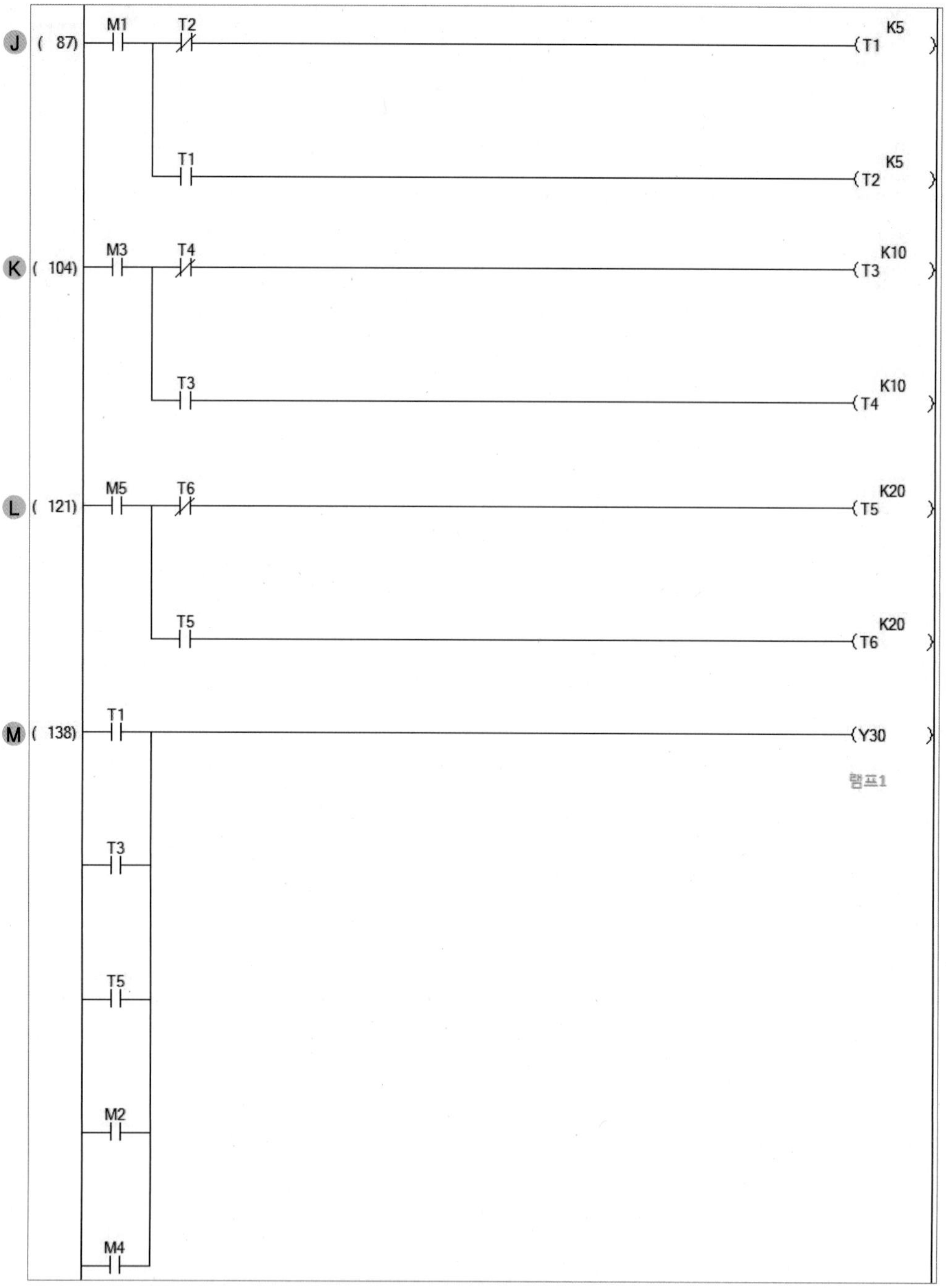

```
J ( 87)  M1 ─┬─ T2(b) ──────────── (T1 K5)
             └─ T1 ─────────────── (T2 K5)
K ( 104) M3 ─┬─ T4(b) ──────────── (T3 K10)
             └─ T3 ─────────────── (T4 K10)
L ( 121) M5 ─┬─ T6(b) ──────────── (T5 K20)
             └─ T5 ─────────────── (T6 K20)
M ( 138) T1 ─┬──────────────────── (Y30)
         T3 ─┤                     램프1
         T5 ─┤
         M2 ─┤
         M4 ─┘
```

J	• M1이 ON 되면 0.5초 간격으로 T1, T2가 ON / OFF 한다.
K	• M3이 ON 되면 1초 간격으로 T3, T4가 ON / OFF 한다.
L	• M5가 ON 되면 2초 간격으로 T5, T6이 ON / OFF 한다.
M	• T1, T3, T5, M2, M4가 각각 ON 되면 Y30(램프 1)이 점등된다.

N	• PB2를 누르면 M0과 D0을 리셋시킨다.

(4) FND1 / FND2 표현(각 단계는 2초씩 유지)

① 1단계 : 4 / 4

② 2단계 : 3 / 3

③ 3단계 : 2 / 2

④ 4단계 : 1 / 1

⑤ 4단계 이후 : 0 / 0 표시

⑥ PB2를 누르면 초기 상태로 돌아간다.

A	• PLC를 ON 시키면 D0과 D1에 상수 4를 전송한다. • PB2가 ON 되면 D0과 D1에 상수 4를 전송한다(초기 상태로).

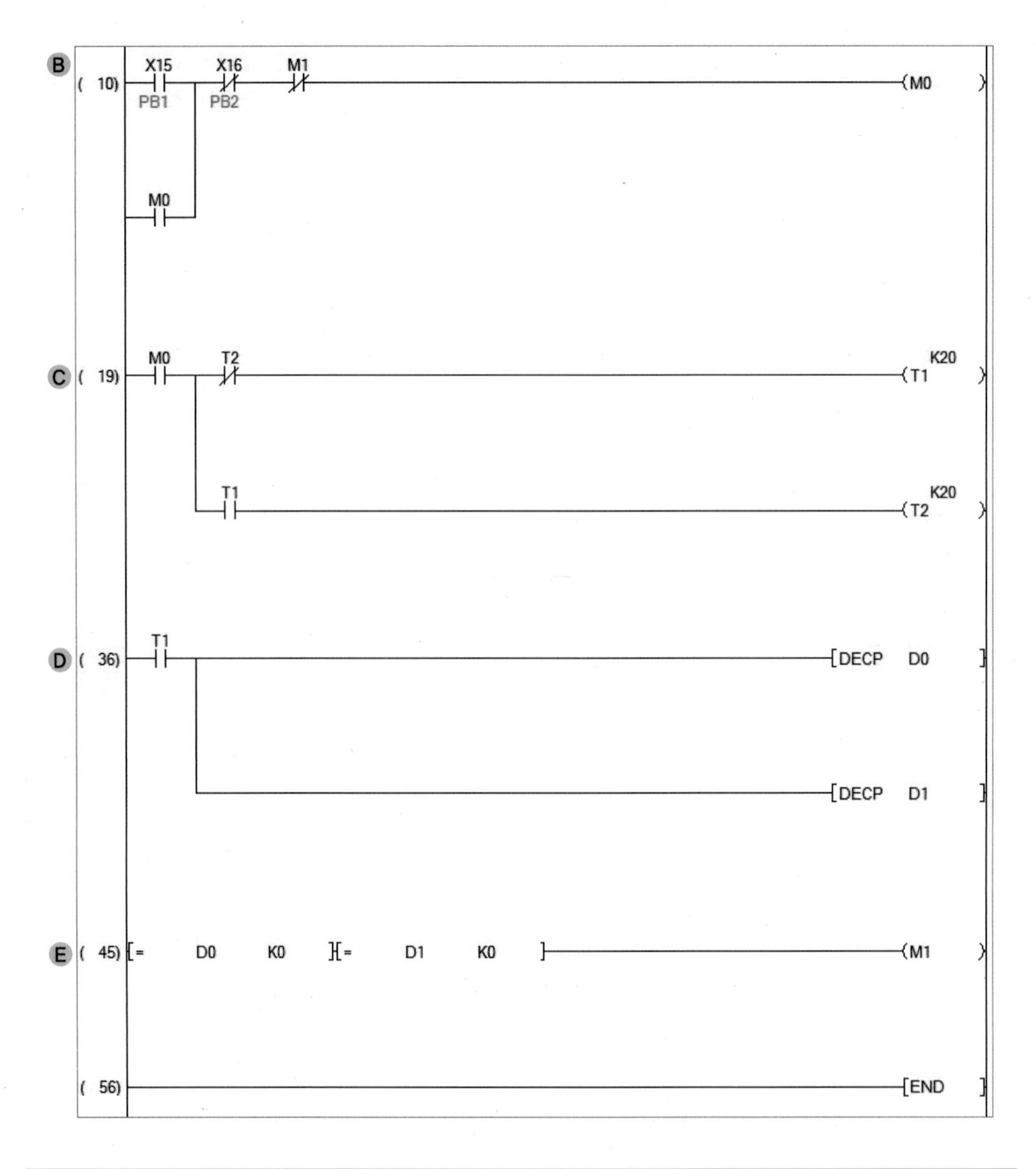

B	• PB1을 누르면 M0이 ON 된다(자기유지). • PB2가 ON 되면 M0 자기유지가 끊긴다. • M1이 ON 되면 M0 자기유지가 끊긴다.
C	• M0이 ON 되면 2초 간격으로 T1, T2가 ON / OFF 된다.
D	• T1이 ON 되면 D0과 D1을 1씩 감소시킨다.
E	• D0과 D1의 값이 0과 같으면 M1이 ON 된다.

(5) FND1 / FND2 표현(각 단계 2초씩 유지)

① 1단계 : 0 / 1

② 2단계 : 2 / 3

③ 3단계 : 4 / 5

④ 4단계 : 6 / 7

⑤ 5단계 : 8 / 9

⑥ 5단계 이후 : 0 / 0 표시

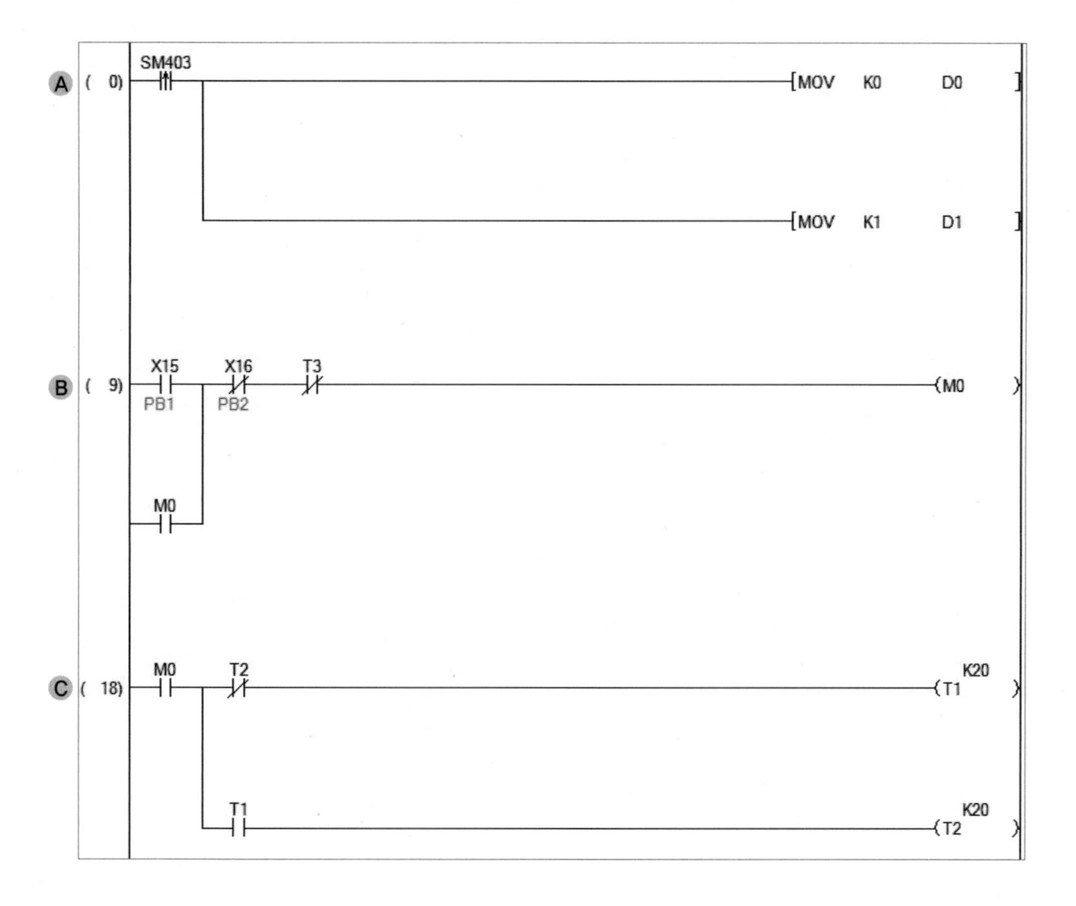

A	• PLC를 ON 시키면 D0과 D1에 각각 0 / 1을 전송한다.
B	• PB1을 누르면 M0이 ON 된다(자기유지). • PB2를 누르면 M0의 자기유지가 끊긴다. • T3이 ON 되면 M0의 자기유지가 끊긴다.
C	• M0이 ON 되면 2초 간격으로 T1, T2가 ON / OFF 한다.

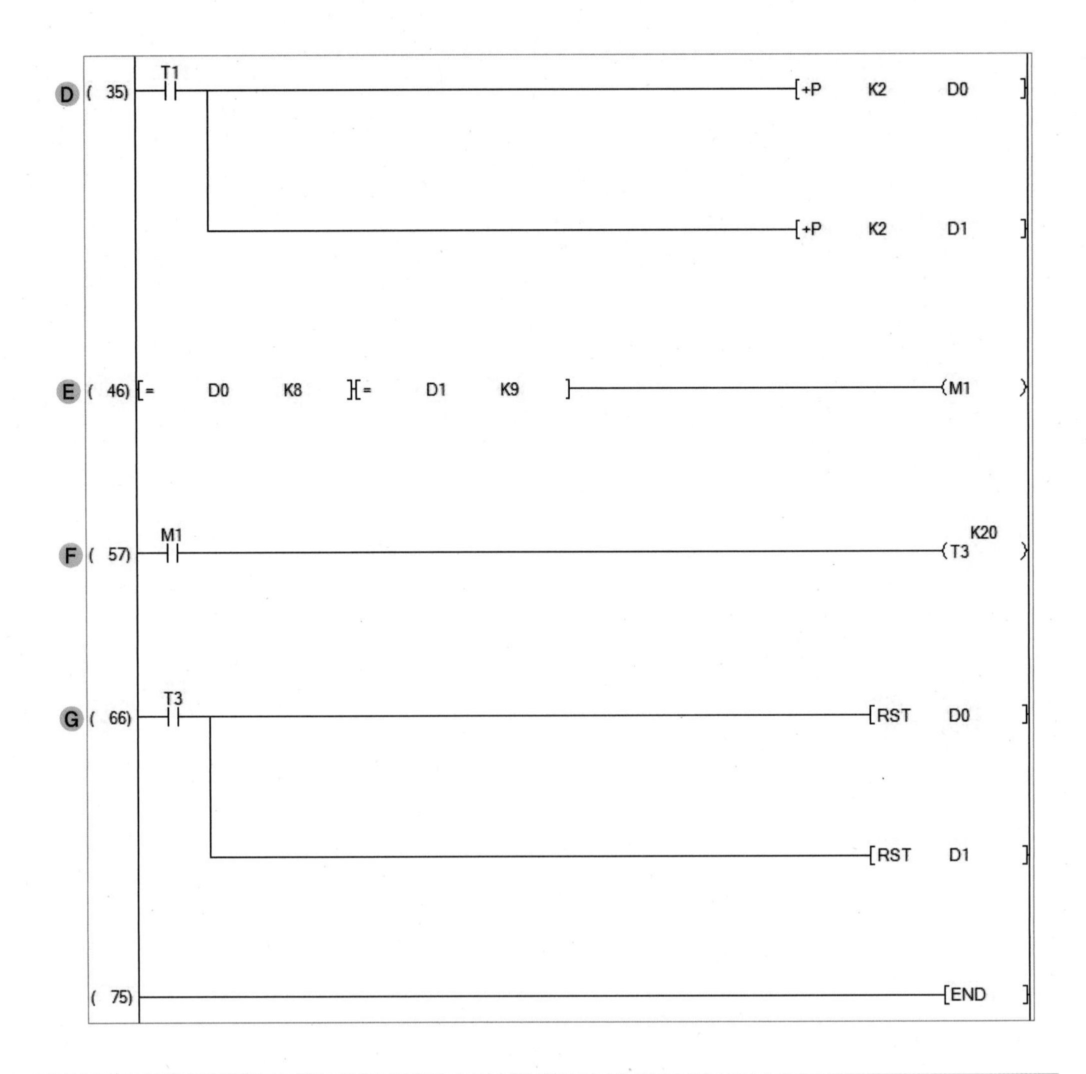

D	• T1이 ON 되면 D0과 D1에 각각 상수 2를 더한다.
E	• D0의 값이 8과 같고 D1의 값이 9와 같으면 M1이 ON 된다.
F	• M1이 ON 되면 T3이 2초 후에 ON이 된다.
G	• T3이 ON 되면 D0과 D1을 리셋시킨다.

(6) 금속 / 비금속 검출횟수 표현하기

① 비금속 검출 시 램프 1 2초간 점등

② 금속 검출 시 램프 2 2초간 점등

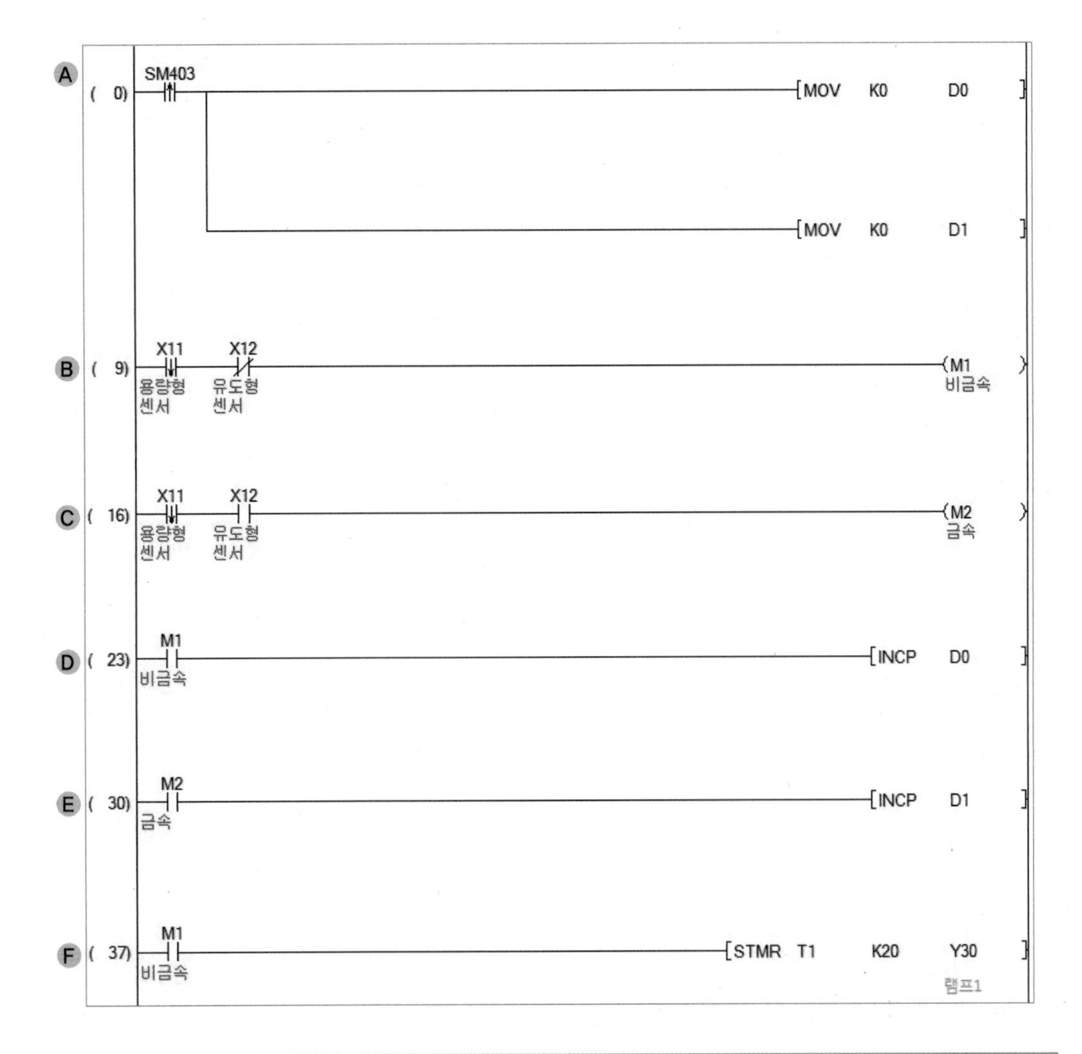

A	• PLC를 ON 시키면 D0과 D1에 각각 상수 0을 전송한다.
B	• 비금속 감지
C	• 금속 감지
D	• 비금속이 감지되면 D0의 값에 1을 더한다.
E	• 금속이 감지되면 D1의 값에 1을 더한다.
F	• 비금속이 감지되면 오프딜레이 타이머가 작동하여 2초간 Y30(램프 1)을 점등시킨다.

G
(46) M2 금속 [STMR T2 K20 Y31 램프2]
(55) [END]

G	금속이 감지되면 오프딜레이 타이머가 동작하여 2초간 Y31(램프 2)를 점등시킨다.

(7) 공급된 공작물 수량 표현하기

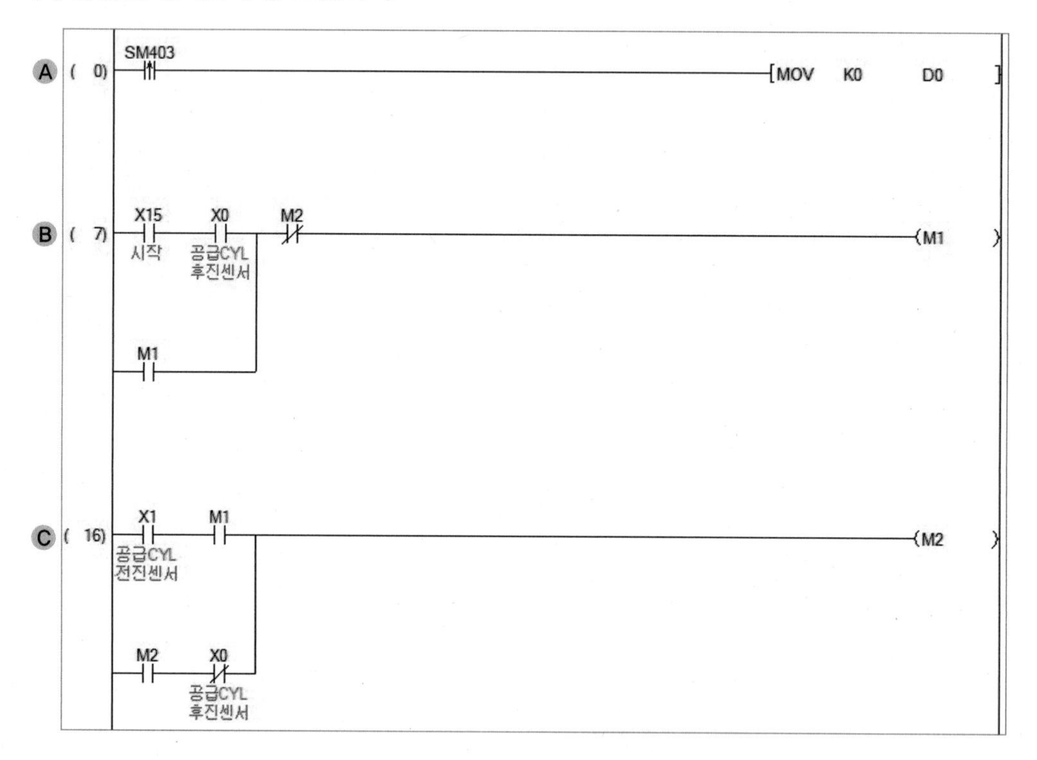

A	• PLC를 ON 시키면 D0에 상수 0을 전송한다.
B	• PB1을 누르면 M1이 ON 된다(자기유지). • M2가 ON 되면 M1의 자기유지가 끊긴다.
C	• X1이 ON 되면 M2가 ON 되고(자기유지) X0이 ON 되면 자기유지가 끊긴다.

D	• M1이 ON 되면 D0의 값에 1을 더한다.
E	• M1이 ON 되면 공급실린더가 전진한다. • M2가 ON 되면 M1 신호를 끊어준다.
F	• M2가 ON 되면 공급실린더를 후진시킨다.

17 서보 기동 준비하기

예제 XG5000 소프트웨어에서 위치 결정 카드 환경을 설정하고 서보모터를 테스트 운전하시오.

(1) 인텔리전트 기능 모듈 추가

① **내비게이션** 창에서 **인텔리전트 기능 모듈**을 마우스 오른쪽 버튼으로 클릭하여 **새 모듈 추가**를 선택한다.

② **그림 1**에 표시된 것과 동일하게 선택 및 입력한다.

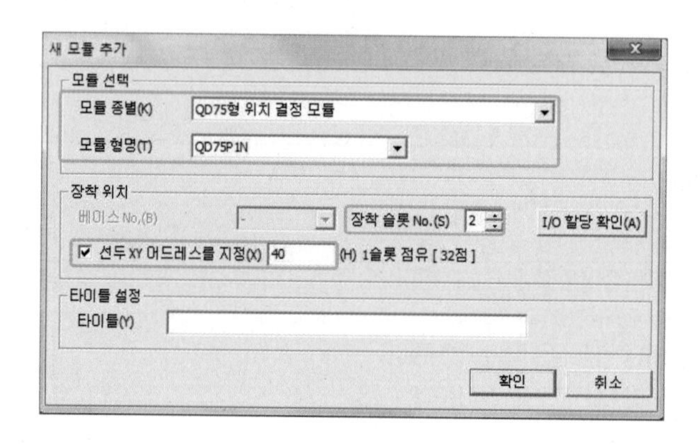

그림 1

③ **인텔리전트 기능 모듈** 하위에 **0040:QD75P1N** 폴더가 생성된다.

(2) 파라미터 설정

① **파라미터** 창을 열어 **그림 2**와 같이 표시된 부분을 확인, 수정한다.

② **JOG 속도 제한값**은 JOG가 움직일 때 매초 최대 이동하는 펄스수이다(JOG 운전 시 이 값을 넘지 않도록 한다).

③ **원점 복귀 방향**은 0 : **정방향**과 1 : **부방향**이 있는데 원점 복귀 시 0:**정방향**으로 설정하면 위로 상승하고 1:**부방향**으로 설정하면 아래로 하강한다.

④ **원점 복귀 속도**와 **클리프 속도**는 원하는 펄스로 설정해주면 된다.

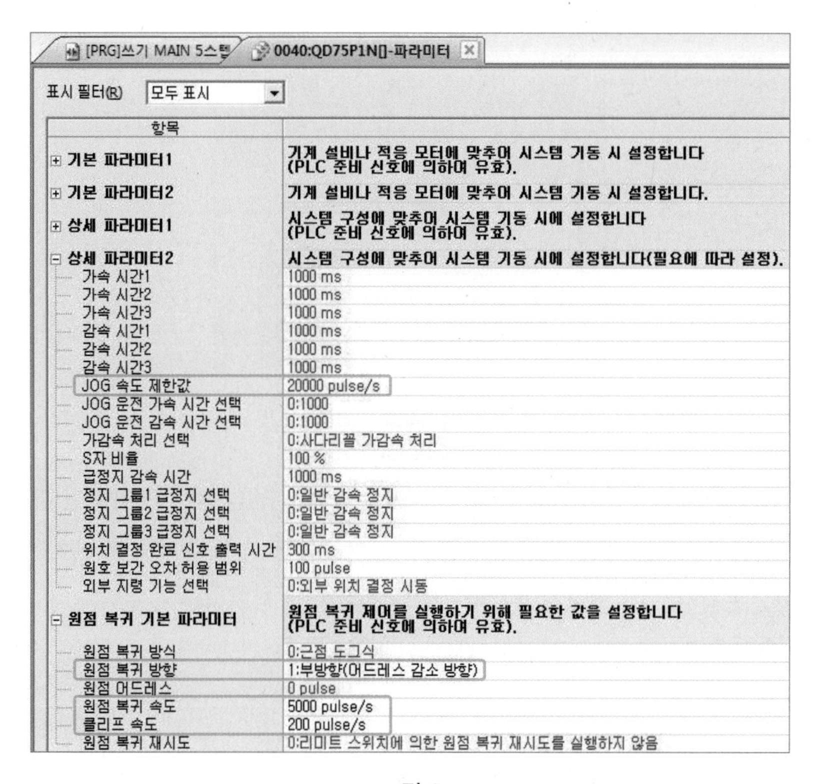

그림 2

(3) 서보 위치 결정

① **축1_위치_결정_데이터** 창을 연다.

② **운전 패턴, 제어 방식, 위치 결정 어드레스, 지령 속도**를 원하는 값으로 입력, 설정한다.

③ **위치 결정 어드레스**는 위치 결정 모듈 테스트에서 위치 확인 후 해당 값을 입력한다.

[PRG]쓰기 MAIN 5스텝 | 0040:QD75P1N[]-파라미터 | 0040:QD75P1N[]-축1_위치_...

표시 필터(R) 모두 표시 | 오프라인 시뮬레이션(L) | 지령 속도의 자동 계산(U) | 보조 원호의 자동 계산(A)

No.	운전 패턴	제어 방식	보간 대상 축	가속 시간 No.	감속 시간 No.	위치 결정 어드레스	원호 어드레스	지령 속도	드웰 타임	M 코드
1	0:종료	01h:ABS 직선1	-	0:1000	0:1000	0 pulse	0 pulse	3000 pulse/s	0 ms	0
	<위치 결정 코멘트>									
2	0:종료	01h:ABS 직선1	-	0:1000	0:1000	0 pulse	0 pulse	3000 pulse/s	0 ms	0
	<위치 결정 코멘트>									
3	0:종료	01h:ABS 직선1	-	0:1000	0:1000	0 pulse	0 pulse	3000 pulse/s	0 ms	0
	<위치 결정 코멘트>									
4	0:종료	01h:ABS 직선1	-	0:1000	0:1000	0 pulse	0 pulse	3000 pulse/s	0 ms	0
	<위치 결정 코멘트>									

그림 3

(4) 서보 위치 결정 모듈 테스트

① 상단의 **위치 결정 모듈 테스트** 아이콘을 클릭해 모듈을 선택하고 확인한다.

그림 4

② **위치 결정 테스트** 창에서 **기능 선택 : JOG/수동 펄서/원점 복귀**를 선택한다.

③ 위치를 정해주기 전에 반드시 **원점 복귀** 버튼을 눌러 송신 현재값을 0 pulse로 바꾼다.

④ 원점 복귀 완료 후 정회전(정회전) · 역회전(역회전) 시의 JOG 속도를 정해준 후 **정운전 · 역운전** 버튼을 이용하여 위치를 잡아준다.

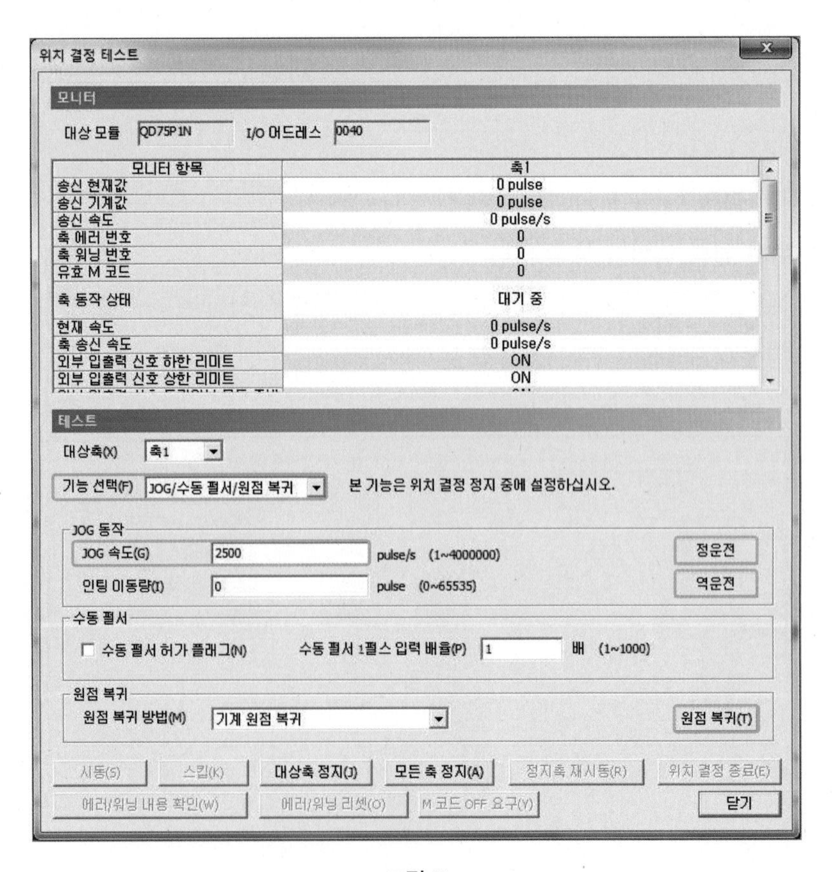

그림 5

⑤ 원하는 위치로 이동 후 **송신 현재값**을 **그림 3**의 **위치 결정 어드레스**에 넣어준다.

(5) 위치 결정 테스트에서 시운전하기

① **위치 결정 테스트**를 통해 입력한 **위치 결정 어드레스**를 전송한 후 다시 **위치 결정 테스트** 창을 연다.

② **기능 선택**에서 **JOG/수동 펄서/원점 복귀**를 선택하고 **원점 복귀**를 한다(원점 복귀가 되어 있을 시 생략해도 된다) (❶).

③ **기능 선택**에서 **위치 결정 시동**을 선택한다.

④ **시동 데이터**에서 **위치 결정 데이터**에 원하는 위치를 입력한다(이때 위치 숫자는 위치 결정 어드레스의 NO.에 해당하는 숫자이다) (❷).

⑤ 원하는 위치 입력 후 **시동**을 누르면 해당 위치로 서보가 이동한다.

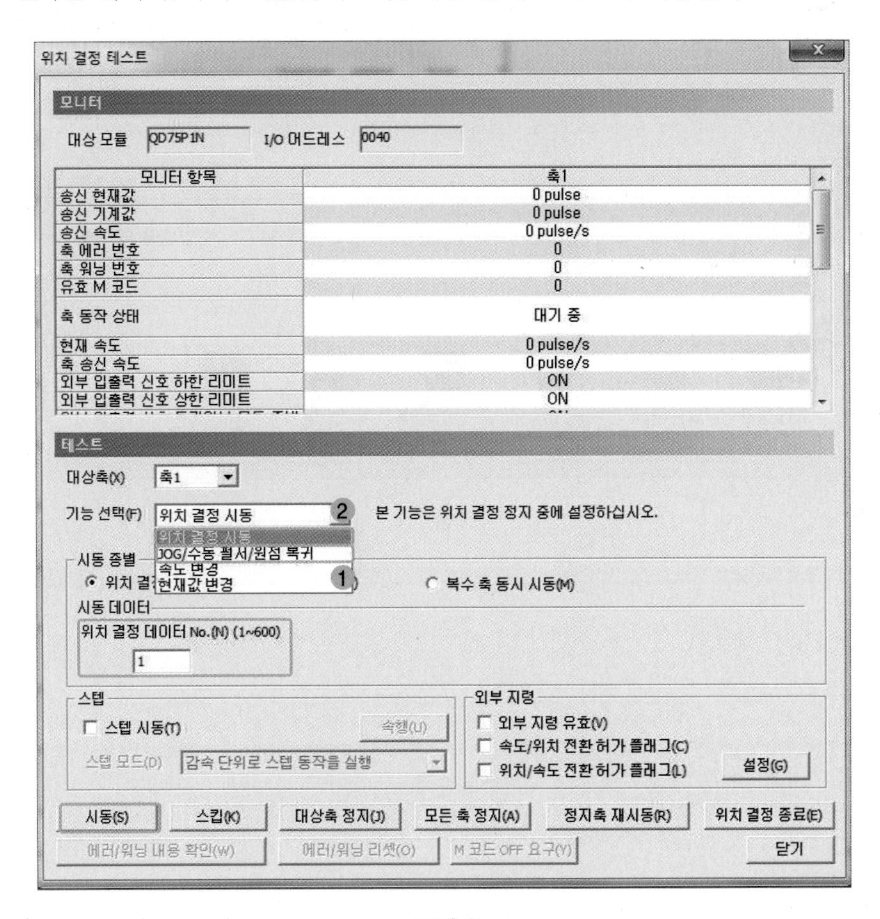

그림 6

(6) 서보 위치 결정 모듈 전송하기

① **온라인 – PLC 쓰기**를 클릭한다.

② **인텔리전트 기능 모듈** 창에서 해당 서보에 체크하고 **실행**을 클릭한다.

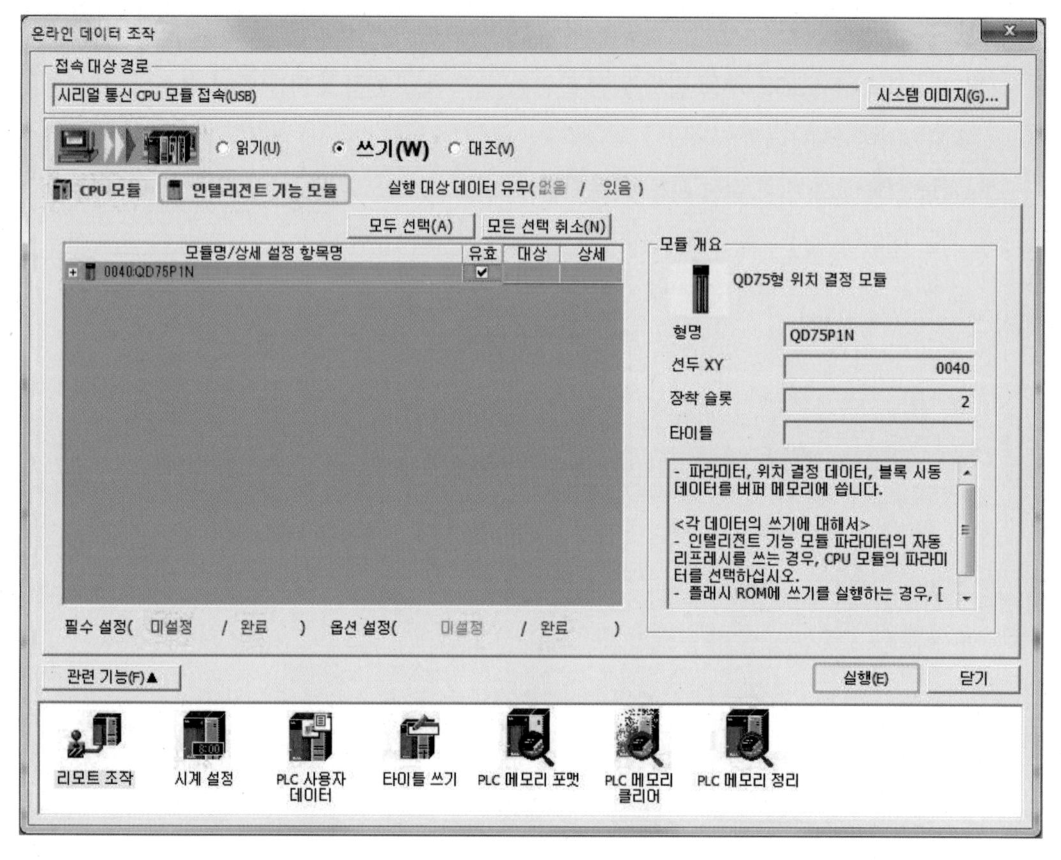

그림 7

18 창고에 순서대로 적재하기 1

예제 창고에 1 → 2 → 3 → 4 → 5 → 6 순서대로 적재하시오("18 서보 기동 준비하기" 참조).

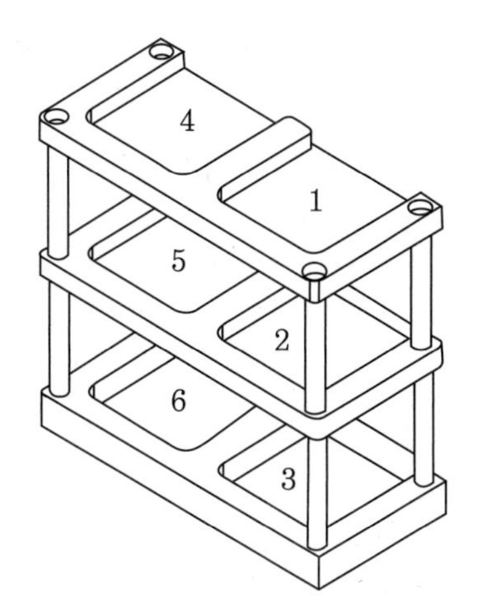

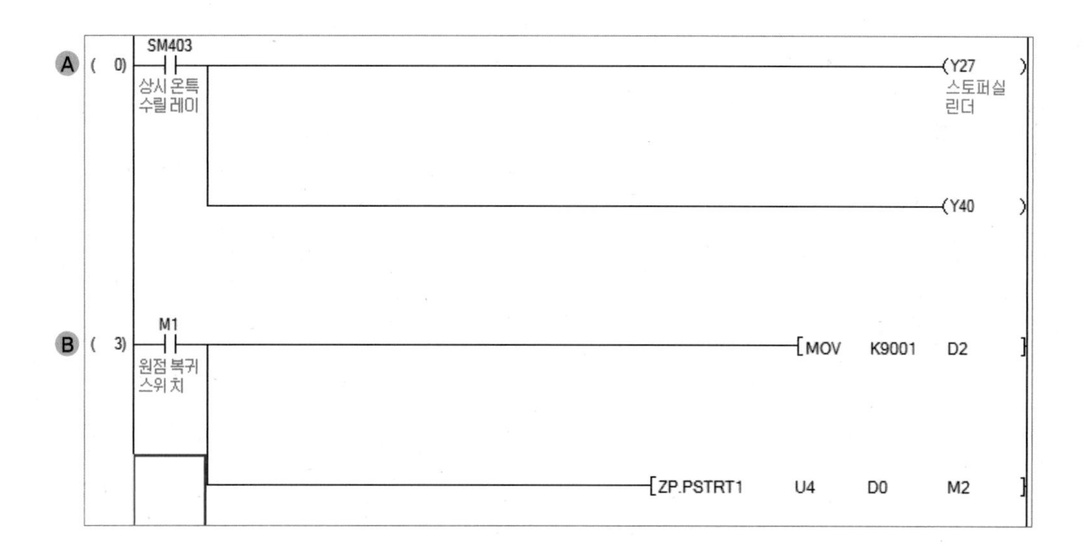

A	• 전원 ON시 위치결정카드 상시 ON(단, 스토퍼실린더는 임의지정)
B	• M1 터치 시 원점 복귀

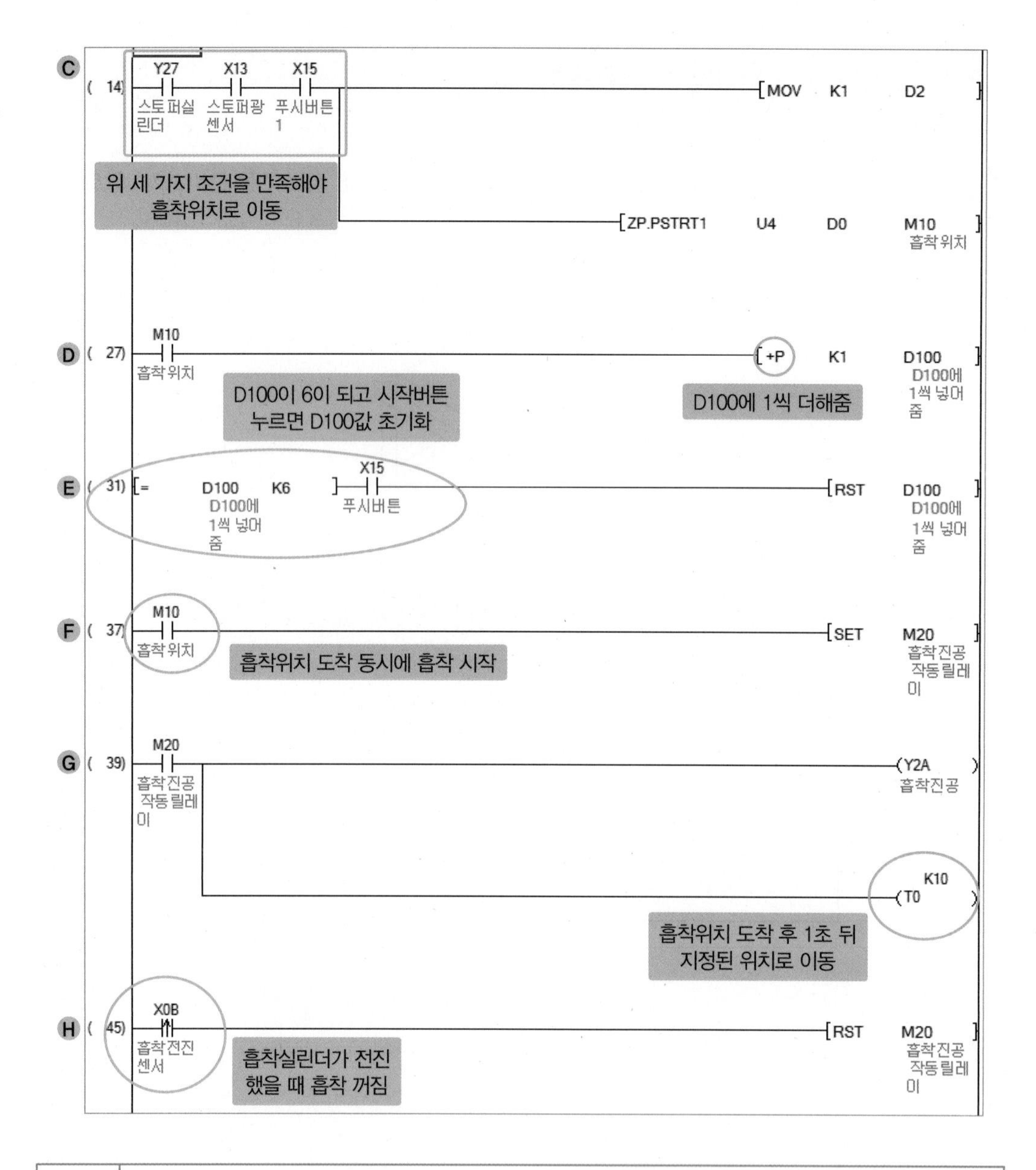

C	• 스토퍼 전진, 스토퍼광센서 인식 후 푸시버튼 누르면 흡착위치 이동
D	• 흡착위치 도착 시 D100에 **+P(펄스신호)**를 이용하여 1씩 더해줌
E	• D100이 6과 같고, 푸시버튼을 누르면 **RST 명령어 이용** D100값 초기화
F	• 흡착위치 도착 시 **SET 명령어**로 M20 자기유지
G	• M20으로 흡착진공 및 **T0(타이머 명령어)** 작동
H	• 흡착 전진펄스신호 이용 M20 자기유지 해제

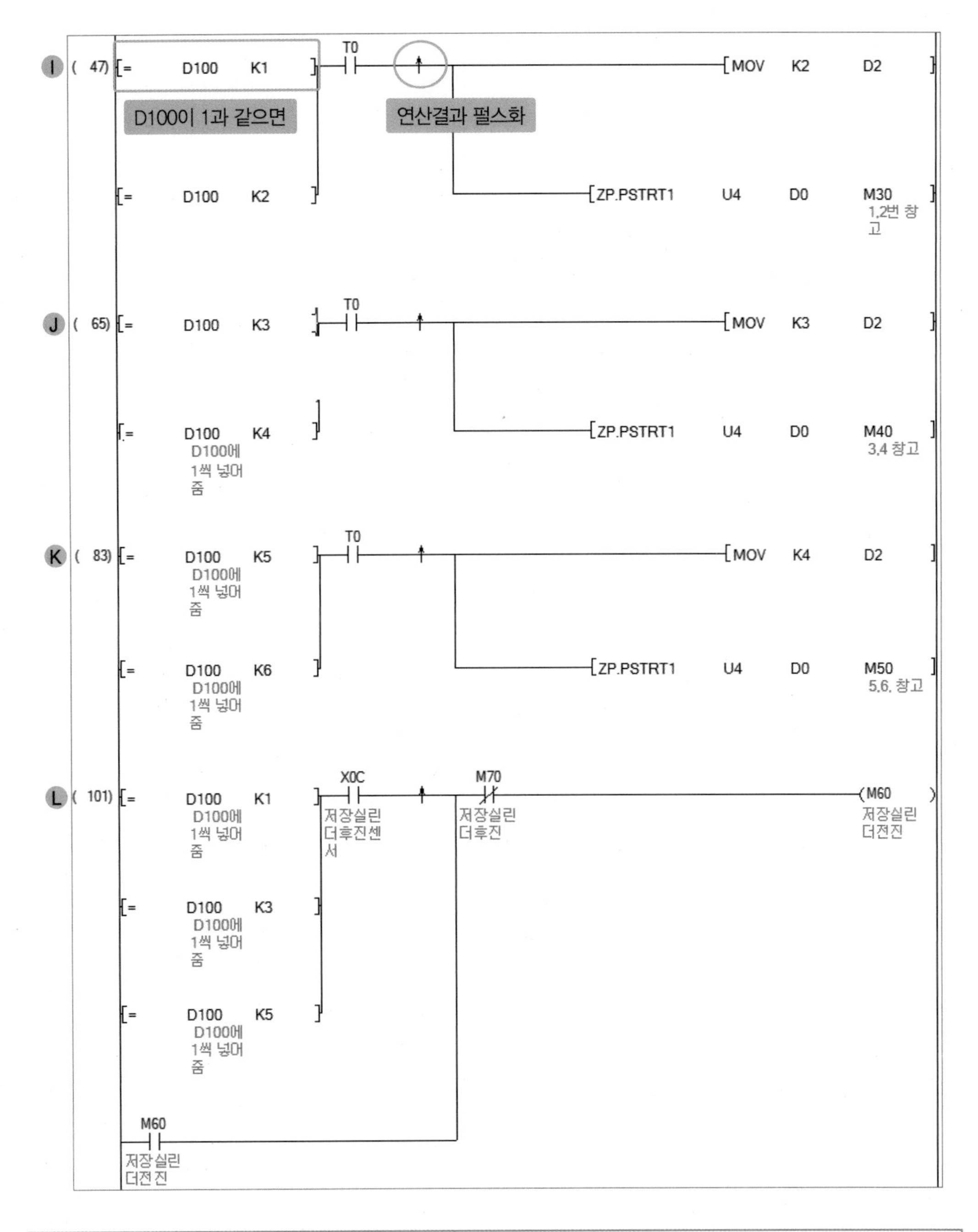

I	• D100값이 연산결과에 만족하고 T0이 켜지면 (↑) **펄스신호**로 작동
J	• I와 동일
K	• D100값이 연산결과에 만족하고 T0이 켜지면 (↑) **펄스신호**로 작동
L	• D100값이 연산결과에 만족하고 저장실린더가 후진 센서에 있으면 (↑) **펄스신호**로 작동 M60 저장실린더 전진릴레이 작동

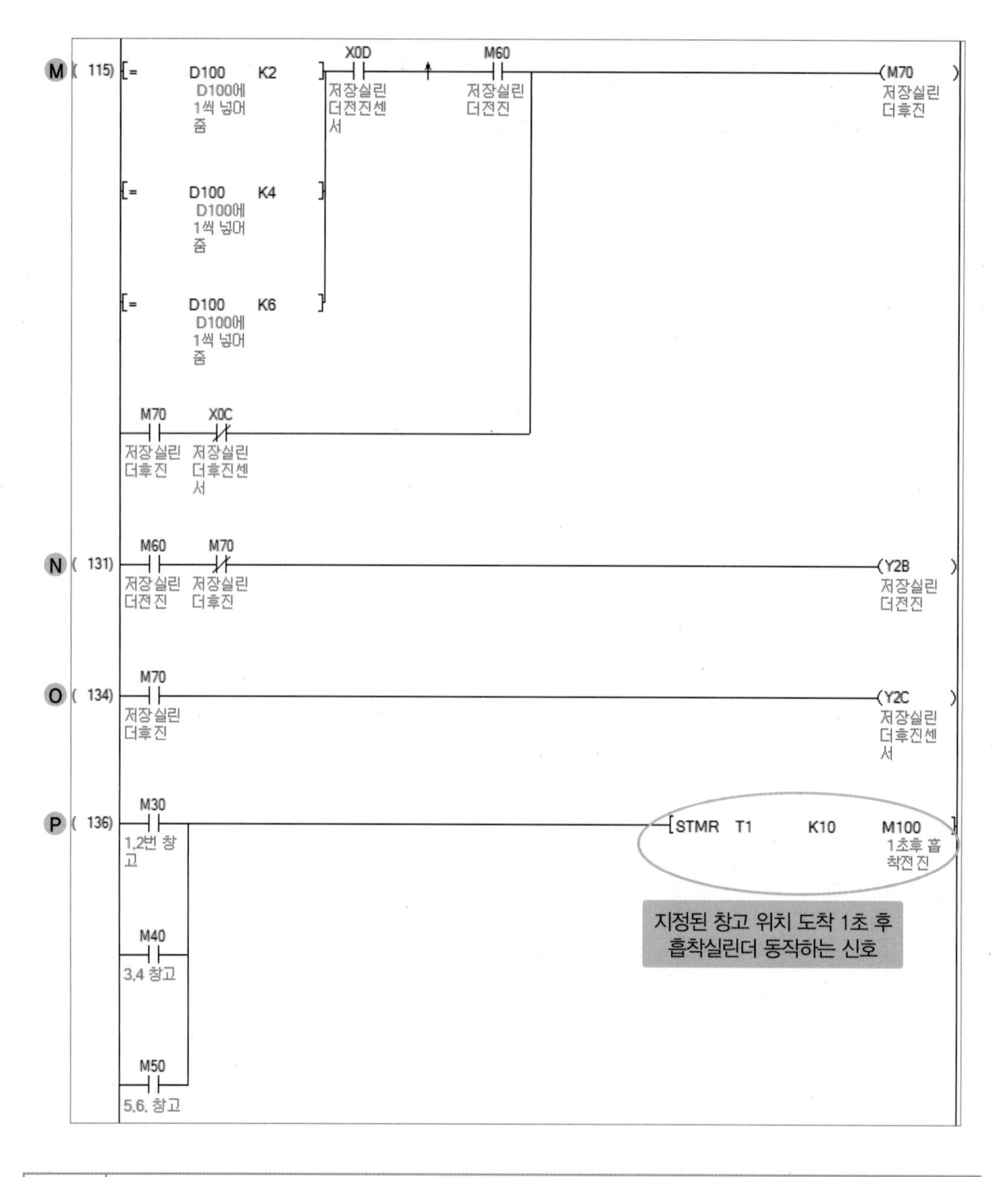

M	• D100값이 연산결과에 만족하고 저장실린더가 전진 센서에 있으면 (↑) **펄스신호**로 작동 M70 저장실린더 후진릴레이 작동
N	• 저장실린더 전진
O	• 저장실린더 후진
P	• 지정된 창고 도착신호가 들어온 뒤에 1초 OFF 딜레이 타이머 작동

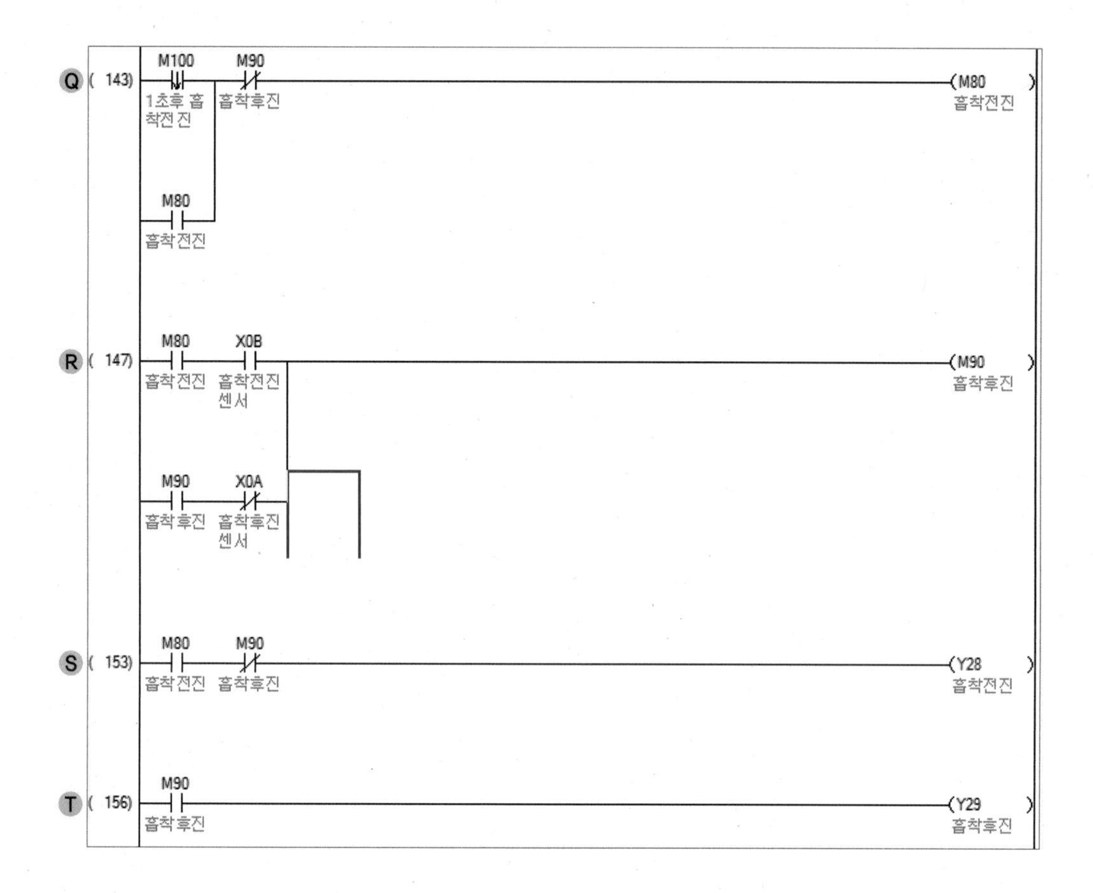

Q	• M1000이 꺼질 때 흡착실린더 전진릴레이 작동
R	• 흡착실린더가 전진하면 후진릴레이 작동
S	• M800이 들어오면 흡착실린더 전진
T	• M900이 들어오면 흡착실린더 후진

19 창고에 순서대로 적재하기 2

예제 창고에 1→3→5→2→4→6 순서대로 적재하시오("17. 서보 기동 준비하기" 참조).

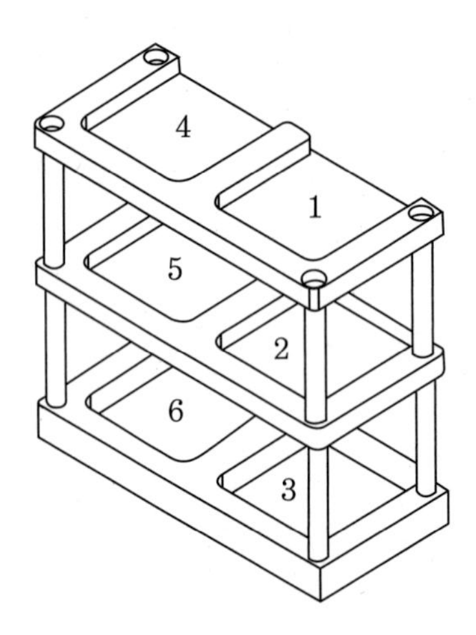

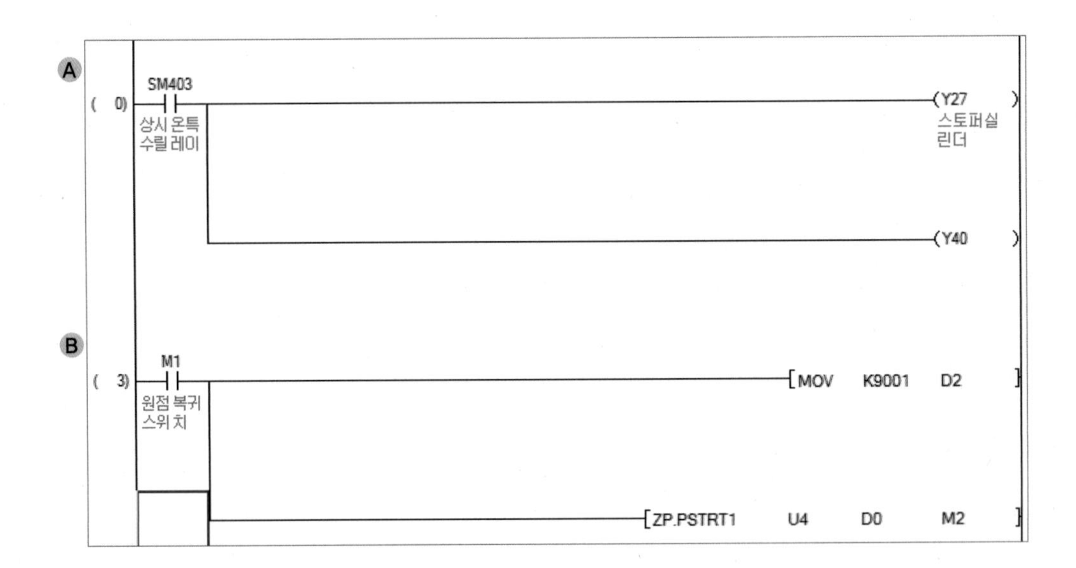

Ⓐ	• 전원 ON시 위치결정카드 상시 ON(스토퍼실린더는 예제를 위해 지정한 것임)
Ⓑ	• M1 터치 시 원점 복귀

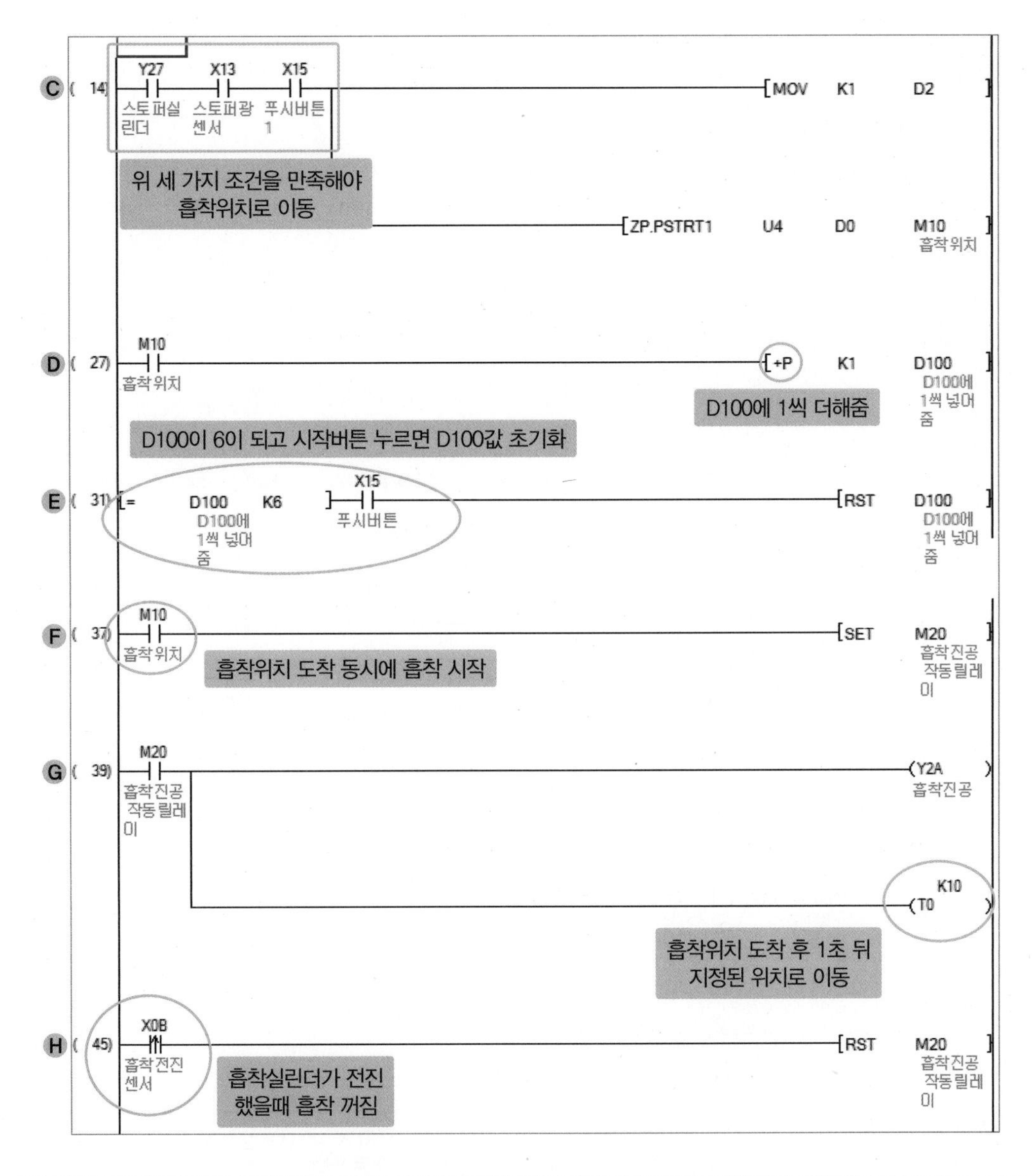

C	• 스토퍼 전진, 스토퍼광센서 인식 후 푸시버튼 누르면 흡착위치 이동
D	• 흡착위치 도착 시 D100에 **+P(펄스신호)**를 이용하여 1씩 더해줌
E	• D100이 6과 같고, 푸시버튼을 누르면 **RST 명령어 이용** D100값 초기화
F	• 흡착위치 도착 시 **SET 명령어**로 M20 자기유지
G	• M20으로 흡착진공 및 **T0(타이머 명령어)** 작동
H	• 흡착 전진펄스신호 이용 M20 자기유지 해제

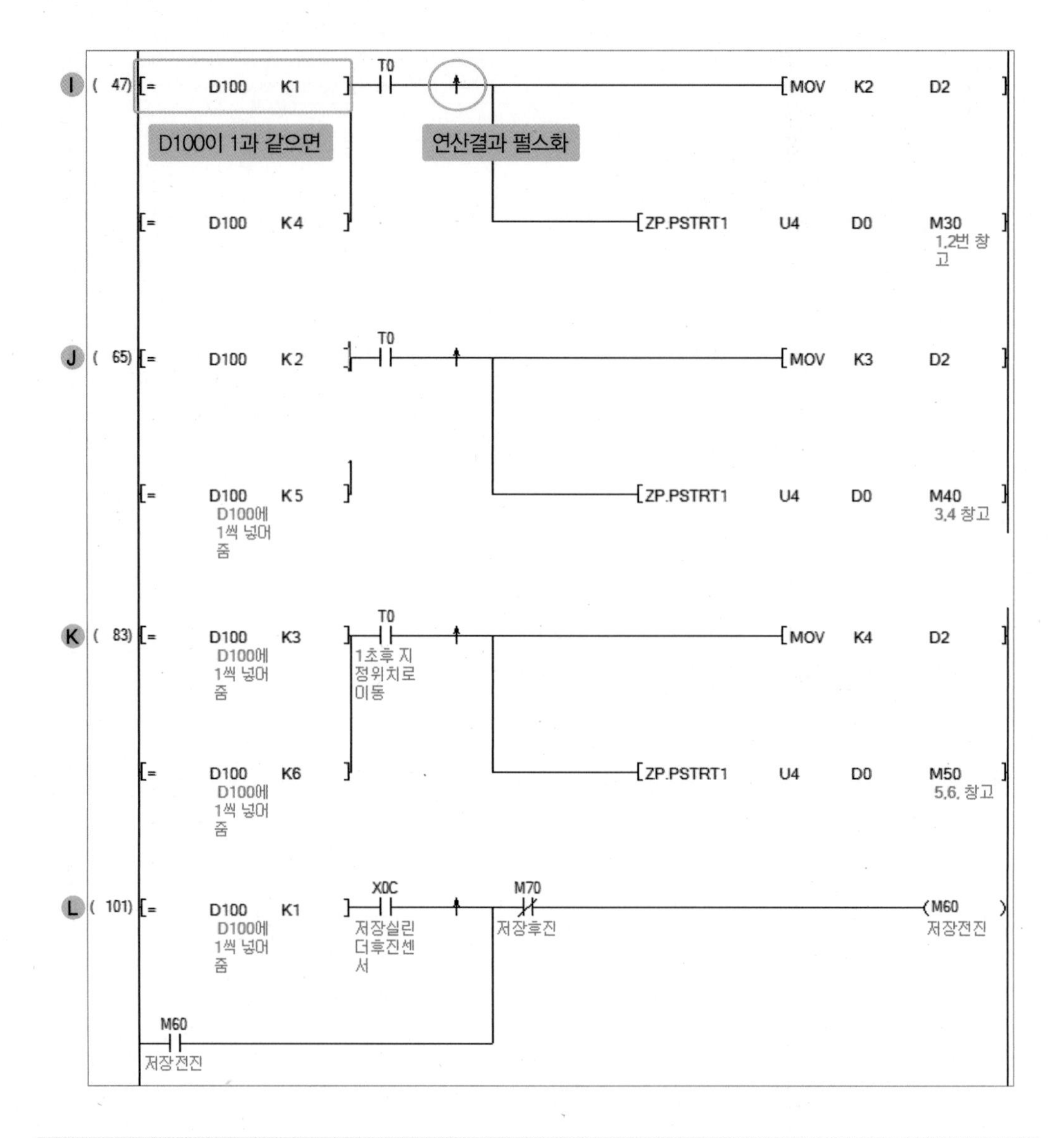

I	• D100값이 연산결과에 만족하고 T0이 켜지면 (↑) **펄스신호**로 작동
J	• I와 동일
K	• D100값이 연산결과에 만족하고 T0이 켜지면 (↑) **펄스신호**로 작동
L	• D100값이 연산결과에 만족하고 T0이 켜지면 (↑) **펄스신호**로 작동 • 저장실린더 전진 릴레이 M60 작동

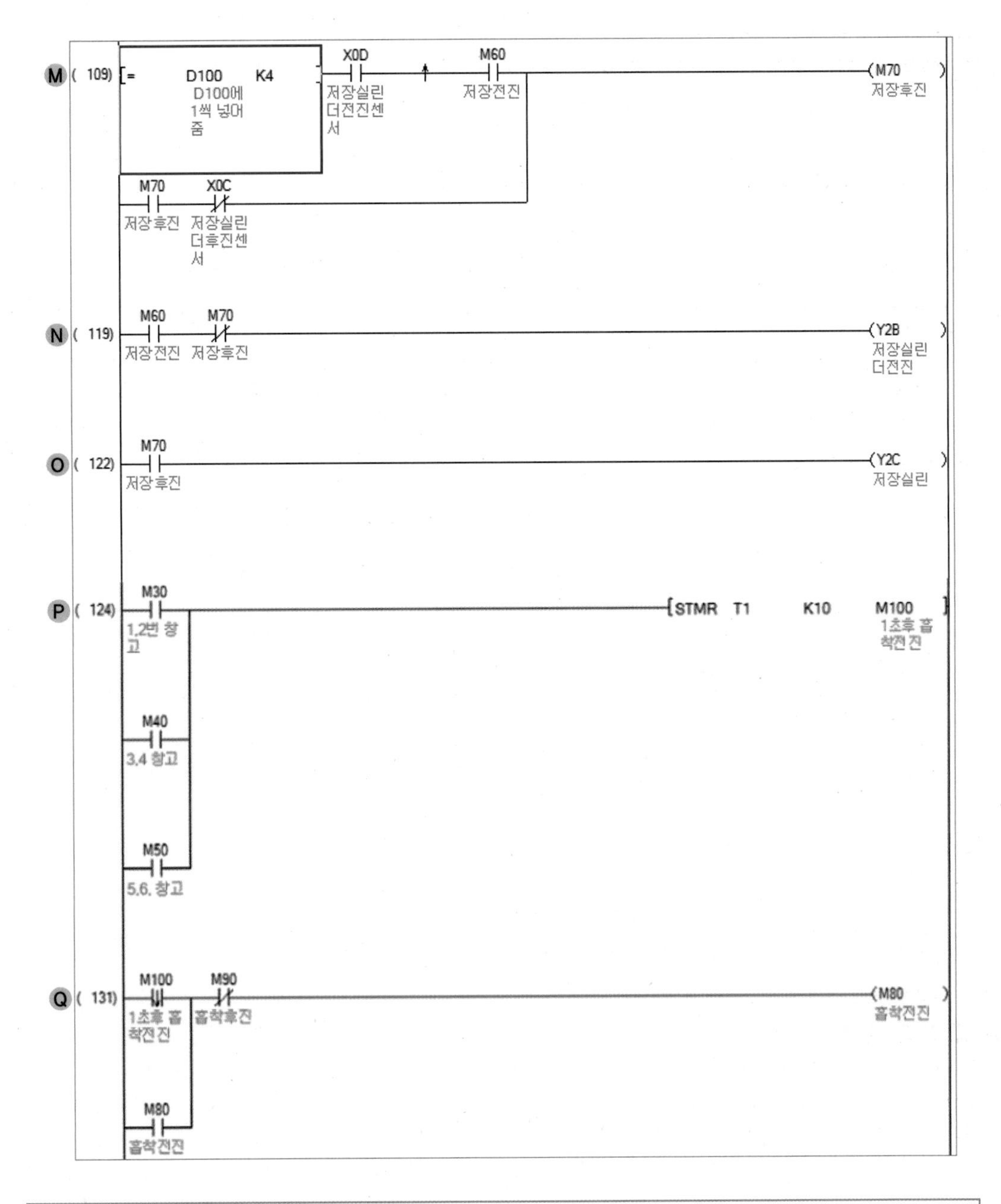

M	• D100값이 연산결과에 만족하고 T0이 켜지면 (↑) **펄스신호**로 작동 • 저장실린더 후진 릴레이 M70 작동
N	• M60이 들어오면 저장실린더 전진
O	• M70이 들어오면 저장실린더 후진
P	• 지정된 창고 도착신호가 들어온 뒤에 1초 OFF 딜레이 타이머 작동
Q	• M100이 꺼질 때 흡착실린더 전진릴레이 작동

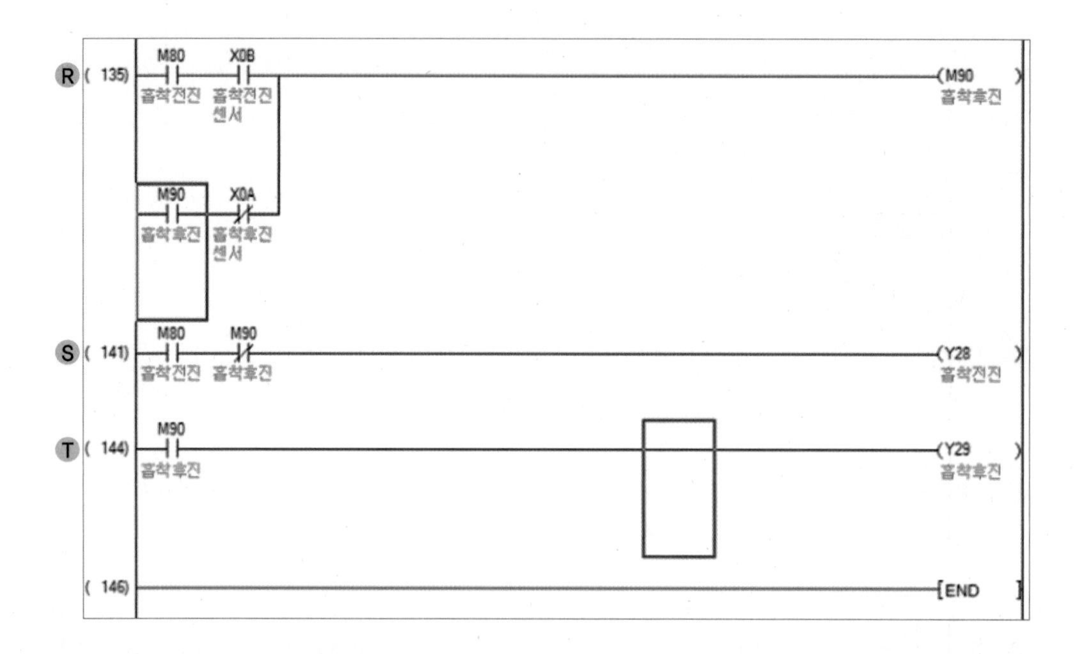

R	• 흡착실린더가 전진하면 후진 릴레이 작동
S	• M80이 들어오면 흡착실린더 전진
T	• M90이 들어오면 흡착실린더 전진

20 터치패널을 이용한 서보 동작하기 1

예제 터치패널에서 위치지정 버튼을 만들어 창고위치를 지정한 후 또 다른 위치이동 버튼을 만들어 지정한 위치로 이동하도록 프로그램하시오.

① 서보환경 설정하기

② 터치환경 설정하기

③ PLC 프로그램 작성

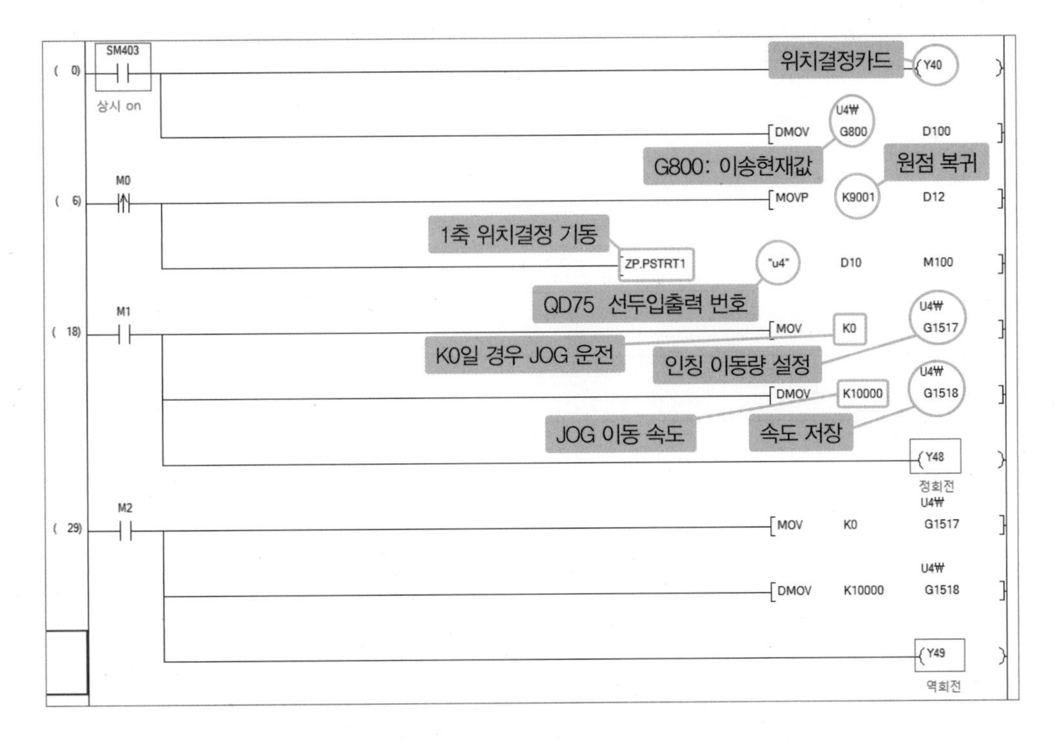

- 위치 결정 시 항상 원점 복귀가 있어야 한다.
- M0~M2는 터치 스위치이다.
- 정회전:Y48과 역회전:Y49는 PLC 프로그램에서 미리 정해져 있는 약속이다.
- 이 프로그램은 수동 위치 조작을 나타낸다.
- 현재 위치 PULSE값은 G800으로 현재 위치를 받아 D100에 저장되어 터치화면에 나타낸다.

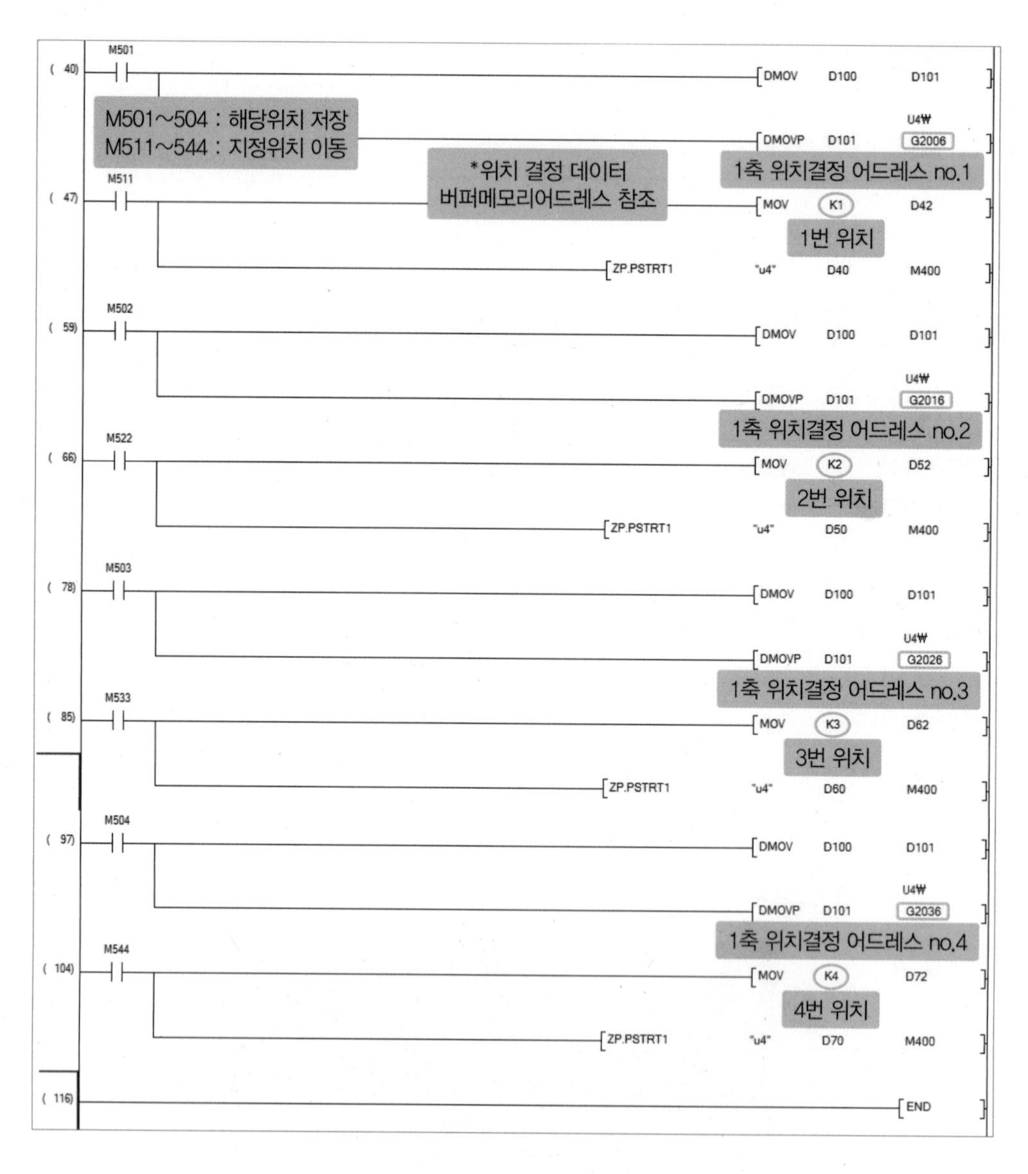

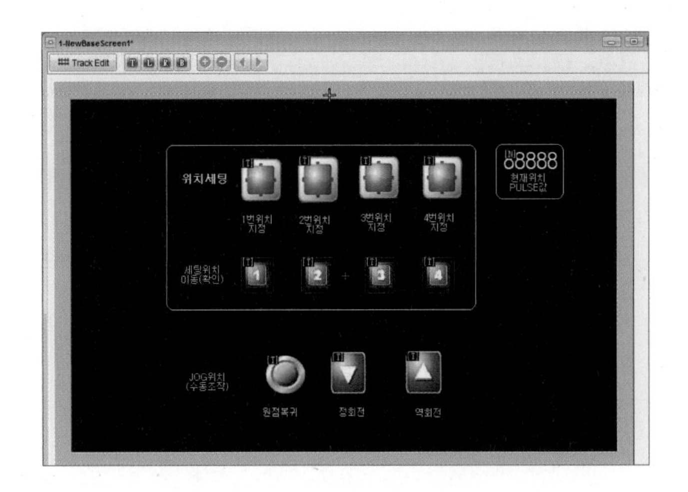

- M501 : 1번 위치 저장, M502 : 2번 위치 저장, M503 : 3번 위치 저장, M504 : 4번 위치 저장(릴레이번호는 임의로 정할 수 있다.)
- M511 : 1번 위치 이동, M522 : 2번 위치 이동, M533 : 3번 위치 이동, M544 : 4번 위치 이동
- 이 프로그램은 위치 저장, 자동 위치 이동을 나타낸다.

21 터치패널을 이용한 서보 동작하기 2

예제 **터치패널에서 해당 창고 적재 버튼을 누르면 각 창고에 공작물을 적재하도록 프로그램하시오.**

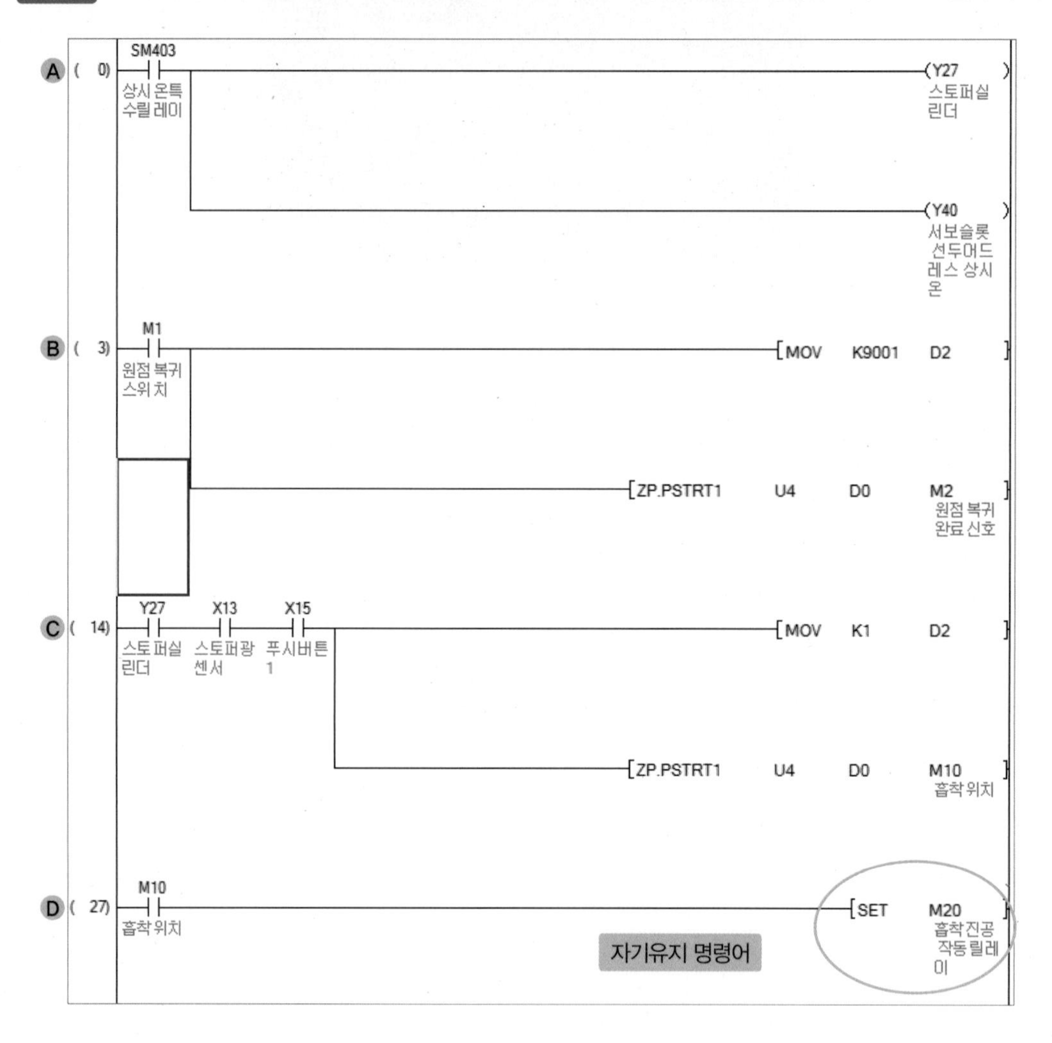

A	• 전원 ON시 위치결정카드 상시 ON(스토퍼실린더는 예제를 위해 지정한 것임)
B	• M1 터치 시 원점 복귀
C	• 스토퍼 전진, 스토퍼광센서 인식 후 푸시버튼 누르면 흡착위치 이동
D	• 흡착위치 도착 시 **SET 명령어**로 M20 자기유지

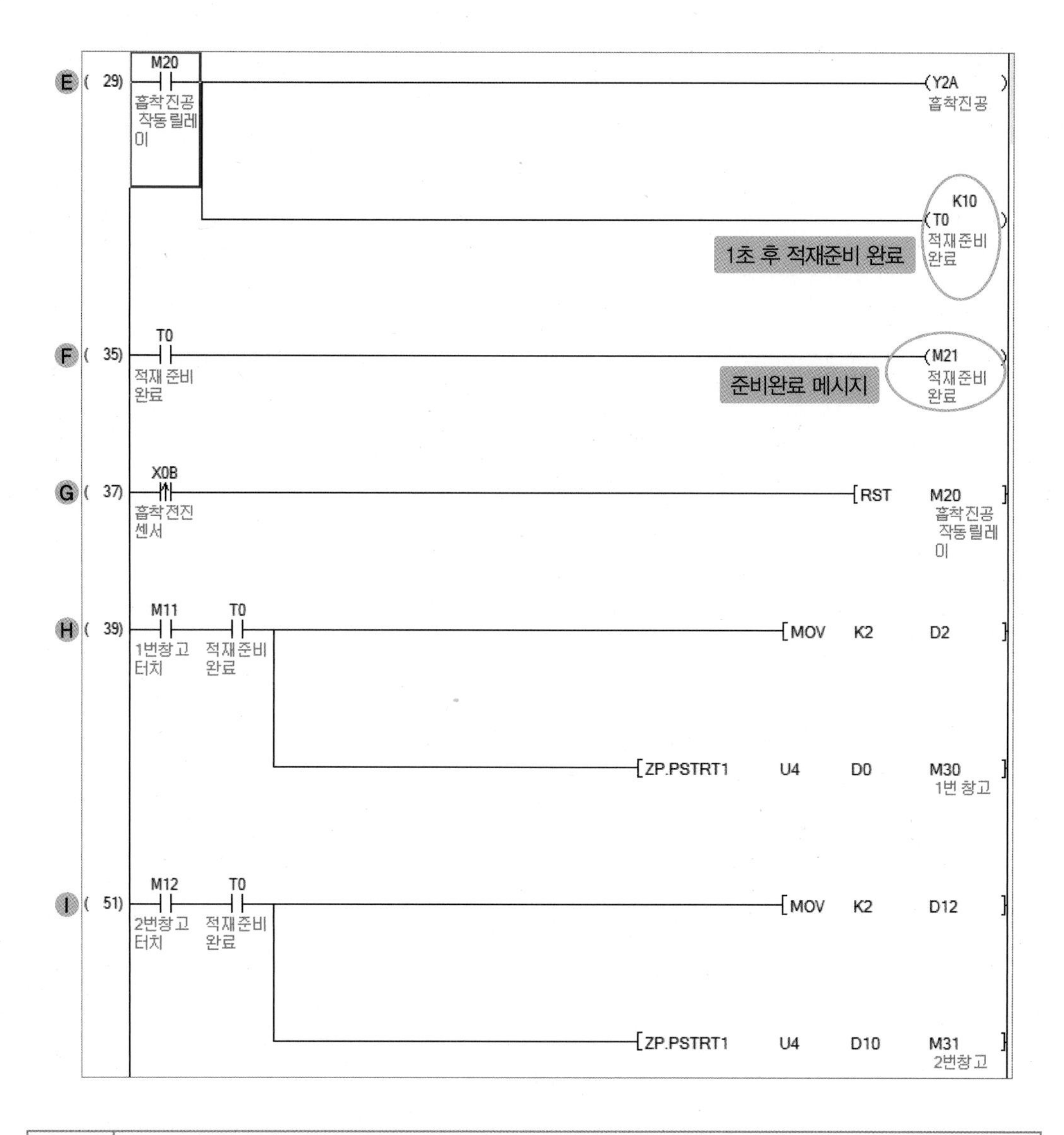

E	• M20으로 흡착진공 및 **T0(타이머 명령어)** 작동(1초)
F	• **T0(타이머)** 작동 시 M21로 인해 터치패널에 준비완료 메시지 표시
G	• 흡착 전진 펄스 신호 이용 M20 자기유지 해제
H	• **T0(타이머)**이 작동 후 터치패널에 1번 창고 스위치 터치 시 1번 창고로 이동
I	• **T0(타이머)**이 작동 후 터치패널에 2번 창고 스위치 터치 시 2번 창고로 이동

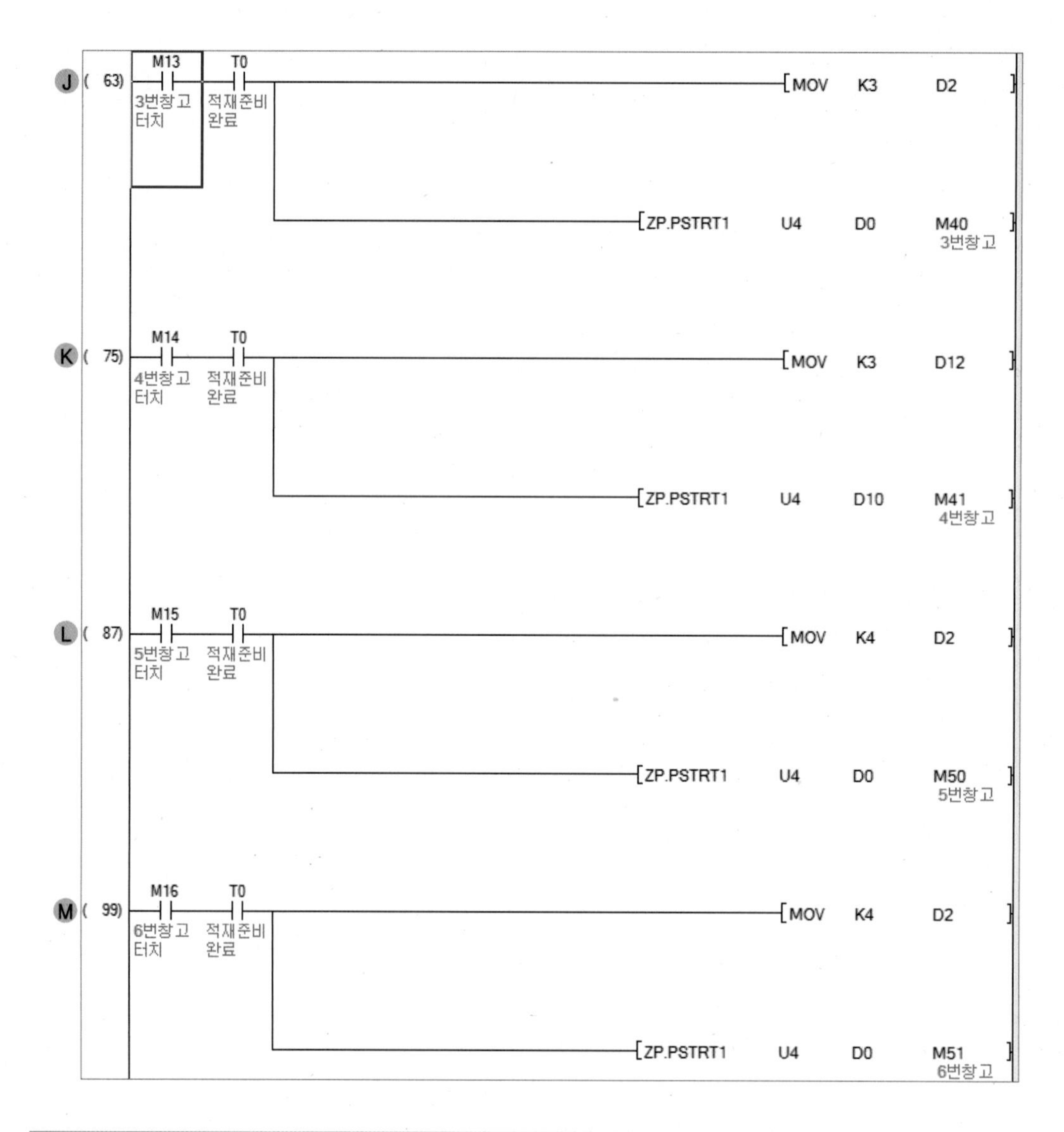

J	• T0(타이머)이 작동 후 터치패널에 3번 창고 스위치 터치 시 3번 창고로 이동
K	• T0(타이머)이 작동 후 터치패널에 4번 창고 스위치 터치 시 4번 창고로 이동
L	• T0(타이머)이 작동 후 터치패널에 5번 창고 스위치 터치 시 5번 창고로 이동
M	• T0(타이머)이 작동 후 터치패널에 6번 창고 스위치 터치 시 6번 창고로 이동

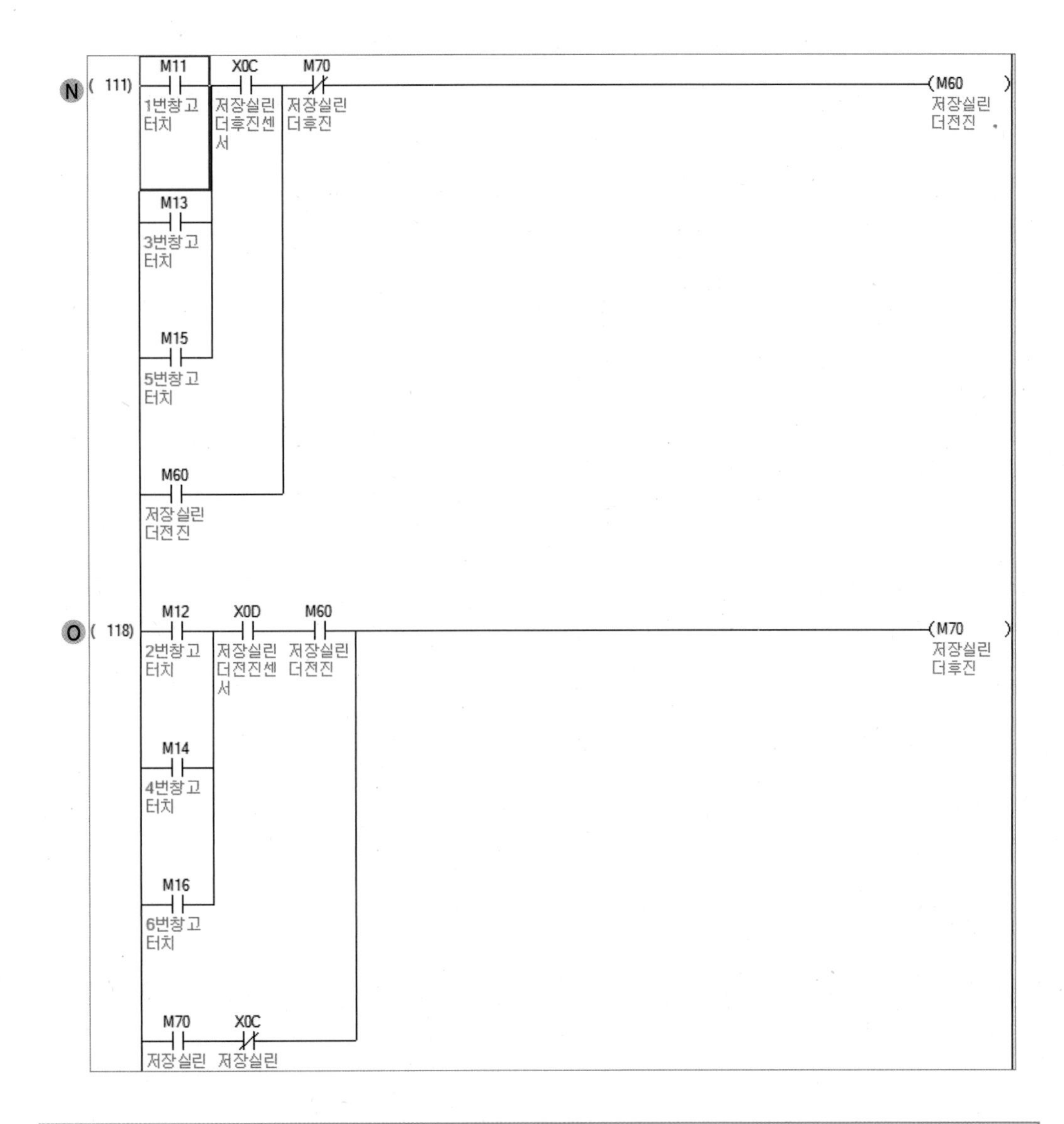

N	• 1, 3, 5번 창고 터치 시 창고 위치에 맞게 저장테이블 이동
O	• 2, 4, 6번 창고 터치 시 창고 위치에 맞게 저장테이블 이동

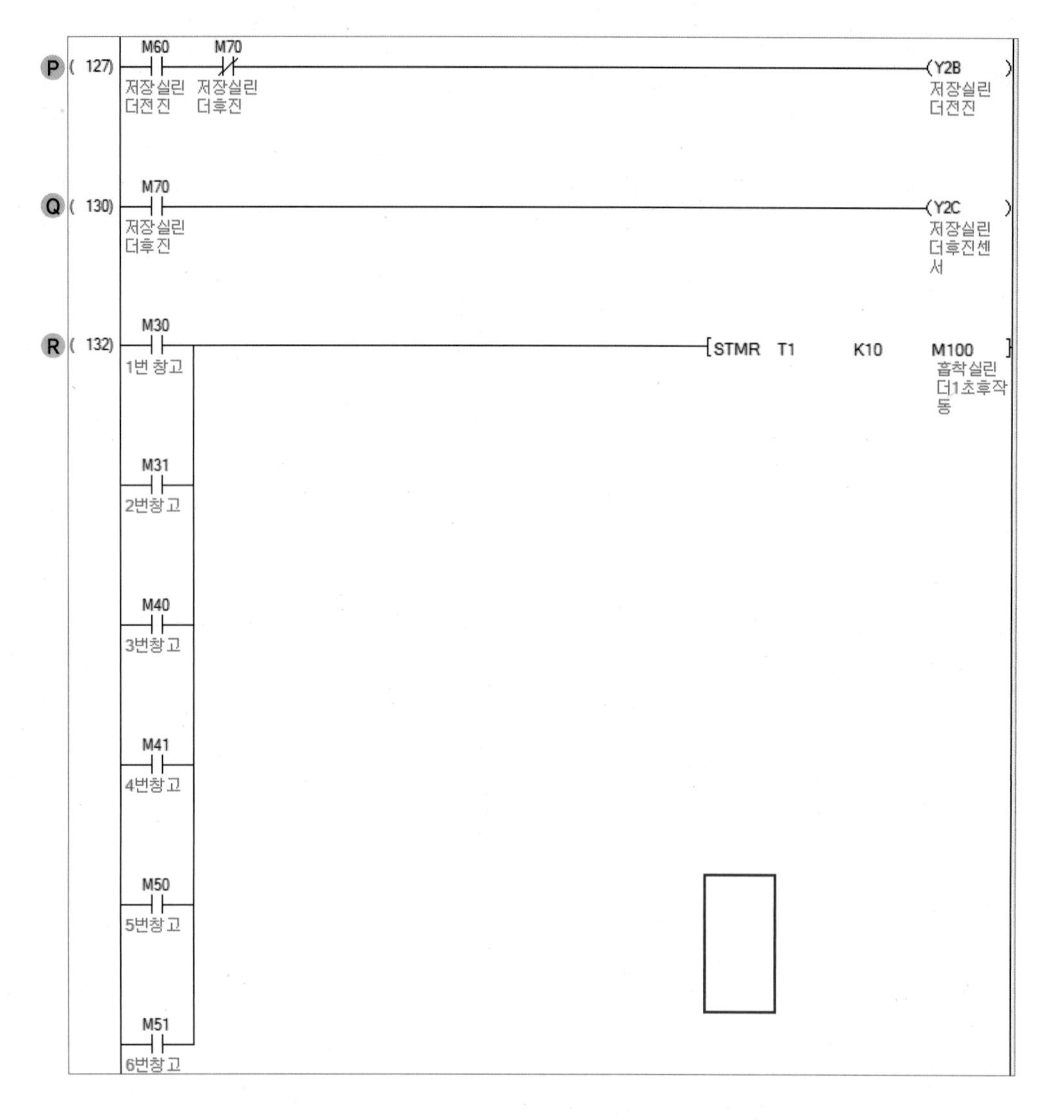

P	• M600이 들어오면 저장실린더 전진
Q	• M700이 들어오면 저장실린더 전진
R	• 각 창고 위치에 도착 후 STMR(OFF 타이머) 사용 1초

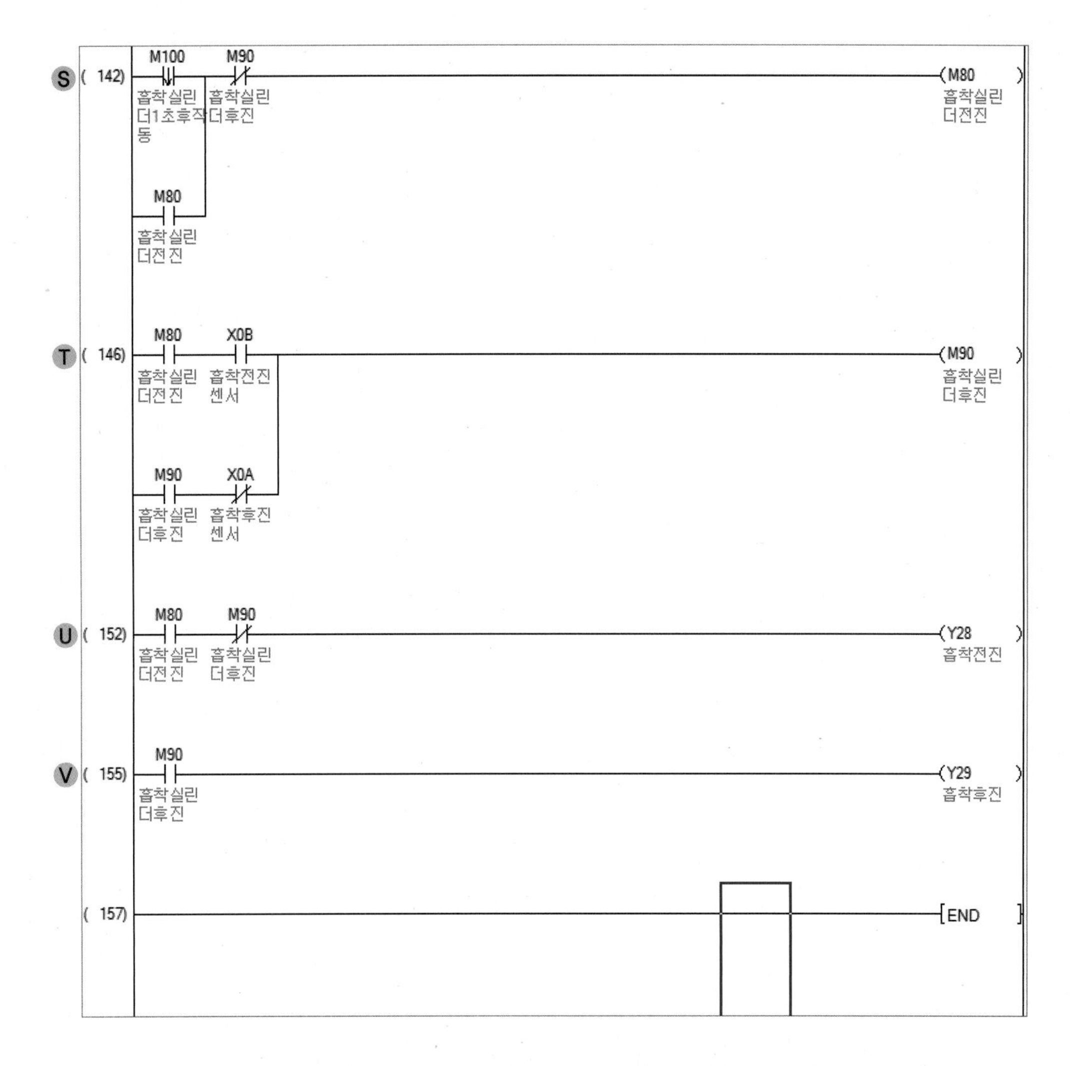

S	• M100이 꺼지면 전진 릴레이 M80이 작동
T	• M80이 작동하고 흡착 전진 센서가 작동하면 후진 릴레이 M90 작동
U	• M80 작동 흡착실린더 전진
V	• M90 작동 흡착실린더 전진

22 터치화면으로 해당 창고에 넣기

예제 **터치패널에서 창고를 그리고 해당 창고 적재 버튼을 누르면 각 창고에 공작물을 적재하도록 프로그램을 작성하시오.**

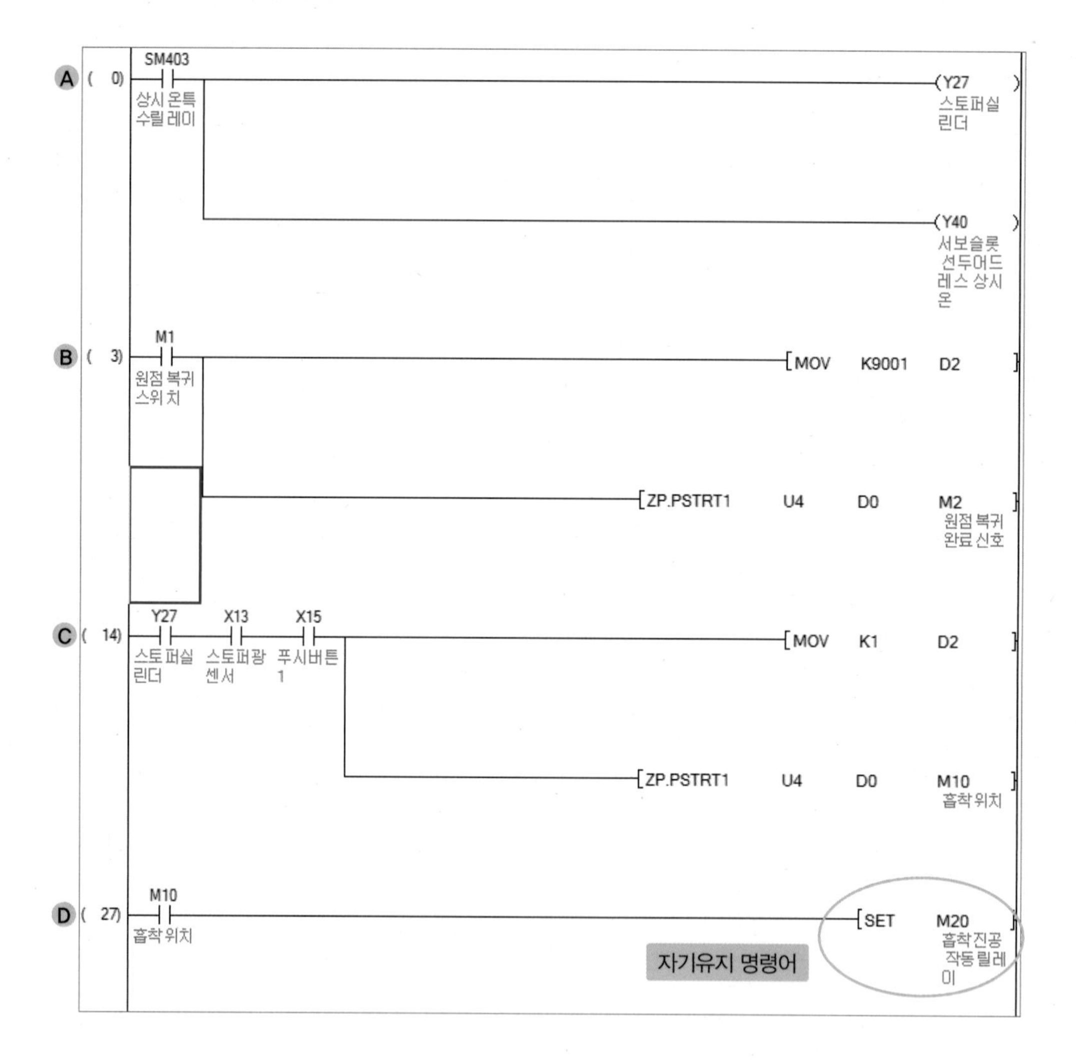

A	• 전원 ON시 위치결정카드 상시 ON
B	• M1 터치 시 원점복귀
C	• 스토퍼 전진, 스토퍼광센서 인식 후 푸시버튼 누르면 흡착위치 이동
D	• 흡착위치 도착 시 **SET 명령어**로 M20 자기유지

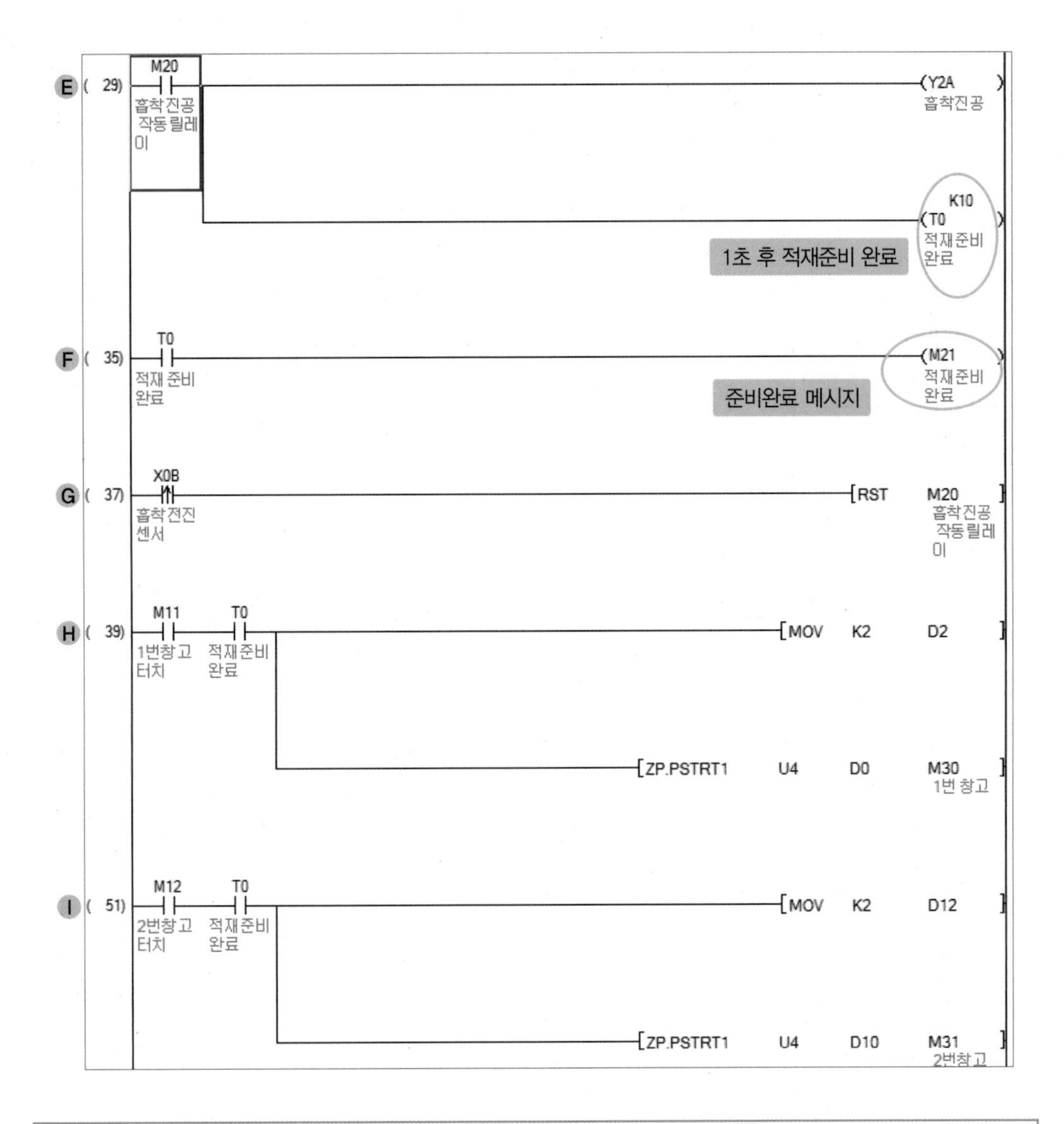

E	• M20으로 흡착진공 및 **T0(타이머 명령어)** 작동(1초)
F	• **T0(타이머)** 작동 시 M21로 인해 터치패널에 준비완료 메시지 표시
G	• 흡착 전진 펄스 신호 이용 M20 자기유지 해제
H	• **T0(타이머)**이 작동 후 터치패널에 1번 창고 스위치 터치 시 1번 창고로 이동
I	• **T0(타이머)**이 작동 후 터치패널에 2번 창고 스위치 터치 시 2번 창고로 이동

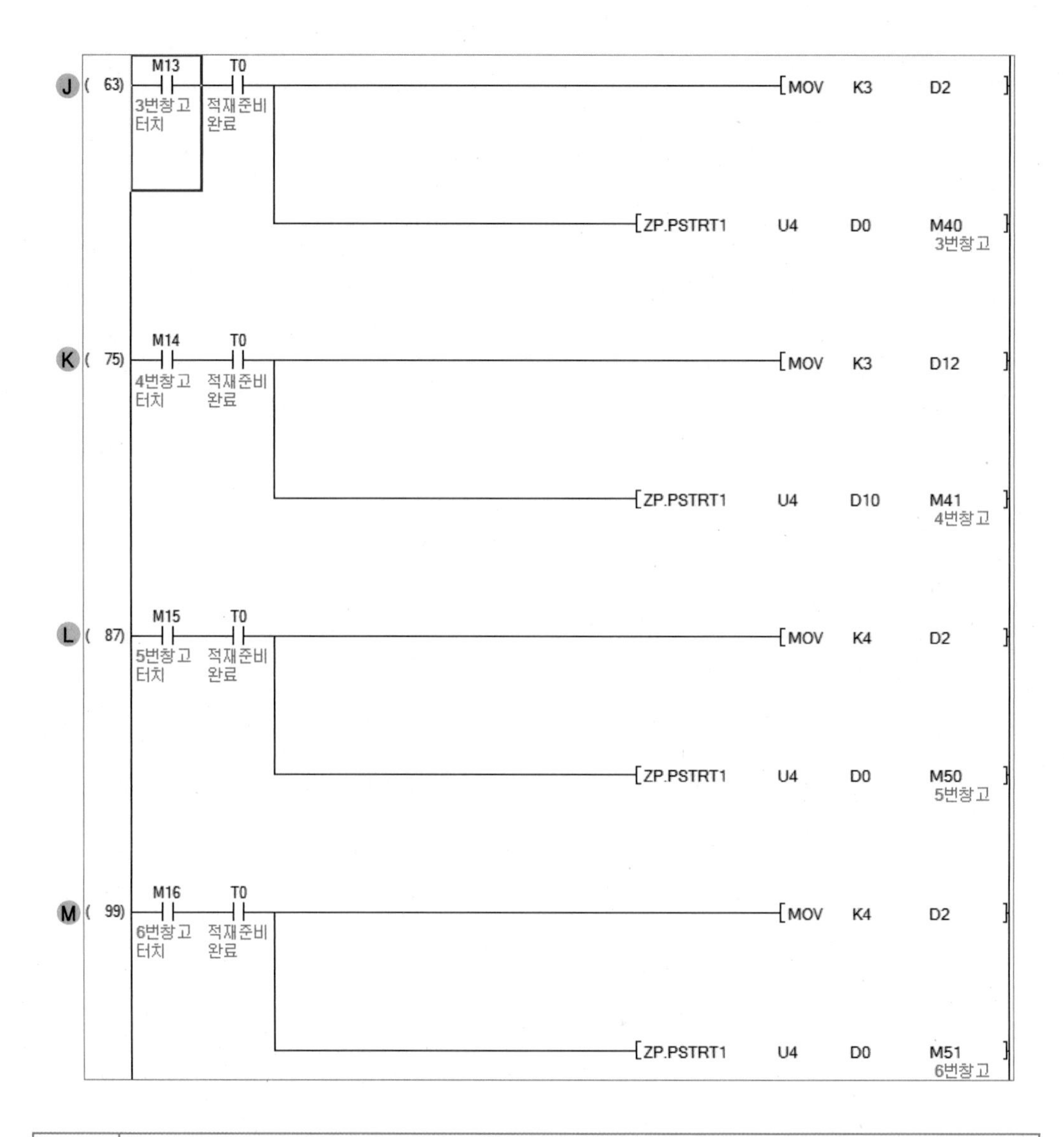

J	• T0(타이머)이 작동 후 터치패널에 3번 창고 스위치 터치 시 3번 창고로 이동
K	• T0(타이머)이 작동 후 터치패널에 4번 창고 스위치 터치 시 4번 창고로 이동
L	• T0(타이머)이 작동 후 터치패널에 5번 창고 스위치 터치 시 5번 창고로 이동
M	• T0(타이머)이 작동 후 터치패널에 6번 창고 스위치 터치 시 6번 창고로 이동

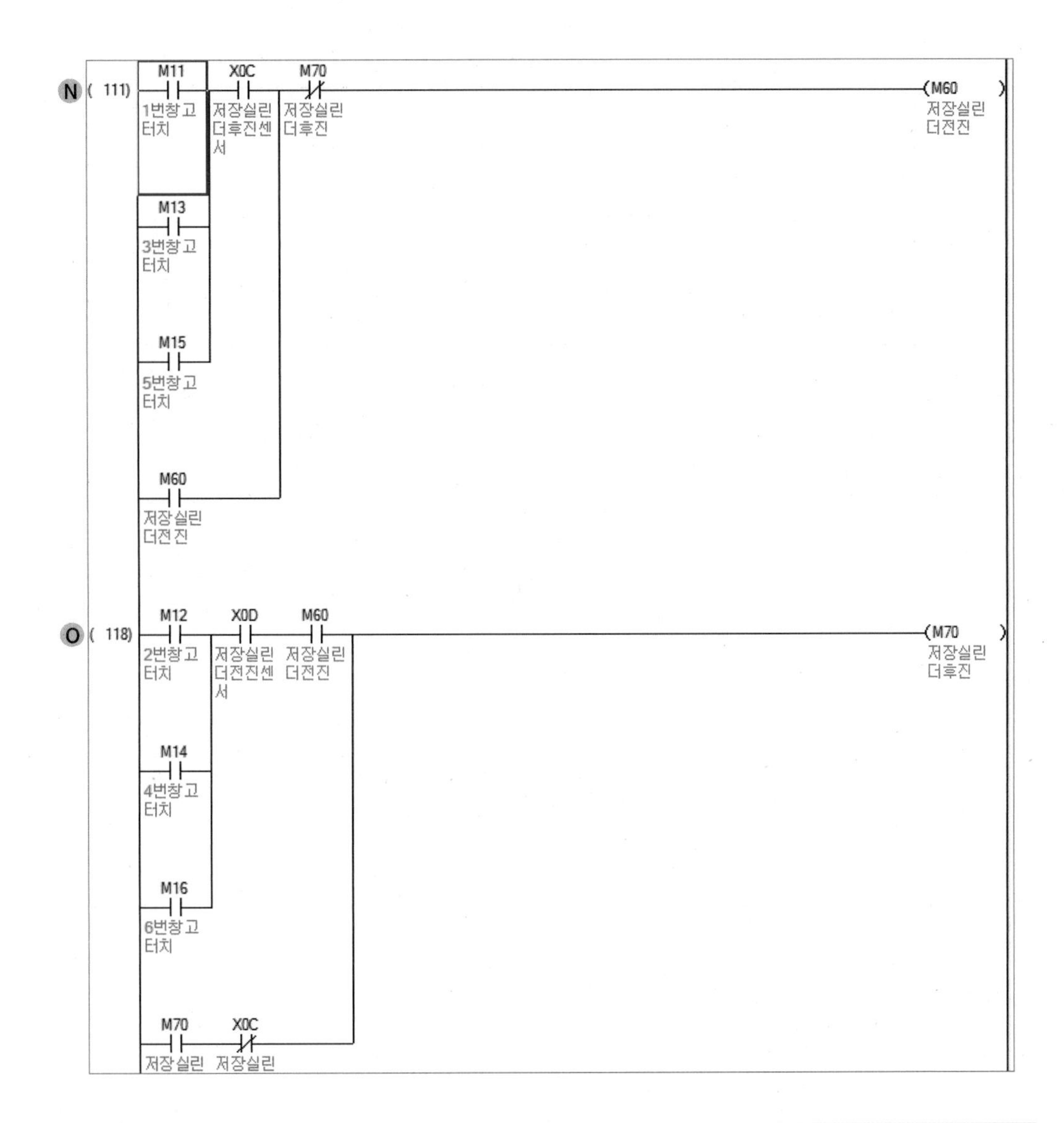

N	• 1, 3, 5번 창고 터치 시 창고 위치에 맞게 저장테이블 이동
O	• 2, 4, 6번 창고 터치 시 창고 위치에 맞게 저장테이블 이동

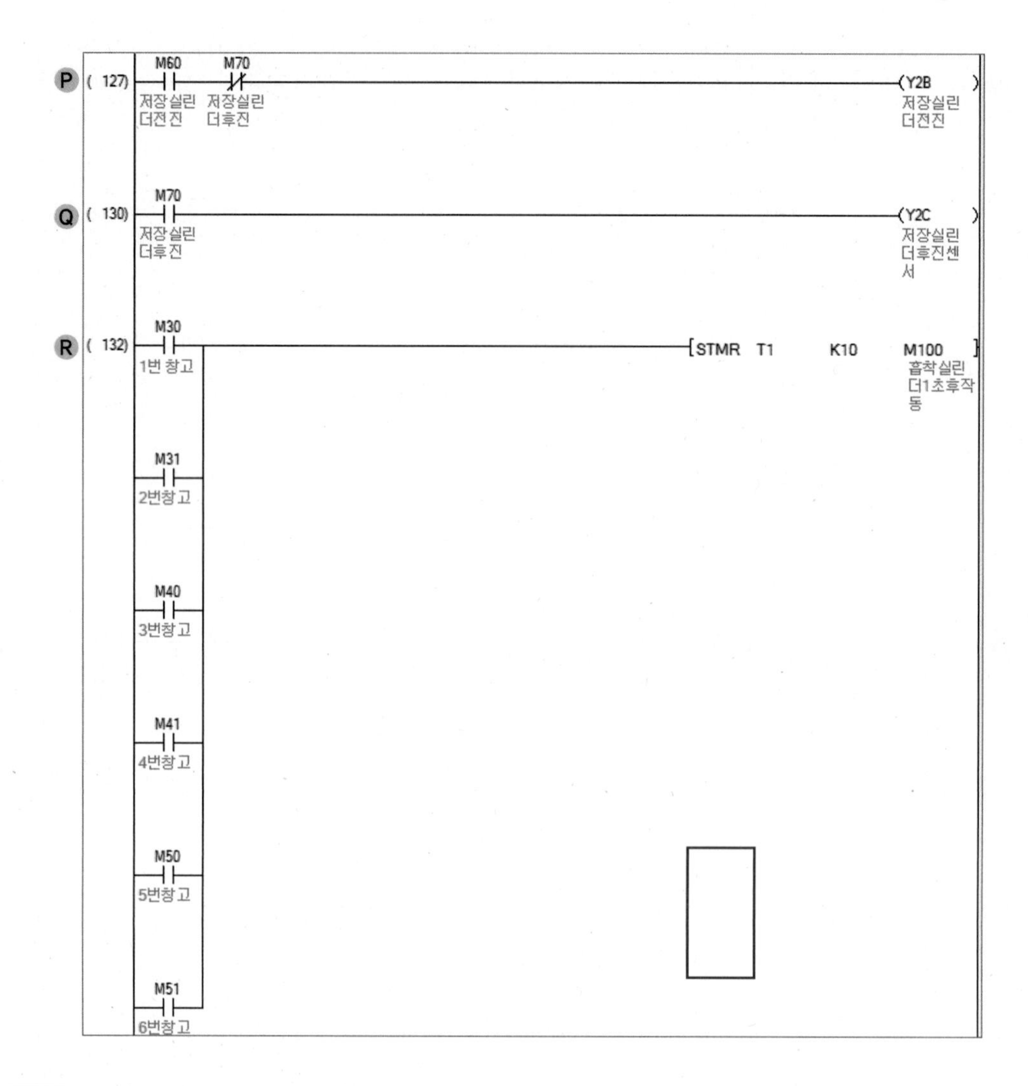

P	• M600이 들어오면 저장실린더 전진
Q	• M700이 들어오면 저장실린더 전진
R	• 각 창고 위치에 도착 후 STMR(OFF 타이머) 사용 1초

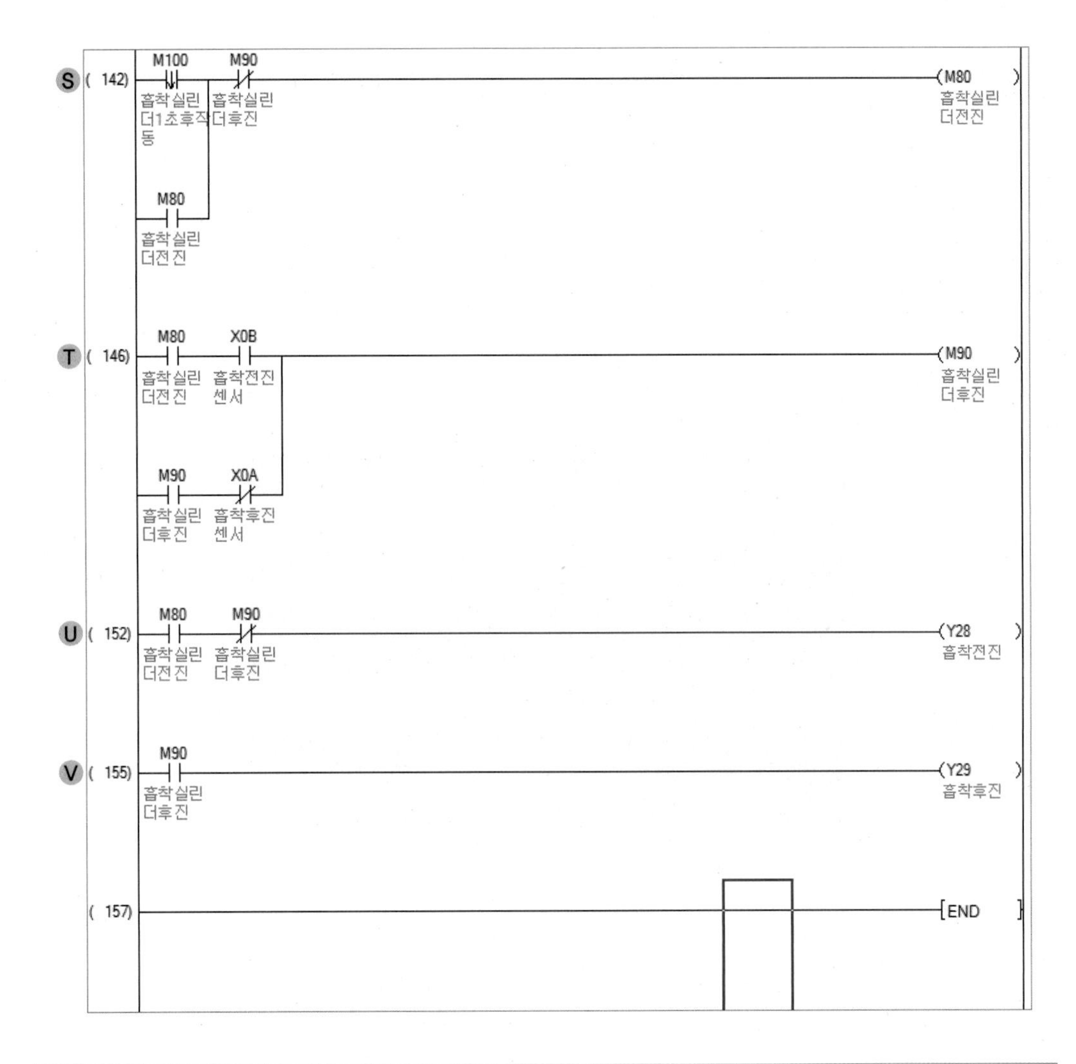

Ⓢ	• M100이 꺼지면 전진 릴레이 M80이 작동
Ⓣ	• M80이 작동하고 흡착 전진 센서가 작동하면 후진 릴레이 M90 작동
Ⓤ	• M80 작동 흡착실린더 전진
Ⓥ	• M90 작동 흡착실린더 전진

23 위치 지정 후 해당 버튼을 누르면 지정 위치로 이동하기

예제 원점 복귀 및 정회전 · 역회전 버튼을 조작하여 임의의 위치로 이동하고 위치세팅 버튼으로 위치를 지정한다. JOG 위치(자동조작) 4개의 위치를 각각 조작하면 사전에 세팅한 위치로 이동하도록 프로그램을 작성하시오.

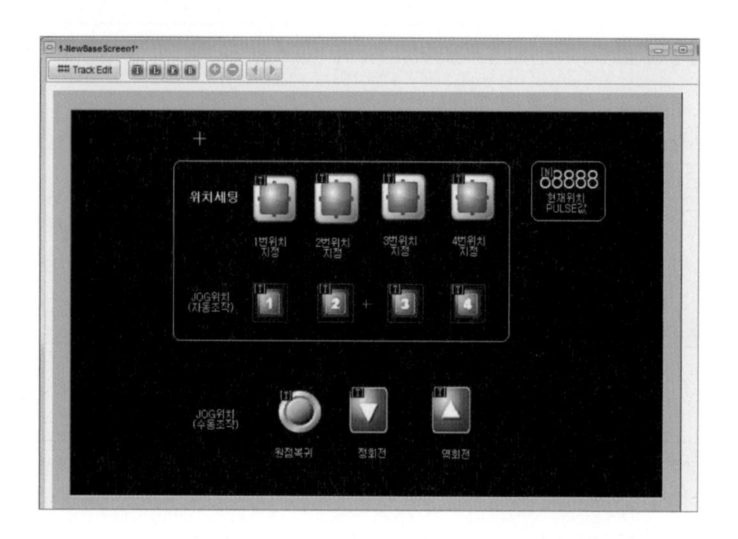

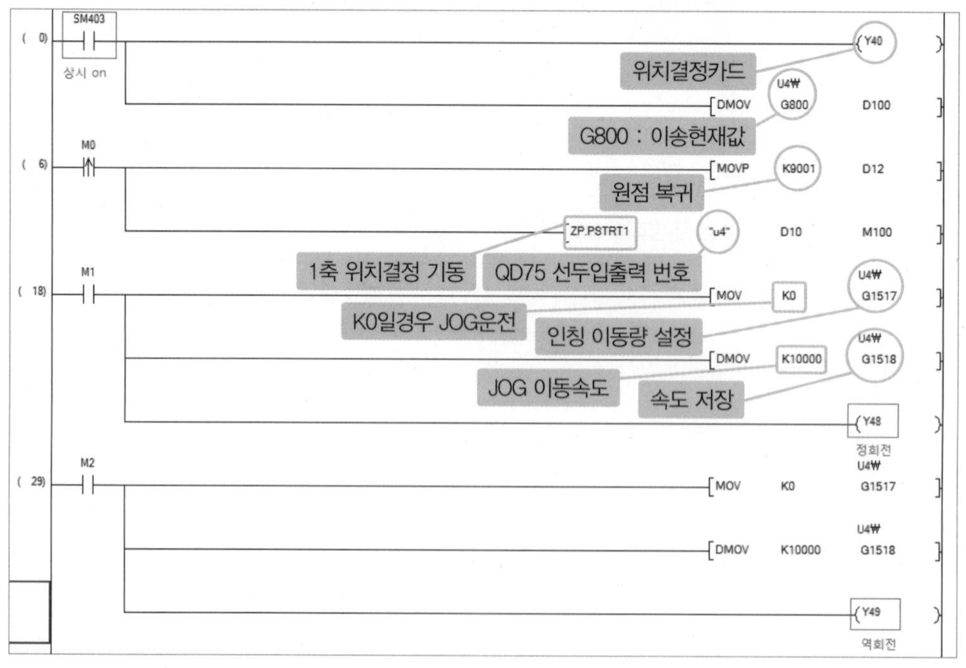

- 위치결정 시 항상 원점 복귀가 있어야 한다.
- M0~M2는 터치 스위치이다.
- 정회전:Y48과 역회전:Y49는 PLC 프로그램에서 미리 정해져 있는 약속이다.
- 이 프로그램은 수동 위치 조작을 나타낸다.
- 현재 위치 PULSE값은 G800으로 현재 위치를 받아 D100에 저장되어 터치화면에 나타낸다.

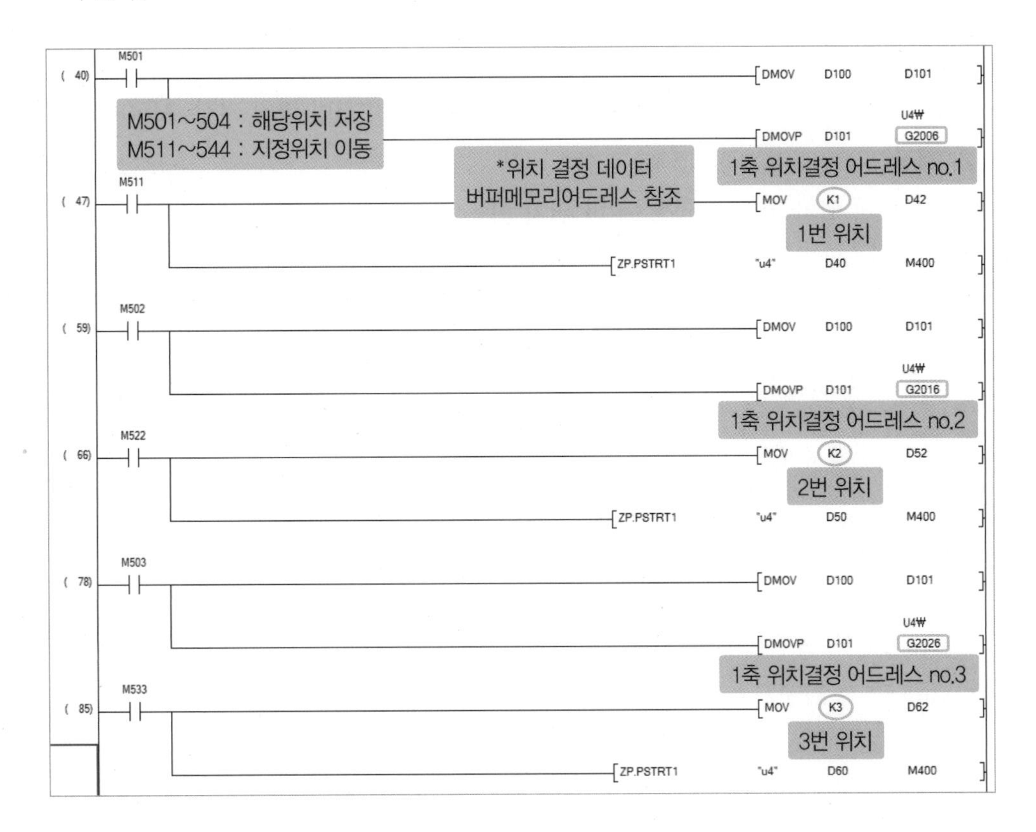

```
        M504
( 97) ──┤ ├──┬──────────────────────────────[DMOV    D100    D101   ]
             │                                              U4₩
             └──────────────────────────────[DMOVP   D101    G2036  ]
                                             1축 위치결정 어드레스 no.4
        M544
( 104)──┤ ├──┬──────────────────────────────[MOV     K4      D72    ]
             │                                       4번 위치
             └─────────────────[ZP.PSTRT1    "u4"    D70     M400   ]

( 116)──────────────────────────────────────────────────────[END    ]
```

- M501 : 1번 위치 저장, M502 : 2번 위치 저장, M503 : 3번 위치 저장, M504 : 4번 위치 저장(릴레이번호는 임의로 정해줄 수 있다.)
- M511 : 1번 위치 이동, M522 : 2번 위치 이동, M533 : 3번 위치 이동, M544 : 4번 위치 이동
- 이 프로그램은 위치 저장, 자동 위치 이동을 나타낸다.

참고자료

GOT1000 접속 매뉴얼(미쓰비시전기기기접속) GT-Works3 대응

GT Designer3(공통편, 작화편)

GT1675M-STBA 본체 사용설명서

GX-Works2 오퍼레이팅 매뉴얼(공통편, 심플 프로젝트편)

MELSEC-Q 시리즈 데이터북

Q대응 프로그래밍 매뉴얼(공통명령편)

XDesignerPlus 사용자 매뉴얼

XTOP 국문 카탈로그

MELSEC-Q 시리즈 중심

PLC 실무 클래스

2016년 3월 10일 인쇄
2016년 3월 15일 발행

저자 : 김기우
펴낸이 : 이정일

펴낸곳 : 도서출판 **일진사**
www.iljinsa.com

04317 서울시 용산구 효창원로 64길 6
대표전화 : 704-1616, 팩스 : 715-3536
등록번호 : 제1979-000009호(1979.4.2)

값 26,000원

ISBN : 978-89-429-1481-4